Epidemiologische Methoden

Lothar Kreienbrock   Iris Pigeot   Wolfgang Ahrens

Epidemiologische Methoden

5. Auflage

Springer Spektrum

Prof. Dr. Lothar Kreienbrock
Institut für Biometrie, Epidemiologie u. Informationsverarbeitung
Tierärztliche Hochschule Hannover
Bünteweg 2
30559 Hannover

Prof. Dr. Iris Pigeot
Bremer Institut für Präventionsforschung und Sozialmedizin
Achterstraße 30
28359 Bremen

Prof. Dr. Wolfgang Ahrens
Bremer Institut für Präventionsforschung und Sozialmedizin
Achterstraße 30
28359 Bremen

Springer Spektrum
ISBN 978-3-8274-2333-7   ISBN 978-3-8274-2334-4 (eBook)
DOI 10.1007/978-3-8274-2334-4

Die Deutsche Nationalbibliothek verzeichnet diese Publikation in der Deutschen Nationalbibliografie; detaillierte bibliografische Daten sind im Internet über http://dnb.d-nb.de abrufbar.

1. Aufl.: © Gustav Fischer Verlag 1995
2.–4. Aufl.: © Spektrum Akademischer Verlag 1999, 2000, 2005
5. Aufl.: © Springer-Verlag Berlin Heidelberg 2012

Planung und Lektorat: Ulrich G. Moltmann, Meike Barth
Redaktion: Heike Pressler
Einbandabbildung: © Dmitry Nikolaev - Fotolia.com
Einbandentwurf: SpieszDesign, Neu-Ulm

Gedruckt auf säurefreiem und chlorfrei gebleichtem Papier

Springer Spektrum ist eine Marke von Springer DE.
Springer DE ist Teil der Fachverlagsgruppe Springer Science+Business Media.
www.springer-spektrum.de

Vorwort zur fünften Auflage

Die Epidemiologie befasst sich mit der Untersuchung der Verteilung von Krankheiten, physiologischen Variablen und Krankheitsfolgen in Bevölkerungsgruppen und Tierpopulationen sowie mit den Faktoren, die diese Verteilung beeinflussen. Indem sie Krankheitsursachen identifiziert, schafft sie die Grundlage für die Entwicklung, Umsetzung und Evaluation von gezielten Präventionsmaßnahmen.

Epidemiologie ist somit einerseits eine medizinische Wissenschaft, denn jede ärztliche Tätigkeit kann im weitesten Sinne so verstanden werden, dass man nach den Ursachen von Erkrankungen zu deren Vorbeugung bzw. Heilung sucht. Andererseits ist Epidemiologie aber auch eine Teildisziplin der Statistik, denn die Frage nach möglichen Ursache-Wirkungs-Beziehungen führt zu einem mathematisch-statistischen Modell zwischen der spezifizierten Ursache und der interessierenden Krankheit als deren Wirkung. Insgesamt stellt sich die Epidemiologie als eine interdisziplinäre Wissenschaft dar, in der u.a. Medizin und Tiermedizin, Statistik, Biologie, Soziologie, Psychologie und Informatik vereinigt sind.

Das Buch richtet sich an alle, die epidemiologische Studien planen, durchführen, auswerten oder bewerten. Damit ist es gleichermaßen für Studierende, Praktiker und Wissenschaftler quasi aller Fachdisziplinen geeignet, die sich mit epidemiologischen Fragestellungen befassen. Zu diesem Zweck geben wir eine umfassende Einführung, die dem interdisziplinären Charakter der Epidemiologie Rechnung trägt. So finden sich in dieser Darstellung sowohl inhaltlich orientierte Passagen, etwa zur Nutzung von Daten des Gesundheitswesens für die Beantwortung epidemiologischer Fragen, als auch eine systematische Aufbereitung der mathematisch-statistischen Methoden, z.B. die Formeln für die Durchführung statistischer Tests oder die Berechnung von Konfidenzintervallen.

Diese Passagen dürfen allerdings nicht als getrennte Problembereiche epidemiologischer Arbeit aufgefasst, sondern sollten als zusammengehöriger, integraler Bestandteil epidemiologischer Tätigkeit verstanden werden, der medizinische Fachinhalte genauso umfasst wie formale statistische Methoden. Der mathematisch wenig geübte Leserkreis mag uns dies nachsehen; jedoch halten wir es gerade in Zeiten stetig wachsender Verfügbarkeit von automatisierter Statistik-Software für essentiell, dass eine enge Verzahnung einer mathematisch-statistischen Methode mit der fachlichen Fragestellung erfolgt. Für diejenigen Leserinnen und Leser, die bei den dazu notwendigen statistischen Grundlagen noch einen Nachholbedarf haben bzw. Kenntnisse wieder auffrischen wollen, haben wir in einem Anhang die wichtigsten Grundlagen zusammengestellt.

Im Jahr 1994 ist dieses Buch über "Epidemiologische Methoden" erstmalig erschienen. Das Buch hat seither eine große Anerkennung erfahren und wurde in vier Auflagen nahezu unverändert herausgegeben. In der Zwischenzeit haben wir viele Anregungen aus dem Leserkreis erhalten und auch die epidemiologischen Methoden haben sich weiterentwickelt. So verfügen wir z.B. heutzutage an allen Arbeitsplätzen über extrem leistungsstarke Computer, die es ermöglichen, auch komplexe statistische Verfahren in Sekundenbruchteilen zu realisieren. Damit haben Methoden in den epidemiologischen Arbeitsalltag Einzug gehalten, die noch vor einigen Jahren nicht vorstellbar waren, so dass wir uns veranlasst sahen, diese nunmehr fünfte Auflage umfangreichen Revisionen zu unterziehen und sie dabei auch deutlich zu erweitern.

Insgesamt wurde der statistisch-methodische Schwerpunkt der Darstellung beibehalten, jedoch haben wir zwei vollständig neue Kapitel ergänzt. So beschäftigt sich das neue Kapitel 5 mit der Durchführung epidemiologischer Studien; Kapitel 7 gibt eine Übersicht über die Strategien bei der Bewertung epidemiologischer Untersuchungen. Auch wurden den Anregungen vieler Leserinnen und Leser folgend nun weitere statistische Verfahren wie die Poisson-Regression und die Regression mit Proportional Odds in den Katalog der behandelten Auswertungsverfahren aufgenommen. Zudem haben wir uns dem vielfach geäußerten Wunsch angenommen, weitere konkrete epidemiologische Studien in den Text aufzunehmen, so dass hierdurch die Anwendbarkeit der Methoden praxisnah demonstriert werden kann. Zahlreiche reale Zahlenbeispiele wurden daher zur Illustration ergänzt. Zudem wurden Originaldokumente zur Studiendurchführung aufgenommen, die sich üblicherweise nicht in wissenschaftlichen Publikationen wiederfinden. Dazu wurde vorwiegend auf Studien der Autoren zurückgegriffen, um Konflikte mit dem Recht auf geistiges Eigentum anderer zu vermeiden.

Die umfangreichen Revisionen und Eweiterungen konnten nur dadurch gelingen, dass ein neues Autorenkollektiv gemeinsam die Inhalte festgelegt hat und in einem intensiven Dialog bewährte Konzepte und neue Ideen konsequent weiterentwickelt hat.

Wir, d.h. Lothar Kreienbrock und Iris Pigeot, möchten uns an dieser Stelle herzlichst bei unserem akademischen Lehrer Prof. Dr. Siegfried Schach bedanken, dem Koautor der ersten vier Auflagen, der maßgeblich das Interesse und die Begeisterung für dieses hoch interdisziplinäre Fach bei uns initiiert hat.

Vieles ist neu und damit besteht wieder ein neues Risiko für Fehler und Inkonsistenzen. Wir hoffen aber, dass die Bereitschaft der Leserinnen und Leser, sich diesem Risiko auszusetzen, hoch ist und unser Buch auch weiterhin bei vielen Lesern auf Interesse stößt.

Hannover und Bremen, im Dezember 2011   Lothar Kreienbrock
                                          Iris Pigeot
                                          Wolfgang Ahrens

Danksagung

Allen, die uns bei der Überarbeitung dieser Auflage, beim Auffinden von Fehlern und anderen Unstimmigkeiten mitgeholfen haben, sei herzlich gedankt. Unser namentlicher Dank gilt Dr. Martin Beyerbach, Dr. Amely Campe, Dipl.-Math. Frauke Günther, Dipl.-Dok. Maria Hartmann, Fabian Heine, Fleming Heine, Dipl.-Dok. Sarah Kösters, Dr. Hermann Pohlabeln, Dipl.-Stat. Inga Ruddat, Dr. Walter Schill und Dipl.-Math Marc Suling für die fachlichen, technischen und graphischen Hilfen bei der Vorbereitung dieser Auflage. Herr Prof. Dr. Marcus Doherr und Dr. Martin Reist möchte Lothar Kreienbrock für die äußerst angenehme Arbeitsatmosphäre danken, die es möglich machte, wesentliche Teile dieser Auflage während eines Forschungsaufenthaltes an der Universität Bern zu bearbeiten.

Besonderer Dank gilt auch den nachfolgend aufgeführten Personen und Institutionen für die freundlichen Genehmigungen des Abdrucks von Abbildungen und Bildern sowie die Genehmigung für die Nutzung spezifischer Daten:

- dem Statistischen Bundesamt, Wiesbaden für die Graphik zum Altersaufbau der Bevölkerung Deutschlands (Abb. 2.4),

- dem Kohlhammer Deutscher Gemeindeverlag, Stuttgart für das Formular Todesbescheinigung NRW (Abb. 3.6),

- der Fa. seca GmbH & Co. KG für die Abbildung des Stadiometers seca 225 (Abb. 5.1),

- der Fa. Quickmedical für die Abbildung zur Durchführung der Körpergrößenmessung (Abb. 5.2),

- Prof. Dr. Karl-Heinz Jöckel, Universität Essen für den Fragebogen zur Studie Arbeit und Gesundheit (Abb. 5.4),

- der Ethikkommission der Universität Bremen für ihren kommentierten Kriterienkatalog (Tab. 5.3),

- Dr. W. Marg, Prof.-Hess-Kinderklinik des Klinikums Bremen Mitte und Dr. R. Holl, Universität Ulm für die Überlassung der Diabetes-Daten (Abschnitt 6.6),

- dem Robert Koch-Institut, Berlin für die Daten des Bundesgesundheitssurvey 1998 (Anhang S, Anhang D),

- der Deutschen Gesellschaft für Epidemiologie (DGEpi) für die aktuelle Fassung der Leitlinien für Gute Epidemiologische Praxis (Anhang GEP),

- dem Verlag Lippincott Williams & Wilkins für die Publikation Ahrens et al. (2007), European Journal of Gastroenterology & Hepatology (Anhang P).

Inhalt

Vorwort v

Danksagung vii

1   Einführung 1

1.1   Besonderheiten epidemiologischer Methoden 1

1.2   Anwendungsgebiete epidemiologischer Forschung 5

1.3   Überblick über den weiteren Inhalt 11

2   Epidemiologische Maßzahlen 15

2.1   Maßzahlen der Erkrankungshäufigkeit 15
2.1.1   Prävalenz und Inzidenz 16
2.1.2   Population unter Risiko 20

2.2   Demographische Maßzahlen 29
2.2.1   Bevölkerungspyramide, Fertilität und Mortalität 29
2.2.2   Vergleiche von Erkrankungshäufigkeiten bei aggregierten Daten 32
2.2.2.1 Direkte Standardisierung 33
2.2.2.2 Indirekte Standardisiersung 37

2.3   Vergleichende epidemiologische Maßzahlen 40
2.3.1   Risikobegriff und Exposition 40
2.3.2   Relatives Risiko 42
2.3.3   Odds Ratio 44

2.4   Maßzahlen der Risikodifferenz 47
2.4.1   Risikoexzess 47
2.4.2   Populationsattributables Risiko 48
2.4.3   Attributables Risiko der Exponierten 50

3   Design epidemiologischer Studien 53

3.1   Die ätiologische Fragestellung 53
3.1.1   Modell der Ursache-Wirkungs-Beziehung und Kausalität 54
3.1.2   Populationsbegriffe, Zufall und Bias 60

3.2   Datenquellen für epidemiologische Häufigkeitsmaße 64
3.2.1   Primär- und Sekundärdatenquellen 65
3.2.2   Daten des Gesundheitswesens in Deutschland 68
3.2.3   Nutzung von Sekundärdaten am Beispiel der Mortalitätsstatistik 74

3.3   Typen epidemiologischer Studien 80
3.3.1   Ökologische Relationen 81
3.3.2   Querschnittsstudien 83
3.3.3   Fall-Kontroll-Studien 87
3.3.4   Kohortenstudien 96
3.3.5   Interventionsstudien 106
3.3.6   Bewertung epidemiologischer Studiendesigns 115

4   **Planung epidemiologischer Studien** **121**

4.1   Qualität epidemiologischer Studien 121
4.1.1   Validität 121
4.1.2   Zufällige und systematische Fehler 124

4.2   Auswahl der Studienpopulation 129
4.2.1   Ein- und Ausschlusskriterien 129
4.2.2   Randomisierung und zufällige Auswahl 131
4.2.3   Nicht-zufällige Auswahl 134

4.3   Kontrolle zufälliger Fehler 140
4.3.1   Zufallsfehler und Stichprobenumfang 140
4.3.2   Notwendiger Studienumfang 142
4.3.3   Powervorgaben, Studiendesign und Stichprobenumfang 148

4.4   Systematische Fehler (Bias) 151
4.4.1   Auswahlverzerrung (Selection Bias) 151
4.4.1.1   Auswahlverzerrung durch Nichtteilnahme 151
4.4.1.2   Korrektur der Auswahlverzerrung 156
4.4.1.3   Typen von Auswahlverzerrung 161
4.4.2   Informationsverzerrung (Information Bias) 166
4.4.2.1   Typen von Informationsverzerrung 166
4.4.2.2   Fehlklassifikation 168
4.4.2.3   Fehlklassifikation in der Vierfeldertafel 177
4.4.3   Verzerrungen durch Störgrößen (Confounding Bias) 185

4.5   Kontrolle systematischer Fehler 192
4.5.1   Schichtung 193
4.5.2   Matching 197

5   Durchführung epidemiologischer Studien **203**

5.1   Studienprotokoll und Operationshandbuch 203
5.1.1   Studienprotokoll 203
5.1.2   Operationshandbuch 208

5.2   Befragungen 214
5.2.1   Durchführung von Befragungen 214
5.2.2   Typen von Befragungsinstrumenten und Interviews 214
5.2.3   Auswahl und Konstruktion von Befragungsinstrumenten 216

5.3   Rekrutierung von Studienteilnehmern 222
5.3.1   Kontaktaufnahme 222
5.3.2   Organisation der Datenerhebung 224
5.3.3   Kontaktprotokoll 225

5.4   Datenmanagement und -dokumentation 227

5.5   Qualitätssicherung und -kontrolle 229

5.6   Ethik und Datenschutz 234
5.6.1   Ethische Prinzipien bei Studien am Menschen 234
5.6.2   Grundprinzipien des Datenschutzes in epidemiologischen Studien 239
5.6.3   Ethische Prinzipien bei veterinärepidemiologischen Studien 240

6   Auswertung epidemiologischer Studien **243**

6.1   Einführung 243

6.2   Einfache Auswertungsverfahren 244
6.2.1   Schätzen epidemiologischer Maßzahlen 245
6.2.2   Konfidenzintervalle für das Odds Ratio 252
6.2.3   Hypothesentests für epidemiologische Maßzahlen 259

6.3   Geschichtete Auswertungsverfahren 270
6.3.1   Schätzen in geschichteten 2×2-Tafeln 272
6.3.2   Konfidenzintervalle für das gemeinsame Odds Ratio 277
6.3.3   Hypothesentests für das gemeinsame Odds Ratio 281
6.3.4   Tests auf Homogenität und Trend 285

6.4   Auswertungsverfahren bei Matching 291
6.4.1   Generelle Auswertungsstrategie bei indiviueller Paarbildung 291
6.4.2   Schätzen des Odds Ratio 293
6.4.3   Konfidenzintervalle für das Odds Ratio 294
6.4.4   Hypothesentests für das Odds Ratio 296
6.4.5   Auswertungsprinzipien des Häufigkeitsmatching 298

6.5   Logistische Regression 298
6.5.1   Das logistische Modell und seine Interpretation 299
6.5.2   Likelihood-Funktion und Maximum-Likelihood-Schätzer der
           Modellparameter 313
6.5.3   Approximative Konfidenzintervalle für die Modellparameter 315
6.5.4   Statistische Tests über die Modellparameter 317
6.5.5   Proportional-Odds-Modelle 322

6.6   Poisson-Regression 325
6.6.1   Das Poisson-Modell 326
6.6.2   Likelihood-Funktion und Maximum-Likelihood-Schätzer der
           Modellparameter 329
6.6.3   Asymptotische Konfidenzintervalle für die Parameter des
           Poisson-Modells 330
6.6.4   Statistische Tests über die Parameter des Poisson-Modells 330
6.6.5   Das Poisson-Modell unter Berücksichtigung der Zeiten unter
           Risiko 331
6.6.6   Überdispersion 336

6.7   Strategien bei der Modellbildung 336
6.7.1   Modellbildung und Variablenselektion 337
6.7.2   Confounding und Wechselwirkungen 341
6.7.3   Diskrete und stetige Risikofaktoren 344

7   Bewertung epidemiologischer Studien 347

7.1   Leitlinien für gute epidemiologische Praxis 347

7.2   Aufbau und Inhalt einer epidemiologischen Publikation 358

7.3   Kritisches Lesen einer epidemiologischen Publikation 362

Anhang S   Statistische Grundlagen 373

Anhang L   Logarithmus und Exponentialfunktion 441

Anhang GEP Leitlinien Gute Epidemiologische Praxis
           der Deutschen Gesellschaft für Epidemiologie 443

Anhang P   Publikation Ahrens et al. (2007) 457

Anhang D   Daten 465

Anhang T   **Verteilungstafeln** **471**

T 1   Quantile der Standardnormalverteilung 472
T 2   Quantile der χ^2-Verteilung mit k Freiheitsgraden 473
T 3   Quantile der t-Verteilung mit k Freiheitsgraden 474

Literaturverzeichnis **475**

Verzeichnis der Abkürzungen **485**

Sachverzeichnis **487**

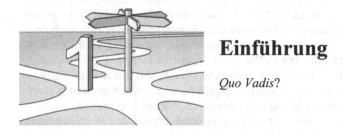

Einführung

Quo Vadis?

1.1 Besonderheiten epidemiologischer Methoden

Die Erfassung der Auswirkungen von Verhalten, Lebensbedingungen und genetischen Merkmalen auf den physischen und psychischen Gesundheitszustand des Menschen ist ein zentrales Anliegen moderner Gesundheitsforschung. Auch die Bewertung der Lebensgrundlage von Tieren, sei es als Nutztiere, die zur Gewinnung von Lebensmitteln dienen, oder auch als Partner im sozialen Umfeld der Menschen, ist von stetig zunehmender Bedeutung in unserer Gesellschaft. Die **Epidemiologie** beschäftigt sich deshalb mit der Verteilung von Krankheiten, deren Vorstufen und Folgen sowie mit den Faktoren, die diese Verteilung beeinflussen. Sie leitet daraus Maßnahmen zur Krankheitsprävention ab und evaluiert deren Wirksamkeit. Epidemiologie beschränkt sich dabei nicht nur auf die Untersuchung von Epidemien und deren Entstehung, sondern umfasst das gesamte Spektrum von Erkrankungen, d.h., es interessieren verbreitete Krankheiten genauso wie seltene Krankheitsbilder. Damit kommt der Epidemiologie als grundlegendes Bindeglied zwischen experimenteller Grundlagenforschung und öffentlichem Gesundheitswesen eine große gesellschaftliche Bedeutung zu.

In diesem Buch befassen wir uns mit *"Epidemiologischen Methoden"*, d.h. mit denjenigen Verfahren, mit denen man epidemiologische Erkenntnisse gewinnen kann. Dabei kann man zwischen rein *deskriptiven Verfahren* und *Verfahren zur Zusammenhangsanalyse*, insbesondere zur Erkennung von Ursache-Effekt-Beziehungen, unterscheiden.

Ein Beispiel für eine deskriptive Fragestellung wird in jüngster Zeit vermehrt in der Öffentlichkeit diskutiert. "Epidemie Übergewicht – Die Welt wird immer dicker" titelte z.B. der Stern bereits in seiner Ausgabe vom 1. Februar 2008 (Stern 2008) und z.B. "Zwei Milliarden Menschen zu dick: UN soll Fettleibigkeit bekämpfen" (Stern 2011). Damit weist der Stern auf eine wichtige gesundheitliche Frage der neueren Zeit, das Adipositas-Problem – das krankhafte Übergewicht vieler Menschen in unserer Gesellschaft –, hin. Solche Schlagzeilen sind kritisch zu hinterfragen. Wenn davon die Rede ist, dass die Welt immer dicker wird, so sind sicherlich genauere Angaben zur Verteilung der Adipositas erforderlich, d.h., wie wird Adipositas definiert, wie viele Menschen sind eigentlich übergewichtig, und tritt die Adipositas in verschiedenen Regionen dieser Welt gleich häufig auf. Insbesondere benötigt man

Zahlen für dieselben Bevölkerungsgruppen, z.B. bezogen auf spezielle Länder, über mehrere Jahre, um beurteilen zu können, ob tatsächlich ein Trend vorliegt, d.h. ob "die Welt" immer dicker wird. Anekdotische Betrachtungen reichen dabei nicht aus, sondern es müssen belastbare und miteinander vergleichbare Zahlen zusammengetragen werden, die darüber Auskunft geben. Wegen der unterschiedlichen Größe von Ländern ist es jedoch offensichtlich, dass die absoluten Zahlen der Übergewichtigen nicht direkt verglichen werden können, sondern dass die Zahlen auf die jeweiligen Bevölkerungsgrößen umgerechnet werden müssen, z.B. in der Form von Übergewichtigen je 100.000 Einwohner. Aber selbst dann ist ein direkter Vergleich u.U. nicht möglich, da die unterschiedlichen Strukturen in den Bevölkerungen, wie z.B. ein unterschiedlicher Altersaufbau, berücksichtigt werden müssen. Die Bearbeitung solcher Fragestellungen gehört zur **deskriptiven Epidemiologie**.

Die Ergebnisse der beschreibenden Epidemiologie führen oft unmittelbar zu der Suche nach den Ursachen von Erkrankungen. Wenn sich bei dem angeführten Beispiel tatsächlich ein Unterschied zwischen der Häufigkeit des Auftretens des Übergewichts in zwei Ländern zeigt, dann möchte man natürlich wissen, was die Ursachen dafür sein können und ob geeignete Interventionsmaßnahmen die Häufigkeit von Übergewicht reduzieren können. Ein erster Ansatz sind so genannte ökologische Korrelationen, bei denen z.B. die Ernährungsgewohnheiten in Form des Pro-Kopf-Verbrauches bestimmter Lebensmittel in beiden Ländern verglichen werden, um zu prüfen, ob ein regionaler Zusammenhang zwischen dem Pro-Kopf-Verbrauch dieser Lebensmittel und Übergewicht besteht. Typischerweise sind die daraus gewonnenen Erkenntnisse jedoch anfällig für Fehlschlüsse. Daher wird man in der Regel eine gezielte Studie durchführen und übergewichtige Personen nach ihren Essgewohnheiten und ihren sonstigen Lebensgewohnheiten befragen und mit einer Kontrollgruppe normalgewichtiger Personen vergleichen. Mit solchen Studien lassen sich Erklärungsansätze für die ansteigende Häufigkeit der Adipositas in der Bevölkerung finden. Man ordnet diesen Forschungsansatz der **analytischen Epidemiologie** zu.

Ein anderes Beispiel ist die geographische Konzentration von Leukämie bei Kindern. Treten solche Leukämie-Fälle räumlich konzentriert auf oder sind sie gleichmäßig über die Bevölkerung gestreut? Treten sie insbesondere in der Nähe von Atomkraftwerken gehäuft auf und wie ist "in der Nähe" zu definieren? Welche Bedeutung haben der Zufall und die Tatsache, dass die Gesamtzahl dieser Leukämiefälle relativ klein ist? Solche und ähnliche Fragen müssen geklärt werden, bevor eine *Aussage über Kausalfaktoren* für die Leukämie bei Kindern gemacht werden kann.

Aus diesen Beispielen ist bereits ersichtlich, dass die zu Anfang gegebene knappe Definition von Epidemiologie viele Teilaspekte umfasst und dass epidemiologische Methoden auf die unterschiedlichen Fragestellungen der Epidemiologie übertragen werden müssen.

Allgemein verstehen wir unter "Epidemiologischen Methoden" diejenigen Verfahren, mit denen man epidemiologische Erkenntnisse gewinnen kann. Solche Erkenntnisse können etwa von der Form sein: "Starkes Zigarettenrauchen verzehnfacht die Chance für das Auftreten des Bronchialkarzinoms." Diese Aussage hat zwei Aspekte: Zum einen besagt sie, dass das Rauchen das Risiko für diese Krankheit erhöht, d.h., dass das Rauchen einen Risikofaktor für diese Krankheit darstellt. Zum anderen quantifiziert sie diesen Einfluss, indem sie von einer Verzehnfachung der Chance spricht. Darüber, wie groß die Chance für diese Krankheit bei Rauchern bzw. bei Nichtrauchern ist, wird nichts ausgesagt. Dies ist typisch für epidemiologische Resultate und hat, wie wir sehen werden, seinen Grund in den häufig angewendeten Studienformen.

Was ist nun das Besondere an epidemiologischen Methoden? Es ist offensichtlich, dass in unserem Beispiel ein Zusammenhang nur durch eine sorgfältige Erfassung des Rauchverhaltens und eine genaue Abklärung des Befundes des Lungenkarzinoms bei einer größeren Anzahl von Personen nachgewiesen werden kann. Es gilt generell, d.h. für jede ätiologische Fragestellung, also für jede Frage nach den Ursachen einer Erkrankung, dass sowohl der vermutete Risikofaktor als auch die interessierende Krankheit an einer größeren Personengruppe erfasst werden muss. Dies stellt große Anforderungen an die einzusetzenden Messinstrumente und die Planung sowie Durchführung der Erfassung. Dabei werden speziell bei der Planung einer Studie und bei der Auswertung der gesammelten Daten *statistische Methoden* eingesetzt. Daraus ergibt sich die Forderung nach einer korrekten und vollständigen Dokumentation der in die Untersuchung eingehenden Daten der Studienteilnehmer.

In einer idealen Welt würde man alle relevanten Fälle in eine Studie einbeziehen. Dies ist in der Praxis kaum möglich. Aber selbst, wenn einmal alle Krankheitsfälle in eine Studie aufgenommen werden könnten, bräuchte man zum Vergleich auch gesunde Personen, deren Anzahl bestimmt zu groß ist, als dass man sie vollständig erfassen könnte. Aus diesem Grund muss man mit *Stichproben der relevanten Personengruppen* arbeiten. Erst dadurch werden Studien überhaupt durchführbar und bezahlbar. Jedoch bringt das Stichprobenziehen ein Element des *Zufalls* in die Ergebnisse. Selbst wenn man die gleiche Untersuchung mit einer neuen Stichprobe aus der gleichen Population wiederholen würde, dann könnte man nicht exakt das gleiche Ergebnis erwarten. Es ist deshalb wichtig, die Höhe des Zufallseinflusses abschätzen zu können und zu wissen, wie groß die Studienpopulationen sein müssen, damit der Zufallseffekt einen vorgegebenen kritischen Wert nicht überschreitet. Mit diesen und ähnlichen Fragestellungen beschäftigt sich die Stichprobentheorie, eine Teildisziplin der statistischen Methodenlehre.

In vielen Wissenschaften wird der *Einfluss eines Faktors auf eine Zielvariable* untersucht. Man denke etwa an die Erforschung des Zusammenhangs zwischen Fallhöhe und Falldauer eines Objekts in der Physik oder an die Beziehung zwischen Düngemittelmenge und Ertrag in der landwirtschaftlichen Forschung. Solche Zusammenhänge werden in der Regel durch ein *Experiment* untersucht. Beim landwirtschaftlichen Experiment wird man eine Anzahl von Feldstücken bereitstellen und sie mit unterschiedlichen Mengen des Düngemittels behandeln. Zeigen dann die Feldstücke mit hohem Düngemitteleinsatz im Durchschnitt höhere Erträge als die Felder mit geringen Mengen und ist der Unterschied so groß, dass er durch den Zufall nicht erklärt werden kann, dann ist der Nachweis erbracht, dass das Düngemittel den Ertrag positiv beeinflusst. Mittels geeigneter statistischer Verfahren lässt sich die Beziehung zwischen Düngemittelmenge und Ertragssteigerung quantifizieren.

Das Experiment ist aber nur schlüssig, wenn sichergestellt ist, dass die Feldstücke den Düngemittelmengen *fair zugeordnet* worden sind. Unterscheiden sich die Feldstücke hinsichtlich der Bodenqualität und werden die hohen Düngemittelmengen vorwiegend auf Felder angewandt, die eine überdurchschnittlich gute Bodenqualität besitzen und umgekehrt, dann führt eine formal richtige statistische Auswertung trotzdem zu Fehlschlüssen, da der erhöhte Ertrag dieser Felder nicht ausschließlich auf die größere Menge des Düngemittels, sondern zumindest teilweise auch auf die bessere Bodenqualität der Felder zurückgeführt werden muss. Die Wirkung des Düngemittels wird somit überschätzt.

Dieser Fehler wird in einem Experiment dadurch vermindert, dass man die Versuchsfelder auf die Mengen des Düngemittels *zufällig zuordnet*. Dabei kann man aber nicht garantieren, dass die Zuordnung keine Düngemittelmenge begünstigt. Insbesondere kann es nach wie vor vorkommen, dass fruchtbarere Felder höhere Mengen an Düngemittel erhalten, aber die Wahrscheinlichkeit dafür ist, vor allem bei Experimenten mit einer großen Zahl von Anbauflächen, verschwindend klein, so dass diese Gefahr dann als unerheblich angesehen werden kann. Die zufällige Zuordnung hat überdies den Vorteil, dass sie den Ausgleich nicht nur hinsichtlich der Bodenqualität, sondern auch hinsichtlich aller übrigen *"Störfaktoren"* wie pH-Wert, Wärmeexposition, Feuchtigkeit des Bodens etc. erreicht. Zeigen Feldstücke mit hohem Düngemitteleinsatz auch höhere Erträge, kann eindeutig geschlossen werden, dass die Düngemittelmenge kausal den Ertrag positiv beeinflusst.

Ein wesentliches Kennzeichen der *Epidemiologie* besteht nunmehr darin, dass sie Einflussfaktoren finden und ihre Auswirkungen bewerten kann, *ohne* dass ein *Experiment* und vor allem *ohne* dass eine *zufällige Zuordnung* von Expositionen auf Individuen erforderlich ist. Es versteht sich von selbst, dass die Auswirkungen des Zigarettenrauchens oder des Umgangs mit gefährlichen Stoffen am Arbeitsplatz aus ethischen Gründen nicht experimentell erforscht werden können. Deshalb muss man nach statistischen Verfahren suchen, die es erlauben, Daten auf andere Weise zu gewinnen und daraus valide statistische Schlüsse zu ziehen.

Interessiert man sich für die Frage, ob Raucher häufiger an Lungenkrebs sterben als Nichtraucher, dann ist man hier mit dem Problem einer langen Latenzzeit konfrontiert. Selbst wenn die Studie mit zwei Gruppen älterer Personen durchgeführt würde, müsste man wohl mehr als ein Jahrzehnt warten, bis von allen Studienteilnehmern bekannt ist, ob sie an Lungenkrebs sterben oder nicht. Derart lange auf zentrale Erkenntnisse über die Ursachen von schwerwiegenden Erkrankungen zu warten, ist jedoch auch ethisch nicht vertretbar, so dass man ein anderes Vorgehen zur Erkenntnisgewinnung wählen muss. So kann man in wesentlich kürzerer Zeit bei den Personen, die an Lungenkrebs in einem Krankenhaus oder in einer Region sterben, feststellen, ob sie Zigaretten geraucht haben oder nicht. Ist dann unter den Lungenkrebsfällen ein größerer Raucheranteil als in einer Vergleichsgruppe anzutreffen, dann spricht diese Beobachtung für eine Beziehung zwischen Rauchen und Lungenkrebs. Im Gegensatz zu allen experimentellen Wissenschaften führt bei dieser Vorgehensweise der Weg nicht von der Ursache zur Wirkung, sondern von der Wirkung zur Ursache. Man spricht hier von einem retrospektiven (also: zeitlich zurückblickenden) Vorgehen im Gegensatz zum üblichen prospektiven, vorwärtsblickenden Verfahren. Ein wesentlicher Teil der epidemiologischen Methoden beschäftigt sich mit den Verfahren, aus retrospektiv gewonnenen Daten valide statistische Schlüsse zu ziehen.

Das Hauptproblem dabei ist die mögliche *Vermengung von Einflussfaktoren* und der daraus entstehende *"Bias"*. Vergleicht man beispielsweise die Häufigkeit von Blasenkrebs bei starken Kaffeetrinkern mit dem von Nicht-Kaffeetrinkern, so stellt man fest, dass die Krankheit bei Kaffeetrinkern häufiger auftritt. Die Frage ist, ob das Kaffeetrinken ursächlich für die Krankheit ist oder ob die beobachtete Assoziation durch andere Faktoren erklärt wird. Die Frage nach der Kausalbeziehung ist deshalb in der Epidemiologie so wichtig, da man bei einem Kausalfaktor die Möglichkeit hat, durch Vermeidung des Faktors das Risiko für die Krankheit zu verringern. Bei einem nur scheinbaren Risikofaktor hätte ein solches Vorgehen keine Auswirkung auf das Krankheitsrisiko. In diesem Fall ist es so, dass Kaffeetrinker mehr rauchen als Personen, die nicht regelmäßig Kaffee trinken. Tabakrauchen ist aber ein starker Risikofaktor für Blasenkrebs. Eine genauere Analyse des Zusammenhangs, die das Rauch-verhalten mitberücksichtigt, zeigt, dass das erhöhte Blasenkrebsrisiko bei Kaffeetrinkern fast vollständig durch deren stärkeres Rauchen erklärt wird (Pohlabeln et al. 1999). Auch eine Analyse bei Nichtrauchern zeigte keinen überzeugenden Zusammenhang (Sala et al. 2000). Damit ist Kaffeetrinken nicht ursächlich, also kein Risikofaktor für Blasenkrebs, da die As-soziation letztlich durch das Rauchen verursacht wird. Diese Vermengung (engl. *Confoun-ding*) der Faktoren Kaffeetrinken und Rauchen kann also zu einem Fehlschluss führen, wenn die Störvariable (engl. *Confounder*) unberücksichtigt bleibt.

Wie das Beispiel zeigt, besteht bei nichtexperimentellen Studien die Gefahr, dass einem vermuteten Einflussfaktor (hier: Kaffeetrinken) eine wesentlich größere Bedeutung zuge-sprochen wird als ihm in Wirklichkeit zukommt, falls er ein Indikator oder Stellvertreter für einen echten Risikofaktor (hier: Zigarettenrauchen) ist, der nicht in die Analyse aufgenom-men worden ist. Daraus ergibt sich die Quintessenz, dass bei der Untersuchung des Einflus-ses eines vermuteten Einflussfaktors auf eine Krankheit alle Risikofaktoren, die mit dem diesem Faktor assoziiert sind, in die Analyse mit einbezogen werden müssen, wenn man einen Fehlschluss vermeiden will.

Eine Herausforderung an die Epidemiologie besteht somit darin, statistische Analyseverfah-ren bereitzustellen, die solche Fehlschlüsse so weit wie möglich vermeiden helfen.

1.2   Anwendungsgebiete epidemiologischer Forschung

Epidemiologische Fragestellungen umfassen eine große Vielfalt fachlicher Disziplinen. So findet man epidemiologische Fragen sowohl bei infektiösen als auch bei nicht-infektiösen Krankheiten, bei akuten wie chronischen Erkrankungen. Diverse Spezialisierungen haben somit Fächer wie die Krebsepidemiologie, die Epidemiologie von Herz-Kreislauf-Erkrankungen, die Rheumaepidemiologie, die Epidemiologie allergischer oder neuro-generativer Erkrankungen, die Infektionsepidemiologie und andere entstehen lassen, die alle einen Beitrag zum Verständnis der Verbreitung sowie der Ursachen von Erkrankungen er-bracht haben.

Neben der Perspektive auf eine spezielle Erkrankung nimmt die Epidemiologie auch die Perspektive möglicher Ursachen ein. So beschäftigt sich die Umweltepidemiologie mit der Wirkung von (schädlichen) Umwelteinflüssen auf die Gesundheit. Weitere expositionsbezo-gene Arbeitsgebiete der Epidemiologie sind z.B. die Arbeits-, die Ernährungs-, die Pharma-ko- oder die Strahlenepidemiologie.

Aufgrund des demographischen Wandels gewinnt die Epidemiologie des Alterns zunehmend an Bedeutung und mit ihr auch die so genannte Life-Course-Epidemiologie, mit der versucht wird, Expositionen in sensiblen Lebensphasen oder im Lebensverlauf aufkumulierte kriti-sche Ereignisse zu identifizieren, die ein späteres Auftreten von Erkrankungen begünstigen.

Nicht zuletzt ist aber auch die Frage nach der Population von Interesse, denn neben dem Menschen sind auch das Tier oder die Pflanze ein Objekt von Bedeutung für die Erforschung von Krankheit und Gesundheit und so wurden Begriffe wie die Veterinär- oder die Phyto-epidemiologie geprägt.

Im Folgenden werden wir an einigen Beispielen eine Einführung in Anwendungsgebiete moderner Epidemiologie geben.

Lungenkrebs durch Rauchen – ein Meilenstein der modernen Epidemiologie

Von großer Bedeutung für die Epidemiologie war die Untersuchung der Beziehung zwischen *Rauchen* und dem Entstehen von *Lungenkrebs*. Dieses Forschungsgebiet hat einerseits stark zu einer Klärung der Verfahren und Methoden der Epidemiologie, andererseits zu einer breiten Anerkennung der Wissenschaft der Epidemiologie in der Öffentlichkeit beigetragen. Letzteres hängt natürlich mit dem damals gefundenen spektakulären Resultat zusammen, dass starkes Rauchen von ungefilterten Zigaretten das Risiko, an Lungenkrebs zu erkranken, auf ca. das Zehnfache erhöht. Ein Meilenstein war die von Doll & Hill (1950) durchgeführte, krankenhausbasierte Fall-Kontroll-Studie, deren Diagnosezeitraum von April 1948 bis Oktober 1949 andauerte. Die Methodendiskussion wurde dadurch belebt, dass zu jener Zeit namhafte Wissenschaftler wie z.B. Sir Ronald A. Fisher behaupteten, ohne Experiment und ohne weitere biologisch-medizinische Einsichten sei es nicht möglich, eine Kausalbeziehung der genannten Art nachzuweisen (siehe Stolley 1991). Sie wollten deshalb Ergebnisse, die auf reinen Beobachtungsstudien beruhen, nicht anerkennen. Diese Kontroverse führte zu lebhaften Auseinandersetzungen auf wissenschaftlichen Kongressen, aber auch zu einer Klärung und Verbesserung des Stellenwerts der Methoden der Epidemiologie.

Lungenkrebs durch Radon – ein umweltbezogenes Gesundheitsproblem

Neben dem Aktivrauchen sind auch andere Variablen als Risikofaktoren für das Auftreten des Bronchialkarzinoms erkannt worden, wie berufliche Expositionen, Luftverunreinigungen durch Dieselmotorabgase, Passivrauchen, Ernährung, insbesondere Vitamin-A-Mangel, sozioökonomische Faktoren, psychosoziale Faktoren und genetisch bedingte Einflüsse (Samet 1993).

Die Exposition gegenüber Radon und Radonfolgeprodukten in Wohngebäuden stellt einen umweltbedingten Risikofaktor dar (Gerken et al. 1996). Erste Indizien der Gesundheitsgefahr durch Radon reichen bis in das ausgehende Mittelalter zurück, als die so genannte Schneeberger Lungenkrankheit bei den Bergleuten des Silberbergbaus im Erzgebirge eine auffällige Häufung erfuhr. Erst mit der Entdeckung der Radioaktivität bzw. der Identifikation der Erkrankung als Lungenkrebs konnte in den ersten Jahrzehnten des 20. Jahrhunderts ein kausaler Zusammenhang hergestellt werden. Später stellte sich die Frage, ob bereits bei den wesentlich geringeren Expositionen der Wohnbevölkerung in Gebieten mit erhöhten Radongasemanationen aus dem Untergrund ein gesundheitliches Risiko zu beobachten sei. Diese Frage kann nur durch Beobachtung und nicht durch ein Experiment geklärt werden. Dabei zeigen sich zwei grundsätzliche Probleme.

Das erste Problem besteht darin, dass das Lungenkarzinom mit derzeit ca. 80 Fällen pro 100.000 Männer und ca. 30 Fällen pro 100.000 Frauen (RKI 2009) zwar eine häufige Krebserkrankung, aber doch ein sehr seltenes Krankheitsereignis ist. Damit ist nicht zu erwarten, dass man in einer beliebigen Gruppe von Menschen eine große Zahl von Lungenkrebserkrankungen beobachten kann. Aus Sicht der epidemiologischen Methodik bietet es sich daher an, dass man zunächst Krankheitsfälle sucht (z.B. in einem Krankenhaus oder aus einem Register), diesen gesunde Vergleichspersonen gegenüberstellt und herausfindet, ob und in welchem Umfang diese Personen in der Vergangenheit Risiken ausgesetzt waren. Man bezeichnet einen solchen Forschungsansatz auch als Fall-Kontroll-Studie.

Mit diesem Studientyp ergibt sich aber sofort ein zweites Problem, das zudem bei der Betrachtung des Risikofaktors Radon noch verstärkt wird, nämlich die Frage, wie nun (retrospektiv) die Exposition mit Radon festgestellt werden kann. Wenn es auch möglich ist, in der Wohnung der Studienteilnehmer eine aktuelle Messung durchzuführen, so stimmt diese heute durchgeführte Messung nicht unbedingt mit der Exposition während der 20 bis 30 Jahre zurückliegenden Vergangenheit überein, die als ursächlich für das Entstehen einer Lungenkrebserkrankung anzusehen ist.

Die Ursachen von BSE – Veterinärepidemiologie als Gesundheitsschutz für Tier und Mensch

Epidemiologie ist und war zunächst als humanmedizinisch orientierte Wissenschaftsdisziplin begründet. Die Ideen und Methoden der Epidemiologie erfahren aber auch zusehends bei veterinärmedizinischen Problemen eine Anwendung. Wenn auch einzelne Fragen hier naturgemäß ganz anders gelöst werden müssen, so entsprechen die Grundprinzipien der *Veterinärepidemiologie* denen der Humanepidemiologie. Als Beispiel für eine veterinärepidemiologische Fragestellung sollen hier Untersuchungen zur bovinen spongiformen Enzephalopathie (BSE) bei Rindern erwähnt werden. Die auch unter dem Namen "Rinderwahnsinn" bekannt gewordene Erkrankung trat in Großbritannien in den 1980er Jahren erstmalig auf.

Auch hier war der Ansatz einer Fall-Kontroll-Studie eine geeignete Möglichkeit zur Untersuchung dieses Phänomens, da die Krankheit zunächst durchaus selten war und keinerlei Erkenntnisse vorlagen, was die Ursachen hiefür sein könnten (Wilesmith et al. 1988). Dabei war nicht das einzelne Tier das Studienobjekt, sondern ein gesamter Betrieb, da Ursachen auch im betrieblichen Management gesucht wurden. Hierbei stand eine Vielzahl von potenziellen Risikofaktoren unter Verdacht, so dass es erforderlich war, deren gemeinsame Wirkung zu untersuchen. Dies stellt eine typische Situation für epidemiologische Studien dar, denn in der Regel sind Erkrankungen multikausal bedingt (siehe Kapitel 3 und 6).

Durch eine systematische epidemiologische Betrachtung konnte seinerzeit festgestellt werden, dass eine Ursache in der Fütterung der Tiere lag. Die Identifizierung dieses Risikofaktors konnte direkt in tierärztliches wie behördliches Handeln umgesetzt werden, indem ein Verbot der Fütterung von so genannten Fleisch-Knochen-Mehlen an Rinder angeordnet wurde. Dieses Verbot ist letztendlich dafür verantwortlich, dass das Auftreten von BSE in Großbritannien systematisch zurückgedrängt wurde und ist damit ein gutes Beispiel für die präventive Funktion der Epidemiologie.

Krebsrisiken von Asphaltarbeitern – ein klassischer Forschungsansatz der Arbeitsplatzepidemiologie

Arbeiter sind häufig Stoffen ausgesetzt, die durch Hautkontakt und über die Atemwege gesundheitsschädigende Wirkungen haben. Die Klassifizierung von Stoffen am Arbeitsplatz als gesundheitsschädigend ist von zentraler Bedeutung für manchmal sehr teure Arbeitsschutzauflagen und für die Anerkennung von Berufskrankheiten. Sie sind daher häufig von großer politischer Brisanz.

Bei der Herstellung von Straßenasphalt wird seit einigen Jahrzehnten erdölstämmiges Bitumen als Bindemittel anstelle des karzinogenen Steinkohlenteers eingesetzt. Die karzinogene Wirkung von Teerstoffen ist unstrittig, aber die Frage, ob Bitumen ein ungefährlicher Ersatz ist, wurde kontrovers diskutiert, insbesondere hinsichtlich eines möglichen Lungenkrebsrisikos. EU-Richtlinien sahen eine weitere Verschärfung von Expositionsgrenzwerten gegenüber Bitumendämpfen bei der Heißverarbeitung von Asphalt vor. Mit dem Interesse, eine weitere Absenkung der maximal zulässigen Arbeitsplatzkonzentrationen zu verhindern, förderte die Asphaltindustrie eine Kohortenstudie, in der die Lungenkrebssterblichkeit von Asphaltarbeitern untersucht werden sollte. Die historische Bitumen-Kohortenstudie (BICOS), die von der International Agency for Research on Cancer

(IARC) koordiniert wurde, schloss insgesamt 29.820 männliche Asphaltarbeiter, 32.245 Hoch- und Tiefbauarbeiter und 17.757 sonstige Bauarbeiter ein, die in sieben europäischen Ländern und Israel rekrutiert wurden. Anhand von Lohnlisten und anderen archivierten Unterlagen aus mehreren hundert Asphalt verarbeitenden Betrieben (Asphaltmischwerke, Dachdecker- und Straßenbaufirmen) wurden die Namen und Adressen aller aktuellen wie auch ehemaligen Betriebsangehörigen, ihre Beschäftigungszeiten sowie ihre Funktionen/Positionen im Betrieb recherchiert und in eine Datenbank übertragen. Anhand der Adressdaten wurden der aktuelle Wohnsitz und der Vitalstatus für jeden einzelnen Arbeiter über Anfragen an Einwohnermeldeämter ermittelt. Über den Zeitraum 1953 bis 2000 wurden Mortalitätsdaten erhoben. Für jeden verstorbenen Arbeiter erfolgten weitere Recherchen, um anhand der Sterbeurkunden die Todesursache zu ermitteln. Die ursachenspezifischen Sterberaten der Bitumenarbeiter wurden schließlich mit den entsprechenden Sterberaten der Allgemeinbevölkerung des jeweiligen Landes verglichen. Zusätzlich erfolgten interne Vergleiche zwischen Untergruppen der Kohorte, die sich hinsichtlich ihrer Exposition unterschieden (Boffetta et al. 2003).

Dieses Beispiel zeigt, dass zur Durchführung epidemiologischer Studien häufig ein hoher Aufwand und eine besondere Koordination erfolgen müssen, um sicherzustellen, dass die erforderlichen Informationen standardisiert und valide erhoben werden.

International konnte im Übrigen eine erhöhte Mortalitätsrate für Lungen- und Kehlkopfkrebs festgestellt werden. Weiterhin zeigten sich erhöhte Mortalitätsraten für Mund- und Pharynxkarzinome, Ösophaguskarzinome und Harnblasentumore.

Jedoch ergab der interne Vergleich bzgl. einer Exposition gegenüber Bitumen bzw. einer früheren Teerexposition keine eindeutigen Ergebnisse. Daher wurde, um den modifizierenden Einfluss verschiedener beruflicher Faktoren und des Aktivrauchens genauer zu untersuchen, entschieden, eine in die Kohorte eingebettete Fall-Kontroll-Studie durchzuführen. Dazu wurde zwischen 2004 und 2009 in sieben Ländern der ursprünglichen Kohorte (Dänemark, Deutschland, Finnland, Frankreich, Niederlande, Norwegen und Israel) eine Fall-Kontroll-Studie durchgeführt. Als Fälle wurden Asphaltarbeiter eingeschlossen, die zwischen 1980 und 2002 bzw. 2005 (je nach Land) an Lungenkrebs verstorben waren. Dazu wurden nicht erkrankte Kohortenmitglieder als Kontrollpersonen in einem Verhältnis von 3 zu 1 zu jedem Fall ausgewählt, so dass die Kontroll- und die Fallperson sowohl gleich alt waren als auch aus dem gleichen Land stammten. Die Exposition zu ermitteln erwies sich als sehr aufwändig. Es wurde eine sehr sorgfältige Abschätzung der Exposition für Bitumendampf und Bitumenkondensat, organische Dämpfe, polyzyklische aromatische Kohlenwasserstoffe sowie gegenüber Asbest, Quarzstaub, Dieselabgasen und Steinkohlenteer vorgenommen, bei der Fragebogenangaben mit historischen betrieblichen Messdaten kombiniert wurden.

Insgesamt wurden 433 Fälle und 1.253 Kontrollen in die Analyse der eingebetteten Fall-Kontroll-Studie eingeschlossen. Als ein wichtiges Ergebnis ist festzuhalten, dass sich kein eindeutiger Zusammenhang zwischen inhalativer Exposition gegenüber Bitumen und Lungenkrebs nachweisen ließ. Die erhöhte Lungenkrebsmortalität in der Bitumenkohorte ließ sich teilweise auf eine erhöhte Rauchprävalenz bzw. eine Exposition gegenüber Steinkohleteer zurückführen. Allerdings ergaben sich Hinweise auf ein Lungenkrebsrisiko nach dermaler Exposition gegenüber Bitumenkondensaten (Olsson et al. 2010).

Welchen Einfluss hat die Ernährung auf das Krebsrisiko? – Eine langfristige europaweite Studie

Wie bereits eingangs erwähnt, werden zurzeit insbesondere die Auswirkungen des veränderten Ernährungsverhaltens in Bezug auf die weltweit steigende Prävalenz von Übergewicht und Adipositas diskutiert. Allerdings ist dies nur ein Aspekt. Allgemein ist bekannt, dass das Ernährungsverhalten im Zusammenspiel mit anderen Lebensstilfaktoren sowohl einen positiven als auch einen negativen Einfluss auf den Gesundheitszustand haben kann.

Um den Zusammenhang von Ernährungsgewohnheiten, Lebensstil- und Umweltfaktoren mit dem Auftreten von Krebserkrankungen und anderen chronischen Krankheiten zu untersuchen, wurde mit EPIC (European

Prospective Investigation into Cancer and Nutrition) die größte Längsschnittstudie bei Erwachsenen zu diesem Fragenkomplex im Rahmen des Programms "Europe Against Cancer" der Europäischen Kommission im Jahr 1992 initiiert.

Es wurden zwischen 1993 und 2000 in 23 Städten aus zehn europäischen Ländern (Dänemark, Deutschland, Frankreich, Griechenland, Großbritannien, Italien, Niederlande, Norwegen, Schweden, Spanien) 521.000 Erwachsene (Mindestalter: 20 Jahre) aus der Allgemeinbevölkerung rekrutiert, wobei die skandinavischen Länder erst 1995 dem EPIC-Konsortium beitraten. Mittels standardisierter Fragebögen wurden detaillierte Informationen über Ernährung und Lebensstil gesammelt. Bei jedem Studienteilnehmer wurden außerdem anthropometrische Messungen vorgenommen und Blutproben gesammelt. Nach dieser Basiserhebung, die zu Beginn des Studienzeitraums stattfand, wurden die Studienteilnehmer in Abständen von einigen Jahren immer wieder zu Folgeuntersuchungen eingeladen. Im Rahmen dieser Nachverfolgung wurden neu eingetretene Erkrankungen wie auch Sterbefälle und ihre Ursachen erfasst. Mit diesem longitudinalen Ansatz kann die Inzidenz, d.h. das Auftreten von Neuerkrankungen, für ein breites Diagnosespektrum ermittelt und in Zusammenhang zu den gemessenen Ernährungsgewohnheiten und Lebensstilfaktoren gesetzt werden. Über die ursprünglichen Ziele hinaus wird in EPIC z.B. auch der Einfluss endogener Hormone auf die Entstehung von Darm-, Brust-, Gebärmutter-, Eierstock- und Prostatakrebs und die Interaktion zwischen genetischen Polymorphismen und Ernährungs- sowie Lebensstilfaktoren untersucht.

Damit stellt die EPIC-Studie eine der wenigen, über Jahrzehnte laufenden internationalen Kohorten dar, die aufgrund ihres longitudinalen Charakters und ihrer Größe die Untersuchung von seltenen Erkrankungen, Langzeiteffekten der Ernährung und Wechselwirkungen zwischen Ernährung und anderen Faktoren erlaubt.

Die EPIC-Studie hat zu zahlreichen neuen Erkenntnissen geführt, aber auch zur Bekräftigung bereits existierender Hypothesen entscheidend beigetragen. So konnte beispielsweise die Hypothese unterstützt werden, dass der Konsum von rotem und von verarbeitetem Fleisch das Risiko für Darmkrebs erhöht, während dieses Risiko durch den Konsum von Fisch reduziert wird. Weitere zentrale Ergebnisse der EPIC-Studie und eine ausführlichere Beschreibung zukünftiger Forschungsschwerpunkte findet man auf der EPIC-Website der International Agency for Research on Cancer (IARC 2011).

Wie gesund sind wir eigentlich? Der Bundesgesundheitssurvey – ein Querschnitt durch die Bevölkerung

Der erste gesamtdeutsche Gesundheitssurvey, der Bundesgesundheitssurvey 1998, begann im Oktober 1997. Dieses Projekt des Robert Koch-Instituts (RKI 1998) hatte zum Ziel, den Gesundheitszustand der deutsch sprechenden Bevölkerung durch eine repräsentative Untersuchung zu erfassen.

Die Zielpopulation bestand aus allen im Erhebungszeitraum in Privathaushalten lebenden und beim Einwohnermeldeamt mit Hauptwohnsitz gemeldeten Erwachsenen im Alter von 18 bis 79 Jahren, die über ausreichend deutsche Sprachkenntnisse verfügten, was im Rahmen eines ersten telefonischen oder persönlichen Kontakts festgestellt wurde. Personen in Kasernen, Altersheimen, Krankenhäusern oder Pflege- bzw. Heilanstalten waren ausgeschlossen.

Die Stichprobe der in den Survey einzuschließenden Personen wurde mittels eines mehrstufigen Verfahrens aus dem Einwohnermelderegister gezogen. Die geschichtete Zufallsstichprobe wurde folgendermaßen gezogen: (1) In der 1. Stufe wurden zufällig Gemeinden ausgewählt, wozu diese nach Bundesländern und Gemeindegrößen geschichtet wurden. Insgesamt wurden 120 Gemeinden mit einer Ziehungswahrscheinlichkeit proportional zu ihrer Bevölkerungsgröße zufällig ausgewählt, davon 40 Gemeinden in den neuen und 80 in den alten Ländern. (2) In den ausgewählten Gemeinden wurden zufällig Stadtteile bzw. Wahlbezirke ausgewählt. (3) In den Stadtteilen bzw. Wahlbezirken wurden schließlich zufällig aus dem Einwohnermelderegister ca. gleich viele Personen in dem entsprechenden Alterssegment ausgewählt.

Dieses Verfahren sollte zu einer für Alter, Geschlecht und Gemeindeklassengröße repräsentativen Bevölkerungsstichprobe der Bundesrepublik führen. Diese so genannte Bruttostichprobe von 13.000 Adressen sollte bei einem Responseanteil von angestrebten 65% eine Nettostichprobe von ca. 7.200 Personen ergeben. Die Unterschreitung der angestrebten Teilnahmequote spiegelt einen Trend wider, mit dem sich epidemiologische Studien nicht nur in Deutschland zunehmend konfrontiert sehen. Oftmals sinken die Teilnahmequoten unter 50% und werfen die Frage auf, inwiefern dadurch die Studienergebnisse wirklich repräsentativ oder verzerrt sind. Tatsächlich nahmen insgesamt 7.124 Personen am Bundesgesundheitssurvey 1998 teil, was einer Beteiligung von 61,4% entsprach.

Es wurden ein Fragebogen zu Leben und Gesundheit der Studienteilnehmer eingesetzt, ein ärztliches Interview sowie medizinisch-physikalische und labormedizinische Untersuchungen durchgeführt. Der Kernsurvey wurde durch fünf zusätzliche Module ergänzt, die einen Arzneimittel- und einen Ernährungssurvey, ein Modul zur Folsäureversorgung, einen Umweltsurvey und ein Modul zu psychischen Störungen umfassten.

In den Jahren 2008 bis 2011 erfolgte eine Wiederholung des Gesundheitssurveys, wobei neben einer neuen Einwohnerstichprobe erneut Teilnehmer des vorangegangenen Surveys eingeladen wurden, um längsschnittliche Daten zu generieren. Diese erlauben die Analyse kausaler Zusammenhänge in der zeitlichen Abfolge von gesundheitlichen Risiken und ihren Folgen in Bezug auf Krankheiten und Pflegebedürftigkeit. Außerdem können dadurch typische Gesundheitsverläufe beschrieben werden.

Zoonoseerreger bei Nutztieren – Wodurch werden sie auf den Menschen übertragen?

Zoonosen sind Erkrankungen, die vom Tier auf den Menschen (oder umgekehrt) übergehen können. Sie sind im Wesentlichen durch spezielle Infektionserreger verursacht und so ist im Rahmen eines vorbeugenden gesundheitlichen Verbraucherschutzes die Überwachung von Tierbeständen eine wichtige epidemiologische Aufgabe. Dabei ist auch von Interesse, welche Faktoren die Belastung von Tierbeständen mit Zoonoseerregern begünstigen, so dass man bereits durch gezielte Maßnahmen im Tierbestand die Verbraucher schützen kann ("from the stable to the table", "pre-harvest food safety").

Da Tierbestände einer ständigen Dynamik ausgesetzt sind, ist es dabei wichtig, stets den aktuellen Gesundheitsstand der Tiere zu ermitteln, was durch die Erhebung von Querschnittsdaten erfolgt. So kann man etwa bei Mastschweinen wenige Tage vor deren Schlachtung Proben entnehmen und diese auf das Vorkommen diverser bakterieller Erreger wie Salmonella spp, Campylobacter coli oder Yersinia enterocolitica untersuchen. Gemeinsam mit Informationen über den Herkunftsbetrieb werden dann auch mögliche Risikofaktoren ermittelt (von Altrock et al. 2006).

Obwohl dieser Ansatz zu den weit verbreiteten epidemiologischen Methoden in der Veterinärmedizin gehört, ist er nicht frei von Problemen, denn es stellt sich z.B. die Frage nach der angemessenen diagnostischen Methode. Diese beeinflusst sowohl die Anzahl der positiven Befunde wie auch einen potenziellen Zusammenhang zu einem Risikofaktor, und somit ist die Qualität der zu treffenden epidemiologischen Aussagen direkt davon abhängig (siehe Kapitel 4).

Gesundheit, Lebensumwelt und Lebensstil von Kindern – Wo kann Prävention ansetzen?

Die veränderte Lebensumwelt und die sich daraus ergebenden Veränderungen in den Lebensgewohnheiten haben dazu geführt, dass so genannte Zivilisationskrankheiten vermehrt auftreten. Dazu gehören in jüngerer Zeit insbesondere die Adipositas und damit zusammenhängende Stoffwechselstörungen wie Diabetes, erhöhter Blutdruck, Störungen des Bewegungsapparates und psychische Störungen. Übergewichtige Kinder werden meist auch übergewichtige Erwachsene und Adipositas lässt sich im Erwachsenenalter nur schwer bekämpfen.

Konsequenterweise konzentriert sich ein wesentlicher Teil der Forschung auf diesem Gebiet auf Kinder und auf die Entwicklung des Kindes während der Schwangerschaft. Um gezielter vorbeugen zu können, muss besser verstanden werden, wie das Zusammenspiel zwischen Gewohnheiten und der Lebensumwelt auf die Entstehung der Adipositas im Kindesalter wirkt.

Die Zielgruppe Kinder erscheint unter mehreren Aspekten für eine primäre Prävention Erfolg versprechend: Die Verhaltensweisen von Kindern lassen sich einfacher in eine gesundheitsfördernde Richtung lenken, die Folgen einer sich entwickelnden Adipositas können rechtzeitig unterbunden werden und Maßnahmen der Primärprävention versprechen nachhaltiger zu sein als "Abspeckkuren".

Obwohl man bereits einiges über die Entstehung der Adipositas weiß, fehlen grundlegende Erkenntnisse speziell im longitudinalen Verlauf in der Kindheit. Frühere Studien haben mögliche Risikofaktoren im Zusammenhang mit Adipositas in verschiedenen Ländern, zu unterschiedlichen Zeitpunkten und für verschiedene Altersgruppen mit verschiedenen Instrumenten und Studiendesigns untersucht, die keinen sinnvollen Vergleich erlauben. Aber gerade die große Variation von Lebensstilen und die unterschiedliche Gestaltung der Lebensumwelt von Kindern quer durch Europa bieten eine einmalige Gelegenheit, ihre Auswirkung auf die Gesundheit von Kindern miteinander zu vergleichen.

Daher fördert die Europäische Kommission in ihrem 6. Forschungsrahmenprogramm die größte europäische Studie zur Erforschung der Ursachen ernährungs- und lebensstilbedingter Erkrankungen mit besonderem Fokus auf Übergewicht und Adipositas bei Kindern sowie zur Entwicklung wirksamer Präventionsprogramme und deren Evaluation. Die zunächst auf fünf Jahre angelegte IDEFICS-Studie (Identification and prevention of dietary- and lifestyle-induced health effects in children and infants; Ahrens et al. 2011) hat 2006 begonnen, eine Kohorte von zwei- bis neun-jährigen Kindern in acht europäischen Ländern (Belgien, Deutschland, Estland, Italien, Schweden, Spanien, Ungarn, Zypern) aufzubauen. Zur Basiserhebung wurden über 16.000 Kinder anhand eines standardisierten Untersuchungsprogramms, das Befragungen der Eltern und körperliche Untersuchungen der Kinder umfasste, in die Studie aufgenommen. Parallel wurden Primärpräventionsprogramme entwickelt, die sich an das Kind, die Familie, Kindergärten und Schulen sowie die Kommunen richten und zu einer positiven Veränderung der Ernährungsgewohnheiten, der körperlichen Bewegung und des Umgangs mit Stress führen sollen. Die verschiedenen Interventionsmodule wurden bei der Hälfte der Kinder umgesetzt, während die andere Hälfte nur weiter beobachtet wurde. Im Abstand von zwei Jahren nach der Basiserhebung wurden alle Kinder erneut zur Untersuchung eingeladen, um die Effekte der Intervention zu untersuchen und Interventions- und Vergleichsregionen miteinander zu vergleichen. Gleichzeitig diente diese Nachuntersuchung dem Ziel, längsschnittliche Daten über die Entstehung von Adipositas und Folgeerkrankungen zu gewinnen, die ein tieferes Verständnis des Wechselspiels der verschiedenen Ursachen ermöglichen sollen.

Im Verlauf der weiteren Darstellung werden wir auf diese und andere Beispiele immer wieder zurückkommen. Es sei aber schon hier angemerkt, dass diese Beispiele ausschließlich der methodischen Demonstration dienen sollen. Der an inhaltlichen Ergebnissen interessierte Leser wird auf die entsprechend zitierte Literatur verwiesen.

1.3   Überblick über den weiteren Inhalt

Dieses Buch gibt eine systematische Darstellung der wichtigsten Verfahren der Epidemiologie, wobei es sich gleichermaßen mit praktischen Aspekten der Planung und Durchführung von Studien als auch mit den theoretischen Methoden zur Gewinnung und Auswertung der Ergebnisse auseinandersetzt. Die verschiedenen Aspekte und Methoden werden anhand zahlreicher Beispiele illustriert, die häufig auf die eingangs vorgestellten Studien zurückgreifen. Wir verzichten dabei weitestgehend auf fiktive Beispiele, um das Buch so praxisnah wie möglich zu machen.

Zunächst stellen wir in *Kapitel 2* die verschiedenen epidemiologischen Maßzahlen vor. Diese Maßzahlen beschreiben den Gesundheitszustand und die Krankheitsentwicklung in einer Bevölkerung oder in einer Tierpopulation. Vergleichende epidemiologische Maßzahlen wie das relative Risiko, das Odds Ratio bzw. das attributable Risiko dienen dazu, Unterschiede in Populationen quantitativ darzustellen. Diese Kennzahlen werden z.B. aus Daten der amtlichen Statistik oder aus Sekundärdaten im Gesundheits- oder Tiergesundheitswesen und der Lebensmittelüberwachung (amtliches Monitoring und Surveillance, Krankenkassen, Ärzteverbände etc.) ermittelt.

Häufig führen Auffälligkeiten beim räumlichen oder zeitlichen Vergleich von epidemiologischen Maßzahlen zur Initiierung spezieller epidemiologischer Studien. In *Kapitel 3* behandeln wir die grundsätzlichen Aspekte des Designs solcher Studien. Insbesondere der Vergleich von prospektivem und retrospektivem Ansatz steht hier im Vordergrund sowie das Problem des Kausalschlusses in der epidemiologischen Forschung.

In *Kapitel 4* beschreiben wir die speziellen Probleme der Planung einer epidemiologischen Studie. Wir sprechen darin diejenigen Aspekte an, die vor der Durchführung einer Studie bedacht werden müssen, damit die Untersuchung zu validen Erkenntnissen führen kann. Dabei steht die Qualität einer Untersuchung im Fokus, so dass wir insbesondere auf die verschiedenen Biasquellen und die Möglichkeiten zur Verzerrungskorrektur ausführlich eingehen.

Neben den grundsätzlichen Aspekten von Design und Qualität von Studien ist die technische Durchführung von Studien von großer Bedeutung, um die Qualität einer empirischen Untersuchung zu gewährleisten. In *Kapitel 5* werden daher einzusetzende Untersuchungsinstrumente wie z.B. Fragebögen, die Rekrutierung von Studienteilnehmern sowie Maßnahmen zur Qualitätssicherung diskutiert. Zudem geben wir Hinweise zum Management der erhobenen Daten.

Das *Kapitel 6* schließt unsere Darstellung der epidemiologischen Methoden mit der Behandlung derjenigen statistischen Verfahren ab, denen in der Epidemiologie die größte Bedeutung zukommt. Hierzu gehören vor allem Verfahren zur Schätzung des relativen Risikos, auch bei geschichteten Daten, und Analysen, die auf der logistischen oder der Poisson-Regression beruhen. Ferner stellen wir Methoden zur Auswertung von Daten vor, die auf der Basis der individuellen Zuordnung (Matchen) von Fällen und Kontrollen zustande gekommen sind.

Da jede epidemiologische Studie eine Vielzahl methodischer Aspekte berührt, werden in einem abschließenden *Kapitel 7* die Kriterien der Guten Epidemiologischen Praxis vorgestellt, die sowohl bei der Durchführung als auch bei der Bewertung dieser Studien von Bedeutung sind. Die entsprechenden Leitlinien sind in *Anhang GEP* dieses Buchs abgedruckt. Darüber hinaus werden Kriterien vorgestellt, anhand derer das kritische Lesen von Originalarbeiten in der Epidemiologie trainiert werden kann. Zu diesem Zweck wird die Anwendung dieser Kriterien anschließend an einer Publikation zur Identifikation von Lebensstilfaktoren und Vorerkrankungen illustriert, die Risikofaktoren für die Entstehung von Gallenblasen- und Gallenwegstumoren bei Männern darstellen. Die Originalpublikation befindet sich in *Anhang P*.

Dieses Lehrbuch versucht, weitgehend unabhängig von weiterer statistischer Literatur zu sein. Deshalb haben wir in einem *Anhang S* einen ausführlichen Überblick über die beschreibenden und schließenden Methoden der Statistik gegeben. Insbesondere werden der Wahrscheinlichkeitsbegriff, verschiedene statistische Modelle, Parameterschätzungen, statistische Tests und Konfidenzintervalle behandelt. Ein *Anhang T* stellt zudem die statistischen Verteilungstabellen zur Verfügung, die bei den verwendeten Standardverfahren der Auswertung häufig zur Anwendung kommen.

Epidemiologische Maßzahlen

Auf die Größe kommt es an

2.1   Maßzahlen der Erkrankungshäufigkeit

Die Epidemiologie befasst sich mit der Untersuchung der Verteilung von Krankheiten, physiologischen Variablen und sozialen Krankheitsfolgen in Bevölkerungsgruppen sowie mit den Faktoren, die diese Verteilung beeinflussen. Im Gegensatz zur medizinischen Individualbetrachtung, bei der die Krankheit eines einzelnen Patienten diagnostiziert und anschließend therapiert wird, ist es im Sinne einer epidemiologischen Betrachtungsweise notwendig, den Krankheitsbegriff in einer Bevölkerungsgruppe – die **Morbidität** – zu definieren.

Hierbei werden wir der Einfachheit halber zunächst davon ausgehen, dass es möglich ist, eine eindeutige Diagnose zu erstellen und somit für jedes Individuum einer betrachteten Population die Frage zu beantworten, ob die interessierende Krankheit vorliegt oder nicht. Dabei verstehen wir den Begriff "Krankheit" zunächst sehr allgemein, d.h., wir wollen hier eine konkrete Erkrankung, eine Infektion, ein Symptom oder auch einen positiven diagnostischen Testbefund als einen medizinisch interessanten Endpunkt "Krankheit" bezeichnen. Dieser Endpunkt lässt sich damit als ein Ereignis interpretieren, das nur zwei mögliche Ausprägungen besitzt, nämlich "Auftreten der Krankheit" oder nicht.

Will man in einer solchen Situation das Ereignis "Krankheit" in einer Bevölkerungsgruppe mit einer Maßzahl beschreiben, so ist dies prinzipiell dadurch möglich, dass die Anzahl Kranker und Gesunder betrachtet wird, oder alternativ, dass man den Anteil der Kranken an der Bevölkerung untersucht. Im Sinne einer statistischen Formulierung kann man das mit dem Begriff der Wahrscheinlichkeit wie folgt beschreiben:

Sei N die Gesamtzahl der Individuen einer Population, die für eine gegebene epidemiologische Fragestellung von Bedeutung ist (z.B. N Einwohner der Bundesrepublik Deutschland, N Tiere eines Tierbestandes). Innerhalb dieser Gruppe besteht nun für jedes Individuum die

Möglichkeit zu erkranken oder nicht zu erkranken. Bezeichnen wir das *Vorliegen dieser Krankheit* als das *Ereignis*

$$Kr = 1$$

und den Fall, dass die *Krankheit nicht aufgetreten* ist, mit

$$Kr = 0,$$

so ist gemäß obiger Formulierung der Anteil der Erkrankten an den insgesamt N Individuen der Population von Interesse. Formal bedeutet dies, dass man sich für die Wahrscheinlichkeit

$$Pr\,(Kr = 1)$$

interessiert, dass nämlich ein zufällig aus der Population ausgewähltes Individuum an der Krankheit leidet. Diese Wahrscheinlichkeit ist als Parameter für die gesamte Population anzusehen. Wie stets bei Wahrscheinlichkeiten können diese bevölkerungsbezogen oder individuell interpretiert werden. Bevölkerungsbezogen bedeutet die Morbiditätswahrscheinlichkeit, dass insgesamt $N \cdot Pr\,(Kr = 1)$ erkrankte Individuen zu erwarten sind. Eine solche Betrachtungsweise ist für einzelne Individuen nicht möglich.

Ein epidemiologischer oder wahrscheinlichkeitsbezogener Morbiditätsbegriff hat also nur eine Bedeutung für Gruppen, nicht für Individuen. Damit kommt der Zahl N der Personen, Tiere oder anderer Untersuchungseinheiten, die betrachtet werden, eine besondere Bedeutung zu. Man spricht in diesem Zusammenhang auch von der **Population unter Risiko**.

Für eine genaue Charakterisierung der Morbidität muss allerdings das Krankheitsereignis "Kr = 1" näher betrachtet werden. So sind etwa Fragen interessant, ob es sich um ansteckende oder nicht ansteckende Krankheiten handelt, ob die interessierende Krankheit länger oder kürzer andauert oder ob etwa eine Mehrfach- bzw. Wiederholungserkrankung möglich ist oder nicht. Besonders wichtig ist zudem die Unterscheidung, ob eine Krankheit zu einem bestimmten Zeitpunkt vorliegt bzw. ob innerhalb eines definierten Zeitraumes eine Erkrankung auftritt oder nicht. Diese Unterscheidung führt zu den Begriffen von Prävalenz und Inzidenz.

2.1.1   Prävalenz und Inzidenz

Bei der Beschreibung der Morbidität, also des Krankheitsereignisses "Kr = 1", werden in der Epidemiologie zwei grundlegende Konzepte unterschieden, das Stichtagskonzept der Prävalenz und das Zeitperiodenkonzept der Inzidenz. Beide Konzepte sind geeignet, die oben eingeführte Morbiditätswahrscheinlichkeit zu beschreiben, sind jedoch unterschiedlich zu interpretieren.

Prävalenz

Die Prävalenz gibt die Wahrscheinlichkeit an, dass ein zufällig ausgewähltes Individuum an einem definierten *Stichtag* von der betrachteten Krankheit betroffen ist. Liegt an diesem Stichtag eine Population der Größe N vor und sind in dieser Gruppe M Individuen erkrankt, so ergibt sich die **Prävalenz** P als Quotient der Anzahl M der Betroffenen mit Krankheit zu dieser Populationsgröße N am Stichtag durch

$$\text{Pr\"avalenz} = P = \frac{M}{N} \, .$$

Die Prävalenz ist somit eine so genannte *Gliederungszahl (Prozentzahl)*, die den *Anteil (Proportion) Erkrankter an der Gesamtpopulation* beschreibt. Die deshalb eigentlich als *Prävalenzquote* zu bezeichnende Messgröße gilt als Zustandsbeschreibung einer Krankheit und ist das Maß, das zur Beantwortung der ersten epidemiologischen Frage nach der Beschreibung der Verteilung von Krankheiten dient. Wegen dieser Krankheitszustandsbeschreibung hat die Prävalenz insbesondere eine Bedeutung im Zusammenhang mit der Beurteilung von präventiven Maßnahmen, denn sie gibt direkt den aktuellen Krankenstand wieder.

Kumulative Inzidenz

Die Inzidenz gibt die Wahrscheinlichkeit an, dass ein zufällig ausgewähltes Individuum der Population innerhalb einer *zeitlich definierten Periode* Δ (z.B. ein Jahr) an einer Krankheit *neu erkrankt*. Liegt zu Beginn dieser Periode eine gesunde Population der Größe N_0 vor und erkranken während der Periode I Individuen neu, so ermittelt man die so genannte **(kumulative) Inzidenz** CI als den Quotienten

$$\text{(kumulative) Inzidenz} = CI = \frac{I}{N_0} \, .$$

Setzt man voraus, dass die betrachtete Population sich während der Periode nicht ändert, also keine Geburten, Todesfälle und sonstige Veränderungen stattfinden und dass Wiedererkrankungen nicht möglich sind, so ist das so definierte Inzidenzmaß ein Anteil und müsste konsequenterweise als *Inzidenzquote* oder *-proportion* bezeichnet werden. Wir wollen uns hier allerdings an der angelsächsischen Sprechweise orientieren und im Weiteren von der kumulativen Inzidenz sprechen.

Da bei der Bestimmung der Inzidenz Fälle von Neuerkrankungen in die Berechnung eingehen, gilt sie als die Maßzahl, die die Entstehung einer Krankheit beschreibt. Damit ist sie insbesondere zur Ursachenforschung heranzuziehen, die als zweite epidemiologische Aufgabe gilt.

Die genannten Einschränkungen bei dieser Definition machen weitere – differenziertere – Inzidenzdefinitionen erforderlich. Diese beziehen sich einerseits auf den Zähler, d.h. die Zahl der Neuerkrankungen. So ist im Einzelfall zu überdenken, inwieweit Wiedererkrankungen zugelassen sind. Betrachtet man etwa die Inzidenz von Erkältungserkrankungen über einen Zeitraum von einem Jahr, so ist eine Wiedererkrankung möglich, und es ist zu fragen, ob eine zweimal während des Jahres erkältete Person einmal oder zweimal in den Zähler eingehen soll. Maßgeblich zur Beantwortung dieser Frage ist, ob das zweite Krankheitsereignis unabhängig von dem ersten ist oder nicht. Dies spielt vor allem bei Infektionserkrankungen eine Rolle, gilt aber etwa auch im Bereich der Epidemiologie von Krebserkrankungen, z.B. bei der Bewertung von primären Tumoren und Rezidiven.

Anderseits gibt es die Möglichkeit, die Nennerdefinition, d.h. die Population unter Risiko, im Rahmen der Inzidenzdefinition zu verändern. Das ergibt sich insbesondere aus der Tatsache, dass wir es im Regelfall mit dynamischen, also mit sich verändernden, und nicht mit stabilen Populationen zu tun haben. Wegen der Wichtigkeit dieser Tatsache werden wir darauf im Abschnitt 2.1.2 im Detail eingehen.

Bedeutung der Krankheitsdauer und der Periodenlänge

Wenn zu Beginn dieses Kapitels von der Krankheit als Ereignis "K = 1" ausgegangen wurde, so wurde dort nicht berücksichtigt, dass die *Verweildauer* in einem solchen Krankenstatus durchaus unterschiedlich ist. Da sowohl bei der Prävalenz- (Zeitpunkt) als auch bei der Inzidenzdefinition (Zeitperiode) die zeitliche Komponente eine wichtige Rolle spielt, ist die Bedeutung der Krankheitsdauer für diese Morbiditätsmaße offensichtlich.

Während für Krankheiten mit langer Krankheitsdauer oder chronischer Manifestation die Prävalenz durchaus hoch sein kann, kann deren Inzidenz dennoch niedrig sein. Anders stellt sich dies bei akuten, kurz andauernden Krankheiten (z.B. Influenza-Infektionen) dar. Hier ist die Prävalenz in der Regel gering, obwohl die Inzidenz in einer Population hoch sein kann.

Die kumulative Inzidenz ist abhängig von der betrachteten Periodenlänge Δ. Weist das Auftreten einer Krankheit eine saisonale Struktur auf, kann die Wahl einer zu kurzen Periode eine Verzerrung bewirken. Beim Vergleich von Inzidenzen ist bei manchen Krankheiten deshalb neben der gleichen Periodenlänge auch die Lage der Periode zu berücksichtigen (z.B. Frühjahr bei Grippewellen).

Üblicherweise werden in der Bevölkerung aber Periodenlängen von einem Jahr (bei sehr seltenen Erkrankungen auch von fünf Jahren) zur Ermittlung von Inzidenzen verwendet. Eine besondere Bedeutung kommt der Periodenlänge aber bei der Betrachtung epidemiologischer Fragen in Tierbeständen zu. Hierbei sind vor allem die üblichen Haltungsbedingungen und -dauern zu berücksichtigen, die häufig wesentlich geringer als ein Jahr sind. So werden Tiere in der Geflügelmast meist nur zwischen fünf und sechs Wochen gehalten, Aufzucht und Mast in der Schweinehaltung dauern ca. sechs Monate, so dass dies bei einer angemessenen Definition der Periodenlänge berücksichtigt werden muss.

Periodenprävalenz

Um solchen Verweildauerphänomenen besser entsprechen zu können, wurde als eine Verknüpfung der Konzepte "Zeitpunkt" und "Zeitperiode" das Konzept der Periodenprävalenz eingeführt. Die Periodenprävalenz wird bestimmt als Zahl der an einem bestimmten *Stichtag vorhandenen Krankheitsfälle* M zuzüglich der in einem angrenzenden *Zeitabschnitt aufgetretenen Krankheitsfälle* I, bezogen auf die Gesamtpopulation. Damit berechnet man die **Periodenprävalenz** PP durch den Ausdruck

$$\text{Periodenprävalenz} = PP = \frac{M+I}{N}.$$

Ein Beispiel für die Periodenprävalenz findet man im Fragebogenteil zur Gesundheit im Rahmen des gesetzlichen Mikrozensus, denn hier wird nach Krankheiten am Erhebungstag und den vier vorangegangenen Wochen gefragt (siehe Abschnitt 3.2.2).

Die Periodenprävalenz ist sowohl von der *Periodenlänge* als auch von der *Krankheitsdauer* abhängig. Bei einer chronischen Krankheit ist die Periodenprävalenz der Prävalenz ähnlich. Bei angemessener Periode Δ ist dieses Maß aber besonders aussagekräftig für akute Erkrankungen mit kurzer Dauer. Weiterhin ist es mit der Periodenprävalenz möglich, solche Krankheiten zu erfassen, die zwar vorhanden sind, aber bei denen kein ununterbrochenes Leiden am Symptom (z.B. schubweiser Verlauf bei Migräne) vorliegt.

Insgesamt lassen sich die zeitlichen Zusammenhänge von Prävalenz und Inzidenz wie im nachfolgenden Beispiel (siehe Abb. 2.1) darstellen.

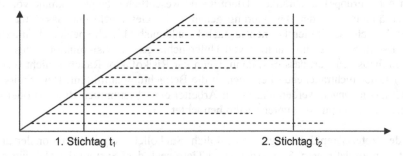

Abb. 2.1:   Krankheitsdauern von zwölf Krankheitsfällen einer Population

Beispiel: In Abb. 2.1 entspricht jeder gestrichelten Linie ein Krankheitsfall mit Krankheitsbeginn und Dauer. Die Prävalenz der dargestellten Population beträgt an den Stichtagen t_1 und t_2

$$P_1 = \frac{4}{N} \text{ bzw. } P_2 = \frac{3}{N}.$$

Die kumulative Inzidenz der Periode zwischen den Stichtagen ist

$$CI = \frac{8}{N_0}.$$

Man erkennt, dass an einem Stichtag Patienten mit langer Krankheitsdauer überrepräsentiert sind. So ist etwa bei Untersuchungen in Krankenhäusern an Stichtagen zu beachten, dass Patienten mit schweren Krankheiten überrepräsentiert sein werden.

2.1.2   Population unter Risiko

Wie im vorherigen Abschnitt erläutert, ist die Definition einer Morbiditätsmaßzahl immer dann einfach möglich, wenn davon ausgegangen werden kann, dass eine stabile Population unter Risiko betrachtet wird. Hierbei soll der Begriff der **Population unter Risiko** so verstanden werden, dass eine Gruppe von Individuen definiert ist, die eine bestimmte Krankheit entwickeln kann.

Die Definition einer solchen **Grundgesamtheit** (auch **Bezugs-** oder **Zielpopulation**) hängt natürlich von der zu untersuchenden Fragestellung ab. Es ist möglich, die Bevölkerung in einer definierten Region oder Subgruppen mit einer speziellen Charaktereigenschaft als Population unter Risiko zu betrachten.

So ist es bei allgemeinen Krankheitsbetrachtungen durchaus üblich, die deutsche Bevölkerung als Population unter Risiko anzugeben. Jedoch wird dies nicht immer sinnvoll sein. Möchte man etwa eine Aussage zur Prävalenz von Prostatakarzinomen machen, so muss sich die Definition der Population unter Risiko natürlich auf Männer (eventuell einer bestimmten Altersgruppe) beschränken. Hiermit sind wesentliche Hauptmerkmale von Populationseinschränkungen in der Bevölkerung genannt: das Geschlecht und das Alter. Weitere Ein- oder Ausschlusskriterien können je nach Krankheitsbild auch speziell definierte Risikogruppen sein. So ist es im Rahmen von Untersuchungen zu Risikofaktoren des Lungenkrebses durchaus denkbar, dass man dann, wenn der Risikofaktor Rauchen nicht weiter von Interesse ist, nur nichtrauchende Personen in die Betrachtung aufnimmt. Bei arbeitsmedizinischen Untersuchungen werden häufig nur Arbeiter einer bestimmten Branche oder gar nur eines Betriebes als Population unter Risiko betrachtet.

Auch in der Veterinärepidemiologie ist es üblich, Subkollektive gemäß regionaler und weiterer Kriterien zu definieren. So werden etwa Tiere nach dem System der Haltung getrennt betrachtet, so dass z.B. Milchkühe getrennt von Mastrindern als Population unter Risiko angesehen werden können. Auch generelle Betriebsstrukturen wie deren Größe oder die Rasse von Nutztieren sind häufig verwendete Kriterien zur Definition von Subpopulationen.

Dynamische Populationen

Wie an den genannten Beispielen von Populationen deutlich wurde, sind diese in der Regel nicht als statisch anzusehen, so dass eine Zahl N bzw. N_0 von Individuen unter Risiko nur schwer anzugeben ist. Vielmehr ist im Normalfall davon auszugehen, dass die Population eine *dynamische Struktur* hat. Betrachtet man z.B. im Rahmen einer epidemiologischen Untersuchung die Einwohner einer Stadt als Population unter Risiko und will man hier etwa eine Inzidenz über einen Zeitraum von einem Jahr bestimmen, so ist zu berücksichtigen, dass in dieser Zeit Personen zu- bzw. wegziehen können und dass Geburten und Todesfälle die Zusammensetzung der Population verändern werden.

Zusammengefasst kann man diese Prozesse wie in Abb. 2.2 verdeutlichen, in der eine Population unter Risiko vom Umfang N dargestellt ist. In dieser Population sind an einem Stichtag M Individuen erkrankt, die Prävalenz beträgt somit P = M/N.

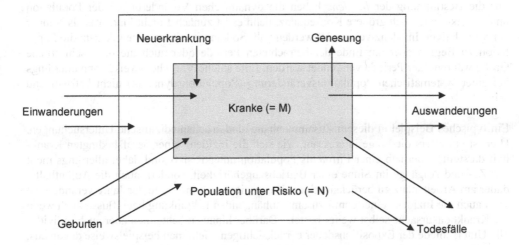

Abb. 2.2:   Population unter Risiko und zugeordnete dynamische Prozesse der Veränderung

Im Sinne des Inzidenzbegriffs ist es nun möglich, dass Neuerkrankungen (Inzidenz) aus der gesunden Population in die Gruppe der Erkrankten erfolgen. Gleichzeitig tritt aber auch der entgegengesetzte Prozess der **Genesung (Rekurrenz)** auf. Hiermit ist eine interne Dynamik beschrieben, die abhängig von der Krankheit mehr oder weniger intensiv ist.

Daneben stehen die **externen dynamischen Prozesse Geburt (Fertilität), Tod (Mortalität)** und **Wanderung (Migration)**, die sowohl die gesunde Population unter Risiko wie auch die Zahl der Erkrankten verändern können und von außerhalb der definierten Population auf diese einwirken.

Je nachdem, ob einzelne dieser Prozesse systematisch die Struktur der Gesamtheit verändern, ist deren Bedeutung für die Interpretation der eingeführten Krankheitsmaßzahlen entscheidend. Dies gilt sowohl für die zeitliche Veränderung der Prävalenz wie auch für die zeitliche Veränderung der Inzidenz.

Eine Veränderung der Prävalenz, die ausschließlich auf die internen Prozesse Inzidenz und Rekurrenz zurückzuführen ist, kann durchaus als Erfolg oder Misserfolg des Gesundheitswesens (Behandlung und Prävention) interpretiert werden. Liegen allerdings externe Prozesse vor, ist zunächst nicht klar, wie eine Veränderung einer Prävalenz zu interpretieren ist.

So kann in Regionen mit "gesundem Klima" die Prävalenz von Herz-Kreislauf-Erkrankungen hoch sein, weil sich dort bevorzugt erkrankte Rentner ansiedeln. Ein anderes Beispiel eines Wanderungsprozesses ist denkbar, wenn aus luftschadstoffbelasteten Gebieten Eltern mit an Pseudokrupp erkrankten Kindern fortziehen. Dann kann die Prävalenz in einer Stadt abnehmen, ohne dass Therapieerfolge oder eine Ursachenvermeidung hierfür verantwortlich sind.

Für die Bestimmung der *Inzidenz* haben die dynamischen Veränderungen der Population unter Risiko eine noch größere Konsequenz, denn es ist zunächst nicht klar, was als Nenner der kumulativen Inzidenz verwendet werden soll. So kann in einem ersten Ansatz die Population zu Beginn oder am Ende der betrachteten Periode oder auch die durchschnittliche Größe während der Periode verwendet werden. Eine solche Vorgehensweise kann allerdings bei einer systematischen Populationsveränderung (Populationsdynamik) nicht befriedigend sein.

Ein typisches Beispiel in diesem Zusammenhang sind arbeitsmedizinische Untersuchungen. Hier ist vor allem die Frage interessant, wie sich die Inzidenz einer berufsbedingten Krankheit darstellt. Innerhalb einer Firma als Population unter Risiko sind dabei allerdings nicht nur Zu- und Abgänge im Sinne einer Betriebszugehörigkeit, sondern auch die Aufenthaltsdauer am Arbeitsplatz zu berücksichtigen. Wenn diese sich im Laufe der Jahre verändert, so wird auch die Inzidenz einer damit zusammenhängenden Erkrankung beeinflusst, auch wenn die Krankheitsursache selbst weiter besteht. Darüber hinaus möchte man aber auch individuelle Unterschiede der Expositionsdauer berücksichtigen. Geht man beispielsweise davon aus, dass die betrachtete Krankheit ein akuter Hörschaden durch eine Maschinenbedienung ist, so macht es offensichtlich einen Unterschied, ob ein Arbeiter nur eine oder acht Stunden pro Arbeitstag die Maschine bedient.

Daraus wird ersichtlich, dass es sinnvoll ist, die Individuen einer Population nicht gleichbedeutend in die Berechnung einer Inzidenzmaßzahl eingehen zu lassen, wie dies bei der kumulativen Inzidenz der Fall war. Eine Möglichkeit, die Nennerdefinition im Sinne obigen Beispiels zu modifizieren, ist das Konzept der Zeit unter Risiko.

Zeit unter Risiko und Inzidenzdichte

Wie in Abb. 2.2 ersichtlich, sind im Rahmen einer dynamischen Population interne und externe Veränderungsprozesse zu berücksichtigen, die dazu führen, dass die Individuen einer Population sich unterschiedliche Zeit in der Population aufhalten und hier entweder als krank oder gesund eingestuft werden können. Für jedes Individuum sind in diesem Sinne somit die drei *Zustände* "gesund", "krank" und "nicht in der Population" zu betrachten.

Neben diesen Zuständen kann die *Dynamik der Veränderungsprozesse* in die bzw. aus der Population durch die drei folgenden Möglichkeiten "Eintritt (Geburten, Einwanderungen)", "Austritt (Auswanderungen)" und "Tod" charakterisiert werden.

Mit dieser Systematisierung ist es nun möglich, die dynamischen Prozesse zu beschreiben, denen ein Individuum während einer Beobachtungszeit zwischen zwei Zeitpunkten t_1 und t_2

unterworfen sein kann. In Abb. 2.3 sind zehn Individuen einer Population aufgeführt, an denen dieses Prinzip erläutert ist.

Person Nr.	1. Quartal	2. Quartal	3. Quartal	4. Quartal	Δ_i
1	===				1,00
2	============================xxxxxxxxxxxxxxxxxxxxxxxxxx				0,50
3	==========================xxxxxxxxxxxxx===========				0,75
4	xxxxxxxxxxxxx==============xxxxxxxxxxxxx===========				0,50
5	============...................============xxxxxxxxxxxxx				0,50
6	============ =========✝.....................................				0,50
7	============...				0,25
8	.................===================================				0,75
9	...............===================xxxxxxxxxxxxx				0,50
10	xxxxxxxxxxxxx				0,00

t_1 t_2

Abb. 2.3: Zeit unter Risiko, Ein- und Austritt sowie Krankheitsstatus in einer dynamischen Population

========= unter Risiko   xxxxxxxxx krank

✝   Tod   .... nicht in Population

Beispiel: In Abb. 2.3 sind die Zeiten unter Risiko, Ein- und Austritte in die Population sowie der Krankheitsstatus von zehn Arbeitern dargestellt, die dann unter Risiko stehen, wenn sie einen bestimmten Maschinentyp bedienen. Zum Zeitpunkt t_1 (z.B. 2. Januar) sind sieben Individuen in der Population. Während der Periode Δ (z.B. 1 Jahr) kommen drei Individuen hinzu und zwei verlassen den Betrieb, so dass sich zum Zeitpunkt t_2 (z.B. 31. Dezember) acht Personen in der Gesamtheit befinden. Fünf hiervon (Nr. 1 bis 5) waren schon zu Beginn Mitglied der Population, die den Maschinentyp bediente.

Im Einzelnen gelten die folgenden Aussagen. Die Person Nr. 1 ist das gesamte Jahr unter Risiko und erkrankt nicht, während Nr. 2 nach einem halben Jahr erkrankt, allerdings im Gegensatz zu Person Nr. 3 bis zum Ende des Jahres nicht wieder gesund wird. Bei Person Nr. 4 tritt eine Wiedererkrankung auf, denn sie ist jeweils ein Vierteljahr krank, gesund, krank und wieder gesund. Diese vier Personen sind von Beginn bis Ende der Beobachtung in der Population, so dass sie Beispiele für eine interne Dynamik darstellen.

Das gilt nicht mehr für Person Nr. 5, die zwar sowohl an t_1 wie auch t_2 in der Population ist, allerdings ein Vierteljahr aus dieser ausscheidet (z.B. ein Arbeiter, der nicht an einer Maschine einen akuten Hörschaden erleiden kann, weil er diese nicht bedient).

Die Personen Nr. 6 und 7 stellen Beispiele für einen Auswanderungsprozess dar. Während allerdings bei Nr. 6 aufgrund des Todes keine weiteren Ereignisse mehr möglich sind, besteht die Möglichkeit bei Nr. 7 durchaus. Diese können jedoch nicht beobachtet werden.

Bei den Personen Nr. 8 bis 10 handelt es sich schließlich um Einwanderungen, die zu unterschiedlichen Zeitpunkten stattfinden und deshalb unterschiedlich bewertet werden sollten.

Dieses Beispiel verdeutlicht, dass jedes Individuum einen anderen Beitrag zur Population unter Risiko beisteuert. Dieser Beitrag wird durch die Zeit definiert, die ein Individuum gesund ist und sich in der Population aufhält und somit überhaupt die Möglichkeit besitzt, eine Krankheit zu entwickeln. Diese Zeit, die in Abb. 2.3 gerade durch die Summe der Strecken "=========" symbolisiert ist, wollen wir für jedes Individuum i einer Population vom Umfang N mit

$$\text{Zeit unter Risiko des Individuums } i = \Delta t_i, \, i = 1,...,N,$$

bezeichnen. Man nennt sie auch die **Zeit unter Risiko, Personenzeit** (bei Menschen) oder **Bestandszeit** (bei Tieren) **des Individuums i,** i = 1, ..., N.

Mit dieser individuellen Zeit unter Risiko ist es nun möglich, für die Gesamtpopulation eine Größe zu definieren, die sämtliche dynamischen Prozesse angemessen berücksichtigt, indem über alle Individuen der Population die individuellen Zeiten unter Risiko aufsummiert werden, d.h. man bildet

$$\text{(Gesamt-) Risikozeit} = P\Delta = \sum_{i=1}^{N} \Delta t_i \, .$$

Die Summe der Risikozeiten (Risikojahre, -monate, -tage, -stunden je nach Δ) gibt für die Population die gesamte Zeit an, in der eine Erkrankung entstehen kann. Man spricht deshalb auch von der **(Gesamt-) Risikozeit PΔ.**

Beispiel: In der Population von zehn Personen in dem Betrieb aus Abb. 2.3 berechnet man diese Größe durch

$$P\Delta = \sum_{i=1}^{10} \Delta t_i = (1 + 0,5 + 0,75 + 0,5 + 0,5 + 0,5 + 0,25 + 0,75 + 0,5 + 0) = 5,25 \, ,$$

d.h. die zehn Individuen tragen insgesamt 5,25 Personenjahre unter Risiko bei. Diese Zahl unterscheidet sich von den fixen Populationsgrößen, wie etwa den sieben Personen zu Beginn, den acht Personen am Ende oder den 7,5 Personen, die sich durchschnittlich während des Jahres im Betrieb befunden haben.

Die Risikozeit ist bei dynamischen Populationen wesentlich besser zu einer Inzidenzdefinition geeignet. Bezieht man die in einer Periode neu aufgetretenen Krankheitsfälle auf diese Gesamtrisikozeit im Nenner, d.h. definiert man

$$\text{Inzidenzdichte} = ID = \frac{I}{P\Delta},$$

so ergibt sich daraus die so genannte **Inzidenzdichte** ID als eine adäquate Maßzahl für das Neuauftreten einer Krankheit.

Die Inzidenzdichte ist im Gegensatz zu den bislang eingeführten Maßzahlen kein Anteil mehr, sondern eine so genannte *Verursachungszahl*, die ein Punktereignis (Krankheitsbeginn) ins Verhältnis zu einem Zeitereignis (Risikozeit) setzt. Man nennt im Allgemeinen solche Maßzahlen, die Bewegungsmassen zu Bestandsmassen in Beziehung setzen, auch *Ziffern* oder *Raten*.

Diese andere Struktur des Maßes muss natürlich bei der Interpretation der Inzidenzdichte berücksichtigt werden. Da man Ereignisse pro Zeiteinheit betrachtet, bietet sich hierzu als Analogie der Geschwindigkeitsbegriff an. Die Inzidenzdichte ist somit eine Art **Erkran-**

kungsgeschwindigkeit. Sie gibt an, wie viele Neuerkrankungen pro Zeit auftreten. Damit hat sie im Gegensatz zu den Wahrscheinlichkeitsaussagen von Quoten keine direkte Interpretationsmöglichkeit für das Individuum mehr.

Neben dem Begriff der Inzidenzdichte haben sich hierfür auch andere Bezeichnungen eingebürgert. In der angelsächsischen Literatur findet man etwa auch den Begriff "force of morbidity", was als **Krankheitsstärke** übersetzt werden könnte. Eine andere Bezeichnungsweise ist die der **Hazardrate**, die der so genannten Überlebenszeiten- oder Zuverlässigkeitsanalyse entstammt. Hierbei betrachtet man für jedes Individuum als Beobachtungseinheit die Zeit vom Beginn einer Beobachtung (z.B. Geburt, Eintritt in die Population oder Beginn der Untersuchung) bis zum Auftreten eines Ereignisses (z.B. Krankheit) (vgl. z.B. Hartung et al. 2009).

Wenn auch eine Interpretation wie bei einer Wahrscheinlichkeit nicht möglich ist, so bietet sich durch den Bezug zur Zeit eine andere interessante Interpretationsmöglichkeit an. Wie bei einer Geschwindigkeit die Angabe Weg pro Zeit in Zeit pro Weg umgerechnet werden kann, ergibt sich aus dem Kehrwert der Inzidenzdichte die **Erkrankungszeit**

$$\text{Erkrankungszeit} = EZ = \frac{1}{ID}.$$

Diese Größe gibt dann die *erwartete Zeit* an, die vergeht, *bis die betrachtete Krankheit auftritt*.

Beispiel: In obigem Beispiel zum Auftreten von Hörschäden durch die Bedienung von Maschinen treten insgesamt sieben Neuerkrankungen auf. Damit berechnet man die Inzidenzdichte

$$ID = \frac{I}{P\Delta} = \frac{7}{5,25} = 1,33,$$

d.h., pro Jahr am Arbeitsplatz treten 1,33 Krankheitsfälle auf. Betrachtet man den Kehrwert hiervon, so erhält man

$$EZ = \frac{1}{ID} = \frac{1}{1,33} = 0,75,$$

d.h., es wird erwartet, dass 0,75 Jahre, also neun Monate vergehen, bis ein Hörschaden durch die Bedienung der Maschine auftritt.

Mit Prävalenz, kumulativer Inzidenz und Inzidenzdichte sind die drei wichtigsten Maßzahlen der Erkrankungshäufigkeit definiert. Dabei kann es im Einzelfall durchaus sinnvoll und auch notwendig sein, diese Definitionen zu modifizieren.

Beispiel: Kommen wir in diesem Zusammenhang nochmals auf das letzte Beispiel zurück. Hier sind wir von I = 7 Neuerkrankungen ausgegangen. Zwei Personen könnten durchaus aber auch anders zugeordnet werden.

So tritt bei Person Nr. 4 die Krankheit zweimal auf, und sie wurde deshalb zweimal gezählt. Das ist besonders sinnvoll bei akuten Krankheiten, da Wiedererkrankung als wirklich neues, unabhängiges Ereignis aufgefasst werden kann. Bei chronischen Krankheiten ist dies häufig nicht der Fall, so dass dann die Person Nr. 4 nur einmal gezählt werden dürfte.

Auch die Person Nr. 10 kann anders behandelt werden, denn diese war bereits erkrankt, als sie in die Population eingetreten ist. Will man die Inzidenz als Wirkungsgröße im Sinne einer Ursachenforschung interpretieren, so liegt die Ursache für die Erkrankung von Person Nr. 10 außerhalb der Population. Damit wäre es korrekt, bei der Erkrankung von Person Nr. 10 nicht von einem inzidenten Fall zu sprechen.

Zusammenhang von Prävalenz und Inzidenzdichte

Krankenstand (Prävalenz) und Neuerkrankungen (Inzidenz) sind über die Dauer einer Erkrankung miteinander verknüpft. Mit Hilfe des Konzepts der Zeit unter Risiko ist es möglich, diese Maßzahlen auch formal in ihrem Zusammenhang darzustellen. Da die geschilderten Veränderungsprozesse in dynamischen Populationen allerdings eine sehr komplexe Darstellung verlangen würden, wird hier von vereinfachenden Annahmen ausgegangen.

Es sei zunächst angenommen, dass sich die betrachtete *Population im Gleichgewicht* befindet. Diese Annahme soll bedeuten, dass in einer Periode Δ die Anzahl der Individuen, die neu erkranken, und die Anzahl derer, die genesen, gleich sind, so dass die Prävalenz der Erkrankung konstant ist.

Betrachtet man also eine solche Population vom Umfang N, in der M Individuen erkrankt sind, und ist analog zur Inzidenzdichte ID eine Genesungsdichte GD definiert (GD bezieht somit die im Zeitraum Δ Genesenden auf die entsprechenden Krankenzeiten), so bedeutet obige Stabilitätsannahme formal, dass

$$\Delta \cdot ID \cdot (N - M) = \Delta \cdot GD \cdot M$$

gelten soll. Formt man diese Gleichung um, so ergibt sich

$$\frac{ID}{GD} = \frac{M}{N-M} = \frac{P}{1-P},$$

d.h., Inzidenz- und Genesungsdichte stehen unter der geforderten Stabilitätsannahme im gleichen Verhältnis zueinander wie die Prävalenz zum Anteil der gesunden Individuen in der Population.

Mit dieser Beziehung ist es möglich, unter den angesprochenen Voraussetzungen des Gleichgewichts aus Kenntnis von zwei Parametern den jeweils dritten zu bestimmen. Dies ist natürlich auch möglich, wenn nicht die Raten ID bzw. GD selbst zur Verfügung stehen, sondern deren Kehrwerte EZ bzw. GZ (= 1/GD), die, wie oben erläutert, als erwartete Zeit bis zum Beginn der Erkrankung bzw. bis zum Beginn der Genesung (= erwartete Krankheitsdauer) interpretiert werden können.

Zusammengefasst gilt somit bei *Gleichgewicht der Population*

$$ID = GD \cdot \frac{P}{1-P} \quad \text{bzw.}$$

$$GD = ID \cdot \frac{1-P}{P} \quad \text{bzw.}$$

$$P = \frac{ID}{ID + GD}.$$

Die zunächst eher künstlich erscheinende Annahme, dass ein Krankheitsgleichgewicht in der Population gilt, ist dazu geeignet, Aussagen über den Erfolg (oder Misserfolg) von gesundheitspolitischen Maßnahmen bzw. die Entwicklung eines Krankheitsverlaufs zu beschreiben. Dies hat z.B. in der Pandemieplanung oder der Seuchenbekämpfung eine wichtige Bedeutung. So ergibt sich direkt aus den obigen Gleichungen, dass die *Prävalenz* einer Erkrankung in der Population *im Zeitverlauf abnimmt*, falls

$$P > \frac{ID}{ID + GD},$$

d.h., wenn die Inzidenzdichte kleiner und/oder die Genesungsdichte größer wird. Entsprechend wird die *Prävalenz* der Erkrankung *im Zeitverlauf zunehmen*, wenn

$$P < \frac{ID}{ID + GD}.$$

Beispiel: Setzt man im Beispiel der Abb. 2.3 voraus, dass ein Krankheitsgleichgewicht in obigem Sinne vorliegt, so sind folgende Berechnungen möglich:

Die gesamte Zeit der Erkrankungen ermittelt man als Summe über die Linien mit den Kreuzen als
$$K\Delta = 0 + 0{,}5 + 0{,}25 + 0{,}5 + 0{,}25 + 0 + 0 + 0 + 0{,}25 + 0{,}25 = 2.$$
Da insgesamt dreimal der Fall einer Genesung auftritt, errechnet man als Genesungsdichte

$$GD = \frac{3}{2} = 1{,}5,$$

d.h., pro Erkrankungsjahr genesen 1,5 Personen. Hierdurch erhält man bei Annahme des Krankheitsgleichgewichts als Wert für die Prävalenz

$$P = \frac{1{,}33}{1{,}33 + 1{,}5} = 0{,}47 > \frac{1}{7} = 0{,}14 = P_1,$$

d.h., die Prävalenz bei Krankheitsgleichgewicht ist größer als die Prävalenz zum Zeitpunkt t_1. Daher ist davon auszugehen, dass die Krankheiten in der Population zunehmen werden, und es ist somit sinnvoll, entsprechende Präventionsmaßnahmen zu ergreifen.

Zusammenhang von Inzidenzdichte und kumulativer Inzidenz

Hauptsächliche Motivation für die Betrachtung der Zeit unter Risiko als Nenner eines Inzidenzmaßes war die Tatsache, dass in der Regel von dynamischen Populationen ausgegangen werden muss und somit nicht unterstellt werden kann, dass sämtliche Individuen einer Population unter Risiko tatsächlich einen gleichen Beitrag zur Risikozeit leisten. Geht man aber andererseits davon aus, dass bei einer fest vorgegebenen Anzahl von Gesunden keine dynamischen Prozesse auftreten, so ist eigentlich die kumulative Inzidenz als Maß zur Beschreibung des Risikos heranzuziehen. Dies wirft die Frage auf, in welcher Beziehung kumulative Inzidenz und Inzidenzdichte zueinander stehen.

Um diese Frage zu beantworten, wollen wir auch hier von einer vereinfachenden Annahme ausgehen: Eine dynamische Population unter Risiko ist dann stabil, wenn über den betrachten Zeitraum Δ die *Inzidenzdichte ID konstant* ist.

Da die Inzidenzdichte im Sinne der Analyse von Überlebenszeiten eine Hazardrate darstellt, ist diese Forderung gleichbedeutend mit einer so genannten Exponentialverteilung der Überlebenszeiten, also der Zeit vom Beginn der Beobachtung bis zum Auftreten des Krankheitsereignisses (zur mathematischen Herleitung dieser Bedingung bzw. der nachstehenden Formel vgl. z.B. Miller 1981a, Clayton & Hills 1993 oder auch Hartung et al. 2009).

Für diese Verteilung ist definiert, dass die Wahrscheinlichkeit, dass vom Beginn der Beobachtung t_1 bis zu einem Zeitpunkt t_2 ein Krankheitsfall auftritt (dies ist aber gerade die kumulative Inzidenz im Zeitraum Δ), wie folgt ermittelt werden kann:

$$CI = Pr(t_1 \leq krank \leq t_2) = 1 - \exp(-ID\cdot\Delta).$$

Kumulative Inzidenz und Inzidenzdichte stehen somit über die Exponentialfunktion in einem funktionalen Zusammenhang. Ist die Inzidenzdichte bei seltenen Erkrankungen sehr gering (ID < 0,1) und zudem die betrachtete Zeitperiode Δ klein, so gilt näherungsweise wegen der Eigenschaft der Exponentialfunktion $\exp(x) \approx 1 + x$ für kleine Werte von x, $\exp(ID\cdot\Delta) \approx 1 + ID\cdot\Delta$, und obige Beziehung lässt sich vereinfachen zu

$$CI \approx ID\cdot\Delta.$$

Beispiel: Für die Population aus Abb. 2.3 kann nicht unterstellt werden, dass eine seltene Erkrankung vorliegt (ID = 1,33). Damit gilt bei konstanter Inzidenzdichte für die kumulative Inzidenz für Δ = 1 Jahr
$$CI = 1 - \exp(-1,33\cdot1) = 1 - 0,26 = 0,74.$$

Tab. 2.1:   Charakterisierung epidemiologischer Maßzahlen zur Prävalenz und Inzidenz

Eigenschaft	(Perioden) Prävalenz	kumulative Inzidenz	Inzidenzdichte
Welche alternativen Bezeichnungen gibt es?	–	Risiko	Inzidenzrate
Was wird gemessen?	Anteil der Erkrankten an der Population	Wahrscheinlichkeit zu erkranken	Geschwindigkeit, mit der Neuerkrankungen auftreten
Was wird gezählt (Zähler)?	alle gegenwärtig (in einer Zeitperiode) Erkrankten	alle Neuerkrankungen in definierter Zeitperiode	alle Neuerkrankungen in definierter Zeitperiode
Was ist der Bezug (Nenner)?	gesamte Population (einschl. der Erkrankten)	Anzahl der Individuen in der Population unter Risiko	Summe der Zeiten unter Risiko aller Individuen in der Population
Welche Einheit wird berechnet?	Prozent	Prozent	Fälle pro Risikozeit

Wie eingangs erwähnt, sind die hier geschilderten Zusammenhänge der Morbiditätsmaße nur dann gültig, wenn die vereinfachenden Stabilitätsannahmen, wie etwa die einer konstanten Inzidenzdichte, gerechtfertigt sind. Sind diese Voraussetzungen nicht erfüllt (z.B. bei saisonalem Auftreten einer Krankheit), so sind obige Beziehungen nicht mehr gültig, und die angegebenen Formeln sollten nicht mehr angewendet werden. Weitere Aspekte und vertiefende Literaturhinweise zu diesem Problemkreis findet man u.a. bei Kleinbaum et al. (1982), Miettinen (1985) sowie Rothman et al. (2008).

Die in Tab. 2.1 dargestellte Übersicht fasst die Eigenschaften der in den vorangegangenen Abschnitten eingeführten epidemiologischen Maßzahlen nochmals zusammen.

2.2   Demographische Maßzahlen

Die im Abschnitt 2.1 dargestellten epidemiologischen Maßzahlen sowie die Betrachtungen zur Dynamik einer Population gelten für beliebige Gesamtheiten und beliebige gesundheitliche Endpunkte und sind somit allgemein nutzbar. Im Zusammenhang mit den Angaben zur allgemeinen Bevölkerung und deren Entwicklung spielt aber selbstverständlich die Mortalität eine besonders bedeutsame Rolle, so dass sich in der *Demographie*, die sich mit der Beschreibung des Aufbaus und der Entwicklung einer Bevölkerung befasst, noch weitere epidemiologisch relevante Maßzahlen bzw. Darstellungen dieser Kennzahlen etabliert haben.

Im Allgemeinen wird die Einwohnerzahl eines Landes durch eine Volkszählung festgestellt. Zwischen diesen Totalerhebungen wird die Bevölkerungszahl durch Berücksichtigung von Geburten, Zu- und Abwanderungen sowie Todesfällen fortgeschrieben. Die Bevölkerungsstruktur kann dabei auf vielfältige Art dargestellt werden. Die bekanntesten Darstellungsformen sind hierbei die Bevölkerungspyramide sowie die Geburten- und die Mortalitätsrate.

2.2.1   Bevölkerungspyramide, Fertilität und Mortalität

Da die Morbidität und die Mortalität fast aller Krankheiten in starkem Maße altersabhängig sind, sind bei der epidemiologischen Betrachtung von Bevölkerungsgruppen Informationen über deren Altersaufbau zur Vermeidung von Fehlschlüssen sehr wichtig.

Der Altersaufbau einer Population wird sehr übersichtlich in Form einer so genannten **Bevölkerungspyramide** dargestellt (siehe Abb. 2.4). Hierbei handelt es sich um eine nach Geschlecht getrennte graphische *Darstellung der Altersverteilung* eines Landes durch zwei senkrecht nebeneinander stehende *Histogramme* (siehe hierzu auch Anhang S.2.4).

Die jeweilige Form der Alterspyramide ist abhängig von Geburten, Todesfällen und Migrationsprozessen, denen eine Population unterworfen war. So sind in Abb. 2.4 deutlich die verringerten Geburtenzahlen während der zwei Weltkriege zu erkennen. Die Form einer Pyramide kann damit nur dann theoretisch erreicht werden, wenn keine Migrationen sowie keine Besonderheiten oder Veränderungen bei Geburten und Todesfällen zu verzeichnen sind.

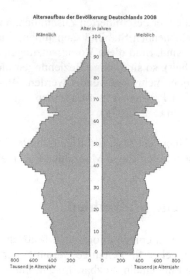

Abb. 2.4:   Altersaufbau der Bevölkerung Deutschlands am 31.12.2008 (Bevölkerungspyramide; Quelle: © Statistisches Bundesamt, Wiesbaden)

Wie jede graphische Darstellung dient die Bevölkerungspyramide nur einem ersten, lediglich beschreibenden Überblick bzgl. der Bevölkerungsstruktur, wobei sie insbesondere dazu dienen kann, zeitliche Vergleiche innerhalb einer Population bzw. örtliche Vergleiche zwischen verschiedenen Populationen zu illustrieren. Darüber hinaus ist es sinnvoll, diese Darstellung durch einige weitere Maßzahlen zu ergänzen.

Im Folgenden wollen wir auf die demographischen Kennziffern eingehen, die sich auf die bei dynamischen Populationen einmaligen Ereignisse Geburt und Tod beziehen. Da in Deutschland sämtliche Geburten und Todesfälle der Meldepflicht unterliegen, können diese Entwicklungen in den Bevölkerungsaufbau einbezogen werden. Komplizierter dagegen ist die Berücksichtigung von Zuwanderungs- und Abwanderungsprozessen, die an dieser Stelle zunächst nicht weiter behandelt werden.

Die hier betrachteten Kenngrößen beinhalten somit im Zähler die während einer definierten zeitlichen Periode Δ aufgetretenen Ereignisse (Geburten bzw. Todesfälle) und im Nenner die Population unter Risiko. Hierbei wird von amtlichen Stellen meist eine speziell definierte Populationszahl (z.B. durchschnittliche Populationsgröße während der Periode) genannt. Eine Angabe von Personenzeiten, wie bei der Inzidenzdichte, erfolgt in der Regel nicht. Dennoch werden Punktereignisse ins Verhältnis zu Zeitperioden gesetzt, so dass es sich bei den resultierenden Maßzahlen, wie bei der Inzidenzdichte, um Ziffern oder Raten handelt, was bei der Interpretation berücksichtigt werden muss (siehe auch Abschnitt 2.1.2).

Im Einzelnen sind folgende Definitionen üblich. Bezeichnet G die *Anzahl Lebendgeborener* und M die *Anzahl der Todesfälle* in einer Periode Δ und ist die Gesamtbevölkerung als *Population unter Risiko* von der Größe N, so ist die **Geburtenrate** bzw. **-ziffer** definiert durch

$$\text{Geburtenrate} = GR = \frac{G}{N} \cdot 100.000 \,.$$

Die **Mortalitätsrate** oder **Sterbeziffer** der betrachteten Population unter Risiko wird angegeben durch

$$\text{Mortalitätsrate} = MR = \frac{M}{N} \cdot 100.000 \,.$$

Dabei werden beide Raten wie hier üblicherweise in der Form pro 100.000 der Bevölkerung und Jahr angegeben.

Diese beiden Raten werden häufig auch modifiziert publiziert. Dabei geht man dann bei der Beschreibung der Geburten davon aus, dass als "Population unter Risiko" nicht die Gesamtbevölkerung, sondern nur *Frauen im gebärfähigen Alter* (definiert durch den Altersbereich 15-45 Jahre) gelten. Ist diese Anzahl F, so ergibt sich als so genannte Verursachungszahl die **Fruchtbarkeitsrate** oder **-ziffer** mit

$$\text{Fruchtbarkeitsrate} = FR = \frac{G}{F} \cdot 100.000 \,.$$

Auch bezüglich der Mortalität ist insbesondere vor dem Hintergrund klinischer Aussagen die Angabe einer Verursachungszahl von Interesse. Bezeichnet dabei D die Anzahl von Individuen, die an einer bestimmten Erkrankung leiden, so ergibt sich die **Letalitätsrate** oder **-ziffer** mit

$$\text{Letalitätsrate} = LR = \frac{M}{D} \cdot 1.000 \,.$$

Diese Ziffer gibt somit an, wie viele von 1.000 Erkrankten im Laufe eines Jahres versterben. Diese Rate ist daher vor allem als eine Maßzahl für den Behandlungserfolg von Bedeutung und wird insbesondere in der klinischen Epidemiologie benutzt.

Bei der Angabe von Mortalitätsraten ist es zudem üblich, diese nicht nur für die Gesamtpopulation, sondern auch alters- und geschlechtsspezifisch aufzuschlüsseln, denn in den verschiedenen Alters- bzw. Geschlechtsgruppen ist das Sterbeverhalten sehr unterschiedlich, so dass hierdurch die Möglichkeit einer detaillierteren Darstellung geschaffen wird.

Hierzu nehmen wir an, dass eine Anzahl von K *Alterklassen* vorgegeben ist. Sei M_k die Anzahl der Todesfälle in einer Periode Δ in einer Alterklasse k, und ist die Gesamtbevölkerung in dieser Alterklasse N_k, so ist die **altersspezifische Mortalitätsrate** oder **Sterbeziffer eines k-Jährigen** definiert durch

$$\text{Mortalitätsrate der Altersklasse } k = MR_k = \frac{M_k}{N_k} \cdot 100.000, \, k = 1, \, ..., \, K.$$

MR_k ist eine so genannte bedingte Sterbewahrscheinlichkeit, nämlich die Wahrscheinlichkeit, im k-ten Lebensjahr zu sterben, falls man das (k−1)-te Lebensjahr bereits vollendet hat.

Beispiel: Nach der Wiedervereinigung Deutschlands wurden für das Jahr 1990 erstmalig die nachfolgenden demographischen Größen für Deutschland insgesamt angegeben (Quelle: Statistisches Bundesamt 1992, Teil 3, Einzelnachweis):

Anzahl Geburten G	=	905.675
Anzahl Todesfälle M	=	921.445
Gesamtbevölkerung N	=	79.753.227
Anzahl Frauen (15-45 Jahre) F	=	16.873.800.

Hiermit erhält man die demographischen Kennziffern (jeweils pro 100.000 Personen):

Geburtenrate GR	=	1.135,6
Fruchtbarkeitsrate FR	=	5.367,3
Mortalitätsrate MR	=	1.155,4.

Die in Tab. 2.2 dargestellte Übersicht fasst die Eigenschaften der in diesem Abschnitt eingeführten epidemiologischen Maßzahlen nochmals zusammen.

Tab. 2.2:   Charakterisierung epidemiologischer Maßzahlen zur Mortalität, Letalität und Fertilität

Eigenschaft	Mortalitätsrate	Letalitätsrate	Geburtenrate	Fertilitätsrate
Welche Maßzahl tritt auf?	Inzidenz	Inzidenz	Inzidenz	Inzidenz
Was wird gezählt (Zähler)?	alle Todesfälle in definierter Zeitperiode	Todesfälle durch bestimmte Erkrankung in definierter Zeitperiode	alle Lebendgeburten in definierter Zeitperiode	alle Lebendgeburten in definierter Zeitperiode
Was ist der Bezug (Nenner)?	Anzahl der Personen in der Population unter Risiko	Anzahl der erkrankten Personen	Anzahl der Personen in der Gesamtpopulation	Anzahl der Frauen im gebärfähigen Alter

Neben den hier angegebenen Maßzahlen werden im Rahmen der Statistik des Gesundheitswesens noch weitere demographische Kenngrößen angegeben, die im Wesentlichen nach den gleichen Prinzipien berechnet werden können. Beispiele hierfür sind etwa die Säuglingssterblichkeit, die mittlere Lebenserwartung oder die Absterbeordnung (Überlebens- oder Survivalfunktion) einer Bevölkerung (vgl. z.B. Brennecke et al. 1981, Schach 1985).

2.2.2   Vergleiche von Erkrankungshäufigkeiten bei aggregierten Daten

Bislang haben wir Maßzahlen von Erkrankungshäufigkeiten unter der ersten epidemiologischen Fragestellung diskutiert, dass nämlich die Verteilung von Krankheiten beschrieben werden soll. Häufig wurde hierbei aber schon implizit davon ausgegangen, dass die zweite epidemiologische Frage nach den Ursachen von Krankheiten mitgestellt wird. Dies erfolgt dann beispielsweise in der folgenden Art:

> "Warum ist die Mortalitätsrate einer Stadt im Jahr 1980 größer als im Jahr 2010?"

Ein weit verbreiteter Versuch, ermittelte Maßzahlen auch zur Ursachenforschung zu nutzen, ist etwa der folgende:

> "Die in den Landkreisen dokumentierte Mortalität an einer bestimmten Krebsart weist ein räumliches Muster auf, das dem der Luftverschmutzung entspricht."

Kern beider Aussagen ist ein *Vergleich von Häufigkeitsmaßzahlen.* Im ersten Fall werden zwei Maßzahlen zeitlich verglichen, während im zweiten Fall räumlich vorliegende Daten in Verbindung gebracht werden.

Will man solche Vergleiche mit epidemiologischen Häufigkeitsmaßzahlen durchführen, so sollte man sich fragen, inwieweit überhaupt eine Vergleichbarkeit dieser Größen gewährleistet ist. So ist etwa im ersten Beispiel denkbar, dass die Mortalitätsrate nur deshalb abgenommen hat, weil viele junge Familien in die Stadt gezogen sind und damit bei gleicher Sterblichkeit nur der Nenner der Messgröße vergrößert wurde. Oder im zweiten Beispiel ist denkbar, dass der Hauptrisikofaktor der betrachteten Krebsart das gleiche räumliche Muster aufweist und die Luftverschmutzung das Krebsmuster somit gar nicht kausal erzeugt hat.

Beispiel: Ein Beispiel ist der regionale Vergleich von Mortalitätsdaten im Zusammenhang mit der Beurteilung einer lufthygienischen Situation in einem Reinluftgebiet und einem Belastungsgebiet. Dieser Vergleich ist dann häufig gleichzusetzen mit dem Vergleich einer Population in einem eher ländlichen und einem eher städtischen Gebiet. Da hier von einem unterschiedlichen strukturellen Aufbau der Bevölkerung auszugehen ist, ist die Vergleichbarkeit ggf. grundsätzlich nicht gewährleistet. So kann z.B. angenommen werden, dass der Altersaufbau in Stadt und Land verschieden ist (mehr junge Menschen in der Stadt, mehr alte Menschen auf dem Land). Dann ist es generell nicht zu beantworten, ob ein Unterschied in der Mortalität mit der unterschiedlichen Luftbelastung oder mit einem unterschiedlichen Alter zusammenhängt.

Um diese Fragen beantworten zu können, muss eine Vergleichbarkeit erreicht werden. Vergleicht man Maßzahlen zeitlich wie räumlich miteinander, so bedient man sich dazu des Instrumentes der Standardisierung. Da sowohl für die Sterblichkeit als auch für die meisten Krankheiten eine solche Strukturabhängigkeit durch das Geschlecht und durch das Alter auftreten kann, ist es üblich, die Häufigkeitsmaßzahlen vor Durchführung eines Vergleichs bezüglich dieser Variablen zu standardisieren. Eine Standardisierung auf Basis anderer Größen ist nach den gleichen Prinzipien möglich. So ist es z.B. bei der Betrachtung von Tierpopulationen üblich, die Größe von landwirtschaftlichen Betrieben als Standardisierungsvariable zu berücksichtigen.

Die *Standardisierung* ist ein *rechentechnisches Instrument,* das auf mathematischem Wege die *Vergleichbarkeit von Gruppen* gewährleistet. Hierbei wird dann z.B. die Altersstruktur in einer Gruppe künstlich an die Alterstruktur der Vergleichsgruppe angepasst.

Da das Ziel einer Standardisierung die Vergleichbarkeit von Gruppen ist, sind dazu verschiedene Bezugspopulationen möglich. Einerseits kann eine Standardisierung so durchgeführt werden, dass man den Aufbau einer "künstlichen" Bevölkerung zum Standard erhebt. Solche Bevölkerungen stellen *Segis Weltbevölkerung* (vgl. z.B. Becker & Wahrendorf 1998), die europäische oder die afrikanische Standardbevölkerung oder Ähnliches dar. Allerdings ist auch eine Standardisierung im Rahmen der betrachteten Untersuchung möglich. Die Wahl der Standardbevölkerung ist zwar theoretisch beliebig, jedoch wird häufig empfohlen, diese so zu wählen, dass sie doch einen ähnlichen Aufbau hat, damit der Vergleich nicht zu artifiziell ist und die Abweichung zwischen unstandardisierter (roher) und standardisierter Maßzahl möglichst gering ausfällt. So ist eine Standardisierung etwa nach der afrikanischen Bevölkerung durchaus denkbar. Da diese jedoch jünger ist als die deutsche Bevölkerung, wird eine standardisierte Maßzahl in ganz anderen Größenordnungen liegen als eine rohe, nicht bereinigte Maßzahl.

Die Durchführung einer Standardisierung wird nachfolgend für eine Altersstandardisierung von Mortalitätsraten erläutert, wie sie z.B. bei der Erstellung von Krebsatlanten von Bedeutung ist. Grundsätzlich haben diese Verfahren für sämtliche Morbiditätsraten sowie auch andere Standardisierungsvariablen wie das Geschlecht etc. ihre Gültigkeit.

2.2.2.1   Direkte Standardisierung

Zur rechentechnischen Umsetzung von standardisierten Raten unterscheidet man die direkte und die indirekte Standardisierung. In Tab. 2.3 finden sich die Informationen, die für eine Standardisierung beispielsweise nach dem Alter erforderlich sind. Es sind dies eine Anzahl von insgesamt K (Alters-) Klassen, die Anzahl Verstorbener pro Altersklasse, die Angabe der Bevölkerung pro Altersklasse und dies sowohl für die Studienpopulation wie für die Standardpopulation (hier mit "*" gekennzeichnet).

Tab. 2.3:   Notwendige Maßzahlen zur Standardisierung der Mortalitätsrate einer Studienpopulation nach einer Standardpopulation *

Altersklasse k	Studienpopulation		Standardpopulation *	
	Verstorbene	Bevölkerung	Verstorbene	Bevölkerung
1	M_1	N_1	M_1^*	N_1^*
2	M_2	N_2	M_2^*	N_2^*
⋮	⋮	⋮	⋮	⋮
k	M_k	N_k	M_k^*	N_k^*
⋮	⋮	⋮	⋮	⋮
K	M_K	N_K	M_K^*	N_K^*

Mit diesen Informationen lässt sich die **rohe, unbereinigte Mortalitätsrate** der Studienpopulation berechnen durch

$$MR = \frac{M}{N} \cdot 100.000 = \frac{\sum_{k=1}^{K} M_k}{\sum_{k=1}^{K} N_k} \cdot 100.000 \,.$$

Da für die altersspezifischen Sterberaten $MR_k = (M_k/N_k) \cdot 100.000$, $k = 1, ..., K$, gilt, kann man dies auch wie folgt ausdrücken

$$MR = \frac{\sum_{k=1}^{K} N_k \cdot MR_k}{\sum_{k=1}^{K} N_k} = \sum_{k=1}^{K} W_k \cdot MR_k \,,$$

wobei $W_k = N_k / \sum_{k=1}^{K} N_k$ den Anteil der k-ten Altersgruppe an der Population beschreibt, $k = 1, ..., K$.

Diese Darstellung der Mortalitätsrate MR zeigt, dass sie aus den altersspezifischen Raten MR_k berechnet werden kann, indem man diese mit der Altersstruktur der Bevölkerung gewichtet. Die Mortalitätsrate ist somit von der Altersstruktur abhängig.

Dieser grundsätzliche Zusammenhang wird bei der Standardisierung ausgenutzt, indem man bei der Berechnung der Mortalitätsrate anstelle der Gewichte W_k der Studienpopulation die Altersstruktur W_k^*, $k = 1, ..., K$, der Standardpopulation * benutzt. Damit erhält man die **standardisierte Mortalitätsrate** durch

$$\text{standardisierte Mortalitätsrate} = MR_{st} = \sum_{k=1}^{K} W_k^* \cdot MR_k \text{ mit } W_k^* = \frac{N_k^*}{\sum_{k=1}^{K} N_k^*} \,, k = 1, ..., K \,.$$

Man bezeichnet diese Form der Standardisierung als **direkt**. Werden standardisierte Mortalitätsraten veröffentlicht, so basiert deren Berechnung in der Regel auf der direkten Standardisierung. Bei der Berechnung von MR_{st} wird unterstellt, dass die Altersstruktur in der Studienpopulation genauso ist wie in der Standardbevölkerung, d.h., MR_{st} gibt die Mortalität an, die herrschen würde, wenn die gleiche Altersstruktur wie in der Standardpopulation gegeben wäre.

Beispiel: Tab. 2.4 enthält die Anzahl von Verstorbenen und der Bevölkerung sowie die daraus berechneten altersspezifischen Sterberaten und Bevölkerungsanteile für die weibliche Bevölkerung in den neuen und alten Ländern der Bundesrepublik Deutschland kurz nach der Wiedervereinigung. Die (rohe) Mortalitätsrate für die weibliche Bevölkerung beträgt in den neuen Ländern MR = 1.368 und in den alten Ländern MR* = 1.165 Todesfälle auf 100.000 weibliche Einwohner.

Tab. 2.4:　Verstorbene, Bevölkerung, altersspezifische Sterberaten und Bevölkerungsanteile in den neuen und alten Bundesländern – weiblich (Quelle: Statistisches Bundesamt 1992)

Altersklasse von ... bis unter ...	k	Studienpopulation (neue Länder)				Standardpopulation * (alte Länder)			
		Verstorbene M_k	Bevölkerung N_k	Sterberate MR_k	Bevölk.-anteil W_k	Verstorbene M_k^*	Bevölkerung N_k^*	Sterberate MR_k^*	Bevölk.-anteil W_k^*
0–1	1	597	88.200	677	0,0105	2.122	355.200	597	0,0108
1–15	2	324	1.445.000	22	0,1725	909	4.410.500	21	0,1342
15–40	3	1.936	2.821.900	69	0,3368	6.102	11.579.500	53	0,3522
40–60	4	8.287	2.069.800	400	0,2470	25.084	8.276.700	303	0,2518
60 und älter	5	103.477	1.953.800	5.296	0,2332	348.676	8.252.800	4.225	0,2510
Gesamt		114.621	8.378.700	1.368	1,0000	382.893	32.874.700	1.165	1,0000

Durch direkte Standardisierung erhält man

$$MR_{st} = (0{,}0108 \cdot 677 + 0{,}1342 \cdot 22 + 0{,}3522 \cdot 69 + 0{,}2518 \cdot 400 + 0{,}2510 \cdot 5.296) = 1.465 \,.$$

Unterstellt man also, dass in den neuen deutschen Ländern nach der Wiedervereinigung die gleiche Altersstruktur wie in den alten Ländern angetroffen worden wäre, so wären hier 1.465 Todesfälle auf 100.000 weibliche Einwohner aufgetreten. Die rohe Sterberate war mit 1.368 Todesfällen pro 100.000 Frauen aber geringer, denn in den neuen Ländern war die weibliche Bevölkerung im Durchschnitt etwas jünger, so dass die Mortalität daher absolut kleiner war.

Die Durchführung einer Standardisierung von Raten gilt als unabdingbare Voraussetzung für den Vergleich dieser epidemiologischen Maßzahlen. Führt man nach Standardisierung einen Vergleich durch, ist dies auf zweierlei Arten möglich, nämlich durch Bildung von Differenzen oder durch Betrachtung von Quotienten.

Bildet man die Differenz von standardisierten Raten, so betrachtet man Abstände von Verstorbenen pro 100.000. Diese absolute Form ist aber häufig nur schlecht zu interpretieren. Deshalb werden zum Vergleich in der Regel relative Maße benutzt.

Betrachtet man den Quotienten zweier Mortalitätsraten, so gibt dieser den Faktor an, um den sich die Mortalität in den Populationen unterscheidet. Diese Angabe kann dann auch als relativer Unterschied ausgedrückt werden.

Der **einfache Mortalitätsratenquotient** MR/MR* kann dabei als absolutes Abweichungsmaß definiert werden. Ist dieser gleich 1, unterscheiden sich die Mortalitäten nicht, ist er z.B. gleich 1,075, so besagt dies, dass die rohe, nicht-standardisierte Mortalität der Studienpopulation um (relativ) 7,5% größer ist als in der Vergleichspopulation. Dieser Vergleich kann zwar von Interesse sein, ist aber wegen der Nichtberücksichtigung der Standardisierung nicht interpretierbar.

Setzt man die nach *direkter Standardisierung* erhaltene Messgröße MR_{st} in Beziehung zur Mortalität der Standardpopulation MR^*, so erhält man die in der angelsächsischen Literatur als **"comparative mortality figure"** bezeichnete Größe

$$\text{Comparative Mortality Figure} = CMF = \frac{MR_{st}}{MR^*} = \frac{\sum\limits_{k=1}^{K} W_k^* \cdot MR_k}{\sum\limits_{k=1}^{K} W_k^* \cdot MR_k^*}.$$

Eine deutschsprachige Bezeichnung hat sich nicht eingebürgert, so dass wir auch hier die englische Bezeichnungsweise verwenden. Bezogen auf die Altersstruktur der Standardbevölkerung gibt die Größe CMF den Faktor an, um den die Mortalität in der Studienpopulation im Vergleich höher oder niedriger ist.

Beispiel: Die rohen und standardisierten Mortalitätsraten der weiblichen Bevölkerung in den neuen und alten (*) Ländern der Bundesrepublik Deutschland nach der Wiedervereinigung hatten wir bereits betrachtet.

Damit berechnet sich der einfache Mortalitätsquotient als

$$MR = \frac{1.368}{1.165} = 1,1742,$$

d.h. in den neuen Ländern ist die Sterblichkeit bei der weiblichen Bevölkerung um 17,42% höher als in den alten Ländern.

Diese Aussage berücksichtigt die Altersstruktur allerdings nicht. Deshalb berechnet man

$$CMF = \frac{1.465}{1.165} = 1,2575.$$

Nach Altersstandardisierung ergibt sich, dass die Sterblichkeit in den neuen Ländern sogar um ca. 25% höher liegt als in den alten Ländern. Diese Vergrößerung des Quotienten resultiert hauptsächlich daraus, dass die Bevölkerung in den neuen Ländern "jünger" ist, so dass der Vergleich der nicht standardisierten Raten die bestehende Diskrepanz in diesem Fall kleiner erscheinen lässt, als sie in Wirklichkeit ist.

2.2.2.2   Indirekte Standardisierung

Bei der direkten Standardisierung wird zum Vergleich von Mortalitätsraten eine jeweils gleiche Altersverteilung unterstellt und die sich dann ergebende Sterblichkeit verglichen. Jedoch kann man sich auch den umgekehrten Weg einer Standardisierung vorstellen. In diesem Fall setzen wir die Sterblichkeit der Studienpopulation zu der Sterblichkeit einer Vergleichsbevölkerung ins Verhältnis. Sind MR_k^*, $k = 1, ..., K$, die altersspezifischen Sterberaten der Vergleichsbevölkerung, so gibt die Standardisierung

$$\text{erwartete Mortalitätsrate} = MR_{erw} = \sum_{k=1}^{K} W_k \cdot MR_k^*$$

die Mortalitätsrate an, die man in der Studienpopulation erwarten würde, wenn das Sterbeverhalten das gleiche wäre wie in der Vergleichsbevölkerung. Man spricht daher hier auch von der **erwarteten Mortalitätsrate** und nennt diese Form der Standardisierung **indirekt**.

Beispiel: Die rohen und direkt standardisierten Mortalitätsraten der weiblichen Bevölkerung in den neuen und alten (*) Ländern der Bundesrepublik Deutschland nach der Wiedervereinigung hatten wir bereits betrachtet.

Führt man eine indirekte Standardisierung der Mortalität in den neuen Ländern durch, so erhält man

$$MR_{erw.} = (0{,}0105 \cdot 597 + 0{,}1725 \cdot 21 + 0{,}3368 \cdot 53 + 0{,}2470 \cdot 303 + 0{,}2332 \cdot 4.225) = 1.088 \,.$$

Diese epidemiologische Kennzahl gibt somit die Todesfälle in den neuen Ländern an, die man erwarten würde, wenn dort gleiche Sterberaten wie in den alten Ländern gegeben wären. Da die Sterberaten in den alten Ländern kleiner waren, ergibt sich somit eine deutliche Verringerung dieser erwarteten Zahl im Vergleich zu der beobachteten wahren Mortalität von 1.368 Todesfällen von 100.000 Frauen.

Verwendet man die Messgrößen der *indirekten Standardisierung* zur Bildung eines Vergleichsquotienten, d.h., setzt man die Mortalität der Studienpopulation MR in Beziehung zu MR_{erw}, so erhält man das **standardisierte Mortalitätsratio**

$$\text{s} \tan \text{dardisiertes Mortalitätsratio} = SMR = \frac{MR}{MR_{erw}} = \frac{\sum\limits_{k=1}^{K} W_k \cdot MR_k}{\sum\limits_{k=1}^{K} W_k \cdot MR_k^*} \,.$$

Diese Maßzahl setzt die tatsächlich aufgetretenen Todesfälle in Beziehung zu denen, die man erwartet hätte, wenn bei gleicher Altersstruktur das Sterbeverhalten der Vergleichspopulation vorgelegen hätte. Im Gegensatz zur CMF sind für das standardisierte Mortalitätsratio verschiedene deutschsprachige Bezeichnungen üblich, wobei häufig auch vom *Mortalitätsquotienten* gesprochen wird. Falsch, aber nicht unüblich, ist die Übersetzung Mortalitätsrate, denn es handelt sich beim SMR um einen Quotienten von Raten.

Beispiel: Berechnet man in unserem Beispiel das Verhältnis der beobachteten zur erwarteten Mortalität der weiblichen deutschen Bevölkerung in den neuen Ländern nach der Wiedervereinigung durch indirekte Standardisierung, so erhält man die standardisierte Mortalitätsrate

$$SMR = \frac{1.368}{1.088} = 1{,}2574 \,,$$

d.h. unterstellt man das gleiche Sterbeverhalten in den neuen Ländern wie in den alten Ländern, so wäre die Mortalität in den neuen Ländern um 25,74% höher als in den alten.

Wie obige Beispiele verdeutlicht haben, sind die Berechnung und Interpretation von CMF und SMR durchaus analog, jedoch ist das SMR das gebräuchlichere Vergleichsmaß. Dies hängt einerseits mit der Interpretation

$$SMR = \frac{"beobachtet"}{"erwartet"}$$

zusammen, ergibt sich andererseits aber insbesondere aus der größeren numerischen Stabilität des SMR, denn dieser Quotient reagiert nicht so empfindlich auf Unterschiede im Mortalitätsverhalten wie die CMF. Dieses Phänomen ist besonders bei geringen Inzidenzen wie beispielsweise bei Krebserkrankungen von Bedeutung, aber insbesondere auch dann, wenn die betrachtete Population klein ist und daher die altersspezifischen Sterberaten entsprechend instabil sind. Daher hat sich bei weitergehenden Analysen und Modellen vor allem die Verwendung des SMR eingebürgert (vgl. hierzu auch Breslow & Day 1987).

Diesen Vorteilen der SMR steht jedoch ein deutlicher Nachteil gegenüber. CMFs, die für verschiedene Populationen berechnet worden sind, sind so lange miteinander vergleichbar, wie sie sich auf dieselbe Standardpopulation beziehen. Sie können in diesem Fall z.B. in eine Rangfolge gebracht werden. Dies ist bei SMRs für verschiedene Studienpopulationen auch dann nicht möglich, wenn sie auf die Sterblichkeit derselben Vergleichspopulation Bezug nehmen. Bei der Berechnung der SMR dient die Population, deren altersspezifische Sterberaten verwendet werden, nicht als Standardpopulation. Vielmehr wird die Sterberate der Vergleichspopulation auf die Altersverteilung der Studienpopulation bezogen, d.h., die zu erwartenden Todesfälle in der Studienpopulation werden auf Basis der altersspezifischen Sterberaten der Vergleichspopulation berechnet. Dabei werden diese gemäß dem Altersaufbau der Studienpopulation gewichtet. Damit bezieht sich die SMR-Berechnung jeweils auf den Altersaufbau der Studienpopulation. Also wären SMRs nur dann vergleichbar, wenn der Altersaufbau der zu vergleichenden Studienpopulationen derselbe wäre.

Abschließend zu diesem Abschnitt sei hier nochmals auf die Begriffsbildung im Zusammenhang mit den beschriebenen Maßzahlen eingegangen, die in der epidemiologischen Literatur leider nicht immer konsistent ist. Die in diesem Abschnitt verwendeten Morbiditäts- und Mortalitätsraten sind, wie in Abschnitt 2.1.2 erläutert, als Verhältnis von punktuellen Ereignissen (Krankheitsbeginn, Tod etc.) zu einem andauernden Zustand (Bestand, Risikozeit etc.) zu definieren. Diese Größen werden von uns als Raten oder, wie in der Demographie üblich, als Ziffern bezeichnet.

Die *Standardisierung* ändert an dieser Bezeichnungsweise zunächst nichts. Allerdings handelt es sich dann hierbei um eine *künstliche Maßzahl*, die für sich allein nicht interpretiert werden kann, sondern nur im Vergleich mit einer zweiten Rate sinnvoll ist.

Die eingeführten Größen CMF und SMR sind demnach Quotienten einer realen und einer fiktiven Messgröße. Solche Quotienten werden in der statistischen Literatur auch als *zusammengesetzte Indexzahlen* bezeichnet. Damit wäre auch die Bezeichnungsweise (direkt bzw. indirekt) *standardisierter Sterbeindex* legitim. Die sozialstatistisch analogen Begriffe sind der so genannte *Mengen- und Preisindex nach Laspeyres* bzw. *Paasche*. Für weitere Ausführungen zu den epidemiologischen Maßzahlen sei u.a. auf Breslow & Day (1987) verwiesen, während die sozialstatistischen Analogien z.B. bei Hartung et al. (2009) diskutiert werden.

2.3 Vergleichende epidemiologische Maßzahlen

2.3.1 Risikobegriff und Exposition

Ist mit den in den Abschnitten 2.1 und 1.1 beschriebenen Methoden eine erste Deskription der Erkrankungshäufigkeit erfolgt, so stellt sich in der Regel zudem die Frage nach den Ursachen der ermittelten Krankheitsverteilungen. Ziel ist es dann, den *Zusammenhang* zwischen möglichen so genannten *Risikofaktoren* und den *Krankheits- oder Todesfällen* zu analysieren und zu *quantifizieren*. Diese zweite Hauptaufgabe epidemiologischer Forschung wird deshalb häufig auch als die **analytische Epidemiologie** bezeichnet.

Im ersten Teil dieses Kapitels haben wir deskriptive Größen vorgestellt, die eine Beschreibung der Verteilung von Krankheiten in verschiedenen Populationsgruppen ermöglichen. Im Folgenden wird der Begriff des Risikos bzw. des Risikofaktors erklärt, der es erlaubt, Erkrankungsrisiken zwischen Populationen zueinander in Beziehung zu setzen.

Risiko

Als **Risiko** bezeichnet man *im Rahmen der epidemiologischen Forschung* üblicherweise die Wahrscheinlichkeit, dass ein Individuum innerhalb eines bestimmten Zeitraums die zu untersuchende Krankheit bekommt. Der Risikobegriff ist damit direkt mit dem Begriff der Inzidenz verknüpft, und ein Risiko kann über eine entsprechende Inzidenzmaßzahl beschrieben werden.

Im Gegensatz zur Risikodefinition in anderen Bereichen, die neben der Wahrscheinlichkeit eines Ereignisses (hier der Erkrankung) auch dessen Relevanz (z.B. Verluste, Kosten o.Ä.) berücksichtigt, ist im epidemiologischen Sprachgebrauch ausschließlich das Eintreten eines definierten Krankheitsereignisses von Bedeutung. So kann sowohl vom Risiko einer lebensbedrohlichen Krebserkrankung wie auch von einem Schnupfenrisiko gesprochen werden. Eine Bewertung der Relevanz erfolgt dabei nicht.

Epidemiologische Ursachenforschung zielt darauf ab, Einflussgrößen zu identifizieren, die das Risiko zu erkranken entweder vermindern oder erhöhen, um so Ansatzpunkte zur Krankheitsprävention zu finden. Diese Einflussgrößen werden als **Risikofaktoren** bezeichnet. Zu Risikofaktoren gehören physikalisch-chemische Umwelteinflüsse, soziale sowie genetische Faktoren, aber auch individuelle Lebensgewohnheiten, die eine bestimmte Krankheit begünstigen oder gar verursachen können. Risikofaktoren sind nicht in jedem Fall beeinflussbar (z.B. Alter, Geschlecht, genetische Faktoren). Das Interesse der Präventivmedizin liegt gerade bei den beeinflussbaren Größen, wie z.B. Arbeits- und Umweltbedingungen oder individuellen Lebensstilfaktoren.

Im Folgenden werden wir u.a. Studien zur Ätiologie des Lungenkrebses als verdeutlichende Beispiele betrachten.

Beispiel: Neben kardiovaskulären Erkrankungen kann in der epidemiologischen Forschung Lungenkrebs als die Erkrankung angesehen werden, die sowohl inhaltlich als auch methodisch am intensivsten untersucht worden ist.

Das Bronchialkarzinom ist in Deutschland die mit Abstand häufigste Krebstodesursache bei Männern (MR = 80 Fälle pro 100.000 und Jahr). Für Frauen ist dies derzeit zwar noch nicht der Fall (MR = 30 Fälle pro 100.000 und Jahr), doch nimmt ihre Lungenkrebsmortalität seit Jahren stark zu (RKI 2009).

In der nun mehr als 60-jährigen Geschichte der modernen Lungenkrebsepidemiologie wurden verschiedene Risikofaktoren untersucht. Hierzu zählen natürliche Faktoren wie Alter, Geschlecht und genetische Faktoren sowie nicht-natürliche Einflussgrößen wie Rauchen, berufliche Belastung mit Schadstoffen, Umweltexposition gegenüber Radon und Radonfolgeprodukten, diverse Formen der Luftverunreinigung, Passivrauchen, Ernährung, insbesondere Vitamin-A-Mangel, sozioökonomische Faktoren und psychosoziale Faktoren.

Im Gegensatz zur klinischen Medizin, die auf das Individuum ausgerichtet ist, steht in der Epidemiologie eine Bevölkerungsgruppe im Vordergrund. Mag ein Risikofaktor, wie Rauchen oder Übergewicht, für ein Individuum auch letztendlich ohne Einfluss bleiben – man denke an das häufig vorgebrachte Beispiel eines 100-jährigen starken Rauchers –, so kann die Kontrolle des Risikofaktors für die Gesundheit der Bevölkerung von großer Bedeutung sein.

Risikovergleiche in Expositionsgruppen

Epidemiologische Ursachenforschung kann im Kern auf einen Vergleich von Risiken zurückgeführt werden, wobei die Quantifizierung eines Risikos durch die Inzidenz erfolgt. Im einfachsten Fall ist der Vergleich dadurch möglich, dass man bei Vorliegen eines Risikofaktors von einer **Exposition** spricht und das Risiko unter dieser Exposition mit dem Risiko vergleicht, das man *ohne* die *Exposition* erhält.

Zur Formalisierung dieser einfachen Kategorisierung bezeichnen wir wie in Abschnitt 2.1 das *Ereignis*, dass eine *Krankheit* vorliegt bzw. nicht vorliegt, mit

$$Kr = 1 \text{ bzw. } Kr = 0$$

und das *Vorliegen* bzw. *Nicht-Vorliegen* der *Exposition* durch einen Risikofaktor mit

$$Ex = 1 \text{ bzw. } Ex = 0.$$

Damit kann ein **Risiko unter der Bedingung**, dass man **exponiert** ist, als Wahrscheinlichkeit

$$P_{11} = Pr\,(Kr = 1 \mid Ex = 1)$$

definiert werden. Analog erhält man als **Risiko** derer, die **nicht exponiert** sind, als

$$P_{10} = Pr\,(Kr = 1 \mid Ex = 0).$$

Der Begriff der Exposition ist dabei sehr allgemein zu verstehen. Er schließt sowohl klassische Definitionen der Form "Exposition vorhanden" vs. "Exposition nicht vorhanden" (z.B. Raucher vs. Nichtraucher, dioxinbelastet vs. nicht dioxinbelastet) ein, kann aber auch allgemein beim generellen Vergleich von Gruppen (z.B. Männer vs. Frauen, Niedersachsen vs. Bayern) verwendet werden.

Die übersichtliche Darstellung dieser Risiken bzw. der jeweiligen Gegenwahrscheinlichkeit nicht zu erkranken, erfolgt in der Regel mit Hilfe einer Vierfeldertafel wie in Tab. 2.5.

Tab. 2.5:   Risiken zu erkranken und nicht zu erkranken mit und ohne Exposition

Status	exponiert (Ex = 1)	nicht exponiert (Ex = 0)
krank (Kr = 1)	$P_{11} = \Pr(Kr = 1 \mid Ex = 1)$	$P_{10} = \Pr(Kr = 1 \mid Ex = 0)$
gesund (Kr = 0)	$P_{01} = \Pr(Kr = 0 \mid Ex = 1)$	$P_{00} = \Pr(Kr = 0 \mid Ex = 0)$

Die analytische Epidemiologie widmet sich dem Vergleich der beiden Wahrscheinlichkeiten P_{11} und P_{10}. Sind diese Risiken identisch, d.h., ist die Wahrscheinlichkeit zu erkranken bei Exponierten und Nichtexponierten gleich, so übt die zugrunde liegende Exposition keinen Einfluss auf die Erkrankungswahrscheinlichkeit aus. Andernfalls ist von einer Beeinflussung auszugehen, Exposition und Krankheit sind nicht unabhängig voneinander, und die Exposition wird – unter der Annahme eines ursächlichen Zusammenhangs – als **Risikofaktor** bezeichnet.

Um eine Entscheidung treffen zu können, inwieweit die betrachteten Risiken unterschiedlich sind, sind zwei Betrachtungsweisen möglich: So ist es einerseits denkbar zu fragen, um welchen Faktor das Risiko in der Gruppe der Exponierten erhöht ist. Diese Frage führt zu einem Quotienten von Risiken. Andererseits erscheint es aber auch sinnvoll, die Differenz der Risiken zu berechnen und den so erhaltenen Abstand als die der Exposition zuschreibbare Risikoerhöhung zu interpretieren.

Beide Betrachtungsweisen eines Risikovergleichs führen zu einer Vielzahl verschiedener Maßzahldefinitionen, die zudem je nach Erhebungsmethode (siehe Kapitel 3) unterschiedliche Berechnungs- und Interpretationsmöglichkeiten implizieren. Im Folgenden werden die wichtigsten dieser vergleichenden Maßzahlen vorgestellt.

2.3.2   Relatives Risiko

Das **relative Risiko** wird als das Verhältnis des Risikos bei den Exponierten zum Risiko bei den Nichtexponierten definiert, d.h.

$$\text{relatives Risiko} = \text{RR} = \frac{\text{Risiko mit Exposition}}{\text{Risiko ohne Exposition}} = \frac{\text{Pr}\,(\text{Kr}=1\,|\,\text{Ex}=1)}{\text{Pr}\,(\text{Kr}=1\,|\,\text{Ex}=0)} = \frac{P_{11}}{P_{10}}.$$

Das relative Risiko ist somit ein *Quotient von Risiken* und wird daher auch als *"Risk Ratio"* bezeichnet. Es gibt den multiplikativen *Faktor* an, um den sich die *Erkrankungswahrscheinlichkeit erhöht*, wenn man einer definierten Exposition unterliegt.

Wegen dieser Interpretation ist das relative Risiko RR der bevorzugte Parameter bei der Beurteilung der Stärke einer Assoziation zwischen Krankheit und Exposition und hat aufgrund seines Inzidenzbezugs eine besondere Bedeutung für die ätiologische Forschung.

Beispiel: Tab. 2.6 enthält nach Geschlecht getrennt Angaben zu Todesfällen, die in Deutschland durch Erkrankungen von Luftröhre, Bronchien und Lunge auftreten.

Tab. 2.6: Todesfälle (Kr = 1) durch Erkrankungen von Bronchien und Lunge (ICD 10, C34) nach Geschlecht (Ex = 1, männlich) für die Bundesrepublik Deutschland im Jahr 2002 (Quelle: Statistisches Bundesamt 2002)

Status	männlich Ex = 1	weiblich Ex = 0	gesamt
Kr = 1	28.724	10.381	39.105
Kr = 0	40.281.706	42.161.498	82.443.204
Gesamt	40.310.430	42.171.879	82.482.309

Das Risiko, an einer Erkrankung von Luftröhre, Bronchien oder Lunge zu versterben, ist

$$\text{bei Männern } P_{11} = \frac{28.724}{40.310.430} = 71{,}3 \,(\text{pro } 100.000) \text{ und}$$

$$\text{bei Frauen } P_{10} = \frac{10.381}{42.171.879} = 24{,}6 \,(\text{pro } 100.000).$$

Damit berechnet man das relative Risiko als

$$\text{RR} = \frac{71{,}3}{24{,}6} = 2{,}90,$$

d.h., bei Männern ist das Risiko, an einer Erkrankung der Bronchien und Lunge zu versterben, knapp dreimal so hoch wie bei Frauen.

Wie obiges Beispiel verdeutlicht, ist das relative Risiko ein geeignetes Maß zum Vergleich der Risiken zwischen Exponierten und Nichtexponierten. Es ist zu beachten, dass diese Maßzahl ein Multiplikator von Wahrscheinlichkeiten ist. Ein exponiertes Individuum hat damit eine um den berechneten Faktor RR erhöhte bzw. erniedrigte Erkrankungswahrscheinlichkeit; ob sich eine Erkrankung bei einem einzelnen Individuum aber manifestiert, ist nicht sicher.

Da das relative Risiko ein Quotient zweier Wahrscheinlichkeiten ist und diese theoretisch jeweils Werte zwischen null und eins annehmen können, kann RR Werte zwischen null und unendlich annehmen. Gilt RR = 1, so sind beide Risiken identisch und man sagt, dass die Exposition keinen Einfluss auf die Krankheit ausübt. Ist das relative Risiko RR > 1, so ist die Wahrscheinlichkeit der Erkrankung unter Exposition größer als unter Nichtexposition, und es wird somit unterstellt, dass die Exposition einen *schädigenden Einfluss* ausübt. Dagegen bedeuten Werte RR < 1, dass die Exposition einen *protektiven Einfluss* hat.

Wir werden bei der Behandlung dieser und analoger multiplikativer Maßzahlen allerdings im Folgenden stets unterstellen, dass die jeweils betrachtete Exposition schädigend wirkt, d.h., den Fall RR > 1 als typische Situation unterstellen. Da es sich bei der Frage, ob eine Exposition vorliegt oder nicht, um eine rein nominelle Kategorisierung handelt (siehe hierzu auch Anhang S.4.2), ist es stets möglich, durch eine entsprechende Umcodierung der Kategorie der Exponierten und der Nichtexponierten diese Situation auch formal herbeizuführen.

2.3.3   Odds Ratio

Neben dem relativen Risiko hat sich ein weiteres relatives Vergleichsmaß innerhalb der analytischen Epidemiologie durchgesetzt, das auf den so genannten Odds basiert. Diese Odds ergeben sich auf der Basis von Wahrscheinlichkeiten aus dem Begriff der **Chance**.

Definiert man allgemein als **Odds einer Wahrscheinlichkeit** P den Ausdruck

$$\text{Odds}(P) = \frac{P}{1-P} \ ,$$

so gibt dies die Chance an, mit der ein Ereignis eintritt.

Beispiel: Der Begriff der Chance ist umgangssprachlich im deutschen Sprachraum vor allem im Zusammenhang mit Glücksspielen bekannt. So spricht man beim Münzwurf von einer Chance von 1:1, was formal für P = 0,5 zu einem Odds(P) = 0,5 / 0,5 = 1 führt. Beim Werfen eines Würfels hat man bei sechs Möglichkeiten eine Wahrscheinlichkeit für eine bestimmte Augenzahl von P = 1/6, so dass sich die Chance Odds(P) = 1/5 = 0,2 ergibt. Weitere Beispiele kann man auch Tab. 2.7 entnehmen.

Tab. 2.7:   Wahrscheinlichkeit P und Chance Odds(P)

P	0,5	0,4	0,3	0,2	0,1666	0,1	0,05	0,01	0,001
Odds(P)	1	0,6667	0,4286	0,25	0,2	0,1111	0,0526	0,0101	0,0010

Mit dem Begriff der Chance ist es nun möglich, ein Chancenverhältnis innerhalb der Vierfeldertafel der Risiken aus Tab. 2.5 zu definieren. Hierbei betrachtet man die Chance, unter
Exposition zu erkranken und dividiert diese durch die Chance zu erkranken, falls man nicht
exponiert ist. Dann erhält man das so genannte **Odds Ratio** durch

$$
\text{Odds Ratio} = \text{OR} = \frac{\text{Odds zu erkranken mit Exposition}}{\text{Odds zu erkranken ohne Exposition}} = \frac{\text{Odds}\,(\Pr\,(Kr = 1 \mid Ex = 1))}{\text{Odds}\,(\Pr\,(Kr = 1 \mid Ex = 0))}
$$

$$
= \frac{\Pr\,(Kr = 1 \mid Ex = 1)\,/\,\Pr\,(Kr = 0 \mid Ex = 1)}{\Pr\,(Kr = 1 \mid Ex = 0)\,/\,\Pr\,(Kr = 0 \mid Ex = 0)} = \frac{P_{11}/P_{01}}{P_{10}/P_{00}} = \frac{P_{11} \cdot P_{00}}{P_{10} \cdot P_{01}}.
$$

Das Odds Ratio ist auf den ersten Blick ein wenig intuitives Effektmaß, hat aber eine große
Bedeutung in der analytischen Epidemiologie. Dies begründet sich in einer Vielzahl von
positiven Eigenschaften, die diese Maßzahl besitzt.

Das Odds Ratio ist als der *Faktor* zu interpretieren, um den die *Chance zu erkranken steigt*,
wenn man exponiert ist. Diese Interpretation ist der des relativen Risikos analog, nur dass
der Begriff des Risikos durch den der Chance ersetzt ist.

Das Odds Ratio kann aber auch ganz anders interpretiert werden. Fragt man, wie die *Chance
exponiert gewesen zu sein* steigt, wenn man voraussetzt, dass eine Erkrankung bereits vorliegt, so führt dies zu der Darstellung

$$
\text{OR} = \frac{\text{Odds Erkrankter exponiert zu sein}}{\text{Odds Gesunder exponiert zu sein}} = \frac{\text{Odds}\,(\Pr\,(Ex = 1 \mid Kr = 1))}{\text{Odds}\,(\Pr\,(Ex = 1 \mid Kr = 0))}
$$

$$
= \frac{\Pr\,(Ex = 1 \mid Kr = 1)\,/\,\Pr\,(Ex = 0 \mid Kr = 1)}{\Pr\,(Ex = 1 \mid Kr = 0)\,/\,\Pr\,(Ex = 0 \mid Kr = 0)} = \frac{P_{11}/P_{01}}{P_{10}/P_{00}} = \frac{P_{11} \cdot P_{00}}{P_{10} \cdot P_{01}},
$$

so dass die gleiche Maßzahl des Odds Ratios je nach Fragestellung ganz unterschiedlich
interpretiert und dem Odds Ratio somit eine Art inhaltlicher Invarianzeigenschaft zugesprochen werden kann.

Das Odds Ratio ist, wie das relative Risiko, ein Parameter, der Werte zwischen null und unendlich annehmen kann. Ist OR = 1, so sind die Erkrankungschancen unter Exposition und
Nichtexposition gleich und man unterstellt keinen Einfluss der Exposition auf die Erkrankung. Wird OR > 1, so ist die Erkrankungschance unter Exposition größer als unter Nichtexposition und man unterstellt einen *schädigenden Einfluss*. Im Falle, dass OR < 1, schließt
man auf eine Schutzwirkung der Exposition.

Ein Grund für die Popularität des Odds Ratios liegt in der oben bereits gezeigten Möglichkeit der Interpretation sowohl als *Odds Ratio bei gegebener Exposition* wie auch *bei gegebener Krankheit*. Diese formale Übereinstimmung findet ebenso bei der Verwendung des
Odds Ratios in den unterschiedlichen Studientypen ihren Niederschlag, denn das Odds Ratio
erweist sich auch dann als anwendbar, wenn Risikoschätzungen, wie z.B. in retrospektiven
Studienansätzen, nicht möglich sind (siehe Abschnitt 3.3).

Ein weiterer großer Vorteil dieses Vergleichmaßes wird sich auch bei der Betrachtung von komplexeren Modellen zeigen, denn im Gegensatz zum relativen Risiko kann das Odds Ratio im Rahmen so genannter logistischer Regressionsansätze häufig direkt aus deren Modellparametern abgeleitet werden (siehe Abschnitt 6.5). Da diese Modellklasse für weitergehende Analysen epidemiologischer Zusammenhänge von herausragender Bedeutung ist, ist das Odds Ratio das in der analytischen Epidemiologie wohl am häufigsten verwendete vergleichende Risikomaß.

Dies wird vor allem dadurch möglich, dass unter bestimmten Voraussetzungen davon ausgegangen werden kann, dass Odds Ratio und relatives Risiko gleich interpretiert werden können. Ist die betrachtete Erkrankung selten und sind damit die Odds sowohl unter den Exponierten wie auch unter den Nichtexponierten sehr klein (siehe hierzu auch die Beispiele in Tab. 2.7), so ist zu unterstellen, dass die Wahrscheinlichkeit nicht zu erkranken nahe eins ist. Damit gilt unter der Annahme

$$\text{Odds}\,(\text{Pr}\,(\text{Kr} = 1\,|\,\text{Ex} = 1)) = \frac{P_{11}}{P_{01}} \approx P_{11} = \text{Pr}\,(\text{Kr} = 1\,|\,\text{Ex} = 1)$$

$$\text{Odds}\,(\text{Pr}\,(\text{Kr} = 1\,|\,\text{Ex} = 0)) = \frac{P_{10}}{P_{00}} \approx P_{10} = \text{Pr}\,(\text{Kr} = 1\,|\,\text{Ex} = 0)$$

für die Berechnung des Odds Ratios

$$\text{OR} = \frac{P_{11}/P_{01}}{P_{10}/P_{00}} \approx \frac{P_{11}}{P_{10}} = \text{RR}\,,$$

d.h., bei seltenen Erkrankungen sind relatives Risiko RR und Odds Ratio OR ungefähr gleich. Dabei gibt es keine klare Aussage darüber, wann von einer seltenen Erkrankung gesprochen werden kann. So wird zum Teil bereits bei einer Inzidenz unter 10% davon ausgegangen, dass die so genannte "Rare Disease"-Annahme erfüllt ist. Bei einer Inzidenz unter 1% zeigt sich praktisch kein Unterschied mehr zwischen RR und OR. Einen Eindruck davon, was in einer praktischen Anwendungssituation als selten anzusehen ist, gibt Tab. 2.7.

Beispiel: Kommen wir in diesem Zusammenhang nochmals auf die Situation aus Tab. 2.6 zurück, in der getrennt nach Geschlecht die Todesfälle durch Erkrankungen von Luftröhre, Bronchien und Lunge in Deutschland aufgeführt sind. Diese Krebserkrankungen sind selten, d.h., das Risiko ist sehr gering. Damit sind die Wahrscheinlichkeit zu erkranken und das Odds dieser Wahrscheinlichkeit annähernd gleich. Hier gilt für das Odds Ratio

$$\text{OR} = \frac{28.724 \cdot 42.161.498}{10.381 \cdot 40.281.706} = 2{,}90\,,$$

d.h., Odds Ratio und relatives Risiko stimmen nach Rundung auf zwei Dezimalstellen überein.

Die Annahme einer seltenen Erkrankung ist bei allen Krebserkrankungen als erfüllt zu betrachten. Da die Entwicklung epidemiologischer Methoden insbesondere im Rahmen der Krebsepidemiologie erfolgte, hat sich obige Approximation teilweise unmerklich als methodisches Analogon entwickelt. Häufig werden daher Odds Ratios als relative Risiken bezeichnet und auch als solche interpretiert. Wie diese Annahme zeigt, ist allerdings stets zu prüfen, ob die betrachtete Krankheit tatsächlich so selten ist, dass die angegebene Approximation verwendet werden darf.

2.4 Maßzahlen der Risikodifferenz

Mit Hilfe des relativen Risikos und des Odds Ratios können Maßzahlen bereitgestellt werden, die als Faktor die Risiko- oder Chancenerhöhung bei vorliegender Exposition beschreiben und damit Aufschluss über die Stärke einer Assoziation von Exposition und Krankheit geben.

Jedoch ist stets davon auszugehen, dass auch bei nicht vorliegender Exposition ein Erkrankungsrisiko besteht, das so genannte **Grundrisiko**. Damit ist die Frage von Interesse, wie groß das zusätzliche Risiko bei Exposition ist, also der Teil des Erkrankungsrisikos, der allein der Exposition zugeschrieben werden kann.

Unter dem Begriff des attributablen (zuschreibungsfähigen) Risikos wurden verschiedene Konzepte zur Konstruktion von Maßzahlen vorgeschlagen, die im Kern auf Differenzen von Risiken beruhen. Kennt man den Anteil der Exponierten in der Bevölkerung ("Expositionsprävalenz"), so lässt sich angeben, wie viele Erkrankungsfälle der Exposition zugeschrieben werden können bzw. wie viele bei Wegfall der Exposition vermeidbar sind. Damit erhalten diese Maßzahlen vor allem aus der Sicht des öffentlichen Gesundheitswesens und der Prävention ihre Bedeutung.

2.4.1 Risikoexzess

Als einfachste Maßzahl in oben skizziertem Sinne ist die **absolute Risikodifferenz** oder auch der **Risikoexzess** anzusehen. Diese Kennzahl beschreibt den Zuwachs in der absoluten Erkrankungswahrscheinlichkeit durch die Exposition im Vergleich zum Grundrisiko, wenn keine Exposition vorliegt. Sie ist definiert als

$$\text{absolute Risikodifferenz} = RD = \text{Risiko mit Exposition} - \text{Grundrisiko}$$

$$= \Pr(Kr=1|Ex=1) - \Pr(Kr=1|Ex=0) = P_{11} - P_{10}.$$

Der Risikoexzess hat als absolutes Maß den Nachteil, dass weder für die Erkrankung noch für die Exposition ein Prävalenzbezug hergestellt ist. So wird ein Wert von $RD = 0,001$ für eine Erkältungserkrankung irrelevant sein, während er bei einer Krebserkrankung als wichtig anzusehen wäre. Aus diesem Grunde ist es notwendig, die Maßzahl sinnvoll zu normieren.

Eine erste Form der Normierung erhält man, wenn man den Risikoexzess auf das Risiko unter den Nichtexponierten bezieht. Dann erhält man die **relative Risikodifferenz** bzw. den **relativen Risikoexzess** durch

$$\text{relative Risikodifferenz} = \text{RRD} = \frac{\text{Risiko mit Exposition} - \text{Grundrisiko}}{\text{Grundrisiko}}$$

$$= \frac{\Pr(Kr = 1 \mid Ex = 1) - \Pr(Kr = 1 \mid Ex = 0)}{\Pr(Kr = 1 \mid Ex = 0)} = \frac{P_{11} - P_{10}}{P_{10}} = RR - 1.$$

Da dieses Maß bis auf die Subtraktion von eins mit dem relativen Risiko übereinstimmt, kann man es auch als (prozentuale) Erhöhung des Grundrisikos durch die Exposition interpretieren. Im Sinne eines zuschreibbaren Risikos, wie oben angedeutet, ist es allerdings nicht verwendbar, da die Expositionsprävalenz unberücksichtigt bleibt.

2.4.2　Populationsattributables Risiko

Die Bedeutung einer Exposition für eine gegebene Erkrankung in einer Population kann dadurch beschrieben werden, dass man die absolute Risikodifferenz in Beziehung zur Gesamterkrankungswahrscheinlichkeit setzt. Bezeichnet hierzu $\Pr(Kr = 1)$ die Wahrscheinlichkeit erkrankt zu sein (unabhängig vom Expositionsstatus) und $\Pr(Ex = 1)$ die Wahrscheinlichkeit exponiert zu sein (unabhängig vom Krankheitsstatus), so definiert man das **populationsattributable Risiko** durch

$$\text{PAR} = \frac{\text{Gesamterkrankungswahrscheinlichkeit} - \text{Grundrisiko}}{\text{Gesamterkrankungswahrscheinlichkeit}}$$

$$= \frac{\Pr(Kr = 1) - \Pr(Kr = 1 \mid Ex = 0)}{\Pr(Kr = 1)}.$$

Das populationsattributable Risiko kann interpretiert werden als der Anteil der auf die Exposition zurückführbaren Erkrankungen an allen Erkrankungen in der betrachteten Population. Damit entspricht dem PAR der Anteil aller Krankheitsfälle, der durch die Vermeidung der Exposition verhindert werden kann. Eine übliche Formulierung z.B. für die Betrachtung des Lungenkarzinoms lautet dann etwa, dass 85% aller Lungenkrebsfälle auf den Risikofaktor Zigarettenrauchen zurückführbar sind. Für eine gegebene Krankheit kann die Bedeutung verschiedener Risikofaktoren deshalb sinnvoll anhand des Parameters PAR verglichen werden, so dass diese Kennzahl große Bedeutung für die Prävention hat.

Das PAR ist sowohl vom relativen Risiko RR als auch von der Wahrscheinlichkeit exponiert zu sein, $\Pr(Ex = 1)$, abhängig. Zerlegt man dazu die Gesamterkrankungswahrscheinlichkeit in die jeweiligen Anteile der Exponierten und Nichtexponierten

$$\Pr(Kr{=}1) = \Pr(Ex{=}1) \cdot \Pr(Kr{=}1 \mid Ex{=}1) + \Pr(Ex{=}0) \cdot \Pr(Kr{=}1 \mid Ex{=}0)$$

$$= \Pr(Ex{=}1) \cdot \Pr(Kr{=}1 \mid Ex{=}1) + (1 - \Pr(Ex{=}1)) \cdot \Pr(Kr{=}1 \mid Ex{=}0)$$

$$= \Pr(Ex{=}1) \cdot P_{11} + P_{10} - \Pr(Ex{=}1) \cdot P_{10},$$

so ergibt sich für das populationsattributable Risiko folgende Darstellungsweise:

$$PAR = \frac{Pr\,(Ex=1)\cdot P_{11}+P_{10}-Pr\,(Ex=1)\cdot P_{10}-P_{10}}{Pr\,(Ex=1)\cdot P_{11}+P_{10}-Pr\,(Ex=1)\cdot P_{10}} = \frac{Pr\,(Ex=1)\cdot(P_{11}-P_{10})}{Pr\,(Ex=1)\cdot(P_{11}+\frac{P_{10}}{Pr(Ex=1)}-P_{10})}$$

$$= \frac{\frac{P_{11}}{P_{10}}-1}{\frac{P_{11}}{P_{10}}+\frac{1}{Pr\,(Ex=1)}-1} = \frac{RR-1}{RR-1+1/Pr\,(Ex=1)}$$

$$= \frac{rel.\,Risiko-1}{rel.\,Risiko-1+(Exp.\,prävalenz)^{-1}}.$$

Diese Darstellung des populationsattributablen Risikos PAR macht die Abhängigkeit vom relativen Risiko RR und der Expositionsprävalenz Pr(Ex = 1) direkt deutlich. Das populationsattributable Risiko ist dann groß, wenn das relative Risiko und/oder die Expositionsprävalenz groß sind. So kann einerseits der Anteil der auf die Exposition zurückführbaren Erkrankungen in der Population z.B. auch bei geringem relativen Risiko groß sein, wenn große Teile der Population betroffen sind. Andererseits kann auch bei Risikofaktoren, die eine starke Risikoerhöhung nach sich ziehen, ein kleines populationsattributables Risiko auftreten, wenn nur geringe Anteile der Grundgesamtheit exponiert sind. In Abb. 2.5 ist dieser generelle Zusammenhang für einige Situationen exemplarisch dargestellt.

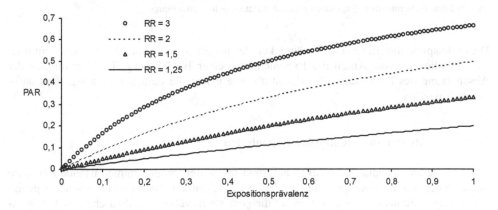

Abb. 2.5:   Populationsattributables Risiko PAR in Abhängigkeit von der Expositionsprävalenz Pr (Ex=1) bei verschiedenen relativen Risiken

Beispiel: Im Zusammenhang mit der Entstehung des Lungenkrebses wird stets diskutiert, welchen Anteil an den Erkrankungen die diversen bekannten Risikofaktoren ausmachen. Doll & Peto (1981) stellten dazu in einer wegweisenden Arbeit auch für das Lungenkarzinom die seinerzeit bekannten attributablen Risiken zusammen (siehe Abb. 2.6).

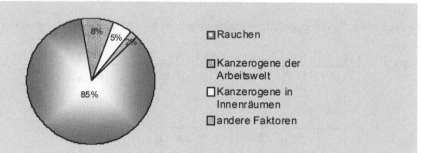

Abb. 2.6: Populationsattributables Lungenkrebsrisiko für verschiedene Expositionen gemäß Doll & Peto (1981)

Die Ergebnisse von Doll & Peto bezogen sich auf wissenschaftliche Untersuchungen, die bis zum Ende der 1970er Jahre durchgeführt wurden, so dass durch die veränderten Lebens- und Rauchgewohnheiten der Bevölkerung diese Abschätzungen heute nicht mehr gültig sein müssen. Damit ist eine ständige Aktualisierung erforderlich.

So wird zum Beispiel derzeit diskutiert, welchen Einfluss die Haltung von Vögeln im häuslichen Umfeld auf die Entstehung von Lungenkrebs hat. Kohlmeier et al. (1992) schätzen, dass das relative Risiko durch (sehr intensive) Exposition gegenüber Hausvögeln bei ca. RR = 2 liegt. Geht man davon aus, dass der Anteil der Vogelhalter mit einer solch intensiven Exposition in Deutschland bei ca. Pr(Ex = 1) = 0,005, d.h. 0,5% liegt, so ergibt sich für das populationsattributable Risiko

$$PAR = \frac{2-1}{2-1+0,005^{-1}} = 0,00498\,,$$

d.h. 0,498% sämtlicher in der Bevölkerung aufgetretenen Lungenkrebsfälle lassen sich (unter diesen Annahmen) auf eine (sehr intensive) Exposition gegenüber Hausvögeln zurückführen.

Diese Beispiele illustrieren die Abhängigkeit des populationsattributablen Risikos vom relativen Risiko und vom Anteil der Exponierten in einer Bevölkerung. Die Genauigkeit der Abschätzung des PAR hängt also davon ab, wie genau die beiden Eingangsgrößen dafür ermittelt wurden.

2.4.3 Attributables Risiko der Exponierten

Das populationsattributable Risiko ist aufgrund seiner Berechnung immer als eine Kennzahl zu verstehen, die für eine gesamte Population Gültigkeit hat. Damit ist es besonders geeignet, die Auswirkung einer Exposition auf die gesamte Bevölkerung abzuschätzen. Die Weltgesundheitsorganisation nutzt daher das populationsattributable Risiko zur Bewertung des so genannten "Global Burden of Disease" (vgl. z.B. Prüss-Üstün et al. 2003).

Neben dieser globalen Betrachtung einer Population macht es aber zusätzlich Sinn, die Idee der Risikoattribution auf den Teil der Bevölkerung zu beschränken, der exponiert ist, denn die Exposition an sich wird nicht in jedem Fall auch zu einer Erkrankung führen. Analog zum PAR, das für die gesamte Population gültig ist, kann daher ein so genanntes **attribu-**

tables Risiko unter den Exponierten definiert werden, indem man die Risikodifferenz auf die erkrankten Exponierten bezieht. Die Größe

$$ARE = \frac{\text{Risiko bei Exposition} - \text{Risiko ohne Exposition}}{\text{Risiko bei Exposition}}$$

$$= \frac{\Pr(Kr = 1 \mid Ex = 1) - \Pr(Kr = 1 \mid Ex = 0)}{\Pr(Kr = 1 \mid Ex = 1)} = \frac{P_{11} - P_{10}}{P_{11}} = \frac{\frac{P_{11}}{P_{10}} - 1}{\frac{P_{11}}{P_{10}}} = \frac{RR - 1}{RR}$$

gibt dann den Anteil der auf die Exposition zurückzuführenden Krankheitsfälle an allen Krankheitsfällen unter den exponierten Individuen an.

Beispiel: Gehen wir in diesem Zusammenhang nochmals auf das Beispiel des Lungenkrebses durch Vogelhaltung ein. Hier hatten wir vorausgesetzt, dass 0,5% der Bevölkerung sehr intensiv exponiert ist, d.h. viele Stunden pro Tag mit vielen Vögeln verbringt. Selbstverständlich wird nicht jede Person, die so exponiert ist, auch einen Lungentumor entwickeln, so dass es sinnvoll ist, in dieser speziellen Gruppe den Anteil der attributablen Erkrankungen zu ermitteln. Mit den Angaben von oben ergibt sich

$$ARE = \frac{2 - 1}{2} = 0,5 \, ,$$

d.h., 50% der exponierten Fälle lassen sich auf die Exposition zurückführen.

Das Beispiel zeigt deutlich, dass das attributable Risiko unter den Exponierten nur noch vom relativen Risiko abhängt. Dabei geht implizit ein, dass die Exposition das Risiko erhöht.

Neben Expositionen, die einfach als vorhanden oder nicht kategorisiert werden können, gibt es auch Expositionen, die in ihrer Wirkung auf eine Bevölkerung als kontinuierlich betrachtet werden müssen. Dies ist z.B. bei vielen Umweltschadstoffen der Fall, wie z.B. der radioaktiven Belastung mit Radon in Innenräumen, der Belastung durch Passivrauchen oder generell der Luftverschmutzung. Auch die Belastung mit bakteriellen Erregern (z.B. Salmonellen) über die Nahrung kann als eine kontinuierliche Exposition von "Mehr oder Weniger" beschrieben werden. Eine kontinuierliche Exposition sollte bei der Ermittlung des relativen Risikos bzw. einer relativen Risikofunktion berücksichtigt werden. Allerdings müssen bei der Ermittlung von relativen Risikofunktionen grundsätzlich andere Methoden angewendet werden, wie sie z.B. in Kapitel 6 beschrieben werden.

Liegt eine kontinuierliche Exposition vor, so bietet es sich an, das Konzept des attributablen Risikos der Exponierten anstelle des populationsattributablen Risikos zu verwenden. Im Gegensatz zur bisherigen Situation kann man dann unterstellen, dass die gesamte Bevölkerung verschiedenen Expositionsgradienten ausgesetzt ist, so dass das dichotome Konzept "Exposition" vs. "keine Exposition" eine starke Vereinfachung darstellen würde. Unter der Annahme eines linearen Zusammenhangs zwischen Risiko und Expositionsgradienten kann die Größe ARE auch als PAR interpretiert werden, wenn man annimmt, dass es möglich wäre, eine "Null-Exposition" zu erreichen. Setzt man dann voraus, dass ein *relatives Risiko RR(x)* für eine *durchschnittliche Exposition x einer Population* bekannt ist, so ist die Größe

$$PAR_{approx}(x) = \frac{RR(x) - 1}{RR(x)}$$

ein (approximiertes) populationsattributables Risiko für eine durchschnittliche Exposition x in einer Bevölkerung.

Beispiel: Bei der Untersuchung der Ätiologie des Lungenkrebses ist auch die Frage von Interesse, wie hoch das populationsattributable Risiko durch die Belastung mit Radon in Innenräumen ist (siehe Kapitel 1, vgl. auch Menzler et al. 2008). Diese Exposition ist kontinuierlich und variiert regional, abhängig von der geologischen Struktur und der Wohnbebauung.

Nach Angaben einer zusammenfassenden europäischen Studie (Darby et al. 2005) kann für das (kontinuierliche) relative Risiko bezüglich der Entstehung von Lungenkrebs durch Radon bei einer Konzentration x von einem Wert von $RR(x) = 1 + 0,0016x$ ausgegangen werden. Nach Menzler et al. (2008) ist die entsprechende durchschnittliche Radonexposition in Wohnhäusern in Deutschland ca. 44 Bq/m³. Damit ergibt sich als eine Approximation für den Anteil der durch Radon in Deutschland verursachten Lungenkrebsfälle ein Wert von

$$PAR_{approx}(44) = \frac{1 + 0,0016 \cdot 44 - 1}{1 + 0,0016 \cdot 44} = \frac{0,0704}{1,0704} = 0,0658,$$

d.h., ungefähr 6,58% der Lungenkrebsfälle in Deutschland lassen sich unter diesen Annahmen auf die Belastung mit Radon in Innenräumen zurückführen. Damit zeigt sich, dass diese Umweltexposition einen wesentlichen Anteil am Krankheitsgeschehen hat.

Mit dem absoluten und relativen Risikoexzess bzw. dem attributablen Risiko in einer Population sowie dem attributablen Risiko in der Gruppe der Exponierten wurden hier nur einige Differenzenmaße von Risiken betrachtet. Die aufgeführten attributablen Maße findet man in der angelsächsischen Literatur auch unter den Bezeichnungen *attributable proportion, attributable risk percent, attributable fraction* oder auch *etiologic fraction*.

Neben diesen unterschiedlichen Bezeichnungsweisen ist aber auch eine Vielzahl weiterer Definitionen und Berechnungsmöglichkeiten zu diesen Maßzahlen zu finden. Dabei werden u.a. auch detailliertere Informationen über die Struktur einer Bevölkerung (Mortalitätsdaten, Sterbetafeln usw.) und andere Formen von (absoluten oder relativen) Risikofunktionen bei der Ermittlung der attributablen Maße verwendet. Für einen Überblick dieser Definitionen vgl. z.B. Gefeller (1992). Ein Beispiel einer tiefer gehenden Modellbildung findet man z.B. bei Menzler et al. (2008).

Epidemiologische Studien

Auf Schatzsuche

3.1 Die ätiologische Fragestellung

Die analytische Epidemiologie kann als die Wissenschaft von der Erforschung der Ursachen von Erkrankungen in gesamten Populationen bezeichnet werden. Die wissenschaftliche Untersuchung basiert dabei auf einer ätiologischen Fragestellung, die die Formulierung von fachlichen Hypothesen beinhaltet und die Berechnung und Interpretation von vergleichenden epidemiologischen Maßzahlen zur Beantwortung dieser Frage nach sich zieht.

Ätiologische Fragestellungen werden bei der Hypothesenformulierung zunächst auf die Beschreibung eines Zusammenhangs einer Krankheit und einer bestimmten Exposition reduziert, wobei diese häufig als dichotom, d.h. vorhanden oder nicht, angenommen werden. Da aber im Regelfall davon auszugehen ist, dass eine Erkrankung multikausalen Ursprungs ist, sind bei der Untersuchung der interessierenden Ursache-Wirkungs-Beziehung weitere Faktoren zu berücksichtigen. Wird also z.B. nach den Ursachen des Auftretens des Lungenkarzinoms gefragt und hierbei etwa die Luftverunreinigung als eine mögliche Erkrankungsursache diskutiert, so ist immer auch zu fragen, ob weitere Risikofaktoren existieren, ob diese konkurrierend sind oder ob und in welcher Form auch Synergismen für die Entstehung dieses Krankheitsbildes verantwortlich gemacht werden können.

Daher reicht es im Regelfall nicht aus, Gruppen von Individuen durch einfache Vergleiche gegenüberzustellen und entsprechende epidemiologische Kennzahlen zu berechnen. Vielmehr ist für die Untersuchung der Ätiologie von Erkrankungen stets ein vertieftes Verständnis der biologischen Zusammenhänge sowie der medizinischen Grundlagen erforderlich. Im Folgenden werden hierzu einige grundlegende Überlegungen und Begriffsbildungen aufgeführt.

3.1.1   Modell der Ursache-Wirkungs-Beziehung und Kausalität

Als eine der grundlegenden Aufgaben der analytischen Epidemiologie kann, wie bereits mehrfach erwähnt, die Quantifizierung des Einflusses eines Risikofaktors auf eine definierte Krankheit angesehen werden.

Einfluss- und Zielvariable

Im Sinne eines Ursache-Wirkungs-Modells wird damit unterstellt, dass ein **Einflussfaktor (Risiko-, Ursachenfaktor** oder **Einflussvariable, -größe)** vorliegt, der die zu untersuchende Exposition beschreibt. Hierzu zählen z.B. die Anzahl gerauchter Zigaretten bei einer Fragestellung zur Krebsentstehung, die kumulativ aufgenommene Menge eines Schadstoffes am Arbeitsplatz bei einer arbeitsmedizinischen Untersuchung oder die Art und Menge aufgenommener Nahrung bei der Untersuchung des kindlichen Übergewichts.

Als **Wirkungs-** oder **Zielgröße** muss dann ein Krankheitsparameter definiert werden, der die zu untersuchende Wirkung der Einflussvariable angibt. Hier werden häufig das Vorliegen oder Fehlen eines Symptoms oder einer medizinischen Diagnose (qualitativ), aber auch quantitative medizinische Laborgrößen wie der Blutdruck, die Körpertemperatur oder Messwerte einer Lungenfunktionsuntersuchung zur Wirkungsbeschreibung herangezogen.

Im einfachsten Fall liegen Einfluss- und Zielgröße jeweils dichotom, d.h. mit nur zwei möglichen Ausprägungen, vor und die mathematisch-statistische *Formalisierung der ätiologischen Fragestellung* erfolgt, wie in Abschnitt 2.3.1 bereits beschrieben, in Form einer *Vierfeldertafel* gemäß Tab. 3.1.

Tab. 3.1:   Vierfeldertafel zur Beschreibung der ätiologischen Fragestellung

Status	exponiert (Ex = 1)	nicht exponiert (Ex = 0)
krank (Kr = 1)	$P_{11} = \Pr(Kr = 1 \mid Ex = 1)$	$P_{10} = \Pr(Kr = 1 \mid Ex = 0)$
gesund (Kr = 0)	$P_{01} = \Pr(Kr = 0 \mid Ex = 1)$	$P_{00} = \Pr(Kr = 0 \mid Ex = 0)$

Diese Form der Darstellung kann natürlich erweitert werden, indem man mehrere Krankheits- bzw. Expositionskategorien angibt (z.B. "gesund", "leicht erkrankt", "schwer erkrankt", "tot" oder "hoch", "mittel", "niedrig exponiert", siehe auch Tab. 6.3 und Tab. 6.4).

Innerhalb dieser Tafel können nun über die in Kapitel 2 definierten vergleichenden Maßzahlen inhaltliche Fragestellungen formalisiert werden. Die Frage, inwiefern überhaupt ein Zusammenhang zwischen einer Krankheit und einer Exposition vorliegt, führt dann z.B. zu der statistisch prüfbaren Hypothese, ob das Odds Ratio gleich eins ist oder nicht.

Dabei ist bei der Untersuchung des Einflusses der interessierenden Exposition auf die Zielvariable kritisch zu prüfen, ob eine beobachtete Beziehung durch dritte Variablen gestört, hervorgerufen oder verdeckt wird.

Eine **Störvariable**, auch als **Störfaktor**, **Störgröße** oder **Confounder** bezeichnet, liegt dann vor, wenn dieser Faktor, der nicht Ziel der Untersuchung ist, einerseits auf die Zielvariable der Krankheit kausal wirkt und andererseits gleichzeitig mit der interessierenden Exposition assoziiert ist (zur Veranschaulichung siehe auch Abb. 3.1 (b), (c)). Dieser Mechanismus, der unter dem Begriff des Confoundings (Vermengung, Vermischung) bekannt ist, hat eine zentrale Bedeutung in der analytischen Epidemiologie und muss daher stets besonders beachtet werden, da eine mangelnde Berücksichtigung zu falschen Schlüssen bzgl. des Vorliegens oder der Stärke von Zusammenhängen zwischen der interessierenden Exposition und einer bestimmten Krankheit führen kann.

Beispiel: Ein typisches Beispiel für einen Confoundingmechanismus findet sich bei der Betrachtung der Ätiologie des Speiseröhrenkarzinoms. Will man etwa eine Aussage dazu machen, inwiefern es einen Zusammenhang zwischen Alkoholkonsum und dem Auftreten dieses Karzinoms gibt, so muss stets auch der Risikobeitrag des Rauchens – ein bekannter Risikofaktor für das Auftreten des Speiseröhrenkarzinoms – berücksichtigt werden, denn Tabak- und Alkoholkonsum sind nicht unabhängig voneinander. Damit kann eine Vermengung der Effekte des Rauchens mit denen des Alkoholkonsums auftreten (siehe Abb. 3.1 (c)).

Variablen, die für unterschiedlichste Krankheiten als Confounder gelten, sind häufig das Alter, das Geschlecht sowie das Rauchen. Je nach betrachteter Krankheit kommt dann häufig eine Vielzahl weiterer (potenzieller) Störgrößen hinzu. So ist es z.B. bei der Betrachtung von Tierpopulationen üblich, die Größe von landwirtschaftlichen Betrieben als entsprechende Confounder zu berücksichtigen.

Confounder können sogar eine **Scheinassoziation** zwischen der interessierenden Exposition und der Zielvariable hervorrufen. In diesem Fall wirkt die Exposition nicht auf die Zielvariable, ist aber mit dem Confounder assoziiert und erscheint nur als mögliche Einflussvariable (siehe Abb. 3.1 (b)).

Beispiel: Ein Beispiel zum Auftreten einer Scheinassoziation zwischen der Säuglingssterblichkeit und der Dichte von Fernsehantennen in verschiedenen Wohngegenden Dublins berichten Skabanek & McCormick (1995). Betrachtet man das Variablenpaar "Säuglingssterblichkeit" und "Dichte von Fernsehantennen", so lässt sich eine positive Assoziation nachweisen, jedoch ist diese offensichtlich nicht kausal. Ursächlich ist vielmehr die Variable "Sozialer Status", die sowohl die Säuglingssterblichkeit als auch die Wohnsituation beeinflusst, so dass der Schein einer Assoziation nur dadurch erweckt wird, dass dieser eigentlich verantwortliche Faktor nicht berücksichtigt wurde.

Das obige Beispiel verdeutlicht, dass eine Scheinassoziation dadurch charakterisiert ist, dass diese Assoziation nicht kausal sein kann. Eine indirekte Assoziation zwischen der interessierenden Exposition und der Zielvariable bedeutet somit, dass beiden ein bekannter oder unbekannter Faktor zugrunde liegt, der seinerseits eine künstliche Assoziation zwischen der interessierenden Exposition und der Zielgröße erzeugt.

Beispiel: Ein weiteres Beispiel ist die Assoziation von Tabakexposition und Leberzirrhose. Auch hier besteht kein kausaler Zusammenhang. Erzeugt wird diese Scheinassoziation vielmehr dadurch, dass eine gemeinsame Assoziation beider Variablen zum ursächlichen Faktor Alkoholkonsum besteht.

Um die Zusammenhänge der eingeführten Variablen darzustellen, hat es sich eingebürgert, diese mit Hilfe eines **ätiologischen Diagramms** zu veranschaulichen (siehe Abb. 3.1). Hierbei bedeutet ein einfacher Pfeil, dass zwischen den Faktoren ein kausaler Zusammenhang besteht, ein Doppelpfeil deutet an, dass eine ungerichtete Assoziation zwischen den Faktoren vorliegt. Nur die Kontrolle sämtlicher Faktoren, die auf diese Art und Weise mit einer Krankheit in Verbindung stehen, ergibt somit einen Aufschluss über die wahre epidemiologische Ursache-Wirkungs-Beziehung.

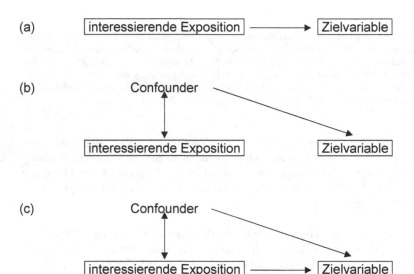

Abb. 3.1:   Ätiologisches Diagramm: Schema der Ursache-Wirkungs-Beziehungen: (a) kausale Beziehung zwischen Exposition und Zielvariable; (b) durch einen Confounder hervorgerufene Scheinassoziation zwischen Exposition und Zielvariable; (c) durch einen Confounder beeinflusster Zusammenhang zwischen Exposition und Zielvariable
(——→ kausaler Zusammenhang, ←——→ ungerichtete Assoziation)

Typischerweise sind Zusammenhänge zwischen Expositionen und einer Krankheit nicht monokausal, sondern multikausal, d.h., es können so genannte **Zusatzvariablen** (engl. **Supplementary Risk Factors**) vorhanden sein. Diese Faktoren sind dadurch charakterisiert, dass sie ebenfalls auf die Zielvariable wirken, aber weder Ziel der Untersuchung sind noch mit der Einflussvariable zusammenhängen. Damit haben diese Faktoren keinen störenden Einfluss.

Das in Abb. 3.1 dargestellte ätiologische Diagramm kann nun um diese Zusatzvariablen erweitert werden. Es erweist sich in Studien als praktisches Hilfsmittel, um die Beziehungen zwischen den relevanten Einflussfaktoren darzustellen, wie das folgende Beispiel zeigt.

Beispiel: Ein mögliches Ursache-Wirkungs-Modell soll nachfolgend am Beispiel der Ätiologie des Lungenkrebses diskutiert werden. Hier wurde u.a. die Frage nach dem Zusammenhang zwischen dem Auftreten des Bronchialkarzinoms und einer Exposition mit dem radioaktiven Edelgas Radon in Wohnräumen diskutiert (siehe 1.2, vgl. auch Samet 1989, Wichmann et al. 1998). Ein Ursache-Wirkungs-Modell in obigem Sinne ist in Abb. 3.2 skizziert. Hierbei sind exemplarisch sowohl bekannte als auch mögliche Einflussgrößen in ihrem Zusammenhang mit dem Auftreten von Lungenkrebs dargestellt.

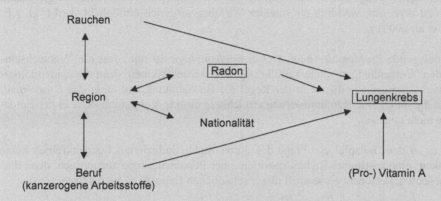

Abb. 3.2:   Vereinfachtes Schema der Ursache-Wirkungs-Beziehungen zur Ätiologie des Lungenkrebses
(———▶ kausaler Zusammenhang,   ◀———▶ ungerichtete Assoziation)

Kernpunkt des Modells ist die Frage, inwiefern die (kumulative) Exposition mit Radon ein Lungenkarzinom induziert. Diese Fragestellung wird von verschiedenen Faktoren beeinflusst:

Da das Auftreten von Radon unter anderem von der Gesteinsart (geologische Formation) abhängig ist, ist eine Assoziation zur Variable Region gegeben. Diese Variable Region steht nun in verschiedenartigen Beziehungen zu anderen Faktoren.

Sowohl das Rauchverhalten (höherer Anteil von Rauchern in Regionen mit höherer Besiedelungsdichte) als auch die Exposition mit krebserzeugenden Stoffen am Arbeitsplatz sind mit der Variable Region assoziiert. Da beide Variablen als ursächliche Risikofaktoren für die Entstehung des Bronchialkarzinoms angesehen werden können, sind diese somit als den Einfluss des Radon verändernde Confounder zu berücksichtigen.

Als nicht kausal kann beispielsweise die Variable Nationalität angesehen werden. Auch hier besteht eine Assoziation mit der Variable Region über den höheren Anteil ausländischer Bürger in Ballungsräumen, so dass eine Scheinassoziation zwischen Nationalität und Lungenkrebs ohne Berücksichtigung der übrigen Risikofaktoren entstehen könnte. In diesem Fall sind Rauchen, Beruf und Radon als Confounder zu berücksichtigen.

Protektiv bei der Entstehung des Lungenkarzinoms wirkt das (Pro-) Vitamin A. Unterstellt man, dass die Einnahme von Vitaminpräparaten keine regionale Abhängigkeit aufweist, so wird diese Variable als zusätzlicher Einflussfaktor wirken, ohne allerdings einen störenden Einfluss zu haben.

Das obige (immer noch stark vereinfachte) Beispiel deutet an, dass die Wechselbeziehungen zwischen ursächlichen und assoziierten Variablen innerhalb der ätiologischen Fragestellung von großer Komplexität sein können. Dabei interessiert primär, welche Assoziationen eine Kausalbeziehung darstellen.

Kausalität

Um kausale Zusammenhänge zu entdecken, sind in vielen wissenschaftlichen Disziplinen experimentelle Versuche möglich, die den Kriterien der Wiederholbarkeit und der Randomisierung, d.h. der zufälligen Auswahl von Subjekten und zufälligen Zuweisung von Behandlungen, bei ansonsten konstanten Versuchsbedingungen genügen. Hierbei wird z.B. eine Exposition zufällig zugeordnet, um somit bis auf die Exposition vollkommen vergleichbare Gruppen zu erzeugen, wodurch ein direkter Wirkungsvergleich ermöglicht wird (vgl. z.B. Hartung et al. 2009).

Das grundlegende *Problem der analytischen Epidemiologie* ist nun, dass die "Versuchseinheiten" den "Behandlungen" nicht zufällig zugeteilt werden können, denn die epidemiologische Untersuchungsmethodik ist in der Regel die Beobachtung und *nicht das Experiment*. Daher ist die durch eine Randomisierung erreichbare direkte Vergleichbarkeit in der Epidemiologie nicht gegeben.

So gibt es in dem Beispiel zur Frage des durch Radon induzierten Lungenkrebses keine Möglichkeit, eine bestimmte Radonexposition einer Personengruppe zuzuordnen, denn dies würde bedeuten, Personen wissentlich dieser schädlichen Exposition auszusetzen.

Abgesehen von der Tatsache, dass sich eine solche Randomisierung beim Menschen aus ethischen Gründen verbietet, können die Versuchsbedingungen bei einer so langen Induktionszeit der Krankheit, wie bei Lungenkrebs, kaum konstant gehalten werden. Allein deshalb ist ein experimenteller Ansatz nicht sinnvoll.

Beobachtet man in einer nicht-experimentellen Untersuchung nun tatsächlich z.B. mehr Lungenkrebsfälle in einer Gruppe hoch Radonexponierter, so muss dieser Unterschied nicht die Folge der vermuteten Ursache "Radon" sein. Vielmehr können sich Exponierte und Nichtexponierte durch eine Reihe anderer spezifischer Eigenschaften unterscheiden, die in der Studie nicht berücksichtigt wurden und auch nicht – wie im Experiment – "herausrandomisiert" werden konnten.

Da eine statistische Auswertung nur in der Lage ist, eine Assoziation zwischen einer vermuteten Ursache und deren Wirkung aufzuzeigen, muss im Gegensatz zum Experiment für die Absicherung der Kausalitätsannahme innerhalb der epidemiologischen Forschung zusätzliche Evidenz erbracht werden.

Kausalität soll im Folgenden so verstanden werden (vgl. auch Rothman & Greenland 1998), dass ein Risikofaktor eine Krankheit dann verursacht, wenn folgende *drei Bedingungen* erfüllt sind:

–   die Exposition geht der Erkrankung zeitlich voraus,

– eine Veränderung in der Exposition geht mit einer Veränderung in der Krankheitshäufigkeit einher,

– die Assoziation von Risikofaktor und Krankheit ist nicht die Folge einer Assoziation dieser Faktoren mit einem dritten Faktor.

Neben diesen Bedingungen wurden in der Literatur weitere wissenschaftliche Kriterien zur Abgrenzung einer Kausalbeziehung von einer indirekten Beziehung angeführt. Erste Überlegungen zur ursächlichen Beteiligung von Infektionserregern an einem Krankheitsgeschehen in der Bevölkerung findet man z.b. bereits in Arbeiten von Robert Koch. Wegweisend waren zudem die Kriterien, die von Austin Bradford Hill im Zusammenhang mit der Durchführung klinischer Studien aufgestellt wurden. Diese waren letztendlich auch Vorbild für die Definition von Kriterien, die bei der Bewertung von epidemiologischen Beobachtungsstudien zur Anwendung kommen (vgl. etwa Evans 1976, Mausner & Kramer 1985, Ackermann-Liebrich et al. 1986, Überla 1991 u.a.). Neben den oben genannten Bedingungen betreffen diese Kriterien die folgenden Punkte, die hier nur stichwortartig skizziert werden sollen:

– *Stärke der Assoziation,*
d.h. je stärker die Assoziation zwischen Risikofaktor und Zielgröße (z.B. ausgedrückt durch das relative Risiko oder das Odds Ratio), desto eher kann von einer Kausalbeziehung ausgegangen werden;

– *Vorliegen einer Dosis-Effekt-Beziehung,*
d.h., mit zunehmender Exposition erhöht sich das Risiko zu erkranken; die Reaktion auf die als ursächlich angesehene Exposition sollte bei den Individuen auftreten, die vor der Exposition diese Reaktion noch nicht gezeigt haben; eine Verminderung der Exposition sollte das Krankheitsrisiko wieder senken;

– *Konsistenz der Assoziation,*
d.h., die gefundene Assoziation soll auch in anderen Populationen und mit verschiedenen Studientypen reproduzierbar sein;

– *Spezifität der Assoziation,*
d.h., der Grad der Sicherheit, mit der beim Vorliegen eines Faktors die Krankheit vorhergesagt werden kann, sollte hoch sein; ideal wäre hier eine ein-eindeutige Beziehung, bei der ein Faktor notwendig und hinreichend für eine Krankheit ist; eine solche völlige Spezifität ist zwar ein starker Hinweis auf eine Kausalbeziehung, ist aber angesichts der Tatsache, dass ein Faktor verschiedene Erkrankungen hervorrufen kann und eine Krankheit durch verschiedene Faktoren hervorgerufen wird, nur selten realistisch;

– *Kohärenz mit bestehendem Wissen/biologische Plausibilität,*
d.h., die gefundene Assoziation sollte mit bestehendem Wissen übereinstimmen; dies gilt insbesondere nicht nur für epidemiologische Untersuchungen, sondern auch für tierexperimentelle Studien und generelle biologisch-medizinische Überlegungen; hierbei muss allerdings bedacht werden, dass ein wissenschaftlicher Fortschritt natürlich auch von Ergebnissen ausgeht, die mit gegenwärtigen Theorien nicht erklärbar sind.

Der Kausalitätsbegriff der Epidemiologie ist somit ein eher gradueller im Sinne von zunehmender Evidenz durch das Zusammentragen von Indizien. Gelegentlich werden die von Hill zusammengestellten Kriterien im Sinne eines aufsummierbaren "Kausalitätsindex" missverstanden. Sie sind aber keinesfalls so zu verstehen, dass eine Kausalbeziehung umso eher angenommen werden kann, desto mehr der Kriterien erfüllt sind. Sie stellen lediglich eine Bewertungshilfe dar. Inwieweit sich diese Kriterien zu einem interpretierbaren Gesamtergebnis zusammensetzen lassen, muss deshalb bei jeder Untersuchung z.B. gemäß obiger Kriterien neu hinterfragt werden, immer vorausgesetzt, dass die zuvor genannten drei Bedingungen erfüllt sind.

3.1.2   Populationsbegriffe, Zufall und Bias

Bei den bisherigen Betrachtungen waren wir stets davon ausgegangen, dass die epidemiologische Untersuchung einer Population unter Risiko gilt, d.h. einer wohl definierten Gruppe, in der die Individuen ein interessierendes Krankheitsbild entwickeln können oder nicht. Sämtliche Aussagen über epidemiologische Häufigkeitsmaßzahlen wie die Inzidenz oder vergleichende Parameter wie das Odds Ratio hatten dabei ihre Gültigkeit in Bezug auf die gesamte betrachtete Population.

Soll nun im konkreten Einzelfall eine Aussage über eine solche Population gemacht werden, so wird man in der Regel kaum die Möglichkeit haben, diese insgesamt zu untersuchen. Man wird sich stattdessen auf Stichproben, d.h. auf ausgewählte Teilpopulationen beschränken müssen. Da die Auswahl einer Teilpopulation eine Einschränkung darstellt, stellt sich die Frage, inwieweit sich dies auf die Interpretation von Ergebnissen auswirkt. Deshalb werden im Folgenden *verschiedene Populationsbegriffe* voneinander abgegrenzt.

Zielpopulation

Die im bisherigen Kontext als **Population unter Risiko** bezeichnete Gruppe wird in der Regel auch als **Ziel-, Bezugs-** oder **Grundpopulation** bzw. **-gesamtheit** bezeichnet. Sie gibt den Teil der Bevölkerung an, für den das Ergebnis der epidemiologischen Untersuchung gültig sein soll. So können etwa die gesamte Bevölkerung eines Landes, die Angehörigen eines bestimmten Alters oder Geschlechts oder sämtliche Nutztiere eines Landes – je nach epidemiologischer Fragestellung – als Grundgesamtheiten betrachtet werden.

Will man eine solche Zielgesamtheit empirisch untersuchen, um z.B. die Prävalenz einer Krankheit an einem Stichtag zu bestimmen, so ist es notwendig, für sämtliche Angehörigen dieser Population den Krankheitsstatus zu erfassen, um den Anteil der Erkrankten zu ermitteln.

Dass diese Vorgehensweise nur für kleine Populationen praktikabel ist, ist offensichtlich. Daher kann nur in wenigen Fällen eine so genannte **Total-** oder **Vollerhebung einer Zielpopulation** durchgeführt werden. Denkbar ist eine solche Vorgehensweise, wenn die Zielpopulation z.B. räumlich eingeschränkt werden kann, d.h., wenn beispielsweise die Auswirkung einer Industrieanlage auf die Gesundheit einer Bevölkerung in einem ländlichen Gebiet untersucht werden soll. Dieses Beispiel zeigt aber, dass solchen Totalerhebungen organisatorische, technische und vor allem finanzielle Grenzen gesetzt sind. So muss eine *Vollerhebung* eher als *Ausnahme einer epidemiologischen Untersuchung* angesehen werden.

Untersuchungspopulation

Die *Regelform einer epidemiologischen Untersuchung* ist die *Stichprobenerhebung* einer Gruppe von Individuen. **Die Untersuchungs-, Studien-** oder **Stichprobenpopulation** ist die Teilpopulation, an der die eigentliche Untersuchung durchgeführt wird.

Um eine Studienpopulation zu wählen, sind verschiedenste Techniken denkbar. Die ausgewählte Untersuchungsgruppe sollte dabei möglichst repräsentativ für die Zielpopulation sein, also z.B. strukturell gut mit der Bevölkerung eines Landes übereinstimmen. Aber auch die praktische Realisierbarkeit spielt bei der Stichprobengewinnung eine Rolle.

Grundsätzlich kann man die Verfahren, Stichproben zu ermitteln, in drei verschiedene Prinzipien unterteilen. Man unterscheidet (1) die zufällige Auswahl von Individuen, (2) die Auswahl nach vorheriger Beurteilung (z.B. Auswahl einer für eine Kleinstadtbevölkerung als typisch geltenden Gemeinde oder Auswahl nach Quotenregel gemäß eines vorgegebenen Anteils von Männern und Frauen) sowie (3) die Auswahl aufs Geratewohl. Der Grad der Repräsentativität ist dabei umso höher, je näher das gesamte Auswahlverfahren dem Zufallsprinzip ist. Der an speziellen Techniken interessierte Leser sei z.B. auf Kreienbrock (1993), Dohoo et al. (2009) oder Kauermann & Küchenhoff (2011) verwiesen.

Da die Studienpopulation nur eine Auswahl darstellt, wird eine auf dieser Stichprobe basierende Aussage nicht exakt mit den Verhältnissen in der Zielgesamtheit übereinstimmen. Will man also etwa eine Prävalenz P_{Ziel} in einer Zielgesamtheit beschreiben und liegt in der Studienpopulation eine Prävalenz P_{Studie} vor, so muss aufgrund des Auswahlverfahrens davon ausgegangen werden, dass

$$\text{Prävalenz } P_{Ziel} \neq \text{Prävalenz } P_{Studie}$$

gilt. Der Grad dieser Abweichung kann ganz allgemein als Aussageungenauigkeit interpretiert werden und ist zentraler Bestandteil der epidemiologischen Untersuchungsplanung. Nur wenn diese Ungenauigkeit ausreichend gering ist, kann das Untersuchungsergebnis auch für die Zielgesamtheit interpretiert werden.

Auswahlpopulation

Dieses Phänomen weist auf eine besondere Abgrenzung in den Populationsbegriffen hin, denn häufig kann die Population, aus der die Stichprobe entnommen wird, sich aus praktischen Erwägungen heraus nur auf eine Untergruppe der Zielpopulation beziehen. In diesem Fall spricht man auch von einer **Auswahlpopulation** (engl. Study Base). Zur Erläuterung dieser Abgrenzung mag nachfolgendes Beispiel aus Abb. 3.3 dienen.

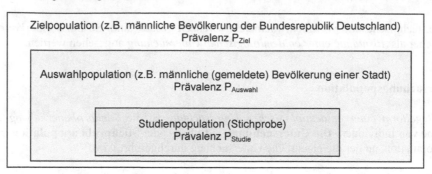

Abb. 3.3:   Hierarchische Anordnung von Populationen und deren Prävalenzen

Beispiel: Die Zielgesamtheit einer epidemiologischen Untersuchung sei die männliche Gesamtbevölkerung Deutschlands, über die u.a. eine Prävalenzaussage, z.B. bzgl. des Anteils P_{Ziel} der Übergewichtigen, gemacht werden soll.

Beschränkt man sich nun aus Gründen der Praktikabilität bei der Durchführung der Untersuchung dieser Fragestellung darauf, eine Stichprobe von Männern aus der Einwohnermeldekartei einer einzelnen Großstadt zu ziehen, so ist diese Studienpopulation dadurch entstanden, dass die Auswahlpopulation gerade aus den männlichen Einwohnern nur dieser Stadt besteht.

Damit erhält man innerhalb der Untersuchung eine Prävalenzaussage P_{Studie}, die zunächst nur für die Prävalenz $P_{Auswahl}$ in dieser Stadt gültig ist (siehe Abb. 3.3).

Das genannte Beispiel, das entsprechend auch für andere epidemiologische Maßzahlen Gültigkeit besitzt, zeigt, dass die exakte Abgrenzung der betrachteten Populationen von großer Bedeutung für die Interpretation einer epidemiologischen Untersuchung ist. Ein Studienergebnis P_{Studie} gilt zunächst ausschließlich nur für die Studienpopulation und kann in einem ersten Schritt auf den entsprechenden Parameter $P_{Auswahl}$ der Auswahlpopulation übertragen werden, wenn Methoden der schließenden Statistik angewendet werden (siehe hierzu auch Anhang S.4.4). Kann man gewährleisten, dass die Auswahlpopulation eine gute Näherung der Zielpopulation darstellt, so ist dieser Schluss auch auf den Parameter P_{Ziel} der Zielgesamtheit selbst möglich.

Externe Population

Häufig ist allerdings die Situation gegeben, dass man mit einem erhaltenen Untersuchungsergebnis nicht nur auf die zugrunde liegende Zielgesamtheit schließen, sondern eine darüber hinausreichende Aussage treffen will. So ist in obigem Beispiel zur Prävalenz des Übergewichts unter Umständen auch die Frage interessant, inwiefern sich das Untersuchungsergebnis auf andere Länder oder auf Frauen übertragen lässt. Diese Fragestellungen führen zum Begriff der **externen Population**, also denjenigen Gruppen, die zunächst nicht in das Untersuchungskonzept eingebettet waren, für die aber dennoch eine Aussage abgeleitet werden soll.

Eine solche externe Induktion kann nicht mit Mitteln der Empirie oder der statistischen Schlussweise durchgeführt werden, sondern sollte nur unter Hinzuziehung soziodemographischer und fachwissenschaftlicher Information erfolgen.

Gesamtfehler einer epidemiologischen Untersuchung

Im Folgenden werden wir aus Gründen der Einfachheit stets voraussetzen, dass nur das Populationspaar Ziel- und Studienpopulation betrachtet wird, d.h., dass das Studienergebnis (z.B. die Studienprävalenz P_{Studie}) als repräsentativ für die Verhältnisse in der Zielgesamtheit (z.B. die Zielprävalenz P_{Ziel}) angesehen wird. Die Differenz zwischen beiden Größen bezeichnet man im Allgemeinen als **Gesamtfehler der Untersuchung**.

Charakteristisch für diesen Fehler ist, dass man seine Größe im Einzelfall nicht kennt, da nur die Studienprävalenz P_{Studie} als empirisches Ergebnis vorliegt und die Prävalenz P_{Ziel} in der Zielgesamtheit weiterhin unbekannt ist.

Will man somit ein Untersuchungsergebnis als repräsentativ für die entsprechenden Verhältnisse in der Zielgesamtheit werten und es entsprechend nutzen, ist es unumgänglich, sich mit der mutmaßlichen Größenordnung sowie der Struktur dieses Fehlers auseinanderzusetzen. Wie in allen empirischen Untersuchungen kann man auch im Rahmen der epidemiologischen Forschung zwei Fehlertypen unterscheiden: den zufälligen und den systematischen Fehler.

Zufallsfehler

Als **Zufallsfehler** bezeichnet man in der Regel eine Abweichung des Untersuchungsergebnisses von den wahren Verhältnissen der Zielgesamtheit, die dadurch entsteht, dass die Untersuchungsteilnehmer zufällig ausgewählt wurden.

> **Beispiel:** Will man den Anteil von übergewichtigen Personen in einer Zielgesamtheit untersuchen und erhebt hierzu in einer Untersuchungspopulation die Körpergröße und das -gewicht, so wird jedes Individuum andere Größen- und Gewichtswerte haben, so dass bei jeder neuen Stichprobe jeweils andere individuelle Messergebnisse vorliegen werden. Die Schwankung dieser Werte um den wahren durchschnittlichen Wert in der Gesamtbevölkerung ist deshalb als zufällig anzusehen.

Das Beispiel zeigt, dass der Zufallsfehler allein dadurch entsteht, dass man sich im Rahmen einer Untersuchung auf ein Teilkollektiv beschränken muss. Der erwartete Zufallsfehler wird umso größer sein, je kleiner die ausgewählte Untersuchungspopulation ist. Daraus folgt, dass der zufällige Fehler einer epidemiologischen Untersuchung zwar nie ganz ausgeschlossen werden, eine Kontrolle dieses Fehlers aber durch die Größe der Stichprobenpopulation erfolgen kann. Die Bestimmung eines Stichprobenumfangs, der notwendig ist, um einen Zufallsfehler bestimmter Größenordnung nicht zu überschreiten, ist damit ein zentraler Aspekt epidemiologischer Untersuchungsplanung (siehe 4.3).

Systematische Fehler (Verzerrungen, Bias)

Im Gegensatz zum zufälligen Fehler lassen sich systematische Fehler nicht durch den Stichprobenumfang kontrollieren, denn sie sind dadurch charakterisiert, dass dieser Fehlertyp nicht vom ausgewählten Individuum abhängig ist. Von einem **systematischen Fehler**, einer **Verzerrung** oder einem **Bias** spricht man deshalb immer dann, wenn in der gesamten Untersuchungspopulation eine Abweichung des Ergebnisses zur Zielgesamtheit in eine bestimmte Richtung zu erwarten ist.

Beispiel: Im Beispiel zur Untersuchung des Übergewichts sind z.B. zwei Situationen denkbar. (A) Es könnte sein, dass die verwendete Waage z.B. wegen fehlerhafter Eichung geringere Werte ermittelt. So würde für jeden Untersuchungsteilnehmer in der Regel ein zu geringes Gewicht bestimmt und damit der wahre durchschnittliche Wert der Zielgesamtheit systematisch unterschätzt.

(B) Ein systematischer Fehler könnte auch dadurch entstehen, dass übergewichtige Personen weniger Bereitschaft zur Studienteilnahme zeigen als normal- und untergewichtige. Als Folge wären Übergewichtige in der Stichprobe unterrepräsentiert, so dass ihr Anteil geringer geschätzt wird, als er in der Zielpopulation ist.

Wegen der unbekannten Situation in der Grundgesamtheit kann in der Regel die Verzerrung nicht berechnet werden, jedoch ist wie in obigem Beispiel häufig eine Aussage über Richtung und Größenordnung einer Verzerrung möglich, wenn die Quellen der Verzerrungsmechanismen bekannt sind. Durch eine sorgfältige Planung und Durchführung von Studien kann dann einer Entstehung von Verzerrungseffekten vorgebeugt werden.

Üblicherweise unterscheidet man *drei Typen von Verzerrungen*, nämlich

–   den Information Bias, d.h. die Verzerrung durch fehlerhafte Information (siehe obiges Beispiel A),

–   den Selection Bias, d.h. die Verzerrung durch (nicht zufällige) Auswahl (siehe obiges Beispiel B) und

–   den Confounding Bias, d.h. die Verzerrung durch mangelhafte Berücksichtigung von Störgrößen,

die im Wesentlichen durch die Art ihrer Entstehung gekennzeichnet sind.

Jede Art von Bias kann nun wiederum verschiedene Ursachen haben, die sich je nach Untersuchungsziel und -typ voneinander unterscheiden. Wegen der Bedeutung dieser Einflüsse werden wir bei der Beschreibung verschiedener epidemiologischer Studientypen (siehe Abschnitt 3.3) sowie der Studienplanung (siehe Kapitel 4) hierauf noch im Detail eingehen.

3.2   Datenquellen für epidemiologische Häufigkeitsmaße

Im vorherigen Abschnitt wurden grundlegende Konzepte bei der Betrachtung einer ätiologischen Fragestellung sowie bei der Abgrenzung von Populationen behandelt. Allerdings wurde noch nicht auf die Frage eingegangen, wie die zur Berechnung epidemiologischer Maßzahlen notwendigen Informationen tatsächlich beschafft werden. Daher werden im Folgenden mögliche Informations- oder Datenquellen zur Beantwortung epidemiologischer Fragen vorgestellt.

3.2.1 Primär- und Sekundärdatenquellen

Werden zur Beantwortung einer epidemiologischen Fragestellung eigens Daten erhoben, spricht man von einer Primärdatenerhebung. In allen anderen Fällen wird versucht, auf die kostengünstigere und zeiteffizientere Alternative der Nutzung von bereits – in der Regel nicht zu Forschungszwecken – erhobenen Daten, den so genannten Sekundärdaten, zurückzugreifen. Beide Datenquellen werden zunächst unter grundsätzlichen Gesichtspunkten beschrieben, bevor in den folgenden Abschnitten ausführlicher auf konkrete Beispiele für Sekundärdatenquellen eingegangen wird.

Primärdaten

Primärdaten sind dadurch gekennzeichnet, dass der Datennutzer für das Erhebungskonzept und die Erhebungsmethodik der Informationen selbst verantwortlich ist und dass die Informationen gezielt für den jeweiligen Studienzweck gesammelt werden. Hierzu zählen sämtliche Daten, die im Rahmen von konkreten Studien an einzelnen Individuen erhoben werden (siehe hierzu insbesondere auch Abschnitt 3.3 sowie Kapitel 4 und 5).

Die prinzipiellen Vorteile einer eigenverantwortlichen Datenerhebung und Studiendurchführung sind offensichtlich, denn hier kann in der Regel eine in Methodik und Inhalt genau auf die jeweilige Fragestellung zugeschnittene Informationsbeschaffung erfolgen. Daher sind Primärdaten diejenigen mit der höchsten inhaltlichen Relevanz.

Sekundärdaten

Sekundärdaten sind dadurch charakterisiert, dass ihre Erhebung unabhängig von einer konkreten epidemiologischen Fragestellung erfolgt. Nach dieser Definition stellen z.B.

– Daten aus Primärerhebungen anderer,

– Daten aus speziellen Untersuchungsprogrammen (Monitoring),

– Daten aus speziellen Überwachungsprogrammen (Surveillance),

– Daten, die im Rahmen von Verwaltungsprozessen gesammelt werden,

– Daten aus der amtlichen Statistik

Sekundärdaten dar. Diese Daten werden heute in der Regel elektronisch in Datenbanken gespeichert, sind damit technisch verfügbar und stellen einen wertvollen Datenpool dar, der unter bestimmten Voraussetzungen die schnelle Beantwortung epidemiologischer Fragestellungen erlaubt, zumindest aber Basisinformationen für eine sorgfältig geplante epidemiologische Studie liefern kann.

Der *Vorteil der Nutzung von Sekundärdaten* liegt neben der *Kostengünstigkeit* vor allem in den in der Regel *großen Populationen*, die zur Verfügung stehen. Sollen z.B. Ursachen für sehr seltene Krankheiten untersucht werden, so können beispielsweise die administrativen Datenbanken der gesetzlichen Krankenkassen eine solche Untersuchung aufgrund der großen Anzahl an Versicherten ermöglichen. Darüber hinaus machen diese großen Datenbestände es auch möglich, regionale Unterschiede beispielsweise anhand der Daten der amtlichen Statistik zu untersuchen. Ein weiterer Vorteil ergibt sich dadurch, dass viele Sekundärdaten wie etwa aus der amtlichen Statistik für *lange Zeiträume* vorhanden sind. Diese erlauben somit die Analyse von Langzeitentwicklungen.

Darüber hinaus kann dank solcher Routinedatensammlungen oft von relativ *vollständigen Datengrundlagen* ausgegangen werden. Dies gilt besonders für amtliche Datensammlungen, die etwa für die Mortalitätsstatistik genutzt werden. Vor allem bei Daten, die in amtlichen Verwaltungsprozessen generiert werden, ist eine gesetzliche Grundlage vorhanden, die neben der Vollständigkeit auch Detailinformationen erlaubt, die wegen der großen *Vertraulichkeit* bei aktiven freiwilligen Datenerhebungen häufig vorenthalten werden.

Dennoch darf die Vielzahl verschiedenartiger Datenquellen, die möglicherweise epidemiologisch relevante Informationen enthalten, nicht darüber hinwegtäuschen, dass deren Aussagekraft häufig nur eingeschränkt ist. Im Detail wollen wir in Abschnitt 3.2.3 im Zusammenhang mit der amtlichen Mortalitätsstatistik als ein typisches Beispiel hierauf eingehen. Grundsätzlich sollten aber folgende *Nachteile von Sekundärdaten* beachtet werden: Mängel der Datenerhebung sind oft nicht leicht zu erkennen bzw. abzuschätzen. Die vom Primärnutzer verwendeten Begriffsdefinitionen und -abgrenzungen können unter Umständen schwer nachvollziehbar sein und müssen für die eigene Analyse übernommen werden. Der Entscheidung für die Verwendung von Sekundärdaten sollte deshalb die Frage vorausgehen, ob sich die Sekundärdatenquelle prinzipiell für den Untersuchungsgegenstand eignet.

Beispiel: Eine häufig benutzte Datenquelle ist die amtliche Mortalitätsstatistik (siehe auch Abschnitt 3.2.3). Wollte man diese etwa nutzen, um eine Aussage über die Inzidenz einer Erkrankung zu machen, so ist das nur dann sinnvoll, wenn die Erkrankung und der Todesfall kausal und zeitlich eng miteinander in Beziehung stehen und wenn die Erkrankung mit großer Sicherheit zum Tod führt.

So kann bei Unfällen mit Todesfolge oder bei Erkrankungen mit äußerst schlechter Prognose (z.B. Lungenkrebs) eine Nutzung der Mortalitätsstatistik durchaus vernünftig sein. Dagegen macht es wenig Sinn, sie bei Krankheiten mit guten Heilungschancen (z.B. Brustkrebs) zu verwenden, denn hier stehen Inzidenz und Mortalität nicht mehr in einem direkten Zusammenhang. Tatsächlich ließ sich in der Vergangenheit eine Abnahme der Brustkrebsmortalität beobachten, obwohl die Inzidenz zunahm.

Neben der Frage nach der grundsätzlichen Eignung können *drei Hauptnachteile bei der Nutzung von Sekundärdaten* identifiziert werden. Diese kann man unter den Schlagworten

–   fehlende Nennerinformation,

–   fehlendes Wissen über Risikofaktoren sowie

–   unzureichende Standardisierung

zusammenfassen.

Die fehlende Nennerinformation, d.h. die *fehlenden Kenntnisse über die Zusammensetzung der Population unter Risiko*, macht in vielen Fällen die Nutzung von Routinedatensammlungen nur bedingt oder gar nicht möglich.

Beispiel: Ein klassisches Beispiel der Nutzung von Sekundärinformationen sind die Datenbestände aus Patientenkollektiven von Ärzten oder Kliniken. Bei Daten aus solchen Klinikregistern fehlt häufig der Bezug zur Risikopopulation, d.h., es ist zwar bekannt, welche Erkrankungen und Therapien vorliegen; man weiß allerdings meist nicht, welche Zielgesamtheit dem Arzt bzw. der Klinik eigentlich zuzuordnen ist. Durch die willkürliche Wahl einer ungeeigneten Risikopopulation ist dann bei Auswertungen auf dieser Datenbasis die Gefahr einer Verzerrung epidemiologischer Maßzahlen sehr hoch.

Werden beispielsweise in einer Spezialklinik für Krebserkrankungen in einem Jahr doppelt so viele Krebskranke eingeliefert wie im vorausgegangenen Jahr, so ist die Frage nach einer gestiegenen Inzidenzdichte nicht ohne Weiteres zu beantworten. Da anzunehmen ist, dass kompliziertere Fälle an eine große Klinik überwiesen werden, müsste dieser Klinik das Einzugsgebiet der Patienten bekannt sein, um die zugrunde liegende Risikopopulation bestimmen zu können. Im Beispiel wäre die gestiegene Zahl der Einlieferungen auch mit einer Vergrößerung des Einzugsgebietes der Klinik zu erklären, z.B. weil die Klinik die diesbezügliche Abteilung ausgebaut hat oder weil ein überregional als Koryphäe bekannter Chefarzt in die Klinik gewechselt hat.

In manchen Fällen ist der Mangel an Nennerinformation dadurch ausgleichbar, dass man eine Vergleichs- oder Kontrollgruppe in die Untersuchung mit einbezieht. Dann kann zwar keine repräsentative, für die interessierende Bezugspopulation gültige Aussage mehr gemacht werden, aber durch den Vergleich beider Gruppen können wichtige epidemiologische Erkenntnisse gewonnen werden. Zumindest muss dann natürlich die Vergleichbarkeit beider Gruppen gewährleistet sein, was u.U. schwer zu erreichen ist.

Immer dann, wenn Sekundärdaten dazu genutzt werden sollen, eine Ursache-Wirkungs-Beziehung zu beschreiben, ergibt sich als weiterer Hauptnachteil ihrer Nutzung die *mangelnden Kenntnisse zur Verteilung zugehöriger Risikofaktoren*, denn diese werden bei Routineuntersuchungen in der Regel nicht erfasst. Ein wichtiges Beispiel dafür sind die Meldungen gemäß Infektionsschutzgesetz.

Beispiel: Im Rahmen des Infektionsschutzgesetzes werden über ein standardisiertes Meldewesen eine vorliegende Infektionskrankheit bzw. der entsprechende Erreger, einige (pseudonymisierte) Personendaten wie Geschlecht, Alter, Wohnort und Umfeldsituation, der Verlauf der Erkrankung, die Diagnose, der Infektionsweg und ggf. die Verbindung zu anderen Erkrankungsfällen erfasst. Eine detaillierte Erfassung von Risikofaktoren erfolgt nicht (siehe auch Abschnitt "Datensammlung nach Infektionsschutzgesetz").

Will man nun das Auftreten von Erkrankungen wie z.B. der Giardiasis (eine Infektion des Dünndarms, die vom Parasiten Giardia intestinalis verursacht wird) nach Regionen erklären, so kann man das Krankheitsgeschehen etwa wie in Abb. 3.4 als Inzidenz nach Regierungsbezirken darstellen. Diese Darstellung hat allerdings keinerlei kausalen Bezug, denn das Hauptrisiko einer Infektion mit Giardia intestinalis besteht im Konsum entsprechend kontaminierter Lebensmittel oder Wasser. Informationen hierzu liegen aber weder in den Daten des Robert Koch-Instituts noch an anderer Stelle vor, so dass man das erkennbare räumliche Muster so nicht direkt erklären kann.

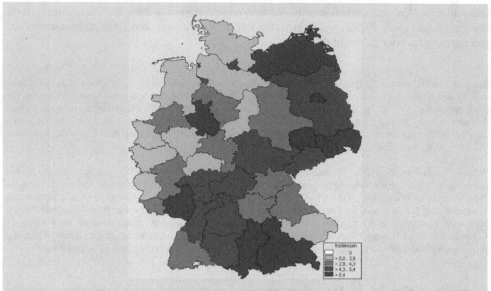

Abb. 3.4:   Inzidenz von Giardiasis in den Regierungsbezirken in Deutschland im Jahr 2009 (Quelle: RKI. SurvStat@RKI)

Ein letzter wichtiger Nachteil bei der Nutzung von Sekundärdaten ist die *mangelnde Standardisierung* der Erhebungsmethodik. Es ist beispielsweise eine bekannte Alltagserfahrung, dass sich die Krankheitsdiagnose von Arzt zu Arzt unterscheidet und dass selbst Erhebungsformulare nicht zu einer gleichen Diagnoseformulierung beitragen. Offiziell findet dieses Phänomen dann auch bei den ständig notwendigen Revisionen zu den ICD-Codes (International Statistical Classification of Diseases and Related Health Problems, WHO 1992) seinen Niederschlag, bei denen jeder Krankheit eine Zeichenfolge zugeordnet wird. Diagnostischer Fortschritt und ärztliche Freiheit führen somit häufig zu unterschiedlichen Bewertungen, so dass gerade bei Routineerhebungen kaum standardisierte Angaben zu erwarten und daher größere Ungenauigkeiten in Kauf zu nehmen sind.

3.2.2   Daten des Gesundheitswesens in Deutschland

Die Wahl der Datenquelle in der sekundärepidemiologischen Forschung ist neben der grundsätzlichen Frage nach der Relevanz für die zu untersuchende Problemstellung auch von Gesichtspunkten wie Datenzugänglichkeit und Verfügbarkeit, Aggregationsgrad, Dokumentationsgenauigkeit usw. abhängig. Während in der Vergangenheit diese technischen Fragen der Verfügbarkeit häufig entscheidend für ihre Nutzung waren, erscheint dies heute durch den vermehrten elektronischen und teilweise sogar öffentlichen Zugang zu diesen Datenquellen von geringerer Bedeutung zu sein.

Diese Frage soll daher nicht weiter diskutiert werden. Ohne Anspruch auf Vollständigkeit wird im Folgenden vielmehr ein Überblick über einige in Deutschland vorhandene Datenquellen gegeben und der Schwerpunkt dabei auf die fachlichen Fragen gelegt.

Fragebogenteil zur Gesundheit im Rahmen des Mikrozensus

Der gesetzlich verankerte Mikrozensus wird in der Regel jährlich durchgeführt. Für die zufällig ausgewählten Bürger besteht für den Hauptteil des Fragebogens Auskunftspflicht. Ein Muster des Fragebogens findet man beim Statistischen Bundesamt (2011). Die Erhebung erstreckt sich auf die gesamte Wohnbevölkerung in Deutschland. Dazu gehören alle in Privathaushalten und Gemeinschaftsunterkünften am Haupt- und Nebenwohnsitz in Deutschland lebenden Personen, unabhängig davon, ob sie die deutsche Staatsbürgerschaft besitzen oder nicht. Nicht zur Erhebungsgesamtheit gehören Angehörige ausländischer Streitkräfte sowie ausländischer diplomatischer Vertretung mit ihren Familienangehörigen. Personen ohne Wohnung (Obdachlose) werden im Mikrozensus nicht erfasst. Mit einem Auswahlsatz von 1% der bundesdeutschen Wohnbevölkerung ist der Mikrozensus eine sehr umfangreiche Stichprobe. Der Fragebogen zur Gesundheit wird dabei nur alle vier Jahre vorgelegt. Die Daten des Mikrozensus werden regelmäßig – tabellarisch zusammengefasst – publiziert.

Prinzipiell wird im Mikrozensus eine Periodenprävalenz erhoben, da sich die Fragen nach Krankheiten auf den Erhebungstag und die vier vorangegangenen Wochen beziehen. Da nicht nach einer Neuerkrankung, sondern nur nach Vorliegen einer Krankheit innerhalb der Periode gefragt wird, ist eine vierwöchige Inzidenzdichte nicht zu schätzen.

Neben dem Alter und dem Geschlecht wird das Rauchen als potenzieller Risikofaktor für viele Erkrankungen erhoben. Zudem kann die Angabe des Berufs einen gewissen Hinweis auf Risiken des Berufslebens geben.

Trotz dieser wesentlichen Basisinformation werfen die Mikrozensusdaten Probleme bei deren epidemiologischer Nutzung auf. So ist im Gegensatz zu anderen Fragebogenteilen die Auskunftserteilung zu den Gesundheitsfragen freiwillig, wird deshalb oftmals nicht ausgefüllt und ist folglich nicht uneingeschränkt als repräsentativ zu bezeichnen. Des Weiteren ist die Erfassung einer Multimorbidität nicht möglich, da bei Vorliegen mehrerer Krankheiten nur die subjektiv schwerste berichtet werden soll. Abgesehen von der problematischen Selbstdiagnose führt dies auch zu einer systematischen Untererfassung leichterer Krankheiten.

Datensammlung nach Infektionsschutzgesetz

Im Rahmen des Infektionsschutzgesetzes besteht in Deutschland bei 53 Erregern die Pflicht, dass Ärzte oder Untersuchungslabore eine Infektionserkrankung bzw. das Auftreten eines Erregers an das zuständige Gesundheitsamt bzw. das Robert Koch-Institut melden. Über ein standardisiertes Meldewesen werden dazu die Erkrankung bzw. der Erreger, einige (pseudonymisierte) Personendaten wie Geschlecht, Alter, Wohnort und Umfeldsituation, der Verlauf der Erkrankung, die Diagnose, der Infektionsweg und ggf. die Verbindung zu anderen Erkrankungsfällen erfasst. Eine detaillierte Erfassung von Risikofaktoren erfolgt nicht. Die Daten sind in aggregierter Form jederzeit öffentlich zugänglich (vgl. RKI. SurvStat@RKI 2010).

Da Ärzte und Untersuchungslabore jeden bekannt gewordenen Einzelfall den zuständigen Gesundheitsämtern melden, ist es prinzipiell möglich, eine Inzidenzmaßzahl anzugeben.

Problematisch ist hier allerdings eine mögliche Untererfassung der Fallzahlen aufgrund einer Nichtmeldung durch Ärzte bzw. durch Nicht-Arztbesuch. Man denke in diesem Zusammenhang an Salmonelleninfektionen, die bei leichterem Krankheitsverlauf häufig nicht erkannt werden, da ein Arzt gar nicht konsultiert wird. Diese Untererfassung ist je nach Infektionserreger erheblich. So berichtet das Robert Koch-Institut z.B. im Zusammenhang mit Infektionen durch Röteln von einer Unterfassung, so dass ggf. die wahre Anzahl von Erkrankungen um einen Faktor 10 höher liegen könnte (vgl. RKI-Ratgeber Infektionskrankheiten, 2010). Eine populationsbezogene epidemiologische Nutzung dieser Datenbestände ist nur sinnvoll, wenn wirklich von einer vollständigen Erfassung ausgegangen werden kann.

Datensammlungen der Krankenkassen

Für Verwaltungszwecke führen Krankenkassen Dateien über ihre Mitglieder mit einigen grundlegenden demographischen Angaben sowie über abgerechnete Leistungen (Leistungsdaten). Seit 2004 werden von den gesetzlichen Krankenkassen neben demographischen Angaben ambulante Diagnosen, abrechnungsfähige Verordnungen und stationäre Diagnosen personenbezogen zusammengeführt. Dabei erfolgt die Erfassung der abrechnungsfähigen Leistungen wie in Abb. 3.5 illustriert.

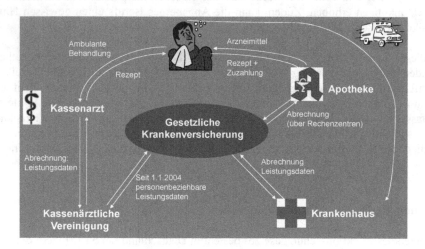

Abb. 3.5:   Erfassungswege von abrechnungsfähigen Leistungen der gesetzlichen Krankenkassen

Zu den Daten, die von den Krankenkassen erfasst werden, gehören im Einzelnen

–   Stammdaten:
         Pseudonym des Versicherten, Geschlecht, Geburtsdatum, Wohnort (PLZ), Staatsangehörigkeit, Familienstand, ausgeübter Beruf des Mitglieds, Versichertenstatus, Beitragsklasse, Versicherungsart (selbst/mitversichert), Eintritts- und Austrittsdatum, Austrittsgrund (z.B. Tod),

–   Arzneimitteldaten:

Pseudonym des Versicherten, Abgabedatum, Abrechnungsmonat/-jahr, Ausstellungsdatum, Pharmazentralnummer, Anz. Packungen (Mengenfaktor), Kosten, Zuzahlung, Behandelnder Arzt (ID-Nr.),

–   Stationäre Leistungsdaten:

Pseudonym des Versicherten, Art der stationären Maßnahme, Beginn und Ende der stationären Behandlung, Entbindungsdatum, Diagnosen (ICD-10), Aufnahmegewicht im 1. Lebensjahr , Aufnahmegrund, Entlassungsgrund, Operationen- und Prozeduren (OPS), Krankenhaus (ID-Nr.),

–   Ambulante ärztliche Leistungsdaten:

Pseudonym des Versicherten, Diagnosen (ICD-10 vierstellig), Abrechnungsquartal/-jahr, Diagnosesicherheit, Seitenlokalisation, Abgerechnete Gebührenposition (Mengenfaktor und Datum), Beginn und Ende der Behandlung, Entbindungsdatum, Behandelnder Arzt (ID-Nr.).

Da 85% der Bevölkerung in Deutschland in den gesetzlichen Krankenversicherungen versichert sind, liegt also für den größten Teil der Bevölkerung ein umfangreicher Datensatz zur Versorgungssituation mit einheitlicher Grundstruktur vor.

Diese Daten sind streng vertraulich und können nur unter äußerst restriktiven Bedingungen epidemiologisch genutzt werden. Inwieweit einzelne gesetzliche oder private Kassen repräsentativ sind oder etwa als eigenständige Populationen unter Risiko betrachtet werden sollten, muss dabei im Einzelnen überprüft werden. Es macht daher Sinn, die Daten verschiedener Kassen für epidemiologische Studien z.B. zur Untersuchung seltener Arzneimittelnebenwirkungen zusammenzuführen.

Mit der Nutzung dieser Daten sind auch Einschränkungen verbunden, die u.a. daraus resultieren, dass kaum Informationen zu Confoundern vorliegen. Ist eine Begleitmedikation als Confounder zu betrachten, so lässt sich dies in den Daten finden. Direkte Angaben z.B. zu Rauchen oder Übergewicht finden sich allerdings nicht. Weiterhin wird die Qualität ambulanter Diagnosen vor allem bei weniger schweren Erkrankungen angezweifelt, da z.B. die Diagnosen von Art und Umfang der abrechnungsfähigen Leistungen abhängen können. Erschwerend kommt hinzu, dass sich die Regelungen für abrechnungsfähige Leistungen im Zeitverlauf ändern. Weiterhin sind Abgabedatum und Menge von verordneten Arzneimitteln erfasst, allerdings nur von solchen, die abrechnungsfähig sind. Damit bleiben Selbstverordnungen von frei verkäuflichen Arzneimitteln unberücksichtigt. Nicht beantwortet werden kann die Frage, ob die abgegebenen Medikamente tatsächlich eingenommen wurden ("Compliance").

Trotz dieser Einschränkungen sind insbesondere die stationären Daten in Verbindung mit den demographischen und den Verordnungsdaten eine wertvolle Quelle zur Beantwortung von Fragen der medizinischen Versorgung und des Morbiditätsgeschehens. Gerade bei schwerwiegenden Erkrankungen wie z.B. kardiovaskulären Ereignissen, Krebserkrankungen und schweren Verletzungen, die praktisch immer zu einem stationären Aufenthalt führen, ist von einer weitgehend vollständigen und validen Erfassung auszugehen. Ein weiteres Plus dieser Daten ist die vollständige Abdeckung aller Altersgruppen und die Fortschreibung longitudinaler Daten auf Individualniveau, die die Angabe von Inzidenzen und die Beobachtung von Langzeitfolgen ermöglichen.

Register

Eine systematische Erfassung von Krankheiten kann auch durch Registrierung erreicht werden. Um möglichst alle Neuerkrankungsfälle und unter Umständen auch Verläufe zu erfassen, besteht von Seiten eines solchen Registers Kontakt mit Kliniken, niedergelassenen Ärzten und Nachsorgeeinrichtungen. Pauschal sind *Inzidenzregister* bzw. *Morbiditätsregister* mit statistisch-epidemiologischer Zielrichtung und *Klinikregister* mit eher medizinisch-therapeutischer Zielsetzung zu unterscheiden. So genannte *Krankenhaus-Informations-Systeme (KIS)* können dabei durchaus als Kombination beider Registerformen aufgefasst werden. Da alle diese Register personenbezogene Daten enthalten, ist die Nutzung dieser Daten strengen Datenschutzbestimmungen unterworfen und ein freier Zugriff auf Individualdaten nicht möglich. Etablierte Register wie z.B. Krebsregister publizieren diese aber im Rahmen der allgemeinen Gesundheitsberichterstattung, so dass zumindest aggregierte Daten öffentlich zugänglich sind (vgl. z.B. RKI 2009).

Grundsätzlich ist es möglich, mit Registerdaten Inzidenzen zu ermitteln. Wie genau Inzidenzen mit den Inzidenzregistern (z.B. Krebsregister) geschätzt werden, hängt entscheidend von der Bewältigung des Problems ab, Fehler durch doppelte, unvollständige oder fehlende Meldungen zu vermeiden. Dieses Problem ist in den Bundesländern unterschiedlich ausgeprägt, da die Gesetzgebung in den Bundesländern verschieden ist. So ist z.B. in einigen Ländern eine gesetzliche Grundlage für ein Melderecht, z.B. durch Pathologen, ohne die Notwendigkeit eines persönlichen Einverständnisses, gegeben.

Ein weiterer Nachteil einiger Register liegt in der Abgrenzung der Risikopopulation. Dies gilt vor allem für Daten aus Klinikregistern. Das in Abschnitt 3.2.1 beschriebene Problem zur Feststellung des Einzugsgebietes einer Klinik mag hierzu als typisches Beispiel dienen.

Erhebung bei Ärzten

Da niedergelassene Ärzte als diejenige Instanz des Gesundheitswesens gelten können, bei denen Erkrankungsfälle als Erstes dokumentiert werden, können auch Erhebungen bei Ärzten, wie sie von unterschiedlichen Trägern vorgenommen werden, als Sekundärdatenquelle betrachtet werden. Das Patientenkollektiv ausgewählter Arztpraxen wird dann analog zu Klinikregistern als ein so genanntes **Sentinel** aufgefasst und Krankheiten bzw. spezielle Symptome werden systematisch erfasst. Auch für diese Daten gelten strenge Datenschutzbestimmungen, und eine öffentliche Nutzung ist in der Regel nicht möglich.

Je nach Aufbau des Sentinels kann die Inzidenzrate theoretisch geschätzt werden, indem die Krankengeschichten der Patienten aller Ärzte in einer definierten Population erhoben werden. Beschränkt man sich sinnvollerweise auf eine Stichprobenerhebung, so ist allerdings auch hier von der gleichen Problematik wie bei Klinikregistern auszugehen. Auf der Basis der ausgewählten Praxen bekommt man eine Schätzung der Häufigkeit von Erkrankungen in einer Population, die weitgehend unbekannt ist, da der genaue Einzugsbereich einzelner Arztpraxen in der Regel unbekannt ist.

Neben diesen Sentinels werden Daten der Kassenärztlichen Vereinigungen z.B. zu Diagnosen und Verordnungen im Zentralinstitut für die Kassenärztliche Versorgung in Deutschland zusammengeführt. Diese Daten unterliegen nicht den oben angesprochenen Selektionseffekten, da sie auf Bundesebene erfasst werden und in Bezug auf die gesetzlich Versicherten vollständig sind. Die zur Verfügung stehenden, umfangreichen Datenbestände aus der gesamten Bevölkerung erlauben u.a. eine Einschätzung der ärztlichen Versorgung in Deutschland. Darüber hinaus können z.B. Prävalenzen und Inzidenzen von Erkrankungen geschätzt werden. Allerdings dürfen die Verordnungsdaten und die ambulanten Daten nicht auf Individualbasis zusammengeführt werden. Ein weiterer Nachteil ergibt sich aus dem bereits oben angesprochenen Problem der zum Teil unzureichenden Qualität ambulanter Diagnosen.

Vorsorgeuntersuchungen

Neben der Erkrankung oder dem Symptom als eigentlichem epidemiologischen Endpunkt bieten auch Vorsorgeuntersuchungen wie z.B. das Mammographiescreening Möglichkeiten zur sekundärepidemiologischen Nutzung. Diese können einerseits als Teil der Erfassung der Leistungsdaten der Krankenkassen interpretiert werden (siehe oben), sind andererseits aber auch als eigenständige Datenquelle von Bedeutung, wobei sie in beiden Fällen als nicht öffentlich angesehen werden müssen und somit den bereits erwähnten Nutzungsrestriktionen unterworfen sind.

Die Qualität von Daten, die im Rahmen von Vorsorgeuntersuchungen anfallen, ist abhängig von der Fehlerquote der Vorsorgediagnostik, d.h. davon, wie viele Kranke fälschlicherweise als gesund bzw. Gesunde als krank klassifiziert werden (siehe auch Verzerrung durch Fehlklassifikation in Kapitel 4). Darüber hinaus stellt sich durch die freiwillige Inanspruchnahme einer Vorsorgeeinrichtung die Frage, inwieweit die Ergebnisse repräsentativ sind. So ist z.B. vorstellbar, dass Personen mit ersten Krankheitsanzeichen oder aber einem besonders ausgeprägten Gesundheitsbewusstsein die Vorsorgeeinrichtung häufiger in Anspruch nehmen. Dies würde somit zu einer Selektion bestimmter Personengruppen führen, was eine Verzerrung der Untersuchungsergebnisse zur Folge hätte.

Weitere Datenquellen

Weitere hier nicht näher erläuterte Quellen für sekundärstatistische Morbiditätsdaten in der Bundesrepublik Deutschland sind z.B. Daten aus *schulärztlichen Untersuchungen*, aus *Musterungen*, zur *Berufs- oder Erwerbsunfähigkeit*, aus *arbeitsmedizinischen Überwachungsuntersuchungen* und vieles mehr. Wie die Diskussion zu den obigen Datenquellen gezeigt hat, sind neben einigen spezifischen Problemen die in Abschnitt 3.2.1 aufgeführten grundsätzlichen Nachteile fast überall anzutreffen. Vor der Nutzung solcher Daten ist deshalb eine eingehende Prüfung ihrer Eignung für den Untersuchungszweck unabdingbar. Der an der Nutzung von Sekundärdaten im Detail interessierte Leser sei deshalb u.a. auf Schach et al. (1985) und Swart & Ihle (2005) verwiesen.

3.2.3 Nutzung von Sekundärdaten am Beispiel der Mortalitätsstatistik

Die beschriebenen Probleme bei der Nutzung von Sekundärdaten sollen am Beispiel der Mortalitätsstatistik weiter vertieft werden. Der zeitliche Verlauf und räumliche Vergleich von Mortalitätsdaten haben in der empirischen Gesundheitsforschung große Bedeutung. Im zeitlichen Verlauf können Hinweise über das Auftreten neuer oder das Verschwinden alter Risiken gegeben werden. Regional gegliederte Todesursachenstatistiken können Hypothesen für Krankheitsursachen generieren, sind aber auch ein Mittel zur Überwachung des Krankheitsstandes und der Umweltsituation. Hier sind alters- und geschlechtsspezifische Sterberaten wichtige Indikatoren.

Todesbescheinigungen

Alle der Weltgesundheitsorganisation WHO angeschlossenen Länder kennen die Meldepflicht der Sterbefälle, so dass in den meisten Ländern von einer Vollerhebung dieser ausgegangen werden kann. Todesbescheinigungen (Leichenschauscheine) haben in erster Linie juristische und demographische Bedeutung, dienen aber auch als Informationsgrundlage für die Todesursachenstatistik. Ein standardisiertes Formular (siehe z.B. Abb. 3.6) soll ein einheitliches Vorgehen beim Ausfüllen der Todesbescheinigungen gewährleisten.

In Deutschland sind die Bescheinigungen nach dem Gesetz über die Statistik der Bevölkerungsbewegung und die Fortschreibung des Bevölkerungsstandes sowie nach dem Personenstandsgesetz vorgeschrieben. Sie werden von Ärzten ausgefüllt, von Gesundheitsämtern gesammelt und in der Regel dort auch archiviert und über die Standesämter an die statistischen Landesämter gemeldet.

Als Todesursache wird eine Ursachenkette berichtet, bestehend aus

- der unmittelbaren Todesursache,

- dem dieser Todesursache zugrunde liegenden Ereignis/Zustand und möglichst auch

- dem dafür ursächlichen Grundleiden (siehe Abb. 3.6 (b), Ziffern 15–20).

Unter diesen Voraussetzungen ist anzunehmen, dass Todesbescheinigungen als gut nutzbare epidemiologische Datenquelle dienen können, denn *Vollzähligkeit* (Meldepflicht), *Standardisierung* (einheitliches Formblatt) und die dem Tod vorausgehende *medizinische Ursachenkette* können unterstellt werden. Dennoch ergibt sich bei der Nutzung von Mortalitätsdaten eine Vielzahl von Schwierigkeiten, die deren epidemiologische Interpretation einschränken. Diese Nachteile werden im Folgenden näher beschrieben.

Todesbescheinigung NRW
- Nichtvertraulicher Teil -

Blatt 1   Untere Gesundheitsbehörde über Standesamt

Die Todesbescheinigung ist unverzüglich auszuhändigen.

Zutreffendes bitte ankreuzen und / oder ausfüllen [X]

Wird vom Standesamt ausgefüllt

Standesamt

Sterbefall beurkundet, Sterbebuch-Nr.

Eingang vorgemerkt, Vormerk-Liste-Nr.

[ ] Erdbestattung   [ ] Feuerbestattung

1. Personalangaben

1 Name (ggf. Geburtsname), Vorname(n)

2 Straße   3 | Hausnummer

4 PLZ, Wohnort, Kreis

5 Geburtsdatum | 6 | Geburtsort, Kreis

7 Geschlecht   [ ] männlich   [ ] weiblich

8 Identifikation nach   [ ] eigener Kenntnis   [ ] Personalausweis/ Reisepass   [ ] Angaben Angehöriger/Dritter

[ ] nicht möglich (kein Eintrag unter 1 - 6)

2. Feststellung des Todes/Sterbezeitpunkt

9 [ ] Nach eigenen Feststellungen   [ ] Nach Angaben Angehöriger/Dritter am

| Tag | Monat | Jahr | um | Stunden | Minuten |

10 Falls Sterbezeitpunkt nicht bestimmbar: Leichenauffindung am

| Tag | Monat | Jahr | um | Stunden | Minuten |

Ende des Durchschreibeverfahrens! Bitte die Blätter 2 ff. wegklappen und gesondert ausfüllen!

Nicht im Durchschreibeverfahren!

Zusatzangabe für totgeborene oder in der Geburt gestorbene Leibesfrüchte von mindestens 500 g (als Sterbezeitpunkt gilt der Geburtszeitpunkt):

11 [ ] Sterbeort   12 [ ] Auffindeort, falls nicht Sterbeort   13 [ ] als tote Leibesfrucht geboren   [ ] in der Geburt gestorben

Name der Einrichtung (des Krankenhauses/Heimes o.ä.)

Straße, Hausnummer

PLZ, Ort   oder Stempel der Einrichtung (falls vorhanden)

14 **3. Todesart**

Gibt es Anhaltspunkte für äußere Einwirkungen, die den Tod zur Folge hatten? (z. B. Selbsttötung, Unfall, Tötungsdelikt, auch durch äußere Einwirkungen evtl. mitverursachte Todesfälle, Spättodesfälle nach Verletzung)

[ ] nein   wenn nein, Todesart   [ ] natürlich oder

[ ] ungeklärt, ob natürlich/nichtnatürlicher Tod

[ ] ja (Wenn ja oder ungeklärt, im Vertraulichen Teil, Blätter 2 ff. Ziff. 20 [Epikrise] nähere Hinweise [falls möglich])

15 **4. Warnhinweise**

Liegen Hinweise dafür vor, dass die/der Verstorbene an einer übertragbaren Krankheit nach § 6 oder § 7 Infektionsschutzgesetz (einschließlich HIV) erkrankt war?   [ ] ja   [ ] nein

16 Sind besondere Verhaltensmaßnahmen bei der Aufbewahrung, Einsargung, Beförderung und Bestattung zu beachten?

[ ] nein   [ ] ja, welche?

17 Sonstiges (z. B. Gefährdung durch Giftstoffe/Chemikalien):

Fortsetzung des Durchschreibeverfahrens!

18 Bescheinigt aufgrund meiner sorgfältigen Untersuchung am

| Tag | Monat | Jahr | um | Stunden | Minuten | Uhr.

Stempel und Telefon (falls nicht im Stempel)

Ich habe in meine Untersuchung die gesamte Körperoberfläche mit Rücken, Kopfhaut und allen Körperöffnungen einbezogen: [ ] ja   [ ] nein

Ort, Datum   Unterschrift

Abb. 3.6:   (a) Todesbescheinigung NRW, Blatt 1

Todesbescheinigung NRW
- Vertraulicher Teil -

Blatt 5   Für den Arzt zur Dokumentation

Zutreffendes bitte ankreuzen und / oder ausfüllen [X]

1. Personalangaben

1 Name (ggf. Geburtsname), Vorname(n)

2 Straße   3 Hausnummer

4 PLZ, Wohnort, Kreis

5 Geburtsdatum   6 Geburtsort, Kreis

7 Geschlecht   [ ] männlich   [ ] weiblich

8 Identifikation nach   [ ] eigener Kenntnis   [ ] Personalausweis/ Reisepass   [ ] Angaben Angehöriger/Dritter

   [ ] nicht möglich (kein Eintrag unter 1 - 6)

2. Feststellung des Todes/Sterbezeitpunkt

		Tag	Monat	Jahr		Stunden	Minuten
9	[ ] Nach eigenen Feststellungen [ ] Nach Angaben Angehöriger/Dritter am				um		
10	Falls Sterbezeitpunkt nicht bestimmbar: Leichenauffindung am	Tag	Monat	Jahr	um	Stunden	Minuten

Sichere Zeichen des Todes

11 [ ] Totenflecke   [ ] Totenstarre   [ ] Fäulnis   [ ] Hirntod

    [ ] Nicht mit dem Leben vereinbare Verletzungen

12 Reanimationsbehandlung durchgeführt   [ ] ja   [ ] nein

Wer hat die Todesursache festgestellt?

13 [ ] Behandelnder Arzt   [ ] Nicht behandelnder Arzt nach Angaben des behandelnden Arztes   [ ] Nicht behandelnder Arzt ohne Angaben des behandelnden Arztes

14 Zuletzt behandelt durch Hausarzt/Krankenhaus (-abteilung)
Name des Krankenhauses/Arztes o. ä.

Straße, Hausnummer

PLZ, Ort

oder Stempel (falls vorhanden)

Todesursache (nicht Endzustände wie Atemstillstand, Herz-Kreislaufversagen)
                                                                    ungefähre Zeitspanne vom Krankheitsbeginn bis Tod *)

15 I a) Unmittelbare Todesursache:

16 b) Dies ist eine Folge von b1*)

17   b2*)

18 c) Hierfür ursächliche Grundleiden: *)

19 II Mit zum Tode führende Krankheiten ohne Zusammenhang mit dem Grundleiden: *)   *) ausfüllen, soweit dem Arzt möglich

20 **Epikrise**
Weitere Angaben zur Todesart (Blatt 1, Ziffer 14), falls erforderlich
(z. B. Unfall, Vergiftung, Gewalteinwirkung, Selbsttötung sowie Komplikationen medizinischer Behandlung):
Äußere Ursache der Schädigung (Angaben über den Hergang); bei Vergiftung zusätzlich Angabe des Mittels

21 **Unfallkategorie (bitte nur Untergruppe ankreuzen)**
[ ] Schulunfall (ohne Wegeunfall)   [ ] Sport- oder Spielunfall (nicht in Haus oder Schule)
[ ] Wegeunfall   [ ] Arbeits- oder Dienstunfall (ohne Wegeunfall)
[ ] häuslicher Unfall   [ ] sonstiger Unfall   [ ] Verkehrsunfall   [ ] unbekannt

24 Diagnose durch Obduktion gesichert?   [ ] nein [ ] ja

25 Liegt der Obduktionsbefund bei?   [ ] nein [ ] ja

Bei Frauen, deren Alter eine Schwangerschaft nicht ausschließt

22 Liegt eine Schwangerschaft vor?   [ ] nein [ ] ja   Monat   [ ] unbekannt

23 Bestehen Anzeichen für eine Schwangerschaft in den letzten 12 Monaten?   [ ] ja [ ] nein

26 Bei ungeklärter Identität der Leiche: Bei nichtnatürlicher oder ungeklärter Todesart: Polizei unterrichtet?   [ ] ja [ ] nein

Bei Kindern unter 1 Jahr und Totgeborenen

27 Wo wurde das Kind geboren?   [ ] im Krankenhaus   [ ] zu Hause   [ ] sonstiger Ort

28 Mehrlingsgeburt?   [ ] nein [ ] ja   Geburtsgröße ___ cm   Geburtsgewicht ___ g

29 Bei in den ersten 24 Stunden gestorbenen Neugeborenen: Frühgeburt in der Schwangerschaftswoche ___
Lebensdauer: ___ volle Stunden   [ ] unbekannt

| 30 | Bescheinigt aufgrund meiner sorgfältigen Untersuchung am | Tag | Monat | Jahr | um | Stunden | Minuten | Uhr. |

Stempel und Telefon (falls nicht im Stempel)

Ich habe in meine Untersuchung die gesamte Körperoberfläche mit Rücken, Kopfhaut und allen Körperöffnungen einbezogen: [ ] ja [ ] nein

Ort, Datum   Unterschrift

(Seitenleiste: Blätter 2 - 5 im Durchschreibeverfahren!)

Abb. 3.6:   (b) Todesbescheinigung NRW, Blatt 5

ICD-Codierung

Die Verschlüsselung der Todesursache erfolgt in den statistischen Landesämtern nach dem so genannten ICD-Code (International Statistical Classification of Diseases and Related Health Problems, WHO 1992). Hier wird nach Hauptklassen der Krankheit gegliedert eine Zeichenfolge zugeordnet. Zurzeit wird die zehnte Revision dieses internationalen Schlüssels verwendet (Braun & Dickmann 1993, Klar et al. 1993). Für die Todesursachenstatistik wird die dem Tode zugrunde liegende Erkrankung aus den diesbezüglichen Klartextangaben ermittelt und verschlüsselt.

Die regelmäßigen Revisionen des ICD-Schlüssels erweisen sich bei der Beurteilung der Mortalitätsstatistik als äußerst problematisch. Dies gilt besonders dann, wenn die Mortalitätsdaten in ihrer zeitlichen Entwicklung betrachtet werden. Ein eindrucksvolles Beispiel dieser Problematik geben Wichmann & Molik (1984).

Beispiel: Bei der Umstellung von ICD-8 auf ICD-9 wurde erstmalig der Code 798.0 "plötzlicher Tod im frühen Kindesalter bei nicht näher bezeichneter Ursache" (engl. Sudden Infant Death Syndrome, SIDS) eingeführt. Von der Umstellung im Jahr 1979 bis zum Ende der 1980er Jahre stieg die berichtete Zahl dieser Todesursachen ständig an. Während des gleichen Zeitraums ist allerdings ein Rückgang in der Position 769 "Respiratory-Distress-Syndrome" zu beobachten, so dass die Summe beider Positionen ungefähr konstant geblieben ist (siehe Abb. 3.7).

Dennoch führte der scheinbar dramatische Anstieg berichteter Todesfälle zu Anfragen und Spekulationen, dass die zunehmende Umweltverschmutzung verantwortlich für die vermehrte Anzahl von Todesfällen sei (nach Wichmann & Molik 1984, Pesch 1992).

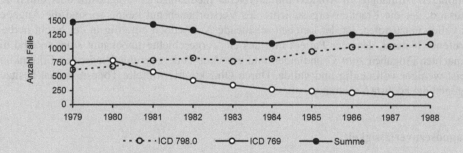

Abb. 3.7: Anzahl Fälle von plötzlichem Kindstod (ICD 798.0) und "Respiratory-Distress-Syndrome" (ICD 769) in Deutschland, von 1979 bis 1988 (Quelle: Statistisches Bundesamt, Einzelnachweis Pesch 1992)

Grundleiden und Kausalkette

Selbst wenn die Entwicklung einer Krankheit mittels der Klartextangaben auf den Todesbescheinigungen recht ausführlich dargestellt ist, kann die Todesursache nicht immer eindeutig festgelegt werden. So kann auf der einen Seite nicht immer eindeutig entschieden werden, was Ursache und was Wirkung innerhalb der angegebenen Kausalkette ist.

Beispiel: Stirbt ein Diabetiker beispielsweise an Herzversagen, so stellt sich etwa die Frage, ob die Diabetes-Erkrankung zum Herzversagen geführt hat und damit die eigentliche Todesursache darstellt oder ob das Herzversagen an sich als Todesursache zu sehen ist und Diabetes nur als Begleiterkrankung zu werten ist.

Auf der anderen Seite ist in der Regel nicht nur eine Ursache für eine Krankheit verantwortlich, sondern ein Zusammenspiel mehrerer Faktoren. Um der Problematik, d.h. welche Erkrankung unmittelbar zum Tode geführt hat, zu begegnen, hat die WHO (1979) einen Katalog verfasst, der Zweifelsfragen regeln hilft. Eine gewisse Unsicherheit und insbesondere die fehlende Kenntnis solcher Spezialregeln in der Einzelfallroutine lassen allerdings vermuten, dass die Kausalkette hier häufig falsch dargestellt wird. Dies wird umso schwieriger, je älter die Verstorbenen sind, für die die Angabe eines Grundleidens oftmals nur noch theoretisch möglich ist. Vielmehr liegt bei älteren Menschen meist eine Multimorbidität vor, so dass eine einzelne Erkrankung nicht mehr als Grundleiden erkennbar ist. In einer solchen Situation führt dies häufig zu vollkommen unspezifischen Angaben wie Code 797 "Altersschwäche", was im Sinne der WHO-Regeln nur in den seltensten Fällen als richtige Codierung angesehen werden darf. Die Berichtspraxis zeigt allerdings, dass – wohl auch bedingt durch einen Rückgang der Diagnoseintensität bei zunehmendem Alter – diese Kategorie wesentlich stärker besetzt ist als erwartet werden darf.

Die Qualität der Angaben auf einer Todesbescheinigung hängt zudem ganz entscheidend von den Umständen ab, unter denen sie ausgefüllt wurde. Erfolgt dies z.B. im Rahmen der stationären Aufnahme im Kontext umfangreicher medizinischer Diagnostik oder durch den Hausarzt, der die Krankenvorgeschichte des Verstorbenen gut kennt, so sind die Angaben als valide einzustufen. Ist der Leichen schauende Arzt jedoch ein eilig in der Nacht herbeigerufener Notarzt, dem der Patient und dessen Vorgeschichte unbekannt sind, so sind die gemachten Angaben zum Grundleiden und zur dem Tode zugrunde liegenden Erkrankung meist weniger vollständig und valide. Durch Obduktion ermittelte Todesursachen besitzen dagegen die höchste Validität.

Diagnosezuverlässigkeit

Trotz Standardisierung treten also falsche Diagnosen oder Kausalketten, unspezifische Angaben, die im eigentlichen Sinne zwar nicht falsch, aber zumindest wenig präzise sind, Auslassungen oder einfache Formfehler (Unlesbarkeit) in der Berichtspraxis in nicht unerheblichem Maße auf. So ist z.B. die *Validität für Todesursachen* wie Herz-Kreislauf-Erkrankungen oder Atemwegserkrankungen in der Praxis schlechter als für Krebserkrankungen, da Letzteren in der Regel eine umfangreiche klinische Diagnostik vorangeht.

Ein weiteres Problem tritt durch die so genannte "Diagnosefreiheit" auf, die dazu führt, dass die *Diagnosegewohnheiten* einzelner Ärzte oder auch zwischen einzelnen Regionen oder Ländern unter Umständen stark voneinander abweichen.

Beispiel: Ein besonders offensichtliches Beispiel hierzu findet man beim internationalen Vergleich der Säuglingssterblichkeit, der in der Regel durch kulturelle und gesellschaftspolitische Unterschiede in verschiedenen Ländern stark eingeschränkt ist. So ist z.B. beim Vergleich der Säuglingssterblichkeit in Deutschland und Italien darauf zu achten, dass der Anteil von Todesfällen vor und während der Geburt in Italien deutlich geringer ist als in Deutschland, da in Italien häufig eine Taufzeremonie durch die Eltern noch gewünscht wird.

Dass im internationalen Vergleich Abweichungen auftreten, ist ein bekanntes Phänomen, aber auch im nationalen Bereich sind solche Diagnoseabweichungen zu beachten. Neben wissenschaftlichen "Schulen" können hier vor allem administrativ bedingte Unterschiede, etwa zwischen den Bundesländern, aber natürlich auch die in der zeitlichen Betrachtung relevanten Verbesserungen in der Diagnosetechnik genannt werden. Diese ist in Deutschland als föderalem Land teilweise sogar gesetzlich oder durch entsprechende Verwaltungsvorschriften unterschiedlich zwischen den Bundesländern geregelt, denn die (Tier-) Gesundheitspolitik liegt im Verantwortungsbereich der Länder. So existieren in Deutschland z.B. keine einheitlichen Formulare für die Meldung der Todesursachen.

Möglichkeiten und Grenzen der Mortalitätsstatistik

Immer dann, wenn die epidemiologische Nutzung von Sekundärdaten auch der Ursachenforschung dienen soll, ist die Frage zu stellen, inwieweit solche Ursachen miterfasst worden sind. Eine solche Erfassung liegt für die Mortalitätsstatistik in der Regel nicht vor und somit ist eine Nutzung im strengen Sinne eigentlich nicht möglich.

Dennoch wird häufig versucht, beispielsweise im Zusammenhang mit Krebsatlanten, einen Kausalitätsbezug zwischen den aggregierten Daten der Mortalitätsstatistik und umweltbedingten Risikofaktoren herzustellen, wobei sowohl zeitliche als auch räumliche Bezüge unterstellt werden.

Auf diese Weise hergestellte Zusammenhänge müssen allerdings sehr zurückhaltend interpretiert werden, wie das obige Beispiel zum plötzlichen Tod im Kindesalter zeigt. Ein Anstieg oder Abfall der Mortalitätsrate ist somit nicht notwendigerweise mit dem Ansteigen oder Abfallen etwa einer Luftschadstoffkonzentration oder anderer im zeitlichen Trend veränderter Variablen in Verbindung zu bringen. Gleiches gilt natürlich auch für räumliche Vergleiche, wie das Beispiel zur Säuglingssterblichkeit in Deutschland und Italien demonstriert hat.

Der Grund für die Grenzen der Interpretierbarkeit von Mortalitätsdaten liegt also im Mangel an personenbezogenen Informationen zu Expositionen, die als mögliche Krankheitsursachen interessieren. Außer dem Geschlecht und dem Alter werden auf der Todesbescheinigung keine weiteren als potenzielle Risikofaktoren interpretierbaren Daten erhoben. So sind beispielweise das Rauch- und Ernährungsverhalten für eine Vielzahl von Erkrankungen vom Herz-Kreislauf-Bereich über Atemwegserkrankungen bis hin zur Krebsmorbidität als Hauptrisiken anzusehen, aber nicht dokumentiert. Kausalitätsaussagen für Krankheiten, bei denen etwa die genannten Risikofaktoren als ursächlich anzusehen sind, sind folglich unzulässig (ein Beispiel für die ansonsten entstehende Fehlinterpretation der Mortalitätsstatistik wird im Abschnitt 3.3.1 ausführlich diskutiert).

Neben den nicht dokumentierten Risikofaktoren muss im Sinne der Ursachenforschung weiterhin berücksichtigt werden, dass die *Zeit zwischen* dem *ersten Auftreten* einer Erkrankung und dem *hierdurch bedingten Versterben* durchaus sehr *unterschiedlich* sein kann. Da zu krankheitsbezogenen Zeitunterschieden noch weitere durch die unterschiedlichen Wirksamkeiten von Therapien hinzukommen, ist der zeitliche Zusammenhang von Inzidenz und Mortalität bei manchen Krankheiten gering. Damit sind der zeitlichen Interpretation von Mortalitätsdaten zusätzliche Grenzen gesetzt.

Nicht nur wegen der genannten Einschränkungen sollten Mortalitätsdaten nicht einfach ungeplant genutzt werden. Die Auswertung von Mortalitäts- (und anderen sekundärepidemiologischen) Daten muss grundsätzlich einem formalem Studienprotokoll unterliegen. Wir werden auf entsprechende Leitlinien noch ausführlich in Kapitel 7 zurückkommen, wollen aber schon hier auf Swart & Ihle (2005) hinweisen, die neben den hier benannten Aspekten eine ausführliche Dokumentation der Grundlagen, Methoden und Perspektiven der Auswertung von Sekundärdaten vorgenommen haben.

Trotz dieser Probleme hat die Mortalität eine sehr wichtige Bedeutung, denn sie kann als einziger epidemiologischer Endpunkt aufgefasst werden, der zweifelsfrei und eindeutig feststellbar ist. Zudem wird die Mortalität bereits über Jahrhunderte dokumentiert, so dass sie eine hohe gesellschaftliche Akzeptanz besitzt. Es sollte daher zunächst geprüft werden, ob diese Daten bereits zur Beantwortung einer epidemiologischen Fragestellung ausreichend sind, bevor eine primärepidemiologische Studie durchgeführt wird. Insbesondere können Mortalitätsdaten z.B. zur Hypothesengenerierung genutzt werden.

Todesbescheinigungen stellen sogar eine zentrale Datenquelle für einen bestimmten Typ epidemiologischer Primärdatenerhebungen dar. Es handelt sich dabei um historische Kohortenstudien, bei denen die Sterblichkeit z.B. von Angehörigen einer bestimmten Berufsgruppe oder eines Industriezweigs mit der Allgemeinbevölkerung verglichen wird (siehe Abschnitt 3.3.4).

3.3   Typen epidemiologischer Studien

Kann das Untersuchungsziel nicht durch die Nutzung von Sekundärdaten erreicht werden, so ist zu prüfen, ob dies durch eine Primärdatenerhebung möglich ist. Je nach Untersuchungsziel können bzw. müssen verschiedene Studiendesigns zur Anwendung kommen, deren Aussagefähigkeit allerdings unterschiedlich ist. Dabei lassen sich generell experimentelle und beobachtende Ansätze differenzieren.

Zu den *experimentellen Untersuchungen* zählen neben klinischen *Therapiestudien* vor allem so genannte *Interventionsstudien*. Charakteristisch ist in beiden Ansätzen, dass zu vergleichende Gruppen der Untersuchungspopulation dem in der ätiologischen Fragestellung formulierten Expositionsfaktor geplant ausgesetzt werden. Dies gilt sowohl für den Vergleich von klinischen Therapien wie auch für die Intervention in der Bevölkerung, die z.B. aktiv eine Reduktion von Risikofaktoren anstreben (z.B. Ernährungsprogramme zur Vorbeugung von Übergewicht).

Bei *Beobachtungsstudien* wird dagegen kein gezielter Eingriff in die Exposition vorgenommen, sondern nur beobachtet, wie Krankheiten und Exposition in Beziehung stehen. Je nach zeitlicher Richtung der Betrachtung unterscheidet man dabei Querschnittsstudien sowie retrospektive bzw. prospektive Untersuchungen.

Als ein erster Schritt einer Ursachenanalyse werden allerdings häufig *Assoziationen von Maßzahlen* der Erkrankungshäufigkeit (basierend auf Sekundärdaten) zu aggregierten Daten von möglichen Einflussfaktoren (z.B. Pro-Kopf-Verbrauch bestimmter Nahrungsmittel oder geographische Charakteristika) berechnet. Solche Assoziationsrechnungen werden als ökologische Relationen bezeichnet.

3.3.1   Ökologische Relationen

Bei **ökologischen Relationen** handelt es sich um Auswertungstechniken, die als statistische Untersuchungseinheit nicht einzelne Individuen verwenden, sondern *Aggregationen*, d.h. Zusammenfassungen von Individuen einer Population. Übliche Aggregationsstufen sind im räumlichen Sinne administrative Zusammenfassungen wie Gemeinden, Landkreise, Regierungsbezirke, (Bundes-) Länder o.Ä. bzw. im zeitlichen Sinne über ein Jahr aufkumulierte Zahlen. Häufig werden auf Basis dieser Aggregationsstufen Assoziations-, Korrelations- und Regressionsrechnungen (siehe Anhang S) zu möglichen Risikofaktoren durchgeführt, die auf demselben Niveau aggregiert sind.

Die *Vorteile* einer solchen Vorgehensweise sind offensichtlich, denn häufig liegen aggregierte Daten für eine Vielfalt unterschiedlichster Krankheits- und Risikofaktoren bereits vor. Ökologische Relationen können daher als die statistische Auswertungstechnik der *sekundärepidemiologischen Datenanalyse* bezeichnet werden. Da eine Aggregation die Bildung einer Summe bzw. eines Mittelwertes bedeutet (z.B. Anzahl aller Fälle, durchschnittliche Mortalität, durchschnittliche Schadstoffbelastung etc.), wird zudem die Variabilität der Faktoren stabilisiert (siehe Anhang S) und Zusammenhänge werden zum Teil erst hierdurch sichtbar.

Dass eine ökologische Relation leicht zu *Fehlinterpretationen* führen kann, hatten wir schon am Beispiel des plötzlichen Kindstods in Abschnitt 3.2.3 gesehen.

Beispiel: Klassische Beispiele für Fehlinterpretationen findet man vor allem bei der Betrachtung von räumlichen Assoziationen. Ein solches Beispiel hatten wir bereits in Abschnitt 3.2.1 kennen gelernt, in dem die räumliche Verteilung humaner Infektionen durch den Parasiten Giardia intestinalis dargestellt wurde. Abb. 3.4 zeigt ein deutliches räumliches Muster mit durchschnittlich höheren Inzidenzen im Süden und Osten.

Den Hauptrisikofaktor der Giardiasis stellt der Konsum von belasteten Lebensmitteln oder Trinkwasser dar. Diese Infektion ist durchaus auch in Deutschland möglich, jedoch ist ein erheblicher Anteil der Infektionen auf eine Exposition im Ausland, insbesondere in tropischen Ländern, zurückzuführen.

Will man somit das in Deutschland gefundene räumliche Muster in eine ökologische Relationsrechnung eingehen lassen, so wäre es erforderlich, die Verteilung der Konsumgewohnheiten und vor allem den Aufenthalt im Ausland in gleicher räumlicher Struktur zur Verfügung zu stellen. Solche Daten liegen in Deutschland aber nicht vor, so dass sich eine beobachtete Assoziation mit anderen Faktoren als Scheinassoziation herausstellen könnte (siehe Abschnitt 3.1.1).

Beispiel: Bevor zu Beginn der 1990er Jahre analytische Studien zu den Risikofaktoren des Lungenkrebses in Deutschland durchgeführt wurden, waren ökologischen Relationen Gegenstand einer wissenschaftlichen wie öffentlichen Diskussion. Auf den vier Karten von Abb. 3.8 sind jeweils aggregiert auf Ebene westdeutscher Regierungsbezirke folgende seinerzeit verfügbare Daten dargestellt: (a) Lungenkrebssterblichkeit bei Frauen, (b) Anteile rauchender Frauen, (c) Luftverschmutzung an SO_2 und (d) Radonbelastung in Wohnungen.

Abb. 3.8:   Beispiel für verzerrte Schlussfolgerungen bei fehlender Berücksichtigung von Störvariablen.
(a): Lungenkrebssterblichkeit bei Frauen je 100.000 (Quelle: Wichmann et al. 1991),
(b): Raucheranteil bei Frauen in % (Quelle: Wichmann et al. 1991),
(c): SO_2-Emissionsdichte (Quelle: Wichmann et al. 1991),
(d): Radon in Wohnungen (Quelle: Schmier 1984)

Die seinerzeit häufig gemachte Aussage, dass die Lungenkrebsmortalität durch die Luftverschmutzung verursacht sei, könnte beim Vergleich der Abbildungen (a) und (c) unterstellt werden. Eine andere Aussage ergäbe sich aus dem Vergleich der Abbildungen (a) und (d), die suggerieren, dass die Lungenkrebsmortalität nicht durch die Radonbelastung in Innenräumen verursacht sein kann.

Beide Interpretationen sind allerdings falsch, denn es besteht ein deutlicher Zusammenhang zur regionalen Verteilung des Zigarettenrauchens (b). Dieser ist, was viele Studien zeigen, kausal, so dass der Zusammenhang zur SO_2-Belastung bei Berücksichtigung des Rauchens stark abgeschwächt wird oder gar verschwindet. Der negative Zusammenhang zwischen der regionalen Verteilung der Radonbelastung in Wohnungen und der Lungenkrebssterblichkeit verschwindet oder wird umgekehrt, wenn das Rauchen in die Analyse einbezogen wird.

Abgesehen davon, dass statistische Assoziation für sich allein kein Kausalitätsnachweis ist (siehe hierzu insbesondere Abschnitt 3.1.1), führt eine einfache statistische Assoziations- oder Korrelationsrechnung somit leicht in die Irre, wenn eine ausreichende *Kenntnis über die Verteilung der wichtigsten Risikofaktoren nicht* vorliegt.

Wie das Beispiel verdeutlicht, können schwächere Risikofaktoren (Luftverschmutzung, Radon) falsch bewertet werden, wenn stärkere Risikofaktoren (Rauchen) unberücksichtigt bleiben. Im Beispiel entsteht diese Verzerrung dadurch, dass die Einflussgrößen ein ausgeprägtes regionales Muster aufweisen (Rauchen: In Industrieregionen und Städten wird mehr geraucht als auf dem Land; Luftverschmutzung: Die Luftqualität in Industrieregionen und Städten ist schlechter als auf dem Land; Radon: Die Radonbelastung ist in bergigen, dünner besiedelten Gebieten höher als in Ballungszentren).

Damit kann obige Form der ökologischen Relationsrechnung überhaupt nur dann sinnvoll interpretiert werden, wenn neben dem interessierenden Risikofaktor auch die Verteilung der wichtigsten anderen Risikofaktoren bekannt ist. Ansonsten besteht die Gefahr, einem *"ökologischen Trugschluss"* zu unterliegen. Dies ist der Grund, warum sich ökologische Relationen primär zur Hypothesengenerierung, nicht aber zur Prüfung von Hypothesen eignen. Neben den genannten Beispielen zum Auftreten von Infektionserkrankungen oder zur Auswirkung der Umweltbelastung auf die menschliche Gesundheit lassen sich zahlreiche weitere Beispiele finden, die zu einem ökologischen Trugschluss führen. Eine Auswahl von Beispielen aus epidemiologischer bzw. klinischer Sicht geben etwa Skabanek & McCormick (1995).

3.3.2   Querschnittsstudien

Querschnittsstudien ("cross-sectional study") eignen sich dazu, die aktuelle Häufigkeit von Risikofaktoren und von Erkrankungen unabhängig vom Zeitpunkt ihres Eintritts – also die Prävalenz – in der Studienpopulation zu ermitteln. Daher wird dieser Studientyp auch als **Prävalenzstudie** bezeichnet.

Querschnittsstudien umfassen eine Auswahl von Individuen aus der *Zielpopulation zu einem festen Zeitpunkt (Stichtag)*. Für die ausgewählten Studienteilnehmer werden der *Krankheitsstatus* (Prävalenz) und die gegenwärtige oder auch frühere *Expositionsbelastung* (Expositionsprävalenz) *gleichzeitig* erhoben.

Da meist eine erhebliche Zeitspanne zwischen Exposition und Krankheitsausbruch liegt, ist diese Studienform zum *Kausalitätsnachweis von Risikofaktoren* im Rahmen der analytischen Epidemiologie nur geeignet bei *akuten Erkrankungen mit kurzer Induktionszeit* wie z.B. dem Auftreten einer Asthmasymptomatik bei Pollenflug. Querschnittsstudien sind deshalb vor allem ein Instrument der deskriptiven Epidemiologie. Sie dienen neben der Dokumentation eines Ist-Zustandes auch der Hypothesengenerierung.

Beispiel: Eine klassische Querschnittserhebung stellt der so genannte Bundesgesundheitssurvey dar (siehe Abschnitt 1.2). Hier werden in regelmäßigen zeitlichen Abständen mehrere Tausend Personen im Alter von 18 bis 79 Jahren durch das Robert Koch-Institut zu ihrem Gesundheitszustand befragt. Ihre Größe, ihr Gewicht und ihr Blutdruck werden gemessen sowie Blut und Urin untersucht. Da die Studie in einem relativ kurzen Zeitraum durchgeführt wird, kann von einer Erhebung zu einem Zeitpunkt ausgegangen werden, so dass die Prävalenz der erfassten Zielgrößen ermittelt werden kann.

Beispiel: Querschnittserhebungen finden vor allem auch in der Veterinärepidemiologie statt, z.B. bei der Erfassung von Zoonoseerregern in Lebensmittel liefernden Tieren (siehe Abschnitt 1.2). Untersucht man z.B. das Auftreten von bakteriellen Zoonoseerregern wie Salmonella spp, Campylobacter coli oder Yersinia enterocolitica in Beständen der Schweinemast, so ist eine Querschnittserhebung häufig die einzige mögliche Studienform, da die Mastzeiträume sehr kurz sind (das durchschnittliche Schlachtalter liegt bei etwa sechs Monaten). Daher werden z.B. Studien zum Zeitpunkt der Schlachtung (oder kurz davor) durchgeführt.

Auswertungsprinzipien

Das Konzept der Querschnittsstudie ist die klassische Form einer statistischen Stichprobenerhebung, da an einem festen Stichtag aus einer definierten Zielgesamtheit eine Untersuchungspopulation gewonnen wird. Im Idealfall wird diese Stichprobe mittels einer so genannten einfachen Zufallsauswahl gezogen. Die Studienpopulation kann in Erkrankte und Gesunde bzw. Exponierte und Nichtexponierte eingeteilt werden (siehe Abb. 3.9).

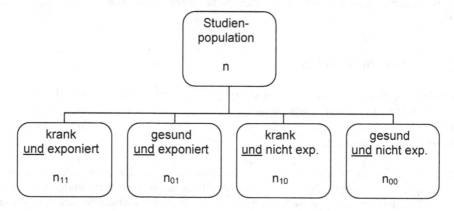

Abb. 3.9:   Struktur einer Querschnittsstudie und Aufteilung der Studienteilnehmer

Duch diese Einteilung entsteht bei diesem Studiendesign somit die Vierfeldertafel aus Tab. 3.2.

Tab. 3.2: Beobachtete Anzahl von Kranken, Gesunden, Exponierten und Nichtexponierten in einer Querschnittsstudie

Status	exponiert (Ex = 1)	nicht exponiert (Ex = 0)	Summe
krank (Kr = 1)	n_{11}	n_{10}	$n_{1.} = n_{11} + n_{10}$
gesund (Kr = 0)	n_{01}	n_{00}	$n_{0.} = n_{01} + n_{00}$
Summe	$n_{.1} = n_{11} + n_{01}$	$n_{.0} = n_{10} + n_{00}$	$n = n_{..}$

In Tab. 3.2 stellt n_{ij} die *in der Studie beobachtete Anzahl* von Individuen im Krankheitsstatus i aus der Expositionsgruppe j, mit i, j = 0, 1, dar. Hierbei ist von *prävalenten beobachteten Anzahlen* an einem Stichtag auszugehen. Die Aufteilung dieser Anzahlen n_{ij} in der Tafel ist unter der Voraussetzung, dass eine einfache Zufallsauswahl realisiert wurde, zufällig; nur die Zahl n der Studienteilnehmer ist von vornherein festgelegt.

Damit ist es mit dieser Tafel möglich, **Schätzer für die Prävalenz** unter gleichzeitiger Angabe des Expositionsstatus anzugeben. Die Bezeichnung Schätzer soll dabei zum Ausdruck bringen, dass das Ergebnis, das aus der Studienpopulation berechnet wird, das (wahre, aber unbekannte) Ergebnis der Zielpopulation schätzt. Diese Schätzer für die beiden Expositionsgruppen lauten

$$\text{Schätzer Pr ävalenz (bei Exposition j)} = P(j)_{\text{Studie}} = \frac{n_{1j}}{n_{.j}}, \ j = 0, 1.$$

Da diesem Design jeglicher Inzidenzbezug fehlt, haben diese Maßzahlen keinen Risikobezug. Wenn man aber annehmen kann, dass bei der betrachteten Krankheit Inzidenz und Prävalenz sehr ähnlich sind, ist es üblich, einen Quotienten von Prävalenzen aus der Studie zu berechnen. Dieses Verhältnis definiert dann den Schätzer für den so genannten **Prävalenzquotienten** oder das **Prävalenzratio**

$$\text{Schätzer Pr ävalenzquotient} = PR_{\text{Studie}} = \frac{P(1)_{\text{Studie}}}{P(0)_{\text{Studie}}} = \frac{n_{11}/(n_{11} + n_{01})}{n_{10}/(n_{10} + n_{00})}.$$

Diese Größe ist kein relatives Risiko (Risk Ratio), sondern nur als eine *Approximation des relativen Risikos* zu verstehen, denn die Daten wurden zu einem Zeitpunkt erfasst und geben keine Neuerkrankungen in einem Zeitraum an.

Im Gegensatz zu diesem Quotienten erlaubt die Symmetrie der Vierfeldertafel die Angabe eines Schätzwerts für das Odds Ratio. Man erhält

$$\text{Schätzer Odds Ratio} = OR_{\text{Studie}} = \frac{n_{11}/n_{01}}{n_{10}/n_{00}} = \frac{n_{11} \cdot n_{00}}{n_{10} \cdot n_{01}}.$$

Beispiel: Auf Basis des Bundesgesundheitssurveys berichten das RKI bzw. das Statistische Bundesamt regelmäßig über den Gesundheitszustand der deutschen Bevölkerung. Tab. 3.3. zeigt Ergebnisse des Bundesgesundheitssurveys (BGS) 1998 bezüglich der Frage des Übergewichts. Die Weltgesundheitsorganisation spricht von Übergewicht, falls der Body-Mass-Index (Körpermasse in kg dividiert durch das Quadrat der Körperlänge in m^2) größer als 25 ist.

Tab. 3.3:   Beobachtete Anzahlen von Übergewicht nach Geschlecht im Bundesgesundheitssurvey 1998 (Quelle: RKI 1999)

Status	Männer	Frauen	Summe
übergewichtig (BMI ≥ 25)	2.299	1.919	4.218
normalgewichtig (BMI < 25)	1.148	1.702	2.850
Summe	3.447	3.621	7.068

Aus den Informationen aus Tab. 3.3 kann die Prävalenz des Übergewichts getrennt nach Männern und Frauen geschätzt werden. Die Werte lauten

$$P(\text{Männer})_{\text{BGS 1998}} = \frac{2.299}{3.447} = 0{,}667 \,,$$

$$P(\text{Frauen})_{\text{BGS 1998}} = \frac{1.919}{3.621} = 0{,}530 \,.$$

Hieraus ergibt sich als Quotient der beiden Studienprävalenzen

$$PR_{\text{BGS 1998}} = \frac{0{,}667}{0{,}530} = 1{,}258 \,,$$

d.h., bei Männern ist die Prävalenz des Übergewichts 1,258-mal höher als bei Frauen. Drückt man diesen relativen Unterschied über die vergleichende Maßzahl des Odds Ratios der Studie aus, so erhält man den Wert

$$OR_{\text{BGS 1998}} = \frac{2.299 \cdot 1.702}{1.919 \cdot 1.148} = 1{,}776 \,.$$

Auch diese Kennzahl zeigt somit das höhere Risiko zum Übergewicht bei Männern an, wobei das Odds Ratio wegen der hohen Prävalenz eine andere Größenordnung hat als der Prävalenzquotient (siehe hierzu auch Abschnitt 2.3.3).

Vor- und Nachteile von Querschnittsstudien

Der größte Vorteil von Querschnittsuntersuchungen besteht darin, dass man bei repräsentativer Zufallsauswahl von der Studienpopulation *auf die Zielpopulation schließen* und die Häufigkeit der Risikofaktoren ermitteln kann. Zudem lassen sich Querschnittsstudien im Gegensatz zu anderen primärepidemiologischen Untersuchungen je nach Untersuchungsumfang in (relativ) *kurzen Zeiträumen* durchführen.

Dagegen sind Querschnittsstudien zur Ursachenforschung von Krankheiten nur bedingt geeignet, da wegen der Prävalenzerhebung die *zeitliche Abfolge von Exposition und Krankheit unklar* bleiben kann, wobei das Problem der Krankheitsdauer und deren Auswirkung auf Prävalenz und Inzidenz eine besondere Rolle spielt (siehe Abschnitt 2.1.1).

Beispiel: Ein Beispiel ist die Wirkung von Fettleibigkeit (Body-Mass-Index $\geq$ 30) auf das Auftreten von Herzerkrankungen. Da adipöse Personen vorzeitig an anderen Todesursachen versterben, sind diese stark übergewichtigen Personen in einer Querschnittsstudie unterrepräsentiert: Damit kann bei der Betrachtung eines Prävalenzquotienten ein Unterschied unter Umständen verborgen bleiben.

Neben dieser Anfälligkeit der Prävalenz gegenüber Faktoren, die die Krankheitsdauer beeinflussen (Mortalität, Genesung), gibt es noch weitere Verzerrungsmechanismen, die typisch für diesen Studientyp sind. Darauf werden wir bei der Diskussion systematischer Fehler genauer eingehen (siehe Abschnitt 4.6).

Zusammenfassend lässt sich sagen: Bei *nicht zu seltenen, lang andauernden Krankheiten* (z.B. chronischer Bronchitis, Rheuma, chronischen Infektionen etc.) und *Dauergewohnheiten als Risikofaktoren* (z.B. Rauchen, Wohnen, Arbeitsplatz etc.) sind Querschnittsstudien durchaus sinnvoll und werden entsprechend häufig durchgeführt (siehe auch Abschnitt 1.2).

Bei *akuten Erkrankungen* eignen sich Querschnittsstudien sogar für die Bearbeitung ätiologischer Fragestellungen, sofern diese Erkrankungen in der Zielpopulation häufig sind und die in Frage kommenden Krankheitsursachen in engem zeitlichen Bezug zum Auftreten der Erkrankung stehen.

Für *seltene Krankheiten* sind Querschnittsstudien dagegen *wenig geeignet*, denn es müssten extrem große Studienkollektive in eine Untersuchung eingeschlossen werden, damit aus der Studie eine Aussage gewonnen werden kann. Daher wird in diesen Fällen meist ein anderer Studientyp favorisiert.

3.3.3   Fall-Kontroll-Studien

In einer **Fall-Kontroll-Studie** vergleicht man eine Gruppe von Erkrankten, die Fälle, mit einer Gruppe von nicht Erkrankten, den Kontrollen, hinsichtlich einer zeitlich vorausgegangenen Exposition. Von der Wirkung ausgehend wird somit nach potenziellen Ursachen geforscht, die dem Einsetzen der Wirkung um viele Jahre vorausgegangen sein können.

Grundsätzlich gilt somit für Fall-Kontroll-Studien, dass die Individuen einer definierten Population, die innerhalb eines bestimmten Zeitraums die Zielerkrankung bekommen haben, als Fälle auswählbar sind. Als Kontrollen sind Individuen derselben Population auswählbar, sofern sie im betrachteten Zeitraum unter Risiko standen, diese Erkrankung zu bekommen. Dabei muss die Auswahl der Studienteilnehmer unabhängig von ihrem jeweiligen Expositionsstatus erfolgen. Fall-Kontroll-Studien beginnen also mit der Erkrankung und ermitteln davon ausgehend retrospektiv die der Erkrankung vorausgehenden Expositionen.

Sind nun Fälle und Kontrollen in Bezug auf bekannte Risikofaktoren miteinander vergleichbar und unterscheiden sich beide Gruppen bezüglich der interessierenden Exposition, so interpretiert man dies als einen Hinweis auf eine ätiologische Beziehung zwischen der Exposition und der Krankheit. Die zeitliche Abfolge von vermuteter Ursache und Wirkung wird bei diesem Studientyp somit *"rückblickend"* oder *"retrospektiv"* ermittelt (siehe Abb. 3.10).

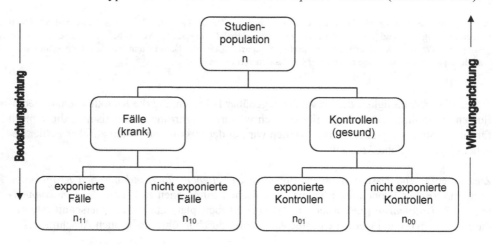

Abb. 3.10:   Struktur einer Fall-Kontroll-Studie und Aufteilung der Studienteilnehmer

Die Entwicklung des Designs der Fall-Kontroll-Studie erfolgte insbesondere unter dem Aspekt, dass bei *Krankheiten, die selten sind und/oder lange Induktionszeiten aufweisen*, eine einfache Zufallsauswahl etwa im Rahmen einer Querschnittsstudie nur wenige oder gar keine Krankheitsfälle enthalten würde. Dadurch ist die inhaltliche Entwicklung von Fall-Kontroll-Studien eng mit der Epidemiologie von Krebserkrankungen verknüpft. Entsprechend finden sich dort viele Beispiele für diesen Studientyp.

Beispiel: Das Bronchialkarzinom ist in der Bundesrepublik Deutschland zwar mit einer Mortalitätsrate von ca. MR = 80 von 100.000 die mit Abstand häufigste Krebstodesursache bei Männern (Robert Koch-Institut 2009), doch ist trotz dieser für Krebserkrankungen extrem hohen Fallzahl die Inzidenz als gering anzusehen. So müssten bei den zu erwartenden Fallzahlen in einer Querschnittsstudie mehrere tausend Personen eingeschlossen werden, um eine hinreichende Anzahl von Lungenkrebserkrankungen hierin zu beobachten.

Deshalb werden zur Ätiologie des Bronchialkarzinoms in der Regel Fall-Kontroll-Studien durchgeführt, da dadurch etwa über Spezialkliniken oder über Krebsregister eine ausreichende Zahl Erkrankter in die Studie eingeschlossen werden können.

Beispiel: Eine weitere Anwendung des Prinzips der Fall-Kontroll-Studie ergibt sich dann, wenn man mit einem vollkommen neuen, zunächst sporadisch auftretenden Krankheitsbild konfrontiert wird. So war es nahe liegend, als Ende der 1980er Jahre in Großbritannien die ersten Fälle der bovinen spongiformen Enzephalopathie (BSE) aufgetreten sind, diese neuen Fälle mit Kontrollen zu vergleichen, um Hinweise auf potenzielle Ursachen zu erhalten.

Als eine intuitive Möglichkeit zur Auswahl von Fällen bietet sich ein Prävalenzkonzept an, das an einem Stichtag Fälle definiert, egal wie lange der Beginn der Erkrankung zurückliegt. Diese Vorgehensweise ist allerdings aus zweierlei Gründen nicht sinnvoll. So sind einerseits insbesondere bei lang andauernden Krankheiten die langlebigen Fälle überrepräsentiert. Andererseits ist es gerade bei seltenen Krankheiten erforderlich, die Fälle über einen gewissen Zeitraum zu sammeln, um eine ausreichend große Fallzahl zu erreichen. Aus diesem Grund ist es empfehlenswert, nur inzidente, d.h. neu erkrankte Fälle in Fall-Kontroll-Studien einzuschließen. Dabei sollte das Zeitfenster zwischen Diagnose und Einschluss in die Studie umso kürzer sein, je kürzer die mittlere Überlebenszeit der Patienten mit der interessierenden Erkrankung ist.

Bei einer Vielzahl potenzieller Einflussfaktoren für die Entstehung einer Krankheit ist die zentrale Annahme des Fall-Kontroll-Designs die Vergleichbarkeit der Fall- mit der Kontrollgruppe, um den Einfluss der in der ätiologischen Hypothese betrachteten Exposition bestimmen zu können. Theoretisch wird diese Vergleichbarkeit dadurch erreicht, dass beide Studiengruppen aus derselben Zielgesamtheit gewonnen werden, so dass beim Fall-Kontroll-Design die besondere Schwierigkeit in der Definition der Zielpopulation und der adäquaten Auswahl der Studienpopulation liegt.

Vergleichbarkeit von Fall- und Kontrollgruppe

Die Frage, welche Individuen als Fälle und welche als Kontrollen dienen können, ist theoretisch eindeutig zu beantworten: Als Kontrollen kommen nur Individuen in Betracht, die der Population unter Risiko (Zielpopulation) angehören, aus der die Fälle stammen. Damit repräsentieren Kontrollen bezüglich der Verteilung der Expositionsvariablen die Population, aus der die Fälle stammen. Anders ausgedrückt bedeutet dies, dass Kontrollen diejenigen Individuen repräsentieren sollen, die, hätten sie die Krankheit entwickelt, auch als Fälle in die Studie eingeschlossen werden können.

Je nach Definition der Zielpopulation unterscheidet man populationsbezogene und auswahlbezogene Fall-Kontroll-Studien.

Populationsbezogene Fall-Kontroll-Studien

Eine **populationsbezogene Studie** erhält man dann, wenn sowohl die Fall- als auch die Kontrollgruppe repräsentativ für eine geographisch klar definierte Population sind, wie z.B. die Einwohner einer Stadt oder eines Landkreises, d.h. jeweils eine repräsentative Stichprobe aus der kranken bzw. krankheitsfreien Teilgruppe dieser Population darstellen.

Eine **populationsbezogene Fallgruppe** kann man nur dadurch erhalten, dass man die Gesamtheit aller Krankheitsfälle ermittelt und diese insgesamt oder eine repräsentative Stichprobe in die Studie einbezieht. Theoretisch benötigt man hierzu ein Register sämtlicher Erkrankungen, so dass diese häufig auch als **Registerstudie** bezeichnet wird. Ob ein solches Register zur Verfügung steht, hängt neben gesetzlichen Regularien von der entsprechenden Erkrankung ab.

Beispiel: Das so genannte Kinderkrebsregister der Universität Mainz registriert seit 1980 für Deutschland insgesamt alle Krebserkrankungen von Kindern unter 15 Jahren. Daneben gibt es verschiedene Krebsregister in Ländern und Regionen wie etwa das Krebsregister des Saarlandes, das als eines der Ersten in Deutschland seit 1970 alle Neuerkrankungen an Krebs innerhalb des Bundeslandes erfasst und dokumentiert. Neben Registern, die eine freiwillige Sammlung entsprechender Informationen darstellen, sind zudem bei einigen Erkrankungen Meldepflichten etabliert. Dies gilt z.B. für Infektionserkrankungen nach dem Infektionsschutzgesetz, die Deutschland weit beim Robert Koch-Institut gesammelt werden oder auch bei den meldepflichtigen Tierseuchen, die im System TierSeuchenNachrichten (TSN) des Friedrich-Loeffler-Instituts in einer zentralen Datenbank gespeichert werden.

Eine **populationsbezogene Kontrollgruppe** erhält man als repräsentative Stichprobe aus der definierten Zielpopulation, aus der die Fälle entstammen, unter Verwendung der in Abschnitt 3.1.2 beschriebenen Auswahlverfahren. In Deutschland hat es sich bewährt, die Zielpopulation geographisch über die Population von Kreisen und Gemeinden zu definieren, über die zum Teil umfangreiche soziodemographische Daten bei den statistischen Landesämtern verfügbar sind und aus denen für Forschungszwecke über die zuständigen Einwohnermeldeämter nach einem Zufallsverfahren eine nach Alter und Geschlecht stratifizierte Stichprobe der Wohnbevölkerung gezogen werden kann (siehe auch Abschnitt 4.2).

Abgesehen von dem meist hohen Aufwand solcher Erhebungen ist man zudem häufig mit dem Problem einer mangelnden Teilnahmebereitschaft konfrontiert, da epidemiologische Studien für die Teilnehmer stets auch einen gewissen Aufwand bedeuten (Befragung, u. U. körperliche Untersuchung, Probennahme, Messung etc.). Dies kann eine starke Selektion der Studienteilnehmer und eine mangelnde Repräsentativität zur Folge haben, was ggf. die Verallgemeinerbarkeit der gewonnenen Studienergebnisse einschränkt. Das heißt, trotz einer sorgfältigen Studienplanung und der Durchführung einer Stichprobenerhebung kann es sein, dass der Populationsbezug nicht mehr gegeben ist. Da dieses so genannte Non-Response-Problem erhebliche Auswirkungen auf die Qualität einer Studie haben kann, werden wir diesen Aspekt in Abschnitt 4.6.1 vertiefend behandeln.

Repräsentieren aber sowohl die Fall- als auch die Kontrollgruppe die entsprechenden Teilgruppen aus der Zielpopulation, so ist das Fall-Kontroll-Design sehr gut für die ätiologische Forschung einsetzbar.

Auswahlbezogene Fall-Kontroll-Studien

Eine **auswahlbezogene Fall-Kontroll-Studie** wird stark von pragmatischen Gesichtspunkten bestimmt. Ist die vollständige Erfassung aller Fälle einer definierten Population gar nicht oder nicht mit vertretbarem Aufwand möglich, so wählt man eine nach definierten Kriterien gut erreichbare Gruppe von Fällen und definiert dann die Population, der diese Fälle entstammen. Aus dieser "post hoc" definierten Population sind die Kontrollen auszuwählen.

Praktisch gut durchführbar ist es, Patienten eines Krankenhauses mit einer diagnostizierten Krankheit als Fälle zu betrachten. Die Zeitspanne für die Rekrutierung der Fälle ist hier gewöhnlich relativ kurz und die Kooperationsbereitschaft der Personen groß. Die Schwierigkeit liegt dann in der Definition einer Kontrollgruppe, denn die Fälle eines einzelnen Krankenhauses stellen in der Regel keine zufällige Stichprobe aller Fälle aus der Bevölkerung einer definierten Region dar und die Einweisungsstrukturen in eine Klinik sind zudem typischerweise nicht bekannt. In der Regel wird deshalb von der vereinfachenden Annahme ausgegangen, dass sich eine fiktive Population definieren lässt, die den Einzugsbereich der für die Studie ausgewählten Klinik ausmacht. Sofern dieser Einzugsbereich für die Patienten mit der interessierenden Erkrankung (die Fälle) identisch mit dem der übrigen Patienten ist, sind damit die übrigen Patienten grundsätzlich als Kontrollpersonen geeignet.

Selbst wenn man von der unrealistischen Annahme ausgehen könnte, dass die Einzugspopulation einer einzelnen Klinik repräsentativ für die Allgemeinbevölkerung ist, tritt ein zusätzliches Problem auf. Man muss nämlich davon ausgehen, dass das Patientenkollektiv einer Klinik die Population, die unter Risiko steht, die Zielerkrankung zu bekommen, nur verzerrt widerspiegeln kann.

Beispiel: Bei der Untersuchung des Risikofaktors "Rauchen" auf die Entstehung von Lungenkrebs können Patienten einer Klinik, die an Bronchialkrebs leiden, die Fallgruppe bilden. Um die Vorteile der Krankenhauserhebung (z.B. leichter Informationszugang, gute Kooperationsbereitschaft der Patienten) auch für die Kontrollgruppe zu nutzen, könnten die Kontrollen aus anderen Stationen, wie z.B. der "Unfallchirugie", rekrutiert werden.

Da Rauchen aber nicht nur Lungenkrebs, sondern auch andere Erkrankungen wie Arteriosklerose oder Koronarerkrankungen fördert, kann die Wahl der "falschen" Krankenhausstation zu einer systematischen Verzerrung der Ergebnisse führen. Dies ist im Beispiel dann gegeben, falls Kontrollen aus einer anderen Station kommen, in der Raucher überrepräsentiert sind, weil diese infolge ihres Rauchverhaltens dort behandelt werden müssen (z.B. aus der inneren Abteilung, in der u.a.. Herz-Kreislauf-Erkrankungen und andere durch Rauchen bedingte Krebserkrankungen häufig sind).

Das nahe liegende Prinzip, dass man Krankenhausfällen auch **Krankenhauskontrollen** gegenüberstellt, ist deshalb anfällig für Verzerrungen. Hat eine Erkrankung den gleichen Risikofaktor wie die Zielerkrankung, wird unter diesen Patienten die Prävalenz des Risikofaktors größer sein als bei den übrigen Personen, die unter Risiko stehen, die Zielerkrankung zu erleiden. Ein Vergleich dieser Patienten mit den Fällen führt dann zu einer *Unterschätzung* des mit diesem Risikofaktor verbundenen *Erkrankungsrisikos*.

Als Kontrollpatienten kommen also nur Personen in Betracht, die nicht wegen einer Erkrankung stationär behandelt wurden, für die die gleichen Risikofaktoren ursächlich verantwortlich sind wie für die Zielerkrankung. Hier besteht natürlich das Problem, dass die entsprechenden Ausschlusskriterien nur für bereits bekannte Zusammenhänge zwischen Risikofaktoren bzw. der interessierenden Exposition und Erkrankungen definierbar sind. Um dieses Problem zu minimieren, wird bei krankenhausbasierten Fall-Kontroll-Studien häufig eine Mischung verschiedener – nicht mit bekannten Risikofaktoren der Zielerkrankung assoziierten – Erkrankungen in der Kontrollgruppe angestrebt. Selbst wenn, wie oben geschildert, die Kontrollgruppe von einer Krankenhausstation rekrutiert wird, auf der keine Patienten mit expositionsassoziierten Erkrankungen liegen, so kann dennoch die Vergleichbarkeit gestört sein. So ist es z.B. denkbar, dass das Einzugsgebiet der Klinik für Fälle und Kontrollen unterschiedlich ist.

Da Schlussfolgerungen auf einem Vergleich der Verteilung der interessierenden Exposition in Fall- und Kontrollgruppe beruhen, ist es aber denkbar, **mehrere Kontrollgruppen** zu bilden, um die Konsistenz der zu beobachtenden Assoziation beurteilen zu können.

Die Vorstellung, dass Fälle und Kontrollen in Bezug auf sämtliche Faktoren, ausgenommen die Exposition, absolut identisch sein müssen, stellt eine Übertragung "prospektiver" Denkweisen auf die Situation der Fall-Kontroll-Studie dar und ist in der Praxis nur selten gültig. Entscheidend ist, dass Fälle und Kontrollen für die Faktoren vergleichbar sind, die mit der Krankheit und der Exposition assoziiert sind. Für Faktoren, die nur mit der Exposition, nicht aber mit der Krankheit assoziiert sind, ist dies nicht zwingend erforderlich.

Das oben beschriebene allgemeine Prinzip, demzufolge die Restriktion auf inzidente Fälle möglichen Selektionseffekten vorbeugt, gilt natürlich auch für krankenhausbasierte Fall-Kontroll-Studien. Bei diesem Studientyp ist eine analoge Überlegung allerdings auch für Kontrollpatienten anzustellen: Würde man alle Patienten als Kontrollen zulassen, die an einem Stichtag in der Klinik angetroffen werden (und die nach sorgfältiger Restriktion der als auswählbar klassifizierten Erkrankungen überhaupt als Kontrollen für die Zielerkrankung in Frage kommen), so wären in der entsprechenden Stichprobe zwangsläufig die Patienten überrepräsentiert, deren Zustand einen längeren Krankenhausaufenthalt zur Folge hatte. In diesem Fall wäre also ein Selektionseffekt zu befürchten, der nur vermieden werden kann, wenn die Auswahlwahrscheinlichkeit eines Kontrollpatienten unabhängig von seiner Aufenthaltsdauer in der Klinik ist. In der Praxis wäre dies z.B. dadurch erreichbar, dass man zu jedem inzidenten Fall den ersten Patienten als Kontrolle zieht, der mit einer der Auswahldiagnosen stationär aufgenommen wird.

Auswertungsprinzipien

Im Gegensatz zu einer Querschnittsstudie, in der prävalente Fälle an einem Zeitpunkt beobachtet werden, werden bei einer Fall-Kontroll-Studie von einem festen Zeitpunkt retrospektiv Beobachtungen durchgeführt. Will man im Sinne einer Vierfeldertafel Kranke und Gesunde in Exponierte und Nichtexponierte klassifizieren, so ist zunächst genauer zu definieren, in welchem zeitlichen Bezug die Aufteilung in den Krankheitsstatus erfolgt.

Aufgrund der eingangs diskutierten Überlegungen zur Vermeidung von Selektionseffekten ist es sinnvoll, bei Fall-Kontroll-Studien ein Inzidenzkonzept zugrunde zu legen. Dabei werden nur diejenigen Fälle in die Studie eingeschlossen, die innerhalb eines genau definierten Zeitraums – dem Rekrutierungszeitraum – neu erkrankt sind. Als Kontrollen kommen nur die Individuen in Betracht, die innerhalb dieses Zeitraums der Zielpopulation angehörten und dabei unter Risiko standen, die Zielerkrankung zu bekommen. Formal lässt sich dies wie folgt beschreiben: Es sei für die Zielpopulation vorausgesetzt, dass

– jedes Individuum über ein Rekrutierungsintervall $\Delta = (t_0, t_\delta)$ vollständig beobachtbar ist und zum Zeitpunkt t_δ entweder als Fall ($Kr = 1$) oder als Kontrolle ($Kr = 0$) erkennbar ist und

– jedes Individuum eindeutig als exponiert ($Ex = 1$) oder nicht exponiert ($Ex = 0$) klassifizierbar ist.

Sind am Ende der Periode Δ insgesamt n_1. Fälle und n_0. Kontrollen rekrutiert, so kann nach Feststellung des Expositionsstatus die Vierfeldertafel aus Tab. 3.4 beobachtet werden.

Tab. 3.4: Beobachtete Anzahl von Fällen, Kontrollen, Exponierten und Nichtexponierten in einer Fall-Kontroll-Studie

Status	exponiert ($Ex = 1$)	nicht exponiert ($Ex = 0$)	Summe
Fälle ($Kr = 1$)	n_{11}	n_{10}	$n_{1.} = n_{11} + n_{10}$
Kontrollen ($Kr = 0$)	n_{01}	n_{00}	$n_{0.} = n_{01} + n_{00}$
Summe	$n_{.1} = n_{11} + n_{01}$	$n_{.0} = n_{10} + n_{00}$	$n = n_{..}$

In Tab. 3.4 bezeichnet n_{ij} allgemein die beobachtete Anzahl von Individuen der Studie im Krankheitsstatus i ($i = 0, 1$) aus der Expositionsgruppe j ($j = 0, 1$) am Ende der Rekrutierungsperiode Δ. Auch die Struktur dieser Tafel ist zu der in Tab. 3.1 ähnlich. Allerdings sind die entsprechenden Wahrscheinlichkeiten hier nicht die Risiken wie aus Tab. 3.1, d.h. z.B. Pr(krank|exponiert), sondern gerade die Wahrscheinlichkeiten für das Vorliegen einer Exposition, wenn das Individuum zudem ein Fall oder eine Kontrolle ist, also z.B. Pr (exponiert|Fall). Charakteristisch ist nämlich für Fall-Kontroll-Studien, dass die Anzahl der Fälle und Kontrollen, also die *Zeilensummen* $n_{1.} = n_{11} + n_{10}$ bzw. $n_{0.} = n_{01} + n_{00}$, *vorgegeben* ist. Durch die Erhebung des Expositionsstatus bei den Fällen und Kontrollen ergibt sich deren Aufteilung auf die Exponierten und die Nichtexponierten. Insgesamt bedeutet dies, dass es mit dieser Tafel *nicht möglich* ist, einen sinnvollen *Schätzer für ein Risiko* anzugeben, so dass insbesondere auch das *relative Risiko* hieraus *nicht geschätzt* werden kann.

Aus diesem Grund wurde ursprünglich in Fall-Kontroll-Studien nur überprüft, ob ein Unterschied zwischen dem Anteil der exponierten Fälle und dem Anteil der exponierten Kontrollen besteht. Dabei wurde keinerlei Versuch unternommen, eine Risikoerhöhung durch die Exposition zu quantifizieren.

Da das Odds Ratio OR aber, wie in Abschnitt 2.3.3 erläutert, auch als Verhältnis der Expositionschancen interpretiert werden kann, ist es möglich, aus einem Fall-Kontroll-Design eine Schätzgröße hierfür zu ermitteln und es gilt

$$\text{Schätzer Odds Ratio} = \text{OR}_{\text{Studie}} = \frac{n_{11}/n_{10}}{n_{01}/n_{00}} = \frac{n_{11} \cdot n_{00}}{n_{10} \cdot n_{01}}.$$

Damit ist auch aus einer Fall-Kontroll-Studie eine vergleichende epidemiologische Maßzahl schätzbar, die für seltene Erkrankungen dem relativen Risiko sehr nahe kommt (siehe Abschnitt 2.3.3).

Beispiel: BSE wurde erstmals 1986 in Großbritannien diagnostiziert, so dass Wilesmith et al. (1988) erste epidemiologische Studien durchführten, um Risikofaktoren zu identifizieren. Dabei fanden sie heraus, dass alle bis dahin erfassten Rinder mit BSE (Fälle) mit kommerziellem Kraftfutter gefüttert worden waren. Zur weiterführenden Betrachtung der Risikofaktoren wurde in der Fall-Kontroll-Studie im Bereich der Kälberfütterung von Wilesmith et al. (1992) insbesondere der Einsatz von Fleisch-Knochen-Mehl in zugekauften Futtermitteln betrachtet. Nach Dahms (1997) konnten in dieser Untersuchung die Daten von 264 Herden gemäß Tab. 3.5 ausgewertet werden.

Tab. 3.5:   BSE-Fälle und Kontrollen (Anzahl Herden) und Fütterung mit Fleisch-Knochen-Mehlen in der Fall-Kontroll-Studie von Wilesmith (1992) (Quelle: Dahms 1997)

Status	Fütterung mit Fleisch-Knochen-Mehl		Summe
	ja	nein	
Fälle (BSE in der Herde)	56	112	168
Kontrollen (kein BSE in der Herde)	7	89	96
Summe	63	201	264

Insgesamt wurden 168 BSE-Herden als Fälle und 96 Kontrollherden untersucht. Hier ist es somit nicht möglich, eine Inzidenz oder Prävalenz von BSE zu ermitteln, denn die Gesamtzahl der Fälle und Kontrollen ist vorgegeben und eine Berechnung eines Anteils Erkrankter in der Studienpopulation macht somit keinen Sinn.

Aus den Informationen aus Tab. 3.5 kann aber das Odds Ratio der Studie ermittelt werden. Man erhält

$$\text{OR}_{\text{Dahms}} = \frac{56 \cdot 89}{7 \cdot 112} = 6{,}36,$$

was auf eine erhebliche Risikoerhöhung durch entsprechende Fütterung hinweist. Diese und andere Indizien führten seinerzeit daher zur Anordnung eines entsprechenden Fütterungsverbots.

Insbesondere für nicht seltene Erkrankungen sind weitere Auswertungskonzepte von Fall-Kontroll-Studien dokumentiert, um dem Mangel zu begegnen, dass ein Risiko nicht schätzbar ist. Da dies über den Rahmen dieser Darstellung hinausgehen würde, sei z.B. auf Breslow & Day (1980), Miettinen (1985) und Rothman et al. (2008) verwiesen.

Vorteile von Fall-Kontroll-Studien

Obwohl eine direkte Quantifizierung von Risiken in Fall-Kontroll-Studien nicht möglich ist, ist dieses Design wegen seiner Vorteile weit verbreitet. Diese Vorteile, insbesondere im Gegensatz zum Prinzip der Kohortenstudie (siehe Abschnitt 3.3.4), stellen sich zusammengefasst wie folgt dar:

Prinzipiell kann dem Fall-Kontroll-Design eine (relativ) *kurze Studiendauer* unterstellt werden. Das Studiendesign ermöglicht die *Untersuchung seltener Krankheiten*, da die Erkrankten gezielt über Spezialkliniken oder Register identifiziert werden können. Gleichzeitig eignet es sich besonders für die Untersuchung von *Krankheiten mit einer langen Induktionszeit*, denn diese muss in Fall-Kontroll-Studien nicht abgewartet werden, und zwar im Gegensatz zu einer Studie, die das neue Auftreten eines Krankheitsereignisses aktiv beobachten muss.

Weiterhin ist das Fall-Kontroll-Design besonders für die (simultane) *Untersuchung mehrerer Risikofaktoren* für die ausgewählte Krankheit geeignet, denn die Exposition wird im Nachhinein festgestellt und so können verschiedene Expositionen bestimmt werden. Dies ist fast immer dann unabdingbar, wenn ein vollständig neues Krankheitsphänomen auftritt (siehe z.B. die Ausführungen zu BSE) oder wenn die Ursachen für ein konkretes Ausbruchsgeschehen zu untersuchen sind (z.B. bei Ausbrüchen von Infektionserkrankungen mit unbekannter Ursache).

Den genannten Vorteilen steht allerdings auch eine Reihe von Nachteilen gegenüber.

Nachteile von Fall-Kontroll-Studien

Neben den mangelnden Quantifizierungsmöglichkeiten von Inzidenzen haben Fall-Kontroll-Studien den Nachteil, dass es zwar theoretisch möglich ist zu bestimmen, ob der Einflussfaktor der Krankheit vorausgeht, jedoch ist die zuverlässige Ermittlung zeitlich zurückliegender Expositionen fehleranfällig, da sie in der Regel auf Selbstangaben der Studienteilnehmer basiert. Die zweite Hauptschwierigkeit besteht in der adäquaten Auswahl einer geeigneten Vergleichsgruppe, den Kontrollen, und darin, die Datenerhebung bei Fällen und Kontrollen gleichermaßen zu standardisieren. Diesen Schwierigkeiten kann nur durch ein hohes Maß an sorgfältiger Planung, Durchführung und Auswertung einer Fall-Kontroll-Studie begegnet werden.

Ein zentrales Problem bei Fall-Kontroll-Studien ist die *retrospektive Expositionsbestimmung*. Die Exposition durch den Risikofaktor kann dem Krankheitsausbruch um viele Jahre vorausgegangen sein. In solchen Fällen muss die Exposition mittels Gedächtnis, Aussagen Dritter oder Aufzeichnungen rekonstruiert werden. Die Verlässlichkeit solcher Eigenangaben muss stets äußerst kritisch betrachtet werden, insbesondere dann, wenn den Studienteilnehmern die Assoziation von Risikofaktor und Krankheit bekannt ist. Kumulative Expositionsmessungen (lebenslange Expositionsbelastung) sind für manche Variablen schwierig und nur ungenau nachvollziehbar. Man denke hierbei z.B. an Passivrauchexpositionen oder Belastungen mit Noxen am Arbeitsplatz, die in der Regel nur sehr schwer berichtet werden können.

Wie eingangs erläutert, ist zentrale Voraussetzung der ätiologischen Interpretation einer Fall-Kontroll-Studie die Vergleichbarkeit von Fall- und Kontrollgruppe. Selbst wenn es gelungen ist, vollständig vergleichbare Fall- und Kontrollgruppen aus derselben Zielbevölkerung zu rekrutieren, kann ein *Beobachtungsunterschied* den Vergleich wieder zunichte machen. Ein solcher Unterschied kann auf zwei Weisen entstehen. Zum einen kann sich die Erwartungshaltung des Untersuchers, dass z.B. eine betrachtete Exposition für die Zielerkrankung ursächlich ist, unbewusst darauf auswirken, wie er Fragen formuliert oder nonverbal unterstützt. Wenn dadurch dann z.B. Fälle im Vergleich zu Kontrollen suggestiv befragt werden, so ist zu befürchten, dass sich das Antwortverhalten beider Gruppen allein aufgrund der unterschiedlichen Befragung unterscheiden wird. Ein extremes Szenario, das fast zwingend einen Untersucherbias nach sich zieht, wäre eine Studie, in der die Fälle von anderen Personen (z.B. ihren behandelnden Ärzten) befragt werden als die Kontrollen (z.B. von geschulten Interviewern). Zum anderen muss aber auch befürchtet werden, dass die Erkrankung selbst einen Einfluss auf das Antwortverhalten der Studienteilnehmer hat.

Beispiel: Es wird oft unterstellt, dass Fälle, vor allem, wenn sie an einer schweren Erkrankung wie Krebs leiden, nach Erklärungen für ihre Krankheit suchen und infolgedessen bestimmte Expositionen häufiger erinnern als Kontrollpersonen. Aber auch ein umgekehrter Effekt ist denkbar, bei dem z.B. gerade Krebspatienten, die ihre Erkrankung verdrängen, weniger detaillierte Angaben zu ihren Expositionen machen als Kontrollpersonen.

In Experimenten können solche Einflüsse durch Doppel-Blind-Versuche vermieden werden. Blindbefragungen sind in der Epidemiologie aber nur selten möglich. Somit kann nur durch ein hohes Maß an Standardisierung, etwa durch standardisierte Befragungen, zentrale Schulung der Mitarbeiter etc., eine Beobachtungsgleichheit erreicht werden. Übrigens liegt hier ein weiterer Vorteil krankenhausbasierter Studien, da sowohl das Setting (Krankenhaus) als auch die Tatsache, dass beide Studiengruppen aus Patienten bestehen, die Vergleichbarkeit der Beobachtungssituation erhöhen.

Bei der Auswahl von Fällen und Kontrollen und der Schätzung der Exposition ist die retrospektive Studie somit sehr anfällig für eine Reihe unterschiedlichster Verzerrungsmechanismen, die wir im Detail in Abschnitt 4.6 behandeln werden.

3.3.4   Kohortenstudien

Der Studientyp der **Kohortenstudie**, auch **Longitudinal-**, **Follow-up-** oder einfach **prospektive Studie**, wird im Wesentlichen dadurch charakterisiert, dass man eine (Studien-) Population über eine vorgegebene **Beobachtungs-** oder **Follow-up-Periode** Δ von einem Zeitpunkt t_0 bis zu einem Zeitpunkt t_δ hinsichtlich des Eintretens interessierender Ereignisse, wie Erkrankungen oder Todesfälle, beobachtet.

Grundsätzlich gilt somit für Kohortenstudien, dass ihre Mitglieder zu Beginn des Beobachtungszeitraums unter Risiko stehen müssen, die Zielerkrankung(en) zu bekommen. Individuen, die bereits daran erkrankt sind, sind von der Kohorte auszuschließen. Kohortenstudien beginnen mit der Exposition und beobachten dann das Auftreten von (unterschiedlichen) Erkrankungen bzw. Sterbefällen.

Im einfachen Fall ist für jedes Individuum der Studienpopulation der Expositionsstatus zu Beginn der Follow-up-Periode Δ bekannt und Individuen können im zeitlichen Verlauf den Expositionsstatus nicht ändern. Bei einer dichotomen Exposition unterteilt man die Studienpopulation dann in eine exponierte Risikogruppe und eine nicht exponierte Vergleichsgruppe.

Am Ende der Beobachtungsperiode vergleicht man beide Gruppen hinsichtlich des Auftretens der Krankheit im Beobachtungszeitraum Δ. Zeigt die Risikogruppe eine höhere Inzidenz (gemessen als Inzidenzrate oder Risiko) als die Vergleichsgruppe, so wird der Unterschied auf das Wirken des Risikofaktors zurückgeführt, sofern beide Gruppen vergleichbar sind. Somit hat eine Kohortenstudie Ähnlichkeit mit einer experimentellen Studie mit dem Unterschied, dass die zu vergleichenden Gruppen nicht randomisiert sind. Durch den prospektiven Charakter von Kohortenstudien ist sichergestellt, dass die Exposition der Erkrankung vorausgeht und dass die Expositionsänderung unabhängig von der Erkrankung erfolgt (siehe Abb. 3.11). Aus diesem Grund wird diesem Studientyp ein hoher Evidenzgrad in Bezug auf die Bewertung kausaler Zusammenhänge beigemessen.

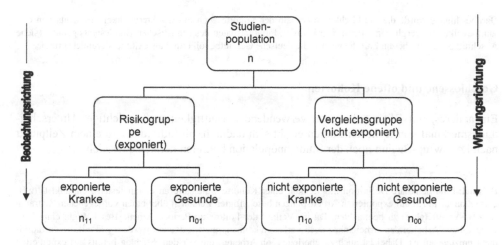

Abb. 3.11: Struktur einer Kohortenstudie und Aufteilung der Studienteilnehmer

Beispiel: Ein Beispiel für ein solches Studiendesign ist die Bitumen-Kohortenstudie (BICOS) bei männlichen Asphaltarbeitern (siehe Abschnitt 1.2). Zur Frage, ob die Sterblichkeit an Lungenkrebs und anderen Erkrankungen bei Arbeitern, die gegenüber Bitumendämpfen bei Asphaltarbeiten exponiert waren, erhöht ist, wurde (in verschiedenen europäischen Ländern) eine Kohortenstudie vom Anfangszeitpunkt 1975 bis zum Endzeitpunkt 2005 durchgeführt. Die Mitglieder der Kohorte wurden in über 100 Straßenbau- und Asphaltmischbetrieben in Deutschland rekrutiert. Dabei wurden alle ehemaligen und bis zum Studienbeginn aktiven Betriebsmitarbeiter unter Berücksichtigung bestimmter Einschlusskriterien erfasst und anhand betrieblicher Unterlagen in Bitumenexponierte und Nichtbitumenexponierte aufgeteilt. Die deutsche Kohorte umfasste mehr als 10.000 Männer.

Innerhalb dieses allgemeinen Studiendesigns werden nun verschiedene Typen von Kohortenstudien unterschieden.

Kohortenstudien mit internen und externen Vergleichsgruppen

Zur genaueren Beschreibung der Kohortenstudie lässt sich diese zunächst unterteilen in eine Follow-up-Studie mit einer internen Vergleichsgruppe bzw. in eine Studie mit einer externen Vergleichsgruppe.

Bei einer **Follow-up-Studie mit einer internen Vergleichsgruppe** wird die gesamte Studienpopulation in unterschiedlich stark exponierte Teilkollektive zerlegt. Bei einer **Follow-up-Studie mit einer externen Vergleichsgruppe** stellt die Studienpopulation dagegen eine exponierte Gruppe dar, die mit der Krankheitshäufigkeit einer externen Population verglichen wird.

Beispiel: Bei der Bitumen-Kohortenstudie (BICOS) wurden die Mitarbeiter von 100 Straßenbau- und Asphaltmischbetrieben als Kohorte definiert. Da jeder einzelne Mitarbeiter einen anderen Arbeitsplatz hat bzw. andere Arbeitstätigkeiten durchführt, können diese in Arbeiter mit (erheblicher) Bitumenexposition und ohne Bitumenexposition unterschieden werden. Damit ist BICOS ein klassisches Beispiel für eine Follow-up-Studie mit interner Vergleichsgruppe.

Darüber hinaus wurde die Sterblichkeit innerhalb der Kohorte auch mit der Sterblichkeit der deutschen Gesamtbevölkerung verglichen. Hierzu wurden die Mortalitätsdaten des Statistischen Bundesamts genutzt (siehe Abschnitt 3.2.3). In diesem Fall diente also die deutsche Gesamtbevölkerung als externe Vergleichsgruppe.

Geschlossene und offene Kohorten

Ein anderes, mit Blick auf die zu verwendenden Häufigkeitsmaße wichtiges Unterscheidungsmerkmal von Kohortenstudien ergibt sich dadurch, ob Individuen zu einem Zeitpunkt nach Follow-up-Beginn noch der Studienpopulation beitreten können oder nicht.

Beispiel: Eine denkbare Definitionsmöglichkeit einer Kohorte wäre, alle an einem festen Zeitpunkt t_0 (z.B. t_0 = 1. Januar 1975) auf exponierten Arbeitsplätzen beschäftigten Personen über einen vorgegebenen Zeitraum Δ (z.B. Δ = 30 Jahre) zu beobachten. Da im Verlauf der Follow-up-Periode Δ neue Beschäftigte eingestellt werden bzw. Arbeiter den Arbeitsplatz auch verlassen können, muss festgelegt werden, wie mit diesen Individuen umzugehen ist. Dabei ist auch zu überlegen, ob Arbeiter, die vor dem Stichtag bereits auf exponierten Arbeitsplätzen tätig waren, sogar ausgeschlossen werden sollten.

Dies führt zu der Unterscheidungsmöglichkeit für Follow-up-Studien in Studien mit **geschlossenen (festen)** und mit **offenen (dynamischen) Kohorten**. Im ersten Fall wird eine zu Beginn der Beobachtungsperiode definierte Gruppe von Individuen als feste Kohorte bestimmt und über die Follow-up-Periode beobachtet. Hier werden nach Beobachtungsbeginn keine weiteren Mitglieder in die Kohorte aufgenommen. Bei offenen Kohorten ist dagegen der Eintritt in die Kohorte auch nach Beginn der Beobachtungsperiode möglich.

Bei Kohorten von beruflich exponierten Personen besteht das Problem, dass für Personen, die bereits vor dem Beobachtungsbeginn unter Exposition standen, die Expositionsdauer unbekannt ist. Sofern die Exposition die Mortalität oder die Dauer der Betriebszugehörigkeit beeinflusst, ist sogar zu befürchten, dass die Arbeiter, die zum Stichtag noch an der entsprechenden Stelle beschäftigt sind, eine selektierte Gruppe darstellen. Dieses Problem umgeht man bei so genannten **Inzeptionskohorten**. Dabei werden Personen erst ab Beginn ihrer Exposition in die Kohorte eingeschlossen. In dem Beispiel der beruflichen Exposition bedeutet dies, dass nur Arbeiter eingeschlossen werden, die die interessierende Arbeit nach dem Stichtag (Beginn der Beobachtungsperiode) begonnen haben. Dieser Stichtag kann so festgelegt werden, dass eine Mindestdauer einer Betriebszugehörigkeit oder Exposition erforderlich ist, um überhaupt in die Kohorte aufgenommen zu werden. Bei der Berechnung

der Zeit unter Risiko muss man dann beachten, dass Zeiten, die ein Individuum leben musste, um überhaupt in die Kohorte eingeschlossen zu werden, nicht in die Berechnung der Zeit
unter Risiko eingehen dürfen. Diese nicht zu berücksichtigende Zeit nennt man **"immortal
Person-Time"**.

Beispiel: Falls eine Kohortenstudie durchgeführt werden soll, um den Einfluss von Expositionen am Arbeitsplatz in einer bestimmten Fabrik auf die Entstehung von Lungenkrebs zu untersuchen, so könnte man eine
Kohorte von Arbeitern bilden, die mindestens fünf Jahre in dieser Fabrik beschäftigt waren. Ereignisse, die in
den ersten fünf Jahren der Beschäftigungszeit aufgetreten sind, dürfen dann nicht gezählt werden, da diese
Jahre allein zur Definition der Kohorte dienen und somit ein Kohortenmitglied mindestens diese fünf Jahre
gelebt haben muss. Dementsprechend sind diese fünf Jahre auch bei der Berechnung der Zeit unter Risiko
auszuschließen.

Diese unterschiedlichen Aspekte bei der Ermittlung der Risikozeiten in dynamischen Kohorten werden ausführlich in Breslow & Day (1987) behandelt.

Prospektive und historisch-prospektive Kohortenstudien

Für das Studiendesign der Follow-up-Studie wurde u.a. auch die Bezeichnung *prospektive
Studie* benutzt. Dabei ist es ist sogar möglich, prospektive Studien vollständig in der Vergangenheit durchzuführen, d.h., zum Zeitpunkt der Studiendurchführung liegt der Zeitraum,
auf den sich die Follow-up-Periode bezieht, bereits in der Vergangenheit.

Um dieser Tatsache gerecht zu werden, wird gewöhnlich unterschieden zwischen den eigentlichen **prospektiven Follow-up-Studien** (engl. **concurrent Follow-Up-Study**), bei
denen die Datenerhebung in der Gegenwart beginnt und den **historischen Follow-up-
Studien** (auch **Kohortenstudie mit zurückverlegtem Ausgangspunkt**).

Historische Kohortenstudien können dann durchgeführt werden, wenn Daten aus der Vergangenheit vorhanden sind, die es gestatten, ab einem bestimmten Zeitpunkt eine Kohorte zu
rekonstruieren, in der einige Personen die Exposition aufweisen und einige nicht. Beispiele
für diesen Studientyp findet man vor allem im Bereich der Arbeitswelt (z.B. auch bei
BICOS), in der man zur Ermittlung von Kohortenmitgliedern und ihren Expositionen oft auf
betriebliche Unterlagen zurückgreifen kann.

Vielzweckkohorten

Im klassischen Fall einer Kohortenstudie werden die gesundheitlichen Folgen einer einzelnen Exposition untersucht. Als Beispiel hierfür kann die Asphaltarbeiterkohorte (BICOS)
gelten, aber auch Kohortenstudien, in denen Umweltexpositionen wie z.B. durch die indus-
trielle Dioxinfreisetzung in Seveso oder Erkrankungsrisiken der Wohnbevölkerung in der
Nähe von Atomkraftwerken untersucht wurden. Oftmals wird für diese Kohorten, die nur
einem einzelnen spezifischen Zweck dienen, das Design einer historisch-prospektiven Kohorte gewählt, um in vertretbar kurzer Zeit eine belastbare Aussage zu möglichen Krankheitsrisiken treffen zu können.

Wird eine Kohortenstudie jedoch prospektiv geplant und durchgeführt, so wird sie oft breit angelegt, um den relativ großen Studienaufwand in ein günstiges Verhältnis zum wissenschaftlichen Nutzen zu bringen. Solche Kohorten nennt man **Vielzweckkohorten** (engl. **multi-purpose Cohorts**), weil nicht einzelne, sondern verschiedene Einflussfaktoren parallel untersucht werden. Beispiele hierfür sind die berühmte Framingham-Studie (FHS 2011), die Nurses-Health Studie (NHS 2011) und die EPIC-Studie (siehe Abschnitt 1.2).

Typischerweise beginnt eine Studie mit einer umfangreichen Basis-Untersuchung aller Kohortenmitglieder, der dann in Abständen weitere Untersuchungen folgen. Dabei können biologische Proben (Blut, Urin, Speichel) zur Bestimmung von Expositions- und Krankheitsmarkern mit medizinischen Untersuchungen und der Befragung zu Lebensstilfaktoren kombiniert werden. Durch die systematische Einbeziehung von bekannten Risikofaktoren für die häufig auftretenden Erkrankungen, die im Rahmen der jeweiligen Studie untersucht werden können, bietet dieses Design den großen Vorteil, dass eine effektive Kontrolle von Störgrößen (Confoundern) möglich ist.

Eingebettete Fall-Kontroll-Studien

Beobachtet man im Verlaufe des Follow-Up innerhalb einer Kohortenstudie Erkrankungsfälle, so können diese wiederum zur Grundlage einer eigenständigen Studie werden. Man spricht von einer **eingebetteten Fall-Kontroll-Studie**, wenn diese auf einer realen Kohorte aufbaut, deren einzelne Mitglieder zuvor in die Kohorte eingeschlossen und über eine definierte Zeitperiode beobachtet wurden. Alle Individuen aus dieser Kohorte, die während des Beobachtungszeitraums die Zielerkrankung bekommen haben, sind der Fallgruppe zuzuordnen und alle übrigen Personen kommen als Kontrollen in Betracht, solange sie unter Risiko gestanden haben.

Diese Vorgehensweise kann zu einer tiefer gehenden Betrachtung der ätiologischen Zusammenhänge führen.

Beispiel: Der Vergleich der Sterblichkeit unter Asphaltarbeitern mit der Sterblichkeit der Allgemeinbevölkerung ergab eine ungefähr doppelt so hohe Lungenkrebsmortalität der gegenüber Bitumen exponierten Arbeitern als erwartet (vgl. Behrens et al. 2009). Da die Berechnung dieses Unterschiedes auf der indirekten Standardisierung beruhte, scheiden mögliche Altersunterschiede als Erklärung aus. Auch Periodeneffekte können diesen Unterschied nicht erklären, da bei der Berechnung des SMR die über die Jahrzehnte der Beobachtungszeit sich verringernde Mortalität in Deutschland berücksichtigt wurde.

Dennoch bestanden Zweifel daran, ob die beobachtete Risikoerhöhung ursächlich auf Bitumenexpositionen zurückgeführt werden kann. So konnte der interne Vergleich mit nicht gegenüber Bitumen exponierten Arbeitern das erhöhte Risiko nicht bestätigen, was aber z.T. auch daran liegen könnte, dass die Arbeiter der Vergleichskohorte gegenüber potenziellen Karzinogenen der Lunge wie Dieselruß, Quarzstaub oder Steinkohlenteer exponiert waren. Weitere Zweifel wurden durch die Annahme genährt, dass Asphaltarbeiter häufiger rauchen als die Allgemeinbevölkerung. Ein erhöhtes Lungenkrebsrisiko in dieser Berufsgruppe könnte also durch diesen Confounder bedingt sein. Als weitere Komplikation war in Betracht zu ziehen, dass ein großer Teil der Arbeiter bereits vor Eintritt in die Kohorte berufstätig und dort möglicherweise karzinogenen Arbeitsstoffen ausgesetzt war. Diese Expositionen waren im Rahmen der Bitumen-Kohortenstudie nicht beobachtbar, da sie vor der festgelegten Beobachtungszeit der Kohorte lagen. Das besondere Problem dabei war, dass in früheren Jahren sehr häufig Steinkohlenteer in den Asphaltmischungen eingesetzt wurde. Dieser war aber in der Beobachtungszeit ganz überwiegend durch Bitumen als Bindemittel ersetzt worden. Steinkohlenteer ist ein bekanntes starkes Karzinogen der Lunge. Es war daher zu befürchten, dass gerade die Arbeiter, die während der Beobachtungszeit gegenüber Bitumen exponiert waren, an früheren Arbeitsplätzen gegenüber Steinkohlenteer exponiert waren und damit ein massives Confounding durch diese früheren Expositionen bedingt sein könnte.

Damit war klar, dass die bestehenden Zweifel nur durch eine detaillierte Erhebung zusätzlicher Informationen ausgeräumt werden konnten. Die benötigten Daten nachträglich bei allen 10.000 Kohortenmitgliedern zu ermitteln wäre nicht nur logistisch kaum zu bewältigen, es ist auch nicht notwendig. Stattdessen wurde eine eingebettete Fall-Kontroll-Studie mit allen aufgetretenen Lungenkrebsfällen und einer Zufallsauswahl der übrigen Kohortenmitglieder als Kontrollen durchgeführt (vgl. Olsson et al. 2010).

Im Rahmen einer telefonischen Befragung wurden diese Fälle und Kontrollen zu ihrem früheren Rauchverhalten und zu ihrer gesamten beruflichen Vorgeschichte interviewt. Bei inzwischen verstorbenen Personen erfolgte diese Befragung bei einem näheren Angehörigen, bevorzugt der Ehefrau. Auf diese Weise wurde die fehlende Confounderinformation zusammengetragen und gemeinsam mit den zuvor gesammelten betrieblichen Expositionsdaten analysiert, wobei die Informationen zu Intensität und Aufnahmeweg der Bitumenexposition zusätzlich noch genauer quantifiziert wurden. Diese Analyse ergab dann keinen überzeugenden Hinweis mehr auf ein durch Bitumen bedingtes Lungenkrebsrisiko. Allerdings blieb ein Verdacht, dass dermale Bitumenexposition mit einem Risiko behaftet sein könnte.

Dieses Beispiel zeigt, dass eine eingebettete Fall-Kontroll-Studie ein ökonomisches Instrument ist, zusätzlich benötigte Informationen zu gewinnen, die für die Bewertung eines beobachteten Zusammenhanges benötigt werden und die nicht mit vertretbarem Aufwand in der gesamten Kohorte zu ermitteln sind.

Dabei ist die direkte Durchführung einer Fall-Kontroll-Studie in der Regel nicht möglich, denn meist ist die untersuchte Exposition zu selten, als dass man sie im Rahmen einer populationsbasierten Studie mit ausreichender Häufigkeit beobachten könnte. Die Untersuchung seltener Expositionen und ihre Erfassung vor Eintritt der Erkrankung sind eine besondere Stärke von Kohortenstudien. Die Untersuchung mehrerer Expositionen (einschließlich Confounderinformationen) ist dagegen die Stärke von Fall-Kontroll-Studien. In der Kombination aus Kohorten- und Fall-Kontroll-Studie kommen die Stärken beider Designs zusammen. Hinzu kommt die Tatsache, dass die sonst schwierige Auswahl geeigneter Kontrollen im Rahmen einer eingebetteten Studie fast problemlos möglich ist, da die Population unter Risiko genau bekannt ist.

Es ist ein besonderer *Vorteil eingebetteter Fall-Kontroll-Studien*, dass sie prospektiv sind, d.h. vor Eintritt der Erkrankung, erhobene Expositionsdaten nutzen können. Ein häufig genutzter Anwendungsbereich hierfür sind die z.B. in Vielzweckkohorten gewonnenen und dann eingelagerten biologischen Proben. Die Analyse spezifischer biologischer Marker in diesen Proben kann sehr teuer und aufwändig sein. Ein ökonomischer Umgang mit diesen Proben ist durch eingebettete Studien möglich, bei denen die Laboranalyse auf eine kleine Gruppe interessierender Fälle und eine Zufallsauswahl an Kontrollpersonen beschränkt wird.

Dies erfolgt z.B. im Rahmen von Kohortenstudien wie EPIC oder IDEFICS (siehe Kapitel 1.2), bei der das vor Erkrankungseintritt gesammelte Material über viele Jahre tiefgefroren wird und später nach Eintritt der Erkrankung aufgetaut und analysiert wird. Würde das biologische Material erst im Rahmen der Fall-Kontroll-Studie gesammelt, ließe sich die zeitliche Abfolge zwischen Exposition und Erkrankung nicht mehr eindeutig herstellen und es bliebe die Frage, inwiefern die untersuchten Parameter durch die Erkrankung beeinflusst sein könnten.

Auswertungsprinzipien

Bei Kohortenstudien hängen die Maße zur Beschreibung der Erkrankungshäufigkeit in der Studienpopulation von der Art des Follow-up-Designs ab. Im Folgenden soll zunächst davon ausgegangen werden, dass eine feste Kohorte (= Studienpopulation) vorliegt, in der

–   jedes Individuum über das Zeitintervall $\Delta = (t_0, t_\delta)$ vollständig beobachtet wird und zum Zeitpunkt t_δ entweder erkrankt ($Kr = 1$) oder aber krankheitsfrei ($Kr = 0$) ist und

–   jedes Individuum zum Zeitpunkt t_0 eindeutig als exponiert ($Ex = 1$) oder nicht exponiert ($Ex = 0$) klassifizierbar ist.

Sind zu Beginn der Beobachtungsperiode t_0 insgesamt $n_{.1}$ Personen in der Expositionsgruppe und $n_{.0}$ Personen in der Vergleichsgruppe, so kann am Ende des Follow-up die Vierfeldertafel Tab. 3.6 erstellt werden.

Tab. 3.6:   Beobachtete Anzahlen von Exponierten, Nichtexponierten, Gesunden und Kranken in einer Kohortenstudie

Status	Risikogruppe ($Ex = 1$)	Vergleichsgruppe ($Ex = 0$)	Summe
krank ($Kr = 1$)	n_{11}	n_{10}	$n_{1.} = n_{11} + n_{10}$
gesund ($Kr = 0$)	n_{01}	n_{00}	$n_{0.} = n_{01} + n_{00}$
Summe	$n_{.1} = n_{11} + n_{01}$	$n_{.0} = n_{10} + n_{00}$	$n = n_{..}$

In Tab. 3.6 bezeichnet n_{ij} die beobachtete Anzahl von Individuen im Krankheitsstatus i (i = 0, 1) aus der Expositionsgruppe j (j = 0, 1) am Ende der Periode Δ. Die Tafel stimmt in ihrer Struktur mit Tab. 3.1 überein. Charakteristisch ist, dass aufgrund des Kohortendesigns die *Spaltensummen* $n_{.1} = n_{11} + n_{01}$ bzw. $n_{.0} = n_{10} + n_{00}$ als Gruppen *vorgegeben* sind und sich im Verlaufe der Studie eine Aufteilung dieser Individuen auf die Erkrankten und Gesunden ergibt.

Gemäß der Definition der kumulativen Inzidenz, die die Anzahl der Neuerkrankungen in der Periode Δ auf die Gesamtzahl der unter Risiko stehenden Individuen bezieht (siehe Abschnitt 2.1.1), können die **Erkrankungsrisiken** aus Tab. 3.1 damit sinnvollerweise mit nachfolgenden Größen aus der Kohortenstudie **geschätzt** werden.

$$\text{Schätzer kumulative Inzidenz (bei Exposition j)} = CI(j)_{\text{Studie}} = \frac{n_{1j}}{n_{\cdot j}}, \ j = 0, 1.$$

Damit ergibt sich als **Schätzwert** für das **relative Risiko** RR aus der Kohortenstudie die Größe

$$\text{Schätzer relatives Risiko} = RR_{\text{Studie}} = \frac{CI(1)_{\text{Studie}}}{CI(0)_{\text{Studie}}} = \frac{n_{11}/(n_{11}+n_{01})}{n_{10}/(n_{10}+n_{00})},$$

bzw. als **Schätzer** für das **Odds Ratio** OR

$$\text{Schätzer Odds Ratio} = OR_{\text{Studie}} = \frac{n_{11}/n_{01}}{n_{10}/n_{00}} = \frac{n_{11} \cdot n_{00}}{n_{10} \cdot n_{01}}.$$

Analog zu diesen Effektmaßen sind auch die Risikodifferenz und die verschiedenen attributablen Risikomaße (siehe Abschnitt 2.4) schätzbar, denn die geschlossene Kohortenstudie zeichnet sich gerade dadurch aus, dass das Risiko im Sinne der kumulativen Inzidenz beschrieben wird.

Hat man allerdings eine offene Kohorte definiert, so sind die Häufigkeiten von Erkrankten und Gesunden nicht wie in Tab. 3.6 gegeben. Es ist zwar möglich, die Anzahlen von Kranken in der Risikogruppe n_{11} bzw. in der Vergleichsgruppe n_{10} anzugeben, die Anzahl der Kohortenmitglieder ist aber nicht definiert bzw. sollte nach den Ausführungen aus Abschnitt 2.1.2 durch das Konzept der Zeit unter Risiko ersetzt werden. Dann ergibt sich allerdings die Möglichkeit, aus der Studie auch je eine Inzidenzdichte für die zu vergleichenden Gruppen zu ermitteln. Man erhält somit als **Schätzer** für das **relative Risiko** bei **einer offenen Kohorte**

$$\text{Schätzer relatives Risiko} = RR_{\text{offen}} = \frac{ID(1)_{\text{Studie}}}{ID(0)_{\text{Studie}}} = \frac{n_{11}/P\Delta(1)_{\text{Studie}}}{n_{10}/P\Delta(0)_{\text{Studie}}}.$$

Hierbei stellen die Größen $P\Delta(1)_{\text{Studie}}$ und $P\Delta(0)_{\text{Studie}}$ die aus der Studie ermittelten Gesamtrisikozeiten in den beiden Expositionsgruppen dar (siehe Abschnitt 2.1.2).

Dieses Konzept der Schätzung des relativen Risikos bei offenen Kohorten kann dann auch auf die Situation einer Kohortenstudie mit externer Vergleichsgruppe erweitert werden, indem man bei der Berechnung die Inzidenzdichte der Vergleichsgruppe durch die (erwartete) Inzidenzdichte in der externen Vergleichspopulation ID_{erw} ersetzt. Dann erhält man als **Schätzer** für das **relative Risiko** bei **einer offenen Kohorte und externer Vergleichsgruppe**

$$\text{Schätzer relatives Risiko} = RR_{\text{ext}} = \frac{ID_{\text{Studie}}}{ID_{\text{erw}}}.$$

Diese Größe ist identisch mit dem im Zusammenhang mit der Standardisierung bereits eingeführten Standardisierten Mortalitätsratio SMR (siehe Abschnitt 2.2.2.2). Werden statt Sterbefällen Neuerkrankungen betrachtet, wird dieser Quotient als **Standardisiertes Inzidenz Ratio** SIR bezeichnet.

Beispiel: Im Rahmen der Bitumenkohorte wurde neben einer internen Vergleichskohorte die alters- und kalenderzeitspezifische Sterblichkeit der deutschen Wohnbevölkerung zur Berechnung des SMR herangezogen. Dabei wurde die beobachtete Lungenkrebssterblichkeit in verschiedenen, bezüglich ihrer Bitumenexposition definierten Teilkohorten mit der auf Basis der deutschen Sterblichkeitsziffern erwarteten Sterblichkeit verglichen (Tab. 3.7).

Tab. 3.7:   Beobachtete und (in der Allgemeinbevölkerung) erwartete Lungenkrebssterblichkeit in expositionsspezifischen Teilkohorten in der Bitumenkohorte (Quelle: Behrens et al. 2009)

Teilkohorte	Beobachtet (n)	Erwartet (n_{erw})	RR_{erw}
Bitumenexponiert, keine Teerexposition	33	15,87	2,08
Potenziell Teerexponiert	15	8,72	1,72
Exposition unbekannt	14	10,94	1,28
Nicht exponiert	39	21,43	1,82
Gesamtkohorte	101	57,07	1,77

Diese Daten zeigen z.B. mit

$$RR_{erw} = SMR = \frac{n}{n_{erw}} = \frac{33}{15,87} = 2,08$$

eine Verdoppelung des Lungenkrebsrisikos der gegenüber Bitumen exponierten Asphaltarbeiter im Vergleich zur deutschen Wohnbevölkerung. Interessanterweise ist auch das Risiko der Nichtexponierten erhöht, so dass sich auch für die Gesamtkohorte eine erwartete Mortalität ergibt, die um 77% über der erwarteten Lungenkrebssterblichkeit liegt.

Vorteile von Kohortenstudien

Der Hauptvorteil des Kohortendesigns ist, wie obige Ausführungen zu den Auswertungsprinzipien zeigen, die direkte *Schätzbarkeit der Risiken*, in der Beobachtungsperiode zu erkranken. Damit besitzt dieses Studiendesign ein hohes Maß an Evidenz bei der Überprüfung einer ätiologischen Hypothese.

Die Tatsache, dass Kohortenstudien von der Exposition ausgehen, ist ihre besondere Stärke. So ist im Gegensatz zu anderen Studienformen für die gesamte Beobachtungsperiode eine genaue Erfassung der Exposition (zumindest theoretisch) möglich. Die mitunter zeitlich variablen Expositionsbelastungen können prinzipiell genau dokumentiert werden. Damit sind die angestrebte *Schätzung* einer (kontinuierlichen oder zumindest mehrstufig kategoriellen) *Expositions-Wirkungs-Beziehung* und die Untersuchung zeitlicher Muster sehr verlässlich.

Werden die Mitglieder der Kohorte nicht nur einmal zum Zeitpunkt t_δ, sondern zu mehreren Zeitpunkten innerhalb der Periode Δ untersucht, so ist zudem auch der natürliche Verlauf einer Erkrankung in der zeitlichen Entwicklung beobachtbar. Dies ermöglicht einen Einblick in die Pathogenese und ist besonders interessant bei der Untersuchung heterograder Krankheitsbilder.

Dadurch, dass Kohorten von der Exposition ausgehen, ergibt sich der Vorteil, dass für eine Exposition die *Wirkung* auf *verschiedene Erkrankungs- bzw. Todesursachen* untersucht werden kann. Damit ist eine detaillierte, umfassende Beurteilung des Gesundheitsrisikos durch eine interessierende Exposition möglich. Das gilt insbesondere für solche Faktoren, die auf Populationsebene selten sind und auf dem Niveau der Gesamtpopulation nur zu einem geringen Teil eine besonders interessierende Krankheit verursachen.

Nachteile von Kohortenstudien

Als ein Nachteil von Follow-up-Studien kann zunächst festgestellt werden, dass Kohortenstudien sich *weniger für das Studium sehr seltener Krankheiten eignen*. Wegen der geringen Inzidenzen sind entweder sehr große Teilkohorten in den Expositionsgruppen und/oder lange Beobachtungszeiten notwendig, um eine ausreichende Zahl von Krankheitsfällen in der Studie zu beobachten.

Darüber hinaus können Ausfälle von Mitgliedern der Studienpopulation (*Follow-up-Verluste*) dazu führen, dass eine systematische Verzerrung der Studienergebnisse auftritt, falls diese Ausfälle nicht zufällig erfolgen und mit dem Untersuchungsgegenstand assoziiert sind. Die potenziellen Fehlerquellen für diese Art von Bias sind sehr verschieden. Es können hierbei expositions- und krankheitsbedingte Ausfälle unterschieden werden.

Beispiel: Beispiele für solche Follow-up-Verluste findet man insbesondere in berufsepidemiologischen Studien wie etwa BICOS. So ist es vorstellbar, dass insbesondere ausländische Arbeiter an stark exponierten Arbeitsplätzen eingesetzt wurden. Wenn diese Arbeiter am Ende ihres Berufslebens in ihre Heimat zurückkehren, dann sind sie in der Regel dem Follow-up entzogen, so dass eventuell auftretende Folgeerkrankungen unbeobachtet bleiben. Darüber hinaus kann aber auch das Auftreten von ersten Symptomen einer Erkrankung den Arbeiter veranlassen, den Arbeitsplatz zu wechseln. In beiden Fällen ergibt sich eine Selektion des Kollektivs der Kohortenmitglieder, die das Ergebnis der Studie verzerren kann.

Ein wesentlicher Nachteil von prospektiv durchgeführten Kohortenstudien ist dadurch gegeben, dass sie in der Regel extrem *zeit- und kostenintensiv* sind. Dieser Nachteil wirkt besonders gravierend bei der Untersuchung von Krankheiten mit einer langen Induktionszeit, denn mit der damit verbundenen langen Beobachtungsperiode erhöhen sich u.a. Kosten und logistische Schwierigkeiten bei der Betreuung der Studienpopulation.

Ein besonderer Nachteil von historischen Kohortenstudien ist in der Regel der *Mangel an Confounderinformation auf Individualniveau*. Exemplarisch seien hier Industriekohorten wie die Asphaltarbeiterkohorte genannt, für die zwar umfangreiche Expositionsdaten vorliegen, jedoch keine Information über Lebensstilfaktoren wie Rauchen.

Ein anderer Störmechanismus kann die Einführung *neuer Diagnosetechniken* mit exakteren Messmethoden sein. Dies kann zu Problemen bei der Abgrenzung des Krankheitsbildes insbesondere bei heterograden Krankheitsbildern führen, da eine Klassifikation nach den anfänglichen Kriterien nicht mehr möglich ist (Problem der konstanten Messbedingungen).

Auch die interessierenden Einflussgrößen selbst können einem Wandel unterzogen sein. Wird die Studie nur für eine sehr begrenzte Anzahl von Einflussfaktoren zu Beginn der Beobachtungsperiode angelegt, so ist Evidenz bezüglich der unberücksichtigten Einflussfaktoren später kaum noch zu generieren. Bei einer extrem langen Studiendauer kann es sogar passieren, dass die Ausgangshypothese an Relevanz verliert. Ebenso ist es denkbar, dass die Dringlichkeit einer zu überprüfenden Hypothese nicht mit der für die prospektive Follow-up-Studie erforderlichen Zeitspanne zu vereinbaren ist.

3.3.5   Interventionsstudien

Studiendesigns, die zum Ziel haben, Individuen oder ganze Kollektive wie z.B. Gemeinden geplant und kontrolliert einer Behandlung oder allgemeiner einem Faktor auszusetzen, werden unter dem Begriff **Interventionsstudien** zusammengefasst. Die Voraussetzung für jedwede Intervention ist, dass ausreichende Evidenz dafür vorliegt, dass die Interventionsmaßnahme einen gesundheitlichen Nutzen hat, und dass dieser Nutzen einem möglichen Schaden durch die Intervention bei Weitem überwiegt. Es lassen sich im Wesentlichen drei Typen von Interventionsstudien unterscheiden: die *randomisierte kontrollierte Studie*, die *Präventionsstudie auf Individualebene* und die *Präventionsstudie auf kommunaler Ebene*.

Randomisierte kontrollierte Studien

Das Prinzip einer Interventionsstudie lässt sich am besten anhand einer **randomisierten kontrollierten Studie** veranschaulichen. Dieser Studientyp findet insbesondere in der klinischen Forschung z.B. im Bereich der Arzneimittelzulassung oder auch in Tierexperimenten seine Anwendung. In solchen **klinischen Studien** werden anhand eines festgelegten Zufallsprinzips Patienten, nachdem sie der Teilnahme mit der Unterschrift auf ihrer Einverständniserklärung zugestimmt haben, verschiedenen Behandlungen zugewiesen. Dabei kann es sich um z.B. ein neues Präparat im Vergleich zu einem Standardpräparat oder Placebo handeln. In diesem Fall spricht man von einem **zweiarmigen Versuchsaufbau**. Natürlich ist es auch denkbar, mehr als zwei Gruppen zu vergleichen, wofür jedoch andere Verfahren in der Planung und der Auswertung benötigt werden. Wir beschränken uns im Folgenden auf den Zwei-Gruppen-Vergleich.

Beispiel: Um in einer Interventionsstudie ethisch rechtfertigen zu können, Personen bewusst einer Behandlung oder einem bestimmten Faktor auszusetzen, muss zunächst geklärt sein, ob die jeweiligen Behandlungen einen gesundheitlichen Nutzen haben.

In einer klinischen Studie der Arzneimittelzulassung wird die nötige Evidenz wie folgt erbracht: In der so genannten Phase-III-Studie, der eigentlichen Zulassungsstudie, kommen nur Substanzen zum Einsatz, die sich zunächst im Labor und im Tierversuch als potenziell wirksame Substanzen herauskristallisiert haben. In der Phase I der klinischen Entwicklung wird diese Substanz an gesunden Probanden und schließlich in der Phase II an kleinen Fallzahlen von Patienten getestet, um die geeignete Dosis zu ermitteln, bevor sie abschließend in größeren Phase-III-Studien eingesetzt werden.

Die *Randomisierung* ist ein wesentliches Merkmal einer kontrollierten Studie, wobei darauf zu achten ist, dass damit keine willkürliche Auswahl der Patienten gemeint ist – dies ist aus ethischen Gründen nicht möglich –, sondern eine zufällige Zuweisung der Behandlungen an die Patienten. Die Auswahl der Patienten erfolgt dabei nach wohl definierten *Ein- bzw. Ausschlusskriterien*. Durch die Randomisierung soll eine möglichst große Vergleichbarkeit der Gruppen erreicht werden, weil man davon ausgeht, dass hierdurch sonstige Störgrößen kontrolliert werden, da sie in beiden Gruppen gleichermaßen auftreten. Weiterhin wird in klinischen Studien, sofern die Behandlung dies zulässt, noch dadurch für Vergleichbarkeit der Gruppen gesorgt, dass die Studien typischerweise *doppel-blind* durchgeführt werden. Darunter versteht man, dass weder Arzt noch Patient wissen, zu welcher Gruppe der Patient zugeordnet wurde. Damit soll verhindert werden, dass alleine durch die Erwartungshaltung – sei es des Arztes oder des Patienten – Effekte erzielt werden.

Beispiel: Wird in einer klinischen Studie zur Arzneimittelzulassung zum Beispiel ein neues Medikament zur Blutdrucksenkung gegen ein herkömmliches getestet, die beide oral verabreicht werden, lässt sich ein Doppel-Blind-Versuch realisieren.

Soll jedoch eine Studie durchgeführt werden, bei der zwar derselbe Wirkstoff in jedem Studienarm eingesetzt wird, aber dessen subkutane Verabreichung gegen die Standardtherapie getestet werden soll, bei der der Wirkstoff intravenös verabreicht wird, so ist ein Doppel-Blind-Versuch offensichtlich nicht möglich.

Ein weiteres wesentliches Merkmal ist der experimentelle Charakter, d.h., die Patienten werden bewusst und kontrolliert einer Behandlung ausgesetzt. Aufgrund dieser wesentlichen Merkmale wird diesem Design der höchste Evidenzgrad bei der Bewertung kausaler Zusammenhänge zugesprochen. Das bedeutet, dass wenn am Ende der Beobachtungsperiode ein Unterschied im Therapieerfolg bei den beiden Gruppen beobachtet wird, so lässt sich dieser auf die erfolgte Behandlung zurückführen. Das Konzept einer klinischen Studie ist in Abb. 3.12 dargestellt.

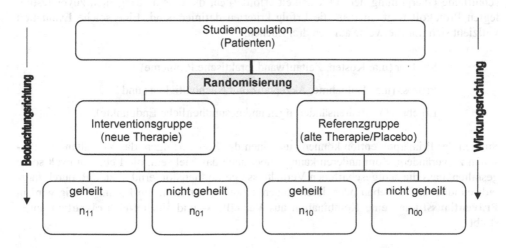

Abb. 3.12:   Struktur einer klinischen Studie und Randomisierung der Studienteilnehmer

Die Durchführung randomisierter kontrollierter Studien setzt voraus, dass man diese in einer definierten Umgebung, z.B. in einer Klinik, durchführt, da so am besten eine Kontrolle der durchzuführenden Vorgehensweisen möglich ist. Grundsätzlich ist die Durchführung aber auch außerhalb eines klinischen Settings möglich. Praktisch stößt man aufgrund der logistischen Probleme aber schnell an Grenzen.

In solchen Fällen bieten sich so genannte **Cluster-randomisierte Studien** an, bei denen entsprechende Interventionsmaßnahmen organisch zusammengehörenden Clustern, wie z.B. Schulen oder Gemeinden, zufällig zugewiesen und diese Cluster dann als Ganzes in die Studie eingeschlossen werden. Die zwei Behandlungsarme ergeben sich hier dadurch, dass einige Cluster als Interventionsgruppe dienen und andere als Kontrollgruppe. Cluster-randomisierte Studien bedürfen spezieller Auswertungsverfahren, da die Korrelation innerhalb eines Clusters bei der Analyse berücksichtigt werden muss (Campbell 2012).

Präventionsstudien

Bei Interventionen außerhalb der klinischen Forschung sind sowohl Studien denkbar, die sich an bereits erkrankte Individuen richten, als auch Studien, die gesunde Individuen als Zielgruppe haben. Im letzteren Fall spricht man von Studien der **Primärprävention**.

Beispiel: In Interventionsstudien mit dem Ziel der Primärprävention werden (noch) gesunde Personen einer Präventionsmaßnahme ausgesetzt, wie etwa einer Raucherentwöhnung, um die Entstehung einer Krankheit, wie z.B. Lungenkrebs, zu verhindern. Dazu muss ausreichende Evidenz für einen kausalen Zusammenhang zwischen dem Risikofaktor, hier Rauchen, und der Krankheit, hier Lungenkrebs, vorliegen. Diese Evidenz kann etwa aus epidemiologischen Studien gewonnen werden.

Ein Präventionsprogramm allein macht jedoch noch keine Studie aus. Dazu ist eine wissenschaftliche Überprüfung der Wirksamkeit erforderlich, die einem stringenten zuvor festgelegten Protokoll folgt, in dem die Erfolgskriterien definiert sind. Eine solche Evaluation vollzieht sich üblicherweise auf den drei Ebenen:

–   Struktur (u.a. Kosten, Zeitaufwand, praktische Probleme),

–   Prozess (u.a. Teilnahme, Akzeptanz und Nachhaltigkeit) und

–   Ergebnis (Verhaltensänderungen und gesundheitliche Endpunkte).

Studien der Primärprävention können zum einen das Ziel verfolgen, das Verhalten von Personen zu verändern. Zum anderen kann es aber auch das Ziel sein, die Lebensumwelt so zu gestalten, dass die neu geschaffenen Verhältnisse gesundheitsfördernd sind, z.B. durch fahrradfreundlichen Städtebau oder durch Rauchverbote im öffentlichen Raum. Häufig wird in **Präventionsstudien** eine Kombination aus **Verhältnis-** und **Verhaltensprävention** angestrebt.

Beispiel: Berühmte Beispiele zur Verhältnisprävention sind (a) die Einführung des Rauchverbots in öffentlichen Gebäuden sowie in Restaurants und Gaststätten, (b) die Jodierung von Trinkwasser oder Salz zur Reduzierung von Schilddrüsenerkrankungen oder (c) die Fluordierung von Trinkwasser zur Vermeidung von Zahnkaries.

Beispiele für Verhaltensprävention sind (a) Die Kampagne "Fünf am Tag", mit der erreicht werden sollte, dass jeder Mensch pro Tag fünf Portionen frisches Obst oder Gemüse verzehrt, (b) der "Lauf zum Mond" zur Steigerung der körperlichen Aktivität im Rahmen der Deutschen Herz-Kreislauf-Präventionsstudie (DHP) oder (c) Raucherentwöhnungsprogramme.

Präventionsstudien können so angelegt werden, dass sie sich etwa an ganze Gemeinden richten. Diese Ebene ist insbesondere für die *Verhältnisprävention* geeignet. Bei solchen **Präventionsstudien auf kommunaler Ebene** bedient man sich häufig regionaler Zeitungen, Rundfunk- und Fernsehprogramme, um die Interventionsziele der Bevölkerung zu kommunizieren. Der Erfolg der damit verbundenen Maßnahmen hängt stark davon ab, wie gut es gelingt, lokale Akteure zur Unterstützung ihrer Umsetzung und ihrer Verstetigung zu gewinnen. Bei diesem Studientyp werden die Mitglieder der Zielbevölkerung nicht individuell angesprochen, selbst wenn dabei individuelle *Verhaltensänderungen* angestrebt werden. Entsprechend wird der Erfolg der Maßnahmen auf Gruppenniveau und nicht auf Individualniveau evaluiert. Zu diesem Zweck kann zum Beispiel in zwei aufeinander folgenden Querschnittsstudien, zwischen denen die Interventionsmaßnahmen stattgefunden haben, geprüft werden, ob die Prävalenzen für die interessierenden Merkmale sich in die gewünschte Richtung verändert haben. Eine andere Möglichkeit besteht darin, anhand von Sekundärdaten Veränderungen der Mortalität oder der Inzidenz zu untersuchen.

Im Gegensatz dazu wenden sich **Präventionsstudien auf Individualebene** einzelnen Individuen zu, die individuell für die Teilnahme an der Studie gewonnen werden müssen, um sie im Längsschnitt zu untersuchen. Diese Studienteilnehmer werden in einer so genannten **Grundlagenstudie** oder **Baseline-Survey** hinsichtlich der für die Studienziele entscheidenden Merkmale untersucht und befragt. Jeder einzelne Studienteilnehmer wird dann über die Studiendauer beobachtet, was verschiedene Zwischen- und Abschlussuntersuchungen einschließen kann. Idealerweise wird die so gebildete Kohorte nach Interventions- und Referenzgruppe aufgeteilt, wobei die Art der Aufteilung durch logistische Notwendigkeiten beeinflusst wird. Dabei wird der Interventionsgruppe ein umfangreiches Maßnahmenpaket angeboten, während in der Referenzgruppe aus ethischen Gründen statt keiner Intervention oft ein Minimalangebot gemacht wird. Dieses Minimalangebot kann z.B. eine einmalige Informationsveranstaltung oder nur einfaches Informationsmaterial beinhalten, während das umfangreiche Maßnahmenpaket zusätzlich intensive Schulungen und ggf. ein individualisiertes Feedback umfassen kann. Der Erfolg dieser Interventionsmaßnahmen kann auf individueller Ebene evaluiert werden, und zwar auf der einen Seite durch einen Vorher-Nachher-Vergleich der interessierenden Merkmale und auf der anderen Seite durch den Vergleich der entsprechenden Veränderungen zwischen Interventions- und Referenzgruppe.

Beispiel: In der IDEFICS-Studie wurden mehr als 16.000 Kinder aus acht europäischen Ländern für eine Studie zur Primärprävention von Übergewicht und Fettleibigkeit rekrutiert. Dazu wurden in jedem Land eine Interventions- und eine Vergleichsregion ausgewählt. Pro Region wurden je ca. 500 Kinder aus Grundschulen und Kindergärten in die Studie eingeschlossen. Alle Kinder durchliefen eine umfangreiche medizinische Basisuntersuchung, während ihre Eltern zu Essgewohnheiten, sozialen und Lebensstilfaktoren befragt wurden. Das Interventionsprogramm umfasste vier Ebenen: Ausgehend von Schule bzw. Kindergarten, auf die sich die Maßnahmen konzentrierten, erfolgten Angebote zur Verhaltensänderung für die Kinder (Individuen) und ihre Familien, während auf Gemeindeebene und bei strukturellen Veränderungen wie z.B. sichere Radwege und bewegungsfördernde Schulhöfe initiiert wurden. Damit wurden im Rahmen der vielschichtigen Intervention der IDEFICS-Studie Verhaltens- und Verhältnisprävention miteinander kombiniert. Dabei standen die Lebensbereiche Ernährung, körperliche Aktivität und Stressbewältigung im Mittelpunkt.

Den Kontrollregionen wurde angeboten, dass sie nach Evaluation der Interventionsmaßnahmen das Maßnahmenpaket zur Verfügung gestellt bekommen und in seiner Umsetzung geschult werden.

Zwei Jahre nach der Basisuntersuchung und nach Einführung des Interventionsprogramms wurden allen Studienteilnehmer zu einer Folgeuntersuchung eingeladen, der mehr als 70% der Teilnehmer folgten. Die Evaluation der Interventionseffekte erfolgte durch einen Vergleich von Basis- und Folgeuntersuchung. Um beobachtete Veränderungen tatsächlich den Interventionsmaßnahmen zuschreiben zu können und von generellen zeitlichen Trends zu unterscheiden, erfolgte ein gleichsinniger Vergleich in der Referenzgruppe.

Beispiel: Auch im Anwendungsbereich des Veterinary Public Health sind Interventionsstudien ein wesentliches Instrument der Verbesserung der Qualität der Tiergesundheit und der Lebensmittelsicherheit. Ein Beispiel für die Prävention auf Individualebene geben Beyerbach et al. (2001). Hier wird das Problem der Infektion von Milchviehherden mit dem potenziellen Zoonoseerreger *mycobacterium paratuberculosis* betrachtet, der in den betroffenen Beständen erhebliche wirtschaftliche Verluste verursacht. Die Erkrankung hat eine lange, bis zu mehreren Jahren währende, Inkubationszeit und zeigt eine langsame Ausbreitungstendenz innerhalb der betroffenen Herden. Die Diagnose infizierter Tiere wird durch eine intermittierende Erregerausscheidung, eine sich nur langsam aufbauende humorale Immunantwort und eine wenig konstant auftretende zelluläre Immunantwort erschwert. Zudem wird ein Zusammenhang mit der Morbus-Crohn-Erkrankung des Menschen diskutiert.

Daher ist es zur Sanierung von Betrieben erforderlich, zunächst einen Status quo der Erregerprävalenz zu bestimmen. Anschließend werden gezielte Interventionen durchgeführt, wie etwa die Selektion von Tieren, Verkaufsrestriktionen und spezifische hygienische Maßnahmen, die in einer nachfolgenden Erhebung evaluiert werden.

Auswertungsprinzipien

Bei Interventionsstudien gehen wir davon aus, dass alle Mitglieder der Kohorte (= Studienpopulation) über ein festes Zeitintervall beobachtet werden. Im Folgenden werden wir die Auswertungsstrategie am Beispiel einer klinischen Studie formalisieren, d.h., wir gehen davon aus, dass

–   jedes Individuum über das Zeitintervall $\Delta = (t_0, t_\delta)$ vollständig beobachtet wird und zum Zeitpunkt t_δ entweder geheilt oder aber nicht geheilt ist und

–   jedes Individuum zum Zeitpunkt t_0 eindeutig als therapiert (Ex = 1) oder nicht therapiert (Ex = 0) klassifizierbar ist.

Handelt es sich bei der Interventionsstudie um eine Präventionsstudie, so wird am Ende der Beobachtungsperiode im einfachsten Fall die Anzahl der Interventionserfolge gezählt, also beispielsweise die Anzahl der Individuen, die ihr Verhalten geändert haben, oder die Anzahl an Individuen, bei denen das Auftreten einer Krankheit verhindert werden konnte. Entsprechend müssen die nachfolgenden Ausführungen auf den interessierenden Fall hinsichtlich ihrer Interpretation übertragen werden.

Kommen wir also auf die Situation einer klinischen Studie zurück. Sind zu Beginn der Beobachtungsperiode t_0 insgesamt $n_{.1}$ Individuen in der Behandlungsgruppe und $n_{.0}$ Individuen in der Placebogruppe, so kann am Ende des Follow-up die Vierfeldertafel Tab. 3.8 erstellt werden.

Tab. 3.8: Beobachtete Anzahlen in der Behandlungsgruppe und in der Referenzgruppe (Placebo), aufgeteilt nach Therapieerfolg (geheilt, nicht geheilt) in einer klinischen Studie

Status	Behandlungsgruppe (Ex = 1)	Placebogruppe (Ex = 0)	Summe
geheilt	n_{11}	n_{10}	$n_{1.} = n_{11} + n_{10}$
nicht geheilt	n_{01}	n_{00}	$n_{0.} = n_{01} + n_{00}$
Summe	$n_{.1} = n_{11} + n_{01}$	$n_{.0} = n_{10} + n_{00}$	$n = n_{..}$

In Tab. 3.8 bezeichnet n_{1j} die beobachtete Anzahl von geheilten Individuen und n_{0j} die beobachtete Anzahl von nicht geheilten Individuen aus der Behandlungsgruppe j (j = 0, 1) am Ende der Periode Δ. Tab. 3.8 stimmt im Wesentlichen mit Tab. 3.6 überein, da eine Interventionsstudie durch das prospektive Design mit einer Kohortenstudie übereinstimmt. Das heißt, dass auch hier charakteristisch ist, dass die *Spaltensummen* $n_{.1} = n_{11} + n_{01}$ bzw. $n_{.0} = n_{10} + n_{00}$ als die Umfänge der Interventionsgruppe und der Referenz(Placebo-)gruppe *vorgegeben* sind und sich erst nach der erfolgten Therapie dieser Individuen eine Aufteilung in geheilte und nicht geheilte Personen ergibt.

Die kumulative Inzidenz bezieht bei diesem Studientyp die Anzahl der Geheilten in der Periode Δ auf die Gesamtzahl der mit der neuen Behandlung bzw. mit Placebo behandelten Individuen (siehe Abschnitt 2.1.1). Analog zur Kohortenstudie können die **"Risiken"** **(Wahrscheinlichkeiten) für die Heilung** aus Tab. 3.1 damit sinnvollerweise mit nachfolgenden Größen aus der Interventionsstudie **geschätzt** werden.

$$\text{Schätzer kumulative Inzidenz (bei Exposition j)} = CI(j)_{\text{Intervention}} = \frac{n_{1j}}{n_{.j}}, \quad j = 0, 1.$$

Analog zur Kohortenstudie lässt sich daraus auch ein **Schätzwert** für das **relative Risiko** RR für Heilung berechnen als

$$\text{Schätzer relatives Risiko} = RR_{\text{Intervention}} = \frac{CI(1)_{\text{Intervention}}}{CI(0)_{\text{Intervention}}} = \frac{n_{11}/(n_{11} + n_{01})}{n_{10}/(n_{10} + n_{00})},$$

bzw. für das **Odds Ratio** OR

$$\text{Schätzer Odds Ratio} = OR_{\text{Intervention}} = \frac{n_{11}/n_{01}}{n_{10}/n_{00}} = \frac{n_{11} \cdot n_{00}}{n_{10} \cdot n_{01}}.$$

Analog zu diesen Effektmaßen sind auch die Risikodifferenz und die verschiedenen attributablen Risikomaße (siehe Abschnitt 2.4) schätzbar.

Für den Fall, dass in einer Interventionsstudie die Anzahl der Teilnehmer nicht fest ist, also eine zur offenen Kohorte analoge Situation eintritt, so liegen die Häufigkeitsanzahlen aus Tab. 3.8 nicht in dieser Form vor. Es ist zwar möglich, die Anzahlen der geheilten Individuen in der Behandlungsgruppe n_{11} bzw. in der Placebogruppe n_{10} anzugeben, die Anzahl der Kohortenmitglieder sollte aber gemäß Abschnitt 2.1.2 durch die Zeit unter Risiko ersetzt werden. Dann kann aus der Studie jeweils eine Inzidenzdichte für die zu vergleichenden Gruppen ermittelt werden. Man erhält somit als **Schätzer** für das **relative Risiko** bei **einer offenen Interventionsstudie**

$$\text{Schätzer relatives Risiko} = RR_{\text{offen}} = \frac{ID(1)_{\text{Intervention}}}{ID(0)_{\text{Intervention}}} = \frac{n_{11}/P\Delta(1)_{\text{Intervention}}}{n_{10}/P\Delta(0)_{\text{Intervention}}}.$$

Hierbei stellen die Größen $P\Delta(1)_{\text{Intervention}}$ und $P\Delta(0)_{\text{Intervention}}$ die aus der Interventionsstudie ermittelten Gesamtrisikozeiten in den beiden Behandlungsgruppen dar (siehe Abschnitt 2.1.2).

Beispiel: Im Rahmen der US-amerikanischen Women's Health Initiative (WHI) wurden zwischen 1993 und 1998 161.809 Frauen im Alter von 50 bis 79 Jahren durch 40 klinische Zentren in eine Serie klinischer Studien (Fettreduktion, Supplementierung mit Vitamin C und D, postmenopausale Hormontherapie) und in eine Beobachtungsstudie eingeschlossen. In den auf 8,5 Jahre angelegten Studienteil zur Hormontherapie mit einer Kombination aus Östrogen und Progesteron wurden im genannten Zeitraum 16.608 Frauen mit zur Basisuntersuchung intaktem Uterus randomisiert. Die Teilnehmerinnen erhielten entweder das Hormonpräparat (n = 8.506) oder Placebo (n = 8.102) (siehe Abb. 3.13). Die Verabreichung erfolgte doppelt verblindet.

Das Ziel der Studie bestand darin, die wichtigsten gesundheitlichen Nutzeffekte und Risiken der in den USA gebräuchlichsten Hormontherapie zu ermitteln (Rossouw et al. 2002). Die primär interessierenden Endpunkte waren auf der Nutzenseite kardiovaskuläre Erkrankungen, insbesondere Herzinfarkt (wofür ein protektiver Effekt der Therapie erwartet wurde) und bezüglich möglicher Risiken das Auftreten von Brustkrebs (wofür ein Risiko durch die Therapie erwartet wurde). Die Studie musste aufgrund des Überwiegens der beobachteten Gesundheitsrisiken zu möglichen Nutzeffekten nach durchschnittlich 5,2 Jahren Beobachtungszeit gestoppt werden. Bezogen auf die beiden zentralen Endpunkte ergab die Studie das in Tab. 3.9 dargestellte Ergebnis.

Tab. 3.9:   Inzidenz von Brustkrebs und Herzinfarkt (Beobachtungszeit ca. 5,2 Jahre) in der Hormontherapie-Interventionsstudie der WHI (Quelle: Rossouw et al. 2002)

	Hormone (n = 8.506)	Placebo (n = 8.102)	$RR_{\text{Intervention}}$
Brustkrebsfälle	166	124	1,28
Herzinfarktfälle	164	122	1,28

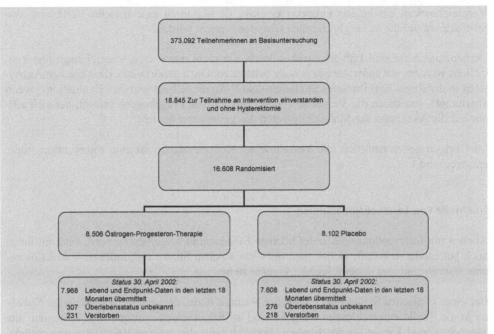

Abb. 3.13: Rekrutierungsschema und Randomisierung der Studienteilnehmerinnen der Women's Health Initiative in der Interventionsstudie zur Hormontherapie nach der Menopause

Näherungsweise lässt sich das relative Risiko für das Auftreten von Brustkrebs in dieser Studie berechnen mit

$$\text{Schätzer relatives Risiko} = RR_{\text{Intervention}} = \frac{CI(1)_{\text{Intervention}}}{CI(0)_{\text{Intervention}}} = \frac{166 / 8.506}{124 / 8.102} = \frac{0,0195}{0,0153} = 1,28.$$

Dies entspricht einem um 28% erhöhten Risiko für Brustkrebs bei einer postmenopausalen Östrogen-Progesteron-Therapie gegenüber Placebo. Auch für das Herzinfarktrisiko ergibt sich mit $RR_{\text{Intervention}} = 1,28$ ein erhöhter Wert. Einschränkend ist hier zu erwähnen, dass diese Art der Berechnung davon ausgeht, dass es sich um eine geschlossene Kohorte handelt. Tatsächlich handelte es sich aber um eine offene Kohorte, in die Frauen während der Beobachtungszeit ein- und aus der sie wieder austreten konnten. Die Autoren publizierten daher die Ergebnisse der korrekteren Analyse auf Basis der Personenzeit, von der jedoch die hier gezeigte grobe Berechnung nur geringfügig abweicht.

Nachdem vorangegangene Beobachtungsstudien bereits auf das erhöhte Brustkrebsrisiko durch postmenopausale Hormontherapie hingewiesen hatten, gab das Ergebnis dieser Interventionsstudie schließlich den Anlass, diese Therapie nicht weiter zu empfehlen und stattdessen vor ihren Risiken zu warnen.

Vorteile von Interventionsstudien

Der größte Vorteil einer Interventionsstudie besteht darin, dass sie, insbesondere wenn sie randomisiert durchgeführt wird, den *höchsten Evidenzgrad für eine kausale Assoziation* besitzt. Das liegt einerseits an ihrem longitudinalen Design und andererseits an dem konkreten Vergleich. Beides ermöglicht es, Veränderungen in der Interventionsgruppe tatsächlich auf die erfolgte Intervention zurückzuführen. Durch die Randomisierung wird zudem eine hohe

Vergleichbarkeit der beiden Gruppen erreicht, da hierdurch eine gleiche Verteilung von Störfaktoren auf die zu vergleichenden Gruppen erreicht wird.

Dementsprechend sind Präventionsaktivitäten, die nicht durch eine Vergleichsgruppe kontrolliert werden, mit äußerster Skepsis zu betrachten. Dazu gehört auch, dass solchen Aktivitäten in der Regel kein formales Studienprotokoll zugrunde liegt und ihre Evaluation – wenn überhaupt – nur durch die Versendung eines qualitativen Fragebogens erfolgt, der sich z.B. nur auf die Akzeptanz der Maßnahme durch die Teilnehmer bezieht.

Im Übrigen gelten natürlich alle Vorteile einer Kohortenstudie für eine Interventionsstudie entsprechend.

Nachteile von Interventionsstudien

Auch wenn Interventionsstudien der höchste Evidenzgrad beigemessen wird, sind mit ihnen auch Nachteile verknüpft. Neben dem mit einer solchen Studie verbundenen *hohen Kosten- und Zeitaufwand* sind dabei folgende Aspekte zu nennen.

Bei einer klinischen Studie liegt ein großer Nachteil darin, dass ein *hoch selektiertes Kollektiv* in die Studie eingeschlossen wird. So sind im Allgemeinen multimorbide Patienten, alte Menschen, und Kinder ausgeschlossen. Dadurch wird die externe Validität eingeschränkt. Hinzu kommt, dass die Studienteilnehmer einem sehr stark reglementierten Regime unterliegen, das sowohl die Einnahme zusätzlicher Präparate als auch Lebensstile wie z.B. Ernährungsweisen einschränkt. Dadurch werden Wechselwirkungen mit anderen Präparaten häufig erst nach der Zulassung eines neuen Medikaments entdeckt, wenn die Patienten das neue Medikament unter Alltagsbedingungen einnehmen. Auch seltene Nebenwirkungen können in der Regel erst nach der Zulassung beobachtet werden, da dazu eine wesentlich größere Anzahl von Personen erforderlich sind, die das Präparat einnehmen. Langzeiteffekte – sowohl im positiven als auch im negativen Sinn – können im Rahmen zeitlich begrenzter klinischer Studien nicht beobachtet werden.

Beispiel: Bei der Behandlung von chronischen Schmerzpatienten, z.B. bedingt durch Arthritis, werden typischerweise nicht-steroidale Anti-Rheumatika (NSAR) verabreicht, die jedoch bei Einnahmen über längere Zeiträume zu ernsthaften unerwünschten Arzneimittelwirkungen führen können. U.a. können gastrointestinale Blutungen auftreten.

Daher wurde nach Alternativen gesucht, bei denen diese unerwünschten Arzneimittelwirkungen nicht auftreten. Entwickelt und auf dem Markt zugelassen wurden so genannte Cox-2-Inhibitoren, unter denen gastrointestinale Blutungen nicht beobachtet wurden. Jedoch traten nach längerer Einnahmezeit vermehrt unerwünschte kardiovaskuläre Wirkungen auf wie z.B. Myokardinfarkt oder Schlaganfall. Diese Komplikationen waren im Rahmen der üblichen Laufzeit einer klinischen Studie nicht zu entdecken. Sie führten zur Marktrücknahme von VIOXX und anderen Cox-2-Inhibitoren.

Randomisierte kontrollierte Studien werden auch mit dem Ziel durchgeführt, der *Entstehung von Krankheiten durch eine geeignete Interventionsmaßnahme* entgegenzuwirken. So wird derzeit versucht, der Entstehung von Gebärmutterhalskrebs durch Impfung gegen den Human Papilloma Virus (HPV) entgegenzuwirken. Solche Studien haben mit mehreren Problemen zu kämpfen. Da von einem Erfolg der Maßnahme nur gesprochen werden kann, wenn die Krankheit tatsächlich später oder gar nicht aufgetreten ist, stellen sich zwei Fragen, und zwar einerseits hinsichtlich der *erforderlichen Laufzeit der Studie* und andererseits hinsichtlich der *ethischen Vertretbarkeit*.

Viele Studien beschäftigen sich mit den großen Volkskrankheiten, Krebs und Herz-Kreislauferkrankungen, die typischerweise eine lange Latenzzeit haben (siehe obiges Beispiel zur WHI). Derartige *späte Endpunkte* erfordern ggf. Studien, die über mehrere Jahre oder Jahrzehnte laufen müssten, was mit einer *enormen Logistik*, extrem *hohen Kosten* und möglicherweise einer *hohen Ausfallquote* der Studienteilnehmer verbunden ist. Insbesondere Letzteres kann zu erheblichen Verzerrungen der Studienergebnisse führen, wenn der Ausfallgrund mit der Intervention oder dem Interventionserfolg in Zusammenhang steht (siehe auch Kapitel 4). Ist die Interventionsmaßnahme erfolgreich, kommt als *ethisches Problem* hinzu, dass man sie besser schon früher der Zielpopulation angeboten hätte. Außerdem ist es kaum ethisch vertretbar, in den Studienarmen auf das Auftreten von Krebs zu warten, wenn man dem Krebs schon vorher durch entsprechende frühzeitige Behandlung hätte entgegenwirken können. Daher wird nach alternativen Endpunkten gesucht, die bereits frühzeitig sichtbar werden und als *Surrogatvariablen* für den eigentlichen Endpunkt dienen können.

Beispiel: Ist z.B. Gebärmutterhalskrebs der eigentliche interessierende Endpunkt, so könnte der Erfolg der Maßnahme auch an Präkanzerosen evaluiert werden wie z.B. zervikaler intraepithelialer Neoplasie oder Adenomakarzinom in situ, die auf dem Krankheitsentstehungspfad dem Zervixkarzinom selbst vorgelagert sind.

Eine andere Möglichkeit besteht darin zu überprüfen, ob sich durch die Maßnahme die Verteilung der primären Risikofaktoren verändert hat.

Beispiel: So wurde im Rahmen der Deutschen Herzkreislauf-Präventionsstudie (DHP) überprüft, ob sich durch das Präventionsprogramm z.B. das Ernährungsverhalten und das Rauchverhalten positiv verändert haben.

Dies leitet zu dem großen Problem von Interventionsstudien über, die auf Verhaltensänderungen abzielen. Typischerweise ist es sehr schwierig, Lebensstile von Personen durch Intervention von außen zu verändern, so dass derartige Studien nur selten erfolgreich sind. Im Gegenteil sind die erzielten Effekte, wenn überhaupt, eher klein und häufig auch nicht nachhaltig, d.h., sobald das aktive Interventionsprogramm mit entsprechender wissenschaftlicher Begleitung beendet ist, versanden viele positive Ansätze hin zu einem gesundheitsfördernden Verhalten wieder. Nachhaltigkeit kann z.B. durch entsprechende gesetzliche Reglementierungen erreicht werden, wie das Rauchverbot in öffentlichen Gebäuden, Restaurants oder Gaststätten zeigt.

3.3.6 Bewertung epidemiologischer Studiendesigns

In den obigen Abschnitten haben wir die verschiedenen Studiendesigns so eingeführt, dass mit jedem neu eingeführten Design ein höherer Evidenzgrad für kausale Zusammenhänge erreicht werden kann. In Tab. 3.10 wird noch einmal zusammenfassend deutlich, inwieweit sich die unterschiedlichen Studientypen für die Bewertung ätiologischer Zusammenhänge eignen und welchen Schluss die jeweiligen Studientypen zulassen. Dabei bleibt unberücksichtigt, welche anderen Zwecke mit dem jeweiligen Design zusätzlich verfolgt werden können, wie z.B. die Gesundheitsberichterstattung mittels Querschnittsstudien.

Tab. 3.10:   Aussagekraft hinsichtlich ätiologischer Zusammenhänge bei unterschiedlichen epidemiologischen Studientypen

Studientyp	Aussagekraft
Ökologische Korrelation	Assoziation *auf Gruppen-Niveau*: Hypothesengenerierung
Querschnittsstudie	*Individuelle* Assoziation: überwiegend Hypothesengenerierung
Fall-Kontroll-Studie	Schluss von vermehrter Exposition bei den Erkrankten auf eine Expositions-Effekt-Beziehung
Kohortenstudie	Schluss vom erhöhten Erkrankungsrisiko der Exponierten auf Expositions-Effekt-Beziehung
Interventionsstudie	Schluss von der Veränderbarkeit (Reversibilität) der Krankheitsinzidenz durch Veränderung des Risikofaktors auf Kausalität

Im Folgenden werden wir die Grundprinzipien, auf denen die verschiedenen Studientypen basieren, bewertend gegenüberstellen.

Bei randomisierten kontrollierten Studien wird die aus der Auswahlpopulation gezogene Studienpopulation nach dem Zufallsprinzip (Randomisierung) auf zwei Behandlungsarme aufgeteilt. Jede Gruppe wird ab Behandlungsbeginn über einen angemessenen Zeitraum beobachtet, um zu ermitteln, bei wie vielen der Patienten ein Therapieerfolg eingetreten ist. Man spricht diesem Studientyp den höchsten Evidenzgrad hinsichtlich der Bewertung kausaler Zusammenhänge zu, da er einen *Randomisierungsschritt* beinhaltet, der den Einfluss von Störfaktoren eliminieren soll, und da er die Interventionsgruppe der Studienpopulation bewusst (experimentell) gegenüber einem Faktor (Behandlung, Präventionsmaßnahme) exponiert und den *nachfolgenden Effekt* im Vergleich zur Referenzgruppe ermittelt.

Eine Kohortenstudie folgt grundsätzlich dem gleichen Prinzip wie eine randomisierte Studie, allerdings mit dem entscheidenden Unterschied, dass bei ihr die Zuordnung zu den beiden Vergleichsgruppen nicht randomisiert erfolgen kann, da die Exposition aus ethischen oder praktischen Gründen nicht experimentell zugewiesen werden kann. Dieses Design ist daher nur beobachtend: *Ausgehend vom Expositionsstatus* wird über den Beobachtungszeitraum (Follow-up-Periode) die *Krankheitsinzidenz* zwischen Exponierten und Nichtexponierten miteinander verglichen. Dieses Design wird als *prospektiv* bezeichnet, weil die Beobachtungsrichtung synchron zur zeitlichen Abfolge von Exposition und Erkrankung erfolgt.

Eine Fall-Kontroll-Studie nimmt ihren *Ausgangspunkt* dort, wo eine Kohortenstudie ihren Endpunkt hat: *bei der Erkrankung* (den Fällen). Von dort wird rückblickend ermittelt, welche Expositionen der Erkrankung vorausgegangen sind. Um zu beurteilen, ob eine der interessierenden Expositionen bei Fällen tatsächlich gehäuft vorgekommen ist, wird letztlich die *Expositionsprävalenz* von Fällen und Kontrollen miteinander verglichen. Die Richtung der Beobachtung verläuft also bei Fall-Kontroll-Studien umgekehrt zur zeitlichen Abfolge von Exposition und Erkrankung. Deshalb charakterisiert man diesen Studientyp als *retrospektiv*.

Bei Querschnittsstudien erfolgt im Prinzip eine Momentaufnahme der Zielpopulation, bei der die *aktuelle Morbidität gleichzeitig mit aktuell vorliegenden Expositionen* ermittelt wird. Im Rahmen eines solchen Surveys können die Prävalenzen sowohl für bestehende Erkrankungen als auch für bestehende Expositionen bestimmt werden (Prävalenzstudie).

Eine Zusammenfassung der Begrifflichkeiten der in diesem Kapitel beschriebenen Studiendesigns wird in Tab. 3.11 gegeben. In der ersten Spalte sind die in diesem Buch primär verwendeten Bezeichnungen genannt; gebräuchliche Alternativbezeichnungen finden sich – ohne Anspruch auf Vollständigkeit – in der mittleren Spalte. Teilweise sind die verwendeten Begriffe nicht eindeutig definiert oder werden in der Literatur uneinheitlich verwendet. Jedes dieser Designs lässt sich durch die jeweils betrachtete Untersuchungseinheit charakterisieren (Spalte 3).

Tab. 3.11:   Systematik der unterschiedlichen Studientypen in der Epidemiologie

Studientyp	Alternativbezeichnung	Untersuchungseinheit
Beobachtungsstudien		
Ökologische Studie	Korrelationsstudie	Populationen
Querschnittsstudie	Prävalenzstudie; Survey	Individuen
Fall-Kontroll-Studie	Case-Referent Study	Individuen
Kohortenstudie	Follow-up; Longitudinal	Individuen
Experimentelle Studien		
Präventionsstudie auf Gemeindeebene	Gemeindeintervention	Gruppen (Gemeinden)
Präventionsstudie auf Individualebene	Field Intervention	Gesunde Individuen
Randomisierte kontrollierte Studie	Klinische Studie	Individuelle Patienten

Häufig werden auch die Begriffe *"analytische Studie"* und *"deskriptive Studie"* zur Charakterisierung epidemiologischer Beobachtungsstudien verwendet. Als deskriptiv werden Studien charakterisiert, die die Verteilung oder zeitliche Entwicklung von Gesundheitszuständen und ihren Determinanten in einer Population beschreiben. In analytischen Studien werden Endpunkte in Abhängigkeit von Einflussfaktoren gesetzt, um z.B. ätiologische Zusammenhänge zwischen Risikofaktoren und Erkrankungen zu quantifizieren. Mit dem Begriffspaar deskriptiv/analytisch lässt sich keines der Designs eindeutig definieren, jedoch haben Querschnittsstudien eher deskriptiven und Kohortenstudien eher analytischen Charakter.

Um die Stärken und Schwächen der jeweiligen Studiendesigns einander gegenüber zu stellen, haben wir einige wesentliche Kriterien ausgewählt und eine Bewertung der vier beobachtenden Studiendesigns vorgenommen, inwieweit sie diese Kriterien erfüllen (siehe Tab. 3.12). Im Detail wurden diese bereits in den vorangegangenen Abschnitten zu dem jeweiligen Design diskutiert.

Tab. 3.12:   Vor- und Nachteile verschiedener Typen von Beobachtungsstudien

Bewertungskriterium	Studientyp			
	ökologisch	Querschnitt	Fall-Kontroll	Kohorte
Seltene Krankheiten	😊😊😊	😞	😊😊😊😊	😞
Seltene Ursachen	😊	😞	😞	😊😊😊😊
Multiple Endpunkte	😐	😊	😞	😊😊😊😊
Multiple Expositionen	😐	😊	😊😊😊	😐 [1]
Zeitliche Abfolge	😊	😞	😐 [2]	😊😊😊😊
Direkte Ermittlung der Inzidenz	😞	😞	😐 [1]	😊😊😊😊
Lange Induktionszeit	😞	😞	😊😊	😐 [3]

[1] Wenn populationsbasiert   [2] Wenn in Kohorte eingebettet   [3] Wenn historisch

Fall-Kontroll-Studien sind demnach besonders gut geeignet, um seltene Erkrankungen zu untersuchen, wobei sie bezogen auf die ausgewählte Erkrankung eine Vielzahl von Expositionen betrachten können. Dabei können sie auch zeitlich lang zurückliegende Expositionen einbeziehen.

Im Gegensatz dazu eigenen sich Kohortenstudien besonders gut zur Untersuchung seltener Expositionen (man denke z.B. an Industriekohorten, die gegenüber bestimmten Gefahrstoffen exponiert sind), können aber aufgrund des Designs jeweils mehrere Endpunkte zu einer gegebenen Exposition in Beziehung setzen. Multiple Expositionen sind nur in so genannten Vielzweckkohorten untersuchbar, die z.B. einen populationsbasierten Survey als Ausgangspunkt haben können. Eine besondere Stärke von Kohortenstudien ist die eindeutige zeitliche Abfolge zwischen Exposition und Erkrankung, bei der die Expositionsdaten unabhängig vom Erkrankungsstatus bzw. vor Eintritt der Erkrankung gewonnen werden. Letzteres gilt für Fall-Kontroll-Studien nur dann, wenn sie in eine Kohortenstudie eingebettet sind.

Querschnittsstudien eignen sich sowohl für die Untersuchung verschiedener Erkrankungen als auch verschiedener Expositionen. Auch wenn sich ökologische Korrelationen gut für die Betrachtung seltener Erkrankungen eignen, ist ihre Aussagekraft dadurch beschränkt, dass die Expositions- und Krankheitsdaten nur auf Gruppenniveau zueinander in Beziehung gesetzt werden, was diesen Studientyp anfällig für den so genannten ökologischen Trugschluss macht.

Planung epidemiologischer Studien

Nicht alle Wege führen nach Rom

4.1 Qualität epidemiologischer Studien

Bei der Planung und Durchführung einer epidemiologischen Studie ist, wie bei jeder empirischen Untersuchung, stets dafür Sorge zu tragen, dass die Qualität der Untersuchung so hoch ist, dass Fehlinterpretationen der Studienergebnisse vermieden werden. Im Rahmen dieses Kapitels wollen wir deshalb auf die Planungselemente eingehen, die in hohem Maße die Qualität einer Untersuchung beeinflussen und deren Beachtung aus diesem Grunde von besonderer Bedeutung ist.

4.1.1 Validität

Als übergeordnetes Qualitätsprinzip zur Bewertung epidemiologischer Untersuchungen gilt deren Validität. Dieser Begriff ist in vielen wissenschaftlichen Disziplinen bekannt und wird u.a. im Zusammenhang mit Messungen bzw. mit den Instrumenten zur Erfassung einer interessierenden Größe betrachtet. Dabei kann eine **Messung** als **valide** oder **gültig** bezeichnet werden, wenn sie das misst, was sie zu messen beabsichtigt, und wenn diese Messung – würde sie beliebig oft wiederholt – mit dem wahren Wert übereinstimmt.

Beispiel: Wenn man also z.B. an der lebenslangen Radonexposition eines Wohnungsbesitzers interessiert ist, stellt sich die Frage, ob eine einzelne Punktmessung der Radonkonzentration in dieser Wohnung die lebenslange Exposition repräsentieren kann.

Ein weiteres Beispiel ist die Validität von Fragebogenangaben, die im Rahmen einer Adipositasstudie zu Körpergröße und Gewicht erhoben werden sollen, um den Body-Mass-Index (BMI) zu bestimmen. Oftmals lassen die zur Verfügung stehenden Ressourcen eine direkte Messung nicht zu, so dass nur Fragebogenangaben erhoben werden können. Hier stellt sich die Frage, wie gut, d.h. wie valide, diese Selbstangaben im Vergleich zu einem so genannten Goldstandard sind. Es ist offensichtlich, dass die Ermittlung des BMI aus Fragebogenangaben eine geringere Validität besitzt als die direkte Messung. So besteht z.B. die Tendenz, dass Übergewichtige ihr wahres Gewicht systematisch geringer angeben.

Beispiel: Im vorangegangenen Beispiel ließ sich die Validität eines Messinstruments prinzipiell mit einem Goldstandard überprüfen. Dies ist nicht immer der Fall, wenn es für das zu messende Konstrukt keine objektive Methode zur Bestimmung gibt. Am Beispiel der Messung von sozialer Position bzw. sozialer Schichtzugehörigkeit lässt sich dieses Problem illustrieren.

Eine Vielzahl von Erkrankungen wie Herz-Kreislauf-Erkrankungen, Krebserkrankungen etc. zeigen einen Gradienten nach sozialer Position. An dieser Stelle sei nun nicht vertieft, ob soziale Schichtzugehörigkeit wiederum nur ein Indikator für beispielsweise ein anderes Verhalten von Personen ist oder tatsächlich einen unabhängigen Risikofaktor darstellt. Uns interessiert die Frage, wie soziale Position gemessen werden soll. Im Rahmen epidemiologischer Beobachtungsstudien ist das Erfassungsinstrument für soziale Position in der Regel der Fragebogen. Dabei stellt sich das Problem, in welcher Art und Weise Fragen formuliert werden, um diese Größe adäquat zu erfassen.

Aus sozialwissenschaftlicher Sicht kann soziale Position verschiedene Dimensionen wie Bildung, Status (Ansehen) oder Einkommen beinhalten, die dann oft über Fragenkomplexe wie "höchster erreichter Schul- oder Ausbildungsabschluss", "ausgeübter Beruf" oder Einkommensskalen definiert werden (vgl. z.B. Ahrens et al. 1998). Es ist offensichtlich, dass die Bedeutung und Relevanz einer Dimension von der Studienfragestellung abhängt und es keine objektivierbare Messung zur sozialen Position gibt. In solchen Fällen empfiehlt es sich, bei der Planung einer Studie auf Erhebungsinstrumente bzw. Skalen zurückzugreifen, die sich in anderen Studien z.B. hinsichtlich ihrer Reliabilität (siehe unten) bewährt haben und die zumindest die Vergleichbarkeit zwischen Studien ermöglichen.

Allerdings ist die Validität einer Messung oder einer Messmethode nur eine Komponente, die die Validität einer gesamten Studie ausmacht. In diesem Sinn ist **Validität** oder **Gültigkeit** ein *inhaltliches Konzept* und kann nicht parametrisiert werden, so dass Maßzahlen zur Berechnung einer Validität im strengen Sinne nicht angegeben werden können. Bei der Bewertung einer Studie ist zwischen ihrer internen und externen Validität zu unterscheiden.

Interne Validität

Die **interne Validität** einer Studie gilt als gegeben, wenn die Assoziation zwischen der zu untersuchenden Exposition (unabhängige Variable) und der interessierenden Krankheit (abhängige Variable) einen kausalen Zusammenhang widerspiegelt, da alle anderen Erklärungsmöglichkeiten ausgeschlossen werden können (für Kausalitätskriterien siehe Abschnitt 3.1.1). Ein solcher Nachweis lässt sich am ehesten in einem experimentellen Design erreichen, in dem nur die Exposition durch den Untersucher verändert wird und alle anderen Randbedingungen konstant gehalten sind. In der epidemiologischen Forschung wird daher den randomisierten kontrollierten Designs die höchste interne Validität und damit der höchste Evidenzgrad zugesprochen. Gerade in Beobachtungsstudien besteht die Schwierigkeit aber darin, dass unkontrollierte Variablen bzw. nicht kontrollierbare Rahmenbedingungen alternative Erklärungen sowohl für den beobachteten Zusammenhang als auch für die Stärke dieses Zusammenhangs zulassen.

Damit kann man kurz sagen, dass sich interne Validität auf die Gültigkeit eines Ergebnisses für die eigentliche Fragestellung bezieht.

Beispiel: Die nach dem 2. Weltkrieg zunehmende Evidenz für einen Zusammenhang von Rauchen und Lungenkrebs ergab sich u.a. durch eine von Doll & Hill (1950) durchgeführte krankenhausbasierte Fall-Kontroll-

Studie, deren Diagnosezeitraum von April 1948 bis Oktober 1949 reichte. 709 Lungenkrebsfälle und 709 Kontrollen wurden ausführlich zu ihrer Rauchbiographie bis zum Auftreten ihrer Krankheit befragt. Als Kontrollgruppe wurden Patienten ohne Krebserkrankungen rekrutiert, die hinsichtlich Alter und Geschlecht den Lungenkrebspatienten vergleichbar waren und bzgl. sozialer Faktoren wie Sozialschicht und Wohnort ähnliche Verteilungen aufwiesen wie die Fälle. Die Reliabilität der Angaben zur Anzahl täglich gerauchter Zigaretten wurde durch Wiederholungsinterviews an 50 Patienten nachgewiesen. Die Analyse zeigte einerseits einen erhöhten Raucheranteil bei den Lungenkrebspatienten. Andererseits ergab sich sowohl bei Männern als auch bei Frauen unter den Lungenkrebspatienten ein signifikant höherer Anteil starker Raucher und entsprechend ein erniedrigter Anteil an leichten Rauchern als in der Kontrollgruppe. Dieses Ergebnis bezog sich sowohl auf die lebenslang als auch auf die täglich gerauchte Menge. In ihren Schlussfolgerungen diskutierten Doll und Hill ihre Ergebnisse vor dem Hintergrund ökologischer Daten und unter Erwägung von alternativen Erklärungsmöglichkeiten. Sie folgerten, dass weder Verzerrungen noch Confounding die beobachteten Zusammenhänge erklären und dass somit Rauchen ein wesentlicher kausaler Faktor bei der Entstehung des Lungenkrebses ist.

Die Sorgfalt, mit der die Autoren damals allen alternativen Erklärungsmöglichkeiten nachgegangen sind, verleiht dieser Beobachtungsstudie einen hohen Grad interner Validität. Dennoch wurden ihre Schlussfolgerungen von Sir Ronald A. Fisher (vgl. Stolley 1991) erheblich kritisiert. Er mutmaßte, dass der beobachtete Zusammenhang durch genetische Faktoren erklärbar ist, die sowohl für das Rauchen als auch für die Entstehung von Lungenkrebs ursächlich sind.

Damit finden wir in der Kritik Fishers das oben angesprochene Problem einer eingeschränkten internen Validität wieder, die Raum lässt für andere Erklärungen (hier genetische Faktoren) des beobachteten Zusammenhangs. Offensichtlich verbietet sich hier die Durchführung einer randomisierten kontrollierten Studie zum Nachweis dieses Zusammenhangs aus ethischen Gründen. Stattdessen brachte die von Doll und Hill anschließend durchgeführte prospektive Studie mit einer Kohorte von mehr als 34.000 Ärzten, die von 1951 bis 2001 lief, einen besseren Evidenznachweis. Auf die erste Publikation von Doll & Hill (1954) folgten zahlreiche weitere Publikationen bis in das Jahr 2004 (Doll et al. 2004). Damit trug diese so genannte "British Doctors Study" entscheidend zu der zunehmenden Evidenz des kausalen Zusammenhangs zwischen Rauchen und Lungenkrebs sowie weiteren Erkrankungen bei.

Die interne Validität einer Studie ist damit durch Verzerrungen aufgrund von Selektionseffekten oder Information Bias, wie sie weiter unten beschrieben werden, bzw. durch den unkontrollierten Einfluss von Störfaktoren (Confounding) gefährdet. Natürlich setzt interne Validität einer Studie darüber hinaus die Verwendung valider und reliabler Messinstrumente voraus (siehe unten).

Externe Validität und Repräsentativität

Eine nach Abschluss einer Untersuchung häufig entstehende Frage ist die der **Verallgemeinerbarkeit der Studienergebnisse**, d.h. inwiefern diese nicht nur für die Zielpopulation, sondern auch für externe Populationen Gültigkeit behalten. Dieses Gültigkeitsprinzip wird auch als **externe Validität** oder **Repräsentativität** bezeichnet. Zwei Beispiele mögen dies veranschaulichen:

Beispiel: Bei einer Studie, die die Beziehung zwischen einer Exposition mit Chromstaub am Arbeitsplatz und Lungenkrebs bei Männern nachgewiesen hat, stellt sich die Frage, ob dieses Studienergebnis auch für Frauen gilt. Bei einer Übertragung der Resultate auf Frauen würde unterstellt, dass die karzinogene Wirkung von Chrom bei Männern und Frauen den gleichen Effekt auf das Lungengewebe hat. Diese Annahme ist biologisch plausibel, so dass eine Übertragung des für Männer erhaltenen Ergebnisses auf Frauen gerechtfertigt erscheint.

Beispiel: Bei einer Studie mit ausschließlich männlichen Teilnehmern über den Zusammenhang von Krebserkrankungen und Pestizidexpositionen, die nachgewiesene östrogenartige Effekte haben, wird man eine solche Übertragung der Studienergebnisse auf Frauen weitaus kritischer betrachten. Hier muss man sich fragen, ob die hormonellen Unterschiede zwischen Männern und Frauen eine unterschiedliche physiologische Reaktion auf die Einwirkung dieser so genannten Xeno-Östrogene bedingen.

Die Verallgemeinerbarkeit der Studienergebnisse auf eine andere Population als die der Zielpopulation ist letztendlich das Ziel einer jeden epidemiologischen Studie, wenn dies auch nicht immer in der Studienplanung berücksichtigt wird. Einige Autoren (vgl. z.B. Breslow & Day 1980, Rothman et al. 2008 u.a.) halten den Aspekt der Repräsentativität einer epidemiologischen Studie deshalb für sekundär. Es erscheint plausibel, eine intern valide, auf eine bestimmte Gruppe beschränkte Studie einer so genannten repräsentativen Studie vorzuziehen, wenn dadurch garantiert wird, dass mögliche Fehlerquellen besser kontrolliert werden. Die oben beschriebene "British Doctors Study" ist hierfür ein Beispiel.

Beispiel: So kann es sinnvoll sein, dass bei einer Studie zum Zusammenhang von Luftverschmutzung und Atemwegserkrankungen Kinder als Zielpopulation definiert werden, denn Kinder arbeiten bei Untersuchungen häufig unbefangener mit und sind vielen Risikofaktoren, die störend wirken (Rauchen, Arbeitsplatzbelastungen etc.), nicht ausgesetzt.

Die Frage der Verallgemeinerungsfähigkeit setzt allerdings die Kenntnis von Wirkungsmechanismen voraus, die für die Beziehung von Exposition und Krankheit von Relevanz sind. Die Beurteilung der externen Validität von Studienergebnissen erfordert damit in der Regel ein biologisches und medizinisches Verständnis. Allerdings ist die interne Validität die grundlegende Voraussetzung, um die Ergebnisse überhaupt sinnvoll interpretieren und dann auch verallgemeinern zu können. Darüber hinaus wird man aber in der Regel fordern, dass die Ergebnisse einer Studie in anderen Studienpopulationen repliziert werden müssen, um ihre externe Validität zu sichern.

4.1.2   Zufällige und systematische Fehler

Neben dem Konzept der internen und externen Gültigkeit von Ergebnissen einer epidemiologischen Untersuchung kann auch eine formalere Betrachtung der Qualität von Studien erfolgen. Im Folgenden werden wir dabei voraussetzen, dass das Hauptziel einer epidemiologischen Studie in der Beantwortung einer ätiologischen Fragestellung liegt. Der vergleichende *Zielparameter*, der dann von Interesse sein soll, sei das *Odds Ratio* OR, denn dieses hat sich in sämtlichen Studienansätzen als schätzbar erwiesen (siehe Abschnitt 3.3).

Um den *Begriff der Qualität* einer epidemiologischen Studie auch quantitativ einzugrenzen, muss ein entsprechendes Kriterium festgelegt werden. Eine Möglichkeit besteht darin, dass der **Gesamtfehler der Untersuchung**, d.h. die Differenz des wahren Odds Ratios in der Zielgesamtheit OR_{Ziel} zum geschätzten Odds Ratio der Studiengesamtheit OR_{Studie},

$$\text{Gesamtfehler der Studie} = |\ OR_{Ziel} - OR_{Studie}\ |$$

möglichst *gering* sein soll. Gemäß den Ausführungen in Abschnitt 3.1.2 kann dann formal eine zufällige und eine systematische Fehlerkomponente unterschieden werden.

Zufällige Fehler

Mit dem Konzept des **Zufallsfehlers** sind die Begriffe der **Reliabilität** oder **Wiederholbarkeit**, auch **Präzision** oder **Zuverlässigkeit** verknüpft. Die Reliabilität wird durch die Stabilität oder Gleichartigkeit eines Ergebnisses bei Wiederholungen der Messung unter konstant gehaltenen Messbedingungen charakterisiert.

Bei diesem Fehlertyp geht man von der Idee aus, dass sich jeder beobachtete Wert als Summe eines wahren (und unbekannten) Parameters der Zielgesamtheit und einer zufälligen Abweichung ergibt.

Will man im Rahmen einer Untersuchung das Odds Ratio einer Zielpopulation OR_{Ziel} untersuchen, so wird der Schätzwert in der Untersuchungspopulation OR_{Studie} mit einem zufälligen Fehler behaftet sein, d.h. formal gilt:

$$OR_{Studie} = OR_{Ziel} + (zufälliger)\ Fehler.$$

Damit ist also das beobachtete Odds Ratio OR_{Studie} gleich dem wahren Odds Ratio OR_{Ziel} plus einer zufälligen und unbekannten, positiven oder negativen Abweichung.

Die Ursachen für einen zufälligen Fehler sind sehr vielfältig. Grundsätzlich entsteht er allerdings allein bereits dadurch, dass eine Studienpopulation eine (zufällige) Auswahl einzelner Individuen aus einer Zielpopulation darstellt. Wiederholt man eine Studie mit anderen, neu ausgewählten Individuen, so haben diese andere Krankheitsausprägungen und Messwerte. Damit erhält man für jede Auswahl von Individuen aus der Zielpopulation im Allgemeinen ein anderes Studienergebnis. Die so entstehende Variation ist charakteristisch für den zufälligen Fehler.

Diese Abweichungen vom Parameter der Zielpopulation, die im Mittel null sein sollten, werden vollständig durch die statistische Kennzahl der Varianz bzw. der Standardabweichung charakterisiert, die daher für die epidemiologische Planung berücksichtigt werden muss (siehe Anhang S bzw. Abschnitt 1.1). Die Größe der Varianz wird dabei in der Regel von zwei Faktoren bestimmt, der *"natürlichen" Variation* und dem *Stichprobenumfang* (siehe Abschnitt 1.1).

Um eine Vorstellung über die Größenordnung der "natürlichen" Variation zu erlangen, ist es vor Beginn einer epidemiologischen Studie sinnvoll, die *Variabilität der durchzuführenden Messung* zu ermitteln. Sie kann z.B. aus der Varianz in einer "Testpopulation" geschätzt werden.

Beispiel: Im Rahmen der Expositionsbestimmung von Schadstoffen ist es in der Regel sowohl aus finanziellen, aber auch aus technischen Gründen nicht möglich, komplexe physikalische, chemische oder biologische Untersuchungsinstrumente für sämtliche Teilnehmer einer Studie bereitzustellen. Das gilt insbesondere dann, wenn es sich um eine Kohortenstudie handelt, in der z.B. eine "lebenslange" Exposition festgestellt werden soll. In solchen Fällen ist es also sinnvoll, einfach handhabbare Messinstrumente einzusetzen. Solche einfachen Instrumente stellen z.B. so genannte Passivsammler dar, die nach einer gewissen Expositionszeit im Labor ausgewertet werden.

Die Varianz der Messungen dieser einfachen Messgeräte sollte im Rahmen eines Vorversuchs unter realen späteren Einsatzbedingungen ermittelt werden. Hierbei kann dann die empirische Varianz einer Teststichprobe als Schätzer für die Varianz genutzt werden (siehe Anhang S).

Die Varianz wird wesentlich beeinflusst durch die Präzision des eingesetzten Messverfahrens. Sie wird durch eine **Reliabilitätsprüfung**, d.h. durch Wiederholungsmessungen unter gleichbleibenden Bedingungen, bestimmt. Die Reliabilität wird üblicherweise als einfache *Prozentzahl der Übereinstimmung* angegeben, wenn man dasselbe Untersuchungsverfahren an denselben Individuen wiederholt anwendet. Ab wann von einem reliablen Untersuchungsinstrument gesprochen werden kann, ist abhängig vom Untersuchungsgegenstand sowie von der verwendeten Messmethode. So ist etwa bei der Prüfung eines Fragebogens auf gleichbleibende Ergebnisse sicherlich ein anderer Maßstab anzusetzen als bei einer physikalischen Messmethode wie z.B. der Bestimmung der Körpergröße.

Grundsätzlich ist allerdings stets davon auszugehen, dass mangelnde Reliabilität auch ein Hinweis auf systematische Fehler sein kann, die besondere Beachtung finden müssen.

Systematische Fehler

Das Konzept des **systematischen Fehlers** ist mit den Begriffen **Unverzerrtheit, Richtigkeit, Bias** oder **Accuracy** verbunden. Dabei können zum einen systematische Messfehler auftreten, die zu verfälschten Messdaten und in der Folge sogar zu verzerrten Studienergebnissen führen können. Zum anderen sind auf übergeordneter Ebene systematische Fehler in der Planung, im Design oder auch in der Durchführung epidemiologischer Studien möglich, die zwangsläufig das Studienergebnis verfälschen. Bei epidemiologischen Untersuchungen ist also immer zu prüfen, wodurch es zu einer Verfälschung von Studienergebnissen durch systematische Verzerrungen kommen kann, z.B. wenn die Expositionseinstufung durch den Krankheitsstatus beeinflusst wird oder wenn die Exposition einen Einfluss auf die Studienteilnahme hat. Die Betrachtung möglicher Verzerrungsquellen und deren Vermeidung sind von entscheidender Bedeutung bei der Planung einer Studie, so dass diesen Aspekten hier besondere Aufmerksamkeit geschenkt werden soll.

Um den Begriff der Verzerrung oder des Bias zu formalisieren, betrachten wir wiederum das nicht bekannte Odds Ratio einer Zielgesamtheit OR_{Ziel} und dessen Schätzung aus der Studienpopulation OR_{Studie}. Stellt sich der Schätzwert OR_{Studie} so dar, dass er die Summe des wahren Wertes OR_{Ziel}, einer systematischen Komponente Bias und eines zufälligen Fehlers bildet, d.h.

$$OR_{Studie} = OR_{Ziel} + Bias + (zufälliger) Fehler,$$

so spricht man von einer **verzerrten Schätzung** des Odds Ratios. **Bias** und **Verzerrung** werden synonym verwendet. Als bekannt kann dabei ausschließlich der beobachtete Wert der Studienpopulation OR_{Studie} unterstellt werden; sämtliche anderen Größen obiger Gleichung sind unbekannt.

Geht man davon aus, dass der zufällige Fehler im Durchschnitt null ist, so bedeutet die obige Gleichung, dass durch die Schätzung OR_{Studie} der wahre Parameter OR_{Ziel} durchschnittlich über- oder unterschätzt wird, je nachdem ob der Bias positiv oder negativ ist.

Eine *Überschätzung des wahren Odds Ratios (Bias > 0, Verzerrung nach oben)* führt dazu, dass ein Zusammenhang als stärker eingestuft wird als es der Realität entspricht, dass Zusammenhänge unterstellt werden, die in der Realität nicht vorhanden sind oder dass sogar protektive Effekte eliminiert oder ins Gegenteil verkehrt werden. Im ersten und zweiten Fall spricht man auch vom *"Bias away from the Null"*. Bei einer *Unterschätzung des Odds Ratios (Bias < 0, Verzerrung nach unten)*, wird ein vorhandener Zusammenhang als zu gering eingestuft oder gar nicht als solcher erkannt bzw. wird ein protektiver Effekt fälschlich angenommen oder überschätzt. Im ersten und zweiten Fall spricht man auch vom *"Bias towards the Null"*.

Beispiel: Klassische Beispiele für Verzerrungen findet man z.B. bei der Befragung von Fällen und Kontrollen in der Krebsepidemiologie. Geht man etwa davon aus, dass ein Fall, d.h. ein an Krebs erkrankter Patient, über die Ursachen seiner Erkrankung bereits viel nachgedacht hat, so wird er bei der Befragung möglicherweise Expositionen berichten, die eigentlich unbedeutend sind und die eine Kontrolle nicht erinnert. Dies führt dann zu einer systematischen Überschätzung eines Risikos.

Umgekehrt werden selbst verschuldete Risiken häufig ignoriert, so dass z.B. der Konsum von Zigaretten ggf. geringer eingeschätzt wird, als dies der Wahrheit entspricht. Dies kann zu einer Unterschätzung des diesbezüglichen Risikos führen.

Wir wollen an dieser Stelle darauf hinzuweisen, dass die obige Darstellung der Verzerrung nur exemplarischen Charakter hat. So werden wir auch andere Formen des Bias kennen lernen, die sich sämtlich dadurch auszeichnen, dass man die "Richtung der Verzerrung" beschreiben kann. Liegt ein verzerrtes Studienergebnis vor, so ist es nur durch die Kenntnis der Richtung des Bias möglich, das Studienergebnis zu interpretieren.

Üblicherweise unterscheidet man drei Typen von Verzerrungen,

–   den Selection Bias, d.h. die Verzerrung durch (nicht zufällige) Auswahl,

–   den Information Bias, d.h. die Verzerrung durch fehlerhafte Information bzw. Messung und

–   den Confounding Bias, d.h. die Verzerrung durch mangelhafte Berücksichtigung von Störgrößen,

die wir im Abschnitt 1.1 näher behandeln.

Beispiel: Abb. 4.1 verdeutlicht die Qualitätsbegriffe Validität, zufälliger und systematischer Fehler anhand einer Querschnittsstudie zum Auftreten von bakteriellen Zoonoseerregern in der Schweinemast (vgl. z.B. von Altrock et al. 2006). Als Zielpopulation werden sämtliche Schweine, die in einer Region gehalten werden (z.B.

Niedersachsen), angesehen. Es soll eine Aussage über die Prävalenz von Zoonoseerregern (z.B. Nachweis von Salmonella spp.) P_{Ziel} getroffen werden. Zu diesem Zweck wird ein Kollektiv von geschlachteten Schweinen eines Schlachthofes betrachtet und an dieser Studienpopulation die Prävalenz von Salmonella spp. P_{Studie} ermittelt. Dabei stellen sich drei Fragen: (1) Kann das Ergebnis der Studie durch Zufall erklärt werden? (2) Haben systematische Verzerrungen zu einer Scheinassoziation geführt? (3) Ist das Studienergebnis valide und verallgemeinerbar?

zu (1): Bei der konkreten Studiendurchführung können Abweichungen von der Zielgesamtheit entstehen. Der zufällige Fehler entsteht wesentlich durch die zufällige Entnahme einzelner Tiere. Nicht jedes Schwein eines Tierbestandes ist in gleichem Maße infiziert, nicht jeder landwirtschaftliche Betrieb ist im gleichen Umfang betroffen, so dass hierdurch eine Variation in der Population besteht.

zu (2): Zudem können systematische Fehler das Studienergebnis beeinflussen. Hierbei spielt etwa eine Rolle, dass die Fütterung der Tiere, der Aufbau und die Struktur des Stalls die Durchführung von Hygienemaßnahmen oder auch Art und Umfang der tierärztlichen Betreuung einen entscheidenden Einfluss auf das Auftreten von Salmonellen haben. Wenn diese Faktoren nun im Studienkollektiv systematisch anders strukturiert sind als in der Zielpopulation, so ist die Gefahr einer systematischen Unter- oder Überschätzung der Prävalenz P_{Ziel} gegeben.

zu (3): Als übergeordnetes internes Validitätsproblem ist die Frage zu beantworten, inwiefern dieses Schlachthofkollektiv überhaupt die Schweine in Niedersachsen repräsentiert. Werden hier ggf. nur Tiere aus sehr kleinen oder sehr großen Betrieben geschlachtet, treten auch Schlachtpartien anderer Bundesländer auf oder werden nur Tiere geschlachtet, die über eine spezielle Handelsstruktur vermarktet werden? Eine Erweiterung dieser Fragen auf eine externe Population, z.B. auf ganz Deutschland, ist in analoger Weise zu beantworten. Zudem muss hier der Frage nachgegangen werden, wie ein Nachweis von Salmonella spp. erfolgen soll, d.h. insbesondere welches Organ (Lymphknoten, Muskelfleisch, …) beprobt wird bzw. mit welcher Methode (kultureller oder serologischer Nachweis, PCR, …) eine Diagnose gestellt wird.

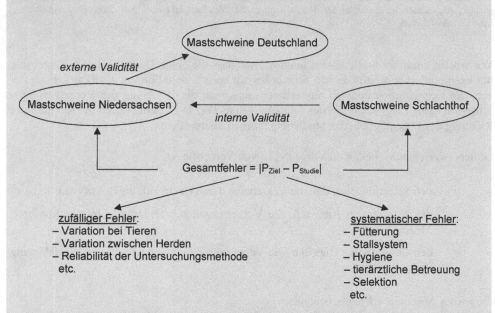

Abb. 4.1:   Qualitätsbegriffe epidemiologischer Studien am Beispiel einer epidemiologischen Untersuchung zum Auftreten bakterieller Zoonoseerreger in der Schweinemast

Optimierung des Studiendesigns

Eine epidemiologische Untersuchung kann niemals frei von Fehlern sein. Damit ist es für die Interpretation einer epidemiologischen Studie unerlässlich, das Ausmaß der Fehlertypen zu beschreiben bzw. Strategien zu entwickeln, diese Fehler in angemessener Art und Weise zu minimieren bzw. zu korrigieren.

Hierbei können im Wesentlichen zwei grundsätzliche Strategien unterschieden werden, die *Fehlerkontrolle im Design einer Studie* sowie die *Fehlerkontrolle bei der statistischen Auswertung*. In den folgenden Abschnitten dieses Kapitels werden wir uns zunächst der Fehlerkontrolle mittels des Studiendesigns widmen, d.h. der Planungsphase einer epidemiologischen Untersuchung. Die statistische Analyse und hierin enthaltene Fehlerkontrollen werden in Kapitel 6 behandelt.

Im Folgenden werden also Aspekte zur Optimierung des Studiendesigns behandelt. Dabei handelt es sich um Maßnahmen, die zu einer Reduzierung sowohl der zufälligen wie auch der systematischen Fehlerkomponente bei gegebenem Studientyp beitragen. Damit ist nicht gemeint, ob etwa eine Kohorten- oder eine Fall-Kontroll-Studie besser zur Untersuchung einer epidemiologischen Fragestellung geeignet ist. Die Entscheidung über den zu wählenden Studientyp sei schon vorher gefallen. Grundgedanke einer Optimierung ist stets, dass – in epidemiologischer Hinsicht – die Vergleichbarkeit der Untersuchungsgruppen auch tatsächlich erreicht ist (Minimierung des systematischen Fehlers), und zwar bei einer möglichst hohen Präzision (Minimierung des zufälligen Fehlers).

4.2   Auswahl der Studienpopulation

Ein erster entscheidender Schritt einer epidemiologischen Studie ist die Auswahl einer Studienpopulation. Zunächst sind die Ziel- und damit die Studienpopulation zu definieren und anschließend die Methode zur Auswahl der Studienteilnehmer aus der Zielgesamtheit festzulegen. Dies führt zur Definition von Ein- und Ausschlusskriterien sowie zur Festlegung eines Auswahldesigns.

4.2.1   Ein- und Ausschlusskriterien

Die Definition einer Zielpopulation beginnt mit rein fachlichen Erwägungen und wird im Regelfall zunächst sehr global sein, z.B. die gesamte Bevölkerung eines Landes oder einer Region. Häufig spielen dann aber praktische Erwägungen, fachliche Einschränkungen und Fragen der Reduktion von zufälligen wie systematischen Fehlern bei der endgültigen Definition der Ziel- und darauf aufbauend der Studienpopulation eine Rolle.

Beispiel: Im Rahmen einer Fall-Kontroll-Studie sollen Patienten eines Krankenhauses als Fälle aufgenommen werden. Folgende Kriterien werden festgelegt, um Patienten nicht in die Studie aufzunehmen:

(1)   "Patient älter als 75 Jahre",
(2)   "Patient wohnt derzeit nicht im Studiengebiet",
(3)   "keine ausreichenden deutschen Sprachkenntnisse für ein Interview",
(4)   "Datum der ersten Diagnose älter als drei Monate".

Die Definition dieser Kriterien mag unterschiedliche Hintergründe haben. Für die Beschränkung des Alters der einzuschließenden Patienten (1) gibt es häufig mehrere Gründe: Ältere Patienten sind in der Regel weniger aufmerksam, weisen größere Erinnerungslücken bei einem Interview auf und haben insgesamt ein schlechteres Verständnis für Befragungen. Damit ist die Qualität von Befragungen älterer Patienten in der Regel schlechter, und es besteht die Gefahr einer Altersabhängigkeit der Befragungsergebnisse. Ein weiterer Grund für den Ausschluss alter Patienten ist die im hohen Alter häufige Multimorbidität und eine damit verbundene Diagnoseunsicherheit, die eine weitere potenzielle Verzerrungsquelle darstellt.

Das Kriterium (2) einer regionalen Einschränkung kann logistisch begründet sein, denn die Einschränkung auf eine Region vereinfacht die Erfassung der Studienteilnehmer, insbesondere dann, wenn die Erhebung ganz oder teilweise vor Ort erfolgen muss. Im Vordergrund stehen bei einer solchen Einschränkung aber fachliche Überlegungen, z.B. um den Populationsbezug zum Einzugsbereich der Klinik für Fälle und Kontrollen gleich zu definieren.

Auch bei Kriterium (3) können Praktikabilitätsüberlegungen eine Rolle spielen: Reichen die Deutschkenntnisse ausländischer Patienten nicht zur Beantwortung der Fragen aus, ist eine systematische Verzerrung zu befürchten, die sich ggf. durch die Bereitstellung des Fragebogens in verschiedenen Sprachen und fremdsprachiger Interviewer ausgleichen lässt, was den Aufwand der Befragung jedoch erheblich erhöht.

Das Kriterium (4) wurde bereits im Abschnitt 3.3.3 über auswahlbezogene Fall-Kontroll-Studien diskutiert. Bei Erkrankungen mit hoher Letalität (kurzer mittlerer Überlebenszeit) stellt es sicher, dass die Fallgruppe nicht durch lang Überlebende verzerrt wird.

Zusammengefasst zeigt das obige Beispiel, dass die Restriktion einer Ziel- und damit der Studienpopulation häufig die *Feldarbeit logistisch vereinfacht, homogenere bzw. vergleichbarere Gruppen* erzeugt und *Störfaktoren kontrollieren* hilft.

Insbesondere die Frage der Homogenität von Gruppen spielt dabei eine außerordentliche Rolle, denn häufig sind bei der Untersuchung einer Erkrankung Faktoren beteiligt, die gar nicht (mehr) von wissenschaftlichem Interesse sind, wie etwa das Geschlecht oder das Alter. Werden also nur Männer in eine Studie einbezogen, so kann das Geschlecht nicht mehr als Störfaktor in der Untersuchung wirken. Führt man eine Querschnittsuntersuchung bei der Einschulungsuntersuchung durch, so ist das Alter als Einflussgröße im Wesentlichen eliminiert. Allerdings kann dann der Effekt des eliminierten Faktors in der Studie auch nicht mehr untersucht werden.

Die *Restriktion* einer Studienpopulation ist mit weiteren *Nachteilen* behaftet. So kann eine zu scharfe Eingrenzung dazu führen, dass die *Zahl* der zur Verfügung stehenden *Individuen so stark eingeschränkt* wird, dass die Aussagegenauigkeit zu gering wird bzw. man eine überproportional lange Studiendauer einkalkulieren muss, bis eine hinreichende Anzahl von Fällen erreicht ist.

Beispiel: Solche Phänomene traten beispielsweise bei der Untersuchung des Bronchialkarzinoms durch Passiv-Rauchen auf. Hier wurden Studien anfänglich vor allem bei nichtrauchenden Frauen durchgeführt (vgl. z.B. Boffetta et al. 1998, Kreuzer et al. 2000). Da die Anzahl der an Lungenkrebs erkrankten Frauen gering ist und die Studien sich zudem auf Nichtraucherinnen beschränkten, war die Anzahl der in die Studien eingeschlossenen Patientinnen oft sehr gering.

Ein weiterer Nachteil der Restriktion ergibt sich durch die eingeschränkte Induktionsbasis, was mit dem häufigen Anspruch zusammenhängt, die Ergebnisse einer Studie über die Studienpopulation hinaus zu verallgemeinern. Durch Ausschluss von Individuen, die eigentlich zur Zielgesamtheit gehören, müssen diese zu einer externen Population gezählt werden, wodurch sich die Frage nach der *externen Validität* stellt. Dieses Problem hatten wir bereits in Abschnitt 4.1.1 betrachtet.

Als wichtigster Nachteil der Restriktion kann allerdings die Tatsache angesehen werden, dass mögliche *Wechselwirkungen* der in die Studie aufgenommenen Risikofaktoren mit den durch Ausschluss eliminierten Faktoren *nicht* mehr durch die Studie erfasst werden.

Beispiel: Bei der Untersuchung des durch Exposition mit Radon in Innenräumen induzierten Lungenkrebses können zwei Klassen von Fall-Kontroll-Studien unterschieden werden (vgl. Samet et al. 1991).

So werden in einer Reihe von Studien sämtliche inzidenten Fälle einer Region aufgenommen. Damit kann jeder Risikofaktor (Radon-, Asbest-, Passivrauchexposition, Rauchen etc.) erfasst und sowohl einzeln wie auch in seinem synergistischen Wirken untersucht werden.

Da Rauchen im Sinne eines attributablen Risikos einerseits als wichtiger Risikofaktor bereits relativ gut untersucht ist und andererseits mögliche Effekte einer Radonbelastung überdecken mag, werden in einer anderen Reihe von Studien überwiegend oder ausschließlich Nichtraucher in die Studie aufgenommen. Sollte es einen Synergismus zwischen Rauchen und Radonexposition geben, kann dieser aber in solchen Studien nicht entdeckt werden.

So ist bei der Festlegung von Ein- und Ausschlusskriterien in epidemiologischen Studien nicht nur auf Fragen der Homogenität der Studienpopulation, der Verzerrungsminimierung und der praktischen Durchführung zu achten, sondern auch klar abzugrenzen, welche Risiken dann (noch) untersucht werden können. Homogenität der Studienpopulation im Sinne geringer Verzerrungen und Heterogenität im Sinne größter Verallgemeinerungsfähigkeit stehen dabei in einem gewissen Widerstreit, so dass hier stets ein ausgewogener Kompromiss gefunden werden muss.

4.2.2   Randomisierung und zufällige Auswahl

Ein Grundprinzip der Vergleichbarkeit in *experimentellen Studien* ist das der Randomisierung der Individuen aus der Studienpopulation in die zu vergleichenden Gruppen. Unter **Randomisierung** versteht man die zufällige Aufteilung einer Gruppe von Individuen in zwei (oder mehrere) Gruppen. Hierdurch werden bekannte und unbekannte Einflussfaktoren gleichmäßig auf die Gruppen verteilt, so dass beobachtete Unterschiede sich nur noch durch die Zugehörigkeit zur Gruppe erklären lassen.

Dieses Prinzip findet in allen experimentellen Untersuchungen, z.B. bei *klinischen Studien* zum Therapievergleich, seine ständige Anwendung. Hier wird beispielsweise einer Population von Patienten einer Klinik, die an einer bestimmten Krankheit leiden, zufällig ein Medikament A oder ein Medikament B verabreicht. Da wegen der zufälligen Zuteilung angenommen werden kann, dass Variablen wie das Geschlecht oder das Alter in den Gruppen gleich verteilt sind, kann ein unterschiedlicher Krankheitsverlauf nach Medikamentengabe daher ziemlich sicher auf die Medikamententherapie zurückgeführt werden.

Bei epidemiologischen Studien sollte die Randomisierung dann zum Einsatz kommen, wenn eine solche experimentelle Anordnung praktikabel und ethisch vertretbar ist. Dies gilt im Wesentlichen nur für Interventionsstudien (siehe Abschnitt 3.3.5). Bei dieser Studienform besteht wie bei *Therapiestudien* die Möglichkeit, dass vor Studienbeginn Art und Stärke einer Studienexposition den unterschiedlichen Gruppen zugeordnet werden können. So wurde z.B. im Rahmen der Deutschen Herz-Kreislauf-Präventions-Studie gewissen Bevölkerungsgruppen ein Programm zur bewussten Ernährung nahe gebracht, andere Gruppen wurden nicht in dieser Form informiert.

Da epidemiologische Studien aber in aller Regel Beobachtungsstudien darstellen, in denen eine solche experimentelle Zuordnung nicht möglich ist, kommt der **zufälligen Auswahl der Studienpopulation** aus der Zielgesamtheit eine besondere Bedeutung zu. Hier wird die Vergleichbarkeit im Wesentlichen dadurch erreicht, dass jede theoretisch mögliche Studienpopulation die gleiche Wahrscheinlichkeit besitzt, aus der Zielgesamtheit gezogen zu werden. Dies garantiert wie bei der Randomisierung, dass bekannte und unbekannte *Risikofaktoren in den zu vergleichenden Gruppen gleich verteilt* sind.

Als einfachste Form der zufälligen Auswahl einer Untersuchungspopulation aus einer Zielpopulation gilt die **einfache Zufallsstichprobe**. Bei diesem Auswahlverfahren geht man von der Vorstellung aus, dass die Stichprobenziehung analog einem Urnen- oder Lostrommelmodell gestaltet wird, d.h., dass man entweder gleichzeitig oder nacheinander die Untersuchungsteilnehmer aus den Individuen der Zielgesamtheit zufällig entnimmt. Obwohl eine solche Zufallsauswahl technisch einfach möglich ist, ist diese insbesondere bei großen Populationen sehr anspruchsvoll und mit immensen logistischen Problemen behaftet. So steht z.B. für die Zielpopulation der deutschen Bevölkerung kein Populationsregister als geschlossene Auswahlgrundlage zur Verfügung. Daher werden in der Praxis meist zwei weitere Prinzipien der zufälligen Auswahl eingesetzt.

Eine erste Möglichkeit besteht in der eindeutigen Zerlegung einer Zielpopulation in disjunkte **Schichten** (auch **Strata, Gruppen, Klassen, Subpopulationen**). Entnimmt man aus jeder der so definierten Schichten unabhängig voneinander eine zufällige Stichprobe, so spricht man von einer **geschichteten Zufallsauswahl**. Im Gegensatz zur einfachen Zufallsauswahl wird somit eine definierte Anzahl von Teilauswahlen aus der Gesamtpopulation gezogen und diese gemeinsam analysiert. Diese Vorgehensweise bietet sich nicht nur bei "natürlichen Schichten" an (z.B. Definition der Teilpopulationen nach Regionen, nach Geschlecht etc.), sondern kann auch auf beliebige Kriterien (z.B. Definition der Teilpopulationen nach Alter, nach Raucherstatus etc.) erweitert werden, sofern die diesbezüglichen Variablen bei der Auswahlplanung zur Verfügung stehen.

Ein solches Vorgehen dient nicht nur der Übersichtlichkeit und Strukturierung einer Zielpopulation, sondern führt auch bei der Stichprobennahme selbst zu Vereinfachungen. Da aber auch hier in den einzelnen Schichten eine Zufallsstichprobe aus der Zielpopulation gezogen werden muss, sind bei großen Populationen die gleichen logistischen Schwierigkeiten wie bei der einfachen Zufallsauswahl zu erwarten.

Damit erscheint zumindest dann, wenn große Populationen als Zielgesamtheit betrachtet werden, die Voraussetzung einer direkt zugreifbaren Auswahlpopulation praktisch nicht erfüllt. In solchen Situationen versucht man deshalb, die Studienteilnehmer nicht unmittelbar, sondern stufenweise zu erheben.

Technisch bedeutet dies, dass man eine Zielpopulation zunächst in disjunkte Teilmengen zerlegt und aus diesen Mengen in einer ersten Stufe eine gewisse Anzahl zufällig vollständig auswählt. Wiederholt man das Zerlegungsprinzip zu einer weiteren Auswahl bei diesen bereits gewählten Gruppen erneut, so spricht man von einer **mehrstufigen Klumpen-Auswahl (multistage cluster sampling)**. Die auf jeder Stufe auszuwählenden Einheiten heißen dann auch **Primär-, Sekundär-, Tertiäreinheiten** etc.

Beispiel: Ein solches Prinzip der stufenweisen Ziehung von Studienteilnehmern wird in Abb. 4.2 verdeutlicht. Für eine repräsentative Stichprobe aus der Bevölkerung kann man z.B. zunächst Gemeinden und dann in den ausgewählten Gemeinden Untersuchungsteilnehmer auswählen.

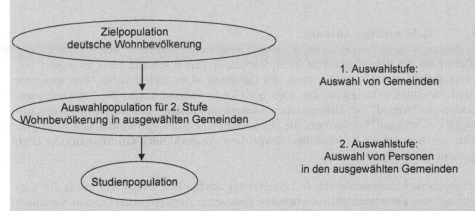

Abb. 4.2:   Zweistufige Auswahl von Personen (1. Auswahlstufe: Auswahl von Gemeinden, 2. Auswahlstufe: Auswahl von Studienteilnehmern)

In einer ersten Auswahlstufe werden Gemeinden als Primäreinheiten definiert. Hier kann z.B. eine Auswahl mit einer Wahrscheinlichkeit für eine Gemeinde proportional zu ihrer Größe aus öffentlich zugänglichen Listen (vgl. z.B. Statistisches Bundesamt 2007) per Zufall erfolgen. Ausschließlich in den so ausgewählten Gemeinden kann dann eine Zufallsauswahl von Studienteilnehmern erfolgen (z.B. durch eine genehmigungspflichtige Auswahl aus dem Einwohnermelderegister).

Ein wesentlicher Aspekt einer solchen sukzessiven Erfassung von Studienteilnehmern ist, dass eine Auswahlgrundlage immer nur für jede Stufe einzeln zu beschaffen ist, so dass man sich diesbezüglich auf existierende Datenbestände beschränken kann. Diese Vorgehensweise erleichtert die Erhebungsorganisation somit erheblich und sichert gleichzeitig den *Schutz persönlicher Daten*, denn die Erhebung von Individuen erfolgt bis auf die letzte Erhebungsebene vollkommen anonym. Jedes auf der letzten Stufe ausgewählte Individuum hat die Entscheidungsmöglichkeit zur Teilnahme an der Studie. Zudem wird die technische Organisation der Erhebung stark vereinfacht. Die *Vorteile der Stufenbildung* liegen damit vor allem im organisatorischen und wirtschaftlichen Bereich.

Demgegenüber hat die *Stufenbildung* allerdings auch einige *Nachteile*, die sich durchaus auf die Repräsentativität der Ergebnisse auswirken können. So kann man in der Regel davon ausgehen, dass Personen in einem Cluster gemeinsame Merkmale aufweisen und in Zusammenhang zueinander stehen, so dass u.U. die dann gewonnenen Ergebnisse korreliert sind. Wählt man so z.B. auf einer ersten Stufe Gemeinden aus und haben diese (zufällig) jeweils nur sehr geringe Einwohnerzahlen, so ist zu vermuten, dass sich allein hierdurch eine Verzerrung ergibt, wenn der Studiengegenstand von solchen demographischen Umständen beeinflusst werden kann.

Die drei vorgestellten Grundprinzipien der zufälligen Auswahl von Studienteilnehmern stellen allerdings nur ein erstes Gerüst der Stichprobenprinzipien dar. Für eine detaillierte Beschreibung der Theorie und Technik zufälliger Auswahlverfahren sei der an Details interessierte Leser z.B. auf Cochran (1977), Kreienbrock (1993), Pokropp (1996), Barnett (2002), Dohoo et al. (2009) oder Kauermann & Küchenhoff (2011) verwiesen.

4.2.3   Nicht-zufällige Auswahl

Die Definition der Repräsentativität einer Studienpopulation schreibt nicht zwingend vor, dass eine Zufallsauswahl erfolgen muss. Im Gegenteil ist es auch denkbar, dass man eine Auswahl von Untersuchungseinheiten ganz bewusst so vornimmt, dass die Untersuchungspopulation ein "Abbild" der Zielpopulation darstellt und deshalb von Repräsentativität ausgegangen werden kann. Stichproben, die auf solchen bewussten, nicht-zufälligen Prinzipien beruhen, werden auch als **Beurteilungsstichproben**, **Auswahl nach Gutdünken** oder engl. **Judgement Sampling** bezeichnet.

Die angegebene Charakterisierung von Beurteilungsstichproben enthält vor allem die Voraussetzung, dass ein wissenschaftlich bewusst gesteuerter Auswahlprozess diesen Verfahren zugrunde liegt. Damit können spontane oder **Auswahlen aufs Geratewohl** nicht als repräsentative Erhebungsmethoden bezeichnet werden, denn sie unterliegen keinem nachvollziehbaren und wiederholbaren Steuerungsmechanismus und werden deshalb in der Regel zu einer verzerrten Auswahl führen.

Beispiel: Als klassisches Beispiel in diesem Zusammenhang gelten die Passantenuntersuchungen, die nach Ende des 2. Weltkriegs in Deutschland von den Alliierten durchgeführt wurden. Hier wurden an öffentlichen Plätzen oder an Bahnhöfen Waagen aufgestellt, willkürlich vorbeikommende Passanten gewogen, um hiermit das Durchschnittsgewicht der Bevölkerung zu ermitteln und damit eine Aussage über den Gesundheitszustand der Bevölkerung zu erhalten.

Dass dieses Verfahren als nicht repräsentativ gelten muss, ist offensichtlich, denn hierdurch wird nur der mobilere Bevölkerungsteil erfasst; Kranke und Schwache werden unterrepräsentiert sein. Damit konnte davon ausgegangen werden, dass das so ermittelte Durchschnittsgewicht den wahren Wert in der Zielpopulation überschätzte.

Obwohl diese und ähnliche Formen der *Ad-hoc-Befragungen* offensichtlich zu *verzerrten Ergebnissen* führen, sind sie auch heute noch üblich (vgl. z.B. Riemann & Wagner 1994).

Um eine solche Auswahl aufs Geratewohl von einer wissenschaftlich geplanten Beurteilungsstichprobe abzugrenzen, ist es notwendig, den Planungsaspekt weiter zu spezifizieren. Die Grundprinzipien hierfür wurden insbesondere in der Markt-, Meinungs- bzw. der empirischen Sozialforschung entwickelt (vgl. z.B. Menges & Skala 1973, Böltken 1976, Hauser 1979, Kreienbrock 1993). Auch für gesundheitswissenschaftliche und epidemiologische Fragestellungen liegen entsprechende Erfahrungen vor (WHO 2011). Dabei wird im Wesentlichen versucht, Verfahren der Rekrutierung einer Studienpopulation zu etablieren, die als geeignete Ersatzverfahren dem Kriterium der Zufälligkeit zumindest annähernd entsprechen.

Systematische Auswahl

Die bekannteste Art eines Ersatzverfahrens für die zufällige Auswahl ist die **systematische Auswahl**. Hierbei wird, ausgehend von einer ersten Untersuchungseinheit, jede weitere Einheit der Zielgesamtheit systematisch entnommen (z.B. jede hundertste).

Die systematische Auswahl kann immer dann zur Anwendung kommen, wenn die Auswahlgesamtheit geordnet ist, d.h., wenn z.B. Stichproben aus Karteien, von Listen oder elektronischen Datenträgern gezogen werden sollen, aber auch wenn die Zielgesamtheit "physikalisch geordnet" ist, z.B. bei Patienten, die nacheinander in eine Klinik eingeliefert werden, oder auch in der Veterinärepidemiologie, wenn Tiere in einem Bestand in speziellen Haltungssystemen geordnet gehalten werden.

Beispiel: Eine wichtige Datenquelle für repräsentative epidemiologische Untersuchungen stellen die Daten von Einwohnermeldeämtern dar, denn diese können als einziges (mehr oder weniger) vollständiges Verzeichnis der Zielpopulation Gesamtbevölkerung (einer Gemeinde) angesehen werden. In Abb. 4.3 ist ein Musteranschreiben zur Anforderung und das Ziehungsverfahren für die Erstellung einer systematischen Stichprobe beschrieben, so wie sie von einer öffentlichen Forschungseinrichtung an ein Einwohnermeldeamt gerichtet werden kann.

Sehr geehrte Damen und Herren,

für die im Anhang beschriebene Studie benötigen wir eine Zufallsstichprobe aus Ihrer Gemeinde von 300 Personen (150 Männer und 150 Frauen) im Alter von 20–69 Jahren. Dazu bitten wir Sie, uns folgende Daten für die gezogenen Personen zu übermitteln:

– Name, Vorname (gegebenenfalls Titel),
– Geschlecht,
– Geburtsjahr oder Datum,
– Wohnanschrift,
– Telefonnummer,
– Staatsangehörigkeit.

Wir bitten Sie um die Ziehung einer solchen Stichprobe und die Übermittlung der aufgeführten Variablen. Die zu ziehende Stichprobe soll wie folgt aufgebaut sein:

Altersgruppe	Anzahl der benötigten Personen
20–29	je 30 Männer und Frauen
30–39	je 30 Männer und Frauen
40–49	je 30 Männer und Frauen
50–59	je 30 Männer und Frauen
60–69	je 30 Männer und Frauen

Zur Ermittlung der Stichprobe schlagen wir vor, dass Sie eine "Systematische Zufallsauswahl mit Startzahl und Intervall" verwenden. Ermitteln Sie dazu bitte die Anzahl der Einwohner, die in die oben definierten Geschlechts- und Altersgruppe gehören (hier mit N bezeichnet). Sollten Sie diesbezügliche Angaben nicht bereits vorliegen haben und sollte eine Zählung dafür zu teuer sein, so schätzen Sie diese Anzahl bitte (im Zweifelsfall eher konservativ, also lieber zu klein als zu groß).

Um aus der jeweiligen Geschlechts- und Altersgruppe die von uns gewünschte Stichprobe ziehen zu können,
berechnen Sie nun bitte das Ziehungsintervall, indem Sie N durch die Zahl der von uns benötigten Adressen
dividieren und das Ergebnis ganzzahlig abrunden, und die Startzahl, indem Sie N durch 2 teilen und das Ergebnis ganzzahlig abrunden.

Stellt man sich nun vor, die Adressen im Melderegister wären durchnummeriert, so wäre als erste Adresse
diejenige auszuwählen, deren Nummer der Startzahl entspricht. Die Nummern der weiteren zu bestimmenden
Adressen werden durch fortlaufende Addition des Ziehungsintervalls erzeugt.

Rechenbeispiel:
Nehmen wir an, dass in der Gruppe der 20–29-jährigen Männer 1.783 Personen gemeldet sind, von denen
hier 30 auszuwählen sind, so teilen Sie diese Zahl durch die Zahl der Auszuwählenden, hier: 30, und runden
das Ergebnis 59,43 auf 59 ab. Die Intervalllänge wäre also 59. Teilen Sie N (im Beispiel hier 1.783) nun seinerseits durch 2 und runden Sie das Ergebnis 891,5 ggf. wiederum ab. Ihre Startzahl wäre also 891.

Zu ziehen wären dann die 891., die 950., die 1009. Person, bis Sie an das Ende Ihrer Kartei/Datei gelangt
sind. Wenn die Anzahl der zu ziehenden Personen noch nicht erreicht ist, gehen Sie an den Anfang der Kartei
(die letzte gezogene Person ist z.B. 1.764. Die nächste zu ziehende Person wäre dann die 40.). Sollten geringfügig mehr Personen ausgewählt werden als oben angegeben, so teilen Sie uns in diesem Fall bitte alle
ausgewählten Adressen mit.

Mit freundlichen Grüßen

Abb. 4.3:   Musteranschreiben zur Ermittlung von Bevölkerungskontrollen im Rahmen einer epidemiologischen Studie

Durch eine systematische Auswahl erhält man dann vergleichbare Gruppen, wenn mit dem
systematischen Entnehmen von Studienteilnehmern nicht eine Systematik der Zielgesamtheit
getroffen wird. Nachfolgendes Beispiel verdeutlicht diese Problematik.

Beispiel: In der Vergangenheit lagen Daten der Einwohnermeldeämter noch in Form von Karteikarten vor.
Daher wurde aus Gründen der technischen Verfahrensvereinfachung (Stichprobenziehung durch Laien) häufig
vorgeschlagen, Stichproben aus dieser Kartei systematisch zu entnehmen.

Hierbei war darauf zu achten, dass die Meldekarteien zunächst alphabetisch nach Namen und innerhalb eines
Haushalts nach dem Geburtstag der Familienmitglieder sortiert waren. Damit war innerhalb eines typischen
Haushalts die Sortierung, dass zunächst der Vater, dann die Mutter und anschließend die Kinder in der Kartei
abgelegt sind. Entschloss man sich bei einer systematischen Stichprobennahme, innerhalb eines Haushaltes
stets die zweite Person zu entnehmen, so erhielte man eine repräsentative Mütterstichprobe und keine repräsentative Bevölkerungsstichprobe, denn durch das Ordnungskriterium wären Frauen überproportional vertreten.

Das Beispiel zeigt, dass vor Entnahme einer systematischen Auswahl zunächst geprüft werden muss, inwieweit eine Struktur innerhalb der Grundgesamtheit vorhanden ist, um nicht
diese Struktur gerade durch die Systematik der Stichprobenziehung widerzuspiegeln.

Quotenauswahl

Die wohl bekannteste Beurteilungsstichprobe ist die **Quotenauswahl**. Eine Quote ist ein
Anteil bzw. eine Verteilung von Anteilen von Merkmalswerten einer bestimmten Variable
(Quotierungsmerkmal), der oder die vorschreiben, zu welchen Anteilen bezüglich der Quotierungsvariable Individuen in die Untersuchungspopulation aufgenommen werden sollen.

Beispiel: Sind z.B. in einer Zielpopulation 60% der Bevölkerung einem städtischen und 40% einem ländlichen Wohnumfeld zuzuordnen, so sollen bei einer Quotenauswahl aus dieser Zielpopulation auch 60% der in die Stichprobe gelangten Personen in der Stadt bzw. 40% auf dem Land wohnen.

Führt man eine solche Anweisung exakt durch, so ist der Anteil von Individuen mit der bestimmten Merkmalsausprägung in der Untersuchungspopulation gleich dem in der Zielpopulation. Bezüglich des Quotierungsmerkmals (oder auch mehrerer) kann durch diese Vorgehensweise damit ein repräsentatives Abbild der Zielgesamtheit geschaffen werden.

Diese Auswahltechnik ist immer dann einsetzbar, wenn die Individuen der Studienpopulation sukzessive für die Studie ausgewählt werden und die eigentliche Auswahl dem Studienpersonal obliegt. Hierbei liegt dann kein fester Auswahlplan in dem Sinn vor, dass dem Studienteam vorgeschrieben wird, welche der Individuen der Zielpopulation auszuwählen sind. Vielmehr hat das Studienpersonal eine freie Auswahl bei der Erhebung, muss diese aber den vorgegebenen Quoten anpassen.

Das Prinzip der Quotenauswahl wird häufig bei Querschnittsstudien eingesetzt, um eine gegebene Struktur der Population möglichst exakt abzubilden. Auch wird dieses Prinzip bei Fall-Kontroll-Studien bei der Ermittlung der Kontrollgruppe eingesetzt, wenn diese mittels eines Häufigkeitsmatching (siehe Abschnitt 4.5.2) den Fällen zugeordnet werden sollen. Im letzten Fall müssen die Quoten kein direktes repräsentatives Abbild der Zielgesamtheit sein. Vielmehr erfolgt die Quotierung dann so, wie es erforderlich ist.

Das Untersuchungsteam hat in diesem Beispiel direkten Einfluss auf die Auswahl der Untersuchungspopulation, so dass die Repräsentativität trotz Vorgabe von Quoten gestört sein kann. Dies gilt besonders dann, wenn die Auswahlquoten ausschließlich dem Matching dienen, dessen Zweck in der Confounderkontrolle und nicht in der Repräsentativität liegt (siehe Abschnitt 4.5.2). Übliche Quotierungsmerkmale der empirischen Sozialforschung wie Beruf oder Familienstand, die sich dort als Repräsentativität sichernde Merkmale bewährt haben, können dann nicht mehr kontrolliert werden, wodurch die Gefahr einer systematischen Verzerrung besteht, wenn, wie in diesem Beispiel, innerhalb der jeweiligen Quote keine Zufallsauswahl erfolgt.

Quotenstichproben haben allerdings auch eine Reihe von *Vorteilen*. Abgesehen davon, dass Quotenverfahren oft die einzige Möglichkeit bilden, eine mehr oder weniger repräsentative Auswahl durchzuführen, sind sie sehr kostengünstig. Neben dieser Wirtschaftlichkeit, die besonders im Gegensatz zu zufälligen Auswahlverfahren zum Tragen kommt, können Quotenverfahren schnell umgesetzt werden. Dies begründet sich in der relativ schnellen Ausarbeitung der Quotenanweisungen, im Gegensatz zur meist komplizierten Erstellung von zufälligen Stichprobenplänen. Somit ist das Quotenverfahren besonders für kurzfristig angelegte Untersuchungen geeignet.

Beispiel: Abb. 4.4 zeigt einen so genannten Quotenplan am Beispiel einer Arbeitsanweisung zur Erfassung von Kontrollen in einem Krankenhaus. Insgesamt sind dem Studienteam Quotenvorgaben für insgesamt 20 Interviews vorgegeben. Dabei wurden mit dem "Geschlecht", dem "Alter" und dem "Landkreis" drei Quotierungsmerkmale definiert. Es sollen 17 Männer und 3 Frauen, 2 Personen unter 50, 3 zwischen 50 und 55 Jahren etc. in die Studie aufgenommen werden. Das Team muss nun in der Klinik Patienten ausfindig machen, die diesen Kriterien genügen. Die eigentliche Auswahl der Krankenhauskontrollen ist unter den gegebenen Umständen des Klinikablaufes in diesem Fall willkürlich. Nach jedem geführten Interview werden jeweils die durch die interviewte Kontrollperson erfüllten Kritereien gestrichen, wodurch sich der Auswahlspielraum immer weiter einengt. Deshalb ist darauf zu achten, dass keine unmöglichen oder sehr seltenen Merkmalskombinationen verbleiben, die dazu führen, dass die Rekrutierung von Interviewpartnern verzögert wird.

KONTROLLEN (EG-STUDIE)

Klinik: _____

Interviewer/in: _____

Kennzeichnung: _____

Anzahl
zu interviewender Kontrollen:

| 1 | 2 | 3 | 4 | 5 | 6 | 7 | 8 | 9 | 10 | 11 | 12 | 13 | 14 | 15 | 16 | 17 | 18 | 19 | 20 | 21 |

Geschlecht

männlich:

| 1 | 2 | 3 | 4 | 5 | 6 | 7 | 8 | 9 | 10 | 11 | 12 | 13 | 14 | 15 | 16 | 17 | 18 | 19 | 20 | 21 |

weiblich:

| 1 | 2 | 3 | 4 | 5 | 6 | 7 | 8 | 9 | 10 | 11 |

Altersgruppe

< 50 | 1 | 2 | 3 | 4 | 5 | 6 | 7 | 8 | 9 | 10 | 11 |

50 –< 55 | 1 | 2 | 3 | 4 | 5 | 6 | 7 | 8 | 9 | 10 | 11 |

55 –< 60 | 1 | 2 | 3 | 4 | 5 | 6 | 7 | 8 | 9 | 10 | 11 |

60 –< 65 | 1 | 2 | 3 | 4 | 5 | 6 | 7 | 8 | 9 | 10 | 11 |

65 –< 70 | 1 | 2 | 3 | 4 | 5 | 6 | 7 | 8 | 9 | 10 | 11 |

70 –< 75 | 1 | 2 | 3 | 4 | 5 | 6 | 7 | 8 | 9 | 10 | 11 |

Kreis

1. Koblenz, Stadt | 1 | 2 | 3 | 4 | 5 | 6 |
2. Ahrweiler | 1 | 2 | 3 | 4 | 5 | 6 |
3. Altenkirchen, Westerw. | 1 | 2 | 3 | 4 | 5 | 6 |
4. Bad Kreuznach | 1 | 2 | 3 | 4 | 5 | 6 |
5. Birkenfeld | 1 | 2 | 3 | 4 | 5 | 6 |
6. Cochem - Zell | 1 | 2 | 3 | 4 | 5 | 6 |
7. Mayen - Koblenz | 1 | 2 | 3 | 4 | 5 | 6 |
8. Neuwied | 1 | 2 | 3 | 4 | 5 | 6 |
9. Rhein-Hunsrück-Kreis | 1 | 2 | 3 | 4 | 5 | 6 |
10. Rhein-Lahn-Kreis | 1 | 2 | 3 | 4 | 5 | 6 |
11. Westerwaldkreis | 1 | 2 | 3 | 4 | 5 | 6 |

12. Trier, Stadt | 1 | 2 | 3 | 4 | 5 | 6 |
13. Bernkastel - Wittlich | 1 | 2 | 3 | 4 | 5 | 6 |
14. Bitburg - Pruem | 1 | 2 | 3 | 4 | 5 | 6 |
15. Daun | 1 | 2 | 3 | 4 | 5 | 6 |
16. Trier - Saarburg | 1 | 2 | 3 | 4 | 5 | 6 |
17. Stadtv. Saarbrücken | 1 | 2 | 3 | 4 | 5 | 6 |
18. Merzig - Wadern | 1 | 2 | 3 | 4 | 5 | 6 |
19. Neunkirchen | 1 | 2 | 3 | 4 | 5 | 6 |
20. Saarlouis | 1 | 2 | 3 | 4 | 5 | 6 |
21. Saar-Pfalz-Kreis | 1 | 2 | 3 | 4 | 5 | 6 |
22. Sankt Wendel | 1 | 2 | 3 | 4 | 5 | 6 |

Anmerkung: Gültig sind die Angaben vor dem Stempel. Ist z.B. in der Zeile "Alter 60–65" die "6" gestempelt, so sind fünf Personen zu befragen, die zwischen 60 und 65 Jahre alt sind. Streichen Sie bitte nach jedem Interview die zutreffenden Angaben ab, damit Sie gleichzeitig übersehen können, wie viele Interviews in der betreffenden Kategorie noch durchzuführen sind.

Abb. 4.4: Quotenplan zur Ermittlung von Krankenhauskontrollen im Rahmen der multinationalen Studie zum Lungenkrebsrisiko durch Radon in der Ardennen-Eifel-Region (vgl. Poffijn et al. 1992)

Typische Auswahl durch andere Ersatzverfahren

Im Rahmen der Stichprobenrekrutierung kommen aber noch einfachere Ersatzverfahren in der Praxis zum Einsatz. So werden häufig aus technischen Gründen auch Stichproben nach **Namensanfang** bzw. **Geburtstagen** gezogen. Für eine Stichprobe von Bevölkerungskontrollen im Rahmen einer Studie könnten z.B. von einer Meldebehörde nur Einwohner mit dem Anfangsbuchstaben "L" zur Verfügung gestellt werden.

Hierbei ist offensichtlich, dass eine solche Auswahl nicht für alle Buchstaben und Tage zu einer sinnvollen Studienpopulation und etwa eine Auswahl nach den Buchstaben "A" oder "Y" zu Verzerrungen führen kann, da überproportional viele ausländische Bürger in die Studienpopulation gelangen würden. Das Gleiche gilt für herausgehobene Geburtstage wie den 1. Januar, da in Ländern, die keine Geburtsregistrierung mit genauem Geburtsdatum vornehmen, das Geburtsdatum auf den 1. Januar festgesetzt wird. Nach Böltken (1976) sind "B" und "L" aber durchaus für eine repräsentative Stichprobenkonstruktion geeignet. Weitere interessante Aspekte zu dieser Auswahlmethode findet man bei Schach & Schach (1978 und 1979).

Darüber hinaus sind auch Situationen denkbar, in denen eine Auswahl der **Studienteilnehmer direkt vor Ort** durchgeführt wird. Dies ist z.B. dann sinnvoll, wenn epidemiologische Untersuchungen im Zusammenhang mit eng begrenzten regionalen Fragestellungen, wie etwa den gesundheitlichen Auswirkungen von Industrieunfällen oder Altlasten, durchgeführt werden. Auch auf epidemiologische Erhebungen in Tierbeständen trifft dies häufig zu. Hier sind in der Regel *kleine* oder *regional eingeschränkte Populationen* der Untersuchungsgegenstand.

Um in solchen Situationen ein Ersatzverfahren für eine zufällige Auswahl bereitzustellen, kann eine Auswahl mittels so genannter **Random-Route-** oder auch **Random-Walk-Verfahren** erfolgen. Hierbei wird zufällig ein Startpunkt bestimmt (z.B. zufällige Auswahl einer geographischen Koordinate auf einer Karte oder zufällige Auswahl einer Adresse aus einem Adressbuch) und von diesem Startpunkt aus ein fest vorgeschriebener Weg durch die Region beschritten (z.B. zunächst Richtung Norden bis zur zweiten Querstraße, dort links, bis zur dritten Querstraße, dann rechts das fünfte Gebäude). Auf diesem Weg wird z.B. jede Adresse aufgelistet. Diese Adresslisten, die Haushalten entsprechen, können dann zu einer Auswahl von Personen sofort genutzt werden. Die Zufälligkeit dieses Verfahrens liegt also nur in der Wahl des Startpunktes, so dass die Bezeichnung Random-Route etwas irreführend ist.

Solche Verfahren, die ihren Ursprung in der Wildtierforschung haben (vgl. Seber 1982) und später in der empirischen Meinungsforschung eingesetzt wurden (vgl. z.B. Deming 1960, Noelle 1963), führen zu einer speziellen Form der Kontrollgruppenrekrutierung bei Fall-Kontroll-Studien. Bei so genannten **Nachbarschaftskontrollen** geht man von der Idee aus, dass bei manchen Krankheiten auch das "soziale Umfeld" eine Störgröße darstellen kann. Da es in der Regel mittels Befragung nur eine unbefriedigende Kontrolle eines solchen Confounders geben wird, wird dann einem erkrankten Fall ein gesunder Nachbar als Kontrolle gegenübergestellt. Da für eine solche lokale Situation im Allgemeinen keine Datengrundlage existiert, ist ein wie oben beschriebenes Begehungsverfahren zur Kontrollpersonenermittlung dann sehr nützlich. Allerdings geht man bei diesem Auswahlverfahren das Risiko ein, dass die Nachbarschaftskontrollen auch bzgl. der interessierenden Exposition den Fällen ähneln könnten, so dass das diesbezügliche Erkrankungsrisiko unterschätzt wird. Damit ist das Verfahren z.B. zur Untersuchung von Umweltexpositionen nicht geeignet.

Die angesprochenen und eine Vielzahl weiterer Ersatzverfahren zur Auswahl einer "typischen Stichprobe" bergen immer die Schwierigkeit, dass durch Verzicht auf eine zufällige Ziehungstechnik die Vergleichbarkeit von Gruppen leidet. Damit muss im Einzelfall, abhängig von dem zu behandelnden Studiengegenstand, stets von neuem überprüft werden, welches Ziehungsverfahren jeweils geeignet ist.

4.3   Kontrolle zufälliger Fehler

Wie in Abschnitt 4.1.2 einführend erläutert, kann der zufällige Fehler einer epidemiologischen Studie im Wesentlichen durch die Varianz (Standardabweichung, Präzision, Genauigkeit) des Studienergebnisses (also z.B. die Varianz der Schätzung des Odds Ratios) charakterisiert werden. Diese wiederum wird einerseits von der Variabilität der zu messenden Größe innerhalb der Individuen und andererseits vom Stichprobenumfang, d.h. von der Größe der Studienpopulation, bestimmt. Damit ist die Festlegung des Stichprobenumfangs, der notwendig ist, um bei vorgegebener Varianz überhaupt eine sinnvolle Aussage über eine epidemiologische Maßzahl machen zu können, von herausragender Bedeutung bei der Kontrolle des zufälligen Fehlers einer Studie. Im folgenden Abschnitt werden wir uns zunächst einige grundsätzliche Gesichtspunkte der Bestimmung des notwendigen Stichprobenumfangs erläutern, bevor wir in Abschnitt 4.3.2 das Vorgehen in ausgewählten Standardsituationen beschreiben.

4.3.1   Zufallsfehler und Stichprobenumfang

Epidemiologische Studien, deren Ziel die Erforschung der Ätiologie einer Krankheit ist, versuchen Aussagen darüber zu treffen, ob z.B. das Risiko für die Krankheit bei Vorliegen einer bestimmten Exposition erhöht ist. Wird dieses Risiko beispielsweise über das relative Risiko oder das Odds Ratio ermittelt, so haben wir in Kapitel 2 gesehen, dass von einer Risikoerhöhung gesprochen werden kann, wenn das relative Risiko oder das Odds Ratio Werte größer als eins annehmen. Eins ist dabei der Wert, der sich bei Unabhängigkeit von Krankheit und Exposition bei beiden epidemiologischen Maßzahlen ergibt.

Allerdings sind die Werte, die wir aus der Studienpopulation gewinnen, lediglich Schätzungen der entsprechenden Größen in der Zielpopulation, d.h., sie sind gewissen Schwankungen unterworfen bzw. entstammen einer zufälligen Verteilung (siehe hierzu auch Anhang S.3). Wird also von einem erhöhten Risiko gesprochen, so will man sicher sein, dass einerseits diese Erhöhung nicht alleine ein Zufallsprodukt ist, sondern im statistischen Sinn auffällig ist – man spricht in diesem Zusammenhang von *statistischer Signifikanz* – und dass andererseits die beobachtete Erhöhung auch von inhaltlicher Bedeutung ist. Hier spricht man auch von der *medizinischen* oder *biologischen Relevanz*. Diese beiden Größen stehen nun in unmittelbarem Zusammenhang mit dem Stichprobenumfang einer epidemiologischen Studie.

Um die *Abhängigkeit des zufälligen Fehlers* einer epidemiologischen Studie vom *Stichprobenumfang* grundsätzlich zu verdeutlichen, betrachten wir zunächst ganz allgemein die Situation, wenn aus den Studienergebnissen ein Mittelwert berechnet wird. Der etwa aus gemessenen Studiendaten $y_1, \ldots, y_n$ ermittelte Mittelwert

$$\overline{y}_{Studie} = \frac{1}{n} \sum_{i=1}^{n} y_i$$

stellt einen Schätzwert für die entsprechende Maßzahl μ_{Ziel} der Zielpopulation dar. Würde nun eine neue epidemiologische Studie mit exakt dem gleichen Umfang und unter den exakt gleichen Bedingungen wiederholt werden, so würde sich ein zweiter empirischer Mittelwert ergeben, der sich im Regelfall vom ersten Ergebnis unterscheidet, d.h., die Ergebnisse sind zufällig und streuen (siehe auch das Beispiel in Anhang S.3).

Betrachtet man nun als Schätzung dieser Variation die Streuung des Studienmittelwertes, so erhält man den so genannten Standardfehler. Er wird in der Studie berechnet durch

$$Standardfehler_{Studie} = \frac{1}{\sqrt{n}} s_{Studie} = \frac{1}{\sqrt{n}} \cdot \sqrt{\frac{1}{n-1} \sum_{i=1}^{n} (y_i - \overline{y}_{Studie})^2} \; .$$

Auch diesen empirischen Standardfehler der Studie kann man als eine Schätzung der entsprechenden Kennzahl in der Zielpopulation interpretieren. Dabei ist offensichtlich, dass der Standardfehler vom Stichprobenumfang n abhängt. Der Standardfehler wird kleiner, wenn der Stichprobenumfang wächst, wobei diese Abhängigkeit reziprok zur Quadratwurzel des Stichprobenumfangs ist. Abb. 4.5 stellt diese Abhängigkeit graphisch dar. Dabei wird deutlich, dass mit größerem Studienumfang die Streuung des Studienmittelwerts immer geringer wird, d.h., dass die Genauigkeit der Studienaussage immer weiter zunimmt. Da dieser Zusammenhang nicht linear ist, nimmt die relative Reduktion des Standardfehlers allerdings immer weiter ab.

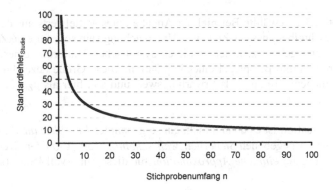

Abb. 4.5.:   Abhängigkeit des Standardfehlers der Studie vom Stichprobenumfang n

Diese grundsätzliche Abhängigkeit des Zufallsfehlers einer empirischen Studie vom Untersuchungsumfang n gilt nun auch bei der Betrachtung des ätiologischen Zusammenhangs einer interessierenden Exposition mit einer Erkrankung mit Hilfe eines Odds Ratios und der formal-statistischen Prüfung dieses Zusammenhangs mit einem statistischen Hypothesentest.

Der Zufallsfehler entspricht dort dem Begriff der *statistischen Signifikanz*. Bei der Prüfung, ob eine Risikoerhöhung vorliegt, möchte man dazu eine statistisch abgesicherte Aussage treffen, d.h. eine Aussage, bei der wir den Einfluss des Zufallsfehlers im Wesentlichen ausgeschlossen haben: "im Wesentlichen" deshalb, da mit Hilfe statistischer Methoden keine 100% sicheren Aussagen möglich sind. Überprüfen wir etwa anhand eines statistischen Tests, ob die beobachtete Risikoerhöhung den Schluss auf eine tatsächliche Risikoerhöhung zulässt, so kann diese Entscheidung mit zwei Fehlern verbunden sein, dem so genannten *Fehler 1. Art* und dem *Fehler 2. Art* (siehe Anhang S.4.4). Die Wahrscheinlichkeiten für ihr Auftreten möchte man verständlicherweise gering halten, was Auswirkungen auf den nötigen Stichprobenumfang hat.

Der zweite Aspekt der *inhaltlichen Relevanz* hat ebenfalls Auswirkungen auf den notwendigen Stichprobenumfang, wie wir unten zeigen werden. Dies bedeutet, dass man sich bereits in der Planungsphase überlegen muss, welche Risikoerhöhung man als relevant ansieht, d.h. welchen Wert für das relative Risiko bzw. Odds Ratio in der Zielpopulation man mindestens entdecken möchte.

4.3.2   Notwendiger Studienumfang

Im Folgenden werden wir die oben angesprochenen grundlegenden Prinzipien an einigen wesentlichen epidemiologischen Fragestellungen illustrieren. Für eine allgemeine Einführung in das Problem sei z.B. auf Lwanga & Lemeshow (1991) verwiesen. Weitergehende Verfahren sind auch den Monographien von Cohen (1988), Bock (1998) oder Glaser & Kreienbrock (2011) zu entnehmen.

Studienumfang bei der Schätzung eines (quantitativen) Erwartungswertes

Das in Abschnitt 4.3.1 gewählte Beispiel der Angabe eines Mittelwerts aus der Studie lässt sich formal so beschreiben, dass es Ziel einer Untersuchung sein soll, für eine *Zielpopulation* einen *Mittelwert* anzugeben, z.B. den mittleren systolischen Blutdruck einer Bevölkerung oder den mittleren Antikörperspiegel einer Population. Diese Größe bezeichnet man in der statistischen Methodenlehre auch als Erwartungswert und soll hier als μ_{Ziel} bezeichnet werden.

In einer solchen Situation ist es dann üblich, ein so genanntes *Konfidenzintervall* anzugeben, das mit einer dann vorgegebenen *Sicherheitswahrscheinlichkeit* $(1-\alpha)$ den Wert der Zielpopulation überdeckt. Eine *einfache Approximation* für dieses Intervall lautet (siehe Anhang S.4.3)

$$KI(\mu_{Ziel}) = \left[\overline{y}_{Studie} - u_{1-\alpha/2} \cdot \frac{\sigma_{Ziel}}{\sqrt{n}}; \overline{y}_{Studie} + u_{1-\alpha/2} \cdot \frac{\sigma_{Ziel}}{\sqrt{n}} \right].$$

Hierbei bezeichnen $u_{1-\alpha/2}$ das $(1-\alpha/2)$-Quantil der Standardnormalverteilung und σ_{Ziel} die Standardabweichung in der Zielpopulation.

An dieser Formel wird Folgendes deutlich: Die *Breite des Konfidenzintervalls*

$$2 \cdot d = 2 \cdot u_{1-\alpha/2} \cdot \frac{\sigma_{Ziel}}{\sqrt{n}}$$

hängt erstens von der Standardabweichung in der Zielpopulation σ_{Ziel} ab, die nicht weiter beeinflusst werden kann, zweitens von der Sicherheitswahrscheinlichkeit $(1-\alpha)$ und drittens vom Stichprobenumfang n. Ausgehend von diesem Zusammenhang kann man somit einerseits bei gegebener Standardabweichung σ_{Ziel}, definierter Sicherheitswahrscheinlichkeit $(1-\alpha)$ und Stichprobenumfang n ein Konfidenzintervall bestimmen oder andererseits bei Vorgabe der halben Breite d des Konfidenzintervalls und damit einer Genauigkeit der angestrebten Aussage den Stichprobenumfang n ermitteln.

Für die obige Situation lässt sich eine solche Berechnung einfach vornehmen. Nimmt man eine *Standardabweichung* σ_{Ziel} und eine *Sicherheitswahrscheinlichkeit* $(1-\alpha)$ an und soll die *Abweichung des Schätzwertes* $\overline{y}_{Studie}$ *vom wahren Parameter* μ_{Ziel} nicht mehr als d betragen, d.h. die Breite des Konfidenzintervalls nicht größer als $2 \cdot d$ sein, so gilt für den **Stichprobenumfang, der notwendig ist**, damit diese Forderungen eingehalten werden:

$$n_0 = \left(u_{1-\alpha/2} \cdot \frac{\sigma_{Ziel}}{d} \right)^2.$$

Beispiel: Es sei angenommen, dass eine Querschnittsstudie vorbereitet werden soll, in der u.a. eine Aussage zum durchschnittlichen systolischen Blutdruck in einer Bevölkerung gemacht werden soll. Unterstellt man, dass in der Zielpopulation $\sigma_{Ziel} = 15$ mmHg gilt, und fordert man, dass die Untersuchung so genau sein soll, dass der Blutdruck mit einer Abweichung von maximal $d = 3$ mmHg geschätzt werden soll, so ergibt sich mit einer Sicherheitswahrscheinlichkeit $(1-\alpha) = 0{,}95$, d.h. mit $u_{1-\alpha/2} = u_{0{,}975} = 1{,}96$, für den notwendigen Stichprobenumfang

$$n_0 = \left(1{,}96 \cdot \frac{15}{3} \right)^2 = 96{,}04.$$

Damit müssen mindestens 97 Personen untersucht werden, um die Vorgaben zu erfüllen.

Das hier vorgestellte Verfahren muss als eine *erste Näherung für die Bestimmung eines erforderlichen Studienumfangs* verstanden werden. Dies hat im Wesentlichen zwei Gründe: So wird bei der Angabe des Konfidenzintervalls zunächst vorausgesetzt, dass es sich bei der zu beobachtenden Größe (d.h. hier dem systolischen Blutdruck) entweder um eine *normalverteilte* Größe handelt bzw. dass der Mittelwert in der Studienpopulation *annähernd normalverteilt* ist. Im Weiteren ist die Voraussetzung, dass eine Angabe einer Standardabweichung der Zielpopulation σ_{Ziel} möglich ist, eher unrealistisch, denn diese wird im Regelfall nicht verfügbar sein, so dass man aus anderen Untersuchungen oder Pilotstudien eine Vorstellung über die Variation in der Zielpopulation entwickeln muss. Das bedeutet, dass wir die *unbekannte Standardabweichung* schätzen müssen, was zu einer zusätzlichen Unsicherheit und damit typischerweise zu einer Erhöhung des Stichprobenumfangs führt. In dieser Situation muss mit einer anderen Verteilung als der Normalverteilung, und zwar mit der t-Verteilung, gearbeitet werden (siehe Anhang S.3.3.3), wofür *keine explizite Formel zur Bestimmung des erforderlichen Stichprobenumfangs existiert.*

Daher kann die hier angegebene Formel nur als eine Approximation verstanden werden. Das resultierende n ist aber als erste Orientierung durchaus von Bedeutung. Der hier an detaillierten Darstellungen interessierte Leser sei z.B. auf Bock (1998) oder Glaser & Kreienbrock (2011) verwiesen.

Studienumfang bei der Schätzung einer Prävalenz

Interessieren wir uns z.B. in einer Querschnittsstudie für das Auftreten einer Krankheit oder das Vorhandensein einer Exposition, so wird häufig angenommen, dass die Anzahl der Erkrankten oder der Exponierten binomialverteilt sind. Obwohl sie damit keine quantitative Größen wie etwa der Blutdruck im obigen Beispiel sind, kann wegen des zentralen Grenzwertsatzes näherungsweise von einer Normalverteilung ausgegangen werden (siehe Anhang S.3.3.2). Daher kann man die obige Berechnung des notwendigen Stichprobenumfangs direkt auf diese Situation übertragen.

Will man dann bei einer *Sicherheitswahrscheinlichkeit* $(1-\alpha)$ eine *Prävalenz* P_{Ziel} mit einer *absoluten Abweichung* d aus den Daten einer Studienpopulation schätzen, so lautet der **erforderliche Stichprobenumfang für die Prävalenzschätzung**

$$n_0 = \frac{u_{1-\alpha/2}^2 \cdot P_{Ziel} \cdot (1 - P_{Ziel})}{d^2}.$$

Beispiel: Im Rahmen eines Monitoringprogramms soll durch eine Querschnittsuntersuchung die Prävalenz des Auftretens bestimmter Zoonoseerreger in der Zielpopulation landwirtschaftlicher Nutztiere geschätzt werden. Hierzu ist ein so genannter "Stichprobenschlüssel" zu entwickeln (vgl. z.B. BVL 2011).

Da man zu Beginn der Untersuchung keine Vorstellung über die epidemiologische Situation in der Zielpopulation hat, sei angenommen, dass die Prävalenz dort bei 50% liegt. Diese Prävalenz soll mit einer absoluten Abweichung von fünf Prozentpunkten geschätzt werden. Damit ergibt sich bei einer Sicherheitswahrscheinlichkeit von 95%, d.h. $(1-\alpha) = 0{,}95$, $d = 0{,}05$, $P_{Ziel} = 0{,}5$ und $u_{1-\alpha/2} = u_{0{,}975} = 1{,}96$, der erforderliche Stichprobenumfang als

$$n_0 = \frac{u_{1-\alpha/2}^2 \cdot P_{Ziel} \cdot (1 - P_{Ziel})}{d^2} = \frac{1{,}96^2 \cdot 0{,}5 \cdot 0{,}5}{0{,}05^2} = 384{,}16.$$

Daher müssen mindestens 385 Individuen in die Untersuchung aufgenommen werden, um die Prävalenz mit der geforderten Genauigkeit zu schätzen.

An der Formel erkennt man, dass der Umfang einer Studienpopulation umso größer werden muss, je größer die Sicherheitswahrscheinlichkeit $(1-\alpha)$ ist, je geringer die absolute Abweichung d ist und je näher die Prävalenz am Wert 50% liegt (sind keinerlei Vorinformationen über die Prävalenz P_{Ziel} vorhanden, so ist mit einem Wert $P_{Ziel} = 0{,}5$ also eine Obergrenze für die Bestimmung des notwendigen Stichprobenumfangs angegeben). Diese Zusammenhänge werden auch durch das so genannte *Nomogramm* in Abb. 4.6 verdeutlicht, in der der notwendige Stichprobenumfang in Abhängigkeit von der Prävalenz P_{Ziel} und der absoluten Abweichung d abgetragen ist.

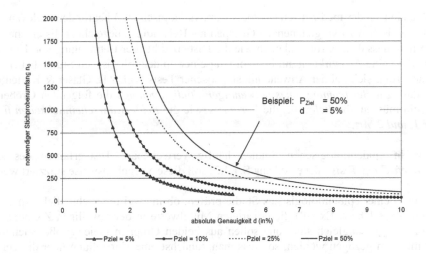

Abb. 4.6: Nomogramm: notwendiger Stichprobenumfang bei der Prävalenzschätzung in Abhängigkeit von der absoluten Abweichung d für verschiedene Prävalenzen P_{Ziel} und $(1-\alpha) = 0{,}95$

Studienumfang beim Vergleich von zwei (quantitativen) Erwartungswerten

Der fundamentale Zusammenhang zwischen der Genauigkeit eines Ergebnisses, die sich in der Breite des Konfidenzintervalls widerspiegelt, und dem Stichprobenumfang ist ein zentraler Bestandteil der Studienvorbereitung. Die vorgestellte Idee der Bestimmung des Stichprobenumfangs über die Breite des Konfidenzintervalls gilt im Wesentlichen auch bei der Durchführung statistischer Testverfahren und hat daher insbesondere für die ätiologische Fragestellung der Epidemiologie eine Bedeutung, bei der exponierte und nicht exponierte Gruppen von Individuen miteinander verglichen werden.

Analog zur Vorgabe der Breite eines Konfidenzintervalls ist bei dem Vergleich zweier Gruppen die Frage interessant, welcher *Unterschied zwischen den unterschiedlich exponierten Gruppen* entdeckt werden soll.

Beispiel: Betrachten wir in diesem Zusammenhang eine Interventionsstudie bei fettleibigen Jugendlichen. Wir wollen eine neue Interventionsmaßnahme, die zugleich Bewegung und Ernährung adressiert, gegen eine einfache Reduktion der täglichen Kalorienaufnahme testen, und zwar hinsichtlich eines länger andauernden Effekts.

Dabei interessiert, ob die durchschnittliche Reduktion des Body-Mass-Index (BMI) in den beiden Gruppen unterschiedlich hoch ist. Die Frage ist nun, ab wann ein beobachteter Unterscheid als relevant angesehen werden sollte.

Da der Grenzwert für die Fettleibigkeit bei Kindern und Jugendlichen altersabhängig festgelegt wird, betrachten wir hier der Einfachheit halber den Grenzwert für Erwachsene, der jedoch oberhalb des entsprechenden Wertes für Jugendliche liegt. Eine Möglichkeit, den relevanten Unterschied nun festzulegen, besteht darin, von diesem Grenzwert auszugehen. Er ist nach den Kriterien der Weltgesundheitsorganisation für Erwachsene bei einem BMI von 30 kg/m^2 angesiedelt. Wir könnten zum Beispiel festlegen, dass 5% dieses Grenzwerts ein relevanter Unterschied sind. Diese Vorgabe der Relevanz entspricht somit einem Wert von $\Delta = 1{,}5$ kg/m^2.

Im Folgenden sei der medizinisch (biologisch, physiologisch etc.) begründete, relevante Unterschied zwischen zu vergleichenden Gruppen als **Relevanz** Δ bezeichnet. Es erscheint offensichtlich, dass diese Größe (ähnlich wie die Distanz d bei der Betrachtung von Konfidenzintervallen) eine Auswirkung auf den Umfang einer epidemiologischen Studie haben wird. Insgesamt zeigt sich bei der Anwendung statistischer Tests (vgl. z.B. Glaser & Kreienbrock 2011), dass zur *Bestimmung eines notwendigen Studienumfangs* die folgenden Größen *bekannt* sein müssen: die *Relevanz*, die *Varianz* sowie die *Fehlerwahrscheinlichkeiten für die Fehler 1. und 2. Art.*

Für das in epidemiologischen Studien häufig verwendbare Testverfahren des *Zwei-Stichproben-Gauß-Tests* (siehe Anhang S.4.4.2) soll diese Vorgehensweise skizziert werden.

Will man in einer epidemiologischen Studie prüfen, ob in zwei unterschiedlich exponierten Gruppen (Ex = 1 bzw. Ex = 0) die erwarteten Mittelwerte in der jeweiligen Zielpopulation $\mu_{1\,Ziel}$ bzw. $\mu_{2\,Ziel}$ ungleich sind, und sollen aus beiden Gruppen gleich große Stichproben vom Umfang n gezogen werden, so muss man zunächst eine Vorstellung über die gemeinsame Standardabweichung σ_{Ziel} in der Zielpopulation entwickeln. In einem weiteren Schritt ist zu fragen, ab welcher Größenordnung wirklich von einer sachlich bedeutsamen Ungleichheit zwischen den erwarteten Gruppenmittelwerten ausgegangen werden soll bzw. ab welchem Wert von Δ man von einem relevanten Unterschied sprechen will. Anschließend müssen die Wahrscheinlichkeiten α und β für den Fehler 1. und 2. Art festgelegt werden. Mit diesen Größen kann man den **notwendigen Stichprobenumfang für jede Gruppe** bestimmen durch

$$n_0 = 2 \cdot \left[\left(u_{1-\alpha/2} + u_{1-\beta} \right) \cdot \frac{\sigma_{Ziel}}{\Delta} \right]^2 .$$

Beispiel: Kommen wir auf das obige Beispiel einer Interventionsstudie bei fettleibigen Jugendlichen zurück. Nach Angaben von Kromeyer-Hauschild et al. (2001) kann man in der Zielpopulation deutscher Kinder und Jugendlicher von einer Standardabweichung von ungefähr $\sigma_{Ziel} = 6$ ausgehen. Mit der Wahrscheinlichkeit $\alpha = 0{,}05$ für den Fehler 1. Art ($u_{0{,}975} = 1{,}96$) und der Wahrscheinlichkeit $\beta = 0{,}1$ für den Fehler 2. Art ($u_{0{,}9} = 1{,}2816$) folgt dann

$$n_0 = 2 \cdot \left[(1{,}96 + 1{,}2816) \cdot \frac{6}{1{,}5} \right]^2 = 336{,}26 ,$$

d.h., es müssen mindestens 337 Studienteilnehmer aus jeder Interventionsgruppe in die Studie aufgenommen werden, um die geforderte relevante Differenz im BMI von 1,5 kg/m^2 mit dem Zwei-Stichproben-Gauß-Test zu entdecken.

Dieses hier vorgestellte Verfahren gehört zu den wesentlichen Planungsinstrumenten bei empirischen Studien und wird in vielen Bereichen eingesetzt. Dabei sind wir bei der Darstellung von einer so genannten *zweiseitigen Fragestellung* ausgegangen, d.h., es wurde nicht angenommen, dass der nachzuweisende Effekt (hier ein Unterschied im BMI) eine bestimmte Richtung hat, d.h., beide Interventionsgruppen waren gleichberechtigt und es wurde nur geprüft, ob irgendein Unterschied vorliegt. Hat man allerdings eine sehr konkrete Vorstellung über die Richtung eines Effekts, z.B. in der Form, dass die neue Intervention stärker wirkt als die klassische Kalorienreduktion, so liegt eine *einseitige Fragestellung* vor. Man kann dann im Prinzip denselben Rechenweg wählen, jedoch muss das Quantil für den Fehler 1. Art in diesem Fall als $u_{1-\alpha}$ gesetzt werden.

Das oben beschriebene Verfahren setzt eine *Normalverteilung der interessierenden Größen* voraus, eine *gleiche Variation in den Gruppen* sowie deren *Kenntnis in der Zielpopulation*. Sind diese Voraussetzungen nicht erfüllt, so wird im Regelfall der *Studienumfang gemäß obiger Formel eher unterschätzt*. Daher sollten bei Abweichungen von den genannten Voraussetzungen modifizierte Verfahren eingesetzt werden (vgl. z.B. Bock 1998 oder Glaser & Kreienbrock 2011).

Studienumfang bei statistischen Tests des Odds Ratios

Auch bei binären Beobachtungen, die zu den Vierfeldertafeln in Abschnitt 3.3 führen, kann der Zwei-Gruppen-Vergleich approximativ anhand des obigen Tests und dementsprechend die Stichprobenumfangsbestimmung gemäß obiger Formel erfolgen (siehe auch die Bemerkungen in Anhang S.4.4.2).

Für die Bestimmung des notwendigen Stichprobenumfangs wurden jedoch auch spezielle Methoden vorgeschlagen, die auf Tests aufbauen, die speziell für Vierfeldertafeln entwickelt wurden, wie z.B. der χ^2-Test (siehe Abschnitt 6.2.3 bzw. Anhang S.4.4.2). Für die Testsituation innerhalb einer Fall-Kontroll-Studie kann man beispielsweise wie folgt vorgehen (vgl. Schlesselman 1982):

Hat man eine Vorstellung über den Anteil $P_{0\,Ziel}$ der Exponierten unter den Kontrollen ("Expositionsprävalenz" der allgemeinen Bevölkerung), und sei ferner OR_{rel} der Wert des Odds Ratios, ab dem von einem relevant erhöhten Risiko für die Exponierten ausgegangen werden kann. Der Stichprobenumfang muss nun so bestimmt werden, dass der statistische Test in der Lage ist, ein derart erhöhtes Odds Ratio zu entdecken, falls tatsächlich ein höheres Risiko für die Exponierten vorliegt. Dazu gibt man die Wahrscheinlichkeiten α und β für den Fehler 1. und 2. Art und erhält den **notwendigen Stichprobenumfang bei einer Fall-Kontroll-Studie** durch

$$n_0 = \frac{\left(u_{1-\alpha} \cdot \sqrt{2 \cdot \overline{P} \cdot (1 - \overline{P})} + u_{1-\beta} \cdot \sqrt{P_{rel} \cdot (1 - P_{rel}) + P_{0\,Ziel} \cdot (1 - P_{0\,Ziel})}\right)^2}{\Delta^2},$$

$$\text{wobei } P_{rel} = \frac{P_{0\,Ziel} \cdot OR_{rel}}{1 + P_{0\,Ziel} \cdot (OR_{rel} - 1)}, \ \overline{P} = \frac{P_{0\,Ziel} + P_{rel}}{2} \text{ und } \Delta = P_{rel} - P_{0\,Ziel}.$$

Beispiel: Mit dem Auftreten der ersten Fälle von BSE in Deutschland im Jahr 2000 stellte sich auch hier die Frage, welche Risikofaktoren das Auftreten dieser Erkrankung in deutschen Rinder- und Milchviehherden begünstigen, denn die Landwirtschaft in Deutschland und Großbritannien unterscheiden sich so sehr, dass eine direkte Übertragung britischer Ergebnisse nicht möglich ist. Daher sollte eine Fall-Kontroll-Studie in Deutschland durchgeführt und die Frage beantwortet werden, ob die Verfütterung so genannter "Milchaustauscher" bei der Kälberfütterung das Odds Ratio zur Erkrankung an BSE erhöht (vgl. z.B. Sauter 2006).

Gehen wir davon aus, dass in Deutschland ca. 40% der Betriebe den Kälbern Milchaustauscher füttern und dass wie in Großbritannien ein relevantes Odds Ratio von ca. 5 entstehen könnte, so ist $P_{0\,Ziel} = 0{,}40$ und $OR_{rel} = 5$. Damit ergibt sich

$$P_{rel} = \frac{0{,}4 \cdot 5}{1 + 0{,}4 \cdot (5-1)} = 0{,}7692 \ , \ \Delta = 0{,}7692 - 0{,}4 = 0{,}3692, \text{ und } \overline{P} = \frac{0{,}4 + 0{,}7692}{2} = 0{,}5846.$$

Mit $\alpha = 0{,}05$ ($u_{0.95} = 1{,}6449$) und $\beta = 0{,}1$ ($u_{0.9} = 1{,}2816$) errechnet man dann

$$n_0 = \frac{\left(1{,}6449 \cdot \sqrt{2 \cdot 0{,}5846 \cdot 0{,}4154} + 1{,}2816 \cdot \sqrt{0{,}7692 \cdot 0{,}2308 + 0{,}4 \cdot 0{,}6}\right)^2}{0{,}3692^2} = 28{,}5937.$$

Damit benötigt man mindestens 29 BSE-Fälle und die gleiche Anzahl von Kontrollherden, um die Aussage mit den geforderten Annahmen zu verifizieren.

Dieses hier am Beispiel der Fall-Kontroll-Studie aufgezeigte Verfahren kann im Grundsatz auch bei Querschnitts- bzw. Kohortenstudien zur Anwendung kommen, wobei dann den hier gesetzten epidemiologischen Maßzahlen eine andere Interpretation zukommt (siehe Abschnitt 3.3).

Grundsätzlich gilt wie bei den meisten der bislang dargestellten Berechnungsmethoden, dass auch hier ein approximatives Verfahren die Grundlage zur Ermittlung des Studienumfangs darstellt. Damit kann es je nach Studiensituation auch erforderlich sein, Modifikationen dieses Verfahrens anzuwenden, damit die Abschätzung des Studienumfangs nicht zu ungenau wird. Details hierzu findet man u.a. bei Bock (1998) sowie bei Glaser & Kreienbrock (2011).

4.3.3   Powervorgaben, Studiendesign und Stichprobenumfang

Neben dem eigentlichen Studiendesign sowie dem konkreten statistischen Schätz- oder Testproblem sind die Varianz in der Zielpopulation, die medizinische Relevanz sowie die Wahrscheinlichkeiten für den Fehler 1. und 2. Art von wesentlicher Bedeutung für eine angemessene Kontrolle des Zufallsfehlers einer epidemiologischen Studie. Da die *Varianz in der Zielpopulation* dabei als *nicht beeinflussbare Größe* angesehen werden muss, liegt das *inhaltliche Augenmerk* daher auf der *Relevanz*, d.h. z.B. dem mindestens zu entdeckenden

Odds Ratio OR_{rel} sowie den *Wahrscheinlichkeiten* α für den Fehler 1. Art und β für den Fehler 2. Art.

Die Festlegung der Relevanz kann bei der ätiologischen Fragestellung in der Epidemiologie grundsätzlich als ein **akzeptierbares zusätzliches Risikos** interpretiert werden. Hierbei sollte man sich aber nochmals verdeutlichen, dass das Odds Ratio OR eine kontinuierliche vergleichende epidemiologische Maßzahl ist und eine (noch so geringe) Abweichung von eins eine Abhängigkeit zwischen Exposition und Krankheit bedeutet. So ist z.B. der Wert 1,001 mathematisch von eins verschieden, aber von einem medizinisch relevanten Effekt kann bei einer dichotomen Variable sicherlich nicht gesprochen werden. Darüber hinaus sollte die Relevanz in Beziehung zur Bedeutung einer Krankheit stehen. Dabei spielen sowohl die Schwere der Krankheit als auch deren Verbreitung und die Häufigkeit der Exposition bzw. allgemeiner formuliert gesundheitspolitische Betrachtungen eine Rolle.

Beispiel: Betrachten wir in diesem Zusammenhang epidemiologische Studien zum Auftreten des Lungenkrebses. Hier stellt neben dem aktiven Rauchen von Zigaretten das Passivrauchen einen Risikofaktor dar. Jedoch hat das geschätzte relative Risiko bezüglich Passivrauchen eine Größenordnung von ca. 1,3 und ist somit wesentlich geringer als das relative Risiko bezüglich Aktivrauchen, für das Werte von 10 und mehr berichtet werden. Die Frage ist nun, ob ein relatives Risiko von 1,3, also eine 30%ige Risikoerhöhung, überhaupt relevant ist.

Die Antwort ist ja, denn (1) handelt es sich bei Lungenkrebs um eine schwerwiegende Erkrankung, (2) ist man der Exposition unfreiwillig ausgesetzt und (3) ist ein Großteil der Bevölkerung exponiert. Nachdem die lange Zeit strittige Frage, ob Passivrauchen überhaupt das Krankheitsrisiko erhöht, durch epidemiologische Studien entschieden wurde, hat die Gesetzgebung in vielen Ländern folgerichtig entsprechende Gesetze zum Nichtraucherschutz verabschiedet, die das Rauchen im öffentlichen Raum einschränken bzw. verbieten.

Auch die Wahrscheinlichkeiten für die Fehler 1. und 2. Art bedürfen einer inhaltlichen Festlegung. So hat es sich für den Fehler 1. Art zwar eingebürgert, Werte von $\alpha = 5\%$ oder 1% als übliche Vorgaben zu machen, jedoch ist dies kein zwingendes Gebot. Auch die Festlegung des Wertes β für den Fehler 2. Art bedarf sorgfältiger Überlegungen. Prinzipiell sollte die Festlegung der Fehlerwahrscheinlichkeiten von dem Gedanken geleitet werden, welche Konsequenzen eine Fehlentscheidung mit sich bringt. Es ist also ratsam, schon bei der Formulierung des statistischen Testproblems diejenige Fragestellung als Alternative aufzustellen, deren Nachweis das wissenschaftliche Hauptinteresse gilt (siehe Anhang S.4.4).

So ist bei der *Festlegung von* α zu entscheiden, welche *Konsequenzen* die Aussage hat, dass eine Exposition das Erkrankungsrisiko erhöht, obwohl dies in Wahrheit nicht der Fall ist.

Beispiel: Klassische Beispiele zu diesem Prozess der Fehlerabwägung findet man in der Epidemiologie von Erkrankungen, die durch die Arbeitsumwelt bedingt sein können. Der Fehler 1. Art bedeutet hier inhaltlich, dass aus der Studie ein Zusammenhang zwischen der Belastung am Arbeitsplatz und dem Auftreten von Erkrankungen geschlossen wird, de facto dies aber nicht der Fall ist.

Mögliche Konsequenzen könnten hier sein, dass Schutzmaßnahmen getroffen werden, die somit eigentlich gar nicht erforderlich wären.

Analoge Überlegungen zu den *Konsequenzen* gelten auch für die Situation der *Festlegung der Wahrscheinlichkeit* β bzw. der statistischen *Studienpower* (1–β). Dabei gibt die Power die Wahrscheinlichkeit an, einen vorhandenen Effekt auch wirklich zu entdecken; ein Fehler entsteht dann, wenn ein Zusammenhang nicht entdeckt wird, obwohl dieser in Wahrheit vorliegt.

Beispiel: Betrachtet man auch in diesem Zusammenhang Studien zum Zusammenhang von Belastungen am Arbeitsplatz und dem Auftreten von Erkrankungen, so bedeutet der Fehler 2. Art hier, dass etwa die kanzerogene Wirkung eines Schadstoffes als solcher nicht erkannt wird. Die hieraus folgende Konsequenz besteht in der Regel darin, dass keine Anstrengungen zur Prävention oder zur Verminderung der Exposition unternommen werden und die Krankheit in der Zielpopulation weiterhin mit gleicher Häufigkeit und Stärke auftritt.

Theoretisch ist es zwar möglich, beliebig strenge Anforderungen sowohl an die Relevanz als auch an die Sicherheit der Aussage zu stellen. Dabei ist jedoch zu berücksichtigen, dass, wie oben bereits kurz angesprochen, je kleiner das akzeptierbare zusätzliche Risiko (gemessen an der Abweichung des Odds Ratios von eins) ist, desto mehr Studienteilnehmer notwendig sind, um dieses zusätzliche Risiko in der Studie auch nachweisen zu können. Ähnlich verhält es sich mit den Fehlervorgaben. Je kleiner α und/oder β sind, d.h., je geringer die Wahrscheinlichkeiten dafür sein sollen, eine Risikoerhöhung irrtümlich zu behaupten bzw. irrtümlich zu verneinen, desto größer ist der erforderliche Stichprobenumfang, um diese gerade noch zulässigen Risiken auch aufdecken zu können. In der Praxis sind sehr restriktiven Vorgaben in der Regel allerdings technische und auch ökonomische Grenzen gesetzt, d.h., die Studien sind entweder gar nicht durchführbar oder aber nicht finanzierbar.

Beispiel: Kommen wir in diesem Zusammenhang nochmals auf die Fall-Kontroll-Studie zu den Risiken der Entstehung von BSE in Deutschland zurück. Hier hatten wir in Abschnitt 4.3.2 bei Vorgaben von $P_{0\,Ziel} = 0,4$, $OR_{rel} = 5$, $\alpha = 0,05$ und $\beta = 0,1$ eine erforderliche Fallzahl von 29 ermittelt.

Nehmen wir nun an, dass wir bei ansonsten gleichen Voraussetzungen ein durchaus substantielles, aber doch wesentlich niedrigeres Odds Ratio von $OR_{rel} = 1,5$ nachweisen wollten. Hier würde sich eine erforderliche Fallzahl von $n_0 = 421$ ergeben, was die Gesamtzahl aller in Deutschland berichteter Fälle übersteigt, so dass eine entsprechende Forderung gar nicht erfüllt werden kann.

Dieses Phänomen, das gerade bei seltenen Krankheiten auftritt, hat dazu geführt, *Modifikationen des Studiendesigns* vorzunehmen. Eine sehr wichtige Modifikation geht auf eine Invarianzeigenschaft des Odds Ratios zurück. Multipliziert man nämlich in einer Population in einer beliebigen Zeile oder Spalte der Vierfeldertafel einer Querschnitts-, Fall-Kontroll- oder Kohortenstudie sämtliche Werte mit einem konstanten Faktor, so verändert sich das zugehörige Odds Ratio nicht. Damit ist es beispielsweise möglich, im Rahmen einer Fall-Kontroll-Studie einem Fall nicht nur jeweils eine Kontrolle, sondern k Kontrollen gegenüberzustellen. Hierdurch bleibt das Odds Ratio OR unverändert, der Stichprobenumfang aber wird nur bei den Kontrollen erhöht und der Zufallsfehler damit reduziert.

Die Motivation für solche **1:k-** oder allgemeiner **m:k-Designs** ist in der Regel (siehe auch Abschnitt 4.5.2), dass Studienteilnehmer einer Gruppe sehr selten sind oder die Rekrutierungskosten der Gruppen extrem unterschiedlich sind. Dies gilt sowohl für das Prinzip der

Fall-Kontroll-Studie wie auch für das der Kohortenstudie. Bei Fall-Kontroll-Studien mit extrem seltenen Krankheiten ist deshalb ein 1:k-Design eine durchaus übliche Studienform. Analoges gilt für Kohortenstudien mit seltenen Expositionen.

Die Festlegung eines notwendigen Stichprobenumfangs ist also nicht nur eine Formalität, sondern wird in der Regel von Kompromissen geprägt sein, deren Konsequenzen allerdings schon vor Studienbeginn deutlich sein müssen. Daneben ist die Bestimmung des Untersuchungsumfangs ein mathematisch und statistisch komplexes Problem.

4.4   Systematische Fehler (Bias)

4.4.1   Auswahlverzerrung (Selection Bias)

Unter dem Begriff der **Auswahlverzerrung** werden diejenigen *Verzerrungen* subsumiert, die bei der *Auswahl* aus der Zielpopulation in die Studienpopulation entstehen.

Durch die Verbindung zum Auswahlschema einer Untersuchung ist die Anfälligkeit für Verzerrungen durch Selektionseffekte in starkem Maße *abhängig von dem gewählten Studiendesign* (siehe Abschnitt 3.3) und *vom durchgeführten Auswahlverfahren* (siehe Abschnitt 1.1). So ist in einer Querschnittsuntersuchung, die bei zufälliger Auswahl und ausreichend hoher Beteiligung als repräsentativ gelten kann, das Problem der auswahlbedingten Verzerrung von anderer Bedeutung als in einer Fall-Kontroll-Studie, die insbesondere bei der Auswahl der Kontrollpersonen besondere Sorgfalt erforderlich macht.

Ein wesentlicher weiterer Aspekt ist, wie viele der ausgewählten Individuen tatsächlich an einer epidemiologischen Untersuchung teilnehmen.

4.4.1.1   Auswahlverzerrung durch Nichtteilnahme

Non-Response und Teilnahmequote

Bei einer epidemiologischen Untersuchung nimmt üblicherweise von n ausgewählten Individuen (*Bruttostichprobe*) nur eine geringere Anzahl von Studienteilnehmern (*Nettostichprobe*) teil, d.h., die *realisierte Studienpopulation* ist nur eine Teilmenge der Bruttostichprobe.

Die Anzahl der Individuen, die bei einer Stichprobenerhebung nicht antworten oder erst gar nicht teilnehmen, hängt stark vom Studienziel ab. Die Ausfallquote ist oft so erheblich, dass es erforderlich ist, von vornherein diesen Ausfall einzukalkulieren und eine größere Anzahl von Individuen auszuwählen, als für die Studie benötigt werden, um die notwendige Größe der Studienpopulation (siehe Abschnitt 4.3.2) zu erreichen, um damit den Zufallsfehler der Studie angemessen zu kontrollieren.

Allerdings ist in solchen Situationen mit einer systematischen Verzerrung, dem so genannten **Non-Response Bias,** zu rechnen, da zu befürchten ist, dass sich Teilnehmer und Nichtteilnehmer in für die Studienfrage wesentlichen Merkmalen unterscheiden.

Nicht jedes Individuum, das nicht an einer epidemiologischen Untersuchung teilnimmt, wird aber einen solchen Non-Response Bias erzeugen, und so unterscheidet man zwischen zwei Typen von Ausfällen, je nachdem ob sie zu Verzerrungen führen oder nicht. Bei den **Ausfällen 1. Art (neutrale Ausfälle)** geht man davon aus, dass diese nicht verzerrend wirken.

Beispiel: Beispiele für Ausfälle 1. Art, die in allen Designs auftreten können, sind etwa, dass man eine Adresse eines Studienteilnehmers nicht finden kann (z.B. weil bei der Adressübermittlung ein nicht korrigierbarer Schreibfehler aufgetreten ist) oder dass ein Interview ausfällt, da der Interviewer verhindert ist (z.B. weil dieser erkrankt ist).

In diesen Fällen kann man davon ausgehen, dass der Ausfallgrund nicht mit dem Untersuchungsgegenstand assoziiert ist, so dass sich dies nicht verzerrend auf das Studienergebnis auswirkt.

Unter der Annahme, dass die Ausfälle 1. Art keine Verzerrungen verursachen, zieht man sie vom Umfang der **Bruttostichprobe** (geplante Stichprobe) ab, um die Teilnahmequote zu berechnen. Man spricht dann auch von **Bereinigung** und setzt, ausgehend von dem anfänglich geplanten Stichprobenumfang:

geplante Stichprobe – Ausfälle 1. Art = bereinigte Stichprobe.

Ausfälle 2. Art (nicht-neutrale Ausfälle) können hingegen einen verzerrenden Einfluss besitzen.

Beispiel: Beispiele für Ausfälle 2. Art sind das Nichtantreffen von Zielpersonen (z.B. wegen deren Berufstätigkeit), die Teilnahmeverweigerung, die Verweigerung spezieller Auskünfte, der Abbruch eines Interviews bzw. der Studienteilnahme oder auch die Follow-up-Verluste bei Kohortenstudien, wenn ein Studienteilnehmer im Verlaufe der Studie seine Teilnahmebereitschaft zurückzieht.

Diesen Beispielen ist gemeinsam, dass der Ausfallgrund mit dem Studiengegenstand assoziiert sein kann. So ist etwa denkbar, dass bestimmte Berufsgruppen (z.B. Schichtarbeiter) weniger häufig angetroffen werden und diese damit in einer Querschnittsuntersuchung unterrepräsentiert sind.

Die Verminderung der bereinigten Stichprobe um die Ausfälle 2. Art führt dann zu der **realisierten Stichprobe** (auch **Nettostichprobe**), d.h., es ist

bereinigte Stichprobe – Ausfälle 2. Art = Nettostichprobe.

Je nach Studiendesign und -inhalt können Ausfälle 1. und 2. Art in Art und Ausmaß unterschiedlich auftreten. Zudem ist häufig unklar, ob ein Ausfall eher der ersten oder der zweiten Ausfallkategorie zuzuordnen ist. Nachfolgendes Beispiel mag das verdeutlichen.

Beispiel: Im Rahmen einer krankenhausbezogenen Fall-Kontroll-Studie sollen inzidente Fälle einer bestimmten Krankheit aus einer Klinik als Studienpopulation in eine Studie aufgenommen werden. Dazu sei an der Patientenaufnahme eine Liste sämtlicher potenzieller Studienteilnehmer verfügbar, so dass die Beteiligung inklusive möglicher Ausfallgründe protokolliert werden kann. Die geplante Stichprobe, reduziert um die Ausfälle 1. und 2. Art, stellt sich dann z.B. wie folgt dar:

> potenzielle Fälle für Studie (geplante Stichprobe)
> – "kein Interviewer verfügbar" (Interviewer hat andere Termine, ist krank, im Urlaub)
> – "Patient war nicht erreichbar" (Patient hat andere Termine, Untersuchungen, etc.)
>
> = Fälle nach Ausfällen 1. Art (bereinigte Stichprobe)
> – "Patient war gesundheitlich nicht belastbar"
> – "Verweigerer" (Patient verweigert Studienteilnahme ganz oder teilweise)
>
> = Fälle nach Ausfällen 2. Art (Studienteilnehmer, Nettostichprobe)

Bei einer aktiven Verweigerung sollte stets von einem potenziellen Non-Response Bias ausgegangen werden. Aber auch einige der hier als verzerrungsneutral unterstellten Ausfälle könnten unter Umständen Verzerrungen bewirken. So kann die Kategorie "Patient war nicht erreichbar" durchaus als verzerrend bewertet werden, insbesondere dann, wenn der Patient permanent nicht erreichbar ist, denn dies ist möglicherweise mit der Krankheitsschwere assoziiert. Damit kann ein potenzieller Einfluss auf das Studienziel nicht ausgeschlossen werden. Bei der Mehrzahl aller denkbaren Ausfallgründe muss also mit einer Verzerrung gerechnet werden.

Neben der grundsätzlichen Verweigerung zur Teilnahme kann zudem das Problem auftreten, dass eine Person zwar grundsätzlich zur Teilnahme bereit ist, aber die Antwort zu einzelnen Fragen verweigert. Man spricht dann von einem **Item-Non-Response**.

Beispiel: Häufig ist die Verweigerung spezieller Auskünfte zu vermuten, wenn diese sozial unerwünschtes Verhalten oder Tabuthemen betreffen. Bei Studien z.B. zum Alkoholkonsum führt dies dann oft zu Verzerrungen, da vornehmlich die "hoch Exponierten" zu diesem Themenkreis eine Antwort verweigern.

Bezieht man die unterschiedlichen Ausfälle auf die geplante Stichprobe, so lassen sich verschiedene *Kennzahlen zur Beurteilung der Teilnahmebereitschaft* bestimmen, die Aufschluss über Effizienz und Qualität der Kontaktaufnahme und der Erhebungsinstrumente geben. Als *allgemeines Maß für den Aufwand des Erhebungsverfahrens* kann definiert werden

$$\textbf{roher Response} = \frac{\text{Nettostichprobe}}{\text{kontaktierte Stichprobe}},$$

wobei die Nettostichprobe alle Individuen umfasst, die an der Studie teilgenommen haben, und die kontaktierte Stichprobe alle Individuen, für die ein Kontaktversuch unternommen wurde, unabhängig davon, ob dieser erfolgreich war oder nicht.

Diese **rohe Teilnahmequote** ist insbesondere unter dem Aspekt der Effizienz von Bedeutung, denn dieser Anteil muss unter Aufwandsgesichtspunkten interpretiert werden. So ist jede Stichprobenziehung einschließlich des erfolgten Versuches eines Kontakts mit Kosten verbunden, so dass der rohe Response als Anteil der "erfolgreichen Kontaktaufnahmen" eher einen Planungscharakter für eine epidemiologische Studie hat (siehe Abschnitt 5.3).

Die eigentliche *Qualität der Erhebung* von Individuen kann mit dem rohen Response allerdings nicht eingeschätzt werden, da hierin die Ausfälle 1. Art unberücksichtigt sind. Deshalb muss bei der Berechnung einer Teilnahmequote die Bereinigung eingehen und man definiert

$$\text{(bereinigter) Response} = \frac{\text{Nettostichprobe}}{\text{bereinigte Stichprobe}}.$$

Die **bereinigte Teilnahmequote** wird häufig als Qualitätsmaßzahl einer epidemiologischen Studie aufgefasst. Dabei wird unterstellt, dass die Verzerrung eines Studienergebnisses wächst, wenn der bereinigte Response fällt, denn der Anteil der durch Non-Response fehlenden Information wird immer größer. Ob und in welchem Umfang ein solcher Bias auftritt, hängt dabei entscheidend von den inhaltlichen Ausfallgründen ab, so dass bei der Definition der Ausfälle 1. und 2. Art besondere Sorgfalt aufgebracht werden muss, um nicht bereits hier eine inhaltlich irreführende Bewertung der Nichtteilnahme zu erzeugen. Daher ist zu fordern, dass die Ausfallgründe protokolliert werden und nicht nur der Response, sondern auch die Anzahl der Nichtteilnehmer nach Ausfallgründen aufgeschlüsselt berichtet werden.

Neben dem Anteil der Nichtteilnehmer hängt die Größe der Verzerrung einer epidemiologischen Maßzahl zusätzlich von der Prävalenz, der Inzidenz oder dem Anteil der Exponierten in der Population ab. Deshalb kann keine absolute Zahl für den Response angegeben werden, ab der grundsätzlich eine epidemiologische Studie als gut oder schlecht bewertet werden kann. Vielmehr müssen auch die Krankheits- und Expositionsanteile in eine bewertende Betrachtung eingehen (siehe unten).

Grundsätzlich gilt, dass schon *während der Durchführung einer Studie* darauf geachtet werden sollte, dass sämtliche Formen von Ausfällen minimiert werden und eine möglichst *hohe Teilnahmequote* erreicht wird. Neben einer Protokollierung der Teilnahmequote zur Beschreibung möglicher Verzerrungen sollten alle Maßnahmen während der Feldarbeit einer Studie ergriffen werden, die die Teilnahme- und Antwortbereitschaft steigern. Hierauf werden wir in Abschnitt 5.3 noch im Detail eingehen. Weitere Überlegungen zur Responseberechnung finden sich in Stang et al. (1999), eine Diskussion der Beziehung zwischen Response und Verzerrung in Stang & Jöckel (2004).

Typisierung von Korrekturverfahren des Non-Response Bias

Trotz aller die Teilnahmebereitschaft steigernder Maßnahmen wird man selbst bei sorgfältigster Planung und Durchführung einer epidemiologischen Studie Ausfälle 2. Art nicht vollständig verhindern können. Lässt man die Ausfälle außer Acht, so könnten falsche Rückschlüsse auf die Zielpopulation gezogen werden.

Beispiel: Im Rahmen von Untersuchungen zur BSE in Deutschland führten Ovelhey et al. (2005, 2008) eine Querschnittserhebung bei landwirtschaftlichen Betrieben in Niedersachsen durch und untersuchten dabei das Antwortverhalten der Landwirte. Dabei haben nicht alle Landwirte spontan an der Untersuchung teilgenommen, so dass man Kollektive von sofort (Phase A) bzw. erst nach einer Mahnung antwortender (Phase B) Landwirte unterscheiden konnte.

Betrachtet man diese beiden Kollektive im Vergleich, so konnten erhebliche Unterschiede beobachtet werden: So ist die Größe der Betriebe (gemessen in ha) mit 59,8 ha bei "A-Betrieben" wesentlich größer als mit 48,2 ha bei "B-Betrieben; Kühe der Rasse "Holstein schwarz-bunt" wurden bei "A-Betrieben" zu 63,5%, bei "B-Betrieben" zu 48,2% gehalten. Auch die Verteilung eines wesentlichen Risikofaktors, der den Anteil der Betriebe angibt, die so genannte Milchaustauscher füttern, ist mit 42,2% bei "A-Betrieben" vs. 29,3% bei "B-Betrieben" sehr unterschiedlich.

Würde man somit ausschließlich nur die Informationen der "A-Landwirte", die sofort und unmittelbar antworten, in die Untersuchung aufnehmen, so würde sich eine Selektion ergeben, die erhebliche Verzerrungen bei der Angabe der entsprechenden Informationen nach sich ziehen würde.

Dieses Beispiel macht deutlich, dass die Verzerrungen, die durch Ausfälle 2. Art entstehen, möglicherweise zu einer Verkennung der wahren Gegebenheiten in der Zielgesamtheit führen können. Damit ist zu fragen, wie die *Ergebnisse der Nettostichprobe auszuwerten* sind. In Anlehnung an Little & Rubin (2002) kann nachfolgende Typisierung von Auswertungstechniken bei Vorliegen von Non-Response unterschieden werden:

– 　　*Basisauswertung der Nettostichprobe:*
　　　Bei dieser Auswertung bleibt das Ausfallproblem unberücksichtigt und es erfolgt ausschließlich eine statistische Analyse der Nettostichprobe. Die Ergebnisse dieser Auswertung sind möglicherweise verzerrt und dienen vor allem als Referenzwert für evtl. zu erfolgende Korrekturen.

– 　　*Ersetzungsmethoden:*
　　　Diese Korrekturprinzipien gehen von einer Schichtung der Population in Teilnehmer und Ausfälle aus. Eine "Schätzung" der epidemiologischen Maßzahlen in der Schicht der Ausfälle kann dann als "Ersatz" für die fehlenden Beobachtungen benutzt werden, so dass hierdurch eine Korrektur mittels anschließender zusammenfassender Gewichtung erfolgen kann.

– 　　*Gewichtungsmethoden:*
　　　Bei diesen Auswertungstechniken werden entweder für jedes Individuum der Nettostichprobe oder für zu schätzende epidemiologische Maßzahlen Gewichtungen bereitgestellt, die sich aus der Art der Stichprobenziehung bzw. des Studientyps ergeben. Dabei ist von wesentlicher Bedeutung, dass der Prozess der Erhebung von Individuen aus der Auswahl- in die Studienpopulation exakt charakterisiert wird.

– 　　*Modellgestützte Methoden:*
　　　Setzt man voraus, dass man die Verteilung des interessierenden Merkmals bei den Ausfällen kennt, so können simultane oder sukzessive statistische Modelle der Auswertung miteinander verknüpft werden.

Diese grundsätzlichen Auswertungsmethoden sollen hier nicht in ihrer gesamten Breite behandelt werden. Dies gilt insbesondere für die modellgestützten Techniken, unter denen sich eine Vielzahl von verschiedenen Methoden subsumieren lassen. Deshalb sei in diesem Zusammenhang beispielsweise auf die Monographien von Skinner et al. (1989), Särndal et al. (1992), Schafer (1997) oder Little & Rubin (2002) verwiesen.

Die Konzepte der Ersetzung bzw. der Gewichtung spielen aber eine besondere Rolle und werden daher in ihrer grundsätzlichen Vorgehensweise nachfolgend näher erläutert.

4.4.1.2   Korrektur der Auswahlverzerrung

Additive Ersetzung von Informationen zur Korrektur der Auswahlverzerrung

Als das klassische Korrekturprinzip des Selection Bias gelten die Ersetzungsmethoden, die aus stichprobentheoretischer Sicht im Wesentlichen auf Hansen & Hurwitz (1946) zurückgehen. Hierbei stellt man sich die betrachteten Populationen in einer in zwei Schichten zerlegten Form vor, d.h., dass grundsätzlich eine Schicht von Studienteilnehmern und eine von Verweigerern existieren. Die epidemiologische Kennzahl, die nun in der Nettostichprobe beobachtet werden kann (z.B. die Prävalenz P_{netto}), steht dann nicht mehr als Repräsentant für die entsprechende Kennzahl in der gesamten Zielpopulation (z.B. die Prävalenz P_{Ziel}), sondern nur für den Anteil der Zielpopulation, der grundsätzlich bereit ist, an einer Studie teilzunehmen (z.B. die Prävalenz $P_{Teilnehmer}$, siehe Abb. 4.7).

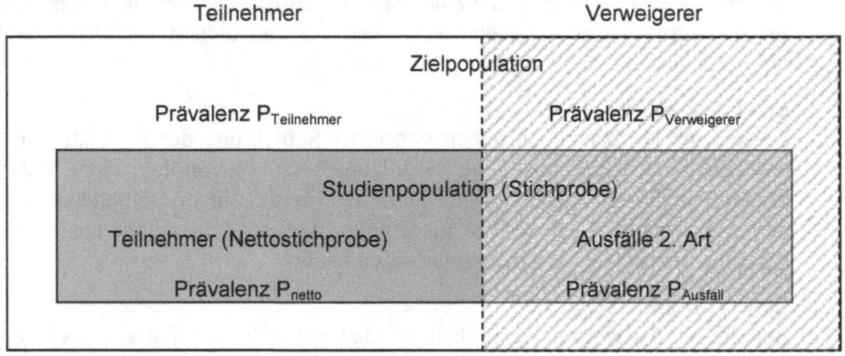

Abb. 4.7:   Studien- und Zielpopulation mit je zwei Schichten von Teilnehmern und Verweigerern

Gelingt es nun, innerhalb der Studie sowohl für die Schicht der Teilnehmer (Nettostichprobe) als auch für die Schicht der Verweigerer (Ausfälle 2. Art) z.B. durch Nacherhebung, Mahnung etc. Informationen zusammenzustellen, so kann durch geeignete Zusammenfassung beider Angaben eine Analyse erfolgen, die für den Non-Response Bias korrigiert.

Im Rahmen der Schätzung einer Prävalenz führt dies z.B. zu der nachfolgenden adjustierten Angabe durch Gewichtung der erhaltenen Nettostichprobe mit der Response- und der ausgefallenen Studienteilnehmer mit der Ausfallquote

$$P_{korr} = Response \cdot P_{netto} + (1-Response) \cdot P_{Ausfall}.$$

Durch diese Korrektur kann auch die Größenordnung der durch Non-Response entstandenen Verzerrung ermittelt werden:

$$\text{relativer Bias } (P_{netto}) = \frac{P_{netto} - P_{korr}}{P_{korr}} \cdot 100 \; .$$

Beispiel: Um dieses Korrekturprinzip zu verdeutlichen, kommen wir nochmals auf das Beispiel bei der Querschnittsuntersuchung landwirtschaftlicher Betriebe zurück. Hier können die Betriebe, die in der Phase A antworten, als Teilnehmer und die, die in Phase B antworten, als Verweigerer angenommen werden, so dass die oben angegebenen Werte z.B. für den Einsatz von Milchaustauschern als $P_{netto} = 0,422$ sowie $P_{Ausfall} = 0,293$ gesetzt werden können.

Ovelhey et al. (2005) geben als Teilnahmequote der Phase A den Wert von 28,4% an, so dass sich hiermit als ein korrigierter Schätzwert für den Anteil der Nutzer von Milchaustauschern

$$P_{korr} = 0,284 \cdot 0,422 + 0,716 \cdot 0,293 = 0,330$$

ergibt. Die ursprüngliche Angabe aus der Nettostichprobe war dagegen wesentlich höher. Die Abweichung

$$\text{relativer Bias } (P_{netto}) = \frac{0,422 - 0,330}{0,330} \cdot 100 = 27,88\%$$

zeigt deutlich den sehr großen Non-Response Bias, der durch eine mangelnde Berücksichtigung der Nichtteilnahme entstehen würde.

Hier ist offensichtlich, dass die *Verzerrung* vom *Anteil der Teilnehmer* abhängt und umso größer wird, je höher der Anteil der Verweigerer einer Studie ist. Jedoch ist auch die *Diskrepanz* zwischen den ermittelten Kenngrößen in der *Nettostichprobe* und bei den *Ausfällen* von direkter Bedeutung. So können auch bei praktisch als hoch anerkannten Teilnahmequoten theoretisch sehr hohe Verzerrungen erreicht werden. Dies wird z.B. in Abb. 4.8 deutlich, die für eine konkrete Prävalenzschätzung den relativen Bias in Abhängigkeit von der Teilnahmequote und verschiedener Prävalenzen für die Population der Verweigerer zeigt.

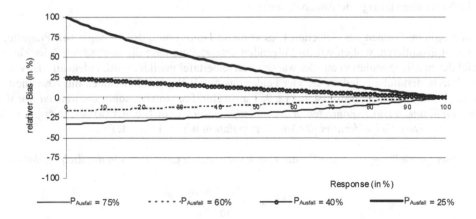

Abb. 4.8: Relativer Bias in % in Abhängigkeit vom (bereinigten) Response und von der Prävalenz des interessierenden Merkmals bei Nicht-Teilnehmern ($P_{Ausfall} = 75\%$, 60%, 40%, 25%) und bei den Teilnehmern ($P_{netto} = 50\%$)

Gehen wir in Abb. 4.8 z.B. davon aus, dass die Prävalenz des interessierenden Merkmals bei Nicht-Teilnehmern mit $P_{Ausfall} = 75\%$ um 25 Prozentpunkte über der entsprechenden Prävalenz der Studienteilnehmer ($P_{netto} = 50\%$) liegt und sei der Response bei ca. 35%, so zeigt die Abb. 4.8, dass die Prävalenz des interessierenden Merkmals um ungefähr 25% unterschätzt wird (relativer Bias = –25%).

Kann der Anteil $P_{Ausfall}$ sinnvoll geschätzt werden, so ist es mit den oben aufgeführten Verfahren möglich, eine allgemeine Ausfallkorrektur anzugeben. Dafür ist es allerdings erforderlich, Informationen über die gesamte Zielpopulation bereitzustellen, also auch über diejenigen, die eigentlich als Ausfälle 2. Art gelten.

Das oben angegebene Korrekturprinzip muss dabei als ein grundlegendes erstes Verfahren angesehen werden. Hierbei ist z.B. unterstellt, dass die Ausfälle in sich homogen sind. Muss man aber unterstellen, dass sich die Ausfälle in Subpopulationen mit unterschiedlicher Prävalenz des interessierenden Merkmals aufteilen, so kann unter Umständen nicht mehr von einer monotonen Beziehung zwischen dem Response und dem Grad der Verzerrung ausgegangen werden. Ein Korrekturverfahren muss darauf Rücksicht nehmen. Je nach Studiendesign, nach Auswahl der Studienpopulation und nach epidemiologischer Maßzahl steht eine Vielzahl weiterer spezifischer Methoden zur Adjustierung zur Verfügung. Für die an solchen Korrekturen interessierten Leser sei hier z.B. auf die drei Sammelmonographien von Madow et al. Vol. 1-3 (1983) verwiesen.

Multiplikative Gewichtung zur Korrektur der Auswahlverzerrung

Mit den oben beschriebenen Ersetzungsverfahren ist es möglich, Korrekturen anzugeben, wenn das ausgewählte Studienkollektiv und das nicht ausgewählte Studienkollektiv Unterschiede in ihrer Struktur aufweisen. Dann lassen sich insbesondere für lineare epidemiologische Maßzahlen korrigierte Angaben machen.

Um mögliche Formen des Selection Bias vor dem Hintergrund der ätiologischen Fragestellung zu diskutieren, wollen wir im Folgenden unterstellen, dass die beobachtete Vierfeldertafel der Studienpopulation aus der wahren Vierfeldertafel gebildet wird, indem aus der wahren Vierfeldertafel aus jedem der vier Felder ein Anteil W_{ij} von Individuen mit Krankheitsstatus $i = 0, 1$ und Expositionsstatus $j = 0, 1$ auswählt. Stellen sich somit die *wahren Anzahlen von Kranken und Exponierten in der Zielpopulation* wie in Tab. 4.1 (a) dar, so ergibt sich die *beobachtete Vierfeldertafel der Studienpopulation* wie in Tab. 4.1. (b).

In dieser Darstellung gilt somit für das *unbekannte wahre Odds Ratio in der Zielpopulation*

$$OR_{Ziel} = \frac{N_{11} \cdot N_{00}}{N_{10} \cdot N_{01}}$$

und für die *Schätzung des Odds Ratios aus der Studienpopulation*

$$OR_{Studie} = \frac{n_{11} \cdot n_{00}}{n_{10} \cdot n_{01}} = \frac{(W_{11} \cdot N_{11}) \cdot (W_{00} \cdot N_{00})}{(W_{10} \cdot N_{10}) \cdot (W_{01} \cdot N_{01})} = \frac{W_{11} \cdot W_{00}}{W_{10} \cdot W_{01}} \cdot OR_{Ziel} .$$

Tab. 4.1:   Anzahlen von Kranken, Gesunden, Exponierten und Nichtexponierten

(a) in einer Zielpopulation   (b) in einer Studienpopulation

Status	exponiert (Ex = 1)	nicht exponiert (Ex = 0)	Status	exponiert (Ex = 1)	nicht exponiert (Ex = 0)
krank (Kr = 1)	N_{11}	N_{10}	krank (Kr = 1)	$n_{11}=W_{11}{\cdot}N_{11}$	$n_{10}=W_{10}{\cdot}N_{10}$
gesund (Kr = 0)	N_{01}	N_{00}	gesund (Kr = 0)	$n_{01}=W_{01}{\cdot}N_{01}$	$n_{00}=W_{00}{\cdot}N_{00}$

Damit wird in Hinblick auf einen Selection Bias das Odds Ratio der Zielpopulation OR_{Ziel} immer dann unverzerrt geschätzt, wenn das **Odds Ratio der Auswahlanteile**

$$W = \frac{W_{11} \cdot W_{00}}{W_{10} \cdot W_{01}}$$

gleich eins ist. Ist der Ausdruck W größer eins, so führt dies zu einer *systematischen Über-schätzung*, ist W kleiner eins, so wird das wahre Odds Ratio OR_{Ziel} *systematisch unter-schätzt*.

Ziel einer epidemiologischen Untersuchungsplanung muss deshalb stets sein, dass das Odds Ratio der Auswahlanteile W gleich eins ist. Dies bedeutet nicht zwingend, dass die Aus-wahlwahrscheinlichkeiten aus jedem der vier Felder identisch sein müssen, sondern lediglich, dass eine Ausgewogenheit im Sinne dieses Quotienten erreicht wird. Diese Ausgewogenheit weist auf eine *Invarianzeigenschaft des Odds Ratios* hin. Multipliziert man die An-teile W_{11} und W_{01} der ersten Spalte der Vierfeldertafel nämlich mit einer beliebigen positi-ven Konstante c_1 oder die Werte W_{10} und W_{00} der zweiten Spalte mit einer beliebigen positi-ven Konstante c_2, so ändert sich das Odds Ratio der Auswahlanteile W nicht.

Aus diesem Grunde ist es z.B. bei einer prospektiven Studie nicht erforderlich, dass expo-nierte und nicht exponierte Individuen im gleichen Verhältnis an der Studie teilnehmen, wie sie in der Zielpopulation vertreten sind. Diese Invarianz gilt natürlich analog auch für eine Multiplikation der Einträge in den Zeilen. Damit ist es in einer Fall-Kontroll-Studie nicht notwendig, dass Fälle und Kontrollen im selben Verhältnis an der Studie teilnehmen, wie es ihrem Anteil in der Bevölkerung entspricht.

Beispiel: In Tab. 4.2 sind in (a) die Daten einer Zielpopulation dargestellt. Da mit 2.500 Kranken in einer Po-pulation von 2,5 Mio. Individuen die Erkrankung selten ist, ist eine Fall-Kontroll-Studie das adäquate Studien-design. In (b) sind entsprechend die Daten aus einer Fall-Kontroll-Studie zusammengefasst.

Tab. 4.2:   Anzahl von Kranken, Gesunden, Exponierten und Nichtexponierten

(a) in einer Zielpopulation   (b) in einer Studienpopulation

Status	exponiert (Ex = 1)	nicht exponiert (Ex = 0)	Status	exponiert (Ex = 1)	nicht exponiert (Ex = 0)
krank	1.500	1.000	Fälle	150	100
gesund	1.000.000	1.500.000	Kontrollen	75	125

Während bei der Rekrutierung von Fällen mit 150/1.500 bzw. 100/1.000 die Auswahlanteile von exponierten und nicht Exponierten identisch sind, sind diese Anteile bei den Kontrollen mit 75/1.000.000 und 125/1.500.000 ungleich, und es gilt

$$OR_{Studie} = \frac{150 \cdot 125}{100 \cdot 75} = \frac{150/1.500 \cdot 125/1.500.000}{100/1.000 \cdot 75/1.000.000} \cdot OR_{Ziel} = 1{,}11 \cdot OR_{Ziel} \, .$$

In der Studie wird somit das Odds Ratio größer geschätzt als dies der Verteilung in der Zielpopulation entspricht. Dabei ist hier die Verzerrung durch die differentielle Studienteilnahme von exponierten und nicht exponierten Kontrollen erfolgt, denn die Teilnahmequote der exponierten Kontrollen war kleiner als der Anteil der nicht exponierten.

Bei der Untersuchung eines Selection Bias kommt es also darauf an, das Odds Ratio W der Auswahlanteile zu analysieren. Kennt man aufgrund des Studiendesigns bzw. des Auswahlverfahrens die Auswahlanteile W_{ij}, i, j = 0,1, so ist es möglich, das Odds Ratio der Auswahlanteile W zu ermitteln und mit

$$OR_{korr} = \frac{OR_{Studie}}{W}$$

einen **korrigierten Schätzwert für das Odds Ratio** anzugeben. Über eine solche Korrektur hinaus ist dieses Modell der multiplikativen Gewichtung aber selbst dann von Bedeutung, wenn man die Auswahlanteile nicht explizit angeben kann. In solchen Situationen kann es zumindest zu einer qualitativen Abschätzung der Richtung und Stärke einer Auswahlverzerrung dienen.

In der Praxis wird man nur dann in der Lage sein, das Odds Ratio tatsächlich zu korrigieren, wenn die dazu notwendigen Informationen über die Auswahlwahrscheinlichkeiten bekannt sind. Allerdings kann es sich als nützlich erweisen, im Rahmen einer so genannten *Sensitivitätsanalyse* abzuschätzen, ob sich der beobachtete Zusammenhang als robust gegenüber Selektionseffekten erweist. Dazu trifft man verschiedene, realistische ("worst case"-)Annahmen über das mögliche Ausmaß des Selection Bias und untersucht, wie stark sich der beobachtete Zusammenhang unter diesen Annahmen verändern würde.

4.4.1.3   Typen von Auswahlverzerrung

Im Folgenden sollen einige wesentliche Verzerrungsmechanismen vor dem Hintergrund ihrer grundsätzlichen Auswirkungen näher betrachtet werden.

Non-Response Bias

Eine sehr wichtige Verzerrungsquelle in epidemiologischen Studien ist der oben bereits angesprochene **Non-Response Bias**, d.h. die **Verzerrung durch systematische Nicht-Teilnahme** an der Studie.

Als klassisches Beispiel für diese Verzerrungsform gilt die *selektive Beteiligung in Querschnittsstudien*. Zeigen Individuen der Zielpopulation, die weder exponiert noch erkrankt sind, eine geringere Teilnahmebereitschaft ("mangelnde Betroffenheit"), dann führt dies zu einer Unterschätzung des Odds Ratios, denn nur der Anteil W_{00} ist systematisch zu klein, so dass der Quotient W insgesamt kleiner eins wird.

Beispiel: Beispiele für diese Form von Verzerrung finden sich etwa bei umweltepidemiologischen Untersuchungen zur Frage von Zusammenhängen zwischen Luftverschmutzung und Atemwegserkrankungen. Hier ist häufig zu unterstellen, dass das Interesse zur Studienteilnahme dann hoch ist, wenn man erkrankt ist oder wenn man in einer besonders belasteten Region wohnt. Personen, die weder erkrankt sind noch in einem exponierten Gebiet wohnen, haben meist ein geringeres Interesse.

Umgekehrt ist eine Überschätzung eines Zusammenhangs zu erwarten, wenn sich exponierte Kranke überproportional an der Studie beteiligen. Hier wird dann nur der Anteil W_{11} systematisch vergrößert, und der Faktor W wird größer als eins.

Beispiel: Auch hier kann obiges Beispiel zur Illustration herangezogen werden. So ist gerade bei Betroffenen in extrem belasteten Gebieten oft ein besonderes Interesse für eine Teilnahme zu beobachten.

Diese Beispiele dürfen natürlich nicht als allgemein gültig aufgefasst werden. So konnte etwa in den neuen Bundesländern auch und gerade in extrem belasteten Regionen eine gewisse Teilnahmemüdigkeit durch "Überuntersuchung" festgestellt werden, nachdem nach der Wiedervereinigung viele umweltmedizinische Untersuchungen gerade in diesen Regionen durchgeführt wurden. Dies hatte eine besonders geringe Teilnahmebereitschaft der exponierten Gesunden zur Folge, d.h., W_{01} war systematisch zu klein. Hier wäre eine Überschätzung des Odds Ratios die Folge.

Da die Interpretation von Querschnittsuntersuchungen stark von ihrer Repräsentativität abhängt, bekommt das Problem des Non-Response Bias hier natürlich eine besondere Bedeutung. Deshalb ist es empfehlenswert, eine so genannte *Non-Responder-Analyse* durchzuführen, um zu beurteilen, ob und in welcher Weise ein Selektionsbias zu befürchten ist (siehe Abschnitt 5.3).

Aber auch andere Studientypen sind für diese Problematik anfällig. Bei *Fall-Kontroll-Studien* kann häufig nicht ausgeschlossen werden, dass die Teilnahmeverweigerer eine selektierte Gruppe aus der Zielpopulation bilden. Dies gilt insbesondere dann, wenn die *Kontrollgruppe* als populationsbezogene Stichprobe technisch ganz *unterschiedlich zu den Fällen* erhoben wird. So werden Fälle häufig in Kliniken angesprochen, so dass die Motivation zur Teilnahme auf der Krankheit basiert und der Expositionsstatus keine Rolle spielt (siehe auch das Beispiel in Tab. 4.2). Bei der Auswahl von Populationskontrollen kann dies aber durchaus unterstellt werden, insbesondere dann, wenn Expositionen thematisiert werden, denen aktuell besondere Aufmerksamkeit zukommt. In diesen Fällen ist W_{00} zu klein bzw. W_{01} zu groß, so dass eine Unterschätzung des Odds Ratios die Folge ist.

Bei *prospektiven Studien* liegt ein Verzerrungspotential in den so genannten *Follow-Up-Verlusten (*engl. *loss to follow-up)*, d.h. Individuen der anfänglichen Kohorte, über die bei Studienende keine oder nur unvollständige Informationen vorliegen. Personen können sich dem Follow-up beispielsweise durch Verweigerung entziehen. Stehen solche Follow-up-Verluste mit der Krankheitsentwicklung in Verbindung oder sind die Verlustquoten für exponierte und nicht exponierte Personen unterschiedlich, dann werden die Studienresultate verzerrt. Eine Unterschätzung des Odds Ratios tritt dann etwa auf, wenn der Follow-up-Verlust eines Studienteilnehmers mit der Exposition zusammenhängt, denn hier wäre zu unterstellen, dass der Anteil W_{11} systematisch zu klein ist. Ein analoger Effekt entsteht, wenn nicht exponierte Gesunde im Verlaufe der Studie das Interesse verlieren, so dass W_{00} systematisch verkleinert wird.

Migration Bias

Eine Verzerrungsquelle in Querschnittsstudien ist der so genannte **Migration Bias**, die **Verzerrung durch systematische Wanderungsbewegungen**, die zwischen den zu vergleichenden Gruppen stattfinden.

Als häufigste Form eines Migration Bias gilt dann die *Wanderung Kranker von einem exponierten in einen nicht exponierten Status*. Dadurch wird der Anteil W_{11} verkleinert und gleichzeitig der Anteil W_{10} vergrößert, so dass W kleiner eins und damit eine Unterschätzung des Odds Ratios die Folge ist.

Eine spezielle Form der Migration ergibt sich dadurch, dass anfällige Personen u.U. erst gar nicht bestimmten Expositionen ausgesetzt werden oder sich diesen vor Manifestierung einer Krankheit frühzeitig wieder entziehen. Dadurch können *unter besonders starken Expositionen überproportional viele Gesunde* angetroffen werden und der Anteil W_{01} ist erhöht, so dass das Odds Ratio unterschätzt wird.

Beispiel: Beispiele für diese Form des Bias findet man vor allem in der Arbeitswelt. Tritt im Verlaufe der Arbeitstätigkeit eine Erkrankung auf, die dem Arbeitsplatz ursächlich zugeordnet wird, so werden Arbeiter nach Eintritt der Erkrankung häufig auf nicht exponierte Arbeitsplätze versetzt. Bei einer Querschnittsanalyse bleibt dann der Zusammenhang zwischen Krankheit und Exposition verborgen.

Ein dazu vergleichbarer Effekt kann auch in Bezug auf Umweltexpositionen auftreten, so dass besonders in nicht exponierten (z.B. luftreinen) Gegenden überproportional viele Kranke anzutreffen sind und der Anteil W_{10} damit erhöht ist.

Beispiel: Solche Situationen treten etwa auf, wenn Personen nach Eintritt in das Rentenalter in besonders ländliche bzw. touristisch attraktive Gegenden übersiedeln (engl. *Retirement Areas*). Hier findet dann eine überproportionale Häufung des älteren Teils der Bevölkerung und damit auch eine Häufung spezieller altersbedingter Erkrankungen bzw. der allgemeinen Mortalität statt. Eine Abschwächung, oft sogar Umkehrung des Zusammenhangs zwischen Krankheit und (Umwelt-) Exposition ist dann in Querschnittsstudien die Folge.

Healthy Worker Effect (Membership Bias)

In berufsepidemiologischen Studien, bei denen die Mortalität in einer bestimmten Berufsgruppe oder Industriebranche mit der für Alter, Geschlecht und Kalenderzeit adjustierten Mortalität der Allgemeinbevölkerung verglichen wird, ist die Gesamtsterblichkeit in der Kohorte in der Regel niedriger als in der Bevölkerung. Für dieses Phänomen hat sich der Begriff des **"Healthy Worker Effect"** eingebürgert.

Oft zeigt sich dieser Effekt besonders deutlich in Bezug auf kardiovaskuläre Erkrankungen und weniger ausgeprägt bei Krebserkrankungen. Neben anderen Faktoren werden als Ursache für diesen Effekt vor allem Selektionsmechanismen angeführt, die dazu führen, dass z.B. über die medizinischen Einstellungsuntersuchungen kranke und prämorbide Personen ausgefiltert werden, so dass bestimmte Berufsgruppen tendenziell eine Selektion von Gesunden darstellen. Die Beobachtung, dass das Ausmaß des Healthy Worker Effect oft mit zunehmender Dauer der Kohortenzugehörigkeit kleiner wird, spricht für diese Deutung.

Der Healthy Worker Effect kann bei nahezu allen Expositionen an Arbeitsplätzen auftreten. Jedoch wird auch von einem umgekehrten Effekt berichtet, z.B. wenn das betrachtete Krankheitsereignis in einem spontanen Abort besteht. Tritt dieser auf, so werden wegen der nur kurzen notwendigen Nachsorge die Betroffenen überproportional häufig in den Beruf zurückkehren, da sie sich nicht der Kindererziehung widmen. Dies führt zu einer Erhöhung des Anteils W_{11}. Ein solcher **"Sick Worker Effect"** führt dann zu einer Überschätzung des tatsächlichen Odds Ratios.

Prävalenz-Inzidenz (Neyman) Bias

Ist die Dauer der untersuchten Krankheit mit der Exposition assoziiert, so kann dies zu einer systematischen Verzerrung führen, die als **Neyman** oder auch **Prävalenz-Inzidenz Bias** bezeichnet wird, da die unterschiedlichen Krankheitsdauern das Verhältnis von Prävalenz und Inzidenz stören. Je nachdem, ob die durchschnittliche Krankheitsdauer durch die Exposition positiv bzw. negativ beeinflusst wird, führt dies zu einer Über- bzw. Unterschätzung des Odds Ratios.

Liegt in einer *Querschnittsuntersuchung* eine Exposition vor, die die Krankheitsdauer verlängert, so wird der Anteil W_{11} systematisch erhöht und das Odds Ratio damit überschätzt.

Beispiel: Ein Beispiel für eine solche Überschätzung wäre eine Studie zum Zusammenhang der Benutzung von Medikamenten bei chronischen Erkrankungen wie Diabetes mellitus oder koronaren Herzerkrankungen. Hier besteht der Sinn der Einnahme der Medikamente in einer Lebensverlängerung, was aber bedeutet, dass auch die Erkrankung selbst verlängert wird.

Steht nun die Exposition mit der Einnahme der Medikamente in direkter Beziehung, könnte dieser Faktor fälschlicherweise für einen Risikofaktor für die Krankheit gehalten werden, da er die Überlebenschancen mit der Krankheit extrem verbessert.

Verkürzt dagegen der Studienfaktor die Krankheitsdauer und wird dadurch der Anteil W_{11} systematisch verkleinert, so führt dies zu einer Unterschätzung des Odds Ratios.

Beispiel: Ein Beispiel ist die Wirkung von extremem Übergewicht auf Herzerkrankungen. Da adipöse Personen besonders häufig vorzeitig an kardiovaskulären Todesursachen sterben, sind die stark exponierten (übergewichtigen) Personen mit Herzerkrankungen in einer Querschnittsstudie unterrepräsentiert, so dass ein Zusammenhang mit Herzerkrankungen unter Umständen nicht mehr nachweisbar ist.

Ein Prävalenz-Inzidenz Bias kann auch in *Fall-Kontroll-Studien mit prävalenter Fallgruppe*, d.h. mit allen zum Zeitpunkt der Untersuchung zur Verfügung stehenden Erkrankten, auftreten, wenn ein Zusammenhang zwischen Exposition und Krankheitsdauer besteht. Da Fall-Kontroll-Studien häufig bei lebensbedrohlichen Krankheiten zur Anwendung kommen, wird dieser Bias-Typ hier auch häufig als **Survival Bias** bezeichnet.

Zur Vermeidung eines Prävalenz-Inzidenz Bias wird empfohlen, *nur inzidente Fälle* zu rekrutieren. Häufig wird deshalb verlangt, dass die Zeitspanne zwischen dem Datum der Krankheitsdiagnose und dem Interview zur Erhebung der Exposition eine bestimmte Frist (z.B. drei Monate) nicht überschreiten soll. Dadurch wird dann einer Kumulierung von Fällen mit langer Krankheitsdauer entgegengewirkt (siehe auch Abschnitt 3.3.3).

Admission-Rate Bias

Ein Verzerrungsmechanismus, der typisch für Fall-Kontroll-Studien ist, ist der **Admission-Rate Bias**. Eine solche Verzerrung tritt auf, wenn insbesondere bei der Wahl von *Krankenhauskontrollen* diese *nicht repräsentativ bezüglich* der Verteilung der *Expositionsvariablen* für die Zielpopulation sind, aus der die Fälle stammen (siehe auch Abschnitt 3.3.3).

Auch hier ist eine Unter- bzw. eine Überschätzung des Odds Ratios möglich. Sind in der Kontrollgruppe überproportional viele exponierte Personen, so ist der Anteil W_{01} systematisch erhöht, der Faktor W kleiner eins und das Odds Ratio wird damit unterschätzt.

Beispiel: Bei der Untersuchung von Lungenkrebspatienten als Fallgruppe mit der Exposition Rauchen sind z.B. Patienten mit Herz-Kreislauf-Erkrankungen als Kontrollen schlecht geeignet, da Rauchen auch Herz-Kreislauf-Erkrankungen begünstigt. Damit sind Raucher in der Kontrollgruppe stärker repräsentiert als in der zugrunde liegenden Zielpopulation, wodurch der Risikofaktor "Rauchen" bzgl. des Auftretens von Lungenkrebs unterschätzt würde.

Andererseits kann natürlich auch eine Überschätzung des Odds Ratios eintreten, wenn unterproportional Exponierte in die Kontrollgruppe aufgenommen werden, denn hier wäre der Anteil W_{01} systematisch verkleinert.

Beispiel: In einer Studie zur Beziehung von Kaffeekonsum und Koronarerkrankungen (vgl. Mausner & Kramer 1985) wurde eine Risikoerhöhung gefunden, die mit prospektiven Studiendesigns nicht bestätigt werden konnte. Eine mögliche Erklärung ist, dass der Kaffeekonsum in der Kontrollgruppe im Vergleich zur allgemeinen Bevölkerung unterrepräsentiert war, wodurch der Effekt des Kaffeekonsums überschätzt wurde.

Um solche Verzerrungseffekte zu vermeiden, wird bei der Abgrenzung der zulässigen Kontrollen gewöhnlich darauf geachtet, dass für die Kontrollgruppe solche *Krankheiten ausgeschlossen* werden, die *mit der untersuchten Exposition (positiv oder negativ) assoziiert* sind. Dennoch ist auch dann ein Admission-Rate Bias nicht immer auszuschließen, da unbekannte Assoziationen vorliegen können. Auch aus diesem Grund müssen die Ein- und Ausschlusskriterien klar definiert und berichtet werden, um später, wenn z.B. bisher unbekannte Assoziationen bekannt geworden sind, mögliche Verzerrungseffekte beurteilen zu können.

Detection Bias

Beim so genannten **Detection (Signal)** oder auch **Unmasking Bias** erzeugt eine Exposition ohne wirklichen Zusammenhang mit der Krankheit ein Symptom (Signal), welches zu einer *verstärkten Suche nach dem Vorliegen und damit Erkennen der Krankheit* führt. Dadurch wird der Anteil W_{11} systematisch erhöht und das wahre Odds Ratio überschätzt.

Beispiel: Bei Fall-Kontroll-Studien zum Zusammenhang von Östrogenbenutzung und dem Risiko für das Endometriumkarzinom wurde die Möglichkeit eines solchen Detection Bias diskutiert (vgl. z.B. Sackett 1979).

Die gefundene Erhöhung des Odds Ratios durch die Östrogenbenutzung könnte auch damit erklärt werden, dass die durch Östrogenbenutzung hervorgerufenen vaginalen Blutungen eine gründlichere gynäkologische Untersuchung zur Folge haben, wodurch das Endometriumkarzinom dann auch häufiger entdeckt wird.

Wie das Beispiel verdeutlicht, kann ein Detection Bias durchaus kontrovers diskutiert werden, denn die Frage, ob eine Selektion durch unterschiedliche Diagnoseintensität tatsächlich vorliegt, wird sicherlich von verschiedenen Diagnostikern anders bewertet werden.

Beispiel: So könnte man in obigem Beispiel auch argumentieren, dass auf lange Sicht für alle Frauen ein invasiver Tumor wie das Korpuskarzinom erkannt wird, so dass Östrogenanwenderinnen in der Fallgruppe nicht überrepräsentiert sein können.

4.4.2   Informationsverzerrung (Information Bias)

Eine **Verzerrung durch fehlerhafte Information** entsteht, wenn sich durch das Verfahren der Messung, Beobachtung oder Befragung der untersuchten Individuen eine Über- oder Unterschätzung einer epidemiologischen Maßzahl ergibt. Im Gegensatz zum Selection Bias ist dieser Typ einer Verzerrung somit unabhängig von der Studienteilnahme, aber abhängig vom Verfahren der Informationsbeschaffung.

Auch hier ist die Gefahr einer Verzerrung je nach Studienform unterschiedlich. Besonders anfällig für einen Information Bias sind Variablen, die retrospektiv erfasst werden. So erfolgt z.B. in Fall-Kontroll-Studien die Expositionsbestimmung u.a. retrospektiv mittels eines Fragebogens und ist damit grundsätzlich anfällig für Fehler.

Im Folgenden wollen wir einige besonders wichtige Typen dieser Verzerrungsmechanismen aufzeigen.

4.4.2.1   Typen von Informationsverzerrung

Interviewer Bias

Wird in einer Fall-Kontroll-Studie die Expositionsbelastung durch ein persönliches Interview rekonstruiert, so muss darauf geachtet werden, dass Fälle und Kontrollen gleich behandelt werden. Besteht von Seiten des Interviewers eine gewisse Erwartungshaltung hinsichtlich des Expositionseffektes, so könnten Fälle und Kontrollen im Interview bewusst oder unbewusst unterschiedlich befragt werden.

Ist z.B. der Interviewer von einem schädlichen Einfluss des Studienfaktors überzeugt, so ist es denkbar, dass bei einem Fall intensiver (z.B. durch gezieltes Nachfragen) nach der Exposition geforscht wird. Dann wird möglicherweise bei den Kontrollen ein größerer Anteil von Individuen als nicht exponiert eingestuft als dies in Wirklichkeit der Fall war. Dieser Effekt, der in diesem Fall zu einer Überschätzung des Odds Ratios führt, wird als **Interviewer Bias** bezeichnet. Diese hier genannte Richtung des Bias mag als besonders typisch gelten, jedoch ist auch eine Unterschätzung als Konsequenz des Interviewer Bias möglich.

Beispiel: Sauter (2006) führte eine Fall-Kontroll-Studie zum Auftreten von BSE in Norddeutschland durch. Fälle waren dabei landwirtschaftliche Betriebe, bei denen ein amtlich registrierter BSE-Fall aufgetreten war. Da BSE nach dem Tierseuchengesetz durch die Veterinärämter amtlich festzustellen und zu melden ist, waren die Informationen bezüglich der Fälle von offiziellen amtlichen Veterinären erfasst, während die Kontrollbetriebe durch das epidemiologische Studienteam erhoben wurden.

Da nach dem Auftreten der ersten Fälle in Großbritannien eine Assoziation der Erkrankung mit speziellen Futtermitteln sehr wahrscheinlich war, wurden durch die Veterinärämter im Wesentlichen Befragungen zu diesem Fachinhalt intensiv durchgeführt, während andere potenzielle Risikofaktoren nur selten oder gar nicht erfasst wurden. Dadurch wurde z.B. der Kontakt der betroffenen Herden zu anderen Tierarten erheblich unterschätzt, so dass dies fälschlicherweise sogar als protektiver Faktor im Studienkollektiv sichtbar wurde.

Einem Interviewer Bias kann dadurch entgegengesteuert werden, dass dem Interviewer der Fall- bzw. Kontrollstatus einer Person nicht mitgeteilt wird. Dies ist in vielen klinischen Studien gängige Praxis ("Blind-Befragung"), kann in epidemiologischen Beobachtungsstudien aber nur in Ausnahmefällen durchgeführt werden. Der Verwendung *standardisierter Fragebögen* und der *intensiven Schulung* sowie dem *Monitoring* des Interviewerpersonals kommen deshalb hier große Bedeutung zu (siehe auch Abschnitt 5.4).

Recall Bias

Ein Problem des retrospektiven Designs liegt in der Rekonstruktion der tatsächlichen Expositionsbelastung. Wird die Exposition durch Selbstangabe der betroffenen Person selbst oder ihrer Angehörigen rückblickend ermittelt, so kann es zu einem **Recall Bias**, d.h. zu einer Verzerrung durch eine unterschiedliche Erinnerungsfähigkeit oder -bereitschaft bei Fällen und Kontrollen kommen.

Beispiel: Beispiele für diese Form der Verzerrung findet man vor allem in Fall-Kontroll-Studien bei schweren Krankheiten. Hier ist es häufig so, dass in der Fallgruppe, d.h. bei den Erkrankten, schon vor der Studienteilnahme ein intensives Nachdenken über die möglichen Ursachen der Krankheit eingesetzt hat. Dies ist in der Kontrollgruppe, die nicht von einer bedrohlichen Krankheit betroffen ist, in der Regel nicht der Fall.

Damit wird in dieser Situation ein Unterschied betont, den es gegebenenfalls in der vorliegenden Form so gar nicht gibt, so dass eine Überschätzung des entsprechenden Effektes die Folge ist.

Auch der umgekehrte Effekt ist denkbar. So ergab eine Fall-Kontroll-Studie zu beruflichen Ursachen des Lungenkrebses fälschlicherweise ein erniedrigtes Risiko für selbst berichtete Asbestexpositionen. Es stellte sich heraus, dass Patienten mit Lungenkrebs insgesamt weniger stoffliche Expositionen, die anhand einer Stoffliste abgefragt wurden, bejahten als Kontrollen. So wurde z.B. "Staub" fast doppelt so oft von Kontrollen bejaht wie von Fällen. Eine Auswertung der Klartextangaben ergab, dass Kontrollen sehr häufig "Aktenstaub" als Quelle dieser Exposition angegeben hatten, während derartige Bagatellexpositionen kaum von Fällen genannt wurden. Fälle nannten dafür häufiger massive Expositionen auf Baustellen oder in der Metallproduktion.

Über den Grund dieses Unterschieds im Antwortverhalten lassen sich verschiedene Vermutungen anstellen. Eine mögliche Erklärung, die die subjektiven Eindrücke der Interviewerinnen widerspiegelt, ist, dass viele Fälle sich zum Zeitpunkt der Befragung in einer Phase der Verdrängung ihrer Erkrankung (über die sie erst kürzlich aufgeklärt worden waren) befanden und daher wenig motiviert waren, über die möglichen Ursachen ihrer Erkrankung zu sprechen. Interessanterweise stellte sich eine höhere Expositionsprävalenz bei Fällen – und damit ein erhöhtes Risiko für Asbestexpositionen – heraus, als die Expositionseinstufung auf der Grundlage stark durchstrukturierter berufsspezifischer Zusatzfragen ermittelt wurde, die wenig Raum für die Selbsteinschätzung einer "berichtenswerten" Exposition durch die Studienteilnehmer ließ (Ahrens 1999).

Die Auswirkungen dieser selektiven Erinnerung lassen sich durch *objektive Messungen*, sofern sie zuverlässig auf zurückliegende Expositionen schließen lassen, und stark *strukturierte Fragebögen* verringern.

Diagnostic Suspicion Bias

Ein weiterer Verzerrungstyp tritt vor allem in Kohortenstudien auf. Ist einem Arzt bekannt, dass sein Patient einem potenziellen Risikofaktor für die interessierende Krankheit ausgesetzt war, so kann dies unter Umständen eine gründlichere diagnostische Untersuchung zur Folge haben. Wird eine nicht exponierte Person nicht mit der gleichen Sorgfalt untersucht, so führt dies zu einer Verzerrung, die auch als **Diagnostic Suspicion Bias** bezeichnet wird.

In diesem Beispiel ist eine Überschätzung des Expositionseffektes zu erwarten, da die Krankheit bei exponierten Personen verhältnismäßig häufiger festgestellt wird.

4.4.2.2   Fehlklassifikation

Eine Formalisierung des Information Bias kann über den Begriff der Fehlklassifikation erfolgen. Eine **Fehlklassifikation der Krankheit** liegt dann vor, wenn im Rahmen einer epidemiologischen Untersuchung ein krankes Individuum als gesund oder ein gesundes Individuum als krank eingestuft wird. Sie ist besonders bei schwer erkennbaren Krankheiten zu erwarten, insbesondere wenn die diagnostischen Kriterien wenig standardisiert sind.

Von **Fehlklassifikation der Exposition** spricht man, wenn Exponierte als nicht exponiert oder nicht Exponierte als exponiert klassifiziert werden. Grundsätzlich ist auch hier zu erwarten, dass Fehlklassifikationen dann auftreten, wenn eine mangelnde Standardisierung vorliegt bzw. wenn die Expositionsbestimmung retrospektiv erfolgt.

Bei der formalen Darstellung werden wir nicht weiter von einer Fehlklassifikation der Krankheit oder Exposition, sondern allgemein nur noch von **Fehlklassifikationen eines Test- oder Messverfahrens** sprechen, denn die formale Behandlung der Fehlklassifikationsbegriffe ist analog, auch wenn die inhaltlichen Ursachen und Wirkungen vollkommen unterschiedlich zu interpretieren sind.

In diesem allgemeinen Sinne ist es möglich, dass die Klassifikation einer Messung ein positives ($Kr = 1$, erkrankt bzw. $Ex = 1$, exponiert) oder ein negatives ($Kr = 0$, gesund bzw. $Ex = 0$, nicht exponiert) Ergebnis liefert. Diesem Klassifikationsergebnis des Messverfahrens steht eine wahre, aber unbekannte Situation gegenüber, so dass die in Tab. 4.3 dargestellten vier Klassifikationsmöglichkeiten bestehen.

Tab. 4.3:   Klassifikationsmöglichkeiten eines Messverfahrens

Klassifikationsergebnis	Wahrheit	
	positiv	negativ
positiv	richtige Klassifikation	falsch-positiv
negativ	falsch-negativ	richtige Klassifikation

Neben den beiden richtigen Klassifikationen können sich somit sowohl ein falsch-positives wie auch ein falsch-negatives Ergebnis ergeben. Dann spricht man von Fehlklassifikation und es besteht die Gefahr einer Informationsverzerrung.

Diese Fehlklassifikationen können bei jeder Diagnose, bei jeder Messung oder Klassifikation entstehen, so dass immer davon ausgegangen werden muss, dass in einer epidemiologischen Studie falsche Zuordnungen vorkommen können. Da man das wahre Ergebnis allerdings nicht kennt, ist eine Aussage über den Effekt einer Fehlklassifikation nur dann möglich, wenn sich ihr Ausmaß quantifizieren lässt. Hierzu verwendet man verschiedene Wahrscheinlichkeitsbegriffe.

Sensitivität und Spezifität

Betrachtet man in der Klassifikationssituation gemäß Tab. 4.3 die (bedingte) Wahrscheinlichkeit für "richtig-positiv", so bezeichnet man diese als **Sensitivität** oder **Empfindlichkeit des Messverfahrens**. Die Sensitivität gibt also die Wahrscheinlichkeit an, dass ein Kranker als solcher erkannt bzw. dass ein tatsächlich exponiertes Individuum auch als solches eingestuft wird.

Die (bedingte) Wahrscheinlichkeit für "richtig-negativ", d.h. also dafür, dass ein Gesunder als gesund bzw. ein Nichtexponierter als solcher richtig erkannt wird, wird als **Spezifität** oder **Treffsicherheit des Messverfahrens** bezeichnet.

Sensitivität und Spezifität geben somit die Wahrscheinlichkeiten für richtige Entscheidungen im Klassifikationsschema Tab. 4.3 an. Die Wahrscheinlichkeiten für die entsprechenden Fehlklassifikationen ergeben sich dann aus der Differenzbildung zu eins, so dass zusammengefasst Tab. 4.4 mit den Wahrscheinlichkeiten für richtige und falsche Klassifikationen entsteht.

Tab. 4.4:   (Bedingte) Wahrscheinlichkeiten für richtige und falsche Klassifikation bei Kenntnis der Wahrheit

| Klassifikationsergebnis | Wahrheit | |
	positiv	negativ
positiv	Sensitivität $Sen = Pr(klass + \mid wahr +)$	$1 - Spez$ $= Pr(klass + \mid wahr -)$
negativ	$1 - Sen$ $= Pr(klass - \mid wahr +)$	Spezifität $Spez = Pr(klass - \mid wahr -)$

Ist es möglich, anhand eines so genannten **Goldenen Standards** das Ergebnis des Klassifikationsprozesses mit einem Messverfahren zu vergleichen, das stets wahre Ergebnisse liefert, so können die Wahrscheinlichkeiten in Tab. 4.4 empirisch geschätzt werden. Im Rahmen der Validierung eines Test- oder Messverfahrens beobachtet man dann Anzahlen von positiven und negativen Klassifizierungen bei gleichzeitiger Kenntnis des wahren Sachverhaltes, so dass man die Daten der Tab. 4.5 erhält.

Tab. 4.5:   Anzahl von positiven und negativen Klassifizierungen bei gleichzeitiger Kenntnis des wahren Sachverhaltes ("Goldener Standard") aus einer Validierungsuntersuchung

Klassifikationsergebnis	"Goldener Standard"	
	positiv	negativ
positiv	$n(+\,|\,+)$	$n(+\,|\,-)$
negativ	$n(-\,|\,+)$	$n(-\,|\,-)$

Aus den Angaben der Validierungsuntersuchung erhält man dann eine **Schätzung für die Sensitivität** durch den Anteil

$$\text{Sen}_{\text{Validierung}} = \frac{n(+\,|\,+)}{n(+\,|\,+)+n(-\,|\,+)}$$

und eine **Schätzung für die Spezifität** durch den Anteil

$$\text{Spez}_{\text{Validierung}} = \frac{n(-\,|\,-)}{n(-\,|\,-)+n(+\,|\,-)}.$$

Beispiel: Im Zusammenhang mit Arztbesuchen und der Kenntnis der Patienten über eine bei ihnen diagnostizierte Hypertonie berichtet Donner-Banzhoff (1993) die Ergebnisse von insgesamt 745 befragten Patienten (siehe Tab. 4.6).

Tab. 4.6:   Anzahl von Hypertonikern und Normotonikern nach Selbstangabe der Patienten (Klassifikation) und nach Angabe des behandelnden Arztes ("Goldener Standard")

Selbstangabe des Patienten	Angabe des behandelnden Arztes	
	Hypertoniker	Normotoniker
Hypertoniker	139	23
Normotoniker	47	536

Hieraus ermittelt man als Schätzer für die Sensitivität der Patienteneigenangabe den Anteil

$$\text{Sen}_{\text{Validierung}} = \frac{139}{139 + 47} = 0,75 \,,$$

d.h. nur 75% der Hypertoniker wissen, dass sie Bluthochdruck haben. Für die Schätzung der Spezifität aus der Validierungsuntersuchung gilt

$$\text{Spez}_{\text{Validierung}} = \frac{536}{536 + 23} = 0,96 \,,$$

d.h. 96% der Normotoniker wissen ihren Blutdruck richtig einzuschätzen.

Mit Hilfe dieser beiden Maßzahlen ist es möglich, die *Güte eines Verfahrens zur Krankheits- oder Expositionsklassifizierung* näher zu beschreiben. Als eine mögliche Maßzahl gilt das **Gütemaß nach Youden**

$$\text{Youdens } J = \text{Sen} + \text{Spez} - 1.$$

Ist für ein Messverfahren dieses Maß kleiner als null, so sind Fehlklassifikationen wahrscheinlicher als richtige Einstufungen und das Verfahren ist in dieser Form nicht brauchbar.

Addieren sich Sensitivität und Spezifität dagegen zu einer Zahl größer eins, so hat das Messverfahren einen gewissen Klassifikationswert. Auch ein Messverfahren mit einer Sensitivität von z.B. nur 30% kann sinnvoll sein, falls die Spezifität hinreichend nahe bei 100% ist. So könnte ein Diagnoseverfahren mit solchen Klassifikationswahrscheinlichkeiten beispielsweise bei einer leichten Krankheit, die zu behandeln ratsam, aber nicht unbedingt notwendig ist, durchaus vertretbar sein, solange keine besseren Diagnosetechniken existieren.

Ab welchen Werten der Sensitivität und Spezifität von einem guten Klassifikationsverfahren gesprochen werden kann, ist pauschal allerdings nicht bestimmbar. Chiang et al. (1956) schlagen im Zusammenhang mit diagnostischen Tests für Krankheiten etwa die Werte Sen = 90% und Spez = 95% vor, jedoch kann dies nicht als allgemein verbindlicher Maßstab aufgefasst werden. So berichten Copeland et al. (1977) von in epidemiologischen Studien verwendeten Klassifikationsverfahren, die weit unter diesen Forderungen liegen.

Generell kann man feststellen, dass die Güte eines diagnostischen Verfahrens stets mit dem Zweck seines Einsatzes zu verbinden ist. So wird man bei einem diagnostischen Verfahren, das bei einem einzelnen Patienten als Grundlage für eine einzuleitende Therapie eingesetzt werden soll, grundsätzlich andere Ansprüche stellen als bei einer epidemiologischen Querschnittsstudie, die dem Screening eines Krankheitsbildes in der Bevölkerung gilt. Das internationale Tierseuchenamt OIE behandelt daher z.B. diagnostische Verfahren mit dem *Fit for Purpose-Konzept*, bei dem abhängig vom einzusetzenden Zweck andere Qualitätskriterien an die Methode gelegt werden (vgl. OIE 2011).

Im Weiteren wollen wir auf Auswirkungen von Fehlklassifikation nur vor dem Hintergrund ihres Effekts auf epidemiologische Maßzahlen eingehen.

Fehlklassifikation bei der Prävalenzschätzung

Betrachtet man unter Kenntnis der Wahrscheinlichkeiten für Fehlklassifikation die Bestimmung einer Prävalenz P_{Ziel} als Anteil der Erkrankten einer Zielpopulation an einem Stichtag, so wird sich die Anzahl der als erkrankt Klassifizierten aus denen zusammensetzen, die mit Wahrscheinlichkeit Sen richtig als krank klassifiziert worden sind, und der Anzahl der Gesunden, die mit Wahrscheinlichkeit (1–Spez) falsch-positiv eingestuft wurden.

Damit wird bei Vorliegen von Fehlklassifikationen in einer Studienpopulation nicht eine Prävalenz P_{Studie} berechnet, sondern ein Erkrankungsanteil, der sich infolge von Fehlklassifikationen zu

$$P_{apparent} = P_{Studie} \cdot Sen + (1-P_{Studie}) \cdot (1-Spez)$$

ergibt. Dieser in einer Studie beobachtete Anteil wird auch als **apparente** oder **scheinbare Prävalenz** bezeichnet. Abhängig vom diagnostischen Verfahren sind auch Bezeichnungen wie **Testprävalenz** (als allgemeine Bezeichnung bei diagnostischen Tests), **Seroprävalenz** (bei positivem Antikörpernachweis in serologischen Untersuchungen) oder analoge andere Bezeichnungen üblich.

Bezüglich der Angabe einer Prävalenz aus der Studienpopulation kann die durch Fehlklassifikation entstandene Verzerrung damit durch den relativen Fehler

$$\text{relativer Bias } (P_{apparent}) = \frac{P_{apparent} - P_{Studie}}{P_{Studie}} \cdot 100$$

beschrieben werden. Ist der relative Bias gleich null, so sind der klassifizierte und der wahre Wert der Studienpopulation identisch und es tritt keine Verzerrung durch Fehlklassifikation auf. Ist der relative Bias größer (bzw. kleiner) als null, so hatte die Fehlklassifikation eine Über- (bzw. Unter-) Schätzung des wahren Anteils P_{Studie} zur Folge.

Beispiel: Im Zusammenhang mit Arztbesuchen und der Kenntnis der Patienten über eine bei ihnen diagnostizierte Hypertonie wurde die Sensitivität und Spezifität bereits aus Tab. 4.6 geschätzt. Geht man nach Thamm (1999) davon aus, dass die Prävalenz der Hypertonie in Deutschland (bei Männern) bei ca. $P_{Studie} = 30\%$ liegt, so wäre bei einer Prävalenzschätzung, die allein auf den Patientenangaben beruht, der Anteil

$$P_{apparent} = 0,3 \cdot 0,75 + 0,7 \cdot 0,04 = 0,253 = 25,3\%,$$

was eine relevante Unterschätzung der Angaben in der Studienpopulation darstellen würde. Der relative Bias beträgt hier

$$\text{relativer Bias } (P_{apparent}) = \frac{0,253 - 0,3}{0,3} \cdot 100 = -15,66\%.$$

Eine unter Fehlklassifikation ermittelte Maßzahl der Erkrankungshäufigkeit hängt somit von der Sensitivität und der Spezifität ab. Dabei kann man nicht pauschal unterstellen, dass Fehlklassifikationswahrscheinlichkeiten nahe null, z.B. bei guten Diagnosetechniken, stets auch geringe Verzerrungen bedeuten, wie das folgende Zahlenbeispiel verdeutlicht.

Beispiel: Kommen wir in diesem Zusammenhang auf das obige Beispiel zur Selbsteinschätzung der Hypertonie zurück und nehmen an, dass es Bevölkerungen mit anderen Prävalenzen der Hypertonie gibt. Für die beschriebene Situation mit einer Sensitivität von 75% und einer Spezifität von 96% ergeben sich dann z.B. die in Tab. 4.7 angegeben apparenten Prävalenzen und relativen Verzerrungen.

Tab. 4.7: Apparente Prävalenz $P_{apparent}$ und relativer Bias für verschiedene Prävalenzen in der Studienpopulation falls $Sen_{Validierung} = 75$, $Spez_{Validierung} = 96$ (alle Angaben in %)

P_{Studie}	50	40	30	20	15	10	7,5	5	2,5	1
$P_{apparent}$	39,5	32,4	25,3	18,2	14,65	11,1	9,325	7,55	5,775	4,71
relativer Bias	−21	−19	−15,66	−9	−2,33	11	24,33	51	131	371

Wenn auch die in Tab. 4.7 angegebenen Berechnungen auf dem Beispiel der Selbsteinschätzung der Hypertonie basieren, so machen sie dennoch deutlich, dass die durch Fehlklassifikation entstandene sachlich falsche scheinbare Prävalenz $P_{apparent}$ nicht nur von der Sensitivität und Spezifität abhängt, sondern ganz entscheidend auch von der Prävalenz in der Studienpopulation. Dies wird auch in Abb. 4.9 deutlich, die für einige weitere Fehlklassifikationswahrscheinlichkeiten diese Abhängigkeiten illustriert.

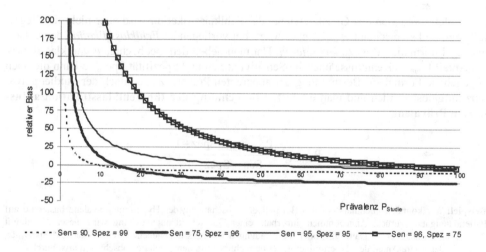

Abb. 4.9: Relativer Bias der apparenten Prävalenz $P_{apparent}$ in Abhängigkeit von der Prävalenz in der Studienpopulation P_{Studie} bei unterschiedlichen Wahrscheinlichkeiten für Fehlklassifikation (alle Angaben in %)

Das obige Beispiel und Abb. 4.9 machen die Abhängigkeit und die Verzerrung durch Fehlklassifikation von der Prävalenz deutlich. Dabei gilt grundsätzlich, dass geringe Prävalenzen P_{Studie} in der zu untersuchenden Studienpopulation besonders anfällig für Verzerrungen sind. Dies ist wesentlich dadurch bedingt, dass bei immer kleiner werdenden Prävalenzen aus der gesunden Population selbst bei hoher Spezifität immer mehr Individuen fälschlicherweise als positiv klassifiziert werden und damit die apparente Prävalenz relativ immer größer wird.

Dieser Effekt kann so groß werden, dass die Angaben der apparenten Prävalenz faktisch wertlos werden, selbst dann, wenn die Diagnosetechnik als besonders gut gilt. Daher ist es insbesondere bei sehr seltenen Erkrankungen bzw. Expositionen zwingend erforderlich, eine ausreichende Kenntnis der Fehlklassifikationswahrscheinlichkeiten zu besitzen. Dies gilt insbesondere für die Spezifität.

Es wird aber auch deutlich, dass sich je nach Sensitivität und Spezifität des Diagnoseverfahrens durchaus die Anzahl der falsch-positiv und die Anzahl der falsch-negativ klassifizierten Individuen im Gleichgewicht befinden können, so dass trotz der falschen Klassifikation keine Verzerrung entsteht.

Beispiel: Bei der Selbsteinschätzung der Hypertonie sind wir davon ausgegangen, dass eine Sensitivität von 75% und eine Spezifität von 96% gilt. Dies bedeutet, dass 25% der Kranken als gesund und 4% der Gesunden als krank klassifiziert werden. Setzt man diese beiden Anzahlen von falsch Klassifizierten für einen beliebigen Anteil P_{Studie} gleich, so gilt

$$0,25 \cdot P_{Studie} = 0,04 \cdot (1 - P_{Studie}) \text{ bzw. } P_{Studie} = \frac{0,04}{0,29} = 0,13791,$$

d.h. ist die Prävalenz der Studienpopulation bei ca. 13,791%, so wird trotz Fehlklassifikation der Anteil korrekt geschätzt und eine Informationsverzerrung tritt nicht auf.

Eine solche Situation des Gleichgewichts der Fehlklassifikation wird aber nicht der Regelfall sein, und so erscheint es wünschenswert, bei vorliegender *Fehlklassifikation* den entstehenden Information Bias zu *korrigieren*. Hat man neben dem beobachteten und klassifizierten Anteil $P_{apparent}$ Kenntnisse über die Sensitivität Sen und Spezifität Spez, so kann die oben angegebene Formel zur Bestimmung der apparenten Prävalenz auch nach der Studienprävalenz aufgelöst werden und man erhält zur **Berechnung der für Fehlklassifikation adjustierten Prävalenz**

$$P_{adjust} = \frac{P_{apparent} + Spez - 1}{Sen + Spez - 1}.$$

Beispiel: Wir kommen nochmals auf das Beispiel der Abschätzung der Hypertonieprävalenz basierend auf Patientenangaben zurück. Angenommen, innerhalb einer Querschnittsuntersuchung wird dieser Anteil mit $P_{apparent} = 20\%$ angegeben. Dann gilt unter Verwendung der bereits angegebenen Sensitivität und Spezifität, dass sich der wahre Anteil der Hypertoniker in der betrachteten Studienpopulation abschätzen lässt durch

$$P_{adjust} = \frac{0,2 + 0,96 - 1}{0,75 + 0,96 - 1} = 0,225 = 22,5\% .$$

Diese Korrektur für Fehlklassifikation kann für beliebige Anteilswerte verallgemeinert werden und gilt daher nicht nur für die hier vorgestellte Adjustierung von Prävalenzen, sondern auch für andere Anteilswerte, z.B. bei Expositionsangaben. Erlaubt das Studiendesign die direkte Schätzung von Anteilen, kann die Korrektur immer berechnet werden. Dabei muss allerdings vorausgesetzt werden, dass die Klassifikation so gut ist, dass Youdens J > 0, da ansonsten obige Korrektur nicht sinnvoll wäre.

Auswirkungen der Fehlklassifikation auf die Vorhersage von Kranken und Gesunden

Die Diskrepanz von scheinbaren und wahren Kranken in einer Population ist neben der Angabe einer Prävalenz auch aus prognostischer Sicht von Bedeutung, wenn man die Frage stellt, wie groß die Wahrscheinlichkeit ist, ob ein positiv klassifiziertes Individuum auch wirklich erkrankt ist bzw. ob ein als negativ klassifiziertes Individuum wirklich gesund ist.

Diese Wahrscheinlichkeiten werden auch als **positive** bzw. **negative prädiktive Werte** oder **Vorhersagewerte** bezeichnet und ergeben sich im beschriebenen Sinn als bedingte Wahrscheinlichkeiten für das Ereignis der Erkrankung bei gegebenem Klassifikationsergebnis gemäß Tab. 4.8.

Tab. 4.8: (Bedingte) prädiktive Werte (Vorhersagewerte) für krank und gesund bei Kenntnis des Klassifikationsergebnisses

Klassifikationsergebnis	Wahrheit	
	positiv	negativ
positiv	positiver prädiktiver Wert $ppW = Pr(wahr + \mid Klass +)$	$1 - ppW$ $= Pr(wahr - \mid Klass +)$
negativ	$1 - npW$ $= Pr(wahr + \mid Klass -)$	negativer prädiktiver Wert $npW = Pr(wahr - \mid Klass -)$

Prädiktive Werte haben sowohl aus klinischer und therapeutischer als auch aus epidemiologischer Sicht eine wichtige Bedeutung. So ist bei erfolgter individueller Diagnose eine Einschätzung des Wahrheitsgehaltes des diagnostischen Testergebnisses essentiell für die Entscheidung der Einleitung einer Therapie. Ebenso ist in der epidemiologischen Forschung nicht nur die Kenntnis einer (apparenten) Prävalenz wichtig, da beispielsweise die Entscheidung für die Einleitung von Präventionsmaßnahmen entscheidend vom prädiktiven Wert mit beeinflusst wird.

Ein positiver bzw. negativer Vorhersagewert stellt eine bedingte Wahrscheinlichkeit dar. Im Gegensatz zu den Wahrscheinlichkeiten für Fehlklassifikation wird aber nicht nach dem Ereignis des Klassifikationsergebnisses bei bekanntem Krankheitsstatus gefragt, sondern genau umgekehrt nach dem Krankheitsstatus bei Kenntnis des Klassifikationsergebnisses. Damit ist es möglich, die bedingten Vorhersagewahrscheinlichkeiten mit Hilfe der so genannten *Formel von Bayes* (vgl. z.B. Hartung et al. 2009) aus den bedingten Klassifikationswahrscheinlichkeiten abzuleiten. Dabei gilt

$$\text{positiver prädiktiver Wert} = ppW = \frac{P_{Studie} \cdot Sens}{P_{Studie} \cdot Sens + (1 - P_{Studie}) \cdot (1 - Spez)},$$

$$\text{negativer prädiktiver Wert} = npW = \frac{(1 - P_{\text{Studie}}) \cdot \text{Spez}}{P_{\text{Studie}} \cdot (1 - \text{Sen}) + (1 - P_{\text{Studie}}) \cdot \text{Spez}}.$$

Beispiel: Betrachten wir nochmals die Daten aus Tab. 4.6. Wenn diese Daten aus einer Querschnittserhebung stammen, so sind 139 der 162 Patienten, die gemäß Eigenangabe eine Hypertonie besitzen, tatsächlich betroffen. Dies entspricht einem Anteil von 85,8%. Für die nach Selbsteinschätzung normotonen Patienten ergibt sich ein Anteil von 536 aus 583, d.h. 91,9% richtigen Einschätzungen.

Geht man davon aus, dass die Daten aus Tab. 4.6 eine Schätzung der wahren Prävalenz der Studienpopulation über die Angaben des Arztes erlauben, so sind 186 der 745 Patienten Hypertoniker, d.h., die Prävalenz der Studienpopulation ist $P_{\text{Studie}} = 25{,}0\%$. Mit dieser Prävalenz lassen sich die prädiktiven Werte auch gemäß der genannten Formeln bestimmen, d.h., es ist

$$ppW = \frac{0{,}25 \cdot 0{,}75}{0{,}25 \cdot 0{,}75 + (1 - 0{,}25) \cdot (1 - 0{,}96)} = 0{,}862 \ \text{ bzw. } \ npW = \frac{(1 - 0{,}25) \cdot 0{,}96}{0{,}25 \cdot (1 - 0{,}75) + (1 - 0{,}25) \cdot 0{,}96} = 0{,}920.$$

Im Gegensatz zu den (hier möglichen) direkten Angaben aus Tab. 4.6 sind die Berechnungsformeln insofern weitergehender, da man damit auch prädiktive Werte für beliebige Populationen berechnen kann. Geht man z.B. davon aus, dass die Prävalenz nur 10% beträgt, so ist ppw = 67,6% und npw = 97,2%, so dass der positive prädiktive Wert geringer und der negative prädiktive Wert höher ausfällt.

Wie bei der Betrachtung des relativen Bias zeigt sich auch hier, dass die *prädiktiven Werte abhängig von der Prävalenz* sind. Diese Abhängigkeit wirkt sich vor allem bei sehr niedrigen Prävalenzen aus. In diesem Fall werden mit der Wahrscheinlichkeit (1–Spez) viele Gesunde als falsch-positiv klassifiziert, so dass diese Anzahl umso größer und der positive prädiktive Wert damit umso geringer wird, je kleiner die Prävalenz ist. Gleichzeitig steigt der negative prädiktive Wert an, wird aber, solange die Spezifität nicht 100% ist, auch hier nie den Wert eins erreichen. Neben der dann unbedingt erforderlichen Adjustierung der apparenten Prävalenz hat dies auch direkte Konsequenzen auf die gesundheitspolitischen Maßnahmen, die mit der Feststellung einer Morbidität in einer Population einhergehen. Dies ist z.B. bei der Betrachtung von Infektionserkrankungen bedeutsam, denn hier können unerkannte Erkrankungen zu einer weiteren Ausbreitung des Infektionsgeschehens beitragen. Ein niedriger ppW ist aber auch dann problematisch, wenn falsch-positive Tests zu umfangreichen invasiven diagnostischen Maßnahmen und großen (psychischen) Belastungen der Betroffenen führen, wie z.B. beim Brustkrebs-Screening mittels Mammographie.

Beispiel: Die klassische Schweinepest (KSP) ist eine infektiöse Viruserkrankung, die nach dem Tierseuchengesetz u.a. die Tötung von Tierbeständen in ganzen Regionen zur Folge hat. Daher ist es von großer Bedeutung, sichere, aber auch preiswerte diagnostische Testverfahren zur Verfügung zu stellen, denn die Diagnosen müssen in großer Zahl und in kurzer Zeit erfolgen.

Nach Angaben des Europäischen Referenzlabors für die KSP (Moennig 2010) kann bei einem zur Anwendung kommenden Schnelltest auf KSP-Antikörper von einer Sensitivität von 94% und einer Spezifität von 98% ausgegangen werden. Testet man nun in einem Tierbestand, bei dem man davon ausgehen kann, dass 5% der Tiere betroffen sind, mit diesem diagnostischen Instrument, so ergibt sich für den positiven Vorhersagewert

$$ppW = \frac{0{,}05 \cdot 0{,}94}{0{,}05 \cdot 0{,}94 + 0{,}95 \cdot 0{,}02} = 0{,}7121,$$

d.h., in 71,21% der positiv getesteten Fälle liegt tatsächlich eine KSP vor. Dieser Wert bedeutet aber auch, dass 29,79% der Testergebnisse falsch-positiv sind. Hier besteht also ein nennenswertes Risiko, dass Betriebe unberechtigterweise verdächtigt werden. Dies wird man wegen der doch sehr gravierenden Folgen der Tierseuche in Kauf nehmen und ggf. durch weitere aufwändigere Diagnostik endgültig abklären.

Für den negativen prädiktiven Wert ergibt sich

$$npW = \frac{0.95 \cdot 0.98}{0.05 \cdot 0.06 + 0.95 \cdot 098} = 0.9968.$$

Dieser Wert erscheint sehr hoch, denn 99,68% der gesunden Tiere werden als solche richtig eingestuft. Allerdings bedeutet dieser Anteil auch, dass 0,32%, d.h. ca. 3 von 1.000 getesteten Tieren, einen negativen Befund haben, obwohl sie tatsächlich erkrankt sind. Da die KSP eine hoch kontagiöse Infektion darstellt, die unter Umständen eine schnelle Ausbreitung finden wird, kann selbst diese geringe Anzahl schon ausreichen, einer weiteren Ausbreitung der Seuche Vorschub zu leisten, so dass auch hier über Strategien der Diagnoseverbesserung und Absicherung der negativen Befunde zu beraten ist.

Insgesamt zeigt sich, dass es zur Abschätzung und Korrektur des Information Bias erforderlich ist, eine hinreichende Kenntnis über die Testwahrscheinlichkeiten Sensitivität und Spezifität zu besitzen. Im Sinne der analytischen Epidemiologie und der dabei verwendeten vergleichenden Maßzahlen sind die bislang beschriebenen Korrekturen allerdings nur dann sinnvoll, wenn unterstellt werden kann, dass nicht der Fall eintritt, dass sich die Fehlklassifikation einer Krankheit in der Gruppe der Exponierten anders darstellt als in der Gruppe der Nichtexponierten. Aus diesem Grunde werden bei der Betrachtung des Information Bias bei vergleichenden Maßzahlen verschiedene Fehlklassifikationen unterschieden.

4.4.2.3   Fehlklassifikation in der Vierfeldertafel

Betrachtet man im Rahmen der ätiologischen Fragestellung die Studiendaten einer Vierfeldertafel (z.B. Tab. 3.2), können *Fehlklassifikationen der Krankheit* und *Fehlklassifikationen der Exposition* sowohl *alleine* als auch *gemeinsam* auftreten.

Im einfachsten Fall wird nur eine Variable falsch klassifiziert, während dies für die andere Variable nicht auftritt. Beim prospektiven Design der *Kohortenstudie* wird z.B. oft unterstellt, dass der Expositionsstatus korrekt klassifiziert ist und nur eine Fehlklassifikation der Krankheit möglich ist. In diesem Fall spricht man auch von der **Fehlklassifikation in der Response-Variable**. Im retrospektiven Design der *Fall-Kontroll-Studie* gilt meist umgekehrt, dass Fälle und Kontrollen als richtig klassifiziert gelten und eine Fehlklassifikation nur bei der Expositionsquantifizierung möglich ist.

Auch bei *Querschnittsstudien* ist es möglich, dass Fehlklassifikationen nur in einer Variablen vorkommen, jedoch ist bei diesem Design häufiger der Fall zu erwarten, dass sowohl in der Krankheits- wie auch in der Expositionsvariable gleichzeitig Fehlklassifikationen auftreten. Hier wird aber in der Regel angenommen, dass sich die **Fehlklassifikationsprozesse** nicht gegenseitig beeinflussen, also **unabhängig voneinander** sind.

Ein weiteres Differenzierungsmerkmal für Fehlklassifikationen in der Vierfeldertafel ergibt sich aus der Vergleichbarkeit von Gruppen. Betrachtet man z.B. im Rahmen einer Fall-Kontroll-Studie die Fehlklassifikation der Exposition, so ist zu prüfen, ob sich diese bei Fällen und Kontrollen in gleicher Art und Weise auswirkt oder nicht. Dies unterscheidet eine **nicht-differentielle** von einer **differentiellen Fehlklassifikation**.

Insgesamt bedeutet dies, dass man bei der Behandlung der Fehlklassifikation und des damit einhergehenden Information Bias in einer Vierfeldertafel Sensitivität und Spezifität nicht nur einmal betrachten muss. Vielmehr ist davon auszugehen, dass diese Klassifikationswahrscheinlichkeiten für vier Situationen beschrieben werden müssen, nämlich die Klassifikation

-    der Krankheit bei den Exponierten (Klassifikation A mit Sen_A und $Spez_A$),

-    der Krankheit bei den Nichtexponierten (Klassifikation B mit Sen_B und $Spez_B$),

-    der Exposition bei den Kranken (Klassifikation C mit Sen_C und $Spez_C$) und

-    der Exposition bei den Gesunden (Klassifikation D mit Sen_D und $Spez_D$).

Die zugehörigen Klassifikationswahrscheinlichkeiten lassen sich für diese vier Situationen analog zu Tab. 4.4 darstellen. Im Rahmen einer epidemiologischen Studie, deren Ergebnisse in einer Vierfeldertafel zusammengefasst sind, existieren somit insgesamt vier Wahrscheinlichkeiten à vier Klassifikationen, d.h. insgesamt 16 Klassifikationswahrscheinlichkeiten. Man kann sich bereits hier vorstellen, dass die verzerrende Wirkung von Fehlklassifikationen extrem sein kann, so dass auch hier bei Kenntnis der entsprechenden Sensitivitäten und Spezifitäten Korrekturen der durch Fehlklassifikation entstandenen Studienergebnisse erforderlich sein können.

Um diese Korrekturen vorzunehmen, stellt man sich vor, dass die Studienergebnisse der beobachteten Vierfeldertafel (z.B. der Tab. 3.2) dadurch entstanden sind, dass eine Vierfeldertafel mit wahren Anzahlen basierend auf den 16 Wahrscheinlichkeiten klassifiziert wurde. Diese Tafel der eigentlich *wahren (aber unbekannten) Anzahlen* ist in Tab. 4.9 dargestellt.

Tab. 4.9:   Wahre Anzahl von Kranken, Gesunden, Exponierten und Nichtexponierten in einer epidemiologischen Studie (richtige Klassifikation)

Status	exponiert (Ex = 1)	nicht exponiert (Ex = 0)	Summe
krank (Kr = 1)	n_{11}^*	n_{10}^*	$n_{1.}^* = n_{11}^* + n_{10}^*$
gesund (Kr = 0)	n_{01}^*	n_{00}^*	$n_{0.}^* = n_{01}^* + n_{00}^*$
Summe	$n_{.1}^* = n_{11}^* + n_{01}^*$	$n_{.0}^* = n_{10}^* + n_{00}^*$	$n = n_{..}$

Die *beobachteten Anzahlen nach Klassifikation*, d.h. z.B. die Daten einer Querschnittsstudie aus Tab 3.2, ergeben sich aus Tab. 4.9 durch Multiplikation der einzelnen Felder der Tabelle mit den entsprechenden Klassifikationswahrscheinlichkeiten und Summation über alle möglichen Felder der richtigen Tafel, d.h., es gilt analog zu der Transformationsvorschrift bei der Klassifizierung eines Anteils (siehe Seite 172)

$$n_{11} = Sen_A \, Sen_C \, n_{11}{}^* + Sen_B \, (1{-}Spez_C) \, n_{10}{}^* + (1{-}Spez_A) \, Sen_D \, n_{01}{}^* + (1{-}Spez_B) \, (1{-}Spez_D) \, n_{00}{}^*$$

$$n_{10} = Sen_A \, (1{-}Spez_C) \, n_{11}{}^* + Sen_B \, Spez_C \, n_{10}{}^* + (1{-}Spez_A) \, (1{-}Sen_D) \, n_{01}{}^* + (1{-}Spez_B) \, Spez_D \, n_{00}{}^*$$

$$n_{01} = (1{-}Sen_A) \, Sen_C \, n_{11}{}^* + (1{-}Sen_B) \, (1{-}Spez_C) \, n_{10}{}^* + Spez_A \, Sen_D \, n_{01}{}^* + Spez_B \, (1{-}Spez_D) \, n_{00}{}^*$$

$$n_{00} = (1{-}Sen_A) \, (1{-}Sen_C) \, n_{11}{}^* + (1{-}Sen_B) \, Spez_C \, n_{10}{}^* + Spez_A \, (1{-}Sen_D) \, n_{01}{}^* + Spez_B \, Spez_D \, n_{00}{}^*$$

Diese Klassifikationsgleichungen beschreiben, mit welcher Wahrscheinlichkeit ein Studienteilnehmer aus einem Feld der wahren Tab. 4.9 in ein Feld der beobachteten Vierfeldertafel klassifiziert wird. Für die Anzahl der beobachteten exponierten Kranken n_{11} wird dieser Prozess beispielsweise durch die erste Gleichung beschrieben: Die exponierten Kranken $n_{11}{}^*$ werden dabei mit den Sensitivitäten Sen_A und Sen_C richtig zugeordnet. Hierzu addiert man den Anteil der nicht exponierten Kranken $n_{10}{}^*$, der bezogen auf die Krankheitsklassifizierung mit Sen_B richtig und bezogen auf die Expositionsklassifizierung mit $(1{-}Spez_C)$ falschpositiv zugeordnet wurde. Der dritte Summand ordnet den Anteil der exponierten Gesunden $n_{01}{}^*$ zu. Die Krankheit wird mit $(1{-}Spez_A)$ falsch-positiv und die Exposition wird mit Sen_D richtig zugeordnet. Abschließend werden die gesunden Nichtexponierten mit den Wahrscheinlichkeiten $(1{-}Spez_B)$ bzw. $(1{-}Spez_D)$ jeweils falsch-positiv zugeordnet.

Sind sämtliche Klassifikationswahrscheinlichkeiten bekannt, so ist es möglich, eine *Verbindung* zwischen den *wahren* und den *klassifizierten Anzahlen* innerhalb einer Vierfeldertafel über ein lineares Gleichungssystem mit vier Gleichungen und den vier unbekannten $n_{ij}{}^*$, $i, j = 0, 1$ herzustellen. Damit kann man durch Auflösung dieses Gleichungssystems die wahren Anzahlen berechnen.

Liegen keine oder nur ungefähre Vorstellungen über die Wahrscheinlichkeiten für Fehlklassifikation vor, so kann die Robustheit des beobachteten Zusammenhangs zwischen Exposition und Krankheit mit Hilfe der obigen Überlegungen aber über eine *Sensitivitätsanalyse* geprüft werden. Dazu trifft man verschiedene, realistische Annahmen über Sensitivität und Spezifität und untersucht, wie stark sich der beobachtete Zusammenhang unter diesen Annahmen verändern würde.

Diese Darstellung der Wirkung der Fehlklassifikation (vgl. auch Kleinbaum et al. 1982) kann für sämtliche Studiendesigns und Typen der Fehlklassifikation zur Anwendung kommen. Damit ist eine allgemeine Form der Korrektur des Information Bias gegeben. Im Folgenden soll diese allgemeine Darstellung durch einige formale und inhaltliche Spezifikationen des Information Bias ergänzt werden.

Nicht-differentielle Fehlklassifikation

Bei der **nicht-differentiellen Fehlklassifikation** treten Klassifikationsfehler der interessierenden Variable in den Kategorien der zweiten Variable in jeweils gleichem Maße auf. Für *die retrospektive Studie* kann dies z.B. bedeuten, dass Fehler bei der Erhebung des Expositionsstatus für Fälle und Kontrollen gleichartig sind. In der prospektiven Studie kann dies z.B. bedeuten, dass Fehler bei der Klassifizierung als Kranker oder Gesunder nicht von der Exposition abhängen.

Somit zeichnet sich die nicht-differentielle Fehlklassifikation dadurch aus, dass sowohl die *Sensitivität* wie auch die *Spezifität* in den beiden zu *vergleichenden Gruppen identisch* sind, d.h., es gilt für die Klassifikation der Krankheit

$$\text{Sen}_A = \text{Sen}_B \text{ und } \text{Spez}_A = \text{Spez}_B$$

bzw. für die Klassifikation der Exposition

$$\text{Sen}_C = \text{Sen}_D \text{ und } \text{Spez}_C = \text{Spez}_D.$$

Beispiele für diese Fehlklassifikation ergeben sich stets dann, wenn eine Gleichbehandlung der zu vergleichenden Gruppen etwa aus technischen Gründen sichergestellt ist.

Beispiel: Als typische Beispiele von nicht-differentieller Fehlklassifikation gelten objektive Messungen der Exposition, wie z.B. die Messung einer Radon-Konzentration in einer Wohnung oder der PAH-Konzentration an einem Arbeitsplatz, denn hier ist nicht davon auszugehen, dass der Messwert durch den Krankheitsstatus einer Person beeinflusst wird.

Auch eine Fehlklassifikation der Erkrankung kann als nicht-differentiell aufgefasst werden, wenn die Diagnose unabhängig von der Exposition erfolgt. Dies ist z.B. in arbeitsmedizinischen Kohortenstudien, wie beispielsweise BICOS, der Fall, bei der die Diagnostik standardisiert erfolgt und dem diagnostizierenden Arzt der Expositionsstatus des Patienten nicht bekannt ist.

Auch Fehler bei der Datenverarbeitung, z.B. bei der Datencodierung und -übermittlung (Tippfehler), führen zu Klassifikationsfehlern, die in der Regel nicht-differentiell sind.

Die nicht-differentielle Fehlklassifikation führt immer zu einer *konservativ verzerrten Effektschätzung*, d.h. die Schätzung des Odds Ratios wird im Gegensatz zur Schätzung, die sich aus Tab. 4.9 ergibt, stets in Richtung eins verzerrt. Für den Fall einer nicht-differentiellen Fehlklassifikation in einer Kohortenstudie sei dies nachfolgend verdeutlicht:

Angenommen, im Rahmen eines prospektiven Studie tritt nur eine Fehlklassifikation der Krankheit mit einer Sensitivität Sen (= Sen_A = Sen_B) und einer Spezifität Spez (= Spez_A = Spez_B) = 1 auf. Eine solche Situation ist durchaus typisch für Kohortenstudien, wenn die betrachteten Endpunkte z.B. Krebserkrankungen darstellen, denn sie bedeutet, dass während des Follow-up ausschließlich Neuerkrankungen nicht erkannt oder erfasst werden. In dieser Situation kann die beobachtete Vierfeldertafel Tab. 3.6 wie in Tab. 4.10 dargestellt werden.

Tab. 4.10: Beobachtete Anzahl von Exponierten, Nichtexponierten, Gesunden und Kranken in einer Kohortenstudie nach nicht-differentieller Fehlklassifikation (0 < Sen < 1, Spez = 1)

Status	Risikogruppe (Ex = 1)	Vergleichsgruppe (Ex = 0)
krank (Kr = 1)	$n_{11} = \text{Sen} \cdot n_{11}^{*}$	$n_{10} = \text{Sen} \cdot n_{10}^{*}$
gesund (Kr = 0)	$n_{01} = (1-\text{Sen}) \cdot n_{11}^{*} + n_{01}^{*}$	$n_{00} = (1-\text{Sen}) \cdot n_{10}^{*} + n_{00}^{*}$

Berechnet man nun, basierend auf Tab. 4.10, einen Schätzer für das Odds Ratio, so erhält man

$$OR_{klass} = \frac{n_{11} \cdot n_{00}}{n_{10} \cdot n_{01}} = \frac{Sen \cdot n_{11}{}^* \cdot \left((1-Sen) \cdot n_{10}{}^* + n_{00}{}^*\right)}{Sen \cdot n_{10}{}^* \cdot \left((1-Sen) \cdot n_{11}{}^* + n_{01}{}^*\right)}$$

$$= \frac{n_{11}{}^* \cdot (1-Sen) \cdot n_{10}{}^* + n_{11}{}^* \cdot n_{00}{}^*}{n_{10}{}^* \cdot (1-Sen) \cdot n_{11}{}^* + n_{10}{}^* \cdot n_{01}{}^*} = \frac{const + n_{11}{}^* \cdot n_{00}{}^*}{const + n_{10}{}^* \cdot n_{01}{}^*}$$

d.h., der Schätzer für das Odds Ratio nach Fehlklassifikation OR_{klass} ergibt sich dadurch, dass man auf Zähler und Nenner der Berechnung des Odds Ratios der wahren Studienpopulation OR^* jeweils einen konstanten Ausdruck const addiert. Daraus folgt durch direkte Umrechnung, dass für Odds Ratios größer als eins stets gilt

$$OR_{klass} < OR^*.$$

Diese Form der Unterschätzung des Odds Ratios bei nicht-differentieller Fehlklassifikation gilt analog, wenn Spezifitäten kleiner eins vorliegen, so dass diese Aussage ganz allgemein gültig ist, solange das Klassifikationsverfahren als ausreichend angesehen werden kann, d.h. solange Youdens J größer null ist.

Beispiel: Im Rahmen einer Kohortenstudie mit jeweils 100 exponierten und nicht exponierten Untersuchungsteilnehmern sei die Tab. 4.11 (a) die Vierfeldertafel, die man ohne Fehlklassifikation beobachten würde. Aus dieser Tafel ergibt sich ein Odds Ratio $OR^* = 2,67$.

Nimmt man nun an, dass eine nicht-differentielle Fehlklassifikation der Krankheit mit Sensitivität 90% und Spezifität 80% auftritt, so werden in der Spalte der Exponierten kranke und gesunde Individuen jeweils falsch klassifiziert. Von den 40 erkrankten Exponierten werden $40 \cdot (1-0,9) = 4$ nicht als krank, sondern falsch-negativ als gesund eingestuft. Demgegenüber werden von den 60 Gesunden $60 \cdot (1-0,8) = 12$ falsch-positiv als krank klassifiziert. Analog werden auch in der Spalte der Nichtexponierten Kranke und Gesunde falsch eingruppiert.

Tab. 4.11:   Anzahl von Kranken, Gesunden, Exponierten und Nichtexponierten einer Kohortenstudie

	(a) ohne Fehlklassifikation		(b) mit Fehlklassifikation (Sen = 0,9, Spez = 0,8)	
Status	exponiert (Ex = 1)	nicht exponiert (Ex = 0)	Status	exponiert (Ex = 1)	nicht exponiert (Ex = 0)
krank	40	20	krank	48 $= 40 - 4 + 12$	34 $= 20 - 2 + 16$
gesund	60	80	gesund	52 $= 60 + 4 - 12$	66 $= 80 + 2 - 16$

Insgesamt erhält man somit Tab. 4.11 (b) als das Studienergebnis nach Fehlklassifikation. Das beobachtete Odds Ratio ist hier $OR_{klass} = 1,79$, so dass sich eine Unterschätzung des Odds Ratios ergeben hat.

Die (relative) Größenordnung dieser Verwischung möglicher Zusammenhänge kann sehr erheblich sein und hängt von der Größenordnung des Odds Ratios selbst sowie der Größe der Sensitivität und Spezifität ab. Ist das verwendete Klassifikationsverfahren so wenig zweckmäßig, dass Youdens J kleiner null wird, so würde die Unterschätzung sogar so groß, dass OR_{klass} kleiner eins wird. Dieser so genannte *Switch Over Bias* sollte allerdings in der epidemiologischen Praxis wegen der eigentlich nicht mehr vertretbaren Qualität des Klassifikationsverfahrens nicht auftreten.

Beispiel: Abb. 4.10 illustriert für verschiedene Situationen, wie groß der durch Fehlklassifikation der Exposition bedingte Bias des Odds Ratios sein kann. Insbesondere bei seltenen Expositionen kann dieser Bias selbst bei hoher Sensitivität und Spezifität dazu führen, dass ein vorhandenes Risiko nicht mehr aufgedeckt werden kann.

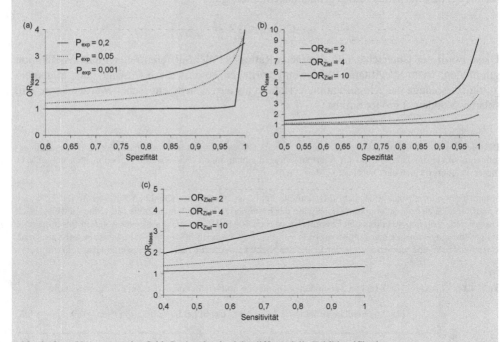

Abb. 4.10:   Verzerrung des Odds Ratios durch nicht-differentielle Fehlklassifikation:
(a) Abhängigkeit von der Spezifität für Prävalenz der Exposition $P_{exp} = 0,1\%$, 5%, 20% und fester Sensitivität Sen = 0,8; Odds Ratio $OR_{Ziel} = 4$
(b) Abhängigkeit von der Spezifität für OR_{Ziel} 2, 4, 10 und fester Prävalenz der Exposition $P_{exp} = 0,05$; Sensitivität Sen = 0,8
(c) Abhängigkeit von der Sensitivität für OR_{Ziel} 2, 4, 10 und fester Prävalenz der Exposition $P_{exp} = 0,05$; Spezifität Spez = 0,9

Die Prävalenzen interessierender Expositionen in Fall-Kontroll-Studien sind oft verhältnismäßig gering. Abb. 4.10 (a) zeigt exemplarisch für Expositionsprävalenzen $P_{exp} = 0,1\%$, 5% und 20%, bei einer festen Sensitivität von 0,8 und einem $OR_{Ziel} = 4,0$, dass das in der Studie beobachtete Odds Ratio besonders stark von der Spezifität abhängt. Für eine Exposition, die in der Zielpopulation mit einer Prävalenz von 5% vorliegt und die in der Studie mit einer Spezifität von 0,92 gemessen wird, ergibt sich der beobachtete Risikoschätzer $OR_{klass} = 2,0$, also eine Unterschätzung um 50%. Bei einer sehr seltenen Exposition ($P_{exp} = 0,1$%) ist das Odds Ratio bereits bei einem Spezifitätsverlust von 2% so stark in Richtung eins verzerrt, dass das mit der Exposition verbundene Risiko verborgen bleibt.

Abb. 4.10. (b) verdeutlicht am Beispiel einer festen Prävalenz der Exposition von $P_{exp} = 0,05$, die mit einer Sensitivität Sen = 0,8 ermittelt wird, wie die absolute Stärke des Bias von der Größe des Odds Ratios OR_{Ziel} abhängt. Nur bei extrem hohem OR_{Ziel} besteht auch bei einem Spezifitätsverlust von mehr als ca. 20% noch eine gute Chance, die Risikoerhöhung mit vertretbarem Aufwand auch zu entdecken.

Abb. 4.10. (c) verdeutlicht für $P_{exp} = 0,05$ bei einer festen Spezifität Spez = 0,9 die Abhängigkeit des Bias von der Sensitivität für $OR_{Ziel} = 2$, 4 und 10. Dabei wird sofort erkennbar, dass die Verzerrung eher linear von der Sensitivität abhängt, ohne die extremen Verzerrungseffekte schon bei geringen Fehlklassifikationen aufzuweisen, wie sie in Abhängigkeit von der Spezifität auftreten.

Diese Aussagen des vorangegangenen Beispiels gelten für eher *seltene Expositionen*, wie sie oft im Interesse epidemiologischer Studien stehen. In diesen Fällen ist also besonders darauf zu achten, dass die Nichtexponierten korrekt als solche eingestuft werden (Optimierung der Spezifität), und weniger, dass alle Exponierten auch als solche erfasst werden. Um die Verzerrung des Odds Ratios gering zu halten, wird man also eher in Kauf nehmen, einige Exponierte als nicht exponiert zu klassifizieren als umgekehrt. Diese Verhältnisse kehren sich um, wenn die Exposition häufig ist. Dann gilt es, die Sensivität zu optimieren, um eine Verzerrung des Odds Ratios zu minimieren. Allerdings wird in beiden Fällen mit wachsender Fehlklassifikation die Power der Studie, also die Fähigkeit, Effekte zu entdecken, geschwächt (siehe Abschnitt 1.1).

Sofern die interessierende Variable mehr als zwei Kategorien aufweist, wie z.B. bei Expositionsvariablen, die nach Expositionsintensität gestuft sind, liegen die Verhältnisse komplizierter. Hier können durch nicht-differentielle Fehlklassifikation Verzerrungen einer Dosis-Effekt-Beziehung in beide Richtungen auftreten. Für eine vertiefende Diskussion der Verzerrungseffekte durch nicht-differentielle Fehlklassifikation vgl. z.B. Gustafson & Greenland (2012).

Differentielle Fehlklassifikation

Bei der **differentiellen Fehlklassifikation** treten Klassifikationsfehler in der interessierenden Variable in den Kategorien der zweiten Variable in unterschiedlichem Maße auf. Damit kann in einer *prospektiven Studie* z.B. der Klassifikationsfehler des Krankheitsstatus für exponierte und nicht exponierte Individuen unterschiedlich sein. In einer *Fall-Kontroll-Studie* könnte ein differentieller Klassifikationsfehler z.B. bedeuten, dass der Fehler bei der Einstufung des Expositionsstatus für Fälle und Kontrollen unterschiedlich groß ausfällt.

Beispiele für nicht-differentielle Fehlklassifikation ergeben sich bei sämtlichen Studientypen. Sie treten vor allem dann auf, wenn der Status bzgl. der zweiten Variable eine direkte Auswirkung auf die Einstufung der interessierenden Variable hat.

Beispiel: Als typische Beispiele von differentieller Fehlklassifikation gelten die eingangs in diesem Abschnitt erwähnten Interviewer und Recall Bias, denn die Erwartungshaltung (Interviewer) bzw. das Erinnerungsvermögen (Recall Studienteilnehmer) ist bezüglich der Erfassung einer Exposition bei Fällen und Kontrollen häufig unterschiedlich.

Im Gegensatz zur nicht-differentiellen Fehlklassifikation einer dichotomen Variable kann in solchen Situationen eine *Verzerrung* entstehen, die *sowohl zu einer Unterschätzung als auch zu einer Überschätzung* des wahren Effektes führen. Das folgende Beispiel mag dies verdeutlichen.

Beispiel: Im Rahmen einer Fall-Kontroll-Studie mit jeweils 100 Fällen und Kontrollen sei Tab. 4.12 die wahre Vierfeldertafel ohne Klassifikationsfehler (siehe Tab. 4.9). Könnte man diese Daten ohne Fehlklassifikation beobachten, so würde sich ein Odds Ratio von $OR^* = 6$ ergeben.

Tab. 4.12:   Wahre Anzahlen von Exponierten und Nichtexponierten in einer Fall-Kontroll-Studie

Status	Exponierte (Ex = 1)	Nichtexponierte (Ex = 0)
Fälle	90	10
Kontrollen	60	40

In einem *ersten Szenario* sei angenommen, dass eine Fehlklassifikationen des Expositionsstatus durch unvollständige Sensitivität auftritt und dabei für die Sensitivität der Kontrollen $Sen_D = 0{,}8$ gilt. Sowohl für die Sensitivität bei den Fällen Sen_C als auch für die Spezifität bei Fällen $Spez_C$ und Kontrollen $Spez_D$ sei angenommen, dass diese 100% sind. Eine solche Situation ist z.B. dann vorstellbar, wenn im Rahmen der retrospektiven Expositionsbestimmung die hierfür verwendete Sorgfalt bei den Kontrollen geringer ist als bei den Fällen.

In einer solchen Situation wird der Expositionsstatus der Fälle genauso klassifiziert wie in Tab. 4.12. Hingegen werden bei den Kontrollen einige der Exponierten nicht erkannt und fälschlicherweise der Kategorie der Nichtexponierten zugeordnet (siehe Tab. 4.13). Es ergibt sich dann ein beobachtetes Odds Ratio in Szenario 1 von $OR_{1\,klass} = 9{,}75$, so dass hier eine Überschätzung des Odds Ratios die Folge der Fehlklassifikation ist.

Tab. 4.13:   Anzahlen von beobachteten Exponierten und Nichtexponierten in einer Fall-Kontroll-Studie mit differentieller Fehlklassifikation der Exposition $Sen_C = 1$, $Sen_D = 0{,}8$, $Spez_C = 1$, $Spez_D = 1$

Status	Exponierte (Ex = 1)	Nichtexponierte (Ex = 0)
Fälle	90	10
Kontrollen	48 = 60 −12	52 = 40 + 12

Geht man dagegen in einem *zweiten Szenario* davon aus, dass auch bei den Fällen eine gewisse Fehlklassifikation möglich ist, d.h. gelte z.B. $Sen_C = 0,9$ und $Sen_D = 0,8$, und sei weiterhin angenommen, dass die Spezifitäten $Spez_C$ und $Spez_D$ 100% betragen, so ergibt sich die beobachtete Vierfeldertafel in Tab. 4.14. Hier wird als Odds Ratio $OR_{2\,klass} = 4,62$ berechnet, so dass eine Unterschätzung des Odds Ratios der Studienpopulation die Folge ist.

Tab. 4.14: Anzahlen von beobachteten Exponierten und Nichtexponierten in einer Fall-Kontroll-Studie mit differentieller Fehlklassifikation der Exposition $Sen_C = 0,9$, $Sen_D = 0,8$, $Spez_C = 1$, $Spez_D = 1$

Status	Exponierte (Ex = 1)	Nichtexponierte (Ex = 0)
Fälle	81 = 90 − 9	19 = 10 + 9
Kontrollen	48 = 60 − 12	52 = 40 + 12

Dieses Beispiel demonstriert, dass im Gegensatz zur nicht-differentiellen Fehlklassifikation die Richtung des Information Bias nicht angegeben werden kann, und dass selbst vermeintlich geringe Unterschiede in den Fehlklassifikationswahrscheinlichkeiten eine Aussage vollständig verändern können. Damit muss stets geklärt werden, wie sich die Klassifikationsmechanismen in den unterschiedlichen Gruppen auswirken und welche Größenordnung eine Fehlklassifikation annimmt. Existiert durch Voruntersuchungen oder durch externe Informationen ein "Goldener Standard", so können die aufgetretenen Fehlklassifikationen über die Sensitivität und Spezifität mit Hilfe des oben angegebenen Gleichungssystems rechnerisch korrigiert werden.

Die rechnerische Korrektur der Fehlklassifikation kann aber nur ein letzter Schritt zur Angabe verlässlicher und unverzerrter Ergebnisse sein. Daher ist größte Sorgfalt auf die Planung einer Studie, die Wahl der Untersuchungsinstrumente und die standardisierte Durchführung der Datenerhebung zu legen, um die Notwendigkeit für eine Korrektur so gering wie möglich zu halten.

4.4.3   Verzerrungen durch Störgrößen (Confounding Bias)

Da ein Ziel einer epidemiologischen Studie darin besteht, den Effekt einer Exposition auf die Krankheitshäufigkeit zu beschreiben, sollte die Beziehung von Exposition und Krankheit nicht von weiteren Einflussgrößen (Drittfaktoren) gestört werden. Unterscheiden sich die Individuen mit und die Individuen ohne einer in der Studie untersuchten Exposition bereits im Grundrisiko für die Krankheit, d.h. dem Erkrankungsrisiko bei völliger Abwesenheit der Exposition, dann führt der Vergleich von Exponierten mit Nichtexponierten zu einer verzerrten Schätzung des Effektes der Studienexposition. Man spricht dann von einem **Confounding Bias** (siehe auch Abschnitt 3.1).

Beispiel: Beispiele für einen solchen Verzerrungsmechanismus haben wir bereits kennen gelernt: In Abschnitt 3.3.1 trat z.B. eine Vermengung mit den Rauchgewohnheiten auf, wenn man die Beziehung der Lungenkrebsmortalität zur Luftqualität oder der Exposition mit Radon in Innenräumen betrachtete (siehe Abb. 3.8), da die Raucherprävalenz in Gebieten mit hoher Luftverschmutzung bzw. niedriger Radonkonzentration größer ist als in Regionen mit geringer Luftverschmutzung bzw. hoher Radonkonzentration.

Diese Vermengung mit den Rauchgewohnheiten ist für viele Studien von Bedeutung, wenn Rauchen ein Risikofaktor ist, der nicht von primärem Interesse ist. So kann unterstellt werden, dass die Assoziation zwischen Speiseröhrenkrebs und Alkoholkonsum vom Rauchverhalten mitbestimmt ist (siehe Abschnitt 3.1.1). Auch die Assoziation einer allgemeinen Mortalität mit dem sozialen Status, der in vielen Populationen beobachtet wird, ist wesentlich durch das Rauchen beeinflusst.

Eine *Verzerrung durch Confounding* kann somit immer dann entstehen, wenn sich durch *Nichtberücksichtigung* von potenziell mit dem Hauptstudienfaktor *vermengten Störvariablen* eine Über- oder Unterschätzung eines relativen Risikos oder eines Odds Ratios ergibt.

Im Gegensatz zum Selection und Information Bias kann in der Regel die Richtung einer störgrößenbedingten Verzerrung nicht angegeben werden, denn sie hängt, außer vom Studientyp, vor allem vom Untersuchungsgegenstand und damit von einem Geflecht unterschiedlicher Wirkungsmechanismen ab. Daher soll im Folgenden der Begriff des Confounding noch weiter spezifiziert werden.

Definition und Abgrenzung von Confounding

Wie oben ausgeführt, ist Confounding ein Verzerrungsmechanismus, der auf mangelnder Berücksichtigung von Störgrößen beruht. Eine formale Definition eines Confounders ist im strengen Sinn nicht möglich. Dennoch gibt es eine Reihe von *Kriterien*, die es ermöglichen, den *Begriff des Confounding* näher einzugrenzen. Kennzeichnende Eigenschaften sind:

(1)   ein Confounder ist ein unabhängiger Risikofaktor für die untersuchte Krankheit,

(2)   ein Confounder ist mit der interessierenden Exposition in der Zielpopulation assoziiert,

(3)   ein Confounder liegt nicht auf demselben ätiologischen Pfad wie interessierende Exposition und Krankheit, d.h., weder Faktoren, die die interessierende Exposition kausal bedingen, noch Faktoren, die durch die interessierende Exposition verursacht werden, kommen als Confounder in Betracht, und

(4)   ein Confounder ist nicht Folge der Studienexposition.

Ein Confounder muss somit ein von der in der Studie interessierenden Exposition unabhängiger Risikofaktor für die Krankheit sein (1) und auch in Abwesenheit der Krankheit, d.h. für nicht Erkrankte, mit der Studienexposition assoziiert sein (2). Diese grundlegenden Forderungen hatten wir bereits in Abschnitt 3.1.1 erläutert. Wichtig sind aber auch die Kriterien (3) und (4), denn diese Bedingungen beschreiben, dass ein Confounder weder Vorstufe noch Folge der interessierenden Exposition sein darf. Graphisch kann man diese Situationen wie in Abb. 4.10 dargestellt veranschaulichen.

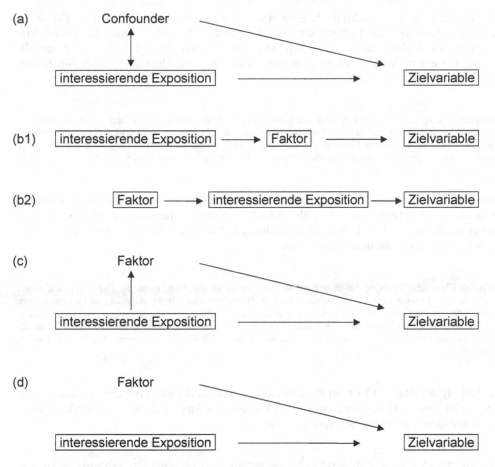

Abb. 4.10: Definition und Abgrenzung von Confounding:
(a) Störung der Beziehung durch Vermengung der Exposition mit einem Confounder
(b) Faktor auf demselben kausalen Pfad wie Exposition und Krankheit: kein Confounding
(c) Faktor als Folge der Exposition: kein Confounding
(d) Faktor nicht mit Exposition assoziiert: kein Confounding

In Teil (a) der Abb. 4.10 ist die *klassische Situation des Confounding* dargestellt. Sowohl die Studienexposition als auch der Confounder wirken kausal auf die Krankheit, gleichzeitig sind Exposition und Confounder miteinander assoziiert.

Beispiel: Ein Beispiel für diese Situation war, wie bereits erwähnt, Alkoholkonsum als Exposition, die in der Studie hinsichtlich ihrer Assoziation mit Speiseröhrenkrebs untersucht wird, und Rauchen als Confounder. Rauchen ist als eigenständiger Risikofaktor für das Speiseröhrenkarzinom anzusehen. Gleichzeitig ist Rauchen stark mit dem Alkoholkonsum assoziiert. Eine Assoziation zwischen Alkoholkonsum und Speiseröhrenkrebs könnte allein dadurch bedingt sein, dass Alkoholkonsumenten stärker rauchen. Es liegt dann die Vortäuschung eines Effekts durch Alkoholkonsum, zumindest aber eine Vermengung der Effekte, d.h., ein Confounding vor.

Teil (b) der Abb. 4.10 beschreibt dagegen eine Situation, bei der ein beobachteter Faktor auf demselben kausalen Pfad liegt wie die Exposition und die Krankheit. Dabei kann der Faktor einen *Zwischenschritt zwischen der Exposition und der Krankheit* darstellen (b1) oder die Exposition einen Zwischenschritt zwischen Faktor und Krankheit (b2). Beide Situationen sind nach (3) kein Confounding.

Beispiel: Eine solche Situation tritt etwa auf, wenn man eine Ursache-Wirkungs-Beziehung zwischen Strahlenexposition und der Entstehung von Tumoren betrachtet. Hier ist z.B. ein Zellschaden ein Zwischenschritt zwischen Bestrahlung und der Entstehung eines Tumors. Daher kann das Auftreten eines Zellschadens nicht als ein unabhängiger Risikofaktor angesehen werden, so dass hier kein Confounding vorliegt.

Die in Teil (c) der Abb. 4.10 dargestellte Situation zeigt an, dass ein *Faktor kausal von der Studienexposition* erzeugt wird. Anschließend haben sowohl die Studienexposition als auch der erzeugte Faktor einen Effekt auf die Krankheit. Auch diese Situation wird gemäß Kriterium (4) nicht als Confounding angesehen.

Beispiel: Klassische Beispiele für diese Situation findet man häufig dann, wenn die Exposition, die in der Studie untersucht wird, eine Verhaltensweise darstellt. Betrachtet man z.B. im Rahmen von Untersuchungen zum Auftreten von Herzinfarkt Rauchen als interessierende Exposition, so ist eine Konsequenz des Rauchens u.a. eine Erhöhung des Blutdrucks. Der erhöhte Blutdruck stellt seinerseits wieder einen Risikofaktor für das Auftreten von Infarkten dar, so dass hier kein Confounding durch Hypertonie gemäß obigem Kriterium (4) vorliegt.

In Teil (d) der Abb. 4.10 ist ein Risikofaktor dargestellt, der nicht mit der interessierenden Exposition assoziiert ist. Auch ein solcher Risikofaktor kann nicht als Confounder wirken, denn in diesem Fall ist die Bedingung (2) nicht erfüllt.

Beispiel: "Unabhängige Risikofaktoren" findet man insbesondere dann, wenn z.B. bei Verhaltensweisen als Risikofaktoren diese keinerlei gegenseitige Motivation haben. So kann man etwa unterstellen, dass eine persönliche Verhaltensweise wie das Rauchen nicht mit der Einnahme medizinisch verordneter Medikamente zum Diabetes assoziiert ist. Damit würde in einer solchen Situation kein Confounding vorliegen.

Die Postulierung von Confounding hängt somit stark von *medizinischen* und *biologischen Kenntnissen* über die betrachtete Studienvariable in ihrer Verflechtung mit anderen Variablen ab, so dass bei der *Planung einer epidemiologischen Studie* diese Kenntnisse sowie das Wissen über bekannte Risikofaktoren der interessierenden Erkrankung unbedingt mit eingebracht werden müssen.

Prinzipiell ist in allen Beobachtungsstudien mit Confounding zu rechnen. Dabei ist zu beachten, dass alle Faktoren, die Risikofaktor sind und gleichzeitig mit der Studienexposition in Beziehung stehen, als Confounder in Frage kommen. Damit kann im Planungsstadium einer epidemiologischen Studie eine orientierende Skizzierung dieser Zusammenhänge in Form eines *ätiologischen Diagramms* wie in Abb. 4.10 sehr hilfreich sein.

Als *klassische potenzielle Confounder* kommen in *Bevölkerungsstudien* Faktoren wie Geschlecht, Alter, sozioökonomischer Status oder Rauchen in Frage. Bei *Untersuchungen in Tierpopulationen* werden die Größe eines Tierbestandes, die Nutzungsform oder die Rasse häufig als Confounder angesehen.

Neben der *Identifizierung von Confoundern vor der Studiendurchführung* kann der *Nachweis von Confounding* auch *durch die statistische Analyse* post hoc erfolgen, indem die Effektschätzungen der interessierenden Exposition mit und ohne Berücksichtigung des potenziellen Confounders verglichen werden. Unterscheiden sich beide Schätzungen, so kann dies auf das Confounding zurückgehen. Diese Methode, ein Confounding in den Daten zu beurteilen, ist allerdings nicht unumstritten, denn es können Faktoren zu Confoundern erklärt werden, die die in obiger Definition geforderten Assoziationen nicht in der Zielpopulation, sondern nur in der ausgewählten Stichprobe aufweisen. Umgekehrt kann ein Confounder in einer speziellen Studienpopulation nicht als Risikofaktor in Erscheinung treten, aber dennoch den Zusammenhang zwischen interessierender Exposition und Erkrankung stören. Aus diesem Grund sollte die Entscheidung darüber, welche Variablen als mögliche Confounder in der Analyse zu kontrollieren sind, vom Vorwissen über ihre Rolle bestimmt sein. Zudem kann diese angesprochene Situation mit dem Problem des Selection Bias verknüpft sein.

Beispiel: Eine entsprechende Situation kann man sich bei Studien zum Auftreten von Zoonoseerregern und den dafür verantwortlichen Risikofaktoren in Tierpopulationen vorstellen. So ist nach Untersuchungen von Ovelhey et al. (2005) bekannt, dass die Teilnahmebereitschaft an solchen Untersuchungen auch von der Größe des Betriebes abhängt. Kleine Betriebe sind dabei in der Regel weniger häufig bereit teilzunehmen als große Betriebe.

Berücksichtigt man dieses Phänomen nicht, so wird es somit nicht nur eine Auswahlverzerrung geben (siehe Abschnitt 4.4.1). Vielmehr verändert sich auch die Beziehung der Faktoren untereinander, denn in großen Betrieben liegt im Allgemeinen eine vollkommen andere landwirtschaftliche Produktionssituation vor als in kleinen Betrieben. Diese umfassen nicht nur die Anzahl der Tiere oder die Anzahl der Tiere betreuenden Mitarbeiter, sondern auch die Bereiche der tierärztlichen Betreuung, der Handelsbeziehungen oder allgemein des Bestandsmanagements. Da alle diese Bereiche als potenzielle Einflussfaktoren für die Herdengesundheit gelten und somit als Confounder angesehen werden können, wirkt sich eine Selektion direkt auf diese Beziehungen aus.

Dies zeigt, dass ein **zufälliges Confounding** in der Studienpopulation auftreten kann, ohne tatsächlich in der Zielpopulation vorzuliegen. Ein solcher Effekt kann durch Fehler im Studiendesign oder bei der Studiendurchführung wie etwa durch einen Selection Bias hervorgerufen werden. Somit ist ein Confounding in den Daten stets inhaltlich bzgl. des dahinter liegenden Mechanismus zu hinterfragen, um medizinisch und biologisch sinnvoll erklärbare von artifiziellen Effekten zu trennen.

Umgekehrt kann ein Confounder in einer speziellen Studienpopulation nicht als Risikofaktor in Erscheinung treten, aber dennoch den Zusammenhang zwischen interessierender Exposition und Erkrankung stören. Aus diesem Grund sollte die Entscheidung darüber, welche Variablen als mögliche Confounder in der Analyse zu kontrollieren sind, auch stets vom Vorwissen über ihre Rolle bestimmt sein.

Bestehen Zweifel daran, ob eine Variable ein Confounder ist oder nicht, so ist zu empfehlen, diesen Faktor in das Untersuchungsprogramm aufzunehmen, denn ein nicht gemessener Confounder kann nachträglich in der Datenanalyse nicht mehr kontrolliert werden.

Wechselwirkungen (Effekt-Modifikation)

Das Auftreten eines Confounders stört die Betrachtung der Ursache-Wirkungs-Beziehung zwischen Einfluss- und Zielvariablen und muss deshalb sowohl beim Design als auch bei der Analyse einer Studie berücksichtigt werden. Ein ätiologisches Interesse im engeren Sinne gilt dem Störfaktor aber in der Regel nicht.

Allerdings sind Drittfaktoren denkbar, die im Zusammenwirken mit der interessierenden Exposition einen verstärkenden (bzw. abschwächenden) Effekt auf die Zielvariable ausüben. Solche Effekte werden als **Wechselwirkungen, Effekt-Modifikationen, Interaktionen** oder auch **Synergismen** (bzw. **Antagonismen**) bezeichnet.

Beispiel: Ein in der Medizin in diesem Zusammenhang allgemein bekanntes Beispiel für eine Wechselwirkung ist die gemeinsame Wirkung von Alkohol- und Medikamentenkonsum. Hier ist zu unterstellen, dass jeder einzelne Wirkstoff zunächst eine individuelle Wirkung auf den Organismus ausübt. Werden nun beide Wirkstoffe zeitgleich konsumiert, so kann der gemeinsame Effekt eine extreme Verstärkung der Wirkung jedes einzelnen Wirkstoffs mit sich bringen. Es ist aber auch denkbar, dass sich Wirkungen gegenseitig abschwächen oder gar umkehren.

Eine solche Modifikation des Effekts ist durch den Begriff des Confounding nicht abgedeckt, denn die gemeinsame Wirkung von Exposition und Effekt-Modifikator unterscheidet sich von derjenigen Wirkung, die bei Unabhängigkeit beider Faktoren zu erwarten wäre, und hat somit einen *zusätzlichen ätiologischen Erklärungswert*. Dieser Drittfaktor kann die Wirkung der interessierenden Exposition modifizieren oder, anders ausgedrückt, der Effekt der Exposition kann von der Ausprägung des Drittfaktors abhängig sein. Als Effekt-Modifikatoren kommen grundsätzlich alle Faktoren neben der untersuchten Studienexposition in Frage.

Beispiel: Ein klassisches Beispiel hierfür sind Krebserkrankungen und Arbeitsplatzexpositionen. Für den Lungenkrebs sind z.B. sowohl aktives Zigarettenrauchen als auch eine Exposition mit Asbest jeweils als eigenständiger Risikofaktor einzuordnen. Treten aber beide Expositionen gleichzeitig auf, so erhöht sich das Lungenkrebsrisiko mehr als es der Summe der Risiken beider Expositionen entspricht.

Hammond et al. (1979) beobachteten in ihrer Kohortenstudie ein Odds Ratio von zehn bei aktiven Zigarettenrauchern, die nicht gegenüber Asbest exponiert waren, während eine (berufliche) Asbestexposition bei Nichtrauchern zu einem Odds Ratio von etwa fünf führte. Die Asbestarbeiter, die zudem rauchten, wiesen ein Odds Ratio von ca. 50 (Produkt der Odds Ratios) auf (siehe auch Abb. 4.11 (c)).

Bei der Betrachtung von Wechselwirkungen sind sowohl inhaltliche als auch methodische Gesichtspunkte zu beachten. Dabei sollte zunächst diskutiert werden, inwieweit *Interaktionen biologisch und medizinisch erklärt werden* können oder aber auszuschließen sind. Erst dann sollte das Problem angegangen werden, wie mit einer potenziellen Interaktion zwischen der Exposition und einem Effekt-Modifikator methodisch umzugehen ist. So kann eine Wechselwirkung aufgrund eines Drittfaktors durch den *Vergleich der Effektmaße der Exposition für jede Ausprägung des Drittfaktors* beurteilt werden.

Beispiel: Betrachten wir erneut das Lungenkrebsrisiko durch Asbest oder anderer am Arbeitsplatz vorkommender Noxen. Dann analysiert man z.B. die Odds Ratios für eine Bronchialkarzinomerkrankung durch Asbestexposition für Raucher und für Nichtraucher getrennt. Haben Raucher und Nichtraucher ein gleiches Odds Ratio für die Asbestexposition, so liegt keine Interaktion vor. Unterscheiden sich aber diese Odds Ratios, so modifiziert Rauchen das Asbestrisiko. Damit liegt eine Effekt-Modifikation, d.h. eine Interaktion, vor.

Diese grundsätzlichen Wirkungsmechanismen kann man sich mit so genannten *Interaktionsplots* verdeutlichen. Abb. 4.11 zeigt einige Varianten anhand zweier dichotomer Faktoren $X^{(1)}$ und $X^{(2)}$. Dabei soll $X^{(1)}$ die interessierende Exposition und $X^{(2)}$ den potenziellen Effekt-Modifikator darstellen. Abb. 4.11 (a) zeigt die Situation, dass die Wirkung bezüglich der interessierenden Exposition $X^{(1)}$ unabhängig von der Ausprägung von $X^{(2)}$ ist. Hier liegt somit keine Interaktion vor. In Abb 4.11 (b) zeigt sich ein additiver Effekt, d.h., das Odds Ratio ist bei gleichzeitiger Exposition als Summe (vermindert um eins) der beiden einzelnen Odds Ratios darstellbar. Diese Verstärkung ist in Abb. 4.11 (c) noch weiter ausgeprägt, denn das gemeinsame Odds Ratio ergibt sich hier als das Produkt der einzelnen Odds Ratios. Die Abb. 4.11 (c) entspricht somit z.B. der Diskussion der Wechselwirkungen, wie wir sie im Zusammenhang mit den Wirkungen von Rauchen und Asbest bei der Entstehung des Lungenkrebses bereits kennen gelernt hatten.

Dagegen ist in Abb. 4.11 (d) eine abschwächende Wirkung bezüglich der interessierenden Exposition $X^{(1)}$ abhängig von der Ausprägung von $X^{(2)}$ dargestellt, so dass sich der ursprüngliche Effekt der interessierenden Studienexposition sogar ins Gegenteil verkehrt. Dies könnte z.B. der gemeinsamen Wirkung von Alkohol und Medikamenten entsprechen.

Für die Entscheidung, ob eine Wechselwirkung vorliegt, steht eine Vielzahl von statistischen Prüfverfahren zur Verfügung (siehe z.B. Abschnitt 6.3). Allerdings ist die statistische Power zur Entscheidung, ob bzw. welche Art von Interaktion vorliegt, selten ausreichend. Bei einem Verdacht auf Effekt-Modifikation ist es daher sinnvoll, die Studienergebnisse für die Ausprägungen des Effekt-Modifikators getrennt zu berichten. Dies ist allerdings nur sinnvoll, wenn der Effekt-Modifikator wenige Ausprägungen hat, wie z.B. beim Geschlecht oder bei wenigen Kategorien für die Anzahl täglich gerauchter Zigaretten.

Darum wird häufig im Bereich der statistischen *Modellbildung und Auswertung* versucht, *Wechselwirkungen als eigenständige Effekte* durch so genannte Interaktionsterme im statistischen Modell zu berücksichtigen (siehe Abschnitt 6.5f). Auch dann ist die Interpretation nicht immer einfach. Außerdem können natürlich nur solche Effekte erkannt werden, die in das Modell aufgenommen wurden. Wenn z.B. ein Modell zur Anwendung kommt, das etwa aus biologischen Gründen eine multiplikative Wirkung enthält, so kann man auch nur eine multiplikative Wirkung entdecken.

Insgesamt bleibt festzustellen, dass Confounding und Effekt-Modifikation die Interpretation der Studienergebnisse zwar erschweren, die Identifikation solcher Zusammenhänge aber von besonderem Interesse in der Ursachenforschung ist. Neben den statistischen Auswertungsmethoden (siehe Kapitel 6) sollte schon bei der Planung einer epidemiologischen Studie hierauf Rücksicht genommen werden.

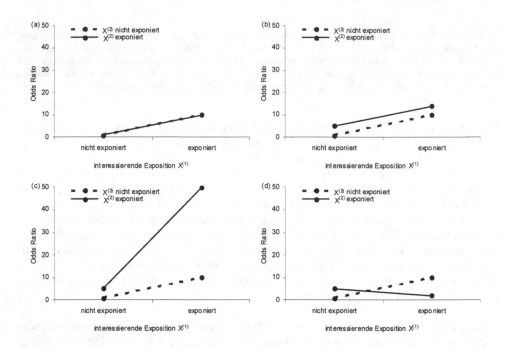

Abb. 4.11:   Typen von Effekt-Modifikation bei zwei dichotomen Faktoren $X^{(1)}$ und $X^{(2)}$:
(a) gleiche Wirkung bezüglich der interessierenden Exposition $X^{(1)}$ unabhängig von der Ausprägung von $X^{(2)}$: keine Interaktion
(b) verstärkende Wirkung bezüglich der interessierenden Exposition $X^{(1)}$ abhängig von der Ausprägung von $X^{(2)}$: additiver Effekt
(c) verstärkende Wirkung bezüglich der interessierenden Exposition $X^{(1)}$ abhängig von der Ausprägung von $X^{(2)}$: multiplikativer Effekt
(d) abschwächende Wirkung bezüglich der interessierenden Exposition $X^{(1)}$ abhängig von der Ausprägung von $X^{(2)}$: (cross-over) Antagonismus

4.5   Kontrolle systematischer Fehler

Im vorherigen Abschnitt 4.4 wurden die Mechanismen diverser systematischer Fehler in epidemiologischen Studien beschrieben. Dabei wurde bereits aufgezeigt, dass Selection und Information Bias Fehler sind, die bei der Planung und Durchführung einer Studie entstehen. Ohne zusätzliche Datenerhebung und Detailinformation zu den Untersuchungsinstrumenten sind diese Verzerrungen nachträglich nicht korrigierbar. Dagegen bestehen zur Kontrolle eines Confounders zwei Möglichkeiten: die rechnerische Korrektur in der Datenanalyse oder die Berücksichtigung des Confounders im Studiendesign. Im Folgenden sollen nun zwei wichtige Prinzipien der Studienplanung näher erläutert werden, die der Vermeidung eines Confounding Bias dienen: das Prinzip der Schichtung sowie das Prinzip des Matching.

4.5.1   Schichtung

Schichtung, Stratifizierung, die Bildung von Klassen oder Subgruppen ist ein zentrales Instrument zur Kontrolle des Confounding. Sie kann allerdings auch zur detaillierten Analyse und technischen Vereinfachung bei der Durchführung epidemiologischer Studien genutzt werden. Zudem findet dieses Prinzip auch seine Anwendung, wenn man die Ergebnisse verschiedener Studien zusammenfassen will.

Prinzip der Schichtenbildung

Unter **Schichtung** versteht man die *Zerlegung einer Zielgesamtheit* (und damit auch der Studienpopulation) in **disjunkte Teilmengen**, auch **Schichten**, **Strata**, **Klassen**, **Subpopulationen** etc. genannt. Jedes Individuum einer Population ist nach der Zerlegung der Gesamtheit eindeutig einer Schicht zugeordnet.

Jedoch kann die Schichtung nicht nur als ein Zerlegungsprozess verstanden werden, sondern auch der *Zusammenfassung von Populationen* dienen. So können unabhängige Gruppen auch als Schichten begriffen werden, die erst nachträglich einer gemeinsamen Betrachtung unterworfen werden. Dies geschieht z.B., wenn Daten verschiedener Studien zur gleichen Thematik gemeinsam analysiert werden sollen. Dieses Vorgehen wird häufig auch als *Pooling epidemiologischer Studien* bezeichnet.

Das Kriterium, nach dem eine Schichtung erfolgt, wird auch **Schichtungsvariable** genannt. Als übliche Schichtungsvariablen verwendet man Variablen wie das Geschlecht (zwei Schichten) oder das Alter (z.B. 0–10 Jahre, > 10–20 Jahre usw.), d.h. gerade die Variablen, die als *Confounder* auftreten können und damit kontrolliert werden sollten.

Die Motivation für diese Vorgehensweise ist analog dem Prinzip der Standardisierung (siehe Abschnitt 2.2.2). Wenn man davon ausgehen muss, dass bei einem Vergleich innerhalb der zu vergleichenden Gruppen Unterschiede in den Confoundervariablen vorliegen, kann man durch Schichtung nach diesen Variablen und Berücksichtigung der unterschiedlichen Verteilung (Gewichtung) einen Confounding Bias verhindern.

Beispiel: Im Zusammenhang mit einer Fall-Kontroll-Studie zum Lungenkrebsrisiko durch Passivrauchen (vgl. auch Boffetta et al. 1998) wurden für Deutschland u.a. die Daten aus Tab. 4.15 für den potenziellen Risikofaktor "Rauchen des Partners " bei 784 Nichtrauchern erhoben.

Tab. 4.15:   Nicht rauchende Lungenkrebsfälle und nicht rauchende Kontrollen sowie Exposition durch rauchenden Partner (Daten aus Deutschland nach Boffetta et al. 1998)

Status	Hat der Partner jemals geraucht?		Summe
	ja	nein	
Fall	69	57	126
Kontrolle	222	436	658
Summe	291	493	784

Berechnet man hier einen (unkorrigierten, rohen) Schätzer für das Odds Ratio, so erhält man

$$OR_{Studie} = \frac{69 \cdot 436}{57 \cdot 222} = 2{,}38 \, ,$$

d.h., man geht zunächst davon aus, dass das Zusammenleben mit einem rauchenden Partner das Risiko zu erkranken erheblich erhöht.

Es ist nun bekannt, dass Männer und Frauen ein grundsätzlich unterschiedliches Rauchverhalten haben. Konkret bedeutet dies hier, dass die Konstellation "Nichtraucher lebt mit einem rauchenden Partner" bei Frauen häufiger vorkommt als bei Männern. Gleichzeitig ist es so, dass der Anteil von Nichtrauchern unter weiblichen Lungenkrebsfällen viel höher ist als unter männlichen. Dies führt dazu, dass im Beispiel, in dem ausschließlich Nichtraucher erücksichtigt werden, bei den Fällen die Frauen überrepräsentiert sind und bei den Kontrollen die Männer (siehe Tab. 4.16), was zur Folge hat, dass in der gemeinsamen Betrachtung von Männern und Frauen die Fälle deutlich häufiger exponiert sind als die Kontrollen. Auf diese Weise ist die Beziehung zwischen "Nichtraucher lebt mit einem rauchenden Partner" und Lungenkrebs durch den Faktor "Geschlecht" gestört. Daher ist es erforderlich, Tab. 4.15 getrennt für Männer und Frauen zu betrachten. Diese Zerlegung in zwei Schichten ist in Tab. 4.16 (a) und (b) dargestellt.

Tab. 4.16:   Nicht rauchende Lungenkrebsfälle und Kontrollen sowie Exposition durch rauchenden Partner getrennt nach (a) Männer und (b) Frauen (Daten aus Deutschland nach Boffetta et al. 1998)

(a) Männer			(b) Frauen		
Status	Rauchende Partnerin		Status	Rauchender Partner	
	ja	nein		ja	nein
Fall	5	24	Fall	64	33
Kontrolle	60	344	Kontrolle	162	92

Durch diese Zerlegung in die beiden Schichten von Männern und Frauen ergibt sich ein vollständig anderes Bild. Ermittelt man in jeder Schicht die Odds Ratios, so erhält man nämlich

$$OR_{Männer\ Studie} = \frac{5 \cdot 344}{60 \cdot 24} = 1{,}19 \quad \text{und} \quad OR_{Frauen\ Studie} = \frac{64 \cdot 92}{162 \cdot 33} = 1{,}10 \, ,$$

d.h., die Odds Ratios sind in gleichem Maße in beiden Schichten wesentlich geringer.

Wie dieses Beispiel verdeutlicht, kann bei der Zerlegung einer Population in Schichten zunächst jede Schicht getrennt betrachtet werden. Dabei ist es möglich, eine epidemiologische Maßzahl für jede Schicht einzeln zu berechnen. Wenn dann, wie im obigen Beispiel, die Odds Ratios in den Schichten (annähernd) identisch sind, so spricht man auch von einer **homogenen Schichtung**. Sind die Odds Ratios dann vom Odds Ratio ohne Schichtung verschieden, so liegt eine klassische Situation für Confounding vor. Dies entspricht somit genau der Situation aus Abb. 4.10 (a).

Beispiel: Betrachten wir die obige Situation aus Tab. 4.15 und 4.16, so stellt also das Geschlecht (als Schichtungsvariable) einen Confounder dar, der einen störenden Einfluss auf die Beziehung zwischen der Variable "rauchender Partner" und dem Auftreten des Lungenkrebses hat. Dabei stellt das Geschlecht einen eigenständigen Risikofaktor dar.

Im Fall einer homogenen Schichtung ist es nahe liegend, nicht die Odds Ratios der einzelnen Schichten als Schätzwerte für die Zielpopulation zu verwenden, sondern einen geeigneten Mittelwert aus den Werten der Schichten zu bilden. Entsprechende statistische Verfahren werden wir in Abschnitt 6.3 detailliert erläutern.

In Situationen, in denen der Confounder stetig ist, stellt sich die Frage, wie viele Schichten gebildet werden müssen, um ihren Effekt zu kontrollieren (s.u.). Insbesondere wenn der Confounder selbst ein starker Risikofaktor ist, wie z.B. Alter oder Rauchen, und gleichzeitig sehr stark mit der interessierenden Exposition assoziiert ist, kann eine zu grobe Aufteilung in wenige Schichten u.U. den Confoundingeffekt nicht ausreichend ausgleichen. Man spricht dann von *residuellem Confounding*.

Es ist aber auch die Situation denkbar, dass die beobachteten Odds Ratios in den Schichten nicht identisch sind, d.h., dass die **Schichten untereinander heterogen** sind. In diesem Fall ist somit die Wirkung des Risikofaktors in einer Schicht von der in einer anderen Schicht verschieden.

Beispiel: Um die Risiken für die Infektion von Menschen mit dem bakteriellen Erreger der Shigatoxin produzierenden Escherichia Coli (EHEC) genauer zu untersuchen, führten Werber et al. (2007) eine Fall-Kontroll-Studie durch. Hierbei wurde u.a. auch das Risiko durch den Verzehr von Fleisch von Wiederkäuern betrachtet. Tab. 4.17 zeigt eine Zusammenfassung dieser Ergebnisse.

Tab. 4.17: EHEC-Fälle und Kontrollen in einer Studie zu Shigatoxin produzierenden Escherichia Coli sowie Exposition durch Verzehr von Fleisch von Wiederkäuern nach Werber et al. (2007)

Status	Wird Fleisch von Wiederkäuern gegessen?		Summe
	ja	nein	
Fall	85	97	182
Kontrolle	82	118	200
Summe	167	215	382

Berechnet man hier einen (unkorrigierten, rohen) Schätzer für das Odds Ratio, so erhält man

$$OR_{Studie} = \frac{85 \cdot 118}{82 \cdot 97} = 1{,}261,$$

d.h., es ist ein geringer Zusammenhang zwischen dem Verzehr von Fleisch von Wiederkäuern und dem Auftreten einer EHEC-Infektion zu unterstellen.

Es ist allerdings davon auszugehen, dass die Verzehrgewohnheiten je nach Alter recht unterschiedlich sind. Daher bietet es sich an, Tab. 4.17 nach Alterklassen zu unterteilen. Werber et al. (2007) betrachten dazu die drei Altersklassen "bis unter 3 Jahre", "von 3 bis unter 9 Jahre" und "ab 9 Jahre". Diese Zerlegung in drei Schichten ist in Tab. 4.18 (a), (b) und (c) dargestellt.

Diese Gruppierung in Altersklassen verändert die Schätzung des Odds Ratios grundlegend. Ermittelt man in jeder Schicht die Odds Ratios getrennt, so erhält man nämlich

$$OR_{0-3\,Studie} = \frac{35 \cdot 59}{39 \cdot 60} = 0{,}882, \quad OR_{3-9\,Studie} = \frac{18 \cdot 27}{21 \cdot 17} = 1{,}361 \text{ und } OR_{\geq 9\,Studie} = \frac{32 \cdot 32}{22 \cdot 20} = 2{,}327.$$

d.h., die Odds Ratios sind in den verschiedenen Altersklassen vollkommen verschieden und steigen sogar mit dem Alter an.

Tab. 4.18: EHEC-Fälle und Kontrollen in einer Studie zu Shigatoxin produzierenden Escherichia Coli sowie Exposition durch Verzehr von Fleisch von Wiederkäuern in den Altersklassen (a) bis unter 3 Jahre, (b) von 3 bis unter 9 Jahre und (c) ab 9 Jahre nach Werber et al. (2007)

(a) bis unter 3 Jahre			(b) von 3 bis unter 9 Jahre			(c) ab 9 Jahre		
Status	Fleischverzehr Wiederkäuer		Status	Fleischverzehr Wiederkäuer		Status	Fleischverzehr Wiederkäuer	
	ja	nein		ja	nein		ja	nein
Fall	35	60	Fall	18	17	Fall	32	20
Kontrolle	39	59	Kontrolle	21	27	Kontrolle	22	32

Das Beispiel zeigt, dass der Schichtung somit nicht nur eine Bedeutung bei der Kontrolle des Confounding zukommt, sondern vor allem auch ein besseres Verständnis des Wechselspiels mehrerer Einflussfaktoren ermöglicht. Wenn so wie hier eine Exposition dann in einer Schicht ein ganz anderes Risiko zeigt als in einer anderen, so wird das Risiko modifiziert und es liegt eine *Effekt-Modifikation* oder *Wechselwirkung* vor.

Beispiel: Betrachten wir daher nochmals die Fall-Kontroll-Studie zu den Risiken der Infektion mit Shigatoxin produzierenden Escherichia Coli (EHEC). Hier kann davon ausgegangen werden, dass das Fleisch von Wiederkäuern manchmal mit EHEC belastet ist, so dass bei unsachgemäßer Zubereitung ein Infektionsrisiko für den Menschen besteht. Dieses Risiko sollte steigen, wenn die Häufigkeit des Konsums erhöht ist.

Gerade dieser Effekt wird durch die Schichtung deutlich, denn mit dem Alter steigt auch der Konsum von Fleischprodukten. Während kleine Kinder kaum Fleisch von Wiederkäuern zu sich nehmen und daher keinem Risiko ausgesetzt sind, ändert sich das Verhalten mit dem Alter. Diese Effekte sind aber nicht unabhängig voneinander und so steigt mit dem Alter insgesamt das Risiko.

Technische Aspekte der Schichtenbildung

Die Vorteile der Schichtenbildung bei der Untersuchung ätiologischer Fragestellungen sind damit offensichtlich. So kann sie neben der Standardisierung als direkte Methode verstanden werden, Verzerrungen durch Confounding zu begegnen. Sie bietet die Möglichkeit, epidemiologische Aussagen auch für Subpopulationen zu machen, und dient der Beschreibung und Interpretationshilfe beim Auftreten von Wechselwirkungen. Dabei ist vor allem von Bedeutung, dass in jeder einzelnen Schicht eine inhaltliche Aussage gemacht werden kann, was die Anschaulichkeit und Interpretierbarkeit von epidemiologischen Daten wesentlich erhöht.

Grundsätzlich ist es möglich, für jeden potenziellen Confounder oder Effekt-Modifikator eine Schichtung der Studienpopulation nach der Datenerhebung bei der statistischen Analyse durchzuführen. Jedoch sollte man sich allein schon aus technischen Gründen stets nur für die zentralen Confounder oder Effekt-Modifikatoren als Schichtungsvariable entscheiden, da sich die *Anzahl der Schichten* als Produkt der Anzahl der Klassen über alle Schichtungsvariablen ergibt.

Beispiel: In vielen bevölkerungsepidemiologischen Studien betrachtet man aus logistischen wie inhaltlichen Gründen z.B. regionale Schichten wie die 16 Bundesländer. Wenn nun weitere Schichtungsvariablen wie das Geschlecht (zwei Klassen) und das Alter (z.B. sechs Klassen) mit in die Studienplanung aufgenommen werden, erhält man 16·2·6 = 192 Schichten, so dass bereits mit nur drei Schichtungsvariablen eine unverhältnismäßig hohe Zahl von Klassen entsteht.

Ist die Zahl der Schichten hoch, so schränkt dies die Anschaulichkeit und Übersichtlichkeit von Untersuchungen ein. Zudem können dann selbst in sehr großen Populationen einige Schichten sehr gering oder gar nicht besetzt sein. In diesem Fall sind epidemiologische Aussagen über diese Schichten nicht sinnvoll oder gar unmöglich. Daher muss die Definition von Schichten nicht nur unter dem Aspekt der Vermeidung eines Confounding Bias bzw. der Untersuchung von Effekt-Modifikation, sondern auch unter entsprechenden praktischen Erwägungen erfolgen.

Ein weiteres technisches Problem bei der Schichtenbildung ergibt sich immer dann, wenn nicht, wie beim Geschlecht, die Schichten in natürlicher Art und Weise vorgegeben sind. Will man so z.B. nach der stetigen Variable Alter gruppieren, so sind nicht nur die Anzahl der Klassen, sondern auch die *Schichtgrenzen* festzulegen. So muss eine Schichtung z.B. in "jung" und "alt" mit Rücksicht auf die Ätiologie der Krankheit erfolgen, so dass diese Kategorien etwa bei Krebserkrankungen eine andere Bedeutung haben als bei der Betrachtung von Infektionen.

Ist es nicht möglich, inhaltliche Kriterien für Schichtgrenzen aufzustellen, so ist es sinnvoll, die Schichten so zu bilden, dass in jeder Schicht eine annähernd gleiche Anzahl von Individuen vorhanden ist. Dadurch erreicht man eine vergleichbare statistische Präzision der schichtspezifischen Effektschätzer. In der Praxis wird dies in der Regel durch die Bildung von Quantilen als Schichtungsvariable erreicht.

4.5.2   Matching

Eine weitere Möglichkeit, Zufallsfehler und Verzerrungen schon in der Phase der Studienplanung zu verringern, ist die Paarbildung oder das Matching. Wie bei der Bildung von Schichten wählt man dabei zunächst eine oder mehrere *Matchingvariablen*, basierend auf potenziellen *Confoundern*, die nicht Gegenstand des Untersuchungsinteresses sind.

Beim **Matching** wird die *Verteilung dieser Störvariablen* in der Kontrollgruppe so angelegt, dass sie zu der Verteilung in der Untersuchungsgruppe gleich ist. Dies entspricht dem *Prinzip der Quotenauswahl*, das wir bereits im Zusammenhang mit den Auswahlverfahren für Studienpopulationen in Abschnitt 4.2.3 kennen gelernt hatten. Durch das Matching unterscheiden sich somit die Verteilungen der Störvariablen, wie etwa das Geschlecht, in der Fall- und der Kontrollgruppe einer Fall-Kontroll-Studie nicht. Sind beispielsweise 80% der Fälle einer bestimmten Krankheit männlich, so ist beim Matching auch die Kontrollpopulation so zu wählen, dass sie 80% Männer enthält.

Matching stellt ein künstliches Angleichen der Verteilungen von (Stör-) Variablen dar. Damit führt der Vergleich dieser Variablen zwischen den Gruppen (Expositionschance bei Fällen im Verhältnis zur Expositionschance bei Kontrollen) immer zu einem Odds Ratio von eins. Anders ausgedrückt bedeutet dies, dass ein Unterschied, der auf den Faktor zurückgeht, nach dem gematcht wurde, nicht mehr im Rahmen der Studie quantifiziert werden kann.

Beispiel: Kommen wir nochmals auf Fall-Kontroll-Studien zum Lungenkrebsrisiko durch Radon zurück. Bei diesen Studien hat die interessierende Einflussvariable Radon im Gegensatz zum Einfluss des Rauchens ein wesentlich geringeres Risiko. Deshalb wird häufig vorgeschlagen, Fälle und Kontrollen nach dem Rauchverhalten zu matchen (vgl. z.B Sandler et al. 2006). Es werden dann die Kontrollen so gewählt, dass die Anteile der Nichtraucher, Ex-Raucher und aktiven Raucher in der Kontrollgruppe denjenigen entsprechen, die in der Fallgruppe beobachtet werden.

Nach einer solchen Zuordnung ist es nun nicht mehr möglich, den Einfluss des Rauchens in der Studienpopulation zu beschreiben, denn dieser wurde künstlich eliminiert und kann damit den Effekt des Radons nicht mehr überdecken. Genau dies ist das Ziel des Matchings.

Ist im Rahmen eines gematchten Studiendesigns die Entscheidung gefallen, dass ein Störfaktor als Matchingvariable eingesetzt wird, besteht in dieser Studie somit *nicht mehr die Möglichkeit*, das diesem *Faktor zugeordnete Risiko zu bestimmen*. Daher kann auch nicht mehr zwischen der Matchingvariable und einer anderen Einflussvariable eine Wechselwirkung quantifiziert werden. Derartige Auswirkungen der Wahl einer Matchingvariable müssen bei deren Festlegung berücksichtigt werden.

Die Wahl der Matchingvariable sollte sich vom Grad des möglichen Confounding bedingt durch diese Variable leiten lassen. Damit werden nicht nur stark wirkende Störgrößen im Rahmen des Designs ausgeschaltet, sondern auch die *statistische Effizienz erhöht*. Hierbei gilt, dass Matching umso sinnvoller ist, je stärker die Assoziation zwischen Matching-, Krankheits- und Expositionsvariable ist. Umgekehrt gilt, dass bei geringem oder fehlendem Confounding ein Matching nicht durchgeführt werden sollte.

Prinzipiell kann Matching sowohl in Fall-Kontroll-Studien als auch in Kohortenstudien zum Einsatz kommen, denn es handelt sich um ein technisches Angleichen von Verteilungen von Variablen in zu vergleichenden Gruppen. Historisch hat das Matching allerdings seine Wurzeln im Fall-Kontroll-Design, worauf wir uns daher im Folgenden beschränken.

1:1-, 1:k- und m:k-Matching

Bei der Durchführung des Matching unterscheidet man abhängig von der Anzahl der Fälle und Kontrollen, die jeweils zugeordnet werden sollen, unterschiedliche Formen. Beim **1:1-Matching** wird einem Fall exakt eine Kontrolle zugeordnet. Beim **1:k-Matching** sind einem Fall insgesamt k Kontrollen zugeordnet. Die Bezeichung **m:k** bedeutet, dass m Fällen k Kontrollen zugeordnet werden.

Die Grundidee des Matching ist die einer 1:1-Zuordnung. Gerade bei seltenen Krankheiten besteht aber häufig das Problem, dass die Anzahl der Fälle so gering ist, dass der Studienumfang insgesamt keine ausreichende statistische Präzision mit sich bringen würde. Aus diesem Grunde geht man zu den allgemeineren Designs 1:k oder gar m:k über.

Für die *Wahl der Zahl k* spielen neben der Erhöhung des gesamten Studienumfangs vor allem auch *Effizienzgesichtspunkte* eine wichtige Rolle. Wenn die Anzahl der Fälle begrenzt ist, sollte man k theoretisch so groß wählen wie technisch und ökonomisch möglich, denn je größer k, umso größer ist der Gesamtstichprobenumfang und somit umso geringer der zufällige Fehler einer Untersuchung. Der Effizienzgewinn, also die Reduzierung des zufälligen Fehlers, wächst allerdings nicht linear mit der Vergrößerung von k. Deshalb wird häufig empfohlen, k in einer Größenordnung von ca. k = 3 oder 4 festzulegen, denn der zusätzliche Erkenntnisgewinn steht bei größeren Werten von k nicht mehr in sinnvoller Relation zum zusätzlichen Aufwand, den die Erhebung von weiteren Studienteilnehmern mit sich bringt. Dies wird auch in Abb. 4.12 deutlich, in der die Power $(1-\beta)$ in Abhängigkeit von k für einige Situationen dargestellt ist. Weitere Details zu dieser Problematik findet man z.B. bei Ury (1975), Kleinbaum et al. (1982) oder Rothman et al. (2008).

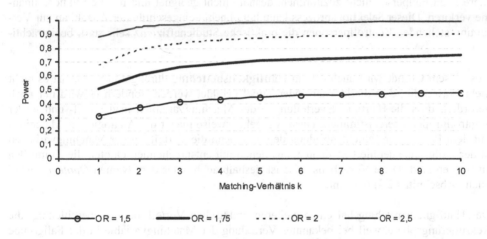

Abb. 4.12:   Statistische Power bei einer Fall-Kontroll-Studie in Abhängigkeit vom Matching-Verhältnis k der Kontrollen für verschiedene zu erkennende Odds Ratios OR; Anzahl Fälle = 100; $\alpha = 0,05$

Individuelles Matching und Häufigkeitsmatching

Im Zusammenhang mit dem Matching unterscheidet man ferner das so genannte individuelle und das Häufigkeitsmatching. Beim **individuellen Matching** wird *einer konkreten Fallperson eine konkrete Kontrollperson* zugeordnet, d.h., man betrachtet **gematchte Paare** bzw. allgemeiner **gematchte Tupel** von Individuen. Führt man z.B. ein Matching nach Geschlecht und Alter durch und ist ein Fall z.B. männlich und 60 Jahre alt, so muss auch die zugeordnete Kontrollperson männlich und 60 Jahre alt sein.

Bei *kategoriellen Matchingvariablen*, wie dem Geschlecht, muss die Zuordnung eindeutig sein. Bei *quantitativen Matchingvariablen*, wie dem Alter, ist dies praktisch natürlich nicht durchführbar. Aus diesem Grunde werden entweder Klassen gebildet (z.B. ist der Fall zwischen 60 und 65 Jahre alt, so muss auch die Kontrolle zwischen 60 und 65 Jahre alt sein) oder es wird ein vorgegebenes Schwankungsintervall angegeben (z.B. 60 Jahre ± 1 Jahr).

Der *Vorteil des individuellen Matchings* ist, dass das Prinzip der Gleichbehandlung zwischen Fällen und Kontrollen unmittelbar Anwendung findet und ein Unterschied von Risikofaktoren an den Paarlingen direkt beobachtet werden kann. Dies nutzt man bei den klassischen Auswertungsverfahren für gematchte Studien so aus, dass man nach **konkordanten Paaren** (beide exponiert oder beide nicht exponiert) und **diskordanten Paaren** (einer exponiert, der andere nicht) trennt und nur die diskordanten für eine Aussage nutzt (siehe auch Abschnitt 6.4.1).

Ein *Nachteil des individuellen Matchings* besteht darin, dass es bei der Studiendurchführung häufig logistisch schwierig ist, aufgrund der festen Vorgaben, die ein spezieller Fall in die Studie einbringt, eine passende Kontrollperson zu finden. So wäre etwa im obigen Beispiel (60 Jahre ± 1 Jahr) eine 62 Jahre alte männliche Kontrollperson individuell der konkreten 60 Jahre alten Fallperson nicht zuzuordnen, deshalb nicht geeignet und für die Studienteilnahme verloren. Dieser Selektionsprozess kann bei ohnehin eingeschränkter Anzahl an zur Verfügung stehenden Kontrollpersonen die praktische Studieneffizienz sehr stark beeinträchtigen.

Aus diesem Grunde wird auch oft ein **Häufigkeitsmatching** durchgeführt. Hier ist es nicht mehr notwendig, dass direkt Paare oder Tupel gebildet werden, sondern es wird nur noch gefordert, dass die Häufigkeitsverteilungen der Matchingvariablen in der Fall- und in der Kontrollgruppe übereinstimmen. Diese Vorgehensweise macht die Analogie des Matchings mit dem Prinzip der Schichtenbildung deutlich, denn die Verteilung der Matchingvariablen in der Fallgruppe definiert Schichten, aus denen mit entsprechenden Quoten die Kontrollen zu wählen sind. Diese Vorgehensweise ist deshalb auch unter dem Namen *Quotenauswahl* (siehe Abschnitt 4.2.3) bekannt.

Das Häufigkeitsmatching hat einen weiteren praktischen Vorteil, denn es beschleunigt die Rekrutierungsphase, weil bei bekannter Verteilung der Matchingvariable in der Fallgruppe (die gebräuchlichsten Matchingvariablen sind das Alter und das Geschlecht, deren Verteilung oft bekannt ist) nicht erst gewartet werden muss, bis ein Fall in einer bestimmten Schicht aufgetreten ist. Vielmehr können Kontrollen parallel zu Fällen rekrutiert werden. Daraus ergibt sich ein wichtiger methodischer Vorteil. Da die Datenerhebung bei Fällen und Kontrollen mit gleicher Geschwindigkeit und zur gleichen Zeit erfolgt, werden Interviewer- bzw. Untersuchereffekte minimiert (siehe Abschnitt 5.3).

Da man bei einer Matchingvariable davon ausgeht, dass zwischen ihr und der Exposition eine Assoziation besteht, unterscheidet sich die Verteilung der Exposition in der gematchten Kontrollgruppe von derjenigen in der Population unter Risiko. Die Durchführung einer Matching-Prozedur im Rahmen einer Fall-Kontroll-Studie führt nicht nur zu einer designbedingten Eliminierung von Confoundingvariablen, sondern bedarf auch *spezieller Auswertungsmethoden* zur Analyse der so gewonnenen Daten (siehe Abschnitt 6.4), denn es liegt *keine Datenerhebung nach dem uneingeschränkten Zufallsprinzip* mehr vor.

Matching hat zum Ziel, die Variation des Confounders zwischen Fällen und Kontrollen anzugleichen. Dabei sollten aber die Unterschiede der interessierenden Exposition zwischen beiden Gruppen und deren Variationsbreite nicht eingeschränkt werden. In bestimmten Situationen kann dies jedoch beim Matching passieren, so dass der Effekt der Exposition durch das Matching vermindert oder sogar eliminiert wird. Das ist dann der Fall, wenn die Matchingvariable auch als Surrogat für die interessierende Exposition dienen könnte. Dieser Fall wird als **Overmatching** bezeichnet.

Beispiel: In der oben bereits mehrfach erwähnten Fall-Kontroll-Studie zu den Ursachen des Lungenkrebses wurde eine Reihe beruflicher Expositionen daraufhin untersucht, ob sie eine Erhöhung des Lungenkrebsrisikos verursachen. Einige berufliche Lungenkrebsursachen wie Asbest und Teerstoffe waren bereits bekannt und waren nur als mögliche Confounder von Interesse. Sie wurden daher in der Analyse durch Stratifizierung bzw. Adjustierung berücksichtigt. Da soziale Schicht ein bekannter Risikofaktor für Lungenkrebs ist und da dieser Faktor mit der beruflichen Stellung assoziiert ist, wurde die Frage diskutiert, ob es sinnvoll wäre, für Sozialschicht zu matchen.

Abgesehen von den praktischen Problemen, die damit verbunden wären, entschied man sich gegen diese Option, da Sozialschicht auch ein Surrogat für berufliche Expositionen ist: In den unteren Sozialschichten kommen manuelle Berufe häufiger vor, in denen sich die interessierenden beruflichen Expositionen häufen. Ein Matching für Sozialschicht hätte in diesem Fall auch für diese beruflichen Expositionen gematcht und damit die Chancen der Studie verringert, neue, bisher unbekannte Risikofaktoren für Lungenkrebs zu entdecken.

Durchführung
epidemiologischer Studien

Der Teufel steckt oft im Detail

5.1 Studienprotokoll und Operationshandbuch

Neben der grundsätzlichen Auswahl eines Studiendesigns sowie der sorgfältigen Planung einer epidemiologischen Studie muss auch bei der konkreten Durchführung darauf geachtet werden, dass entsprechende Regularien eingehalten werden. Dazu hat es sich eingebürgert, Verfahrensvorschriften festzulegen, die die Qualität einer epidemiologischen Studie sicherstellen.

Zu jeder epidemiologischen Studie sollte ein **Studienprotokoll** erstellt werden, in dem *die wissenschaftlichen Ziele* und *das wissenschaftliche Vorgehen* zur Erreichung dieser Projektziele festgelegt sind. Die *technischen Ausführungsbestimmungen* sollten in einem eigenen **Operationshandbuch** festgehalten werden. Das Operationshandbuch regelt somit die Umsetzung des *Studienplans* (siehe unten) im Feld und enthält als eigentlichen Kern so genannte **Standard Operating Procedures** (SOPs), die die Anwendung der Prozeduren, Instrumente und Messgeräte genau beschreiben. Beide, sowohl das Studienprotokoll als auch das Operationshandbuch, dienen dazu, Abweichungen vom ursprünglich geplanten Vorgehen zu vermeiden bzw. zu dokumentieren, um eine möglichst hohe interne Validität der Studie zu erreichen (siehe Abschnitt 4.1.1).

5.1.1 Studienprotokoll

Das Studienprotokoll regelt verbindlich alle Aspekte einer Studie von ihrer wissenschaftlichen Bedeutung über ihre Umsetzung und dem dazugehörigen Auswertungsplan bis hin zum verantwortungsbewussten Umgang mit den Studienteilnehmern und den zu erhebenden Daten. Zunächst wird darin die allgemeine Fragestellung, d.h. das Thema der Studie, in den Kontext des bereits vorhandenen Wissens gestellt und ihre Relevanz begründet. Daraus leiten sich die konkret zu bearbeitenden Forschungsfragen und damit auch die Zielpopulation, die zu erhebenden Merkmale und die zur Beantwortung dieser Fragen geeigneten epidemiologischen Maßzahlen ab. Diese Festlegungen sind erforderlich, um die zunächst nur inhaltlich formulierten Fragestellungen als quantitative und statistisch prüfbare Hypothesen zu operationalisieren.

Der eigentliche **Forschungsplan** ist ein Kernelement des Studienprotokolls. Darin werden Einzelheiten des Designs beschrieben, wobei es nicht genügt, den Studientyp (z.B. Fall-Kontroll-Studie) zu klassifizieren. Vielmehr werden hier die Details des Studiendesigns, die sich in der Regel als Kompromiss aus wissenschaftlicher Stringenz und praktischen Notwendigkeiten ergeben, erläutert und begründet. Insbesondere bei größeren Studien, die parallel mehrere Forschungsfragen beantworten sollen, werden so häufig unterschiedliche Elemente, z.B. deskriptive und analytische oder beobachtende und interventionelle Forschungsansätze, miteinander kombiniert.

Als Teil des Forschungsplans enthält der **Studienplan** die genaue *Definition der Studienpopulation* bzw. die *Ein- und Ausschlusskriterien* für Studienteilnehmer und legt die *Studienorte* und dort ggf. einzubeziehende Institutionen sowie den genauen *Erhebungszeitraum* fest. Die *Festlegung der zu vergleichenden Gruppen* richtet sich nach dem *Design der Studie* und der Definition der Studienpopulation und besonders interessierender Subgruppen. Hierbei werden sowohl grundsätzliche Entscheidungen, wie z.B. die Nutzung externer Vergleichsgruppen (siehe Abschnitt 3.2) oder die Entscheidung zwischen einer populationsbezogenen bzw. einer auswahlbezogenen Stichprobe getroffen, als auch Umsetzungsdetails wie z.B. das Matchingverfahren in Fall-Kontroll-Studien beschrieben (siehe Abschnitt 4.5.2) oder das Verfahren zur Randomisierung angegeben (siehe Abschnitt 4.2.2). Insbesondere die *zu erhebenden Endpunkte und Messgrößen* werden im Studienplan im Einzelnen genau definiert. Bei Erkrankungen erfolgt diese Definition sinnvollerweise über die zutreffenden ICD-Codierungen und zusätzlich über diagnostische Mindestkriterien für die Diagnosesicherung (z.B. histopathologischer Befund), ggf. einschließlich einer externen Referenzbefundung, wenn die Sicherung der Diagnose schwierig ist. Sowohl die interessierenden Einflussgrößen als auch die zu bestimmenden Confoundervariablen werden unter Angabe des jeweils zu benutzenden Messinstruments aufgeführt. Die Details der Messmethodik werden in der zugehörigen SOP beschrieben.

Ein anderer, wichtiger Teil des Forschungsplans widmet sich der *Ermittlung des benötigten Studienumfangs* (siehe Abschnitt 4.3.2) und der *Definition der Stichprobenziehung*, wobei Letztere wiederum in einer SOP genau beschrieben wird (siehe Abschnitt 4.2.3). Sofern der Studienumfang durch praktische Erfordernisse limitiert ist, z.B. weil die Studie auf einem bereits vorhandenen Datensatz basiert, wird anstelle der Kalkulation der Größe der Studienpopulation ermittelt, wie groß z.B. der mit der gegebenen Anzahl ermittelbare Mindestunterschied zwischen den zu vergleichenden Gruppen ist (*Kalkulation der statistischen Power*).

Die Auseinandersetzung mit *möglichen Fehlern einer epidemiologischen Studie*, wie sie in Kapitel 4 beschrieben werden, bezieht sich im Forschungsplan auf die in der konkreten Studiensituation erwarteten Schwierigkeiten und Fehlerquellen. Sie mündet in die Festlegung der zu treffenden Maßnahmen zu ihrer Minimierung oder gar Vermeidung. Dies beinhaltet z.B. eine *Analyse der kritischen Projektschritte, Strategien zur Optimierung der Teilnahme-quote* und zur *Standardisierung der Messungen*, deren Einzelheiten jeweils im Operations-handbuch ausgeführt werden.

Eng damit verknüpft ist die Entscheidung über die *einzusetzenden Untersuchungsinstrumen-te*, wobei im Allgemeinen empfohlen wird, bereits etablierte und erprobte, möglichst sogar zuvor validierte Instrumente zu benutzen. Dadurch lassen sich die eigenen Studienergebnisse besser mit den Resultaten vorangegangener Studien vergleichen und absichern. Wenn keine geeigneten Instrumente existieren, müssen vorhandene modifiziert oder neue entwickelt werden. Dabei ist zu überlegen, ob und wie diese validiert oder zumindest auf Reliabilität getestet werden können.

In jedem Fall sollten die einzusetzenden Instrumente und Messprozeduren im Rahmen eines so genannten **Pretests** mit Individuen, die der Studienpopulation vergleichbar sind, erprobt werden. Bei größeren Vorhaben, bei denen ein umfangreiches Untersuchungsprogramm ge-plant ist, kann es erforderlich werden, dieses Programm gemeinsam mit allen Rekrutierungs-prozeduren und Datenverarbeitungsschritten ähnlich einer Generalprobe auf seine Realisier-barkeit hin umfassend zu überprüfen. Solche **Pilotstudien** können darüber hinaus auch dazu dienen, fehlende Planungsdaten, z.B. zur Prävalenz und gemeinsamen Verteilung interessie-render Einflussgrößen, zu liefern, die dann als Grundlage für die abschließende Ermittlung des erforderlichen Untersuchungsumfangs der Hauptstudie dienen.

Aus diesen Festlegungen des Studienplans ergibt sich im Regelfall auch eine zeitliche Ab-folge, in der die zu erreichenden **Meilensteine** abgearbeitet werden müssen. Dieser *Zeitplan* ist Teil des Forschungsplans und liefert die Grundlage für die Ressourcenplanung und für das Monitoring des Projektfortschritts. Dazu dient ebenso die Definition von *Projektergeb-nissen* (engl. *Deliverables*), die am Ende jedes erfolgreich abgeschlossenen Arbeitschritts vorliegen müssen. Dabei sind auch die Verantwortlichkeiten für die jeweiligen (Teil-) Er-gebnisse und ggf. Abbruchkriterien bei nicht erfolgreichem Abschluss eines zentralen Ar-beitsschritts festzulegen. Darüberhinaus sind möglichst verbindliche Regelungen über Ver-antwortlichkeiten und über die Zusammenarbeit vor allem bei (multizentrischen) Studien, an denen mehrere Projektpartner beteiligt sind, unabdingbar, damit ein standardisiertes Vorge-hen erreicht wird.

Das Studienprotokoll setzt auch die wissenschaftlichen Rahmenbedingungen für die *Daten-erhebung* fest. Die genauen Ausführungsbestimmungen zu den einzelnen Punkten werden im Operationshandbuch geregelt. Im Studienprotokoll werden aber die wichtigsten Eckdaten fixiert. Dazu gehört die Festlegung, wann und wo die Erhebung durchgeführt werden soll und wie sie zu organisieren ist.

Beispiel: So kann man z.B. festlegen, dass bei Datenerhebungen in zwei zu vergleichenden Gruppen das Feld-personal ausgetauscht wird, um so eine systematische Verzerrung bedingt durch einen möglichen Interviewer oder Untersucher Bias auszuschließen. Abhängig von den zu erhebenden Merkmalen muss für die Durchfüh-rung der Datenerhebung Personal mit unterschiedlichen Qualifikationen vorgehalten werden.

Soll z.B. Kindern Blut entnommen werden, so ist zu dem üblichen Feldpersonal, das die Interviews durchführt und einfache Messungen vornimmt, ein Kinderarzt oder eine Kinderärztin hinzuzuziehen.

Alle benötigten Qualifikationen müssen im Vorhinein festgehalten und bei der *Ressourcenplanung* berücksichtigt werden. Um sicherzustellen, dass die Interviews und Messprozeduren hochgradig standardisiert verlaufen und zudem hohen Qualitätsanforderungen genügen, muss das einzusetzende Feldpersonal eingehend geschult und regelmäßig überwacht werden, z.B. im Rahmen von Ortsbegehungen oder durch Tonaufzeichnungen von Interviews. Die dazu notwendigen *Schulungs-* und *Monitoringkonzepte* sind ebenfalls Teil des Studienprotokolls.

Eine weitere qualitätssichernde Maßnahme insbesondere in Hinblick auf die spätere Interpretation der Ergebnisse und deren mögliche Verfälschung durch einen Selection Bias ist eine *Minimalerhebung bei Nichtteilnehmern*. Diese wird durchgeführt, um einen möglichen systematischen Unterschied zwischen den Teilnehmern einer Studie und den Nichtteilnehmern aufzudecken, der – sollte er vorliegen – bei der Interpretation der Ergebnisse berücksichtigt werden muss (siehe auch die Korrekturverfahren in Abschnitt 4.4.1.2). Dementsprechend kann im Studienprotokoll eine solche Minimalerhebung vorgesehen werden.

Abschließend ist festzuhalten, wie eventuelle Abweichungen vom Studienprotokoll zu dokumentieren sind, damit diese in der abschließenden Analyse und Interpretation der Daten adäquat berücksichtigt werden können.

Ein weiteres Kernelement des Studienprotokolls ist der **Auswertungsplan**. Bereits in der Planungsphase muss festgelegt werden, wie die Daten zu verarbeiten, abzuspeichern und auszuwerten sind. In einem ersten Schritt geht es dabei um die *Datenerfassung* und den Umgang mit den erhaltenen originalen Daten, den so genannten *Rohdaten*. Bei multizentrischen Studien ist hierbei der Einsatz einheitlicher Software und identischer Programme für die Datenerfassung vorzusehen, um eine fehlerfreie Zusammenführung der Datensätze sicherzustellen. Ferner ist bei der Programmierung der Eingabemasken darauf zu achten, dass diese übersichtlich und einfach zu handhaben sind, da sonst zusätzliche fehlerhafte Eingaben verursacht werden können. Aus Gründen der Qualitätssicherung ist zu empfehlen, zumindest *numerische Variablen doppelt einzugeben* und anschließend nicht übereinstimmende Eingaben mit den Originalerfassungsbögen abzugleichen und zu korrigieren. Darüber hinaus müssen die eingegebenen Daten auf *inhaltliche Plausibilität* geprüft werden, um Fehler, die durch Doppeleingabe nicht identifiziert werden können, zu entdecken und entsprechend zu korrigieren. Dazu ist ebenso wichtig, dass man sich über die *Art der Datenhaltung*, ihre Bereitstellung als Datenfiles für die Auswertung und die dazu notwendige Hard- und Software in der Planungsphase im Klaren ist. Die Zugriffsrechte zu den Daten, ihre Speicherorte und der Schutz vor unbefugtem Zugriff während und nach der Datenerhebung müssen entsprechend den *Datenschutzregeln* umgesetzt werden.

Der zweite wesentliche Schritt des Auswertungsplans betrifft die Strategie der statistischen Auswertung. Hierbei werden nicht nur die zu ermittelnden Maßzahlen, die zu vergleichenden Gruppen und ggf. Untergruppen festlegt, sondern auch die einzusetzenden Hypothesentests vorgegeben. Sollen mehrere statistische Hypothesen mittels statistischer Signifikanztests überprüft werden, ist über geeignete Methoden zur Adjustierung der Wahrscheinlichkeit für die Fehler 1. Art nachzudenken (siehe Anhang S.4.4) und ggf. auf explorative Auswertungen auszuweichen. Typischerweise sind jedoch weit aufwändigere statistische Methoden für eine umfangreiche Auswertung erforderlich, die die Komplexität möglicher Zusammenhänge durch multivariable Modelle erfasst, wie sie in Kapitel 6 beschrieben werden.

Hier kommen auch Überlegungen zur Confounderkontrolle zum Tragen. Eventuell ist es zudem erforderlich, externe Referenzdaten einzubeziehen. Diese Aspekte gehören ebenso in den Auswertungsplan wie Entwürfe von Tabellen und Graphiken für die Berichterstattung. Abschließend muss festgehalten werden, wie die unter Datenerhebung (siehe Beispiel unten) aufgeführten möglichen Abweichungen vom Studienprotokoll in der Analyse zu berücksichtigen sind.

Zuletzt müssen dem Studienprotokoll der *Ethikantrag* und das *Datenschutzkonzept* beigefügt werden. Jede Studie, die personenbezogene Daten erhebt und verarbeitet, muss sich grundsätzlich mit ethischen Fragen und mit Fragen des Datenschutzes auseinandersetzen. Insbesondere Studien mit Kindern oder mit alten Menschen bedürfen dabei besonderer Überlegungen. Aber auch Studien an Tieren, die wiederum im Besitz von Menschen sind, enthalten personenbezogene Daten und müssen sich somit entsprechenden Regularien unterordnen. Da sowohl ethische Fragen als auch der Datenschutz in Abschnitt 1.1 ausführlich behandelt werden, sei hier nur als prinzipieller Aspekt festgehalten, dass grundsätzlich darauf zu achten ist, dass die Personen identifizierenden Merkmale, wie Namen, Telefonnummern und Adressen, räumlich und/oder zeitlich getrennt von den erhobenen Studiendaten aufbewahrt werden.

Beispiel: Im Folgenden ist eine an Wichmann & Lehmacher (1991) angelehnte Gliederung eines Studienprotokolls aufgeführt, die die wesentlichen Kernelemente der obigen Ausführungen enthält und damit zur Orientierung bei der Abfassung eines Studienprotokolls dienen kann:

1   **Fragestellung**
1.1   Wahl des wissenschaftlichen Themas
1.2   Relevanz des Problems
1.3   Kurzfristige und langfristige Forschungsziele
1.4   Arbeitsdefinition der Grundbegriffe

2   **Stand des Wissens und Bewertung der Machbarkeit**
2.1   Sammlung und Bewertung von bereits vorhandenen Informationen
2.2   Benötigte methodische und technische Ressourcen
2.3   Formulierung der zu untersuchenden Forschungsfragen

3   **Festlegung der Forschungshypothesen**
3.1   Zielpopulation
3.2   Interessierende Krankheit bzw. Symptomatik
3.3   Interessierende Einflussfaktoren (Exposition)
3.4   Zu ermittelnde epidemiologische Maßzahlen
3.5   Formulierung statistischer Hypothesen

4   **Forschungsplan**
4.1   Studiendesign
4.2   Studienplan
       (a) Studienpopulation
       (b) zu vergleichende Gruppen
       (c) Studienort und -zeitraum
       (d) Definition der zu erhebenden Endpunkte, Einfluss- und Störgrößen
4.3   Powerkalkulation bzw. Stichprobenumfang und -ziehung
4.4   Maßnahmen zur Minimierung von Fehlermöglichkeiten
4.5   Auswahl/Anpassung/Entwicklung/Validierung der Messinstrumente und -methoden
4.6   Planung von Machbarkeitsstudien und Pretests der Messinstrumente sowie Pilotstudien
4.7   Zeitplan unter Angabe von Meilensteinen und Zwischenauswertungen (falls zutreffend)

4.8   Zu erstellende Zwischen- und Endprodukte des Projektes (Deliverables)
4.9   Erfolgs- bzw. Abbruchkriterien
4.10   Festlegungen von Verantwortlichkeiten und Arbeitsorganisation

5   Datenerhebung (Ausführungsbestimmungen siehe Operationshandbuch)
5.1   Ort und Zeit der Erhebung
5.2   Organisation der Datenerhebung
5.3   Qualifikation des benötigten Personals
5.4   Personalschulungskonzept
5.5   Pläne zum Monitoring
5.6   Minimalerhebung bei Nichtteilnehmern
5.7   Vorschriften für eventuelle Abweichungen vom Studienprotokoll

6   Auswertungsplan
6.1   Festlegung von Dokumentations- und Datenhaltungstechniken
       (a) Datenerfassung (z.B. Doppelerfassung)
       (b) Plausibilitätsprüfungen (einschl. Korrekturen)
       (c) Datenhaltung
       (d) Datenverarbeitung (Hard- und Software)
6.2   Auswertungsstrategie
       (a) Maßzahlen
       (b) zu vergleichende Gruppen
       (c) Untersuchungsgruppen, ggf. Untergruppen
       (d) Hypothesentests (einschl. Signifikanzniveau)
       (e) explorative Auswertungen
       (f) Entwürfe von Tabellen und Graphiken
6.3   Anzuwendende statistische Methoden
       (a) multivariable Modelle
       (b) Kontrolle von Confounding
       (c) externe Bezugsziffern bzw. Referenzdaten
6.4   Vorschriften für eventuelle Abweichungen vom Studienprotokoll

7   Ethik und Datenschutz
7.1   Ethikantrag
7.2   Datenschutzkonzept

5.1.2   Operationshandbuch

Während das Studienprotokoll den Ablauf einer Studie unter grundsätzlichen Gesichtspunkten regelt, widmet sich das **Operationshandbuch** der Umsetzung dieser Regeln bei der Feldarbeit. Es dient dem Personal als ständiger Begleiter, in dem alle Schritte der Studiendurchführung aufgeführt sind. Als Beispiel für einen Aufbau eines Operationshandbuchs haben wir im Folgenden das entsprechende Manual der IDEFICS-Studie (siehe Abschnitt 1.2) in gekürzter Fassung aufgeführt. Wie man an dem Beispiel sieht, werden hier die wesentlichen Punkte des Hintergrunds und der Fragestellung sowie die Merkmale der Auswahlpopulation für das Feldpersonal zusammengefasst. Dazu wird eine Vorschrift zur Stichprobenziehung angegeben, nach der der Stichprobenplan im Feld umzusetzen ist. Bei einer großen Studie sollte zudem auf eine geeignete Öffentlichkeitsarbeit und die Entwicklung eines Corporate Designs Wert gelegt werden.

Ein wichtiges Element des Operationshandbuchs ist die Beschreibung des *Feldzugangs*. Darunter versteht man u.a., wie die Studienteilnehmer zu kontaktieren, anzusprechen und aufzuklären sind. Dazu gehören auch die Durchführung und Dokumentation der Kontaktaufnahme, um z.B. Teilnahmequoten ermitteln zu können. Eine solche Steuerung sollte am besten elektronisch erfolgen, um so dem Feldpersonal ein leicht zu handhabendes Werkzeug an die Hand zu geben, mit dem der Verlauf der Kontaktprozeduren sowohl gut kontrolliert als auch qualitätsgesichert werden kann. Wichtig ist, dass in diesem Schritt auch ID-Nummern zur so genannten *Pseudonymisierung* vergeben werden. Das Feldpersonal muss alle Datenschutzprozeduren kennen und dementsprechend handeln. Daher werden die im Studienprotokoll dargelegten Prinzipien im Operationshandbuch für die konkrete Studiensituation in eindeutige Handlungsanweisungen übersetzt.

Das Operationshandbuch gibt zunächst eine Übersicht über alle *Erhebungsmodule*, d.h. die einzusetzenden Fragebögen, medizinischen Untersuchungen, Probennahmen und Messprozeduren sowie eine genaue Beschreibung, in welcher Reihenfolge diese einzusetzen sind. Der Punkt *Organisation der Erhebung* beinhaltet zudem die Festlegung, wie Studienteilnehmer empfangen, durch die Untersuchung geführt und verabschiedet werden, sowie eine Beschreibung der räumlichen Erfordernisse und der notwendigen Ausstattung. So ist z.B. bei einer Studie mit kleinen Kindern die Ausstattung von Warteräumen mit kindgerechten Möbeln und Spielzeug einzuplanen.

Im Anschluss an die allgemeine Übersicht werden alle Erhebungsmodule im Einzelnen dargestellt, wobei zwischen Fragebögen/Interviews, körperlichen Untersuchungen, der Gewinnung von Bioproben und Expositionsmessungen unterschieden werden kann. So werden genaue Instruktionen gegeben, wie die *Fragebögen* einzusetzen bzw. die Interviews durchzuführen sind. Dazu gehören auch klare Angaben zum *Editieren*, d.h. zum Überprüfen der ausgefüllten Fragebögen. Eingehende Fragebögen sollten von dem Feldpersonal unmittelbar auf Vollständigkeit, Lesbarkeit und korrektes Ausfüllen der Fragebogenfelder überprüft und ggf. in zeitnaher Rücksprache mit dem Studienteilnehmer bzw. dem Interviewer geklärt werden. Dies ist eine wichtige Voraussetzung für eine reibungslose Erfassung der erhobenen Daten.

Beispiel: Im Folgenden ist eine exemplarische Gliederung (modifizierte und gekürzte Fassung) eines Operationshandbuchs zur Datenerhebung am Beispiel der IDEFICS-Studie (siehe Abschnitt 1.2) aufgeführt. Die Darstellung beinhaltet alle wesentlichen Elemente, die für das Erhebungsteam für die tägliche praktische Arbeit von Bedeutung sind.

1 Allgemeines
1.1 Hintergrund und Fragestellung
1.2 Beschreibung der Auswahlpopulation/Studienregion
1.3 Ein- und Ausschlusskriterien der Studienteilnehmer
1.4 Stichprobenplan inklusive Vorschrift zur Stichprobenziehung
1.5 Öffentlichkeitsarbeit und Corporate Design

2 Feldzugang
2.1 Kontaktprozeduren und Ansprache von Studienteilnehmern
2.2 Aufklärung und Einwilligungserklärung
2.3 Teilnehmer und Nichtteilnehmer
2.4 Elektronische Steuerung und Dokumentation der Kontaktaufnahme
2.5 Zuweisung von ID-Nummern (Pseudonymisierung)
2.6 Datenschutzprozeduren

3   Ablauf der Datenerhebung
3.1   Erhebungsmodule
3.2   Organisation der Erhebung

4   Interviews und Fragebögen
4.1   Inhalt und Aufbau der Interviews/Fragebögen
4.2   Instruktionen zum Einsatz der Fragebögen/zur Durchführung der Interviews
4.3   Editieren von Fragebögen
4.3.1   Allgemeine Instruktionen
4.3.2   Spezifische Instruktionen
         (a) Elternfragebogen, (b) Ernährungserhebung, (c) Medizinische Vorgeschichte, (d) Fragebögen für Lehrer und Kindergärtner, (e) Settingfragebögen (Schulen und Kindergärten)

5   Körperliche Untersuchungen
5.1   Grundregeln und allgemeine Vorgehensweise
5.1.1   Funktionsprüfung der Messgeräte
5.1.2   Ausfüllen des Dokumentationsbogens
5.1.3   Vorschriften zur Bekleidung der Kinder während der Untersuchung
5.1.4   Hygiene
5.2   Anthropometrische Messungen
         (a) Körpergewicht und bioelektrische Impedanz, (b) Körpergröße, (c) Bauch- und Hüftumfang, (d) Hautfaltendicke, (e) ...
5.3   Blutdruck und Pulsfrequenz
5.4   Bewegungsmesser (Akzelerometer)
5.4.1   Vorbereitung der Geräte
5.4.2   Messprotokoll und Geräteeinsatz
5.4.3   Auslesen der Messwerte
5.4.4   ...

6   Biologische Proben
6.1   Allgemeiner Ablauf von Probengewinnung, -aufbereitung, -lagerung und -transport
6.2   Spezifische Instruktionen
6.2.1   Blutproben
6.2.2   Urinproben
6.2.3   Speichelproben
6.2.4   ...

7   Handhabung der einzusetzenden Geräte
7.1   Tanita BC 420 SMA Waage mit bioelektrischer Impedanzmessung
7.2   SECA 225 Stadiometer
7.3   Holtain Hautfalten Kalliper
7.4   Welch Allyn 4200B-E2 Blutdruckmessgerät
7.5   Akzelerometer ActiGraph & ActiTrainer
7.6   ...

8   Qualitätssicherung
8.1   Schulung des Erhebungspersonals
8.2   Pretest der Fragebogen-Instrumente und Messprozeduren
8.3   Re-Interviews und Wiederholungsmessungen
8.4   Erhebungsmonitoring und Kontrollbesuche
8.5   Externe Qualitätskontrolle

9   Ethik und Datenschutzprozeduren

10   Anhang
10.1   Fragebögen und Dokumentationsbögen
10.2   Muster-Anschreiben

10.3 Informationsmaterial und Einwilligungserklärung
10.4 Wichtige Adressen
10.5 Checkliste zur Einhaltung der Standard Operating Procedures (SOPs)
10.6 Checkliste zur täglichen Funktionsprüfung der Geräte
10.7 Berichtsbogen zur täglichen Inspektion der Ausstattung des Untersuchungszentrums
10.8 Liste aller Geräte und Verbrauchsmaterialien
10.9 Anweisungen für Eltern

Neben den allgemeinen Vorschriften, z.B. zur Einhaltung hygienischer Grundregeln des Feldpersonals, wird für jede *körperliche Untersuchung* eine eigene standardisierte Untersuchungsvorschrift, die **Standard Operating Procedure** *SOP* erstellt, die Bestandteil des Operationshandbuchs ist.

Beispiel: Im Folgenden ist die SOP zur Körpergrößenmessung von Kindern der IDEFICS-Studie dargestellt:

Methode
Aufrecht stehende Messung mittels Stadiometer

Ausrüstung
Mobile Messeinrichtung – ausziehbarer Teleskop-Messstab SECA 225

Vorbereitung
– Die Messung erfolgt nur bei Kindern, die selbstständig frei auf dem Stadiometer stehen können
– Schuhe sind vor der Messung auszuziehen
– Zöpfe oder Haarschmuck, die die Messung beeinträchtigen können, sind zuvor zu lösen bzw. zu entfernen
– Es sollte möglichst ein zweiter Beobachter die korrekte Positionierung des Kindes während der Messung kontrollieren

Messprozedur
– **Positionierung des Kindes auf dem Stadiometers**
Das Kind steht mit leicht auseinander stehenden Füßen, wobei Hinterkopf, Schulterblätter, Po, Waden und Fersen die rückwärtige Wand berühren. Beine, Rücken und Kopf bilden eine gerade Linie und die Füße stehen flach auf dem Boden. Der Kopf des Kindes wird so positioniert, dass der höchste Punkt des äußeren knöchernen Gehörgangs und der tiefstgelegene Punkt des Unterrandes der Augenhöhle eine horizontale Linie bilden (die so genannte Deutsche Horizontale, auch Frankfurter Horizontale), die parallel zur Standplatte verläuft.

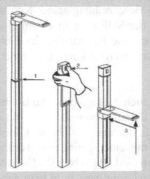

Abb. 5.1: Einstellen des Stadiometers zum Ablesen unterschiedlicher Körpergrößen

–   **Bestimmung der Ablesemarke**
     Der Messschieber wird bis zur ungefähren Größe des Kindes aufwärts geschoben (siehe Abb. 5.1).

     Für Körpergrößen zwischen 130,5 cm bis 230 cm → Ablesemarke (1)
     Für Körpergrößen unter 130,5 cm bis 230 cm → Lösen der Sperre (2) durch Drücken, Herunterschieben
     des Messschiebers, Ablesemarke (3)

–   **Durchführung der Messung**
     Der Messschieber wird zur Messung in die Horizontale geklappt. Der Messschieber wird auf den Kopf
     abgesenkt, ohne ihn zu biegen, wobei die Haare so weit wie möglich zusammengedrückt werden. Der
     Untersucher achtet darauf, dass die Füße flach auf dem Boden bleiben und der Kopf in der Frankfurter
     Horizontalen verbleibt (siehe Abb. 5.2). Die Körpergröße wird nun an der Ablesemarke abgelesen.
     → Die Körpergröße wird durch Rundung mit 0,1 cm Genauigkeit auf dem Untersuchungsbogen notiert.

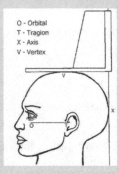

Abb. 5.2:   Durchführung der Körpergrößenmessung (Quelle: Medical Equipment 2011)

Die oben wiedergegebene Vorschrift zur Messung der Körpergröße ist ein Beispiel für eine
konkrete SOP. Selbst eine relativ einfache Messung wie die der Körpergröße ist in ihren
Einzelheiten unmissverständlich zu beschreiben, um einen Höchstgrad an Standardisierung
zu erreichen. Dies gilt auch für die *Erfassung der gewonnenen Messdaten* auf Messblättern,
die ggf. ebenfalls zu editieren sind, sowie für das Auslesen, die Übertragung und die Speicherung elektronischer Daten. Solche Daten fallen z.B. bei der Verwendung von Akzelero-
metern (am Körper getragene Bewegungsmesser) in großem Umfang an. Neben der Erklärung zur Durchführung der Messprozeduren sollte das Operationshandbuch auch für jedes
einzusetzende Gerät eine genaue Beschreibung seiner Konfiguration und Handhabung beinhalten, entweder als Bestandteil der SOP oder in einem eigenen Abschnitt wie in unserem
Beispiel. Es ist zudem anzugeben, wie bei Ausfall des Geräts für eine schnelle Reparatur
oder einen schnellen Ersatz gesorgt werden kann, um somit eine unnötige Verzögerung der
Feldarbeit zu vermeiden.

Sollen in der geplanten Studie auch *biologische Marker* bestimmt werden, so sollte man
grundsätzlich bei ihrer Auswahl darauf achten, dass sie mit möglichst wenig invasiven Methoden gewonnen werden können, denn anders als bei klinischen Untersuchungen ist in populationsbasierten Studien eher mit einer geringeren Teilnahmebereitschaft zu rechnen, je
invasiver die Erhebungsmethoden sind. Besteht z.B. die Möglichkeit, einen Marker im Kapillarblut oder im venösen Blut zu bestimmen, wird man daher dem Kapillarblut den Vorzug
geben, um eine möglichst hohe Teilnahmequote zu erreichen. Darüber hinaus erfordert die

Gewinnung *biologischer Proben* besondere Überlegungen hinsichtlich der gesamten Logistik, da diese so aufbereitet und gelagert werden müssen, dass die entsprechenden Marker später im Labor unbeeinflusst von äußeren Einwirkungen wie der Lagerdauer oder -temperatur ermittelt werden können. Insbesondere bei multizentrischen Studien sollte aus Gründen der Standardisierung und der Qualitätssicherung möglichst mit einem Labor gearbeitet werden, wohin die Proben nach der Aufbereitung transportiert werden müssen. Dabei ist dafür Sorge zu tragen, dass z.B. tiefgefrorene Proben auf dem Transportweg nicht auftauen und dadurch unbrauchbar werden. Entsprechende Regelungen sind im Operationshandbuch für die verschiedenen Typen von Bioproben, z.B. Blut, Urin, Speichel, festzuhalten.

In einem eigenen Abschnitt des Operationshandbuchs werden des Weiteren *Maßnahmen zur Qualitätssicherung* zusammengefasst. Darunter fallen die *Schulungen des Erhebungspersonals*, die möglichst nicht nur am Anfang einer Studie, sondern auch wiederholt im Verlauf der Studie stattfinden sollten. Sämtliche Fragebogen-Instrumente und Messprozeduren sollten einem *Pretest* unterzogen werden, dessen Organisation und Aufbau hier zu beschreiben ist. Re-Interviews und Wiederholungsmessungen, die systematisch in Unterstichproben der Studienpopulation durchgeführt werden, erlauben die Abschätzung der Reliabilität der eingesetzten Verfahren. Bei entsprechendem Design können auf diese Weise auch die Intra- und Inter-Interviewer-Variabilität geschätzt werden. Um Interviewer- und Untersuchereffekte zu minimieren, wird empfohlen, die Feldarbeit zu überwachen *(Monitoring)*. Dazu können Begehungen vor Ort (engl. *Site Visits*) und stichprobenartige Nachbefragungen von Studienteilnehmern durchgeführt werden. Auch die bereits erwähnten Tonaufzeichnungen von Interviews können neben Schulungszwecken auch zur (Selbst-) Kontrolle dienen. Im Operationshandbuch ist darzulegen, wie oft solche Begehungen stattfinden und wie die Kontrolle durchzuführen ist. Sinnvoll ist dafür die Bereitstellung standardisierter Dokumentationsbögen. Bereits in einem frühen Stadium der Studienplanung ist zu überlegen, ob auch eine externe Qualitätskontrolle durch Dritte und, wenn ja, in welchem Umfang durchgeführt werden soll.

Mit Betonung auf die Umsetzung in der praktischen Arbeit im Feld fasst das Operationshandbuch auch die *ethischen Prinzipien* zusammen und erläutert die daraus abgeleiteten praktischen Konsequenzen wie z.B. die Beschränkung der maximal abzunehmenden Blutvolumina bei Kindern. Es enthält auch eine Erläuterung der Datenschutzrichtlinien, auf die das an der Studie beteiligte Personal zu verpflichten ist, und beschreibt im Einzelnen die sich daraus ergebenden konkreten Datenschutzprozeduren.

Ergänzend zu der Beschreibung aller für die Feldarbeit relevanten Aspekte beinhaltet das Operationshandbuch einen ausführlichen Anhang mit allen Frage- und Dokumentationsbögen, Muster-Anschreiben, Informationsmaterial und Einwilligungserklärungen für die Studienteilnehmer, wichtigen Adressen, Checklisten zur internen, täglichen Prüfung der Arbeitsabläufe sowie einer Liste aller Geräte und Verbrauchsmaterialien. Ist es zudem erforderlich, dass die Studienteilnehmer aktiv an der Studie mitarbeiten, beispielsweise, indem sie ihren Urin sammeln oder sich selbst Akzelerometer anlegen müssen, so sind dafür Anweisungen vorzubereiten und dem Anhang des Operationshandbuchs hinzuzufügen.

In den folgenden Abschnitten gehen wir auf einige zentrale Elemente epidemiologischer Feldarbeit genauer ein (vgl. dazu auch Fink 2012).

5.2   Befragungen

In Abschnitt 5.1 wurden bereits kurz einige Typen von Erhebungsinstrumenten aufgeführt und deren Verwendung im Zusammenhang mit dem Operationshandbuch erläutert. Da diese Instrumente so vielseitig sind wie die möglichen Messungen, die man im Rahmen einer epidemiologischen Studie durchführen kann, lassen sich nur schlecht über die bereits erwähnten Aspekte hinaus allgemein gültige Regeln angeben. Befragungsinstrumente kommen jedoch praktisch bei jeder epidemiologischen Primärdatenerhebung zum Einsatz. Sie stellen damit ein elementares Erhebungsinstrument dar, so dass wir im Folgenden einige Grundprinzipien bei der Konstruktion und Anwendung von Befragungsinstrumenten darstellen (eine ausführliche Darstellung findet man auch bei Fink 1995).

5.2.1   Durchführung von Befragungen

Befragungen können postalisch anhand von selbst auszufüllenden Fragebögen, persönlich am Telefon oder von Angesicht zu Angesicht (engl. *Face-to-Face*) erfolgen. *Persönliche Befragungen* haben einerseits den Vorteil, dass im direkten Interview die Antwortbereitschaft wesentlich höher ist, weniger Missverständnisse auftreten und allgemein ein höheres Maß an Akzeptanz erreicht wird. Andererseits haben persönliche Befragungen den Nachteil, dass sie z.B. aufgrund der Schulung von Interviewern und nicht zuletzt durch die höheren (Personal-) Kosten sehr aufwändig sind.

Neben den "klassischen" Befragungstechniken durch Interview bzw. Fragebogen werden häufig *telefonische Befragungen* durchgeführt (vgl. Schach 1992). Da hier eine Mischung von anonymer Befragung und persönlichem Interview ermöglicht wird, eignet sich ein solches Erhebungsverfahren besonders dann, wenn die zu interviewenden Personen anfänglich wenig kooperationsbereit sind oder wenig Zeit haben. Zudem ist eine solche Vorgehensweise komfortabler und weniger kostenintensiv und dadurch besonders für Studien größeren Umfangs geeignet.

Zukünftig ist zu erwarten, dass *neue interaktive Medien* wie das Internet und mobile elektronische Geräte die herkömmlichen Datenerhebungsmethoden ergänzen oder sogar verdrängen werden.

Unabhängig von solchen Aspekten ist eine einfache Struktur der Befragung bzw. allgemein eine geringe Belastung bei den notwendigen Untersuchungen oder Messungen notwendig, um die Teilnahmebereitschaft zu fördern. Komplizierte Fragestellungen oder Fragen, deren Sinn der Befragte nicht einsieht, führen unter Umständen sogar zum Abbruch von Interviews bzw. zu einer Verweigerung beim Ausfüllen von Fragebögen.

5.2.2   Typen von Befragungsinstrumenten und Interviews

Fragebögen können so angelegt sein, dass sie von Studienteilnehmern selbst ausgefüllt werden, oder sie können von einem Interviewer eingesetzt werden, der die Studienteilnehmer persönlich befragt. Während bei selbst auszufüllenden Fragebögen noch immer die Methode "Papier-und-Bleistift" vorherrschend ist, setzen sich abhängig von der Befragungssituation vor allem bei persönlichen Interviews zunehmend computergestützte Instrumente durch, die entweder von Angesicht zu Angesicht (**CAPI** = computer assisted personal interview) oder per Telefon (**CATI** = computer assisted telephone interview) durchgeführt werden können. Interviews, die von Angesicht zu Angesicht ("Face-to-Face") erfolgen, haben gegenüber den anderen Methoden den Vorteil, dass vom Interviewer visuelle Hilfsmittel wie z.B. Abbildungen von Firmenlogos als Erinnerungsstützen eingesetzt werden können oder dass Studienteilnehmer auf Originalbelege (z.B. Verpackungen aktuell benutzter Arzneimittel) zugreifen können.

Computergestützte Instrumente haben gegenüber den traditionellen Papier-Fragebögen eine Reihe von Vorteilen. Zum einen erlauben sie eine unmittelbare Plausibilitätsprüfung der Angaben, so dass inkonsistente oder widersprüchliche Eingaben sofort geklärt werden können. Sie erlauben durch entsprechende Programmierung auch komplexe Verschachtelungen von Fragen mit entsprechenden Sprunganweisungen ("Wenn (a) dann weiter mit Frage 3, wenn (b) dann weiter mit Frage 4, sonst weiter mit Frage 2"), die bei Papier-und-Bleistift-Interviews relativ fehleranfällig sind. Darüber hinaus bieten diese Instrumente besonders gute Möglichkeiten, das Erinnerungsvermögen der Befragten durch visuelle Darstellungen zu unterstützen. Das folgende Beispiel mag dies verdeutlichen.

Beispiel: Die Erhebung des Ernährungsverhaltens von Personen gilt allgemein als schwierig, da die Details einzelner Mahlzeiten (was und wie viel) schlecht erinnert werden. Ein 24-Stunden-Ernährungsprotokoll ist ein Kompromiss zwischen einem sehr aufwändigen Wiegeprotokoll, bei dem alle verzehrten Lebensmittel gewogen werden müssen, und einem klassischen Fragebogen, bei dem die Person nach der durchschnittlichen Häufigkeit der verzehrten Lebensmittel z.B. im letzten Jahr befragt wird. Bei einem computergestützten Erinnerungsprotokoll helfen die interaktiven Portionsgrößen dem Studienteilnehmer, sich an die verzehrten Mengen besser zu erinnern.

In Abb. 5.3 ist eine Serie von Bildern dargestellt, die zur Befragung der Portionsgröße im Rahmen der IDEFICS-Studie verwendet wird. Hiermit kann die verzehrte Menge in vorgegebenen Schritten angepasst und so die verzehrte Portionsgröße standardisiert erfasst werden.

Abb. 5.3: Interaktive Portionsgrößen eines computergestützten 24-Stunden-Ernährungsprotokolls

Computergestützte Instrumente haben allerdings den einen Nachteil, dass Eingabefehler, die nicht durch Plausibilitätsprüfungen entdeckt werden können, wie z.B. Zahlendreher (Altersangabe = 42, eingetippte Zahl = 24) – anders als bei einem Papier-und-Bleistift-Interview, bei dem eine Prüfeingabe möglich ist – nicht entdeckt werden können. Aus diesem Grund empfiehlt sich bei CAPI/CATI die Zweifacheingabe von Kerndaten wie z.B. der ID-Nr. des Studienteilnehmers, um die sichere Verknüpfung von Befragungs- und Messdaten eines Studienteilnehmers zu gewährleisten.

5.2.3   Auswahl und Konstruktion von Befragungsinstrumenten

Wenn das Untersuchungsprogramm für eine konkrete Studienfragestellung zusammengestellt wird, sollte zunächst eine sorgfältige Recherche zu bereits in vergleichbaren Studien eingesetzten Instrumenten erfolgen. Grundsätzlich ist zu empfehlen, dass bereits etablierte und möglichst auch validierte Instrumente zum Einsatz kommen. Neben der Gewährleistung der Praktikabilität ermöglicht dies den unmittelbaren Vergleich der erhobenen Daten mit anderen Studien und kann dadurch die Glaubwürdigkeit der eigenen Ergebnisse stärken. Für zahlreiche Themenbereiche, wie etwa die Ermittlung des Rauchverhaltens oder die Erfassung soziodemographischer Merkmale, bestehen umfangreiche Erfahrungen, die in einschlägigen Publikationen zusammengefasst sind (vgl. z.B. Ahrens et al. 1998, Latza et al. 2005) und auf denen aufgebaut werden kann. In der Regel wird es bei neuen Fragestellungen aber erforderlich sein, spezifische Instrumente zu entwickeln. Dabei gilt es einige Grundprinzipien zu beachten.

Grundsätzlich sollte davon ausgegangen werden, dass jede Frage in einem Fragebogen in einem Kontext steht, der einen Einfluss auf das Antwortverhalten eines Studienteilnehmers haben kann. Dieser Kontext lässt sich charakterisieren durch

–   das Thema der Studie,

–   den Interviewer,

–   den Befragten,

–   die Art, wie Fragen gestellt werden,

–   den Fragegegenstand.

Um zu vermeiden, dass individuelle oder situationsbezogene Faktoren den subjektiv wahrgenommenen Kontext von Studienteilnehmer zu Studienteilnehmer verändern und damit das Antwortverhalten unkontrolliert beeinflussen, muss die Befragungssituation weitestgehend standardisiert werden. Zu diesem Zweck müssen die Studienziele und -themen klar definiert sein. Sie sollten mit allgemeinverständlichen Begriffen der Studienpopulation erläutert werden.

Interviewer müssen eine Frage daher stets auf die gleiche Weise und mit der gleichen Intonation stellen. Daher sind Fragen umgangssprachlich auszuformulieren, so dass ein Interviewer sie wortwörtlich stellen kann. Bei Fragen, die häufig ein Nachfragen durch den Interviewer erfordern, sollten auch diese Nachfragen vorformuliert sein. Interviewertrainings stellen sicher, dass die Interviewer in neutralen Befragungstechniken geschult sind. Sie müssen den Zweck jeder Frage verstehen, um in der Befragungssituation beurteilen zu können, ob eine Frage sachgerecht beantwortet wurde oder ob eine Nachfrage erforderlich ist. Suggestivfragen sind zu vermeiden und das Antwortformat einer Frage muss klar vorgegeben sein (siehe unten). Dabei muss der soziokulturelle Hintergrund der zu befragenden Studienpopulation berücksichtigt werden, um in angemessener Weise mit sensiblen Themen oder gar Tabus umzugehen.

Für die Aufrechterhaltung der Motivation der Studienteilnehmer ist es wichtig, dass sie in den Fragen einen Bezug zu dem Studienziel erkennen können. Ggf. kann dies durch einen kurzen Einführungstext zu jedem Abschnitt eines Fragebogens und/oder zu besonders sensiblen Fragen erreicht werden, der vom Interviewer vorgelesen wird. Fragen sollten möglichst konkret formuliert sein, nicht nur um ihre Beantwortung zu erleichtern, sondern auch, um besser auswertbare Antwortvariablen zu erhalten.

Beispiel: Eine weniger konkrete bzw. eine konkrete Frageformulierung im Kontext des Gesundheitszustandes sind z.B. "Wie beurteilen Sie Ihren Gesundheitszustand?" bzw. "Wie häufig haben Sie in den letzten drei Monaten wegen Krankheit den Arzt besucht?"

Hier zeigt sich, dass die Antwort auf die erste Frage kaum zu einer standardisierten Erhebung führt (so genannte offene Frage), während die zweite Frage mit einer konkreten (auswertbaren) Zahl beantwortet werden kann.

Es empfiehlt sich, wie in dem obigen Beispiel, einen zeitlichen Bezug in den Fragen herzustellen. Der jeweilige Zeithorizont muss dabei dem Kontext angepasst sein. Bedeutende Lebensereignisse wie Geburten, Arbeitsplatzwechsel oder Krankenhausaufenthalte wird man daher auf Jahre beziehen. Für weniger entscheidende Ereignisse wie Arztbesuche oder Reisen bieten sich Monate an, während man Lebensstilfaktoren wie Rauchen, Sport oder Schlafen wochen- oder tageweise erfassen wird.

Fragen sollten so formuliert sein, dass sie für die Studienteilnehmer leicht und unmissverständlich zu verstehen sind. Dazu empfiehlt es sich, Personen aus der Zielgruppe und Experten zu der jeweiligen Thematik in die Entwicklung der Fragen einzubeziehen und die Verständlichkeit mit Angehörigen der Zielpopulation zu erproben. Es muss auch verhindert werden, dass ein Interviewer eigene Formulierungen verwendet und die Frage Interpretationsspielraum lässt.

Beispiel: Ein wesentlicher Aspekt bei der Befragung ist die Ausformulierung von Fragen. Will man etwa den konkreten Wohnort eines Untersuchungsteilnehmers erfassen, so ist die kurze Formulierung "Wohnort?" nicht sinnvoll. Hier wären verschiedene Antworten möglich, z.B. "Deutschland", "Niedersachsen", "Region Hannover", "Großburgwedel", "Hauptstraße", so dass keine über das Kollektiv der Befragten einheitliche Struktur von Antworten entstehen würde.

Sinnvoll wäre daher etwa die Formulierung "Bitte nennen Sie den Namen der Stadt bzw. der Gemeinde, in der Sie gegenwärtig wohnen". Hier ist für den Interviewer und den Befragten eindeutig bestimmt, was erfragt werden soll.

Bei der Formulierung sollte immer berücksichtigt werden, dass die Befragten in der Lage sein müssen, den Sinn einer Frage nur nach Gehör aufzufassen. Daher sollten nach Möglichkeit eine einfache Sprache und kurze Sätze, möglichst also umgangssprachliche Formulierungen, verwendet werden. Fremdworte, Abkürzungen, Modeworte und Slangausdrücke sollten dabei vermieden werden. In speziellen Fällen kann es sinnvoll sein, technische Fachausdrücke zu verwenden, z.B. dann, wenn Angehörige einer bestimmten Berufsgruppe zu spezifischen Arbeitsprozessen befragt werden müssen. Man sollte Begriffe, die emotional stark aufgeladen sind wie z.B. "kriminell", "sexuelle Perversion", "Rassismus", "Penner" und dergleichen, vermeiden, wenn sie emotionale Reaktionen auslösen könnten, die wenig mit dem Gegenstand der Frage zu tun haben. Wenn der Untersucher mit dem kulturellen

Hintergrund der Befragten wenig vertraut ist, können solche Reaktionen sogar unbeabsichtigt ausgelöst werden.

Suggestivfragen und doppelte Verneinungen in der Frage sind in jedem Fall zu vermeiden. Das Gleiche gilt für indirekt formulierte Fragen, da diese eine zusätzliche Anforderung an das logische Denken darstellen. Bei Befragten wirken sie in der Interviewsituation schnell verwirrend und lösen dann Falschantworten aus. Doppelfragen führen ebenfalls zu Verwirrung und unbrauchbaren Antworten.

Beispiel: Im Rahmen der Befragung des Ernährungsverhaltens sind etwa die nachfolgenden Frageformulierungen unbedingt zu vermeiden:

–   *Suggestivfrage:* "Sind Sie nicht auch der Meinung, dass der Verkauf gezuckerter Getränke in Schulen verboten werden sollte?"

–   *Indirekte Formulierung:* "Sollen gezuckerte Getränke nicht in Schulen verkauft werden?"

–   *Doppelfrage:* "Können gezuckerte Getränke zu Übergewicht oder Diabetes führen?"

Im ersten Fall wird das Antwortverhalten in Richtung einer Zustimmung durch den Befragten gedrängt. Im zweiten Fall wird ein leicht abgelenkter Befragter u.U. mit "Nein" antworten, obwohl er gegen den Verkauf gesüßter Getränke in Schulen eingestellt ist, da er die Frage unbewusst in eine positive Formulierung umwandelt: "Sollen gezuckerte Getränke ~~nicht~~ in Schulen verkauft werden?" Die typische Antwort auf die dritte Frage ist "Ja". Auch ein "Nein" wäre wenig informativ. Hier wären also besser zwei getrennte Fragen zu stellen.

Vor dem Hintergrund der statistischen Auswertung der erhaltenen Information unterscheidet man zwei Haupttypen von Fragen, und zwar offene und geschlossene. Bei **offenen Fragen** wird die Antwort frei formuliert und in ein Klartextfeld eingetragen, bei **geschlossenen Fragen** sind die Antwortmöglichkeiten durch Kategorien oder Zahlenfelder vorgegeben.

Die Auswertung von Klartextangaben ist aufwändig, da alle Antworten nachträglich klassifiziert werden müssen. Insbesondere bei selbst auszufüllenden Fragebögen besteht ohne Unterstützung durch einen Interviewer die Gefahr, dass die Frageintention nicht erfasst wird und "die Antwort nicht zur Frage passt". Offene Fragen bieten sich vor allem bei qualitativen Fragestellungen an, bei denen die eigenen Worte und wörtliche Zitate der Befragten bedeutsam sind. Sie ermöglichen die Berücksichtigung unerwarteter Antworten und Beschreibungen aus anderer Perspektive als der des Untersuchers. Offene Fragen können auch dazu dienen, im Rahmen von Vorstudien sinnvolle Antwortkategorien zu ermitteln, die dann zur Erstellung geschlossener Fragen genutzt werden. Offene Fragen sind unvermeidlich, wenn die Antworten sich nicht kategorisieren lassen. So müsste man zur Erfassung der Berufstätigkeit mehrere hundert Berufstitel auflisten oder – mit entsprechendem Informationsverlust – die Berufe in wenige Berufsgruppen einteilen.

Beispiel: Im Rahmen der Befragung zum Alkoholkonsum kann etwa die offene Frage "Wie häufig pro Woche trinken Sie Alkohol?" formuliert werden. Hier ist dann eine Vielzahl von möglichen Antworten denkbar, z.B.

"Ich trinke keinen Alkohol"
"Einmal pro Woche"
"Täglich"

"Nur am Wochenende"
"Nur bei besonderen Anlässen"
"Das kommt darauf an"
"Das ist sehr unterschiedlich"
...

Um diese Antworten auszuwerten, ist eine Interpretation und nachträgliche Gruppierung oder Codierung erforderlich. Dabei sind konkrete Zahlenangaben möglich, jedoch lassen sich z.B. die letzten drei Antworten im Sinne der Frage nur schwer in einen numerischen Wert transformieren. Damit ist die statistische Auswertung dieser Frage nicht eindeutig, was als Hauptnachteil der offenen Frage angesehen werden muss. Demgegenüber sind geschlossene Fragen unmittelbar einer statistischen Auswertung zugänglich.

Wie häufig pro Woche trinken Sie Alkohol? (Bitte kreuzen Sie die zutreffende Antwort an)

$\circ_1$ Mehr als einmal pro Tag
$\circ_2$ Einmal pro Tag
$\circ_3$ An 4 bis 6 Tagen pro Woche
$\circ_4$ An 1 bis 3 Tagen pro Woche
$\circ_5$ Weniger als einmal pro Woche
$\circ_6$ Nie

Bei geschlossenen Fragen ist darauf zu achten, dass sich die Antwortkategorien nicht überlappen. Sind Mehrfachantworten möglich, so muss dies in der Antwortvorschrift klar angeben sein.

Geschlossene Fragen sind in hohem Maße standardisiert und erlauben damit einen Vergleich von Angaben, die zu verschiedenen Zeitpunkten oder in verschiedenen Studien erhoben wurden. Sie erleichtern in der Regel die Beantwortung für den Befragten und eignen sich besonders gut für quantitative Fragestellungen, denn die Datenaufbereitung und statistische Analyse erfordern keine zusätzlichen Zwischenschritte wie Kategorisierung und Codierung.

Die Antwortkategorien von geschlossenen Fragen lassen sich direkt dem *Skalenniveau* der aus diesen Fragen abzuleitenden Auswertungsvariablen zuordnen. Hierbei unterscheidet man nominale, semi-quantitative (ordinale) und metrische Skalen (siehe Anhang S.2).

Bei *Nominalskalen* sollten sich die Antwortkategorien zu einer Frage nicht überschneiden. Es muss aus dem Antwortformat klar erkennbar sein, ob Mehrfachantworten zugelassen sind. Bei der Möglichkeit von Mehrfachantworten muss der Frage eine entsprechende Anweisung hinzugefügt werden.

Bei der Entwicklung von *Ordinalskalen* empfiehlt es sich, die Abstufung der Kategorien und den überdeckten Wertebereich im Rahmen von Pretest- oder Machbarkeitsstudien zu erproben, um durch den Vergleich verschiedener Skalen diejenige mit der optimalen Spreizung auswählen zu können. Bei Ordinalskalen sollten die beiden Endpunkte jeweils gegenteilige Extreme bezeichnen. Bei diesen semi-quantitativen Skalen (z.B. Häufigkeit: immer, oft, gelegentlich, selten, nie) hat sich die Bildung von fünf bis sieben Kategorien bewährt. Allerdings sollte eine neutrale mittlere Kategorie nur dann verwendet werden, wenn sie auch wirklich existiert und damit notwendig wird (z.B. Vergleich: deutlich mehr als andere, etwas mehr als andere, ungefähr gleich wie andere, etwas weniger als andere, deutlich weniger als andere). Vor allem bei Fragen zu sozial unerwünschten Verhaltensweisen oder Einstellungen empfiehlt es sich, das negative Ende der Skala an den Beginn zu stellen.

Die Verwendung von *metrischen Skalen* erscheint zunächst einfach, da ein expliziter Zahlenwert abgefragt wird. Da die Erinnerung des Befragten allerdings grundsätzlich Einschränkungen unterworfen und mit Ungenauigkeiten behaftet ist, hat es sich daher auch hier eingebürgert, anstelle des expliziten Werts ein Intervall (von … bis unter …) abzufragen. Die Definition der exakten Intervallgrenzen bei diesen *kategorisierten metrischen Daten* muss dann wie bei den ordinalen Skalen vorher getestet und abgewogen werden. Die Auswahl des Skalenformats hat dabei generell einen Einfluss auf den Schwierigkeitsgrad einer Frage. Fragen mit Antwortkategorien sind in der Regel leichter – und damit auch schneller – zu beantworten. Im Vergleich zu numerischen Variablen haben sie jedoch Nachteile bei der statistischen Analyse, da z.B. die Berechnung von epidemiologischen Maßzahlen oder die Einbeziehung in Regressionsmodelle schwieriger und mit der Kategorisierung immer ein Informationsverlust verbunden ist. Diese Vor- und Nachteile sollten in der Planungsphase einer Studie gegeneinander abgewogen werden.

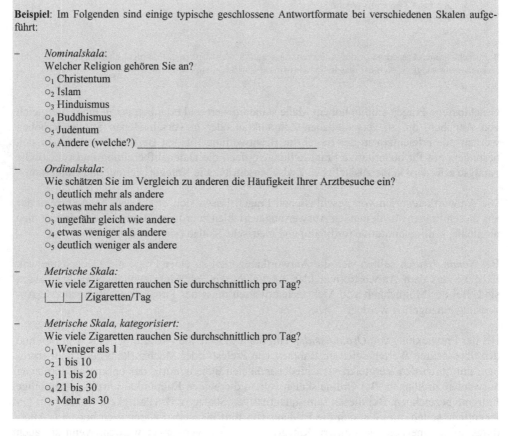

Beispiel: Im Folgenden sind einige typische geschlossene Antwortformate bei verschiedenen Skalen aufgeführt:

– *Nominalskala*:
Welcher Religion gehören Sie an?
$\circ_1$ Christentum
$\circ_2$ Islam
$\circ_3$ Hinduismus
$\circ_4$ Buddhismus
$\circ_5$ Judentum
$\circ_6$ Andere (welche?) _____

– *Ordinalskala*:
Wie schätzen Sie im Vergleich zu anderen die Häufigkeit Ihrer Arztbesuche ein?
$\circ_1$ deutlich mehr als andere
$\circ_2$ etwas mehr als andere
$\circ_3$ ungefähr gleich wie andere
$\circ_4$ etwas weniger als andere
$\circ_5$ deutlich weniger als andere

– *Metrische Skala:*
Wie viele Zigaretten rauchen Sie durchschnittlich pro Tag?
|___|___| Zigaretten/Tag

– *Metrische Skala, kategorisiert:*
Wie viele Zigaretten rauchen Sie durchschnittlich pro Tag?
$\circ_1$ Weniger als 1
$\circ_2$ 1 bis 10
$\circ_3$ 11 bis 20
$\circ_4$ 21 bis 30
$\circ_5$ Mehr als 30

Das Layout eines Fragebogens bzw. eines computerbasierten Instruments sollte auch ästhetische Aspekte berücksichtigen, denn die Gestaltung hat einen Einfluss auf die Verständlichkeit und die Konzentrationsfähigkeit von Interviewern, Befragten und Dateneingebern. Ein ansprechend gestalteter Fragebogen wirkt sich sogar positiv auf Motivation und Teilnahme von Befragten aus (Edwards et al. 2002). Zudem ist anzunehmen, dass sich ein übersichtlich gestalteter Fragebogen günstig auf die Fehlerquote auswirkt. Dabei muss klar erkennbar sein, wo Kreuze bzw. Eintragungen vorzunehmen sind und wie Antworten zu markieren sind. Bei selbst auszufüllenden Fragebögen empfiehlt es sich daher, neben einer leicht verständlichen Anweisung mit Beispielen zum Ausfüllen, z.B. nur die Bereiche, in die vom Befragten etwas einzutragen ist, hell hervorzuheben und die übrigen Flächen einzufärben.

Beispiel: Gestaltung von Antwortkategorien einer Frage

– *Unübersichtliches Antwortformat:*
Wie viele Zigaretten rauchen Sie durchschnittlich pro Tag?
(1) keine (2) 1–10 (3) 11–20 (4) mehr als 20

– *Übersichtliches Antwortformat:*
Wie viele Zigaretten rauchen Sie durchschnittlich pro Tag? (Bitte kreuzen Sie die zutreffende Antwort an)

keine	1–10	11–20	mehr als 20
○	○	○	○

Die Anordnung von Fragen und Antwortkategorien sollte übersichtlich und mit ausreichenden Zwischenräumen versehen werden. Klartextfelder müssen so groß sein, dass ausreichend Platz für vollständige und gut lesbare Antworten zur Verfügung steht. Komplizierte *Sprunganweisungen* ("wenn [a] zutreffend, dann weiter mit Frage x; wenn [b] zutreffend, weiter mit Frage y; falls weder [a] noch [b] zutreffend, weiter mit Frage z"), wie sie ohne Weiteres bei computerbasierten Instrumenten möglich sind, sollten bei selbst auszufüllenden Fragebögen vermieden werden. Falls eine Sprunganweisung nicht vermeidbar ist, sollte sie einfach sein und graphisch, z.B. durch Layout und Pfeile, unterstützt werden.

Beispiel: In Abb. 5.4 wird ein Beispiel für einen selbst auszufüllenden Kurzfragebogen gegeben, der gemäß den genannten Kriterien gestaltet wurde. Der Fragebogen wurde in der Bremer Fall-Kontroll-Studie zu beruflichen Ursachen von Lungenkrebs, die von 1988 bis 1991 durchgeführt wurde, eingesetzt (vgl. Jöckel et al. 1995).

Abb. 5.4: Kurzfragebogen zur Studie "Arbeit, Umwelt und Gesundheit" (vgl. Jöckel et al. 1995)

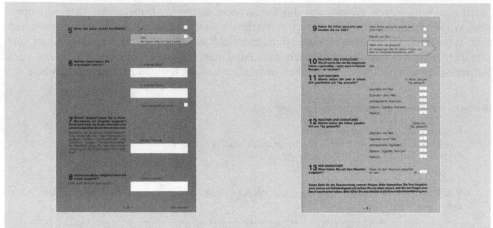

Abb. 5.4 (Fortsetzung): Kurzfragebogen zur Studie "Arbeit, Umwelt und Gesundheit" (vgl. Jöckel et al. 1995)

5.3　Rekrutierung von Studienteilnehmern

5.3.1　Kontaktaufnahme

Epidemiologische Studien sollten sich von Vorgehensweisen, wie sie bei Befragungen zu kommerziellen Zwecken häufig üblich sind, unterscheiden, um ihrem Anspruch, ein seriöses Anliegen zu haben, das dem Allgemeininteresse dient, gerecht zu werden. Daher sind z.B. unangekündigte Kontaktversuche am Telefon oder an der Haustür zu vermeiden. Vielmehr sollten für die Studie ausgewählte Personen zunächst *schriftlich über den Inhalt der Studie informiert* und um ihre Teilnahme gebeten werden.

Bei Studien, die sich auf eine schriftliche Befragung beschränken, erübrigt sich ein weiterer persönlicher Kontakt. Typischerweise wird man bei solchen Befragungen nur einen geringen Rücklauf erreichen, der bei selbst auszufüllenden Fragebögen in der Regel unter 40%, häufig sogar unter 20% liegt. Generell wird aber eine möglichst hohe *Teilnahmequote (Response)* angestrebt, um mögliche Selektionseffekte zu minimieren (siehe Abschnitt 4.4.1).

Es hat sich in vielen Studien gezeigt, dass eine *telefonische Kontaktaufnahme* im Anschluss an ein erstes Anschreiben mit den Studieninformationen die Teilnahmebereitschaft an einer Studie deutlich erhöhen kann. Es ist daher zu empfehlen, zusätzlich zu den üblichen Kontaktdaten immer auch die Telefonnummer eines potenziellen Studienteilnehmers zu recherchieren. Bei regional abgegrenzten Studien kann eine *gute Öffentlichkeitsarbeit* und Medienpräsenz in Fernsehen, Radio und Lokalpresse die Sichtbarkeit und Akzeptanz einer Studie fördern. Andere Maßnahmen, die in einigen Studien den Response erhöht haben, sind *monetäre* oder andere *nicht monetäre Anreize* (engl. *Incentives*), *Erinnerungsschreiben*, eine attraktive (z.B. farbige) *Gestaltung des Informationsmaterials*, *kurze Befragungen*, *interessante Forschungsfragestellungen*, auf die Person *individuell zugeschnittene Befragungen*, *vorfrankierte Rückumschläge* oder die Verwendung von *handschriftlich adressierten* und mit Briefmarken versehenen Briefumschlägen. Auch scheinen telefonische Befragungen gegenüber postalischen Befragungen oder persönlichen Befragungen (Face-to-Face) eine höhere Teilnahmequote zu erreichen. Weitere Maßnahmen zur Responsesteigerung können die Verwendung von *Briefen mit postalischer Eingangsbestätigung*, die *Teilnahme* von Studienteilnehmern *an einer Lotterie* oder andere *nicht monetäre Anreize* wie Bücher oder Gutscheine sein. Sofern die Studienteilnahme mit der Anfahrt zum Studienzentrum verbunden ist, sollte den Teilnehmern hierfür eine *Aufwandsentschädigung* gewährt werden. Darüber hinausgehende monetäre Anreize sollten nicht zu hoch sein, da die Teilnahmebereitschaft dann wieder sinken kann. So führte in US-amerikanischen Studien die Zusendung einer Dollarnote mit dem ersten Anschreiben zu einer höheren Rücksendequote von Fragebögen als die Auszahlung unter der Bedingung einer Studienteilnahme (vgl. Edwards et al. 2002).

Generell müssen die Maßnahmen zur Responsesteigerung auf die Gegebenheiten einer Studie und vor allem auch auf die Bedürfnisse und den soziokulturellen Hintergrund der Studienteilnehmer zugeschnitten werden. Dabei ist es nicht nur wichtig, gut zu erklären, worin das Interesse der Allgemeinheit an einer Studie liegt, sondern auch eine überzeugende Antwort auf die Frage vieler potenzieller Studienteilnehmer: "Was habe ich davon, dass ich teilnehme?" zu geben. Diesem Interesse an einem Selbstnutzen kann z.B. die Information von Studienteilnehmern über individuelle Messergebnisse dienen, vor allem wenn diese nicht ohne Weiteres in der ärztlichen Routine zu bekommen sind und sie mit einer nützlichen Zusatzinformation verbunden sind. Dies könnte zum Beispiel eine individualisierte Ernährungsempfehlung sein, die auf Basis detaillierter Angaben zum Ernährungsverhalten eines Studienteilnehmers gegeben wird.

Erfahrungsgemäß ist die Teilnahmequote bei Personen, für die keine Telefonnummer in Erfahrung gebracht werden kann oder die nie telefonisch erreicht werden, deutlich niedriger als bei Personen, denen die Studie im persönlichen Gespräch am Telefon erläutert wurde. Daher sollte der telefonischen Kontaktaufnahme besondere Aufmerksamkeit gewidmet werden. Das hierfür eingesetzte Studienpersonal muss die Gründe, die für eine Studienteilnahme sprechen, gut erklären können und auf kritische Fragen, z.B. zum Datenschutz oder zum Selbstnutzen, kompetent antworten können. Dies und allgemeine Kommunikationstechniken sollten Gegenstand entsprechender Schulungen sein. Darüber hinaus ist es wichtig, dass Kontaktversuche auch in den frühen Abendstunden und am Wochenende unternommen werden, um z.B. auch berufstätige Personen erreichen zu können. Eine Übersicht über die Effektivität verschiedener Maßnahmen zur Steigerung der Responsequote bei postalischen oder elektronischen Befragungen gibt ein Cochrane-Review (Edwards et al. 2009).

Ein Konzept zur Kontaktaufnahme, das sich in ähnlicher Weise in verschiedenen Studien bewährt hat, ist im folgenden Beispiel dargestellt.

Beispiel: In Tab. 5.1 ist exemplarisch das abgestufte Vorgehen bei der Ansprache von Bevölkerungskontrollen im Rahmen einer Fall-Kontroll-Studie wiedergegeben. Insgesamt werden in diesem Beispiel die potenziellen Studienteilnehmer dreimal angeschrieben: Das 1. Anschreiben enthält einen Brief mit der Bitte um Studienteilnahme, eine Kurzinformation zur Studie, einen Kurzfragebogen zum Selbstausfüllen, einen Freiumschlag und einen kleinen monetären Anreiz (z.B. € 5,–). Bei Personen ohne bekannte Telefonnummer wird zusätzlich eine Rückantwortkarte zur Terminvereinbarung beigefügt. Die 1. Erinnerung besteht nur aus einem Brief, dem bei Personen ohne Telefon erneut eine Rückantwortkarte und ein Freiumschlag beigefügt werden. Die 2. (letzte) Erinnerung besteht bei allen potenziellen Studienteilnehmern aus einem Brief, einem Kurzfragebogen, einer Rückantwortkarte und einem Freiumschlag. In dem Brief wird die Option eines Hausbesuchs angekündigt, der nur im Falle einer Nichtantwort durchgeführt wird.

Tab. 5.1:   Zeitliche Abfolge und Art der Kontaktversuche bei Studienteilnehmern mit und ohne Telefon

Tag	Mit Telefon	Ohne bekannte Telefon-Nr.
1	**1. Anschreiben**	**1. Anschreiben**
2		
3	**Telefonischer Kontakt**	**Postalische Rückantwort**
4–13	Mindestens 10 Anrufversuche zu unterschiedlichen Tageszeiten; wenn kein Telefonkontakt:	Wenn keine Rückantwort
14–21	**1. Schriftliche Erinnerung**	**1. Schriftliche Erinnerung**
15–27	10 Anrufversuche, davon 1 am Wochenende und 3 nach 17:00 Uhr; wenn kein Telefonkontakt:	Wenn keine Rückantwort
28	**2. Schriftliche Erinnerung**	**2. Schriftliche Erinnerung**
29–41	10 Anrufversuche, davon 1 am Wochenende und 3 nach 17:00 Uhr; wenn kein Telefonkontakt:	Wenn keine Rückantwort
Ab 42	**Hausbesuch** durch InterviewerIn	**Hausbesuch** durch InterviewerIn

Der Aufwand, der zur Erinnerung von Nichtteilnehmern und schwer erreichbaren Studienteilnehmern getrieben wird, sollte in einem vertretbaren Aufwand zum Nutzen, also der dadurch erreichbaren Responsesteigerung, stehen. Mit steigender Anzahl an Erinnerungsschreiben und telefonischen Kontaktversuchen sinkt erfahrungsgemäß der relative Zuwachs an Teilnehmern, so dass z.B. ein zweites Erinnerungsschreiben oder gar ein Hausbesuch in einigen Fällen ohne großen Responseverlust unterbleiben können. Bei prospektiven Studien, die eine oder mehrere Follow-Up-Erhebungen vorsehen, ist zu beachten, dass gerade die Studienteilnehmer, deren Teilnahme an der Basisuntersuchung nur mit großem Aufwand erreicht werden konnte, im Vergleich zu leicht zu gewinnenden Teilnehmern mit höherer Wahrscheinlichkeit nicht mehr am Follow-up teilnehmen.

Alle Schritte der Kontaktaufnahme sowie das jeweilige Ergebnis sollten genau dokumentiert werden, um den Erhebungsverlauf zu verfolgen und Indikatoren für den Grad der Zielerreichung (z.B. Teilnahmequote), für die Einhaltung der SOPs und für die Datenqualität zu gewinnen (siehe Abschnitt 4.4.1 bzw. 5.3.3).

5.3.2   Organisation der Datenerhebung

Die Verminderung von Ausfällen bzw. die Erhöhung der Teilnahmequote wie auch die Einhaltung der SOPs wird vor allem durch eine gut organisierte Feldarbeit erreicht. Hierzu müssen die Aufgaben des Erhebungspersonals wie auch die Schnittstellen zwischen den beteiligten Organisationseinheiten klar definiert sein. Die Logistik der Feldarbeit einer Studie kann extrem komplex sein, vor allem wenn in bevölkerungsbasierten Studien körperliche Untersuchungen organisiert oder wenn biologische Materialien wie z.B. venöses Blut gewonnen, verarbeitet und versandt werden müssen.

Beispiel: In Abb. 5.5 wird die Aufgabenverteilung zur Durchführung von persönlichen Interviews eines lokalen Studienzentrums im Rahmen einer multizentrischen Fall-Kontroll-Studie in einer Klinik illustriert.

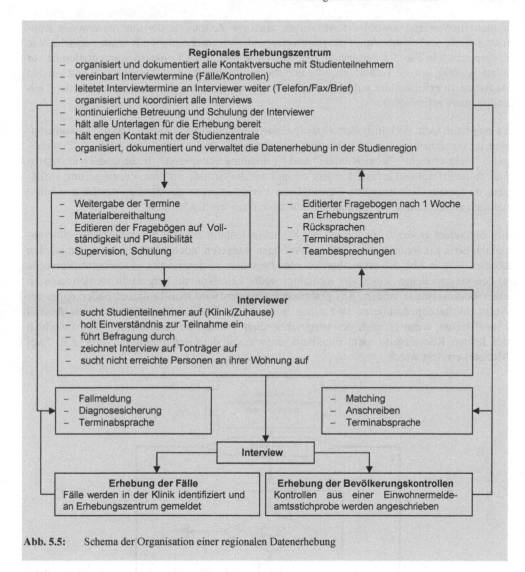

Regionales Erhebungszentrum
- organisiert und dokumentiert alle Kontaktversuche mit Studienteilnehmern
- vereinbart Interviewtermine (Fälle/Kontrollen)
- leitet Interviewtermine an Interviewer weiter (Telefon/Fax/Brief)
- organisiert und koordiniert alle Interviews
- kontinuierliche Betreuung und Schulung der Interviewer
- hält alle Unterlagen für die Erhebung bereit
- hält engen Kontakt mit der Studienzentrale
- organisiert, dokumentiert und verwaltet die Datenerhebung in der Studienregion

- Weitergabe der Termine
- Materialbereithaltung
- Editieren der Fragebögen auf Voll-
  ständigkeit und Plausibilität
- Supervision, Schulung

- Editierter Fragebogen nach 1 Woche
  an Erhebungszentrum
- Rücksprachen
- Terminabsprachen
- Teambesprechungen

Interviewer
- sucht Studienteilnehmer auf (Klinik/Zuhause)
- holt Einverständnis zur Teilnahme ein
- führt Befragung durch
- zeichnet Interview auf Tonträger auf
- sucht nicht erreichte Personen an ihrer Wohnung auf

- Fallmeldung
- Diagnosesicherung
- Terminabsprache

- Matching
- Anschreiben
- Terminabsprache

Interview

Erhebung der Fälle
Fälle werden in der Klinik identifiziert und
an Erhebungszentrum gemeldet

Erhebung der Bevölkerungskontrollen
Kontrollen aus einer Einwohnermelde-
amtsstichprobe werden angeschrieben

Abb. 5.5:   Schema der Organisation einer regionalen Datenerhebung

5.3.3   Kontaktprotokoll

Um sicherzustellen, dass alle in der entsprechenden SOP des Operationshandbuchs festgelegten Schritte zur Kontaktaufnahme mit potenziellen Studienteilnehmern eingehalten wurden und um die Gründe für eine Nichtteilnahme an der Studie zu dokumentieren, empfiehlt
es sich, alle Schritte der Kontaktaufnahme mit ihrem Ergebnis zu dokumentieren. Eine gut
organisierte **Kontaktdokumentation** dient auch als Arbeitsinstrument für das Erhebungspersonal, das für die Kontaktaufnahme und Terminvereinbarung mit Studienteilnehmern
verantwortlich ist. Alle Schritte der Kontaktaufnahme, die vereinfacht in Abb. 5.6 dargestellt
sind, sollten mit Datum und Ergebnis der Kontaktaufnahme erfasst werden. Eine Kontaktdo-

kumentation erfasst sowohl die Anzahl als auch die Zeitpunkte der unternommenen Kontaktversuche und erlaubt damit die Kontrolle, ob die vorgeschriebenen Kontaktversuche, wie exemplarisch in Tab. 5.1 dargestellt, eingehalten wurden. Eine Kontaktdokumentation ist vor allem wichtig, um die Teilnahmequote und die Ausfallgründe zu dokumentieren und um den Aufwand zu erfassen, der auf jeder Stufe der Kontaktprozedur für die Erreichung der Teilnahmequote erforderlich war.

Es empfiehlt sich, die häufigsten *Ausfallgründe* vorab zu kategorisieren, um die Dokumentation zu vereinfachen. Hierzu gehören z.B. "verzogen", "verstorben", "zu krank", "Zeitmangel", "nicht erreicht", "kein Kontakt" und "Teilnahme verweigert". Insbesondere im letzten Fall sollte erfragt und erfasst werden, ob und welche Gründe für eine Verweigerung vorliegen, da hieraus Anhaltspunkte für mögliche Verbesserungen der Studienlogistik und Maßnahmen zur Erhöhung der Teilnahmequote gewonnen werden können.

Ein besonders großer Aufwand bei der Kontaktaufnahme entsteht bei potenziellen Studienteilnehmern, die weder auf schriftliche Anfragen reagieren, noch telefonisch erreicht werden können. Wie in Abb. 5.6 erkennbar, könnten Personen, zu denen trotz wiederholter Versuche in den verschiedenen Stufen der Kontaktprozedur kein Kontakt hergestellt werden kann, in einer Endlosschleife landen. Aus praktischen Gründen wird man in diesen Fällen daher ein Abbruchkriterium definieren und einen potenziellen Studienteilnehmer dann als Ausfall klassifizieren, wenn er nach der vorgeschriebenen Anzahl an Kontaktversuchen innerhalb der letzten Kontaktstufe nicht innerhalb eines zuvor definierten Zeitintervalls (z.B. zwei Monate) erreicht wurde.

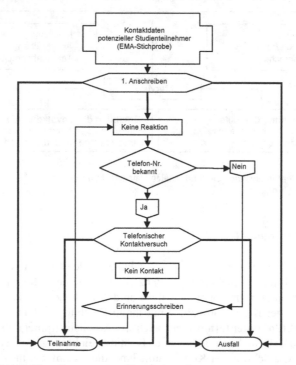

Abb. 5.6:   Vereinfachtes Flussdiagramm einer Kontaktprozedur

5.4 Datenmanagement und -dokumentation

Das *Datenmanagement* stellt in epidemiologischen Studien einen wesentlichen Aspekt der Studiendurchführung dar, insbesondere wenn es sich um große oder auch um multizentrische Studien handelt. Wesentlich ist, dass bereits im Vorhinein festgelegt wird, welche Variablen in welchem Format erhoben werden sollen, da diese explizit den Aufbau von Datenstrukturen und Datenbanken bestimmen, die im Verlauf einer Studie nicht mehr umstrukturiert werden sollten.

Zudem ist es sinnvoll, bereits vor der Eingabe von Daten die Maßnahmen zur Überprüfung der Korrektheit der Eingaben für die einzelnen Variablen festzulegen. Die sicherste Methode hierzu ist eine *Doppelerfassung der Variablen*. Sofern diese nicht für alle Variablen durchgeführt werden kann, sollte zumindest eine stichprobenbasierte Fehlerkontrolle erfolgen, für die vorab eine zu unterschreitende Fehlerquote zu definieren ist.

Anschließend sollten die wichtigsten *Kennzeichnungen* festgelegt werden, d.h., es müssen Ziffern- oder Zahlenfolgen vergeben werden, die die Studie, das Zentrum, den Teilnehmer, das eingesetzte Instrument und/oder die entnommene Probe charakterisieren. Solche ID-Nummern sind erforderlich, um die anhand verschiedener Instrumente erhobenen Daten eines Individuums eindeutig zuordnen und zusammenfügen zu können und um ggf. (z.B. in prospektiven Studien) eine Identifizierung des Teilnehmers zu ermöglichen (siehe auch Abschnitt 5.6). Diese Kennzeichnungen zur eindeutigen Identifizierung hängen vom gewählten Studiendesign ab. Insbesondere im Rahmen von Kohortenstudien sollte daher auch ein Feld vorgesehen werden, aus dem hervorgeht, ob die jeweiligen Daten z.B. aus dem Baseline-Survey oder aus Follow-Up-Erhebungen stammen.

In einem weiteren Schritt muss für die einzusetzenden (Fragebogen-) Instrumente die *Art und Form der Dateneingabe* festgelegt werden und welche Überprüfungen und ggf. notwendige Korrekturen bereits "im Feld" vorgenommen werden sollen. Dieses so genannte Editieren der Fragebögen ist ein wichtiger Aspekt der Qualitätskontrolle (siehe Abschnitt 5.5). Grundsätzlich sollten dabei die Eingabemasken und die zu verwendende Software einfach zu handhaben sein, um unnötige Fehler zu vermeiden.

Die Dateneingabe von traditionellen Papier-Fragebögen kann zum einen manuell und zum anderen durch elektronisches Einlesen (Belegleser/Scanner) erfolgen. In beiden Fällen sollte die Datenerfassung zumindest bei numerischen und kategorisierten Angaben doppelt erfolgen, so dass durch Vergleich von Erst- und Zweiteingabe Fehler identifiziert werden können. Dass auch bei einem automatisierten Verfahren wie dem Scannen unerwartete Fehler auftreten können, zeigt das nachfolgende Beispiel.

Beispiel: Zur Überprüfung der Qualität der Dateneingabe im Rahmen der IDEFICS-Studie wurde eine Doppeleingabe aller numerischen Variablen durchgeführt (Ahrens et al. 2011). Dabei ergaben sich die in Tab. 5.2 aufgeführten prozentualen Abweichungen zwischen der Erst- und Zweiteingabe, und zwar gemittelt über alle Variablen des entsprechenden Frage- bzw. Erfassungsbogens.

Tab. 5.2:   Fehlerquoten (in %) bei der Dateneingabe (Ersteingabe im Vergleich zur Zweiteingabe) für numerische Variablen nach Ländern getrennt in der IDEFICS-Studie (Ahrens et al. 2011)

Land	Untersuchungsinstrument:				
	Messprotokoll (nüchtern)	Messprotokoll (nicht nüchtern)	Hauptfragebogen	Fragebogen Ernährung	Erfassungsbogen Fitness
Land 1	5,37	4,01	4,42	2,19	5,05
Land 2	0,80	0,68	0,85	0,40	1,13
Land 3	0,97	4,15	0,21	0,18	0,87
Land 4	0,29	0,21	0,34	0,05	0,21
Land 5	3,70	3,27	2,05	0,84	3,57
Land 6	9,42	4,36	2,58	2,96	4,85
Land 7	1,10	0,78	2,76	1,59	0,18
Land 8	2,22	7,26	6,88	3,88	1,84

Aus der Tab. 5.2 wird offensichtlich, dass die Reliabilität der Dateneingabe in den einzelnen Ländern sehr unterschiedlich war. Die Fehlerquoten waren besonders hoch in den Ländern 6, 1 und 5 und am geringsten in den Ländern 4 und 2 mit Werten von 1% oder weniger. In Land 1 trat ein besonderes Problem auf. Die erste Dateneingabe erfolgte durch elektronisches Einscannen. Die manuelle Zweiteingabe einer Zufallsstichprobe des Fragebogens in Land 1 ergab, dass sich die Fehler auf einige wenige Variablen konzentrierten. Die komplette Zweitangabe erfolgte daher nur für die Variablen mit der höchsten Fehlerquote in der Stichprobe. Wie aus der Tabelle ersichtlich wird, sind die Fehlerquoten für die verschiedenen Module sehr unterschiedlich. Sofern keine komplette Zweit- oder Prüfeingabe erfolgen soll, muss daher die Eingabequalität anhand von Stichproben für jedes Modul gesondert überprüft werden.

Insgesamt unterstreichen diese zum Teil hohen Fehlerquoten die Notwendigkeit einer Zweiteingabe selbst bei automatischen und damit angeblich fehlerfreien Verfahren, um auf diese Weise den Datensatz von Eingabefehlern zu korrigieren.

Sämtliche Daten müssen anschließend weiteren Prozeduren unterzogen werden, um Eingabe- oder Datenerfassungsfehler, die weder beim Editieren noch bei der Doppeleingabe sichtbar werden, zu erkennen. Sinnvoll sind hier *Plausibilitätsprüfungen*, die z.B. für die eingegebenen Werte abfragen, ob diese in einem für die jeweilige Variable sinnvollen Wertebereich liegen. So wird z.B. das Alter von Grundschulkindern in der Regel nicht unter fünf oder über elf Jahren liegen. Ergänzend zu univariaten Plausibilitätsprüfungen sollte auch nach unplausiblen Merkmalskombinationen gefahndet werden, d.h. also, es sollten zusätzlich bivariate oder noch höher dimensionale Plausibilitätsprüfungen durchgeführt werden. Die dabei aufzustellenden Regeln sind Bestandteil des Operationshandbuches.

Bei computerbasierten Untersuchungsinstrumenten sollten diese Plausibilitätsabfragen bereits in die Datenbank integriert sein, so dass noch während der Befragung der korrekte Wert ermittelt wird und die Korrektur erfolgen kann. Andernfalls sind sowohl die Korrektur als auch die Bereinigung des Datensatzes aufwändige Vorgänge, da typischerweise auf die Originalunterlagen zurückgegriffen werden muss. Bedauerlichweise ist in der Regel eine Nachbefragung der Studienteilnehmer zur Klärung speziell unplausibler Werte nur in Ausnahmefällen möglich.

Im Anschluss an die Datenkorrektur, bei der ein offensichtlich falscher Wert durch den richtigen ersetzt wird, z.B. indem der korrekte Wert anhand der Erhebungsunterlagen ermittelt wird, erfolgt die weitere Datenbereinigung. Bei der Bereinigung werden unplausible oder fehlende Werte durch andere ersetzt, z.B. aufgrund externer Information oder durch Imputieren geschätzter Werte, oder es werden einzelne Variablen oder Beobachtungen aus dem

Analysedatensatz entfernt. Sofern unplausible Werte im Datensatz verbleiben, können zulässige Wertebereiche angegeben werden. Werte, die außerhalb dieses akzeptierten Bereiches liegen, können von Fall zu Fall aus der Analyse ausgeschlossen werden.

Die einzelnen Schritte der Datenkorrektur und -bereinigung müssen in jedem Fall dokumentiert werden, um die Entstehung des *zur Analyse freigegebenen Datensatzes* jederzeit nachvollziehen zu können. Dabei ist es unbedingt erforderlich, zumindest den originalen *Rohdatensatz* als auch den korrigierten und bereinigten *Analysedatensatz* zu fixieren und zu dokumentieren (engl. *Data Freezing*) und von beiden Datensätzen Sicherungskopien anzulegen. Dabei empfiehlt es sich, zusätzlich zur Speicherung auf einem zentralen Datenserver Kopien auf externen Speichermedien anzulegen und diese an verschiedenen Orten aufzubewahren, z.B. in einem brandsicheren Tresor.

Abschließend sei angemerkt, dass trotz sämtlicher Bemühungen um die Korrektur und Bereinigung eines Datensatzes vor seiner Freigabe für die statistische Auswertung damit gerechnet werden muss, dass durch die Arbeit mit dem Datensatz weitere Fehler identifiziert werden. Diese müssen – sofern möglich – erneut korrigiert werden, was einen abermals aktualisierten Analysedatensatz zur Folge haben kann, für den, wie oben beschrieben, verfahren werden muss. Vor allem bei großen Studien sind allerdings nicht alle unplausiblen Werte korrigierbar.

Beispiel: Nehmen wir zum Beispiel die Angaben zum Alter der Mutter bei der Geburt eines Kindes. Sicherlich sind Werte im Altersbereich zwischen 15 und 50 Jahren plausibel. Sie können als zulässiger Wertebereich festgelegt werden und sind dann bei einer Plausibilitätsprüfung nicht auffällig. Aber was geschieht mit Angaben außerhalb dieses Bereichs? Biologisch möglich sind auch Altersangaben wie zehn Jahre oder 60 Jahre, aber sie werden nur selten zutreffen.

Die letztendliche Grenzziehung zwischen den für die Datenanalyse akzeptierten Werten und den als Fehler nicht in die Analyse eingeschlossenen Werten muss daher in das Ermessen des verantwortlichen Wissenschaftlers gestellt werden.

5.5   Qualitätssicherung und -kontrolle

Die Qualitätssicherung und -kontrolle epidemiologischer Studien berühren alle Aspekte des Studiendesigns, der Durchführung der Studie, der Aufbereitung und statistischen Analyse der Daten sowie die Interpretation und Kommunikation der Ergebnisse. Dabei versteht man unter **Qualitätssicherung** alle Maßnahmen, die vor der Datenerhebung ergriffen werden, und unter **Qualitätskontrolle** alle Maßnahmen, die während und nach der Datenerhebung durchgeführt werden, um eine qualitativ hochwertige Studie mit belastbaren Ergebnissen zu erzielen. Jeder Schritt der Qualitätskontrolle kann nachfolgend weitere qualitätssichernde Maßnahmen erforderlich machen. Zahlreiche Aspekte der Qualitätssicherung und Qualitätskontrolle sind schon in den verschiedenen Kapiteln und insbesondere in Abschnitt 5.1 angesprochen worden. Im Folgenden werden noch einmal die wichtigsten Aspekte herausgegriffen und zusammenfassend dargestellt. Für eine weitere Übersicht zur Qualitätskontrolle epidemiologischer Studien sei auf Neta et al. (2012) bzw. auf Nonnemacher et al. (2007) verwiesen.

Bei der Planung und Durchführung epidemiologischer Studien sollte man grundsätzlich die Regeln der "Guten Epidemiologischen Praxis" beachten, die in Kapitel 7 vorgestellt werden. Diese sind ein Leitfaden, der helfen soll, epidemiologische Studien von hoher Qualität durchzuführen, d.h. Studien hoher Validität und Reliabilität (siehe Abschnitt 4.1.1).

Die Sicherung der Qualität einer epidemiologischen Studie beginnt beim Studienprotokoll. Sind bereits Fehler in der Konzeption einer Studie vorhanden, z.B. durch Nichtbeachtung relevanter Literatur oder in der Planung aufgetreten, z.B. durch die Wahl des falschen Studiendesigns oder ungeeigneter Erhebungsinstrumente, so werden diese irreparabel auf die Studienergebnisse durchschlagen. Man sollte daher sowohl die Studienziele selbst als auch das Design und die Instrumente in Hinblick darauf, ob damit die Studienziele überhaupt erreichen werden können, vor der endgültigen Festlegung kritisch hinterfragen und bei Bedarf mit anderen Experten diskutieren.

Insbesondere bezüglich der Auswahl der Erhebungsinstrumente bietet sich ein so genannter **Pretest** an, wie er bereits in Abschnitt 5.1.1 beschrieben wurde. Dabei wird der Einsatz aller in der Studie einzusetzenden Instrumente und Messprozeduren an Probanden getestet, die der Studienpopulation in entscheidenden Charakteristika wie z.B. Alter, Geschlecht, soziale Zugehörigkeit u.a. möglichst ähnlich sein sollen. So macht es z.B. keinen Sinn, Prozeduren zur Messung des Blutdrucks an Erwachsenen zu testen, wenn an der eigentlichen Studie Kleinkinder teilnehmen sollen. Die Pretestung der Instrumente sichert nicht nur die Überprüfung der Praktikabilität, sondern gibt auch eine erste Einschätzung des benötigten Zeitaufwands und der möglichen Belastung der potenziellen Studienteilnehmer. Zudem gewinnt man einen Eindruck darüber, worauf bei der Schulung des Erhebungspersonals und bei der Formulierung von Standard Operating Procedures (SOPs) besonders zu achten ist.

Bei der Auswahl von geeigneten Erhebungsinstrumenten bzw. von Messprozeduren wird man bevorzugt auf solche zurückgreifen, die bereits validiert sind oder die sich zumindest in der Praxis bewährt haben (siehe auch Abschnitt 5.2.3). Müssen jedoch neue Erhebungsinstrumente oder Messprozeduren entwickelt oder bereits vorhandene angepasst werden, z.B. weil der Goldstandard in seiner Anwendung zu aufwändig oder ethisch nicht vertretbar ist, so sollten Validität und Reliabilität der neuen Instrumente in kleinen Kollektiven der Studienpopulation (hier ist nicht notwendigerweise eine Zufallsstichprobe erforderlich) oder in einer anderen Population ermittelt werden.

In **Validierungsstudien** wird zu diesem Zweck typischerweise dasselbe Merkmal zweimal ermittelt, und zwar zum einen mittels eines Goldstandards und zum anderen mittels des neuen Untersuchungsinstruments. Selbst wenn sich dabei herausstellt, dass das neue Instrument keine zum Goldstandard vergleichbar akkurate Messung liefert, so haben die Ergebnisse dennoch ihre Berechtigung, da sie zur Ermittlung von "Korrekturfaktoren" oder zur Modellierung der Messfehler verwendet werden können, mit denen in der späteren statistischen Analyse des Datensatzes entsprechende Adjustierungen vorgenommen werden können.

Beispiel: Grundsätzlich ist die Erfassung körperlicher Aktivität in epidemiologischen Studien, vor allem bei Kindern, problematisch, da Fragebögen zu Häufigkeit, Art und Intensität der körperlichen Bewegung keine objektive Messung ermöglichen und spontanes Bewegungsverhalten und kurzzeitige Aktivitätsspitzen nicht erfassen können. Zunehmend werden daher so genannte Akzelerometer eingesetzt, die Bewegungen vergleichbar zu Schrittzählern kontinuierlich über mehrere Tage aufzeichnen. Jedoch haben auch Akzelerometer ihre

Grenzen. So erfassen sie nicht jede Bewegungsart gleich gut. Problematisch sind dabei z.B. Radfahren oder Schwimmen.

Ein Goldstandard zur Erfassung des Energieverbrauchs, der mit körperlicher Aktivität verbunden ist, ist die so genannte "doubly labeled water" (DLW) Methode, mittels derer die Kohlendioxidabgabe ermittelt werden kann. Der Begriff "doubly labeled water" leitet sich aus der Verwendung von Wasser ab, das mit seltenen Isotopen von Wasserstoff (Deuterium) und Sauerstoff (O-18) markiert ist. Studienteilnehmer trinken zu Beginn der Studie eine definierte Menge DLW. Nachdem sich das DLW im Körper verteilt hat, wird eine Urinprobe gewonnen. Eine oder mehrere weitere Urinproben werden im Verlauf der folgenden Tage gesammelt, um darin jeweils die Konzentration an Deuterium und O-18 mittels Massenspektrometrie zu ermitteln. Bei der Verstoffwechselung werden Wassermoleküle aufgespalten. Ein Teil der Sauerstoffisotope verlässt den Körper über Kohlendioxid mit der Atmung, eine anderer Teil über Wassermoleküle in Urin, Schweiß und Atmung. Demgegenüber können die Wasserstoffisotope nur als Wasser in Schweiß, Urin und Atmung wieder ausgeschieden werden. Somit ist die Eliminationsrate der Sauerstoffisotope höher als die der Wasserstoffisotope und im Zeitverlauf ändert sich das Verhältnis von Deuterium zu O-18 in den Körperflüssigkeiten. Daraus kann die Ausscheidung von O-18 in Form von Kohlendioxid und damit der Energieverbrauch im Untersuchungszeitraum berechnet werden.

Im Rahmen der IDEFICS-Studie erfolgte ein solcher Vergleich des mittels DLW-Methode ermittelten Energieverbrauchs mit Akzelerometermessungen in einer kleinen Gruppe von Kindern (Bamman et al. 2011).

Auch wenn Validierungsstudien sicherlich sinnvoll sind, so haben sie auch Limitationen, die sich daraus ergeben, dass (1) die Messungen mit dem Goldstandard auch fehlerbehaftet sein können, (2) die Individuen, die an der Validierungsstudie teilnehmen, eine stark selektierte Gruppe bilden können und somit evtl. nicht repräsentativ für die Studienpopulation sind und (3) der Stichprobenumfang oft zu klein ist, um zu statistisch belastbaren Aussagen mit ausreichender Power zu gelangen.

Ein wichtige Größe zur Beurteilung der Qualität einer Studie stellt die Wiederholbarkeit einer Messung dar (siehe Abschnitt 4.1). Anhand von **Reliabilitätsstudien**, in denen dieselbe Messung wiederholt durchgeführt wird, ist es einerseits möglich, die Variabilität einer Messung abzuschätzen und die Ursache der Variabilität zu ermitteln, und andererseits die Korrektheit der Messung zu beurteilen (vgl. auch Neta et al. 2012).

Beispiel: Will man z.B. den Blutdruck eines Studienteilnehmers messen, so hängt der gemessene Wert von dem Zeitpunkt der Messung, der körperlichen und seelischen Verfassung des Teilnehmers, dem eingesetzten Messinstrument und der jeweiligen Person ab, die die Messung durchführt. Dabei kann zum einen derselbe Untersucher bei verschiedenen Messungen das Gerät unterschiedlich ablesen, was zu einer durch den Untersucher verursachten Variabilität führt, der so genannten *Intra-Oberver-Variabilität*. Zum anderen führt der Einsatz verschiedener Untersucher zu einer zusätzlichen Variabilität der Messungen, da diese z.B. das Gerät unterschiedlich ablesen. In diesem Fall spricht man der *Inter-Observer-Variabilität*. Eine zusätzliche Variabilitätskomponente entsteht durch die intra-individuelle (biologische) Variabilität des Blutdrucks, der sowohl im Tagesverlauf schwankt als auch kurzfristig z.B. durch psychische (Stress), physikalische (Körperposition) und physiologische (Laufen) Faktoren veränderbar ist. Um diese Variabilitätskomponente vom Messfehler des Untersuchers abzugrenzen, müssten die Wiederholungsmessungen an einem Eichmaß durchgeführt werden, was allerdings im Falle des Blutdrucks nicht möglich ist.

Wie an dem obigen Beispiel deutlich wird, können mit Hilfe von Reliabilitätsstudien unterschiedliche Variabilitäten in den Messungen ermittelt werden. Das Ziel ist dabei, die durch die Exposition hervorgerufene Variabilität in den Messungen, an der man eigentlich interessiert ist, von der durch Messfehler hervorgerufenen und von der natürlichen (biologischen) Variabilität zu trennen. Die natürliche Variabilität eines Merkmals innerhalb eines Individuums, d.h. die *intra-individuelle Variabilität*, lässt sich durch Wiederholungsmessungen an ein und demselben Individuum innerhalb eines sinnvollen Zeitintervalls bestimmen. Für Merkmale wie die Körpergröße können Wiederholungen über den Verlauf eines Tages sinnvoll sein (morgens/abends), während für das Körpergewicht der interessierende Zeitraum Tage oder Wochen sein kann. Das Design einer Reliabilitätsstudie hängt somit von dem Zweck ab, den man mit dieser Untersuchung verfolgt. Je nach Zweck stehen unterschiedliche spezielle Maßzahlen zur Erfassung der Übereinstimmung von zwei Messmethoden zur Verfügung. Der an diesen Untersuchungsmethoden interessierte Leser findet ausführliche Beschreibungen hierzu u.a. bei Neta et al. (2012).

Bei komplexen Studiendesigns und umfangreichen Datenerhebungsprozeduren ist die Durchführung eines Pretests zur Qualitätssicherung in der Regel nicht ausreichend. Es sind darüber hinaus so genannte **Machbarkeits-, Feasibility-** oder **Pilotstudien** erforderlich. In diesen wird an einem so genannten **Convenience Sample** die gesamte Erhebungsprozedur getestet. Unter einem Convenience Sample versteht man eine Gruppe von Freiwilligen, die nicht nach einem Zufallsprinzip aus der Zielpopulation gezogen wurden, sondern stattdessen häufig aus dem Kollegen- oder Bekanntenkreis kommen. Dabei sollte man aber unbedingt darauf achten, dass auch ein Convenience Sample in den wesentlichen Charakteristika mit der Studienpopulation übereinstimmen sollte. So lässt z.B. die Pilotierung eines Fragebogens, der in niedrigen Bildungsschichten zum Einsatz kommen soll, in einem Convenience Sample von Universitätsangehörigen keine Aussagen zu Zeitaufwand, Akzeptanz und Verständlichkeit des Instruments zu. Eine Pilotstudie gibt die Möglichkeit, das Untersuchungsprogramm in seiner Gesamtheit bzw. zumindest in den für die Datenerhebung relevanten Teilen zu erproben. Wichtig ist hierbei, dass die Gesamtbelastung der Studienteilnehmer sowohl unter Zeitaspekten, aber auch unter psychischen sowie physischen Gesichtspunkten beurteilt werden kann. Gegebenenfalls sind im Anschluss an eine solche Pilotstudie eine Revision des Ablaufs der Datenerhebung, der Austausch oder die Kürzung einzelner Erhebungsmodule oder auch eine effizientere Ausstattung der Untersuchungsräume erforderlich. Insbesondere die Abschätzung der Belastung der Studienteilnehmer ist für die Teilnahmebereitschaft und die möglichst vollständige Erfassung der interessierenden Merkmale in der eigentlichen Studie von großer Bedeutung. So wird in der Regel die Bereitschaft, einen Fragebogen auszufüllen, davon abhängen, wie viel Zeit das Ausfüllen in Anspruch nimmt.

Wir hatten bereits bei der Beschreibung des Studienprotokolls und des Operationshandbuchs darauf hingewiesen, wie wichtig die *Festlegung standardisierter Abläufe* und die *Schulung des Erhebungspersonals* sind. Beides dient dazu, mögliche Fehler durch die Messung selbst zu vermeiden. Zu diesem Zweck werden zum einen alle Aspekte der Studiendurchführung im Operationshandbuch unter anderem durch die Festlegung von SOPs (siehe das Beispiel zur Körpergrößenmessung in Abschnitt 5.1.2) genau beschrieben. Zum anderen werden vor Ort Schulungen des Erhebungspersonals durchgeführt. Diese Schulungen verlaufen nach einem zuvor festgelegten standardisierten Schulungskonzept und sollten sowohl vor der Studiendurchführung als auch begleitend zur Datenerhebung durchgeführt werden. Die Schulung sollte nicht nur in Bezug auf die vorzunehmenden Messungen und Befragungen erfolgen, sondern auch eine Einführung in die Nutzung, Wartung und Kalibrierung der einzusetzenden Messgeräte einschließen. Es ist zudem sinnvoll, die Nutzung der Dateneingabemasken und das Editieren der Fragebögen zu trainieren. Bei multizentrischen Studien sollte zunächst eine Schulung von Multiplikatoren zentral von der koordinierenden Stelle durchgeführt werden und anschließend Trainings des lokalen Erhebungspersonals in den Zentren durch die Multiplikatoren. Bei komplizierten Messprozeduren ist die Erstellung von Trainingvideos sinnvoll, die z.B. auf einer sicheren Internetplattform allen beteiligten Zentren zur Verfügung gestellt werden. Das Erhebungspersonal sollte auch über das Design und die Ziele der Studie informiert sein, um die einzelnen Untersuchungselemente sinnvoll einordnen zu können und um die Wichtigkeit einer standardisierten Durchführung der Untersuchungsprozeduren genau zu verstehen. Allerdings ist auch zu bedenken, dass eine zu genaue Kenntnis der konkreten Studienhypothesen seitens des Erhebungspersonals die Gefahr von Untersuchereffekten erhöht.

Insgesamt helfen das Training des Erhebungspersonals und die Durchführung von Pilotstudien auch dabei, Schwachstellen oder unklare Anweisungen im Studienprotokoll oder im Operationshandbuch zu identifizieren, die zu fehlerhaften Messungen durch Nichteinhaltung des Studienprotokolls bzw. durch unbeabsichtigtes Abweichen davon entstehen könnten. Trotzdem sind gerade bei multizentrischen Studien *Site Visits* zu empfehlen, um die Arbeit des Erhebungspersonals zu überwachen. Ein solches **Monitoring** sollte zeitnah nach Beginn der Rekrutierung beginnen, um Fehler früh identifizieren und korrigieren zu können. Gegebenenfalls werden zusätzliche Schulungen in einzelnen Modulen erforderlich. Die Besuche vor Ort sollten ebenfalls standardisiert von der koordinierenden Stelle der Studie durch erfahrenes Erhebungspersonal und verantwortlichen Wissenschaftlern durchgeführt werden. Der Verlauf und die kritischen Punkte sind schriftlich zu dokumentieren und dem jeweiligen Zentrum mitzuteilen. Bei Studien mit langer Laufzeit bietet es sich an, mehrere Besuche und, wie bereits oben erwähnt, parallel zur Datenerhebung wiederholt Schulungen des Erhebungspersonals durchzuführen.

Maßnahmen der Qualitätskontrolle und -sicherung erstrecken sich auch auf das Datenmanagement, die Dateneingabe und die statistische Auswertung der Daten. Dabei sollte das Datenmanagement, wie bereits in Abschnitt 5.4 erläutert, so angelegt sein, dass es wenig fehleranfällig ist. So sollten z.B. die Eingabemasken in einer Weise programmiert sein, dass sie einfach zu handhaben und leicht verständlich sind.

Zur Qualitätssicherung der erhobenen Daten sollte das Erhebungspersonal bereits vor Ort eine erste Überprüfung der Unterlagen auf Diskrepanzen, Fehler, fehlende oder unplausible Werte vornehmen und möglichst direkt mit dem Studienteilnehmer klären. Ggf. können auch Angaben auf einem Fragebogen vom Erhebungspersonal korrigiert werden (visuelles Editieren), ohne noch einmal den Studienteilnehmer kontaktieren zu müssen. Im Anschluss daran müssen verschiedene Maßnahmen zur Datenkorrektur und -bereinigung ergriffen werden, wie sie bereits in Abschnitt 5.4 beschrieben wurden.

Der Analysedatensatz wird schließlich mit statistischen Methoden ausgewertet. Die Analysestrategie muss sorgfältig ausgewählt werden und sowohl für das Studiendesign als auch für die erhobenen Daten und die interessierende Fragestellung angemessen sein. Dabei sollte die Auswertung von erfahrenem Personal durchgeführt werden und Aspekte wie Confounding, Missklassifikation und Effekt-Modifikation berücksichtigen (siehe dazu auch Kapitel 4 bzw. 6).

5.6 Ethik und Datenschutz

5.6.1 Ethische Prinzipien bei Studien am Menschen

Jegliche medizinische Forschung am Menschen unterliegt der **Deklaration von Helsinki**, die im Juni 1964 von der 18. Generalversammlung der World Medical Association (WMA) in Helsinki (Finnland) verabschiedet und seitdem mehrfach revidiert wurde. Diese Deklaration benennt folgende grundlegende ethische Prinzipien, die jeder Untersuchung am Menschen zugrunde gelegt werden müssen:

–   das Recht auf Selbstbestimmung (Autonomie),

–   das Wohlergehen des Menschen,

–   das Verbot zu schaden und

–   die Gerechtigkeit.

Im Folgenden wird ein Auszug (Originalnummern beibehalten) aus der deutschen Übersetzung der Deklaration von Helsinki in der Fassung vom Oktober 2008, Seoul (Korea), aufgeführt (aus: Deklaration von Helsinki 2008).

14.   Die Planung und Durchführung einer jeden wissenschaftlichen Studie am Menschen muss klar in einem Studienprotokoll beschrieben werden. Das Protokoll soll eine Erklärung der einbezogenen ethischen Erwägungen enthalten und sollte deutlich machen, wie die Grundsätze dieser Deklaration berücksichtigt worden sind. (…)

15.   Das Studienprotokoll ist vor Studienbeginn zur Beratung, Stellungnahme, Orientierung und Zustimmung einer Forschungsethik-Kommission vorzulegen. Diese Ethik-Kommission muss von dem Forscher und dem Sponsor unabhängig und von jeder anderen unzulässigen Beeinflussung unabhängig sein. Sie muss den Gesetzen und Rechtsvorschriften des Landes oder der Länder, in dem oder denen die Forschung durchgeführt werden soll, sowie den maßgeblichen internationalen Normen und Standards Rechnung tragen, die jedoch den in dieser Deklaration niedergelegten Schutz von Versuchspersonen nicht abschwächen oder aufheben dürfen. Die Ethik-Kommission muss das Recht haben, laufende Studien zu beaufsichtigen. Der Forscher muss der Ethik-Kommission begleitende Informationen vorlegen, insbesondere Informationen über jede Art schwerer unerwünschter Ereignisse. Eine Änderung des Protokolls darf nicht ohne Beratung und Zustimmung der Ethik-Kommission erfolgen.

18.   Jedem medizinischen Forschungsvorhaben am Menschen muss eine sorgfältige Abschätzung der voraussehbaren Risiken und Belastungen für die an der Forschung beteiligten Einzelpersonen und Gemeinschaften im Vergleich zu dem voraussichtlichen Nutzen für sie und andere Einzelpersonen oder Gemeinschaften, die von dem untersuchten Zustand betroffen sind, vorangehen.

22.   Die Teilnahme von einwilligungsfähigen Personen an der medizinischen Forschung muss freiwillig sein. (...)

23.   Es müssen alle Vorsichtsmaßnahmen getroffen werden, um die Privatsphäre der Versuchspersonen und die Vertraulichkeit ihrer persönlichen Informationen zu wahren und die Auswirkungen der Studie auf ihre körperliche, geistige und soziale Unversehrtheit so gering wie möglich zu halten.

27.   Bei einer potenziellen Versuchsperson, die nicht einwilligungsfähig ist, muss der Arzt die informierte Einwilligung des gesetzlich ermächtigten Vertreters einholen. Diese Personen dürfen nicht in eine wissenschaftliche Studie einbezogen werden, die ihnen aller Wahrscheinlichkeit nach nicht nützen wird, es sei denn, es wird beabsichtigt, mit der Studie die Gesundheit der Bevölkerungsgruppe zu verbessern, der die potenzielle Versuchsperson angehört, die Forschung kann nicht mit einwilligungsfähigen Personen durchgeführt werden und birgt nur minimale Risiken und minimale Belastungen.

Bei Studien am Menschen ist somit unbedingt der mögliche Schaden für jeden einzelnen Studienteilnehmer abzuwägen gegen den voraussichtlichen Nutzen für die Einzelperson und die Gemeinschaft allgemein (siehe Punkt 18 des oben stehenden Auszugs aus der Deklaration). Der voraussichtliche Nutzen für das Individuum und die Allgemeinheit muss das Risiko eines möglichen Schadens deutlich überwiegen. Ein Nutzen darf nicht das Privileg ausgewählter Personen sein; vielmehr muss Gerechtigkeit hergestellt werden, indem grundsätzlich jeder Mensch die Möglichkeit erhält, von einem Nutzen zu profitieren. Zur Autonomie gehört, dass in jedem Fall die **freiwillige, informierte Einwilligung** (engl. *Informed Consent*) des Studienteilnehmers (siehe Punkte 22 und 23) eingeholt werden muss. Ist der Studienteilnehmer selbst nicht einwilligungsfähig, muss die Einwilligung zur Teilnahme von dem gesetzlich ermächtigten Vertreter eingeholt werden. Dabei gelten aber zusätzliche Einschränkungen (Punkt 27). Studienteilnehmer sind darauf hinzuweisen, dass ein einmal gegebenes Einverständnis jederzeit und ohne Angabe von Gründen widerrufen werden kann, ohne dass ihnen dadurch Nachteile entstehen dürfen. Um die zum Teil sehr komplexen Prozesse bei der Abfassung von Einwilligungserklärungen zu vereinheitlichen, hat u.a. die TMF (Technologie- und Methodenplattform für die vernetzte medizinische Forschung e.V.) Mustertexte für entsprechende Formulierungen erarbeitet (vgl. Harnischmacher et al. 2006).

Ein wichtiger Bestandteil der Deklaration von Helsinki betrifft die *Anfertigung des Studienprotokolls* (siehe Punkt 14), dessen Erstellung bereits in Abschnitt 5.1.1 besprochen wurde. Das Studienprotokoll ist einer *Ethikkommission* vorzulegen (siehe Punkt 15), die beispielsweise eine unabhängige Einrichtung der jeweiligen Ärztekammer oder der für die geplante Studie verantwortlichen Universität ist. Einer solchen Kommission gehören typischerweise Mediziner, Juristen, Statistiker und Philosophen an. Eine Ethikkommission entscheidet darüber, ob ethische Bedenken gegen die im Studienprotokoll beschriebene Studie vorliegen. Sie kann dementsprechend die Studie wie geplant oder mit Auflagen genehmigen; sie kann sich jedoch auch gegen die Durchführung einer Studie entscheiden, wenn sie z.B. zu der Einschätzung gelangt, dass diese einen unvertretbaren Schaden bei den Studienteilnehmern verursacht. Eine Studie, bei der der Stichprobenumfang nicht ausreichend ist, um die erzielten Ergebnisse statistisch abzusichern, kann ebenfalls als ethisch bedenklich angesehen werden. Damit eine Ethikkommission zu einer informierten Entscheidung kommen kann, ist ihr ein Antrag vorzulegen, der u.a. das Studienprotokoll, die einzusetzenden Erhebungsinstrumente, Anschreiben, Aufklärungsmaterial und ein Muster der freiwilligen, informierten Einwilligung *(Einverständniserklärung)* enthält.

Beispiel: Nachfolgend ist exemplarisch die Verfahrensbeschreibung der Ethikkommission der Universität Bremen zusammengefasst (nach Ethikkommission der Universität Bremen 2007).

Die Ethikkommission der Universität Bremen folgt in ihrem Kriterienkatalog (siehe Tab. 5.3) den von Raspe et al. (2005) publizierten "Empfehlungen zur Begutachtung klinischer Studien durch Ethikkommissionen", die aus einer Initiative der Deutschen Forschungsgemeinschaft (DFG) und des Bundesministeriums für Bildung und Forschung (BMBF) zur Vereinheitlichung der Arbeit von Ethikkommissionen entstanden sind und die entsprechend auch für epidemiologische Studien Anwendung finden sollen.

Der Antrag muss Informationen zu den in Tab. 5.3 gelisteten Prüfpunkten enthalten und sollte die wesentlichen Aspekte prägnant auf 5–10 Seiten darstellen. Neben der Abarbeitung des Kriterienkatalogs sind die folgenden Unterlagen in Form von Anlagen zum Antrag einzureichen:

– Erhebungsinstrumente, Protokollbögen,
– Probandeninformationen, Aufklärungsbögen,
– Einverständniserklärungen,
– Regelungen im Umgang mit personenbezogenen Daten, Körpermaterialien, genetischen Daten
– Förderbescheide,
– Sonstige relevante Unterlagen.

Tab. 5.3:   Kommentierter Kriterienkatalog der Ethikkommission der Universität Bremen

Lfd. Nr.	Prüfpunkt	Kriterien für die Begutachtung
		I. Identifizierung
I.1	Identifizierung, Registrierung der Studie	Wird ein passender Titel für die Studie genannt? Sind notwendige Registrierungen und Meldungen bei den Behörden erfolgt?
I.2	Studienleitung, Mitarbeiter, beteiligte Institution	Sind Namen und Anschriften der Studienleitung und der beteiligten Institutionen genannt?
		II. Fragestellung und Studiendesign
II.1	Fragestellung, Hintergrund, Zielsetzung, Hypothesen und Zielpopulation	Sind die Fragestellung, Zielsetzung und Hypothesen eindeutig festgelegt, der Hintergrund spezifiziert und die Merkmale der Zielpopulation klar definiert?
II.2	Zusammenfassung des aktuellen Wissensstands	Werden der relevante Stand der Forschung umfassend dokumentiert, eigene Vorarbeiten benannt und die Evidenz der Forschungsfrage ausgewogen dargestellt?
II.3	Studientyp/-design	Sind der Studientyp und das Studiendesign klar benannt und passend zur Forschungsfrage?
II.4	Interventionen	Wird die Notwendigkeit aller Interventionen begründet und das Verfahren in der Kontrollgruppe beschrieben?
II.5	Ergebnisparameter	Sind sachgerechte primäre und sekundäre Endpunkte/Zielgrößen spezifiziert? Sind die Messverfahren objektiv, reliabel und valide und sensitiv bezüglich der Fragestellung? Sind das Erhebungsprotokoll (Messzeitpunkte etc.) und alle eingesetzten Tests beschrieben? Besteht eine Vergleichbarkeit mit anderen Studien?
II.6	Fallzahl(-schätzung)	Wurde die Fallzahl nach dem Hauptzielparameter kalkuliert? Überzeugen die Grundannahmen und wurden Stichprobenverluste berücksichtigt?

Tab. 5.3: Kommentierter Kriterienkatalog der Ethikkommission der Universität Bremen

Lfd. Nr.	Prüfpunkt	Kriterien für die Begutachtung
II.7	StudienteilnehmerInnen (Stichprobe)	Werden die Zielpopulation, Stichprobenbasis, Stichprobe und Ein-/Ausschlusskriterien klar spezifiziert und ausreichend begründet? Wird ein adäquates Rekrutierungsverfahren beschrieben? Werden mögliche Selektionsverzerrungen, die Repräsentativität sowie die Erreichbarkeit der Teilnehmerzahlen diskutiert?
II.8	Zeitplan	Ist der Zeitplan klar benannt (Flussdiagramm, Meilensteine) und plausibel? Ist der Beginn, der Rekrutierungs-, Untersuchungszeitraum, die (Nach-)Beobachtung und Auswertungsperiode sachgerecht festgelegt? Wird die Gesamtdauer der Studie insgesamt und für jeden Teilnehmer klar benannt?
II.9	Vorzeitiger Studienabbruch	Sind angemessene Kriterien für einen vorzeitigen Studienabbruch definiert? Ist das Verfahren bei Beendigung durch die Probanden geregelt?
III. Studienteilnehmer (Schutz und Sicherheit)		
III.1	Probandeninformation, Einwilligungserklärung	Ist der Prozess zur Gewinnung der Einwilligungserklärung der Probanden oder ihrer Vertreter sachgerecht und die Probandeninformation/-erklärung vollständig, richtig, ausgewogen und zurückhaltend? Werden die Rechte und Pflichten aller Beteiligten erklärt? Ist die Probandeninformation/-erklärung laienverständlich und vom Umfang sachgerecht?
III.2	Einwilligungsfähigkeit	Wird die Einwilligungsfähigkeit der Probanden geprüft? Wird bei der Einbeziehung von Minderjährigen und nicht-einwilligungsfähigen Erwachsenen dieses ausreichend begründet?
III.3	StudienteilnehmerInnen in spezifischen Situationen	Liegt eine besondere Verletzbarkeit der StudienteilnehmerInnen, z.B. durch Abhängigkeitsverhältnisse, vor? Wird der Einschluss dieser Gruppen ausreichend begründet?
III.4	Versicherungsschutz /Schadensersatz	Liegt ein ausreichender Versicherungsschutz (z.B. Wegeunfallversicherung) der Probanden vor? Werden die Probanden darüber aufgeklärt?
III.5	Finanzielle Regeln	Wird der Aufwand der StudienteilnehmerInnen (Probanden, Interviewer etc.) angemessen entschädigt?
III.6	Betreuung	Ist die Betreuung und Information während und nach der Studie gesichert? Werden die Probanden über Kontaktstellen und Betreuungsangebote informiert? Sind Beschwerdeverfahren geregelt?
III.7	Körper-(Bio-)materialien und genetische Daten	Werden die Probanden über die Art und den Umfang der Erhebung von Körper-(Bio-)materialien bzw. genetische Daten ausreichend informiert und wird eine spezielle Einwilligung insbesondere zu Rechten und Pflichten der Information/Nichtinformation eingeholt?
IV. Studienbasis		
IV.1	Qualifikation, Ausstattung	Besitzen die Studienleitung und beteiligte Mitarbeiter eine ausreichende Qualifikation und Erfahrung? Verfügen die beteiligten Institutionen über eine ausreichende Ausstattung zur Durchführung der Studie?
IV.2	Ressourcen der Studie	Sind ausreichende Ressourcen zur Durchführung der Studie gesichert (Finanzierung, Mitarbeiter, Material)?
IV.3	Sponsoren	Werden alle Sponsoren genannt und mögliche Einflussnahmen offengelegt (Rechte/Pflichten, Regelung von Verantwortlichkeiten, Verträge)?
IV.4	Multizentrische Studien	Werden bei multizentrischen Studien alle beteiligten Institutionen mit Ansprechpartnern genannt? Ist das koordinierende Studienzentrum benannt?
IV.5	Interessenkonflikte	Werden mögliche Interessenkonflikte benannt? Sind diese unbedenklich oder gibt es Regelungen zur Lösung der Interessenkonflikte?
IV.6	Studiengremien	Ist eine ausreichende interne und externe Qualitätssicherung der Studie gesichert? Werden entsprechende Studiengremien eingerichtet?
IV.7	Rechtliche Einordnung	Wird die Studie rechtlich korrekt eingeordnet? Werden entsprechende Verantwortlichkeiten klar zugeordnet?

Tab. 5.3:   Kommentierter Kriterienkatalog der Ethikkommission der Universität Bremen

Lfd. Nr.	Prüfpunkt	Kriterien für die Begutachtung
	**V. Dokumentation, Auswertung, Berichterstattung**	
V.1	Dokumentationsbögen	Sind Dokumentationsbögen für alle Erhebungsinstrumente und Verfahren klar beschrieben, angemessen und ausreichend?
V.2	Datenerfassung, Datenmanagement, Datenverarbeitung	Ist die Qualitätssicherung bei der Datenerfassung, dem Datenmanagement und der Datenverarbeitung klar beschrieben, angemessen und ausreichend?
V.3	Datenhaltung	Ist das Verfahren der Datenhaltung (Ort, verantwortliche Stelle, Dauer), der Datenaufbewahrung (Codierung, Zugangsregelungen, Decodierungen im Notfall), der Datenweitergabe und der Datenarchivierung klar beschrieben, angemessen und ausreichend?
V.4	Datenschutz	Ist das Konzept zur Einhaltung des Datenschutzes bzw. der Anonymisierung klar beschrieben, angemessen und ausreichend?
V.5	Unerwünschte Ereignisse	Sind Erhebungs-, Reaktions- und Berichtsverfahren bei unerwünschten Ereignissen bei den Probanden klar beschrieben, angemessen und ausreichend?
V.6	Auswertung	Ist ein Auswertungsplan (Methoden, Zwischenauswertungen) klar beschrieben, begründet und angemessen? Ist die Qualitätssicherung bei der Auswertung klar beschrieben, angemessen und ausreichend?
V.7	Kommunikation der Ergebnisse	Ist die Veröffentlichung von wiss. Publikationen, Zwischen- und Endberichten, die Bekanntgabe von Zwischenergebnissen geregelt? Ist die Information der Probanden und der Öffentlichkeit geregelt? Liegen Einschränkungen der Publikation von Ergebnissen vor?
	**VI. Zusammenfassende Beurteilungen in den Dimensionen...**	
VI.1	Wissenschaftlicher Wert, Originalität, Qualität[1]	Sind die Fragestellung, das Studiendesign und die Gesamtqualität plausibel und sind die zu erwartenden Ergebnisse vor dem Hintergrund des bereits verfügbaren Wissens wissenschaftlich relevant?
VI.2	Einhaltung ethischer Grundprinzipien	Wurden studienspezifische Probleme (Würde der Person, Autonomie, Rechte, Sicherheit, Nutzen, Wohlergehen der StudienteilnehmerInnen) von der AntragstellerIn selbst formuliert, reflektiert und berücksichtigt? Fällt die Bewertung und Abwägung des Nutzen-Schaden-Potentials (bzgl. der StudienteilnehmerInnen, Gruppen und Fremden) positiv aus?

[1]Dieser Prüfpunkt wird als erfüllt vorausgesetzt, wenn eine wissenschaftliche Förderinstitution (z.B. DFG) den entsprechenden Forschungsantrag positiv beschieden hat.

Neben den Regularien der Durchführung epidemiologischer Studien setzen sich die Empfehlungen zur guten epidemiologischen Praxis (GEP) der International Epidemiological Association (IEA) mit der Verantwortung des Wissenschaftlers zur *Publikation der Forschungsergebnisse* (IEA 2007) auseinander. Diese GEP fordern wie auch die Deklaration von Helsinki eine zeitnahe Publikation der Forschungsergebnisse. Die Publikation muss unter Aufdeckung von möglichen Interessenskonflikten der verantwortlichen Wissenschaftler erfolgen. Vor allen Dingen fordert die IEA aber, dass eine Publikation unabhängig von den Ergebnissen und völlig unbeeinflusst durch Dritte wie z.B. den Forschungsförderer zu geschehen hat (vgl. auch Ahrens & Jahn 2009).

Als weiterführende Literatur sind die in Zusammenarbeit des Council for International Organizations of Medical Sciences (CIOMS 2009) mit der WHO speziell für epidemiologische Studien ausgearbeiteten Empfehlungen zu nennen, die die in diesem Abschnitt behandelten ethischen Grundprinzipien umfassend und ausführlich behandeln.

5.6.2   Grundprinzipien des Datenschutzes in epidemiologischen Studien

Sowohl aus der Deklaration von Helsinki als auch aus dem Kriterienkatalog der Ethikkommission der Universität Bremen (siehe Tab. 5.3, Punkt V.4) werden die Bedeutung des Datenschutzes und seine enge Verzahnung mit der ethischen Unbedenklichkeit einer Studie deutlich.

Das heißt, dass zu jeder Studie ein Datenschutzkonzept erarbeitet werden muss, das das Recht auf informationelle Selbstbestimmung der Studienteilnehmer sicherstellt. Das grundlegende Prinzip, um dies zu erreichen, besteht in der räumlichen und/oder zeitlichen Trennung von Personen identifizierenden Merkmalen (z.B. Name, Adresse, Telefonnummer) und erhobenen Studiendaten jedes Studienteilnehmers.

Zu diesem Zweck erhält jeder Studienteilnehmer zunächst eine fortlaufende Identifikationsnummer (ID-Nummer). Alle erhobenen Daten werden gemeinsam mit dieser ID-Nummer abgespeichert und über diese Nummer zusammengeführt. Die Personen identifizierenden Merkmale müssen hiervon getrennt unter Verschluss gehalten und dürfen nur bei Vorliegen der unterschriebenen Einverständniserklärung aufbewahrt werden. Alle Dokumente mit Studiendaten (z.B. Fragebögen, Messprotokolle) sind ausschließlich mit der ID-Nummer des Probanden zu versehen. Auf diese Weise werden die Studiendaten pseudonymisiert. Einverständniserklärungen enthalten die Kontaktdaten der Studienteilnehmer und ebenfalls die ID-Nummer. Erst auf Grundlage der unterschriebenen Einverständniserklärung nimmt die kontaktierte Person an der Studie teil. Die Archivierung von Einverständniserklärungen und Fragebögen erfolgt gesichert, z.B. in Stahlschränken oder in geschützten Dateien der Einrichtung, die die Studie verantwortlich durchführt. Erst nach unwiderruflicher Löschung aller Personen identifizierenden Merkmale gelten die mit der ID-Nummer verknüpften Studiendaten als anonymisiert. Solange eine Anonymisierung nicht erfolgen kann, müssen die Personen identifizierenden Dokumente wie z.B. Einverständniserklärungen getrennt von den pseudonymisierten Fragebögen und anderen Dokumenten aufbewahrt werden. Alle an dem Forschungsvorhaben beteiligten Personen müssen auf das Datengeheimnis (§5 Bundesdatenschutzgesetz) verpflichtet werden.

Nach Eingabe der erhobenen Daten in die vorgesehenen Datenbanken muss der Zugriff auf die elektronischen Daten geschützt sein, d.h., für einen solchen Zugriff bedarf es z.B. eines persönlichen Passworts. Zudem dürfen nur die Personen, die an der Studie beteiligt sind, Zugriff auf die Dateien der Studie erhalten. Dabei muss eine personelle Trennung zwischen den mit der Datenerhebung befassten und den mit der Datenauswertung und statistischen Analyse betrauten Mitarbeitern erfolgen.

Die Personen identifizierenden Merkmale der Studienteilnehmer müssen gelöscht werden, sobald es der Studienzweck erlaubt. In der Regel ist hierzu ein vorgegebenes Datum zu nennen. Häufig ist diese Löschung erst nach Abschluss der Auswertungen vorgesehen, um bei eventuellen Nachfragen in den Fragebogenangaben die Möglichkeit einer erneuten Verifizierung über den Probanden zu ermöglichen. Sind weitere Studien mit den Probanden geplant, etwa im Rahmen von Follow-Up-Untersuchungen einer Kohortenstudie, so kann dadurch ein späteres Löschdatum begründet sein. Das vorgesehene Löschdatum ist in der Einverständniserklärung der Teilnehmer anzugeben.

Mit dem zunehmenden Einsatz von biologischen Markern in epidemiologischen Studien gewinnt die Problematik des *Umgangs mit biologischen Proben* eine wachsende Bedeutung. Gerade in prospektiven Studien haben Proben, die Jahre oder vielleicht sogar Jahrzehnte vor dem Auftreten eines Krankheitsereignisses eingelagert wurden, einen großen Wert für die Ursachenforschung. Sie bieten die Chance, frühe Indikatoren für später auftretende Erkrankungen zu entdecken oder Expositionen zu ermitteln, die einen Krankheitseintritt begünstigen. Rigide Anforderungen an die Einholung des Einverständnisses von Studienteilnehmern erschweren derartige Forschungen, wenn sie z.B. fordern, dass bereits bei der Gewinnung der Proben die damit geplanten biochemischen Analysen konkret benannt werden. Wenn später nicht vorab benannte Analysen durchgeführt werden sollen und hierfür ein erneutes Einverständnis eingeholt werden muss, steht oft der Studienerfolg in Frage, wenn ein relevanter Anteil der ursprünglichen Studienteilnehmer aufgrund von Krankheit, Tod oder Wegzug dieses Einverständnis nicht mehr geben kann.

Eine spätere Analyse biologischer Materialien hinsichtlich nicht zuvor benannter Hypothesen gilt grundsätzlich als unproblematisch, wenn diese Materialien anonymisiert wurden. Dies ist jedoch in Kohortenstudien bei denen die untersuchten Merkmale in Bezug zu späteren Krankheitsereignissen gesetzt werden sollen, nicht sinnvoll. Ein Ausweg aus diesem Dilemma kann die Einholung eines expliziten Einverständnisses für die Einlagerung und spätere Analyse des biologischen Materials ohne konkrete Benennung der untersuchten Hypothesen sein. Ein "Generaleinverständnis" gilt jedoch aus Sicht der Datenschutzgesetzgebung als problematisch. Um z.B. die spätere kommerzielle Nutzung von Biomaterialien ohne vorheriges Einverständnis auszuschließen, kann die beschränkte Einholung eines Einverständnisses für Analysen, die dem ursprünglichen Studienzweck dienen, ohne dass konkrete Hypothesen genannt werden, einen akzeptablen Kompromiss darstellen (CIOMS 2009). Die Empfehlungen von CIOMS gehen darüber hinaus speziell auf Studien mit vulnerablen Gruppen, Kindern oder Schwangeren ein und diskutieren die besonderen Aspekte, die sich aus der Einlagerung biologischer Proben ergeben. Eine Darstellung, die insbesondere auch den Hintergrund der rechtlichen Situation in Deutschland beinhaltet, geben auch Simon et al. (2006) sowie Kiehntopf & Böer (2008).

5.6.3   Ethische Prinzipien bei veterinärepidemiologischen Studien

Die in den Abschnitten 5.6.1 und 5.6.2 dargestellten Prinzipien zur Einhaltung ethischer Standards und des Datenschutzes folgen grundlegenden ethischen Regeln, so dass diese zunächst für jede Studienform und für jede Studienpopulation anwendbar sind. Bei der Durchführung veterinärepidemiologischer Studien sind jedoch weitere Aspekte zu berücksichtigen, so dass hierauf im Folgenden noch näher eingegangen werden soll.

Betrachtet man als Zielpopulation einen Tierbestand, so gelten anstelle der generellen ethischen Prinzipien der Deklaration von Helsinki die einschlägigen Bestimmungen des *Tierschutzgesetzes* (derzeit in der Fassung der Bekanntmachung vom 18. Mai 2006 (Bundesgesetzblatt (BGBl.) I S. 1206, 1313), das zuletzt durch Artikel 20 des Gesetzes vom 9. Dezember 2010 (BGBl. I S. 1934) geändert worden ist). Hier heißt es im §1: "... Niemand darf einem Tier ohne vernünftigen Grund Schmerzen, Leiden oder Schäden zufügen."

Da es in der Gesetzgebung keine einschlägige Ausformulierung für epidemiologische Studien gibt, kommen den §§7 bis 9, die die Prinzipien von Tierversuchen behandeln, eine entsprechende Bedeutung zu. Hier wird explizit festgelegt, dass ein Tierversuch nur dann statthaft ist, wenn er zur Erfüllung eines der nachfolgenden Zwecke unerlässlich ist:

- zum Vorbeugen, Erkennen oder Behandeln von Krankheiten, Leiden, Körperschäden oder körperlichen Beschwerden oder Erkennen oder Beeinflussen physiologischer Zustände oder Funktionen bei Mensch oder Tier,

- zum Erkennen von Umweltgefährdungen,

- zur Prüfung von Stoffen oder Produkten auf ihre Unbedenklichkeit für die Gesundheit von Mensch oder Tier oder auf ihre Wirksamkeit gegen tierische Schädlinge oder

- zur Grundlagenforschung.

Epidemiologische Studien an Tieren folgen damit im Wesentlichen dem ersten genannten Zweck. Dabei gelten analoge Prinzipien wie in Abschnitt 5.6.1 aufgeführt. Dies gilt insbesondere für die im Gesetz verankerte *Verpflichtung zur Dokumentation*, die in §9a die Aufzeichnungspflicht explizit fordert.

Da Tiere kein eigenes Selbstbestimmungsrecht haben, sind die Fragen des Datenschutzes sehr eng mit der Verknüpfung jedes Tieres zu einem Eigentümer, zu einem Besitzer, zu Betreuungs- oder Pflegepersonal sowie zum betreuenden Tierarzt von Bedeutung. Diese Personengruppen agieren zum Teil unabhängig voneinander und stehen somit in einem wechselnden Beziehungsverhältnis zum Tier als auch untereinander. Bei Lebensmittel liefernden Tieren werden diese zugeordneten *Rollen von Personen* noch durch (Futter-) Lieferanten, externes Service-Personal (z.B. Klauenpfleger bei Milchviehbeständen), Tierhändler, Molkereien, Eiproduktehersteller, Schlachthöfe, Zerlegebetriebe, Zwischenhändler, Vermarkter und viele andere mehr ergänzt. Wenn auch das einzelne Tier keinen rechtlichen Anspruch auf Datenschutz hat, so sind über die Verknüpfungen zu den genannten Personengruppen eine Vielzahl von Datenschutzbelangen berührt, die zunächst in gleichem Maße gelten wie in Abschnitt 5.6.2 ausgeführt. Will man zudem Daten bzw. Informationen der beteiligten Personengruppen mit einbeziehen (z.B. die Betriebsgröße eines landwirtschaftlichen Betriebs), so sind auch hier entsprechende Einverständniserklärungen einzuholen und ein *Datenschutzkonzept* in das Studienprotokoll mit aufzunehmen.

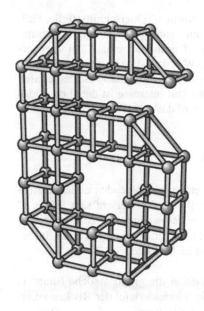

Auswertung epidemiologischer Studien

Auf das Modell kommt es an

6.1 Einführung

Bei allen empirischen Untersuchungen können zwei Phasen der Auswertung unterschieden werden, die deskriptive und die induktive statistische Analyse.

Bei der *deskriptiven Auswertung einer Studie* wird man die Studienergebnisse mit den Verfahren aus Kapitel 2 und 3 sowie mit grundsätzlichen Methoden der beschreibenden Statistik (siehe Anhang S) darstellen. Die dort dokumentierten Ergebnisse gelten streng nur für die Studienpopulation und ein Schluss auf die Zielpopulation wird dabei noch nicht gezogen.

Kann man aber die Validität der Studienergebnisse voraussetzen, so ist es mit Hilfe von Methoden der *induktiven Auswertung einer Studie* möglich, einen Schluss auf die Zielpopulation zu ziehen. Diese Auswertung epidemiologischer Studien hängt natürlich von den Voraussetzungen ab, die man durch Planung und Durchführung der Studie geschaffen hat.

Auswertungskonzepte für einen prospektiven Ansatz wie die Kohortenstudie, bei der das Auftreten von Neuerkrankungen betrachtet wird (Inzidenz), unterscheiden sich von denen eines zeitpunktbezogenen Ansatzes wie dem der Querschnittsstudie, bei der Anzahlen von bereits Erkrankten betrachtet werden (Prävalenz). Allerdings haben wir bei der Beschreibung des Odds Ratios gezeigt, dass bestimmte Kennzahlen und Auswertungskonzepte auch bei unterschiedlichen Studientypen angewendet werden können.

Im Folgenden werden daher die drei wesentlichen Studienformen (Querschnittsstudie, Fall-Kontroll-Studie, Kohortenstudie) parallel betrachtet und nur dann, wenn sich ein grundsätzlich anderes Auswertungskonzept ergibt, gehen wir darauf gesondert ein. Allen Auswertungskonzepten legen wir die Betrachtung einer Ursache-Wirkungs-Beziehung bei dichotomer Einfluss- und Zielvariable zugrunde, d.h. das ätiologische Konzept der Vierfeldertafel. Die wesentliche vergleichende epidemiologische Kennzahl von Interesse ist dabei das Odds Ratio. Besitzt das Studiendesign einen Inzidenzbezug, so wird das relative Risiko betrachtet.

6.2 Einfache Auswertungsverfahren

Ausgehend von dichotomer Einfluss- und Zielvariable werden im Folgenden einfache Auswertungsmethoden für epidemiologische Studien vorgestellt. Hierbei bezieht sich *"einfach"* auf die Vorstellung, dass *ausschließlich* eine *Beziehung zwischen einer Exposition* als Einflussvariable und *einer Krankheit* als Zielvariable betrachtet wird. Weitere Faktoren, insbesondere Confounder, werden in diesem Abschnitt zunächst nicht behandelt.

Zur Beantwortung der ätiologischen Fragestellung wird dabei die grundsätzliche Situation aus Tab. 3.1 zugrunde gelegt, d.h., wir betrachten hier die Vierfeldertafel der Risiken zu erkranken sowohl bei Vorliegen einer Exposition als auch bei Nichtvorliegen. Je nach Studientyp führt dies zu Vierfeldertafeln von beobachteten Kranken und Gesunden, Exponierten und Nichtexponierten wie in Tab. 6.1 (siehe Abschnitt 3.3, Tab. 3.2, Tab. 3.4 bzw. Tab. 3.6).

Tab. 6.1: Beobachtete Anzahl von Kranken, Gesunden, Exponierten und Nichtexponierten in einer epidemiologischen Studie

Status	exponiert (Ex = 1)	nicht exponiert (Ex = 0)	Summe
krank (Kr = 1)	n_{11}	n_{10}	$n_{1.} = n_{11} + n_{10}$
gesund (Kr = 0)	n_{01}	n_{00}	$n_{0.} = n_{01} + n_{00}$
Summe	$n_{.1} = n_{11} + n_{01}$	$n_{.0} = n_{10} + n_{00}$	$n = n_{..}$

Die in diesen Tafeln enthaltenen Häufigkeiten n_{ij}, $i, j = 0, 1$, können als *Realisationen von Zufallsvariablen* aufgefasst werden. Bei der Kohortenstudie bzw. der Fall-Kontroll-Studie kann man dann vom Vorliegen *zweier Binomialverteilungen* ausgehen, während die Querschnittsstudie zu einer *Multinomialverteilung* führt (siehe Anhang S).

Um zu erläutern, wie statistische Schlussfolgerungen über die Parameter dieser Verteilungen und die damit zusammenhängenden epidemiologischen Maßzahlen gezogen werden, beschreiben wir im Folgenden, wie diese Maßzahlen geschätzt werden können bzw. welche statistischen Konfidenz- und Testaussagen hierzu möglich sind.

6.2.1 Schätzen epidemiologischer Maßzahlen

Die Angabe einer epidemiologischen Maßzahl aus den Daten der Studienpopulation stellt aus Sicht der induktiven Statistik eine Schätzung des entsprechenden Parameters in der Zielpopulation dar (siehe auch Anhang S). Hierbei hatten wir in Abschnitt 3.3 festgestellt, dass sich, abhängig vom Studiendesign, nicht jede epidemiologische Kennzahl auch als schätzbar erweist. Daher diskutieren wir im Folgenden zunächst die Eigenschaften der epidemiologischen Schätzer für die jeweiligen Studiendesigns getrennt.

Parameterschätzung in Querschnittsstudien

Wie in Abschnitt 3.3.2 erläutert, werden bei einer Querschnittsuntersuchung die Studienteilnehmer aus der Zielpopulation ausgewählt und sowohl deren Expositionsstatus als auch deren Krankheitsstatus erhoben. Damit ist die Querschnittsstudie für die Untersuchung einer Ursache-Wirkungs-Beziehung nur eingeschränkt geeignet, da sie im Prinzip nur Prävalenzen zum Zeitpunkt der Datenerhebung erfasst.

Zu Beginn einer Querschnittsuntersuchung steht damit nur der Gesamtstichprobenumfang n fest. Damit gilt für jedes der vier Felder von *Häufigkeiten* n_{ij}, $i, j = 0, 1$, aus Tab. 6.1, dass diese Realisationen von jeweils binomialverteilten (als Symbol: $\sim$ Bi) Zufallsvariablen sind, mit Gesamtstichprobenumfang n und der gemeinsamen Wahrscheinlichkeit dafür, dass diese Personen exponiert ($j = 1$) oder nicht exponiert ($j = 0$), krank ($i = 1$) oder nicht krank ($i = 0$) sind. Diese binomialverteilten Zufallsvariablen werden mit N_{ij} bezeichnet, für die dann gilt:

$$N_{ij} \sim Bi(n, Pr\,(Kr = i \text{ und } Ex = j)), i, j = 0, 1.$$

Dabei gilt für die Summe der vier Wahrscheinlichkeiten der Tafel

$$\sum_i \sum_j Pr(Kr = i \text{ und } Ex = j) = 1.$$

Die gemeinsame Verteilung der N_{ij} genügt somit einer so genannten *Multinomialverteilung*. Streng genommen handelt es sich bei der Generierung der Vierfeldertafel um ein "Ziehen ohne Zurücklegen" aus der Zielpopulation. Jedoch ist es angesichts der üblicherweise großen Grundgesamtheiten gerechtfertigt, von dem Modell "Ziehen mit Zurücklegen" auszugehen, da es dann keine Rolle spielt, ob ein gezogenes Individuum zurückgelegt wird oder nicht. Das heißt, dass wir in der Regel mit der Binomial- bzw. Multinomialverteilung arbeiten können (siehe Anhang S).

Die in Abschnitt 3.3.2 angegebenen *Schätzer* $P(j)_{Studie}$, $j = 0,1$, für die *Prävalenz* in der Gruppe der Exponierten bzw. der Nichtexponierten, sind erwartungstreue, konsistente und effiziente Schätzwerte für die entsprechenden Prävalenzen in der Zielpopulation. Dabei versteht man – anschaulich gesprochen – unter Erwartungstreue, dass der entsprechende Schätzer den wahren zu schätzenden Wert (z.B. $P(j)_{Ziel}$, $j = 0,1$) nicht systematisch unter- oder überschätzt, unter Konsistenz, dass der Schätzer mit wachsendem Stichprobenumfang immer näher an den wahren Wert heranreicht, und unter Effizienz, dass dieser Schätzer unter allen erwartungstreuen Schätzern die geringste Varianz besitzt. Die Schätzer für die Prävalenz in der Zielpopulation können daher als "optimale Schätzer" für diesen Studientyp bezeichnet werden. Für hinreichend große Studienumfänge kann zudem von einer Normalverteilung der Prävalenzschätzer ausgegangen werden (siehe Anhang S; der an weiteren detaillierten Definitionen von Güteeigenschaften von Schätzern interessierte Leser sei zudem z.B. auf die Monographie von Lehmann & Casella (1998) verwiesen).

Bei den in Abschnitt 3.3.2 angegebenen *Schätzern der vergleichenden Maßzahlen* OR_{Studie} bzw. PR_{Studie} handelt es sich um ML-Schätzer (siehe Anhang S). Diese sind zwar konsistent, aber nicht erwartungstreu. Ein weiterer Nachteil dieser Schätzer besteht zudem darin, dass sie unbrauchbare Ergebnisse liefern, wenn eine der Zellhäufigkeiten gleich null ist, was bei kleinen Studienumfängen und seltenen Krankheiten oder seltenen Expositionen durchaus der Fall sein kann. Für das geschätzte Odds Ratio ergibt sich dann z.B. entweder null oder unendlich. Dieses Problem kann man umgehen, indem man der Empfehlung folgt, in einem solchen Fall zu jeder Zelle 0,5 zu addieren. Allerdings wird die Schätzung des entsprechenden Parameters der Zielpopulation damit noch weiter verzerrt.

Parameterschätzung in Fall-Kontroll-Studien

Beim retrospektiven Fall-Kontroll-Design werden vor Beginn der Studie die Anzahlen der Fälle und Kontrollen getrennt vorgegeben. Damit sind in Tab. 6.1 die *Zeilensummen* $n_{1.}$ und $n_{0.}$ *fest*. Die *Anzahlen* der Exponierten sind bei Fällen und Kontrollen *binomialverteilt*, d.h., es gilt hier

$$N_{11} \sim Bi(n_{1.}, Pr\,(Ex = 1 | Kr = 1))\ \text{bzw.}\ N_{01} \sim Bi(n_{0.}, Pr\,(Ex = 1 | Kr = 0)).$$

Hierbei bezeichnet $Pr(Ex = 1 | Kr = 1)$ die Wahrscheinlichkeit, dass ein Fall exponiert ist, bzw. $Pr(Ex = 1 | Kr = 0)$, dass eine Kontrolle exponiert ist. Diese Expositionswahrscheinlichkeiten können aus den Studiendaten natürlicherweise durch

$$Pr\,(Ex = 1 | Kr = 1)_{Studie} = \frac{n_{11}}{n_{1.}}\ \text{bzw.}\ Pr\,(Ex = 1 | Kr = 0)_{Studie} = \frac{n_{01}}{n_{0.}}$$

geschätzt werden. Jedoch sind diese Wahrscheinlichkeiten in der Regel nur von nachgeordnetem Interesse. Eine *Schätzung von Risiken* und damit eines relativen Risikos ist mit diesem Studienansatz, wie in Abschnitt 3.3.3 bereits erläutert, *nicht möglich*. Allerdings ist wegen der Invarianzeigenschaft des Odds Ratios auch hier die Angabe eines *Schätzers* OR_{Studie} möglich, der sich auch in diesem Studiendesign als Maximum-Likelihood-Schätzer erweist (siehe Anhang S). Analog zu Querschnittsstudien ist dieser Schätzer in Fall-Kontroll-Studien ebenfalls nicht erwartungstreu, aber konsistent und somit ein geeigneter Schätzer für das Odds Ratio OR_{Ziel} in der Zielpopulation. Damit unterliegt OR_{Studie} denselben Einschränkungen wie die vergleichenden epidemiologischen Maßzahlen bei Querschnittsuntersuchungen.

Parameterschätzung in Kohortenstudien

Bei der Analyse von Kohortenstudien muss zunächst unterschieden werden zwischen Daten, die in Form der *Zeit unter Risiko (Personen-, Bestandszeiten)* vorliegen, und Daten, die die *Anzahl der exponierten Individuen* angeben. Wie in Kapitel 2 beschrieben, erhält man dann zwei unterschiedliche Häufigkeitsmaße: die Inzidenzdichte ID bzw. die kumulative Inzidenz CI. Damit können sich je nach vorliegender Datenstruktur auch unterschiedliche vergleichende Maße ergeben. Liegen Zeiten unter Risiko und damit Inzidenzdichten vor, so erhält man einen Inzidenzdichte-Quotienten. Aus kumulativen Inzidenzen ergibt sich das relative Risiko.

In einer Kohortenstudie mit beobachteten kumulativen Inzidenzen sind die Zahlen der Exponierten und Nichtexponierten vorgegeben, d.h., die *Spaltensummen* $n_{.1}$ und $n_{.0}$ der Tab. 6.1 sind *fest*. Sind die Individuen der Studienpopulation in dem Sinne unabhängig, dass die Krankheit eines Individuums nicht den Gesundheitsstatus eines anderen beeinflusst, dann sind die *Anzahlen* N_{11} der Erkrankten unter den Exponierten und N_{10} der Erkrankten unter den Nichtexponierten *unabhängig binomialverteilt*, d.h., es gilt

$$N_{11} \sim Bi(n_{.1}, P_{11}) \text{ bzw. } N_{10} \sim Bi(n_{.0}, P_{10}).$$

Hierbei bezeichnen $P_{11} = Pr(Kr = 1 \mid Ex = 1)$ bzw. $P_{10} = Pr(Kr = 1 \mid Ex = 0)$ die Erkrankungsrisiken mit bzw. ohne Exposition, d.h. die Wahrscheinlichkeiten, während der Follow-Up-Periode in den gegebenen Expositionsgruppen zu erkranken. Die in Abschnitt 3.3.4 bereits angegebenen *Schätzer für die kumulativen Inzidenzen*

$$CI(1)_{Studie} = \frac{n_{11}}{n_{.1}} \text{ bzw. } CI(0)_{Studie} = \frac{n_{10}}{n_{.0}}$$

sind aufgrund des Binomialmodells, wie bereits oben erläutert, erwartungstreu, konsistent und effizient.

Die *Schätzer* RR_{Studie} und OR_{Studie} aus Abschnitt 3.3.4 stellen die ML-Schätzer der vergleichenden Maßzahlen des relativen Risikos und des Odds Ratios dar. Damit sind sie konsistent und asymptotisch normalverteilt.

Werden in einer Kohortenstudie dagegen Zeiten unter Risiko, z.B. in Form von Personen- oder Bestandszeiten, erhoben, so ist die Darstellung der ätiologischen Fragestellung als Vierfeldertafel gemäß Tab. 6.1 im Sinne von aufgetretenen Anzahlen nicht mehr sinnvoll. Neben den aufgetretenen (inzidenten) Erkrankungsfällen n_{11}, die exponiert waren, bzw. n_{10}, die nicht exponiert waren, sind dann die Zeiten unter Risiko (siehe Abschnitt 2.1.2) für die exponierte bzw. die nicht exponierte Gruppe getrennt zu ermitteln. Eine typische Darstellung der Ergebnisse findet sich im nachfolgenden Beispiel.

Beispiel: Die Zielfragestellung der Bitumenkohorte (siehe Abschnitt 1.2) war, ob das Lungenkrebsrisiko unter Bitumenexponierten, die keine Teerexposition hatten, erhöht ist. Als interne Vergleichskohorte war dementsprechend die Gruppe der nicht gegenüber Teer oder Bitumen Exponierten von besonderem Interesse. Daher wurden verschiedene Unterkohorten gebildet (Tab. 6.2).

Tab. 6.2:   Personenzeit und beobachtete Lungenkrebssterblichkeit in expositionsspezifischen Teilkohorten in der Bitumenkohorte (vgl. Behrens et al. 2009)

Teilkohorte	Lungenkrebsfälle (n)	Personenjahre (PJ)	Anzahl Personen	Mittlere Dauer des Follow-Up (Jahre)	Durchschnittsalter bei Kohorteneintritt	Rohe Mortalitätsrate pro 100.000 PJ
Bitumen exponiert, keine Teerexposition	33	39.282	2.535	15,5	32	84,01
Potenziell Teer exponiert	15	16.858	832	20,3	33	88,98
Exposition unbekannt	14	30.317	1.873	16,2	31	46,18
Nicht gegenüber Bitumen o. Teer exponiert	39	45.748	2.737	16,7	32	85,25
Gesamtkohorte[#]	101	132.205	7.919	16,7	32	76,40

[#] Die Personenzahl der Gesamtkohorte ergibt sich nicht als Summe der entsprechenden Anzahlen aus den Teilkohorten, da einzelne Personen den Expositionsstatus im Laufe ihrer Kohortenzugehörigkeit gewechselt haben.

Diese Daten ergeben eine rohe, d.h. nicht nach Alter oder Kalenderzeit adjustierte Lungenkrebsmortalitätsrate von 76,4 pro 100.000 Personenjahre in der Gesamtkohorte. Die entsprechenden Mortalitätsraten in den Teilkohorten der gegenüber Bitumen exponierten (84,01) und der nicht gegenüber Bitumen exponierten Arbeiter (85,25) unterscheiden sich kaum. Der interne Vergleich ergibt auch nach Adjustierung für Alter und Kalenderzeit nur geringe Unterschiede zwischen Bitumenexponierten und Nichtbitumenexponierten. Die Frage, ob Bitumen das Lungenkrebsrisiko erhöht, konnte damit allerdings nicht zufriedenstellend beantwortet werden, da in der nicht gegenüber Bitumen exponierten Vergleichskohorte Expositionen gegenüber einer Reihe von bekannten Lungenkarzinogenen wie Dieselruß und Quarzstaub zu beobachten waren.

Wie bereits im Zusammenhang mit der Einführung der Inzidenzdichte ID in Abschnitt 2.1.2 erwähnt, ist die aus den Informationen gemäß Tab. 6.2 ableitbare epidemiologische Kennzahl eine so genannte (Hazard-) Rate, da sie eine Anzahl (inzidente Fälle) zu einem Zeitereignis (Personenzeit, Gesamtrisikozeit $P\Delta$) in Beziehung setzt. Ermittelt man nun diese Kenngrößen aus den Daten einer Kohortenstudie, d.h., berechnet man

$$ID(1)_{Studie} = \frac{n_{11}}{P\Delta(1)_{Studie}} \quad bzw. \quad ID(0)_{Studie} = \frac{n_{10}}{P\Delta(0)_{Studie}},$$

so stellen diese *Schätzer für die Inzidenzdichten* keine klassischen binomialverteilten Zufallsgrößen mehr dar. Da man in der Regel davon ausgehen kann, dass die Anzahl der inzidenten Ereignisse gering und die Summe der Zeiten unter Risiko in einer Studienpopulation groß ist, ist es meist sinnvoll, die aus der Studienpopulation geschätzten Hazardraten mittels eines so genannten Poisson-Modells anzugeben, d.h., man interpretiert die Inzidenzdichte als Ereignisrate einer Poisson-Verteilung (siehe Anhang S.3.3.3).

Vor dem Hintergrund dieser Interpretation kann aus statistischer Sicht daher direkt auf die Theorie der Überlebenszeitenanalyse bei der statistischen Auswertung zurückgegriffen werden. Dabei ist es möglich die verschiedenen Aspekte des Designs der Kohortenstudie, wie z.B. geschlossene Kohorten (fixe Summe von Risikozeiten) oder offene Kohorten (variable Summe von Risikozeiten), zu berücksichtigen (vgl. z.B. Breslow & Day 1987, Clayton & Hills 1993).

Dies gilt auch für die vergleichenden epidemiologischen Maßzahlen, da es nun sinnvoll ist, nicht mehr ein einfaches relatives Risiko als Quotient von Anteilen zu bestimmen, sondern vielmehr einen Inzidenzdichtequotienten (siehe auch Abschnitt 3.3.4). Da diese Größe unter Annahme eines Poisson-Modells besondere Eigenschaften hat, werden wir hierauf in Abschnitt 6.6 noch vertieft eingehen.

Parameterschätzung in r×s-Tafeln

Oft ist es sinnvoll, eine Kategorisierung sowohl der Einfluss- als auch der Zielvariable nicht nur in zwei Kategorien vorzunehmen, sondern die Exposition oder den Krankheitsstatus auf mehreren Stufen zu betrachten. Dies führt zu einer r×s-Kontingenztafel, in der r Kategorien des Krankheitsstatus nach s Expositionskategorien aufgeteilt sind (siehe auch Anhang S).

Bei einer *Kohortenstudie* kann man etwa die in Tab. 6.3 dargestellte r×2-Kontingenztafel beobachten. Hier stellen die Kategorien 1, ..., r *verschiedene Stadien oder Schweregrade einer Krankheit* (z.B. gesund, leicht, mittel, schwer erkrankt) dar.

Tab. 6.3: Beobachtete Anzahlen von Individuen mit unterschiedlichem Krankheitsstatus in einer Kohortenstudie

Krankheitsstatus	Risikogruppe (Ex = 1)	Vergleichsgruppe (Ex = 0)	Summe
Kategorie 1	n_{11}	n_{10}	$n_{1.} = n_{11} + n_{10}$
Kategorie 2	n_{21}	n_{20}	$n_{2.} = n_{21} + n_{20}$
⋮	⋮	⋮	⋮
Kategorie i	n_{i1}	n_{i0}	$n_{i.} = n_{i1} + n_{i0}$
⋮	⋮	⋮	⋮
Kategorie r	n_{r1}	n_{r0}	$n_{r.} = n_{r1} + n_{r0}$
Summe	$n_{.1} = \sum_{i=1}^{r} n_{i1}$	$n_{.0} = \sum_{i=1}^{r} n_{i0}$	$n = n_{..}$

Bei einer *Fall-Kontroll-Studie* kann sich z.B. die in Tab. 6.4 dargestellte 2×s-Kontingenztafel ergeben. Hier können 1, ..., s *Expositionskategorien* beobachtet werden, die z.B. unterschiedliche Belastungsstufen einer Exposition charakterisieren.

Beispiel: So kann man etwa Kategorien der Art "nicht rauchend", "mäßig rauchend", "stark rauchend" definieren. Aber auch metrische Variablen können in einer solchen Tabelle dargestellt werden, indem man sie in Gruppen einteilt. So ist es z.B. möglich, das Rauchverhalten in Zigaretten pro Tag zu messen. Daraus können Kategorien wie "0", "1–10", "11–20" usw. gebildet werden.

Eine Erweiterung der Interpretationsmöglichkeiten einer solchen 2×s-Tafel ergibt sich bei *gleichzeitiger Analyse mehrerer Risikofaktoren*, indem man sämtliche möglichen Kombinationen als Expositionskategorien definiert.

Beispiel: Hier könnten z.B. die zwei Risikofaktoren "Rauchen" und "Geschlecht" in obigem Sinne in insgesamt s = 6 Expositionskategorien "männlich, nicht rauchend", "männlich, mäßig rauchend", "männlich, stark rauchend" sowie "weiblich, nicht rauchend", "weiblich, mäßig rauchend", "weiblich, stark rauchend" aufgeteilt werden.

Tab. 6.4:   Beobachtete Anzahlen von Individuen mit unterschiedlichem Expositionsstatus in einer Fall-Kontroll-Studie

Status	Expositionskategorie						Summe
	Ex=1	Ex=2	...	Ex=j	...	Ex=s	
Fall	n_{11}	n_{12}	...	n_{1j}		n_{1s}	$n_{1.} = \sum_{j=1}^{s} n_{1j}$
Kontrolle	n_{01}	n_{02}		n_{0j}		n_{0s}	$n_{0.} = \sum_{j=1}^{s} n_{0j}$
Summe	$n_{.1}$ $=n_{11}+n_{01}$	$n_{.2}$ $=n_{12}+n_{02}$		$n_{.j}$ $=n_{1j}+n_{0j}$		$n_{.s}$ $=n_{1s}+n_{0s}$	$n = n_{..}$

Der Darstellung mehrerer Expositionskategorien kommt eine besondere Bedeutung zu, denn damit kann der Zusammenhang zwischen Exposition und Krankheit genauer analysiert werden als in der Vierfeldertafel. Dabei bezeichnet man – abweichend von der üblichen Notation im dichotomen Fall, siehe Tab. 6.1 – im Allgemeinen die Vergleichsgruppe mit Ex = 1 statt mit Ex = 0. Lässt sich das Odds Ratio als eine monotone Funktion der geordneten Expositionskategorien darstellen, so spricht man auch von einer **Expositions-Effekt-Beziehung**.

Eine solche Expositions-Effekt-Beziehung gilt als ein Indiz dafür, dass die Exposition die Krankheit auch tatsächlich verursacht, wenn nämlich mit zunehmender Exposition auch das Erkrankungsrisiko zunimmt. Ein sicherer Nachweis ist damit allerdings nicht erfolgt, da eine Expositions-Effekt-Beziehung letztendlich z.B. medizinisch oder biologisch geprüft werden muss, denn ein solcher Nachweis kann nicht auf einer statistischen Argumentation allein basieren (siehe hierzu die Überlegungen zur Kausalität in Abschnitt 3.1.1).

Bei einer Exposition mit zwei Ausprägungen stellt das Odds Ratio den Vergleich einer exponierten zu einer nicht exponierten Gruppe dar. Ebenso lassen sich *Odds Ratios* für eine Variable mit *mehreren Ausprägungen* definieren, indem man eine der gegebenen Ausprägungen (z.B. Ex = 1, siehe oben) als **Referenzgruppe** oder **Baseline** wählt.

Oft ist diese Referenzgruppe bereits sachlich vorgegeben, z.B. die Nichtraucher. Prinzipiell kann allerdings jede beliebige Kategorie als Referenz verwendet werden. Dann wird für jede Kategorie der Exposition das Odds Ratio im Vergleich zu dieser Referenzgruppe ermittelt.

Dazu bestimmt man in jeder Expositionskategorie Ex = j das Verhältnis der Fälle zu den Kontrollen, d.h. man bildet den Quotienten

$$\text{Odds}_{j\,\text{Studie}} = \frac{n_{1j}}{n_{0j}}, j = 1, ..., s.$$

Mit diesen geschätzten Odds pro Expositionskategorie ist es möglich, Odds Ratios zur Referenzgruppe zu bilden. Hat die Referenzgruppe z.B. den Index j = 1, so erhält man (s − 1) verschiedene Odds Ratios, die geschätzt werden durch die Ausdrücke

$$\text{OR}_{j\,\text{Studie}} = \frac{n_{1j} \cdot n_{01}}{n_{11} \cdot n_{0j}}, j = 2, ..., s.$$

Durch diese Vorgehensweise wird die vorliegende 2×s-Tafel somit in (s − 1) Vierfeldertafeln zerlegt und für jede dieser Tafeln ein separates Odds Ratio geschätzt. Die Spalte der Nichtexponierten ist dabei in allen so erzeugten Vierfeldertafeln dieselbe.

Beispiel: Im Rahmen einer Fall-Kontroll-Studie zur Ätiologie des Lungenkrebses in China (vgl. Liu et al. 1993) wurde die 2×4-Tafel gemäß Tab. 6.5 gebildet.

Tab. 6.5:   Lungenkrebsfälle und Kontrollen sowie Exposition durch Rauchen (durchschnittlich gerauchte Zigaretten pro Tag) nach Liu et al. (1993)

Status	durchschnittlich gerauchte Zigaretten (von ... bis unter ...)				Summe
	Nichtraucher Ex=1	1–20 Ex=2	20–30 Ex=3	30 und mehr Ex=4	
Fall	12	21	97	94	224
Kontrolle	44	93	66	21	224
Summe	56	114	163	115	448

Damit erhält man als Schätzer für die Odds Ratios gegen die Referenzkategorie "Nichtraucher"

$$\text{OR}_{2\,\text{Studie}} = \frac{21 \cdot 44}{12 \cdot 93} = 0{,}83,$$

$$\text{OR}_{3\,\text{Studie}} = \frac{97 \cdot 44}{12 \cdot 66} = 5{,}39,$$

$$\text{OR}_{4\,\text{Studie}} = \frac{94 \cdot 44}{12 \cdot 21} = 16{,}41,$$

so dass sich hier direkt eine Expositions-Effekt-Beziehung in den Odds Ratios ablesen lässt.

Dieses Prinzip, eine r×s-Tafel in eine Reihe von Vierfeldertafeln zu zerlegen, ist bei allen Studientypen und beliebigeR Anzahl r und s von Kategorien anwendbar. Damit kann immer das Verteilungsmodell der Binomialverteilung unterstellt werden, so dass die bislang gemachten Aussagen für die Schätzung von Prävalenzen und Inzidenzen und die darauf aufbauenden vergleichenden Maßzahlen auch hier ihre Gültigkeit haben.

Bei der Betrachtung *mehrerer Risikofaktoren* muss allerdings möglichen *Wechselwirkungen* Rechnung getragen werden. Es stellt sich dann die Frage, wie sich das Odds Ratio verändert, wenn ein Individuum beiden Expositionen gleichzeitig ausgesetzt ist, was sich besser durch eine geschichtete Analyse (siehe Abschnitt 6.3) bzw. einen (logistischen) Modellansatz (siehe Abschnitt 6.5) klären lässt.

6.2.2   Konfidenzintervalle für das Odds Ratio

Die Berechnung eines Odds Ratios aus den Daten einer epidemiologischen Studie liefert einen Schätzwert für das wahre, aber unbekannte Odds Ratio der Zielpopulation. Würde man zu derselben Fragestellung unter Zugrundelegung desselben Studiendesigns mehrere Datensätze erheben, würden sich verschiedene Schätzwerte für den wahren Wert ergeben. Diese können mehr oder weniger von diesem wahren (unbekannten) Wert entfernt liegen, da die Schätzwerte mit einem Zufallsfehler behaftet sind und somit eine gewisse Variabilität aufweisen. Es ist also sinnvoll, diese Variabilität der Schätzung zu berücksichtigen und einen Bereich anzugeben, der den wahren Wert mit einer angemessenen Wahrscheinlichkeit von z.B. 95% oder allgemeiner von $(1-\alpha)$ überdeckt. Solche Bereiche werden als Konfidenzintervalle für das Odds Ratio in der Zielpopulation OR_{Ziel} bezeichnet. Die Wahrscheinlichkeit, mit der das wahre OR_{Ziel} überdeckt wird, nennt man auch Überdeckungswahrscheinlichkeit (siehe auch das allgemeine Konstruktionsprinzip von Konfidenzintervallen in Anhang S.4.3).

Approximatives Konfidenzintervall nach Woolf

Das Konfidenzintervall von Woolf (1955) beruht auf einer Aussage zur asymptotischen Verteilung des logarithmierten Schätzers OR_{Studie} einer epidemiologischen Studie, d.h. die Verteilung von $\ln(OR_{Studie})$ wird unter der Annahme eines wachsenden Stichprobenumfangs bestimmt. Genauer lässt sich zeigen, dass die Zufallsgröße $\ln(OR_{Studie})$ asymptotisch normalverteilt ist. Da in der Praxis keine unendlich großen Stichprobenumfänge vorkommen, sagt man für endliche Stichprobenumfänge, dass $\ln(OR_{Studie})$ approximativ normalverteilt ist mit Erwartungswert $\ln(OR_{Ziel})$ und Varianz $Var(\ln(OR_{Studie}))$, d.h., es gilt

$$\ln(OR_{Studie}) \sim N[\ln(OR_{Ziel}), Var(\ln(OR_{Studie}))].$$

Für die Varianz gilt dabei

$$Var\big(\ln(OR_{Studie})\big) = \frac{1}{[n_{.1} \cdot P_{11} \cdot (1 - P_{11})] \cdot [n_{.0} \cdot P_{10} \cdot (1 - P_{10})]},$$

wobei P_{11} das Risiko der Exponierten und P_{10} das Risiko der Nichtexponierten angibt. Diese Varianz lässt sich aus den Daten einer epidemiologischen Studie schätzen durch

$$Var_{Studie}\big(\ln(OR_{Studie})\big) = \frac{1}{n_{11}} + \frac{1}{n_{10}} + \frac{1}{n_{01}} + \frac{1}{n_{00}}.$$

Damit kann ein **approximatives (1–α)-Konfidenzintervall für das Odds Ratio** OR angegeben werden, das auf dieser Normalapproximation beruht:

$$\mathrm{KI}_{\mathrm{Woolf}}(\mathrm{OR}_{\mathrm{Ziel}}) = \left[\mathrm{OR}_{\mathrm{Studie}} \cdot \exp\left\{\pm u_{1-\alpha/2} \cdot \sqrt{\frac{1}{n_{11}} + \frac{1}{n_{10}} + \frac{1}{n_{01}} + \frac{1}{n_{00}}}\right\}\right].$$

Dabei bezeichnet $u_{1-\alpha/2}$ das $(1-\alpha/2)$-Quantil der Standardnormalverteilung. Die Intervallgrenzen heißen auch **Logit-Limits**, da sich ln(OR) als Differenz zweier so genannter Logits darstellen lässt (zur Definition und Bedeutung der Logits siehe Abschnitt 6.5).

Beispiel: In Tab. 3.3 wurden Daten des Bundesgesundheitssurveys berichtet, wobei als Gesundheitsstatus das mögliche Übergewicht (BMI ≥ 25 vs. BMI < 25) bei Männern und Frauen betrachtet wurde. Als Odds Ratio aus den Studiendaten ergab sich dort

$$\mathrm{OR}_{\mathrm{BGS\,1998}} = \frac{2.299 \cdot 1.702}{1.919 \cdot 1.148} = 1{,}776,$$

d.h. ein um 77,6% erhöhtes Odds Ratio des Übergewichts beim Vergleich von Männern zu Frauen (siehe Abschnitt 3.3.2).

Für die Berechnung eines Konfidenzintervalls nach Woolf mit einer Überdeckungswahrscheinlichkeit von $(1-\alpha) = 0{,}95$, kann man gemäß Tab. T1 ein Quantil von $u_{0{,}975} = 1{,}96$ ermitteln. Damit erhält man

$$\mathrm{KI}_{\mathrm{Woolf}}(\mathrm{OR}_{\mathrm{Ziel}}) = \left[1{,}776 \cdot \exp\left\{\pm 1{,}96 \cdot \sqrt{\frac{1}{2.299} + \frac{1}{1.148} + \frac{1}{1.919} + \frac{1}{1.702}}\right\}\right]$$

$$= \left[1{,}776 \cdot \exp\{\pm 1{,}96 \cdot 0{,}049\}\right] = \left[1{,}776 \cdot \exp\{\pm 0{,}096\}\right] = \left[1{,}613; 1{,}955\right].$$

Das wahre Odds Ratio der Bevölkerung wird mit einer Wahrscheinlichkeit von 95% vom angegebenen Intervall von 1,613 bis 1,956 überdeckt.

Lässt sich, wie bei einer Kohortenstudie, ein Schätzer $\mathrm{RR}_{\mathrm{Studie}}$ für das relative Risiko $\mathrm{RR}_{\mathrm{Ziel}}$ angeben, so ist obiges Intervall mit $\mathrm{RR}_{\mathrm{Studie}}$ anstelle von $\mathrm{OR}_{\mathrm{Studie}}$ auch ein approximatives $(1-\alpha)$-Konfidenzintervall für das relative Risiko $\mathrm{RR}_{\mathrm{Ziel}}$.

Bei kleinen Zellhäufigkeiten allerdings liefern der Varianzschätzer und damit das Konfidenzintervall unter Umständen verzerrte Ergebnisse. Deshalb sollte das Konfidenzintervall nach Woolf nur bei ausreichend großen Studien zum Einsatz kommen.

Approximatives Konfidenzintervall nach Cornfield

Zur Bestimmung des Konfidenzintervalls für das Odds Ratio nach Woolf geht man von einer Approximation der Verteilung des (logarithmierten) Schätzers $\mathrm{OR}_{\mathrm{Studie}}$ aus. Statt bei dem Schätzer anzusetzen, kann man aber auch von den Zellhäufigkeiten einer Vierfeldertafel selbst ausgehen und diese als Realisationen von Zufallsvariablen ansehen und somit für die Bestimmung einer Verteilung nutzen. Die im Folgenden beschriebene Vorgehensweise geht auf Cornfield (1956) zurück. Dabei werden also zunächst eine untere und eine obere Grenze, also ein Konfidenzintervall, für die Zellhäufigkeiten bestimmt und diese Grenzen anschließend in die Formel für das Odds Ratio eingesetzt und so die untere und obere Grenze des Konfidenzintervalls für OR_{Ziel} ermittelt.

Für die Zellhäufigkeiten der Vierfeldertafel lässt sich zeigen, dass z.B. die Anzahl der erkrankten Exponierten einer hypergeometrischen Verteilung folgt (siehe Anhang S.3.3.2). Diese Verteilung kann nach dem zentralen Grenzwertsatz bei hinreichender Größe selbst durch eine Normalverteilung angenähert werden. Dies wird bei der Bestimmung von Konfidenzintervallen ausgenutzt.

Bezeichnet $\tilde{N}_{11}$ also diese Zufallsvariable, die bei gegebenen Randsummen $n_{..}$, $n_{1.}$, $n_{0.}$, $n_{.1}$, und $n_{.0}$ der Zellhäufigkeit der erkrankten Exponierten zugrunde liegt, so gilt nach dem zentralen Grenzwertsatz approximativ

$$\tilde{N}_{11} \sim N\left(E\left(\tilde{N}_{11}\right), Var\left(\tilde{N}_{11}\right)\right),$$

wobei sich die Varianz aus

$$Var\left(\tilde{N}_{11}\right) = \left(\frac{1}{E\left(\tilde{N}_{11}\right)} + \frac{1}{E\left(\tilde{N}_{10}\right)} + \frac{1}{E\left(\tilde{N}_{01}\right)} + \frac{1}{E\left(\tilde{N}_{00}\right)}\right)^{-1}$$

ergibt. Der Erwartungswert $E(\tilde{N}_{11})$ (und damit die Erwartungswerte $E(\tilde{N}_{10})$, $E(\tilde{N}_{01})$ und $E(\tilde{N}_{00})$, die sich durch Bildung der Differenzen mit den Rändern der Vierfeldertafel ergeben, hängt vom "Grad der Abhängigkeit" zwischen Exposition und Krankheit ab. Ist $OR_{Ziel} = 1$, d.h., sind Exposition und Krankheit unabhängig voneinander, so lassen sich die erwarteten Häufigkeiten aus den Produkten der entsprechenden Randhäufigkeiten ermitteln, d.h., es gilt

$$E\left(\tilde{N}_{11}\right) = \frac{n_{1.} \cdot n_{.1}}{n_{..}} = n_{11\,erw}.$$

Möchte man ein ungefähres Konfidenzintervall ermitteln (siehe auch Anhang S.4.3), so kann daher in einem ersten Schritt nur eine vorläufige untere Grenze $N_{11\,u}$ bzw. obere Grenze $N_{11\,o}$ eines Konfidenzintervalls für die wahren Anzahlen der erkrankten Exponierten bestimmt werden. Hierzu errechnet man

$$N_{11u} = n_{11} - u_{1-\alpha/2} \cdot \sqrt{\left(\frac{1}{N_{11u}} + \frac{1}{N_{10u}} + \frac{1}{N_{01u}} + \frac{1}{N_{00u}}\right)^{-1}},$$

$$N_{11o} = n_{11} + u_{1-\alpha/2} \cdot \sqrt{\left(\frac{1}{N_{11o}} + \frac{1}{N_{10o}} + \frac{1}{N_{01o}} + \frac{1}{N_{00o}}\right)^{-1}}.$$

Diese Bestimmungsgleichungen können *nur iterativ gelöst* werden, denn sie enthalten aufgrund der Varianzschätzung die unbekannten Zellhäufigkeiten selbst. Deshalb sollte obiges

System zunächst mit Startwerten berechnet werden, die die beobachteten Anzahlen n_{ij}, $i, j = 0,1$, enthalten. Hiermit ermittelt man im ersten Iterationsschritt Lösungen für N_{11u} und N_{11o}, die für einen weiteren Iterationsschritt in den Varianzterm eingesetzt werden, bis eine Konvergenz erreicht ist, d.h. bis sich die Ergebnisse in dem Sinne stabilisieren, dass sie zwischen aufeinander folgenden Iterationsschritten nahezu unverändert bleiben. Konvergiert dieses Verfahren, so sind mit den letztlich erhaltenen unteren und oberen Zellhäufigkeiten N_{11u} und N_{11o}, $i, j = 0,1$, eine **untere und obere Grenze für ein approximatives ($1-\alpha$) -Konfidenzintervall für das Odds Ratio nach Cornfield** bestimmt, d.h., es gilt

$$KI_{Cornfield}(OR_{Ziel}) = \left[OR_{Studie\ u}, \quad OR_{Studie\ o} \right],$$

$$\text{mit } OR_{Studie\ u} = \frac{N_{11u} \cdot N_{00u}}{N_{10u} \cdot N_{01u}}, \quad OR_{Studie\ o} = \frac{N_{11o} \cdot N_{00o}}{N_{10o} \cdot N_{01o}}.$$

Beispiel: Zur Demonstration der Methode von Cornfield werden die Daten zum Lungenkrebs durch Rauchen aus Tab. 6.5 in der Form verwendet, dass sämtliche Rauchkategorien zusammengefasst sind. Dies führt zu der Vierfeldertafel in Tab. 6.6.

Tab. 6.6: Lungenkrebsfälle und Kontrollen und Exposition an Tabakrauch (Raucher gegen Nichtraucher) nach Liu et al. (1993)

Status	Raucher		Summe
	ja	nein	
Fall	212	12	224
Kontrolle	180	44	224
Summe	392	56	448

Das geschätzte Odds Ratio aus Tab. 6.6 ergibt sich als $OR_{Studie} = 4,32$. Mit einer Überdeckungswahrscheinlichkeit von $(1-\alpha) = 0,95$ ($u_{1-\alpha/2} = 1,96$) können die Cornfield-Intervalle iterativ gewonnen werden. Die Ergebnisse dieses Iterationsprozesses sind in Tab. 6.7 dargestellt.

Tab. 6.7: Iterationen zur Ermittlung der unteren und oberen Zellhäufigkeiten zur Bestimmung eines 95%-Konfidenzintervalls für das Odds Ratio nach Cornfield für die Daten aus Tab. 6.6

Iteration	N_{11u}	N_{11o}	N_{10u}	N_{10o}	N_{01u}	N_{01o}	N_{00u}	N_{00o}	$OR_{St\ u}$	$OR_{St\ o}$
1	206,3	217,8	17,8	6,3	185,8	174,3	38,3	49,8	2,4	9,9
2	205,6	216,4	18,4	7,5	186,4	175,5	37,6	48,5	2,3	8,0
3	205,5	216,8	18,5	7,2	186,5	175,2	37,5	48,8	2,2	8,4
4	205,5	216,8	18,5	7,3	186,5	175,3	37,5	48,8	2,2	8,3
5	205,5	216,8	18,5	7,2	186,5	175,2	37,5	48,8	2,2	8,4
6	205,5	216,8	18,5	7,2	186,5	175,2	37,5	48,8	2,2	8,4

Man erkennt, dass das Verfahren hier schnell konvergiert. Das 95%-Konfidenzintervall für das Odds Ratio nach Cornfield kann bereits nach sechs Iterationen ermittelt werden. Es ergibt sich hier

$$KI_{Cornfield}(OR_{Ziel}) = [2,2; 8,3].$$

Mit einer Wahrscheinlichkeit von ungefähr 95% überdeckt dieses Intervall das wahre Odds Ratio OR_{Ziel}.

Das Konfidenzintervall nach Cornfield stellt die beste Approximation des im Folgenden noch zu beschreibenden exakten Intervalls dar. Es kann trotz der iterativen Berechnung durch den Einsatz von leistungsstarken Computern schnell ermittelt werden. Die mit dieser Methode ermittelten Konfidenzintervalle sind allerdings tendenziell größer als mit anderen Methoden bestimmte, da sie eine Approximation exakter Intervalle darstellen und bei diskreten Verteilungen die Überdeckungswahrscheinlichkeit in der Regel größer als $(1-\alpha)$ ist. Ein weiterer Nachteil besteht darin, dass die obige Herleitung nur für das Odds Ratio gilt, da die verwendete hypergeometrische Verteilung vom wahren Odds Ratio OR_{Ziel} abhängt. Für das relative Risiko in einer Kohortenstudie kann ein zu der Cornfield-Methode analoges Konfidenzintervall nicht berechnet werden. Allerdings kann man das relative Risiko durch das Odds Ratio approximieren und dann für das Odds Ratio das Konfidenzintervall ermitteln.

Approximatives testbasiertes Konfidenzintervall nach Miettinen

Das testbasierte Konfidenzintervall nach Miettinen (1976) kombiniert zwei Arten von Approximationen, nämlich die Approximation des logarithmierten Odds Ratios nach Woolf sowie die des χ^2-Tests (siehe Anhang S.4.4.2).

Mit Hilfe der Approximation nach Woolf ist es möglich zu zeigen, dass im Falle der Unabhängigkeit von Exposition und Krankheitsstatus, d.h. falls $OR_{Ziel} = 1$, die Größe

$$Q = \frac{\left(\ln(OR_{Studie})\right)^2}{\left(\dfrac{1}{n_{11}} + \dfrac{1}{n_{10}} + \dfrac{1}{n_{01}} + \dfrac{1}{n_{00}}\right)}$$

approximativ χ^2-verteilt mit einem Freiheitsgrad ist. Die Prüfgröße X^2 (siehe auch Anhang S.4.4)

$$X^2 = n \cdot \frac{(n_{11} \cdot n_{00} - n_{10} \cdot n_{01})^2}{(n_{1.} \cdot n_{0.} \cdot n_{.1} \cdot n_{.0})}$$

ist ebenfalls unter der Annahme, dass $OR_{Ziel} = 1$, approximativ χ^2-verteilt. In diesem Fall ist es dann möglich, die beiden Statistiken Q und X^2 gleichzusetzen, d.h., man nimmt an, dass gilt

$$Q = X^2$$

bzw.

$$\sqrt{\frac{1}{n_{11}} + \frac{1}{n_{10}} + \frac{1}{n_{01}} + \frac{1}{n_{00}}} = \frac{\ln(OR_{Studie})}{\sqrt{X^2}}.$$

Setzt man dies nun in die Formel des Konfidenzintervalls nach Woolf ein, so erhält man das so genannte **testbasierte $(1-\alpha)$-Konfidenzintervall für das Odds Ratio nach Miettinen** als

$$KI_{Miettinen}\,(OR_{Ziel}) = OR_{Studie}^{\left[1 \pm (u_{1-\alpha/2})/\sqrt{X^2}\right]}.$$

Dieses Konfidenzintervall besitzt auch bei kleineren Studienumfängen noch eine ungefähre Überdeckungswahrscheinlichkeit von $(1-\alpha)$ und lässt sich auf relative Risiken übertragen, wenn das Studiendesign deren Schätzung erlaubt. Es gilt jedoch streng genommen nur für Odds Ratios von eins oder in der Nähe von eins, da sonst die Teststatistiken nicht mehr äquivalent zueinander sind.

Beispiel: In der Studie von Liu et al. (1993) wurde ein Odds Ratio für eine geringe Exposition mit bis zu 20 Zigaretten täglich ermittelt. Die entsprechenden Daten gemäß Tab. 6.5 sind in Tab. 6.8 zusammengefasst dargestellt.

Tab. 6.8:   Lungenkrebsfälle und Kontrollen und Exposition durch Zigarettenrauchen (leichte Raucher gegen Nichtraucher) nach Liu et al. (1993)

Status	Raucher bis 20 Zigaretten	Nichtraucher	Summe
Fall	21	12	33
Kontrolle	93	44	137
Summe	114	56	170

Hier ergibt sich ein Wert von $OR_{Studie} = 0{,}83$. Da der Schätzwert in der Nähe von eins liegt, können wir das Konfidenzintervall nach Miettinen bestimmen. Die dazu notwendige Größe X^2 berechnet man als

$$X^2 = 170 \cdot \frac{(21 \cdot 44 - 93 \cdot 12)^2}{114 \cdot 56 \cdot 33 \cdot 137} = 0{,}2171.$$

Damit erhält man zur Überdeckungswahrscheinlichkeit von $(1-\alpha) = 0{,}95$

$$KI_{Miettinen}\,(OR_{Ziel}) = 0{,}83^{\left[1 \pm 1{,}96/\sqrt{0{,}2171}\right]} = [0{,}3790;\,1{,}8175].$$

Dieses Intervall überdeckt ungefähr mit einer Wahrscheinlichkeit von 95% das wahre Odds Ratio OR_{Ziel} der Zielpopulation. Da das hier beobachtete Intervall den Wert eins einschließt, sind Werte sowohl größer als auch kleiner eins mit dem Untersuchungsergebnis vereinbar, so dass sich der geschätzte Zusammenhang in Wahrheit durchaus auch als nicht protektiv erweisen kann.

Exaktes Konfidenzintervall

Die bislang vorgestellten Methoden, ein Konfidenzintervall zu ermitteln, gehen von asymptotischen Verfahren aus, d.h., sie setzen voraus, dass eine hinreichend große epidemiologische Studie durchgeführt wurde, so dass die Anwendung des zentralen Grenzwertsatzes möglich ist (siehe Anhang S.3.3). Auch wenn diese Annahme in der Praxis meist als gegeben angesehen werden kann, sind Situationen denkbar, in denen sie nicht erfüllt ist. Dies gilt z.B. in der Infektionsepidemiologie, wenn im Rahmen so genannter Ausbruchsuntersuchungen den Ursachen einiger weniger neuer Erkrankungsfälle nachgegangen werden soll.

Beispiel: Bremer et al. (2004) beschreiben eine Fall-Kontroll-Studie nach einem Ausbruch von Erkrankungen mit dem relativ seltenen Serovar *Salmonella Goldcoast* in Thüringen im Frühjahr 2001. Hier lagen nur insgesamt 28 Fälle und 60 Kontrollen vor mit entsprechend geringen Besetzungszahlen der Vierfeldertafel (Tab. 6.9).

Tab. 6.9: Fälle und Kontrollen in einer Ausbruchsuntersuchung zum Auftreten des Serovar *Salmonella Goldcoast* in Thüringen nach Verzehr von "Rotwurst in der Blase" (vgl. Bremer et al. 2004)

Status	Verzehr von Rotwurst in der Blase		Summe
	ja	nein	
Fall	7	21	28
Kontrolle	2	58	60
Summe	9	79	88

Die Situation aus Tab. 6.9 ist typisch für extrem seltene Ereignisse. Es stellt sich somit die Frage, wie in einem solchen Fall ein Konfidenzintervall ermittelt werden kann, da man sicherlich nicht davon ausgehen kann, dass die Voraussetzungen erfüllt sind, um von einer asymptotischen Normalverteilung ausgehen zu können.

Exakte Konfidenzintervalle für das Odds Ratio lassen sich dann aus der exakten Verteilung der möglichen Zellhäufigkeiten von Kontingenztafeln herleiten. Für die Situation einer Vierfeldertafel kann dies mit Hilfe der *hypergeometrischen Verteilung* geschehen. Diese wird auch beim *exakten Test von Fisher* angewendet. Basierend auf der hypergeometrischen Verteilung ergibt sich für die Wahrscheinlichkeit, dass die Anzahl der exponierten Kranken $\tilde{N}_{11}$ einen beliebigen Wert x annimmt, wenn in der Studie ein bestimmtes Odds Ratio OR_{Studie} sowie die Zellsummen $n_{1.}$, $n_{0.}$, $n_{.1}$, $n_{.0}$ bei einer Gesamtzahl von n beobachtet wurden, folgender Ausdruck (siehe Anhang S.4.4.2)

$$Pr_{hyp}(\tilde{N}_{11} = x \text{ bei } OR_{Studie}) = \frac{\binom{n_{1.}}{x}\binom{n-n_{1.}}{n_{.1}-x} \cdot OR_{Studie}^{x}}{\sum_{k=1}^{n_{1.}}\binom{n_{1.}}{k}\binom{n-n_{1.}}{n_{.1}-k} \cdot OR_{StudieStudie}^{k}}.$$

Beobachtet man nun in einer Studie den Wert n_{11}, so kann ein $(1-\alpha)$-Konfidenzintervall dadurch ermittelt werden, dass obige Wahrscheinlichkeit für alle Werte von x ab n_{11} ermittelt wird, so dass die Wahrscheinlichkeit $\alpha/2$ gerade ausgeschöpft wird, d.h., man sucht die untere Grenze $OR_{Studie\ u}$ als Lösung der Gleichung

$$\frac{\alpha}{2} = \sum_{x \geq n_{11}} Pr_{hyp}(\tilde{N}_{11} = x \text{ bei } OR_{Studie\ u}).$$

sowie die obere Grenze $OR_{Studie\ o}$ als Lösung der Gleichung

$$\frac{\alpha}{2} = \sum_{x \le n_{11}} Pr_{hyp}(\tilde{N}_{11} = x \text{ bei } OR_{Studie\ o}).$$

Diese Gleichungen enthalten im Allgemeinen hohe Potenzen von OR_{Studie} und können deshalb in der Regel nur mit numerischen Methoden gelöst werden. Auf eine explizite Darstellung im Rahmen eines Beispiels wird deshalb hier verzichtet. Es sei jedoch darauf hingewiesen, dass eine direkte Berechnung der hypergeometrischen Verteilung wegen der dort auftretenden Binomialkoeffizienten bei sehr großen Zellhäufigkeiten numerisch instabil sein kann, was eine fehlerhafte Berechnung zur Folge haben kann.

Da die hypergeometrische Verteilung von dem unbekannten Odds Ratio abhängig ist, ist das Verfahren nur für diese vergleichende epidemiologische Maßzahl gültig. Eine Übertragung auf das relative Risiko ist nicht möglich.

6.2.3 Hypothesentests für epidemiologische Maßzahlen

Allein die Schätzung einer epidemiologischen Maßzahl aus der Studienpopulation liefert noch keine Information darüber, ob die aus ihr zu ziehende Schlussfolgerung z.B. über ein erhöhtes Risiko für die betrachtete Erkrankung auf die Zielpopulation übertragen werden kann. Aus diesem Grund werden neben der Berechnung von Konfidenzintervallen auch statistische Testverfahren durchgeführt, die prüfen sollen, ob eine über eine epidemiologische Maßzahl gemachte Aussage mit einer gewissen statistischen Sicherheit für die Zielpopulation zutrifft oder nicht. Bei diesen Aussagen werden im Wesentlichen zwei Behauptungen gegenübergestellt, nämlich dass es *keinen Zusammenhang* bzw. dass es *einen Zusammenhang zwischen der Studienexposition und dem Auftreten der Erkrankung* gibt. Diese Behauptungen werden in der statistischen Methodenlehre als *Nullhypothese H_0* bzw. *Alternativhypothese H_1* bezeichnet (siehe Anhang S.4.4).

Die Prüfung dieser statistischen Hypothesen (über die epidemiologischen Maßzahlen in der Zielpopulation) erfolgt je nach Studiendesign und epidemiologischer Maßzahl mit einem für die jeweilige Situation geeigneten statistischen Test. Im Folgenden werden einige grundlegende Testverfahren vorgestellt. Ein wesentliches Auswahlkriterium ist dabei der Studienumfang n. Ist dieser hinreichend groß, so können, basierend auf dem zentralen Grenzwertsatz, asymptotische Verfahren verwendet werden, die auf der Normalverteilung beruhen (siehe Anhang S.4.4). Liegen nur sehr kleine Studienumfänge vor, so müssen exakte Verfahren eingesetzt werden.

Asymptotische Testverfahren für die Vierfeldertafel

Will man Aussagen über die Zielpopulation in Form von einer zu testenden Nullhypothese H_0 (kein Risiko) im Vergleich zu einer Alternativhypothese H_1 (z.B. erhöhtes Risiko) machen, so kann man zeigen, dass, unabhängig vom Studiendesign, die Aussagen

$H_{0(1)}$:　　$P_{11} = P_{1.} \cdot P_{.1}$,　d.h., Exposition und Krankheit sind voneinander unabhängig (*Unabhängigkeitshypothese*),

$H_{0(2)}$:　　$P_{11} = P_{10}$,　d.h., das Risiko mit Exposition und das Risiko ohne Exposition sind gleich (*Homogenitätshypothese*),

$H_{0(3)}$:　　$RR_{Ziel} = 1$,　d.h., das relative Risiko ist gleich eins und

$H_{0(4)}$:　　$OR_{Ziel} = 1$,　d.h., das Odds Ratio ist gleich eins,

äquivalent und demzufolge für die statistische Betrachtung eines Kausalitätszusammenhangs in gleichem Maße geeignet sind.

Daher ist es möglich, die ätiologische Frage nach einem Zusammenhang von Exposition und Erkrankung mit verschiedenen Standardverfahren der induktiven Statistik zu bearbeiten. Ist der Studienumfang so groß, dass die Voraussetzungen des *zentralen Grenzwertsatzes* als erfüllt angesehen werden können, so bietet sich innerhalb einer *Kohortenstudie* als einfachste Möglichkeit ein **Zwei-Stichproben-Binomialtest** an, d.h. eine direkte Prüfung der Hypothese $H_{0(2)}$.

Da nach Abschnitt 6.2.1 die kumulative Inzidenz einer Studie binomialverteilt ist und die Binomialverteilung nach dem zentralen Grenzwertsatz gegen die Normalverteilung konvergiert (siehe Anhang S.3.3.2), gilt für die Risikoschätzer in den beiden Expositionsgruppen, dass diese geeignet standardisiert approximativ standardnormalverteilt sind, falls die Anzahl der Exponierten und der Nichtexponierten beliebig groß wird ($n_{.j} \to \infty$, $j = 0,1$), d.h.

$$\frac{CI(j)_{Studie} - CI(j)_{Ziel}}{\sqrt{\dfrac{CI(j)_{Ziel}(1 - CI(j)_{Ziel})}{n_{.j}}}} \quad \searrow \quad N(0,1), \text{ falls } n_{.j} \to \infty, j = 0, 1.$$

Daher ist es möglich, eine Teststatistik anzugeben, der analog zum *Zwei-Stichproben-Gauß-Test* (siehe Anhang S.4.4) eine normierte Differenz dieser Risikoschätzer zugrunde liegt. Die Teststatistik

$$Z = \frac{CI(1)_{Studie} - CI(0)_{Studie}}{\sqrt{\dfrac{1}{n_{.1}} \cdot CI(1)_{Studie} \cdot (1 - CI(1)_{Studie}) + \dfrac{1}{n_{.0}} \cdot CI(0)_{Studie} \cdot (1 - CI(0)_{Studie})}}$$

ist approximativ normalverteilt, wenn die Nullypothese $H_{0(2)}$ erfüllt ist, dass kein Unterschied in den Erkrankungswahrscheinlichkeiten zwischen den Expositionsgruppen besteht.

Daher kann man diese Nullhypothese verwerfen, falls

$|Z| > u_{1-\alpha/2}$,   wenn eine zweiseitige Alternative, d.h. wenn sowohl eine Risikoerhöhung als auch eine -verminderung gleichzeitig geprüft wird,

$Z > u_{1-\alpha}$,   wenn die Alternative, dass das Risiko bei den Exponierten größer ist als das bei den Nichtexponierten, geprüft wird bzw.

$Z < u_{\alpha}$,   wenn die Alternative, dass das Risiko bei den Exponierten kleiner ist als das bei den Nichtexponierten, geprüft wird.

Beispiel: Wie in Abschnitt 2.1.2 beschrieben, kann auch bei offenen Kohorten häufig von einer gewissen Stabilität ausgegangen werden, so dass wir im Folgenden eine Teilfragestellung der Bitumenkohorte als geschlossene Kohorte betrachten werden. Diese Vereinfachung scheint auch deshalb gerechtfertigt, da die durchschnittliche Beobachtungsdauer in den zu vergleichenden Subkohorten in etwa gleich ist.

Die Bitumenkohorte sollte die Frage zu klären, ob das Lungenkrebsrisiko bei Bitumenexponierten erhöht ist. Vergleicht man die Teilkohorte der Bitumenexponierten mit der Teilkohorte der weder gegenüber Teer noch Bitumen exponierten Arbeiter (vgl. Tab. 6.2), so ist die Nullhypothese $H_{0(2)}$: $P_{11} = P_{10}$ gegen die Alternativhypothese $H_{1(2)}$: $P_{11} > P_{10}$ anhand der obigen Teststatistik zu überprüfen. Dazu betrachten wir mit Tab. 6.10 einen Auszug aus Tab 6.2.

Tab. 6.10:   Anzahl Exponierter und Nichtexponierter sowie beobachtete Lungenkrebsfälle in den gegenüber Bitumen exponierten und nicht gegenüber Bitumen oder Teer exponierten Arbeitern der Bitumenkohorte (Auszug aus Tab. 6.2; vgl. Behrens et al. 2009)

Status	Bitumenexposition[#]		Summe
	ja	nein	
An Lungenkrebs gestorben	33	39	72
Lebend	2.502	2.698	5.200
Summe	2.535	2.737	5.272

[#] Dies ist eine künstliche Vereinfachung. Streng genommen gilt diese Aufteilung in Exponierte und Nichtexponierte in der Bitumenkohorte nicht, da einzelne Personen den Expositionsstatus im Laufe ihrer Kohortenzugehörigkeit gewechselt haben und dann in beiden Gruppen gezählt werden.

Zur Vereinfachung rechnen wir nun nicht mit der beobachteten Personenzeit unter Risiko, sondern behandeln die Subkohorten der Teerexponierten und der Nichtexponierten jeweils als geschlossene Kohorte, in der wir die rohe kumulative Mortalität in den beiden Subkohorten schätzen als:

$$CI(1)_{Studie} = \frac{33}{2.535} = 0,013; \quad CI(0)_{Studie} = \frac{39}{2.737} = 0,014$$

Die Prüfgröße ergibt sich hier als:

$$Z = \frac{0,013 - 0,014}{\sqrt{\frac{1}{2.535} \cdot 0,013 \cdot (1 - 0,013) + \frac{1}{2.737} \cdot 0,014 \cdot (1 - 0,014)}} = -0,315.$$

Dieser Wert muss verglichen werden mit dem kritischen Wert der Standardnormalverteilung für $\alpha = 0,05$, d.h. hier $u_{0,95} = 1,64$. Da der Prüfgrößenwert kleiner ist als der kritische Wert, kann die Nullhypothese nicht verworfen werden. Wir können somit nicht von einer Erhöhung des Lungenkrebsrisikos bei Bitumenexponierten im Vergleich zu Nichtexponierten ausgehen.

χ2-Testverfahren für die Vierfeldertafel

Eine *alternative Darstellung* ergibt sich, wenn die oben eingeführte Größe Z quadriert wird. Diese so resultierende Größe Z^2 ist äquivalent zu der Teststatistik des so genannten χ^2-**Tests auf Homogenität bzw. Unabhängigkeit**, der die nachfolgende quadrierte und normierte Differenz verwendet:

$$X^2 = n_{..} \cdot \frac{(n_{11} \cdot n_{00} - n_{10} \cdot n_{01})^2}{(n_{1.} \cdot n_{0.} \cdot n_{.1} \cdot n_{.0})}.$$

Ist der Schätzer OR_{Studie} nahe eins, so wird der Zähler obiger Teststatistik nahe null sein. Dies spricht für die Nullhypothese der Homogenität bzw. Unabhängigkeit. In allen anderen Fällen ist die Differenz groß, und eine Entscheidung für die Alternativhypothese wäre sinnvoll.

Ist die Nullhypothese der Homogenität bzw. der Unabhängigkeit erfüllt, d.h. $OR_{Ziel} = 1$, und ist außerdem nicht nur die Zahl der Studienteilnehmer insgesamt groß (z.B. $n_{..} \geq 60$), sondern sind auch die erwarteten Besetzungszahlen in den einzelnen Zellen nicht kleiner als jeweils fünf ($n_{ij\,erw} = n_{i.} \cdot n_{.j}/n_{..} \geq 5$), so kann davon ausgegangen werden, dass die Größe X^2 annähernd χ^2-verteilt ist mit einem Freiheitsgrad. Damit lautet die Entscheidungsregel, dass man sich für die Alternative, dass $OR_{Ziel} \neq 1$, entscheidet, falls

$$X^2 > \chi^2_{1;\,1-\alpha}.$$

Beispiel: Wir untersuchen nun die Unabhängigkeit zwischen einer Teerexposition und dem Auftreten von Lungenkrebs in der Bitumenkohorte anhand des χ^2-Tests. Da der Gesamtstichprobenumfang mit 3.569 größer ist als 60 und alle erwarteten Häufigkeiten in den Zellen von Tab. 6.10 größer sind als 5, können wir die Prüfgröße mit dem $(1-\alpha)$-Quantil der χ^2-Verteilung mit einem Freiheitsgrad vergleichen. Es gilt hier

$$X^2 = 3.569 \cdot \frac{(15 \cdot 2.698 - 39 \cdot 817)^2}{(54 \cdot 3.515 \cdot 832 \cdot 2.737)} = 0,612 < 3,841 = \chi^2_{1;\,1-\alpha}.$$

Da der Wert der Prüfgröße kleiner ist als der kritische Wert, kann die Nullhypothese der Unabhängigkeit nicht verworfen werden. Wir können anhand der Daten der Bitumenkohorte somit nicht davon ausgehen, dass zwischen Teerexposition und dem Auftreten von Lungenkrebs ein Zusammenhang besteht.

Im Gegensatz zur Teststatistik Z^2 hat die Größe X^2 den Vorteil, dass sie *unabhängig vom Studiendesign* verwendet werden kann, während Z^2 wegen der Verwendung von Inzidenzschätzern nur in der Kohortenstudie eingesetzt werden kann. Damit stellt der χ^2-Test ein universelles statistisches Testverfahren dar, das als das gebräuchlichste Testverfahren zur Prüfung ätiologischer Hypothesen in der Epidemiologie angesehen werden kann.

Da durch das Quadrieren zunächst die Vorzeicheninformation der Differenz verloren geht, sind beim Testen gegen *einseitige Alternativen* die Teststatistiken Z^2 und X^2 *konservativ*, d.h., sie überprüfen die jeweilige Alternative zu einem geringeren Niveau als das ursprünglich vorgegebene. Man sagt auch, dass sie das α-Niveau nicht voll ausschöpfen. Damit sollte bei einseitigen Alternativen und Verwendung der Z^2- bzw. der X^2-Teststatistik stets eine Modifikation verwendet werden, die das Vorzeichen berücksichtigt.

Allgemein kann man bei den verschiedenen Studienformen für das Odds Ratio formal die beiden folgenden **einseitigen Testprobleme** formulieren:

H_0: $OR_{Ziel} \leq 1$ vs. H_1: $OR_{Ziel} > 1$, d.h., die Exposition ist ein Risikofaktor,

H_0: $OR_{Ziel} \geq 1$ vs. H_1: $OR_{Ziel} < 1$, d.h., die Exposition ist ein Schutzfaktor.

Zur Ermittlung eines für diese Situation adäquaten Tests bietet es sich dann an, das Vorzeichen der Differenz

$$n_{11} \cdot n_{00} - n_{10} \cdot n_{01}$$

aus der X^2-Teststatistik zu betrachten. Ist diese Differenz positiv, so ist $OR_{Studie} > 1$, ist sie negativ, so gilt $OR_{Studie} < 1$. Da man zudem berücksichtigen muss, dass bei einer einseitigen Fragestellung die Wahrscheinlichkeit α für den Fehler 1. Art nur noch für eine Entscheidungsrichtung relevant ist, erhält man als **Entscheidungsregel**, dass die obigen Nullhypothesen der **einseitigen Fragestellungen** zum Signifikanzniveau $2 \cdot \alpha$ abgelehnt werden können, falls

$X^2 > \chi^2_{1;1-2\cdot\alpha}$ und $n_{11} \cdot n_{00} - n_{10} \cdot n_{01} > 0$ bei Test auf Vorliegen eines Risikofaktors,

$X^2 > \chi^2_{1;1-2\cdot\alpha}$ und $n_{11} \cdot n_{00} - n_{10} \cdot n_{01} < 0$ bei Test auf Vorliegen eines Schutzfaktors.

Asymptotische Testverfahren für die rxs-Kontingenztafel

Liegen wie in Abschnitt 6.2.1 beschrieben *r Kategorien des Krankheitsstatus* bzw. *s Kategorien des Expositionsstatus* vor, so ergibt sich für die ätiologische Fragestellung der Epidemiologie allgemein eine **rxs-Kontingenztafel** gemäß Tab. 6.11.

Neben der Schätzung epidemiologischer Kennzahlen aus dieser Tabelle (siehe auch Abschnitt 6.2.1) kann in Verallgemeinerung des Tests für die Vierfeldertafel (siehe Anhang S.4.4.4) eine direkte Prüfung der Hypothese $H_{0(1)}$ **auf Unabhängigkeit in der rxs-Kontingenztafel** erfolgen. Für den allgemeinen χ^2-Unabhängigkeitstest ermittelt man dazu die Teststatistik

$$X^2_{r \times s} = \sum_{i=1}^{r} \sum_{j=1}^{s} \frac{\left(n_{ij} - n_{ij\,erw}\right)^2}{n_{ij\,erw}}$$

$$\text{mit } n_{ij\,erw} = \frac{n_{i.} \cdot n_{.j}}{n}, \, i = 1, ..., r, j = 1, ..., s.$$

Tab. 6.11: Beobachtete Anzahlen von Individuen in einer epidemiologischen Studie mit r verschiedenen Krankheitszuständen bei Vorliegen von s unterschiedlichen Expositionskategorien

Status Krankheit	Expositionskategorie Ex=1	Ex=2	...	Ex=j	...	Ex=s	Summe
Kat 1	n_{11}	n_{12}	...	n_{1j}	...	n_{1s}	$n_{1.} = \sum_{j=1}^{s} n_{1j}$
Kat 2	n_{21}	n_{22}	...	n_{2j}	...	n_{2s}	$n_{2.} = \sum_{j=1}^{s} n_{2j}$
⋮	⋮	⋮		⋮		⋮	
Kat i	n_{i1}	n_{i2}	...	n_{ij}	...	n_{is}	$n_{i.} = \sum_{j=1}^{s} n_{ij}$
⋮	⋮	⋮		⋮		⋮	
Kat r	n_{r1}	n_{r2}	...	n_{rj}	...	n_{rs}	$n_{r.} = \sum_{j=1}^{s} n_{rj}$
Summe	$n_{.1} = \sum_{i=1}^{r} n_{i1}$	$n_{.2} = \sum_{i=1}^{r} n_{i2}$	...	$n_{.j} = \sum_{i=1}^{r} n_{ij}$	...	$n_{.s} = \sum_{i=1}^{r} n_{is}$	$n = n_{..}$

Diese Größe ist bei Gültigkeit der Nullhypothese der Unabhängigkeit asymptotisch χ^2-verteilt mit $(r-1)\cdot(s-1)$ Freiheitsgraden, so dass die Nullhypothese verworfen werden kann, falls

$$X^2_{r\times s} > \chi^2_{(r-1)\cdot(s-1);1-\alpha} \, .$$

Die obige Teststatistik ist wiederum ein quadrierter Abstand. Hier wird für jedes Feld der Kontingenztafel eine normierte quadrierte Differenz zwischen der beobachteten Anzahl n_{ij} sowie dem bei Unabhängigkeit erwarteten Wert $n_{ij\,erw}$ berechnet und diese über alle Felder der Tafel aufsummiert. Diese Berechnung der Summe normierter quadrierter Differenzen ist das grundlegende Prinzip der Konstruktion von χ^2-Teststatistiken. Sie unterscheiden sich durch die jeweilige Normierung, die von dem Testproblem abhängig ist und unter weiteren Annahmen, z.B. unter Berücksichtigung der interessierenden Alternativhypothese, hergeleitet wird.

Beispiel: Betrachten wir erneut die Fall-Kontroll-Studie zur Ätiologie des Lungenkrebses in China (vgl. Liu et al. 1993), so ergibt sich aus Tab. 6.5 die in Tab. 6.12 dargestellte 2×4-Tafel der erwarteten Häufigkeiten.

Die erwarteten Häufigkeiten werden unter der Annahme der Unabhängigkeit von Rauchen und Lungenkrebs berechnet. In diesem Fall bedeutet das, da gleich viele Fälle und Kontrollen in die Studie eingeschlossen wurden, dass die erwartete Anzahl in jeder Expositionskategorie für Fälle und Kontrollen identisch ist.

Daraus ergibt sich die χ^2-Unabhängigkeitsteststatistik als

$$X^2_{r\times s} = \frac{(12-28)^2}{28} + \frac{(21-57)^2}{57} + \frac{(97-81,5)^2}{81,5} + \frac{(94-57,5)^2}{57,5}$$

$$+ \frac{(44-28)^2}{28} + \frac{(93-57)^2}{57} + \frac{(66-81,5)^2}{81,5} + \frac{(21-57,5)^2}{57,5} = 115,99.$$

Tab. 6.12: Tatsächliche (erwartete) Expositionshäufigkeiten von Lungenkrebsfällen und Kontrollen in der jeweiligen Raucherkategorie bei den gemäß Tab. 6.5 vorgegebenen Randsummen

| Status | durchschnittlich gerauchte Zigaretten (von ... bis unter ...) | | | | Summe |
	Nichtraucher Ex=1	1–20 Ex=2	20–30 Ex=3	30 und mehr Ex=4	
Fall	12 (28)	21 (57)	97 (81,5)	94 (57,5)	224
Kontrolle	44 (28)	93 (57)	66 (81,5)	21 (57,5)	224
Summe	56	114	163	115	448

Vergleicht man den Wert der Teststatistik mit dem kritischen Wert der χ^2-Verteilung, d.h. mit

$$\chi^2_{1\cdot3;\,0,95} = 7,815,$$

so kann die Nullhypothese der Unabhängigkeit von Rauchen und Lungenkrebs verworfen werden, da der Wert der Teststatistik den kritischen Wert von 7,815 deutlich überschreitet. Daher lassen diese Zahlen darauf schließen, dass es einen statistisch signifikanten Zusammenhang zwischen Rauchen und Lungenkrebs gibt.

Für den Fall einer 2×s-Tafel, wenn also s Expositionskategorien vorliegen (siehe auch Tab. 6.4), lautet die interessierende Nullhypothese, dass kein Zusammenhang zwischen Exposition und Krankheit besteht. Diese wird getestet gegen die Alternative, dass sich mindestens zwei der Odds Ratios in der Zielpopulation unterscheiden. Damit lautet das Testproblem:

$$H_0:\ OR_{2\,Ziel} = OR_{3\,Ziel} = \ldots = OR_{s\,Ziel}$$

$$\text{vs. } H_1:\ OR_{j\,Ziel} \neq OR_{j'\,Ziel}, \text{ für irgendein Paar } j,\ j' = 1, \ldots, s.$$

Man bezeichnet H_0 in diesem Fall als **Proportionalitätshypothese**. Zur Prüfung dieser Hypothese kann die allgemeine Teststatistik $X^2_{r\times s}$ verwendet werden. Nach Armitage (1971) kann aber auch der **Test auf Gleichheit der Erkrankungswahrscheinlichkeiten** verwendet werden. Die dabei zur Anwendung kommende Prüfgröße

$$X^2_{prop} = (n-1) \cdot \left(\frac{1}{n_{1.}} + \frac{1}{n_{0.}} \right) \cdot \sum_{j=1}^{s} \frac{(n_{1j} - n_{1j\,erw})^2}{n_{.j}}$$

$$\text{mit } n_{1j\,erw} = \frac{n_{1.} \cdot n_{.j}}{n}, j = 1, \ldots, s,$$

ist bei Gültigkeit der Hypothese H_0 asymptotisch χ^2-verteilt mit (s–1) Freiheitsgraden, so dass man die Hypothese verwerfen kann, falls

$$X^2_{prop} > \chi^2_{(s-1);\,1-\alpha}.$$

Beispiel: Für die Fall-Kontroll-Studie zum Lungenkrebs in China kann die gesamte Information der 2×4-Tafel gemäß Tab. 6.5 zur Prüfung der Proportionalitätshypothese zur Anwendung kommen.

Für die erwartete Häufigkeit der nicht rauchenden Fälle gilt z.B.

$$n_{11\,erw} = \frac{224 \cdot 56}{448} = 28 \,.$$

Damit lautet die Teststatistik des Tests auf gleiche Erkrankungswahrscheinlichkeiten

$$X^2_{prop} = (448-1) \cdot \left(\frac{1}{224} + \frac{1}{224} \right) \cdot \left[\frac{(12-28)^2}{56} + \frac{(21-57)^2}{114} + \frac{(97-81,5)^2}{163} + \frac{(94-57,5)^2}{115} \right] = 115,74 \,.$$

Dieser Wert ist mit dem kritischen Wert der χ^2-Verteilung, d.h. hier

$$\chi^2_{3;\,0,95} = 7,815$$

zu vergleichen. Da der Wert der Teststatistik den kritischen Wert von 7,815 überschreitet, kann die Hypothese der gleichen Odds Ratios verworfen werden. Damit ist von einem Zusammenhang zwischen Lungenkrebs und Tabakexposition auszugehen. Allerdings kann hier noch nichts über die "Richtung" dieses Zusammenhangs, d.h. über eine Expositions-Effekt-Beziehung, ausgesagt werden.

Asymptotische Testverfahren auf einen Trend

Sind die Expositionskategorien geordnet und drücken so z.B. Dauer oder Stärke der Exposition aus, so kann man bei obigem Testproblem eine so genannte *Trendalternative* formulieren und damit prüfen, ob eine *Expositions-Effekt-Beziehung* besteht. Das Testproblem lautet dann

$$H_0: OR_{2\,Ziel} = OR_{3\,Ziel} = \ldots = OR_{s\,Ziel}$$

vs. $H_{1\,<Trend}$: $OR_{2\,Ziel} < OR_{3\,Ziel} < \ldots < OR_{s\,Ziel}$, d.h., die Odds Ratios steigen, bzw.

vs. $H_{1\,>Trend}$: $OR_{2\,Ziel} > OR_{3\,Ziel} > \ldots > OR_{s\,Ziel}$, d.h., die Odds Ratios fallen.

In Weiterentwicklung der Teststatistik X^2_{prop} kann eine **Trendteststatistik** X^2_{Trend} zur *Prüfung einer Expositions-Wirkungs-Beziehung* angegeben werden (vgl. Armitage 1955, Mantel 1963). Diese lautet

$$X^2_{Trend} = \frac{n^2 \cdot (n-1) \cdot \left[\sum_{j=1}^{s} x_j \cdot \left(n_{1j} - n_{1j\,erw} \right) \right]^2}{n_{1.}n_{0.} \cdot \left[n \cdot \sum_{j=1}^{s} x_j^2 n_{.j} - \left(\sum_{j=1}^{s} x_j n_{.j} \right)^2 \right]} \,.$$

Für einen Test auf Trend muss zur Ermittlung dieser Teststatistik jeder Expositionskategorie ein *quantitatives Expositionsmaß* bzw. ein *Gewicht der Exposition* x_j, $j = 1, ..., s$, zugeordnet werden. Dieses ist im Prinzip frei wählbar, jedoch werden hierzu üblicherweise durchschnittliche Expositionen in den Klassen oder die Klassenmitten verwendet.

Beispiel: In der Fall-Kontroll-Studie zum Lungenkrebs in China (siehe Tab. 6.5) wurden für den Risikofaktor Rauchen insgesamt vier Expositionskategorien angegeben, nämlich die Referenzkategorie "Nichtraucher" sowie die Gruppen "1–20", "20–30", "≥ 30" täglich gerauchte Zigaretten.

Hier bietet es sich z.B. an, als Expositionsgewichte x_j, $j = 1, 2, 3$, die Werte "0", "10", "25" zu verwenden, da diese eine "mittlere" Exposition in jeder Gruppe darstellen. Für die vierte, nach oben offene Kategorie ist die Wahl eines Gewichts etwas willkürlich. Hier erscheint z.B. ein Gewicht von "40" angemessen.

X^2_{Trend} ist unter der Nullhypothese H_0 asymptotisch χ^2-verteilt mit einem Freiheitsgrad, so dass die Nullhypothese bei Expositions-Effekt-Alternative verworfen werden kann, falls

$$X^2_{Trend} > \chi^2_{1;1-\alpha}.$$

Beispiel: Da man im Beispiel der Rauchexposition in Tab. 6.5 davon ausgehen kann, dass eine höhere Exposition mit einem höheren Odds Ratio einhergeht, werden wir die Trendalternative

$$H_{1\ <Trend}: OR_{2\ Ziel} < OR_{3\ Ziel} < OR_{4\ Ziel},$$

überprüfen. Es ergibt sich mit $x_1 = 0$, $x_2 = 10$, $x_3 = 25$ und $x_4 = 40$

$$X^2_{Trend} = \frac{448^2 \cdot (448-1) \cdot [0 + 10 \cdot (21-57) + 25 \cdot (97-81,5) + 40 \cdot (94-57,5)]^2}{224 \cdot 224 \cdot \left[448 \cdot \left(0 + 10^2 \cdot 114 + 25^2 \cdot 163 + 40^2 \cdot 115\right) - \left(10 \cdot 114 + 25 \cdot 163 + 40 \cdot 115\right)^2 \right]}$$

Dieser Wert muss nun mit dem kritischen Wert

$$\chi^2_{1;\,0,95} = 3,841$$

verglichen werden. Er überschreitet den kritischen Wert deutlich, so dass die Nullhypothese der Gleichheit der Odds Ratios verworfen werden kann. Der in den Odds-Ratio-Schätzern gesehene Trend lässt sich somit durch diesen statistischen Test bestätigen.

Es sei kritisch angemerkt, dass diese Teststatistik nur auf Unterschiede der schichtspezifischen Odds Ratios testet. Das Testergebnis sagt also nichts über die Richtung eines Trends aus. Diese kann nur aus den Odds Ratios selbst abgelesen werden. Sämtliche vorgestellten Teststatistiken sind als asymptotische Verfahren abhängig von der Gültigkeit der Grenzwertaussage. Die Geschwindigkeit der asymptotischen Konvergenz hängt dabei vom Studienumfang n und der Größe der unbekannten Risiken ab. Da die Binomialverteilung mit kleinen Wahrscheinlichkeiten selbst für größeres n noch schief ist, existiert keine generelle Regel dafür, ab wann die asymptotischen Ergebnisse verwendet werden können. Daher sollte bei jeder epidemiologischen Studie geprüft werden, ob eine Anwendung des obigen Tests gerechtfertigt ist.

Exakter Test für die Vierfeldertafel

Bei geringen Studienumfängen und/oder seltenen Erkrankungen ist unter Umständen die Verwendung von Methoden, die auf asymptotischen Aussagen beruhen, nicht mehr gerechtfertigt (siehe auch Anhang S). In solchen Fällen ist es notwendig, eine *exakte Teststatistik* zur Beantwortung der ätiologischen Fragestellung zu verwenden. Dabei ist das Wort "exakt" so zu verstehen, dass zur Herleitung der Verteilung der Teststatistik unter der Nullhypothese kein unendlich großer Stichprobenumfang angenommen werden muss. Man spricht daher auch manchmal von einer *finiten* Teststatistik.

Stellvertretend für eine Vielzahl exakter Verfahren wird hier der **exakte Test von Fisher** für die Vierfeldertafel eingeführt. Dieser prüft z.B. innerhalb einer Kohortenstudie die *Homogenitätshypothese*, dass das Risiko der Exponierten nicht von dem Risiko der Nichtexponierten abweicht.

Wie in Abschnitt 6.2.1 beschrieben, sind die *Anzahlen* N_{11} der Erkrankten unter den Exponierten und N_{10} der Erkrankten unter den Nichtexponierten *unabhängig binomialverteilt*, d.h. $N_{11} \sim Bi(n_{.1}, P_{11})$ bzw. $N_{10} \sim Bi(n_{.0}, P_{10})$. Nimmt man nun an, dass neben den vorgegebenen Anzahlen von exponierten und nicht exponierten Studienteilnehmern auch die Anzahl der Kranken $n_{1.}$ bekannt ist, so ist

$$n_{11}$$

als **Testgröße** geeignet, denn bei unterstellter Homogenität sollte sich diese Anzahl n_{11} der Exponierten unter den Kranken genauso wie die Anzahl der Exponierten insgesamt verhalten. Unter der Bedingung, dass die Anzahl der Kranken bekannt ist, ist dann eine Testentscheidung möglich.

Für die Durchführung des Tests betrachtet man die Zellhäufigkeit der kranken Exponierten als hypergeometrisch verteilte Zufallsvariable $\tilde{N}_{11}$. Dann gilt für die Wahrscheinlichkeit, dass diese Zufallvariable genau den Wert n_{11} annimmt, unter der Bedingung, dass die Zeilensummen $n_{1.}$ und $n_{0.}$, die Spaltensummen $n_{.1}$ und $n_{.0}$ und damit die Gesamtsumme $n_{..}$ bekannt sind,

$$Pr(\tilde{N}_{11} = n_{11} \mid n, n_{1.}, n_{0.}, n_{.1}, n_{.0}, OR_{Ziel}) = \frac{\binom{n_{1.}}{n_{11}} \cdot \binom{n - n_{1.}}{n_{.1} - n_{11}} \cdot (OR_{Ziel})^{n_{11}}}{\sum_{k=1}^{n_{1.}} \binom{n_{1.}}{k} \cdot \binom{n - n_{1.}}{n_{.1} - k} \cdot (OR_{Ziel})^{k}} .$$

Diese Wahrscheinlichkeit ist neben den Randsummen vom wahren Odds Ratio in der Zielpopulation abhängig. Ist $OR_{Ziel} = 1$, d.h., ist die Hypothese der Homogenität erfüllt, so liegt eine zentrale hypergeometrische Verteilung vor. Diese Verteilung kann nun zur Ermittlung der *kritischen Werte des Tests* herangezogen werden. Dazu müsste man aus der Verteilung von $\tilde{N}_{11}$ die Ausprägung k von $\tilde{N}_{11}$ ermitteln, für die gilt, dass

$$Pr(\tilde{N}_{11} = n_{11} \mid n, n_{1.}, n_{0.}, n_{.1}, n_{.0}, OR_{Ziel}) = \alpha ,$$

falls man die Nullhypothese gegen die Alternativhypothese H_1: $OR_{Ziel} > 1$ testet. Wegen der diskreten Wahrscheinlichkeiten wird man das vorgegebene Niveau α in der Regel jedoch nicht exakt treffen, d.h., man wird einen Wert k wählen müssen, so dass diese Wahrscheinlichkeit kleiner als α ist. Man sagt dann auch, dass das Signifikanzniveau nicht voll ausgeschöpft wird. Deshalb bietet es sich an, die **Überschreitungswahrscheinlichkeiten**, d.h. die p-Werte dieses Testverfahrens, anzugeben. Diese lauten bei Betrachtung der Alternative, dass die Exposition zu einer Vergrößerung des Odds Ratios in der Zielpopulation führt, d.h. H_1: $OR_{Ziel} > 1$,

$$p = Pr\left(\tilde{N}_{11} \geq n_{11}\right) = \sum_{k \geq n_{11}} Pr\left(\tilde{N}_{11} = k \mid n, n_{1.}, n_{0.}, n_{.1}, n_{.0}, OR_{Ziel} = 1\right)$$

bzw. bei Betrachtung der Alternative, dass die Exposition zu einer Verringerung des Odds Ratios in der Zielpopulation führt, d.h. H_1: $OR_{Ziel} < 1$

$$p = Pr\left(\tilde{N}_{11} \leq n_{11}\right) = \sum_{k \leq n_{11}} Pr\left(\tilde{N}_{11} = k \mid n, n_{1.}, n_{0.}, n_{.1}, n_{.0}, OR_{Ziel} = 1\right).$$

Für die **zweiseitige Alternative** H_1: $OR \neq 1$ ist als p-Wert das Doppelte des Minimums der beiden einseitigen p-Werte zu verwenden. Bei diesem Test handelt es sich um **Fishers exakten Test auf Vergleich zweier Binomialverteilungen**.

Für sämtliche Parameterkonstellationen bis zu einem Gesamtstudienumfang von n = 80 findet man die Werte der hypergeometrischen Verteilung bei Krüger et al. (1981). Weitere kritische Werte können auch aus dem Tafelwerk von Liebermann & Owen (1961) ermittelt werden. Heutzutage ist in epidemiologischer und statistischer Auswertungssoftware der exakte Test von Fisher und damit die Ermittlung der kritischen Werte meist als Standard bei der Auswertung von Vierfeldertafeln implementiert. Auch die Wahrscheinlichkeiten der hypergeometrischen Verteilung können mit einer Vielzahl von Computerprogrammen schnell berechnet werden. Da die Exaktheit bei diesem Verfahren eine große Rolle spielt, sollte bei deren Verwendung allerdings auf die numerische Genauigkeit der Berechnungsalgorithmen geachtet werden. Die numerische Ungenauigkeit mancher Programme kann durchaus in der gleichen Größenordnung wie die kritischen Werte der hypergeometrischen Verteilung liegen, womit deren Einsatz zu drastischen Fehlern führen kann.

Beispiel: In Abschnitt 6.2.2 wurde bereits eine Fall-Kontroll-Studie nach einem Ausbruch von Erkrankungen mit dem seltenen Serovar *Salmonella Goldcoast* beschrieben (siehe auch Tab. 6.9). Die Daten lassen vermuten, dass der Verzehr einer speziellen Rotwurst als Risikofaktor in Frage kommt, denn das Odds Ratio der Studienpopulation ist mit

$$OR_{Studie} = \frac{7 \cdot 58}{2 \cdot 21} = 9{,}667$$

recht hoch. Insgesamt haben allerdings nur sieben Fälle und zwei Kontrollen die spezielle Rotwurst verzehrt, so dass zur Prüfung der Homogenitätshypothese der χ^2-Test nicht adäquat ist. Daher soll der exakte Test von Fisher durchgeführt werden.

Da nur insgesamt neun Personen exponiert waren, sind unter den Bedingungen der vorgegebenen Zeilen- und Spaltensummen theoretisch nur zehn Vierfeldertafeln möglich. Diese sind gemeinsam mit den zugehörigen

Wahrscheinlichkeiten der hypergeometrischen Verteilung in Tab. 6.13 zusammengestellt. Die Wahrscheinlichkeiten wurden mit Hilfe von MS Excel, Version 2003, ermittelt.

Tab. 6.13: Theoretisch mögliche Vierfeldertafeln bei festen Randsummen aus der Fall-Kontroll-Studie gemäß Tab. 6.9 sowie zugehörige hypergeometrische Wahrscheinlichkeiten

Tafel	Status	Verzehr von Rotwurst in der Blase ja	nein	$\Pr\left(\widetilde{N}_{11} = n_{11} \mid \ldots\right)$
1	Fall	0	28	0,02587
	Kontrolle	9	51	
2	Fall	1	27	0,12539
	Kontrolle	8	52	
3	Fall	2	26	0,25551
	Kontrolle	7	53	
4	Fall	3	25	0,28706
	Kontrolle	6	54	
5	Fall	4	24	0,19572
	Kontrolle	5	55	
6	Fall	5	23	0,08388
	Kontrolle	4	56	
7	Fall	6	22	0,02256
	Kontrolle	3	57	
8	Fall	7	21	0,00367
	Kontrolle	2	58	
9	Fall	8	20	0,00033
	Kontrolle	1	59	
10	Fall	9	19	0,00001
	Kontrolle	0	60	

Möchte man nun den Test zur Alternative H_1: $OR_{Ziel} > 1$ durchführen, so bildet man wegen $n_{11} = 7$ (Tafel 8, siehe auch Tab. 6.9)

$$p = \Pr\left(\widetilde{N}_{11} \geq 7\right) = \Pr\left(\widetilde{N}_{11} = 7\right) + \Pr\left(\widetilde{N}_{11} = 8\right) + \Pr\left(\widetilde{N}_{11} = 9\right) = 0{,}00367 + 0{,}00033 + 0{,}00001 = 0{,}00401 \,.$$

Da dieser Wert kleiner ist als 0,05, kann die Hypothese $OR_{Ziel} = 1$ verworfen werden. Der gefundene Wert der Studienpopulation von $OR_{Studie} = 9{,}667$ kann somit als signifikanter Nachweis für eine Salmonelleninfektion nach Verzehr der speziellen Rotwurst angesehen werden.

Der exakte Test von Fisher kann in sämtlichen Studiendesigns zur Anwendung kommen. An dieser Stelle sei allerdings darauf hingewiesen, dass in die Berechnung der diesem Test zugrunde liegenden hypergeometrischen Verteilung das Odds Ratio eingeht. Damit lässt sich die Berechnung des exakten Tests von Fisher nicht auf Kohortenstudien übertragen, bei denen sich das relative Risiko als Inzidenzquotient ergibt, d.h., das exakte Verfahren muss sich auch bei Kohortenstudien auf die Betrachtung des Odds Ratios beschränken.

6.3   Geschichtete Auswertungsverfahren

Das Prinzip der Bildung von Schichten, Gruppen, Klassen oder Subpopulationen dient, wie in Abschnitt 4.5.1 beschrieben, vor allem der Kontrolle von potenziellen Confoundern. Schichtung ist daher schon bei der Planung einer Studie zu berücksichtigen. So ist z.B. die

Zahl der Schichten bereits festgelegt, wenn bei der Formulierung einer Frage die Antwortkategorien des Confounders und somit die Schichtungskategorien vorgegeben werden.

Im Folgenden soll davon ausgegangen werden, dass die inhaltlichen Überlegungen zur Definition der Schichten zu Beginn einer Studie abgeschlossen sind und eine feste Anzahl K von Schichten vorgegeben ist. Weiterhin sei jedes *Individuum eindeutig einer dieser Schichten zugeordnet*.

Des Weiteren soll angenommen werden, dass innerhalb jeder Schicht k, k = 1, ..., K, jede für ein bestimmtes Studiendesign mögliche epidemiologische Maßzahl angegeben werden kann, etwa die Prävalenz $P_{k\,\text{Studie}}$, die (kumulative) Inzidenz $CI_{k\,\text{Studie}}$ oder Morbiditäts- bzw. Mortalitätsraten $MR_{k\,\text{Studie}}$. Für jede der K Schichten kann ferner eine schichtenspezifische Vierfeldertafel gebildet und daraus das Odds Ratio $OR_{k\,\text{Studie}}$ berechnet werden.

Will man nun eine *Aussage über eine einzelne Schicht* machen, also z.B. eine Aussage zum Odds Ratio innerhalb einer einzelnen Alters- und/oder Geschlechtsklasse, so können sämtliche bislang behandelten Methoden der Schätzung epidemiologischer Kennzahlen, der Berechnung von Konfidenzintervallen sowie statistischer Testverfahren aus Abschnitt 1.1 direkt übernommen werden.

Soll allerdings eine *Aussage über die Gesamtheit aller Schichten* bzw. eine *Zusammenfassung aller Populationen* erfolgen, so müssen die schichtspezifischen Einzelergebnisse geeignet kombiniert werden. Dabei ist eine zentrale Frage, inwieweit dies überhaupt möglich bzw. sinnvoll ist, bzw. ob *Heterogenität* oder *Homogenität zwischen den Schichten* vorliegt.

Bei den durch Schichtung zu berücksichtigenden Faktoren handelt es sich, wie in Abschnitt 4.5.1 erläutert, entweder um Confounder oder um Faktoren, die den Effekt der Einflussvariablen schichtabhängig modifizieren. Ist das Odds Ratio in allen Schichten gleich und stimmt es zudem mit dem Odds Ratio überein, das sich aus der einfachen Analyse ohne Berücksichtigung einer Schichtung des zusätzlichen Faktors ergibt, so ist dieser Faktor weder Confounder noch steht er in Wechselwirkung zu der Einflussvariable. Die Schichtung führt dann zu keinem Erkenntnisgewinn.

Falls die Odds Ratios in allen Schichten gleich sind, sich aber vom ungeschichteten Odds Ratio unterscheiden (siehe etwa das Beispiel zum Lungenkrebs durch rauchende Partner nach Geschlecht, Abschnitt 4.5.1, Tab. 4.15 und 4.16), handelt es sich bei dem zusätzlichen Faktor um einen Confounder. In dieser Situation spricht man auch von *Homogenität zwischen den Schichten*. Dies bedeutet, dass das betrachtete Erkrankungsrisiko in allen Schichten durch den Expositionsfaktor in gleicher Weise verändert wird.

Variiert allerdings auch das Odds Ratio noch von Schicht zu Schicht (siehe etwa das Beispiel zur EHEC-Infektion durch Fleischverzehr nach Alter, Abschnitt 4.5.1, Tab. 4.17 und 4.18), d.h. herrscht *zwischen den Schichten Heterogenität*, so liegt eine *Wechselwirkung zwischen der Exposition und dem Schichtungsfaktor* vor. Dies bedeutet, dass das betrachtete Erkrankungsrisiko schichtspezifisch modifiziert wird, d.h., es liegt eine Effektmodifikation vor.

Damit ergeben sich vor Beginn einer geschichteten Analyse folgende Fragestellungen:

- Sind die Odds Ratios in den betrachteten Schichten – bis auf zufällige Schwankungen – gleich oder handelt es sich bei der Schichtungsvariable um einen eine Wechselwirkung erzeugenden Faktor?

- Wie kann man ein Odds Ratio schätzen, das die Ergebnisse aller Schichten zusammenfasst? Dabei ist die Angabe eines gemeinsamen Odds Ratios nur dann sinnvoll, wenn die schichtspezifischen Odds Ratios sich nicht zu stark unterscheiden.

- Wie bestimmt man ein Konfidenzintervall für das gemeinsame Odds Ratio und ist diese kombinierte Kennzahl statistisch signifikant von eins verschieden?

Grundsätzlich sollte die Frage nach Homogenität zuerst beantwortet werden, jedoch werden wir im Folgenden zunächst die Schätz- und Testproblematik bei der geschichteten Analyse behandeln. Dabei betrachten wir ausschließlich das Odds Ratio als interessierende Kennzahl.

6.3.1   Schätzen in geschichteten 2×2-Tafeln

Im Folgenden soll vorausgesetzt werden, dass nach Schichtung der Studienpopulation insgesamt K Vierfeldertafeln beobachtet werden können, die sämtlich als Realisationen der entsprechenden wahren Tafeln der Zielgesamtheit gelten.

Analog zu Abschnitt 2.3.3 (siehe Tab. 2.5) gilt für die bedingten Wahrscheinlichkeiten zu erkranken oder nicht zu erkranken bei gegebener Exposition oder Nichtexposition in der Schicht k in der Zielpopulation, k = 1, ..., K, die Darstellung von Tab. 6.14 (a). In der k-ten Schicht der Zielpopulation ergibt sich als wahres, unbekanntes Odds Ratio

$$OR_{k\,Ziel} = \frac{P_{11k} \cdot P_{00k}}{P_{10k} \cdot P_{01k}}, k = 1, ..., K.$$

Innerhalb der Studienpopulation können nun die entsprechenden Anzahlen beobachtet werden, d.h., hier ergibt sich in jeder Schicht eine Vierfeldertafel gemäß Tab. 6.14 (b). Hieraus erhält man unabhängig vom Studiendesign als *Schätzgröße* für die unbekannten *schichtspezifischen Odds Ratios*

$$OR_{k\,Studie} = \frac{n_{11\,k} \cdot n_{00\,k}}{n_{10\,k} \cdot n_{01\,k}}, k = 1, ..., K.$$

Im Folgenden sollen Verfahren betrachtet werden, wie diese einzelnen Schätzer zu einer sinnvollen gemeinsamen Größe zusammengefasst werden können. Hierbei wird *vorausgesetzt*, dass *Homogenität zwischen den Schichten* vorliegt, d.h., dass keine Effektmodifikation, die sich in unterschiedlichen Odds Ratios in den Schichten widerspiegelt, sondern allenfalls ein Confounding der Schichtungsvariable unterstellt werden kann (siehe auch Abschnitt 4.5.1).

Tab. 6.14: (a) Risiken zu erkranken und nicht zu erkranken bei Exposition und bei Nichtexposition in der k-ten Schicht, k = 1, …, K, der Zielpopulation; (b) Anzahl von Kranken, Gesunden, Exponierten und Nichtexponierten in der k-ten Schicht, k = 1, …, K, der Studienpopulation

(a) Zielpopulation

Status	exponiert (Ex = 1)	nicht exponiert (Ex = 0)
krank (Kr = 1)	P_{11k}	P_{10k}
gesund (Kr = 0)	P_{01k}	P_{00k}

(b) Studienpopulation

Status	exponiert (Ex = 1)	nicht exponiert (Ex = 0)
krank (Kr = 1)	n_{11k}	n_{10k}
gesund (Kr = 0)	n_{01k}	n_{00k}

Bei allen Verfahren werden die Schätzgrößen aus den einzelnen Schichten zu einer gemeinsamen Größe mittels gewichteter Mittelwertbildung zusammengefasst. Wie an den nachfolgenden Schätzern deutlich wird, werden die Gewichte jeweils unter weiteren Annahmen bestimmt, so dass die entsprechenden Schätzer nicht für jede Anwendungssituation gleich gut geeignet sind.

Mantel-Haenszel-Schätzer

Der gebräuchlichste Schätzer für das gemeinsame Odds Ratio ist der **Mantel-Haenszel-Schätzer** (Mantel & Haenszel 1959). Er ist definiert durch

$$
OR_{MH} = \frac{\sum_{k=1}^{K} \dfrac{n_{11k} \cdot n_{00k}}{n_{..k}}}{\sum_{k=1}^{K} \dfrac{n_{10k} \cdot n_{01k}}{n_{..k}}},
$$

wobei $n_{..k}$ die Gesamtzahl der beobachtungen in Schicht k, k = 1, …, K, bezeichnet.

Beispiel: Im Rahmen einer Fall-Kontroll-Studie zum Lungenkrebsrisiko durch Passivrauchen wurde für Deutschland in Abschnitt 4.5.1 der Zusammenhang zwischen dem Risikofaktor "Rauchen des Partners" und Lungenkrebs betrachtet (siehe Tab. 4.15 für die nicht geschichtete Vierfeldertafel sowie Tab. 4.16 (a) und (b) für die jeweiligen Vierfeldertafeln getrennt nach Männern und Frauen).

Für die ungeschichtete Tafel wurde ein Odds Ratio $OR_{Studie} = 2{,}38$ ermittelt, während die Schichtung zu den Werten $OR_{Männer\ Studie} = 1{,}19$ und $OR_{Frauen\ Studie} = 1{,}10$ führt. Hier kann man somit von einem Confoundingeffekt des Geschlechts ausgehen, der zu einer Überschätzung des wahren Zusammenhangs geführt hat, so dass es aufgrund der Homogenität der schichtspezifischen Odds-Ratio-Schätzer sinnvoll ist, den Mantel-Haenszel-Schätzer zu ermitteln. Hierfür gilt

$$OR_{MH} = \frac{\left(\dfrac{344 \cdot 5}{433} + \dfrac{92 \cdot 64}{351} \right)}{\left(\dfrac{24 \cdot 60}{433} + \dfrac{33 \cdot 162}{351} \right)} = 1{,}118$$

d.h., dieser Schätzwert ist wesentlich geringer als der aus Tab. 4.15 berechnete Wert ohne Berücksichtigung der Schichtung.

Das Beispiel zeigt, dass die ungeschichtete Auswertung bei vorliegendem Confounding zu einer verzerrten Schätzung des Odds Ratios führt. Diese Verzerrung lässt sich durch eine stratifizierte Analyse vermeiden, bei der die schichtspezifischen Odds Ratios einzeln betrachtet werden oder bei der das gemeinsame Odds Ratio der Schichten mittels einer Gewichtung wie beim Mantel-Haenszel-Schätzer berechnet wird. Ein solcher Schätzer für das gemeinsame Odds Ratio unterscheidet sich von dem aus der ungeschichteten Analyse somit dadurch, dass er den Confoundingeinfluss der Schichtungsvariable berücksichtigt. Die geschichtete Analyse wird daher auch als *Adjustierung für Confounding* bezeichnet.

Häufig bietet sich eine andere Darstellung des Mantel-Haenszel-Schätzers an, die die bereits berechneten schichtenspezifischen Schätzer der Odds Ratios enthält. Es gilt

$$OR_{MH} = \sum_{k=1}^{K} W_k \cdot OR_{k\,Studie}$$

$$\text{mit } W_k = \frac{\dfrac{n_{10k} \cdot n_{01k}}{n_{..k}}}{\sum_{k'=1}^{K} \dfrac{n_{10k'} \cdot n_{01k'}}{n_{..k'}}} \,, k = 1, \ldots, K.$$

Der Mantel-Haenszel-Schätzer ist somit ein gewichtetes Mittel der Schätzer der einzelnen Schichten. Die Summe über alle K Summanden der Gewichte ist gleich eins. Dabei sind die Gewichte eine Approximation der Kehrwerte der Varianzen der Schätzer $OR_{k\,Studie}$, $k = 1, \ldots, K$, unter der Hypothese H_0, dass die Odds Ratios gleich eins sind. Dies bedeutet, dass die Gewichte umso größer werden, je geringer die Varianz des Schätzers in einer Schicht ist, d.h. je "stabiler" die Schätzinformation der Schicht ist.

Beispiel: In obigem Beispiel der Fall-Kontroll-Studie zum Lungenkrebsrisiko durch einen rauchenden Partner mit $K = 2$ geschlechtsspezifischen Schichten wurde in der Schicht der Männer das Odds Ratio mit $OR_{Männer\,Studie} = 1{,}19$ und in der Schicht der Frauen das Odds Ratio mit $OR_{Frauen\,Studie} = 1{,}10$ geschätzt. Zur Berechnung eines Mantel-Haenszel-Schätzers mit Hilfe dieser Odds Ratios werden nun die Gewichte bestimmt. Dabei gilt mit den Angaben aus Tab. 4.16

$$W_{\text{Männer}} = \frac{\dfrac{24 \cdot 60}{433}}{\left(\dfrac{24 \cdot 60}{433} + \dfrac{33 \cdot 162}{351}\right)} = 0,179 \quad \text{bzw.} \quad W_{\text{Frauen}} = \frac{\dfrac{33 \cdot 162}{351}}{\left(\dfrac{24 \cdot 60}{433} + \dfrac{33 \cdot 162}{351}\right)} = 0,821,$$

so dass der Schicht der Frauen bei Zusammenfassung ein wesentlich höheres Gewicht zukommt und insgesamt gilt

$$OR_{MH} = 0{,}179 \cdot 1{,}19 + 0{,}821 \cdot 1{,}10 = 1{,}116.$$

Der Mantel-Haenszel-Schätzer ist eines der bekanntesten Schätzverfahren in der Epidemiologie. Neben der grundsätzlich einfachen Darstellung als gewichteter Mittelwert schichtspezifischer Odds Ratios hängt dies auch mit seinen statistischen Eigenschaften zusammen. So kann unter gewissen Annahmen gezeigt werden, dass der Schätzer, geeignet standardisiert, asymptotisch normalverteilt ist (vgl. z.B. Hauck 1979, Guilbaud 1983). Er ist allerdings nur dann (asymptotisch) effizient, wenn sämtliche Odds Ratios gleich eins sind. Das ist eine direkte Konsequenz aus der Tatsache, dass die Gewichte unter der Annahme ermittelt wurden, dass die schichtspezifischen Odds Ratios alle gleich eins sind.

Woolf-Schätzer

Eine andere Kombination der Schichtergebnisse geht auf Woolf (1955) zurück. Die Idee von Woolf bestand darin zu berücksichtigen, dass die einzelnen Odds Ratios eine multiplikative Veränderung eines Grundrisikos angeben und in diesem Fall daher die Berechnung eines geometrisches Mittels statt eines arithmetischen Mittels der schichtspezifischen Schätzer besser geeignet wäre. Dabei multipliziert man im einfachen Fall die einzelnen Schätzer (statt sie zu addieren) und zieht daraus die K-te Wurzel. Logarithmiert man anschließend den Ausdruck und gewichtet die einzelnen logarithmierten Schätzer mit den Inversen ihrer geschätzten Varianzen, erhält man

$$\ln\left(OR_{\text{Woolf}}\right) = \frac{\sum\limits_{k=1}^{K} V_k \cdot \ln\left(OR_{k\,\text{Studie}}\right)}{\sum\limits_{k=1}^{K} V_k}$$

$$\text{mit } \text{Var}_{\text{Studie}}\left(\ln\left(OR_{k\,\text{Studie}}\right)\right) = \left(\frac{1}{n_{11k}} + \frac{1}{n_{10k}} + \frac{1}{n_{01k}} + \frac{1}{n_{00k}}\right) = V_k^{-1}, \, k = 1, ..., K.$$

Die Größe OR_{Woolf} heißt auch der **Woolf-Schätzer des gemeinsamen Odds Ratios**.

Beispiel: Für die Fall-Kontroll-Studie zum Passivrauchen aus Tab. 4.16 berechnet man den Woolf-Schätzer wie folgt. Es gilt

$$V_{\text{Männer}} = V_1 = \left(\frac{1}{n_{11\,1}} + \frac{1}{n_{10\,1}} + \frac{1}{n_{01\,1}} + \frac{1}{n_{00\,1}} \right)^{-1} = \left(\frac{1}{5} + \frac{1}{24} + \frac{1}{60} + \frac{1}{344} \right)^{-1} = 3{,}823$$

$$V_{\text{Frauen}} = V_2 = \left(\frac{1}{n_{11\,2}} + \frac{1}{n_{10\,2}} + \frac{1}{n_{01\,2}} + \frac{1}{n_{00\,2}} \right)^{-1} = \left(\frac{1}{64} + \frac{1}{33} + \frac{1}{162} + \frac{1}{92} \right)^{-1} = 15{,}880\,,$$

und damit

$$\ln(OR_{\text{Woolf}}) = \frac{3{,}828 \cdot \ln(1{,}19) + 15{,}880 \cdot \ln(1{,}10)}{3{,}828 + 15{,}880} = 0{,}111\,,$$

so dass

$$OR_{\text{Woolf}} = 1{,}117.$$

Ergänzend zur obigen Erläuterung ist die Vorgehensweise bei der Konstruktion des Woolf-Schätzers, vergleichbar zu Abschnitt 6.2.2, darin begründet, dass der Logarithmus der schichtspezifischen Odds-Ratio-Schätzer asymptotisch normalverteilt ist. Man kann zeigen, dass auch das gewichtete Mittel dieser Schätzer gemäß der obigen Formel asymptotisch normalverteilt ist. Darüber hinaus gilt für den Woolf-Schätzer im Gegensatz zum Mantel-Haenszel-Schätzer, dass er auch asymptotisch effizient ist (vgl. auch Pigeot 1990).

Maximum-Likelihood-Schätzer und Odds-Ratio-Schätzung nach Birch

Die Schätzer von Mantel-Haenszel sowie von Woolf sind dadurch motiviert, dass sie eine einfache Rechenvorschrift für den Schätzer eines gemeinsamen Odds Ratios definieren. Es können aber auch allgemeine Schätzprinzipien für die Konstruktion von Schätzern des gemeinsamen Odds Ratios zur Anwendung kommen (siehe Anhang S.4.2).

Nutzt man dazu das Maximum-Likelihood-Prinzip (siehe Anhang S.4.2.2), so erhält man allerdings keine explizite Rechenvorschrift mehr, sondern muss mittels iterativer Methoden eine Likelihood-Funktion maximieren, die auf dem Produkt der nicht-zentralen hypergeometrischen Verteilungen der exponierten Kranken der k-ten Schicht beruht, k = 1, ..., K (zur nicht-zentralen hypergeometrischen Verteilung siehe auch Anhang S.4.4.2 bzw. Abschnitt 6.2.2). Diese Maximierungsvorschrift, die wir hier nicht angeben wollen (vgl. Birch 1964), ist in der Regel nur mit Computerunterstützung zu lösen. In den meisten statistischen Auswertungsprogrammen ist die Lösung dieses Problems implementiert.

Ein großer Nachteil des Verfahrens ist der nur implizit definierbare Schätzer. Dem steht der Vorteil gegenüber, dass der *ML-Schätzer* aufgrund der allgemeinen Theorie zur ML-Schätzung *konsistent, effizient und asymptotisch normalverteilt* ist.

Für den Fall, dass die Odds Ratios Werte nahe eins haben, lässt sich nach Birch (1964) der ML-Schätzer durch folgende Formel annähern

$$\ln OR_{Birch} = \frac{\sum\limits_{k=1}^{K} \dfrac{n_{11k} \cdot n_{00k} - n_{10k} \cdot n_{01k}}{n_{..k}}}{\sum\limits_{k=1}^{K} \dfrac{n_{1.k} \cdot n_{0.k} \cdot n_{.1k} \cdot n_{.0k}}{n^2_{..k}\left(n_{..k}-1\right)}}.$$

Beispiel: Für die Fall-Kontroll-Studie zum Passivrauchen aus Tab. 4.16 kann man davon ausgehen, dass die Odds Ratios nahe eins liegen. Daher erscheint die Anwendung der Methode von Birch gerechtfertigt. Man erhält

$$\ln OR_{Birch} = \frac{\left(\dfrac{5 \cdot 344 - 24 \cdot 60}{433} + \dfrac{64 \cdot 92 - 33 \cdot 162}{351}\right)}{\left(\dfrac{29 \cdot 404 \cdot 65 \cdot 368}{433^2 \cdot 432} + \dfrac{97 \cdot 254 \cdot 226 \cdot 125}{351^2 \cdot 350}\right)} = 0{,}112.$$

Damit ergibt sich als Approximation des ML-Schätzers für das gemeinsame Odds Ratio nach Birch

$$OR_{Birch} = 1{,}119.$$

6.3.2 Konfidenzintervalle für das gemeinsame Odds Ratio

Mit der Angabe eines kombinierten Schätzwerts über die Schichten der Population kann eine Adjustierung erfolgen, wenn die Effekte über die Schichten homogen sind. Auch diese Schätzung ist mit Ungenauigkeiten behaftet, so dass entsprechende Konfidenzintervalle für das gemeinsame Odds Ratio anzugeben sind. Hierbei unterscheiden wir analog zur Aufteilung in Abschnitt 6.2.2 asymptotische und exakte Verfahren. Ob und in welcher Form ein spezielles Konfidenzintervall zur Anwendung kommt, hatten wir dort schon diskutiert, so dass wir hier nicht noch einmal darauf eingehen.

Wie im ungeschichteten Fall sind zur Konstruktion eines $(1-\alpha)$-Konfidenzintervalls für das gemeinsame Odds Ratio sowohl ein Punktschätzer als auch eine diesbezügliche Varianzschätzung erforderlich.

Approximatives Konfidenzintervall nach Woolf

Als einfachste Approximation für ein Konfidenzintervall bietet sich die Vorgehensweise der Logit-Limits nach Woolf an. Ausgangspunkt der Logit-Limits ist der Schätzer OR_{Woolf} für das gemeinsame Odds Ratio. Für die geschätzte Varianz des Logarithmus des Odds-Ratio-Schätzers in der k-ten Schicht gilt (siehe auch Herleitung des Woolf-Schätzers)

$$Var_{Studie}\left(\ln\left(OR_{k\,Studie}\right)\right) = \left(\frac{1}{n_{11k}} + \frac{1}{n_{10k}} + \frac{1}{n_{01k}} + \frac{1}{n_{00k}}\right) = V_k^{-1}, \; k = 1, ..., K.$$

Das **(1−α)-Konfidenzintervall nach Woolf für das gemeinsame Odds Ratio** ist dann gegeben durch

$$
KI_{Woolf}(OR_{Ziel}) = \left[OR_{Woolf} \cdot \exp\left\{ \pm u_{1-\alpha/2} \middle/ \sqrt{\sum_{k=1}^{K} V_k} \right\} \right].
$$

Beispiel: Für die nach dem Geschlecht geschichtete Fall-Kontroll-Studie zum Passivrauchen aus Tab. 4.16 soll ein 95%-Konfidenzintervall nach Woolf für das gemeinsame Odds Ratio berechnet werden.

Bei der Berechnung des Woolf-Schätzers für dieses Beispiel in Abschnitt 6.3.1 wurden auch die Kehrwerte der Varianzen bereits ermittelt: $OR_{Woolf} = 1{,}117$, $V_{Männer} = 3{,}828$ und $V_{Frauen} = 15{,}80$. Mit diesen Größen erhält man als 95%-Konfidenzintervall

$$
KI_{Woolf}(OR_{Ziel}) = \left[1{,}117 \cdot \exp\left\{ \pm 1{,}96 \middle/ \sqrt{3{,}828 + 15{,}880} \right\} \right] = [0{,}718; 1{,}737].
$$

Die Schichtung der ursächlichen Vierfeldertafel Tab 4.15 zeigt somit nicht nur eine Verringerung des Odds Ratios von $OR_{Studie} = 2{,}38$ auf $OR_{Woolf} = 1{,}117$ an. Vielmehr zeigt das Konfidenzintervall, das die Eins überdeckt, dass das Odds Ratio in der Zielpopulation OR_{Ziel} größer oder kleiner eins sein kann. Damit kann ein Zusammenhang zwischen dem Auftreten von Lungenkrebs und dem Zusammenleben mit einem rauchenden Partner nicht nachgewiesen werden.

Dieses Konfidenzintervall besitzt approximativ eine Überdeckungswahrscheinlichkeit von $(1−α)$, wenn der Stichprobenumfang sehr groß ist, und sollte daher auch nur dann angewendet werden.

Approximatives Konfidenzintervall nach Cornfield

Das in Abschnitt 6.2.2 bei der einfachen Auswertung hergeleitete approximative Konfidenzintervall nach Cornfield kann auch bei der geschichteten Auswertung mit dem beschriebenen iterativen Verfahren bestimmt werden. Dieses ist bei der Berechnung allerdings wesentlich aufwändiger als im ungeschichteten Fall. Auch hier geht man von der Approximation der hypergeometrischen Verteilung durch die Normalverteilung aus.

Die beiden **Bestimmungsgleichungen für das Cornfield-Intervall bei der geschichteten Analyse** lauten

$$
\sum_{k=1}^{K} N_{11ku} = \sum_{k=1}^{K} n_{11k} - u_{1-\alpha/2} \sqrt{\sum_{k=1}^{K} \left(\frac{1}{N_{11ku}} + \frac{1}{N_{10ku}} + \frac{1}{N_{01ku}} + \frac{1}{N_{00ku}} \right)^{-1}},
$$

$$
\sum_{k=1}^{K} N_{11ko} = \sum_{k=1}^{K} n_{11k} + u_{1-\alpha/2} \sqrt{\sum_{k=1}^{K} \left(\frac{1}{N_{11ko}} + \frac{1}{N_{10ko}} + \frac{1}{N_{01ko}} + \frac{1}{N_{00ko}} \right)^{-1}}.
$$

Diese Gleichungen müssen wie im ungeschichteten Fall iterativ gelöst werden. Wegen der numerischen Komplexität dieses Lösungsverfahrens soll hier auf ein praktisches Beispiel verzichtet werden, jedoch ist das Lösungsprinzip zu dem in Abschnitt 6.2.2 beschriebenen analog.

Approximatives Konfidenzintervall nach Mantel-Haenszel

Basierend auf der Vorgehensweise von Mantel-Haenszel lassen sich einfach zu berechnende sowie auch stabile Konfidenzaussagen herleiten. Die **asymptotische Varianz des Logarithmus des Mantel-Haenszel-Schätzers** lässt sich schätzen durch (vgl. Robins et al. 1986)

$$\text{Var}_{\text{Studie}}\left(\ln\left(\text{OR}_{\text{MH}}\right)\right) = \frac{\sum_{k=1}^{K} P_k R_k}{2 \cdot \left(\sum_{k=1}^{K} R_k\right)^2} + \frac{\sum_{k=1}^{K}\left(P_k S_k + Q_k R_k\right)}{2 \cdot \sum_{k=1}^{K} R_k \cdot \sum_{k=1}^{K} S_k} + \frac{\sum_{k=1}^{K} Q_k S_k}{2 \cdot \left(\sum_{k=1}^{K} S_k\right)^2},$$

wobei $\quad P_k = \dfrac{n_{11k} + n_{00k}}{n_{..k}}, \quad k = 1, ..., K,$

$\qquad\qquad R_k = \dfrac{n_{11k} \cdot n_{00k}}{n_{..k}}, \quad k = 1, ..., K,$

$\qquad\qquad Q_k = \dfrac{n_{10k} + n_{01k}}{n_{..k}}, \quad k = 1, ..., K,$

$\qquad\qquad S_k = \dfrac{n_{10k} \cdot n_{01k}}{n_{..k}}, \quad k = 1, ..., K.$

Mit Hilfe dieser geschätzten approximativen Varianz und dem **Mantel-Haenszel-Schätzer** kann dann ein **approximatives (1−α)-Konfidenzintervall** angegeben werden mit

$$\text{KI}_{\text{MH}}\left(\text{OR}_{\text{Ziel}}\right) = \text{OR}_{\text{MH}} \cdot \exp\left\{\pm\, u_{1-\alpha/2} \cdot \sqrt{\text{Var}_{\text{Studie}}\left(\ln(\text{OR}_{\text{MH}})\right)}\right\}.$$

Beispiel: Für die nach dem Geschlecht geschichtete Fall-Kontroll-Studie zum Passivrauchen (siehe Tab. 4.16) können die Hilfsgrößen zur Ermittlung der geschätzten Varianz leicht ermittelt werden. Es gilt

$$P_1 = \frac{5 + 344}{433} = 0{,}806, \quad P_2 = \frac{64 + 92}{351} = 0{,}444,$$

$$R_1 = \frac{5 \cdot 344}{433} = 3{,}972, \quad R_2 = \frac{64 \cdot 92}{351} = 16{,}775,$$

$$Q_1 = \frac{24 + 60}{433} = 0{,}194, \quad Q_2 = \frac{162 + 33}{351} = 0{,}556,$$

$$S_1 = \frac{24 \cdot 60}{433} = 3{,}326 \, , \ S_2 = \frac{162 \cdot 33}{351} = 15{,}231 \, .$$

Insgesamt kann damit die geschätzte Varianz des Logarithmus des Odds-Ratio-Schätzers ermittelt werden als

$$
\begin{aligned}
\text{Var}_{\text{Studie}} \left(\ln \left(OR_{MH} \right) \right) =& \ \frac{(0{,}790 \cdot 3{,}891 + 0{,}444 \cdot 16{,}775)}{2 \cdot (3{,}891 + 16{,}775)^2} \\
&+ \frac{(0{,}790 \cdot 3{,}747 + 0{,}210 \cdot 3{,}891) + (0{,}444 \cdot 15{,}231 + 0{,}556 \cdot 16{,}775)}{2 \cdot (3{,}891 + 16{,}775) \cdot (3{,}747 + 15{,}231)} \\
&+ \frac{(0{,}210 \cdot 3{,}747 + 0{,}556 \cdot 15{,}231)}{2 \cdot (3{,}747 + 15{,}231)^2} \\[2mm]
=& \ 0{,}012 + 0{,}025 + 0{,}013 = 0{,}051 \, .
\end{aligned}
$$

Mit dem in Abschnitt 6.3.1 ermittelten Mantel-Haenszel-Schätzer von $OR_{MH} = 1{,}118$ ergibt sich das approximative 95%-Konfidenzintervall nach Mantel-Haenszel somit zu

$$KI_{MH} \left(OR \right) = 1{,}118 \cdot \exp\left\{ \pm 1.96 \cdot \sqrt{0{,}051} \right\} = \left[0{,}719 ; 1{,}739 \right] .$$

Auch dieses Konfidenzintervall enthält die Eins, so dass man nicht von einem Zusammenhang zwischen dem Auftreten von Lungenkrebs und dem Zusammenleben mit einem rauchenden Partner ausgehen kann.

Auch dieses Konfidenzintervall geht von dem asymptotischen Verhalten des Schätzers aus, jedoch besitzt es im Gegensatz zu den bislang vorgestellten Intervallen auch bei Schichten mit kleinen Beobachtungszahlen eine ungefähre Überdeckungswahrscheinlichkeit von $(1{-}\alpha)$.

Exaktes Konfidenzintervall

Wie bereits in den Abschnitten 6.2.2 und 6.2.3 genauer ausgeführt, ist bei geringen Studienumfängen und/oder seltenen Erkrankungen die Ausnutzung asymptotischer Ergebnisse meist nicht mehr gerechtfertigt. Abschließend soll daher das exakte Konfidenzintervall für das gemeinsame Odds Ratio in geschichteten Vierfeldertafeln kurz beschrieben werden. Dieses baut wiederum auf der hypergeometrischen Verteilung auf bzw. lässt sich analog zur Berechnung der p-Werte des exakten Tests als Lösung eines Gleichungssystems formulieren (siehe Abschnitt 6.2.2, vgl. Gart 1979, 1971).

Die **untere Grenze $OR_{\text{Studie u}}$ des $(1{-}\alpha)$-Konfidenzintervalls für das gemeinsame Odds Ratio** ergibt sich dann als Lösung der Gleichung

$$\frac{\alpha}{2} = \sum_{\substack{\sum\limits_{k=1}^{K} x_k = \sum\limits_{k=1}^{K} n_{11\,k}}}^{\min(n_{.1}, n_{1.})} \ \prod_{k=1}^{K} \frac{\binom{n_{.1\,k}}{x_k} \binom{n_{.0\,k}}{n_{1.\,k} - x_k} \cdot \left(OR_{\text{Studie u}} \right)^{x_k}}{\binom{n_{..\,k}}{n_{1.\,k}}} \, .$$

Der komplizierte Summationsausdruck ergibt sich dadurch, dass man die Wahrscheinlichkeiten der hypergeometrischen Verteilung (als Produkt über alle Vierfeldertafeln) für alle möglichen Summen bildet, wobei der Laufindex bei der tatsächlichen Beobachtungszahl in dieser Zelle startet und als maximalen Wert keine größere Anzahl aufweisen kann als die kleinere der beiden Randhäufigkeiten.

Die **obere Grenze OR$_{\text{Studie o}}$** ist die Lösung der folgenden Gleichung

$$\frac{\alpha}{2} = \sum_{\sum\limits_{k=1}^{K} x_k = \max\left(0, n_{1.} - n_{.0}\right)}^{\sum\limits_{k=1}^{K} n_{11k}} \prod_{k=1}^{K} \frac{\binom{n_{.1k}}{x_k}\binom{n_{.0k}}{n_{1.k} - x_k} \cdot \left(OR_{\text{Studie o}}\right)^{x_k}}{\binom{n_{..k}}{n_{1.k}}} \,.$$

Da diese Gleichungen sehr komplex sind, können sie nur mit numerischen Methoden gelöst werden. Eine Vertiefung mit Hilfe eines praktischen Beispiels soll deshalb hier nicht erfolgen.

6.3.3   Hypothesentests für das gemeinsame Odds Ratio

Im Folgenden werden statistische Tests zur Prüfung der Hypothese H_0: $OR_{\text{Ziel}} = 1$ in der Situation geschichteter Vierfeldertafeln beschrieben. Dabei gehen wir wieder von Homogenität der schichtspezifischen Odds Ratios aus, d.h., es wird die Situation betrachtet, dass die schichtenspezifischen Odds Ratios für den betrachteten Faktor denselben (wahren) Wert aufweisen.

Asymptotische Tests bei Normalverteilungsannahme

Wie in Abschnitt 6.2.3 bei der Beschreibung asymptotischer Testverfahren kann auch bei der geschichteten Analyse davon ausgegangen werden, dass bei hinreichend großen Besetzungszahlen der beobachteten Vierfeldertafeln Normalverteilungen angenommen werden können bzw. dass der ML-Schätzer asymptotisch normalverteilt ist. Liegen innerhalb einer Studie somit Schichten mit genügend großen Beobachtungszahlen vor, so können asymptotische Normalverteilungs-Tests auch für die geschichtete Analyse zur Anwendung kommen. Die numerische Umsetzung dieser Verfahren erfolgt in analoger Weise wie in Abschnitt 6.2.3 und soll deshalb nicht nochmals dargestellt werden.

χ^2-Tests

Im Zusammenhang mit dem bei Vorliegen einer Schichtung häufig verwendeten Mantel-Haenszel-Schätzer OR_{MH} wird meist ein Test betrachtet, der ein Analogon zum χ^2-Test darstellt (Mantel & Haenszel 1959). Auch dieses Verfahren beruht auf den Zufallsvariablen der Anzahlen der exponierten Kranken in der k-ten Schicht, k = 1, ..., K.

Unter der Hypothese H_0: $OR_{\text{Ziel}} = 1$ stimmen die beobachteten Anzahlen n_{11k} in allen Schichten k in etwa mit den erwarteten Anzahlen $n_{11k\,\text{erw}}$ überein, k = 1, ..., K. Gilt dann für das wahre Odds Ratio der Zielpopulation $OR_{\text{Ziel}} > 1$, so wird in den meisten Schichten

$$n_{11k} > \frac{n_{1.k} \cdot n_{.1k}}{n_{..k}} = n_{11k\,erw}, \; k = 1, \dots, K,$$

sein. Die **Teststatistik des Mantel-Haenszel-Tests** basiert im Wesentlichen auf dem Vergleich der beobachteten und der erwarteten Anzahlen (Zähler), wobei die quadrierte Differenz geeignet normiert werden muss (Nenner), um eine Verteilung dieser Teststatistik unter der Nullhypothese herleiten zu können:

$$\chi^2_{MH} = \frac{\left(\sum\limits_{k=1}^{K} n_{11k} - \sum\limits_{k=1}^{K} n_{11k\,erw} \right)^2}{\sum\limits_{k=1}^{K} \dfrac{n_{1.k} \cdot n_{0.k} \cdot n_{.1k} \cdot n_{.0k}}{n^2_{..k} \cdot (n-1)}}.$$

Diese Größe heißt auch **Summary-χ^2-Statistik** oder **globale Teststatistik**, da die Zellhäufigkeiten, deren Erwartungswerte und Varianzen durch die entsprechenden Summen beim einfachen χ^2-Test ersetzt werden. Das auf dieser Teststatistik basierende Entscheidungsverfahren ist äquivalent zum so genannten **Logit-Score-Test** (vgl. Day & Byar 1979). Unter der Nullhypothese, dass die Exposition keinen Einfluss auf das Krankheitsgeschehen hat, ist die Teststatistik asymptotisch χ^2-verteilt mit einem Freiheitsgrad. Damit erhält man als Entscheidungsregel, dass die Hypothese, dass das gemeinsame Odds Ratio in der Zielpopulation gleich eins ist, abzulehnen ist, falls gilt

$$X^2_{MH} > \chi^2_{1;1-\alpha}.$$

Beispiel: Für die Fall-Kontroll-Studie zum Passivrauchen aus Tab. 4.15 sind die erwarteten Anzahlen von exponierten Kranken

$$n_{11\,Männer\,erw} = \frac{65 \cdot 29}{433} = 4{,}353 \; \text{und} \; n_{11\,Frauen\,erw} = \frac{226 \cdot 97}{351} = 62{,}456.$$

Damit erhält man als globale Teststatistik

$$X^2_{MH} = \frac{\left((5 + 64) - (4{,}353 + 62{,}456) \right)^2}{\dfrac{29 \cdot 404 \cdot 65 \cdot 368}{433^2 \cdot (433-1)} + \dfrac{97 \cdot 254 \cdot 226 \cdot 125}{351^2 \cdot (351-1)}} = 0{,}245 < \chi^2_{1;\,0{,}95} = 3{,}841.$$

Da der Wert der Teststatistik kleiner ist als der kritische Wert, kann die Hypothese der Unabhängigkeit zwischen Exposition und Krankheit nicht abgelehnt werden kann.

Der Mantel-Haenszel-Test lässt sich auch bei Schichten kleinen Umfangs anwenden, da er nicht auf den einzelnen n_{11k}, $k = 1, \dots, K$, sondern letztlich auf deren Summe über alle Schichten beruht. Als asymptotisches Verfahren benötigt er aber zu seiner Anwendung dennoch eine hinreichende Stichprobengröße in der gesamten Studienpopulation. Eine *Faustregel zur Anwendung* in diesem Zusammenhang lautet, dass

$$\sum_{k=1}^{K} n_{11k}$$

mindestens fünf Einheiten vom Minimum bzw. Maximum der entsprechenden theoretisch möglichen Summe entfernt sein sollte (vgl. Mantel & Fleiss 1980).

Der Mantel-Haenszel-Test geht im Wesentlichen auf eine Idee von Cochran (1954) zurück, der eine analoge Art von χ^2-Teststatistik vorgeschlagen hat. Im Gegensatz zum ursprünglichen Ansatz von Cochran werden aber bei der Teststatistik hier die so genannten exakten bedingten Momente (siehe auch Anhang S.4.2.1) verwendet, so dass man davon ausgehen kann, dass der Mantel-Haenszel-Test auch bei kleineren Studien das Signifikanzniveau α einhält. Dennoch benötigt er als asymptotisches Verfahren hinreichend große Besetzungszahlen in den schichtspezifischen Vierfeldertafeln, damit die asymptotische Verteilung zur Ermittlung der kritischen Werte gerechtfertigt ist. Damit sollte man bei zu geringen Stichprobenumfängen auf exakte Verfahren zurückgreifen.

Asymptotisches testbasiertes Konfidenzintervall

Wegen seiner einfachen Berechnungsmethode sowie der großen Stabilität der globalen Teststatistik kann dieses Konzept auch bei der Bestimmung von Konfidenzintervallen genutzt werden. Analog zu Miettinens Methode (siehe Abschnitt 6.2.2) kann daher mit Hilfe des Mantel-Haenszel-Schätzer OR_{MH} sowie der Summary-χ^2-Statistik des Mantel-Haenszel-Tests X^2_{MH} ein asymptotisches testbasiertes $(1-\alpha)$-Konfidenzintervall für das gemeinsame Odds Ratio angegeben werden durch

$$KI_{Miettinen}\left(OR_{Ziel}\right) = \left[OR_{MH}^{d_u} \; ; OR_{MH}^{d_o} \right],$$

$$\text{mit } d_u = 1 - \frac{u_{1-\alpha/2}}{\sqrt{X^2_{MH}}} \text{ bzw. } d_o = 1 + \frac{u_{1-\alpha/2}}{\sqrt{X^2_{MH}}}.$$

Beispiel: Für die Fall-Kontroll-Studie zum Passivrauchen aus Tab. 4.16 wurden sämtliche Größen, die zur Ermittlung eines testbasierten Konfidenzintervalls erforderlich sind, bereits an anderer Stelle ermittelt. Hierbei gilt

$$OR_{MH} = 1{,}118 \text{ und } X^2_{MH} = 0{,}245,$$

so dass für $(1-\alpha) = 0{,}95$ die Größen

$$d_u = 1 - \frac{1{,}96}{\sqrt{0{,}245}} = -2{,}960 \text{ bzw. } d_o = 1 + \frac{1{,}96}{\sqrt{0{,}245}} = 4{,}960$$

berechnet werden können. Damit gilt für das testbasierte 95%-Konfidenzintervall

$$KI_{Miettinen}(OR_{Ziel}) = \left[1{,}118^{-2{,}960}; \ 1{,}118^{4{,}960}\right] = [0{,}719; 1{,}739].$$

Auch dieses Intervall überdeckt die eins, so dass in dieser Studie kein Zusammenhang zwischen dem Auftreten von Lungenkrebs und dem Zusammenleben mit einem rauchenden Partner unterstellt werden kann.

Exakter Test

Da die bislang vorgestellten Testverfahren grundsätzlich nur bei großen Studien angewendet werden sollten, kann man unter der Voraussetzung homogener Schichten analog zu dem in Abschnitt 6.2.3 beschriebenen exakten Test von Fisher auch hier ein exaktes Verfahren herleiten. Dabei geht man wiederum davon aus, dass unter bekannten Randsummen der Vierfeldertafeln die Anzahl der exponierten Kranken einer hypergeometrischen Verteilung folgt.

Wie in Abschnitt 6.2.3 erläutert, ist es dann möglich, den Ablehnungsbereich des exakten Tests mit Hilfe der Überschreitungswahrscheinlichkeiten anzugeben. Dabei muss die gemeinsame Verteilung über alle Schichten betrachtet werden, so dass man ein Produkt von insgesamt K hypergeometrischen Verteilungen ermittelt. Bei Betrachtung der einseitigen Alternative H_1: $OR_{Ziel} > 1$, dass die **Exposition mit einer Erhöhung des Erkrankungsrisikos** einhergeht, lauten die **p-Werte des exakten Testverfahrens bei Schichtung** (vgl. Gart 1970, 1971)

$$p-Wert_{exakt\ risk} = \sum_{\substack{\sum\limits_{k=1}^{K} x_k = \sum\limits_{k=1}^{K} n_{11k}}}^{\min(n_{.1}, n_{1.})} \prod_{k=1}^{K} \frac{\binom{n_{.1k}}{x_k}\binom{n_{.0k}}{n_{1.k}-x_k}}{\binom{n_{..k}}{n_{1.k}}}.$$

Betrachtet man dagegen die einseitige Alternative H_1: $OR_{Ziel} < 1$, d.h., dass die **Exposition einen protektiven Effekt** mit sich bringt, so lautet der p-Wert

$$p-Wert_{exakt\ prot} = \sum_{\substack{\sum\limits_{k=1}^{K} x_k = \max(0, n_{1.}-n_{.0})}}^{\sum\limits_{k=1}^{K} n_{11k}} \prod_{k=1}^{K} \frac{\binom{n_{.1k}}{x_k}\binom{n_{.0k}}{n_{1.k}-x_k}}{\binom{n_{..k}}{n_{1.k}}}.$$

Mittels dieser p-Werte ist die Hypothese H_0: $OR_{Ziel} = 1$ abzulehnen, falls diese Werte kleiner als ein vorgegebener Wert α sind.

Für die **zweiseitige Alternative** H_1: $OR_{Ziel} \neq 1$, wenn also vor der Studie nicht abzusehen ist, ob das Risiko durch die Exposition erhöht oder verringert wird, ist die Hypothese der Unabhängigkeit von Exposition und Krankheit abzulehnen, falls

$$2 \cdot \min(p-Wert_{exakt\ risk}, p-Wert_{exakt\ prot}) < \alpha.$$

Die Berechnung der p-Werte des exakten Testverfahrens kann im Wesentlichen nach dem gleichen Schema verlaufen, wie es der exakte Test von Fisher vorgibt (siehe Abschnitt 6.2.3). Deshalb wird hier auf ein weiteres Beispiel verzichtet. Zur Bestimmung der Wahrscheinlichkeiten für die hypergeometrische Verteilung können z.B. die Tafelwerke von Lieberman & Owen (1961) oder Krüger et al. (1981) verwendet werden, jedoch bieten moderne Tabellenkalkulations- bzw. Statistikprogramme in der Regel Funktionen zur Bestimmung der hypergeometrischen Wahrscheinlichkeiten an.

6.3.4   Tests auf Homogenität und Trend

Bei der statistischen Analyse geschichteter Vierfeldertafeln waren wir bislang stets von der Vorstellung ausgegangen, dass Homogenität vorliegt, d.h., dass die Odds Ratios in den Schichten als jeweils gleich unterstellt werden konnten. Dann war die Möglichkeit gegeben, einen potenziellen Confoundingmechanismus der Schichtungsvariable zu berücksichtigen und so im Gegensatz zum einfachen Odds Ratio ein vom Einfluss des Confounders bereinigtes (adjustiertes) Odds Ratio anzugeben.

Im Fall heterogener Schichten, d.h., wenn wegen ungleicher Odds Ratios von einer Wechselwirkung zwischen Expositionsfaktor und Schichtungsvariable ausgegangen werden muss, darf eine solche Zusammenfassung aber nicht erfolgen. Somit ist zunächst zu prüfen, ob die Homogenitätsannahme tatsächlich gerechtfertigt ist. Ist dies nicht der Fall, so muss ein anderes Auswertungsverfahren als die bislang vorgestellten herangezogen werden (siehe z.B. die logistische Regression in Abschnitt 1.1).

Neben der Frage nach der inhaltlichen (biologischen, medizinischen, ...) Plausibilität einer Wechselwirkung sollten zur objektiven Beantwortung der Frage nach Homogenität statistische Testprinzipien zur Anwendung kommen. Dazu gibt es im Wesentlichen zwei Möglichkeiten: Tests auf Homogenität und Tests auf Trend.

(Allgemeine) Tests auf Homogenität testen die Hypothese, dass alle Odds Ratios gleich (homogen) sind, gegen die Alternative, dass die Odds Ratios in irgendeiner Form ungleich (heterogen) sind, d.h., bei insgesamt K Schichten werden die folgende Null- und Alternativhypothese gegenübergestellt

$$H_0: OR_{1\,Ziel} = OR_{2\,Ziel} = ... = OR_{K\,Ziel}$$

$$vs.\ H_1: OR_{k\,Ziel} \neq OR_{k'\,Ziel}\ \text{für mindestens ein Paar k, k' = 1, ..., K.}$$

Tests auf Vorliegen eines Trends testen dieselbe Nullhypothese gegen die Alternative, dass das Odds Ratio bei wachsender Schichtungsvariablen (z.B. dem Alter) zu- oder abnimmt, d.h., es wird getestet

$$H_0: OR_{1\,Ziel} = OR_{2\,Ziel} = ... = OR_{K\,Ziel}$$

$$vs.\ H_{1<Trend}: OR_{1\,Ziel} < OR_{2\,Ziel} < ... < OR_{K\,Ziel}\ \text{(aufsteigender Trend) oder}$$

$$vs.\ H_{1>Trend}: OR_{1\,Ziel} > OR_{2\,Ziel} > ... > OR_{K\,Ziel}\ \text{(abfallender Trend).}$$

Allgemeine Tests auf Homogenität

Tests auf Homogenität beruhen in der Regel auf (asymptotischen) (bedingten) Verteilungen innerhalb der Vierfeldertafel. Hierbei wird die beobachtete Situation in einer Schicht mit derjenigen verglichen, die bei Homogenität "erwartet" würde. Streng genommen ist der Begriff "erwartet" hier nicht ganz korrekt, da es sich ebenfalls um eine "beobachtete" Situation handelt, und zwar um die, die man erhält, wenn man einen kombinierten Schätzer verwendet.

Ist also $OR_{kombi\ Studie}$ (z.B. der Mantel-Haenszel-Schätzer OR_{MH}) ein beliebiger aus den Schichtergebnissen kombinierter Schätzer für das gemeinsame Odds Ratio OR_{Ziel} und $OR_{k\ Studie}$ der Schätzer für das Odds Ratio in Schicht k, k = 1, ..., K, so kann als **allgemeines Testprinzip** die folgende χ^2-Teststatistik angegeben werden

$$X^2_{Hom} = \sum_{k=1}^{K} \frac{\left(\ln(OR_{k\ Studie}) - \ln(OR_{kombi\ Studie})\right)^2}{Var_{Studie}\left(\ln(OR_{k\ Studie})\right)},$$

wobei wie in Abschnitt 6.3.2 gilt

$$Var_{Studie}\left(\ln\left(OR_{k\ Studie}\right)\right) = \left(\frac{1}{n_{11k}} + \frac{1}{n_{10k}} + \frac{1}{n_{01k}} + \frac{1}{n_{00k}}\right) = V_k^{-1}, k = 1, ..., K.$$

Bei dieser Teststatistik betrachtet man also die quadrierte Differenz der logarithmierten Odds Ratio Schätzer in den Schichten ("beobachtet") zum kombinierten Schätzer (bei Homogenität "erwartet"). Ist dieser Abstand groß, so wird man Heterogenität vermuten; ist er klein, kann von homogenen Schichten ausgegangen werden.

Die obige Teststatistik ist unter der Hypothese H_0 χ^2-verteilt mit (K–1) Freiheitsgraden. Damit ergibt sich als **allgemeiner Homogenitätstest zum Signifikanzniveau** α die Entscheidung, dass die Hypothese H_0 abgelehnt werden kann, falls

$$X^2_{Hom} > \chi^2_{K-1;\ 1-\alpha}.$$

Dieses Testprinzip kann auch direkt auf die Zellhäufigkeit der exponierten Kranken angewendet werden. Ganz analog begründet sich dann eine zweite Teststatistik (vgl. Breslow & Day 1980, deshalb häufig auch **Breslow-Day-Test**) durch

$$X^2_{BD} = \sum_{k=1}^{K} \left(n_{11k} - n_{11k\ Hom}\right)^2 \cdot \left(\frac{1}{n_{11k\ Hom}} + \frac{1}{n_{10k\ Hom}} + \frac{1}{n_{01k\ Hom}} + \frac{1}{n_{00k\ Hom}}\right).$$

Hierbei sind die bei Vorliegen von Homogenität geschätzten Zellhäufigkeiten der k-ten Schicht $n_{ijk\ Hom}$, i, j = 0, 1, k = 1, ..., K, so zu bestimmen, dass aus diesen Häufigkeiten für jede Tafel dasselbe Odds Ratio resultiert, d.h.

$$OR_{\text{kombi Studie}} = \frac{n_{11\,k\,\text{Hom}} \cdot n_{00\,k\,\text{Hom}}}{n_{10\,k\,\text{Hom}} \cdot n_{01\,k\,\text{Hom}}} \ , \ k = 1, \ ..., \ K.$$

Anstelle der logarithmierten Odds Ratios betrachtet man hier einerseits die beobachteten und andererseits die bei Homogenität "erwarteten" Anzahlen der exponierten Kranken in den Schichten. Unter der Hypothese H_0 ist auch diese Teststatistik asymptotisch χ^2-verteilt mit $(K-1)$ Freiheitsgraden. Daher kann die Hypothese H_0 der Homogenität zum Niveau α abgelehnt werden, falls

$$X^2_{BD} > \chi^2_{K-1;\,1-\alpha} \ .$$

Die dieser Testentscheidung zugrunde liegende χ^2-Approximation gilt jedoch nicht, wenn einzelne Schichten so gering besetzt sind, dass die erwarteten Häufigkeiten sehr klein werden.

Beispiel: In der in Tab. 4.16 dargestellten Fall-Kontroll-Studie wurden schichtspezifische Odds Ratios für das Zusammenleben mit einem rauchenden Partner und dem Auftreten von Lungenkrebs berichtet. Für Männer wurde $OR_{\text{Männer Studie}} = 1{,}19$ und für Frauen $OR_{\text{Frauen Studie}} = 1{,}10$ ermittelt. Die Frage ist, ob wir aufgrund dieser Schätzungen von Homogenität innerhalb der Zielpopulation ausgehen können. Zur Klärung dieser Frage wenden wir die oben vorgestellten Tests an.

Für den allgemeinen Homogenitätstest gilt mit dem Mantel-Haenszel-Schätzer $OR_{MH} = 1{,}118$ sowie den Größen $V_{\text{Männer}} = 3{,}828$ und $V_{\text{Frauen}} = 15{,}880$ aus Abschnitt 6.3.1

$$X^2_{\text{Hom}} = \left[3{,}828 \cdot (\ln(1{,}190) - \ln(1{,}118))^2\right] + \left[15{,}880 \cdot (\ln(1{,}100) - \ln(1{,}118))^2\right] = 0{,}019 < 3{,}841 = \chi^2_{1;\,0{,}95} \ .$$

Zur Durchführung des zweiten Homogenitätstests nach Breslow-Day ist es zunächst notwendig, die Zahl der "erwarteten" exponierten Fälle in der k-ten Schicht bei vorliegendem Schätzer $OR_{\text{kombi Studie}}$ zu bestimmen. Da bei festen Rändern einer Vierfeldertafel mit der Anzahl der exponierten Fälle sämtliche anderen Felder durch Bildung entsprechender Differenzen bestimmt sind, muss somit für die beiden Schichten jeweils die folgende Gleichung erfüllt sein

$$OR_{\text{kombi Studie}} = \frac{nn_{11\,k\,\text{Hom}} \cdot (n_{0.k} - n_{.1k} + n_{11\,k\,\text{Hom}})}{(n_{1.k} - n_{11\,k\,\text{Hom}}) \cdot (n_{.1k} - n_{11\,k\,\text{Hom}})} \ , \ k = 1{,}2.$$

Für die beiden Schichten von Männern und Frauen aus Tab. 4.16 erhält man somit zwei (quadratische) Gleichungen, die jeweils in Abhängigkeit von $n_{11\,k\,\text{hom}}$ zu lösen sind, und zwar

$$OR_{\text{kombi Studie}} = 1{,}118 = \frac{n_{11\,\text{Männer Hom}} \cdot (404 - 65 + n_{11\,\text{Männer Hom}})}{(29 - n_{11\,\text{Männer Hom}}) \cdot (65 - n_{11\,\text{Männer Hom}})} \ ,$$

$$OR_{\text{kombi Studie}} = 1{,}118 = \frac{n_{11\,\text{Frauen Hom}} \cdot (254 - 226 + n_{11\,\text{Frauen Hom}})}{(97 - n_{11\,\text{Frauen Hom}}) \cdot (226 - n_{11\,\text{Frauen Hom}})} \ .$$

Die jeweilige Lösung dieser zwei quadratischen Gleichungen ergibt die erwarteten Anzahlen von exponierten Fällen in den Schichten und zwar

$$n_{11\,\text{Männer Hom}} = 4{,}751 \text{ bzw. } n_{11\,\text{Frauen Hom}} = 64{,}238.$$

Durch Bildung der Differenzen mit den Rändern aus Tab. 4.16 erhält man die "erwarteten" Vierfeldertafeln gemäß Tab. 6.15.

Tab. 6.15: Unter Homogenität "erwartete" Anzahl von Lungenkrebsfällen und Kontrollen sowie Exposition durch rauchenden Partner getrennt nach (a) Männern und (b) Frauen aus Tab. 4.16

(a) Männer			(b) Frauen		
Status	rauchende Partnerin		Status	rauchender Partner	
	ja	nein		ja	nein
Fall	4,751	24,249	Fall	64,238	32,762
Kontrolle	60,249	343,751	Kontrolle	161,762	92,238

Diese "erwarteten" Anzahlen sind der beobachteten Tab. 4.16 sehr ähnlich. Ermittelt man daher mit Hilfe der erwarteten Häufigkeiten aus Tab. 6.15 die Teststatistik des Breslow-Day-Tests, so ergibt sich

$$X^2_{BD} = (5 - 4{,}751)^2 \cdot \left(\frac{1}{4{,}751} + \frac{1}{24{,}249} + \frac{1}{60{,}249} + \frac{1}{343{,}751} \right)$$

$$+ (64 - 64{,}238)^2 \cdot \left(\frac{1}{64{,}238} + \frac{1}{32{,}762} + \frac{1}{161{,}762} + \frac{1}{92{,}238} \right)$$

$$= 0{,}020 < 3{,}8451 = \chi^2_{1;\,0{,}95} \,.$$

Mit beiden Testverfahren kann die Hypothese, dass die K = 2 Schichten homogen sind, nicht verworfen werden. Aufgrund dieser Ergebnisse können die beiden Studienergebnisse für Männer und Frauen nicht als Ausdruck einer Heterogenität zwischen den Schichten der Zielpopulation angesehen werden, so dass z.B. die Ermittlung des gemeinsamen Schätzers nach Mantel und Haenszel als gerechtfertigt angesehen werden kann.

Die beiden angegebenen Teststatistiken sind nur zwei von einer Vielzahl von Möglichkeiten. Dabei hängt es hängt von der Art des Schätzers des gemeinsamen Odds Ratios, vom Studiendesign, von der Approximation der finiten Anwendungssituation durch die asymptotische Betrachtungsweise sowie von der Trennschärfe ab, welche Teststatistik zur Anwendung kommt. Dies ist vor allem dann von Bedeutung, wenn eine Zerlegung der Population in (zu) viele Schichten dazu führt, dass einzelne Vierfeldertafeln pro Schicht zu sehr kleinen Besetzungszahlen führen. Dann kann eine Nutzung der hier beschriebenen Verfahren nicht mehr sinnvoll sein.

Ein weiteres Problem, mit dem man bei der Durchführung von Homogenitätstests konfrontiert ist, resultiert aus der statistischen Testtheorie, nach der nur die Verwerfung der Nullhypothese, d.h. die Annahme der Alternative, mit einer vorgegebenen Wahrscheinlichkeit (Signifikanzniveau α) abgesichert ist. Kann die Nullhypothese nicht verworfen werden, d.h., muss sie also beibehalten werden, ist im Allgemeinen keine Aussage darüber möglich, mit welcher Fehlerwahrscheinlichkeit diese Entscheidung behaftet ist. Allerdings ist bei Homogenitätstests gerade die Beibehaltung der Nullhypothese von Interesse, da man erst bei Vorliegen von Homogenität einen gemeinsamen Schätzer sinnvoll berechnen kann. Es ist also wichtig, sich nicht nur alleine auf die Testentscheidung zu verlassen, sondern z.B. auch die Unterschiede zwischen den schichtspezifischen Odds-Ratio-Schätzern in die Entscheidung mit einzubeziehen.

Test bei Trendalternativen

Ergibt die Klassifizierung nach einer stetigen oder geordneten Schichtungsvariable wie etwa dem Alter auch einen Anstieg oder Abfall der Odds Ratios über die Schichten, so sollte man die Alternativen $H_{1<\text{Trend}}$ oder $H_{1>\text{Trend}}$ für die Formulierung eines adäquaten Testproblems betrachten. In einem solchen Fall sind die *allgemeinen Teststatistiken* X^2_{Hom} und X^2_{BD} von *geringerer Trennschärfe*, d.h., sie weisen eine größere Wahrscheinlichkeit für den Fehler 2. Art auf. Würde man also diese allgemeinen statistischen Tests verwenden, so wird ein in der Zielpopulation vorhandener Trend seltener als solcher erkannt.

Bei Vorliegen einer der obigen Trendalternativen ist es daher sinnvoll, ein darauf zugeschnittenes Verfahren zu verwenden. Hierfür ist es notwendig, jeder Schicht ein Gewicht zuzuordnen, so dass man eine Abschätzung für den Anstieg bzw. Abfall der Odds Ratios zwischen den Schichten bekommt. Basierend auf der Teststatistik X^2_{BD} geben **Breslow & Day** (1980) die nachfolgende **Trendteststatistik** an (vgl. auch Penfield 2003)

$$X^2_{\text{Trend}} = \frac{\left(\sum_{k=1}^{K} x_k \cdot \left(n_{11k} - n_{11k\,\text{Hom}}\right)\right)^2}{\sum_{k=1}^{K} x_k^2 \cdot V_k - \left(\sum_{k=1}^{K} x_k \cdot V_k\right)^2 \Big/ \sum_{k=1}^{K} V_k}$$

$$\text{mit } V_k = \left(\frac{1}{n_{11k}} + \frac{1}{n_{10k}} + \frac{1}{n_{01k}} + \frac{1}{n_{00k}}\right)^{-1}$$

und x_k als frei wählbare Gewichte, $k = 1, ..., K$.

Die Gewichte x_k, $k = 1, ..., K$, sind dabei grundsätzlich frei wählbar. Geht man davon aus, dass ein **linearer Trend** vorliegt, so macht es z.B. Sinn, entsprechend den Werten des Schichtungsfaktors zu gewichten (z.B. mittleres Alter in einer Schicht). Ist die Annahme einer Linearität biologisch oder medizinisch nicht angemessen, so können zur Überprüfung eines **monotonen Trends** auch die Werte 1, 2, ..., K gewählt werden.

Die Größe X^2_{Trend} ist unter der Nullhypothese der Homogenität H_0 asymptotisch χ^2-verteilt mit einem Freiheitsgrad. Damit kann die Homogenitätshypothese bei Trendalternative verworfen werden, falls gilt

$$X^2_{\text{Trend}} > \chi^2_{1;\,1-\alpha} \,.$$

Beispiel: In der in Tab. 4.18 dargestellten Fall-Kontroll-Studie wurden schichtspezifische Odds Ratios für den Verzehr von Wiederkäuerfleisch und dem Auftreten von EHEC-Infektionen berichtet. Dabei zeigten sich aufsteigende Odds Ratios über die drei Altersklassen (siehe auch Abb. 6.1), was die Frage aufwirft, ob aufgrund dieser Studienergebnisse auf einen monotonen Alterstrend geschlossen werden kann.

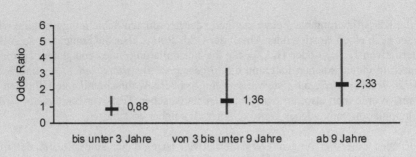

Abb. 6.1: Odds Ratios zum Risiko von Shigatoxin produzierenden Escherichia-Coli-Infektionen durch Verzehr von Fleisch von Wiederkäuern nach Alter und 95%-Konfidenzintervalle nach Woolf gemäß Tab. 4.18 (vgl. Werber et al. 2007)

Zur expliziten Ermittlung der Trendteststatistik müssen diverse Hilfsgrößen ermittelt werden. Dabei gilt für die Varianzschätzer in den Schichten

$$V_{0-3} = \left(\frac{1}{35} + \frac{1}{60} + \frac{1}{39} + \frac{1}{59}\right)^{-1} = 11{,}386 \, ,$$

$$V_{3-9} = \left(\frac{1}{18} + \frac{1}{17} + \frac{1}{21} + \frac{1}{27}\right)^{-1} = 5{,}024 \, ,$$

$$V_{\geq 9} = \left(\frac{1}{32} + \frac{1}{20} + \frac{1}{22} + \frac{1}{32}\right)^{-1} = 6{,}331 \, .$$

Die quadratischen Bestimmungsgleichungen unter Verwendung des Mantel-Haenszel-Schätzers $OR_{MH} = 1{,}274$ lauten hier

$$OR_{\text{kombi Studie}} = 1{,}274 = \frac{n_{11\,0-3\,\text{Hom}} \cdot (98 - 94 + n_{11\,0-3\,\text{Hom}})}{(95 - n_{11\,0-3\,\text{Hom}}) \cdot (94 - n_{11\,0-3\,\text{Hom}})} \, ,$$

$$OR_{\text{kombi Studie}} = 1{,}274 = \frac{n_{11\,3-9\,\text{Hom}} \cdot (48 - 39 + n_{11\,3-9\,\text{Hom}})}{(35 - n_{11\,3-9\,\text{Hom}}) \cdot (39 - n_{11\,3-9\,\text{Hom}})} \, ,$$

$$OR_{\text{kombi Studie}} = 1{,}274 = \frac{n_{11\,>9\,\text{Hom}} \cdot (54 - 54 + n_{11\,>9\,\text{Hom}})}{(52 - n_{11\,>9\,\text{Hom}}) \cdot (54 - n_{11\,>9\,\text{Hom}})} \, .$$

Die jeweilige Lösung dieser drei quadratischen Gleichungen ergibt die erwarteten Anzahlen von exponierten Fällen in den Schichten, und zwar

$$n_{11\,0-3\,\text{Hom}} = 39{,}193, \ n_{11\,3-9\,\text{Hom}} = 17{,}667 \text{ bzw. } n_{11\,\geq 9\,\text{Hom}} = 28{,}092.$$

Die Trendalternative wird wegen der großen Altersunterschiede als monotoner Trend formuliert, d.h., man setzt

$$x_{<3} = 1, \ x_{3-<9} = 2 \text{ und } x_{\geq 9} = 3.$$

Damit ergibt sich als Trendteststatistik nach Breslow & Day

$$\chi^2_{\text{Trend}} = \frac{\left(1\cdot(35-39{,}184)+2\cdot(18-17{,}667)+3\cdot(32-28{,}092)\right)^2}{\left(1^2\cdot11{,}386+2^2\cdot5{,}024+3^2\cdot6{,}331\right)-\left(1\cdot11{,}386+2\cdot5{,}024+3\cdot6{,}331\right)^2\Big/\left(11{,}386+5{,}024+6{,}331\right)}$$

$$= 4{,}049 > 3{,}8461 = \chi^2_{1;\,1-\alpha}\,.$$

Da die Prüfgröße den kritischen Wert überschreitet, kann auf einen statistisch signifikanten Trend geschlossen werden, da die Nullhypothese der Homogenität bei Trendalternative zu verwerfen ist. Damit ist aufgrund der erhobenen Daten der statistische Schluss möglich, dass das Risiko einer EHEC-Infektion mit dem Alter ansteigt, so dass eine altersübergreifende Auswertung nicht sinnvoll ist.

Neben den hier vorgestellten χ^2-Teststatistiken wird für das Homogenitätstestproblem und damit für den Test auf Wechselwirkung noch eine Vielzahl anderer Prüfgrößen in der Literatur beschrieben. So geben Rothman & Greenland (1998) weitere Tests insbesondere unter dem Aspekt verschiedener Studiendesigns an. Wegen der unterschiedlichen Eigenschaften dieser und anderer Teststatistiken ist es allerdings nicht möglich, eine dieser Prüfgrößen für den allgemeinen Gebrauch als allein gültig zu empfehlen (vgl. auch Odoroff 1970).

6.4   Auswertungsverfahren bei Matching

Das in Abschnitt 4.5.2 beschriebene Matching gewährleistet insbesondere bei Fall-Kontroll-Studien bereits in der Designphase die Kontrolle ausgewählter Confounder. Da zwischen der Matchingvariable und der Exposition eine Assoziation besteht, unterscheidet sich die Verteilung der Exposition in der gematchten Kontrollgruppe von derjenigen in der Population unter Risiko. Das hat zur Folge, dass sich in einer statistischen Analyse ohne Berücksichtigung des Matchings eine Unterschätzung des Odds Ratios ergeben würde.

Durch die Festlegung konkreter Vorgaben bei der Auswahl der Kontrollen wird somit das Prinzip der uneingeschränkten Zufallsauswahl durchbrochen, so dass man zur *Analyse* gematchter Studien *spezielle Auswertungsstrategien* einsetzen muss. Grundsätzlich bestehen zur Auswertung gematchter Studien zwei Möglichkeiten: die *klassische Analyse gematchter Paare bzw. Tupel* sowie die *geschichtete Analyse nach der Matchingvariable*. Beide Ansätze werden im Folgenden vorgestellt.

6.4.1   Generelle Auswertungsstrategie bei individueller Paarbildung

Beim *individuellen 1:1-Matching* wird jedem Fall genau eine Kontrolle individuell zugeordnet. Nehmen n Fälle an einer Untersuchung teil, so werden damit insgesamt $2\cdot n$ Individuen in die Studie aufgenommen. In dieser Situation können nun einerseits in jedem der n Paare entweder beide Individuen exponiert sein oder beide nicht. Hier spricht man auch von **konkordanten Paaren**. Andererseits ist es möglich, dass entweder jeweils nur der Fall bzw. nur die Kontrolle exponiert ist. In einem solchen Fall spricht man dann von **diskordanten Paaren**.

Damit lassen sich sämtliche n Paare einer gematchten Fall-Kontroll-Studie in vier Typen aufteilen:

- Typ 1: Fall exponiert – Kontrolle exponiert: n_1 Paare (konkordant),

- Typ 2: Fall exponiert – Kontrolle nicht exponiert: n_2 Paare (diskordant),

- Typ 3: Fall nicht exponiert – Kontrolle exponiert: n_3 Paare (diskordant),

- Typ 4: Fall nicht exponiert – Kontrolle nicht exponiert: n_4 Paare (konkordant).

Für die Untersuchung des Einflusses der Exposition auf die Erkrankung sind nur die diskordanten Paare informativ. Ist der Fall exponiert und die Kontrolle nicht (Typ 2), so spricht dies für einen Einfluss der Exposition auf die Krankheit. Wenn nur die Kontrolle exponiert ist und der Fall nicht (Typ 3), so spricht dies dagegen. Die konkordanten Paare (Typ 1 und 4) haben dagegen keinerlei Informationsgehalt für die Abschätzung eines ätiologischen Zusammenhangs. Daher betrachtet man nur die n' = n_2 + n_3 *diskordanten Paare* für eine weitere *Analyse*.

Bildet man nun eine Vierfeldertafel aus den Daten einer gematchten Fall-Kontroll-Studie, so trägt ein Paar je nach oben bezeichnetem Typ eine der vier Realisationen gemäß Tab. 6.16 an der gesamten Tafel bei.

Tab. 6.16: Beitrag eines Fall-Kontroll-Paares an der Vierfeldertafel der Studienpopulation in einer gematchten Fall-Kontroll-Studie

	Typ							
Status	1: konkordant		2: diskordant		3: diskordant		4: konkordant	
	Ex=1	Ex=0	Ex=1	Ex=0	Ex=1	Ex=0	Ex=1	Ex=0
Fall (Kr=1)	1	0	1	0	0	1	0	1
Kontrolle (Kr=0)	1	0	0	1	1	0	0	1

Innerhalb dieser Struktur ist es nun möglich, die bei Fall-Kontroll-Studien auftretenden Wahrscheinlichkeiten für Exposition, d.h. die Größen $Pr(Ex = 1 \mid Kr = 1)$ für Fälle bzw. $Pr(Ex = 1 \mid Kr = 0)$ für Kontrollen (siehe auch Abschnitt 6.2.1), zu benutzen, um die Wahrscheinlichkeiten für das Auftreten von diskordanten Paaren zu beschreiben.

So gilt für die Wahrscheinlichkeiten, dass ein Paar vom Typ 2 bzw. Typ 3 aus Tab. 6.16 auftritt

$$Pr\,(Typ\,2) = Pr\,(Ex = 1 \mid Kr = 1) \cdot Pr\,(Ex = 0 \mid Kr = 0),$$

$$Pr\,(Typ\,3) = Pr\,(Ex = 1 \mid Kr = 0) \cdot Pr\,(Ex = 0 \mid Kr = 1).$$

Damit ist es möglich, die Wahrscheinlichkeit dafür anzugeben, dass in einem diskordanten Paar der Fall exponiert ist, d.h. Typ 2 aus Tab. 6.16 auftritt. Hierfür gilt

$$\text{Pr}\,(\text{Typ 2}\,|\,\text{diskordant}) = \frac{\text{Pr}\,(\text{Typ 2})}{\text{Pr}\,(\text{Typ 2}) + \text{Pr}\,(\text{Typ 3})} = \frac{OR_{Ziel}}{OR_{Ziel} + 1}.$$

Mit diesen Wahrscheinlichkeiten ergibt sich dann direkt das Odds Ratio zu

$$OR_{Ziel} = \frac{\text{Pr}\left(\text{Typ 2}\,|\,\text{diskordant}\right)}{1 - \text{Pr}\left(\text{Typ 2}\,|\,\text{diskordant}\right)} = \frac{\text{Pr}\left(\text{Typ 2}\,|\,\text{diskordant}\right)}{\text{Pr}\left(\text{Typ 3}\,|\,\text{diskordant}\right)}.$$

Bei gematchten Paaren kann man das Odds Ratio somit als einen Quotienten von Wahrscheinlichkeiten darstellen (kein Quotient von Chancen wie üblich). Diese Beziehung kann man bei der Schätzung des Odds Ratios, der Berechnung von Konfidenzintervallen sowie der Durchführung von statistischen Hypothesentests unmittelbar ausnutzen.

6.4.2 Schätzen des Odds Ratio

Wegen der in Abschnitt 6.4.1 erfolgten einfachen Darstellung des Odds Ratios mit Hilfe von Wahrscheinlichkeiten einer Binomialverteilung lässt sich beim 1:1-Matching direkt eine Schätzgröße aus den Anzahlen von diskordanten Paaren angeben. Im **1:1-gematchten Fall-Kontroll-Design** ist der **Maximum-Likelihood-Schätzer für das Odds Ratio der Zielpopulation OR$_{Ziel}$**

$$OR_{Matching\,Studie} = \frac{n_2}{n_3}.$$

Diese Größe wird auch als **McNemar-Schätzer** bezeichnet.

Beispiel: In einer Studie zu den Risikofaktoren des Lungenkrebses haben Jöckel et al. (1998) Fälle und Kontrollen nach Region, Alter und Geschlecht gematcht erfasst. Tab. 6.17 zeigt für den dichotomen Risikofaktor Rauchen Ergebnisse der Untersuchung für die weiblichen Studienteilnehmrinnen ohne bzw. mit Berücksichtigung des Matchings.

Betrachtet man die Daten dieser Studie nun so, als läge kein Matching vor, so ergäbe sich aus Tab. 6.17 (a) ein Odds Ratio von

$$OR_{Studie} = \frac{98 \cdot 112}{67 \cdot 53} = 3{,}09.$$

Tab. 6.17 (b) zeigt aber, dass bei 48 Matching-Paaren sowohl der Fall als auch die Kontrolle Raucherin ist bzw. bei 34 Paaren beide Studienteilnehmerinnen nicht rauchen. Diese insgesamt 82 konkordanten Paare liefern gar keinen Beitrag für eine Risikoabschätzung, so dass eine angemessene Ermittlung des Odds Ratio durch

$$OR_{Matching\,Studie} = \frac{64}{19} = 3{,}37$$

erfolgen muss. Hier bestätigt sich somit der eingangs bereits erwähnte Effekt, dass ohne Berücksichtigung des Matchings eine Unterschätzung des Odds Ratios die Folge ist.

Tab. 6.17: Lungenkrebsrisiko durch Rauchen bei Frauen in der Fall-Kontroll-Studie von Jöckel et al. (1998): (a) Vierfeldertafel ohne Berücksichtigung des Matching, (b) konkordante und diskordante Beobachtungspaare

(a) keine Berücksichtigung Matching			(b) diskordante und konkordante Paare		
	Rauchen		Fall	Kontrolle	
Status				Rauchen	
	ja	nie/gelegentl.	Rauchen	ja	nie/gelegentl.
Fall	98	53	ja	48	64
Kontrolle	67	112	nie/gelegentlich	19	34

Der angegebene Schätzer für das Odds Ratio bei Matching konnte als direkte Konsequenz aus der oben angegebenen Struktur bei diskordanten Paaren abgeleitet werden.

Darüber hinaus kann man die Daten einer gematchten Studie aber auch ganz anders interpretieren. Geht man nämlich davon aus, dass die Eigenschaft, einem Paar anzugehören, als Schichtungsvariable dient, so lässt sich dieses *Prinzip einer (sehr extremen) Schichtung* mit hier jeweils nur zwei Studienindividuen pro Schicht anwenden. Die Studienpopulation zerfällt dann in insgesamt K = n Vierfeldertafeln, die jeweils genau gleich einem der vier Typen gemäß Tab. 6.16 sind.

Berechnet man in dieser Situation nun einen *Mantel-Haenszel-Schätzer* für das gemeinsame Odds Ratio, so sind mit Ausnahme der Schichten vom Typ 2 sämtliche Summanden des Zählers null und man erhält n_2-mal den Summanden eins. Analoges gilt für den Nenner, bei dem alle Schichten außer die vom Typ 3 einen Beitrag von null zur Summe liefern und hier n_3-mal den Summanden eins ergeben. Damit ist der angegebene Schätzer $OR_{\text{Matching Studie}}$ auch gleich dem Mantel-Haenszel-Schätzer bei Zerlegung in K = n Schichten. Dieses Prinzip ist im Weiteren noch von besonderer Bedeutung für die generelle Auswertung von Studien mit Matching.

6.4.3   Konfidenzintervalle für das Odds Ratio

Ähnlich wie die Berechnung eines Schätzers für das Odds Ratio OR_{Ziel} über den Quotienten der Wahrscheinlichkeit Pr(Typ 2 | diskordant) erfolgt, können auch Konfidenzintervalle für das Odds Ratio dadurch bestimmt werden, dass zunächst ein Intervall für diese Binomialwahrscheinlichkeit ermittelt wird und dieses anschließend transformiert wird.

Bei einer großen Anzahl diskordanter Paare n' lässt sich ein $(1-\alpha)$-Konfidenzintervall für Pr(Typ 2 | diskordant) asymptotisch nach dem zentralen Grenzwertsatz (siehe Anhang S.4.3) angeben. Demnach gilt

$$KI\left[\Pr\left(\text{Typ 2} \mid \text{diskordant}\right)\right] = \left[\frac{n_2}{n'} \pm u_{1-\alpha/2} \cdot \sqrt{\frac{n_2 \cdot n_3}{n'^3}}\right].$$

Mit Hilfe der unteren und oberen Grenze dieses Intervalls kann man nun unter Verwendung der Transformation aus Abschnitt 6.4.1 direkt eine **approximatives (1–α)-Konfidenzintervall für das Odds Ratio bei 1:1-Matching** angeben. Wendet man die Transformation aber bereits vor der Berechnung der Grenzen für die Wahrscheinlichkeiten an, so erhält man für die untere Grenze $OR_{\text{Matching u}}$ bzw. die obere Grenze $OR_{\text{Matching o}}$ des Konfidenzintervalls die beiden Gleichungen

$$OR_{\text{Matching u}} = \frac{1}{n_3} \cdot \left(n_2 - u_{1-\alpha/2} \sqrt{n' \cdot OR_{\text{Matching u}}}\right),$$

$$OR_{\text{Matching o}} = \frac{1}{n_3} \cdot \left(n_2 + u_{1-\alpha/2} \sqrt{n' \cdot OR_{\text{Matching o}}}\right).$$

Aus diesen Gleichungen können die Grenzen des Konfidenzintervalls für das Odds Ratio bei 1:1-Matching nicht direkt ermittelt werden. Vielmehr muss hierzu ein iteratives Verfahren verwendet werden, wobei Schätzer des Odds Ratios unter Berücksichtigung des Matchings als Startwert dienen können.

Beispiel: In der Fall-Kontroll-Studie zum Lungenkrebsrisiko gemäß Tab. 6.17 (b) gilt bei einer Überdeckungswahrscheinlichkeit von $(1-\alpha) = 0{,}95$ für die untere Grenze des Intervalls, wenn man den Schätzwert für das Odds Ratio bei gematchten Studien $OR_{\text{Matching Studie}} = 3{,}37$ verwendet

$$\text{Iteration 1: } OR_{\text{Matching u}} = \frac{1}{19} \cdot \left(64 - 1{,}96 \sqrt{83 \cdot 3{,}37}\right) = 1{,}643.$$

Setzt man diesen Wert in weitere Iterationsschritte ein, so erhält man

$$\text{Iteration 2: } OR_{\text{Matching u}} = \frac{1}{19} \cdot \left(64 - 1{,}96 \sqrt{83 \cdot 1{,}643}\right) = 2{,}164,$$

$$\text{Iteration 3: } OR_{\text{Matching u}} = \frac{1}{19} \cdot \left(64 - 1{,}96 \sqrt{83 \cdot 2{,}164}\right) = 1{,}986,$$

usw. Nach einigen Iterationen ergibt sich abschließend ein Wert $OR_{\text{Matching u}} = 2{,}030$ bzw. über ein analoges Verfahren $OR_{\text{Matching o}} = 5{,}591$, so dass man über diese beiden Grenzen ein approximatives 95%-Konfidenzintervall für das Odds Ratio erhält.

Ein besonders einfaches und naheliegendes Verfahren zur Ermittlung von Konfidenzintervallen geht darauf zurück, dass der Maximum-Likelihood-Schätzer für das Odds Ratio bei Matching mit dem Mantel-Haenszel-Schätzer übereinstimmt.

Wegen der einfachen Struktur der Summen gemäß Tab. 6.16 erhält man als Varianzschätzer für gematchte Paare den Ausdruck

$$V_{\text{Matching}} = \frac{1}{n_2} + \frac{1}{n_3},$$

so dass ein **approximatives (1–α)-Konfidenzintervall nach Mantel-Haenszel für das Odds Ratio bei Matching** hiermit lautet

$$KI_{Matching\ MH}(OR_{Ziel}) = OR_{Matching} \cdot \exp\{\pm u_{1-\alpha/2} \cdot \sqrt{V_{Matching}}\}.$$

Beispiel: Betrachten wir erneut die Fall-Kontroll-Studie zum Lungenkrebsrisiko von Jöckel et al. (1998) aus Tab. 6.17 (b). Im Gegensatz zum iterativen Verfahren kann hier ein 95%-Konfidenzintervall nach Mantel-Haenszel unmittelbar bestimmt werden. Es gilt

$$KI_{Matching\ MH}(OR_{Ziel}) = 3,37 \cdot \exp\left\{\pm 1,96 \cdot \sqrt{\frac{1}{64} + \frac{1}{19}}\right\} = 3,37 \cdot \exp\{\pm 0,512\} = [2,019, 5,624].$$

Die hier vorgestellten Konzepte der Ermittlung eines Konfidenzintervalls basieren auf dem zentralen Grenzwertsatz und sind daher nur bei ausreichend großen Studienpopulationen anzuwenden. Ist diese Annahme nicht erfüllt, sollten exakte Verfahren (siehe Abschnitt 6.4.4) zur Konstruktion von Konfidenzintervallen zur Anwendung kommen.

6.4.4   Hypothesentests für das Odds Ratio

Möchte man eine Schlussfolgerung bezüglich des Odds Ratios in der Zielpopulation OR_{Ziel} bei gematchten Studien anhand eines statistischen Hypothesentests ziehen, so kann man sich erneut zunutze machen, dass nach Abschnitt 6.4.1 das Odds Ratio ein Quotient von Wahrscheinlichkeiten aus der Binomialverteilung ist. Damit können eine Vielzahl von statistischen Testverfahren, die für die Prüfung von Hypothesen über Anteile zur Anwendung kommen, auch bei Studien mit Matching verwendet werden.

Asymptotische Tests auf Symmetrie

Ein Test der Unabhängigkeitshypothese H_0: $OR_{Ziel} = 1$ gegen die Alternative H_1: $OR_{Ziel} \neq 1$ ist formal äquivalent mit einem Test der Hypothesen

$$H_0: \Pr(Typ\ 2 \mid diskordant) = \tfrac{1}{2} \text{ vs. } H_1: \Pr(Typ\ 2 \mid diskordant) \neq \tfrac{1}{2}.$$

Man spricht in diesem Zusammenhang auch von der **Symmetriehypothese in der Vierfeldertafel**. Da ein Parameter der Binomialverteilung getestet werden soll, kann man zu dessen Prüfung z.B. den in Anhang S.4.4.1 dargestellten Test im Ein-Stichproben-Problem bei Binomialverteilung verwenden.

Ein anderes, asymptotisches Verfahren zur Prüfung dieser Hypothese basiert auf der χ^2-Verteilung und nutzt die Struktur, dass man an einem Paar eine Diagnose (hier die Exposition) zweimal (einmal beim Fall, einmal bei der Kontrolle) gleichzeitig überprüft. Die Größe

$$X^2_{\text{McNemar}} = \frac{(n_2 - n_3)^2}{n'}$$

ist unter H_0 asymptotisch χ^2-verteilt mit einem Freiheitsgrad. Daher kann die Symmetrie-hypothese verworfen werden, falls

$$X^2_{\text{McNemar}} > \chi^2_{1;\,1-\alpha}\;.$$

Diese Form des χ^2-Tests ist auch unter dem Namen **McNemar-Test auf Symmetrie** bekannt. In der hier vorgestellten Form ist er bei hinreichend großen Studienumfängen für zweiseitige Alternativen ein Test zum Signifikanzniveau α. Möchte man eine einseitige Alternative testen, kann man wie in Anhang S.4.4.2 beschrieben vorgehen.

Beispiel: Bei der gematchten Fall-Kontroll-Studie zum Lungenkrebsrisiko von Jöckel et al. (1998) gemäß Tab. 6.17 (b) lässt sich die Testgröße des McNemar-Tests leicht ermitteln. Hier gilt

$$X^2_{\text{McNemar}} = \frac{(64 - 19)^2}{83} = 24{,}398 > 3{,}8415 = \chi^2_{1;\,1-\alpha}\;.$$

Der Wert der Teststatistik ist somit wesentlich größer als das entsprechende 95%-Quantil der χ^2-Verteilung, so dass von einem signifikanten Effekt ausgegangen werden kann.

Exakte Testverfahren

Da bei Einschränkung auf die diskordanten Paare im gematchten Design eine Binomialverteilung zugrunde gelegt wird, ist es möglich, ein exaktes Testverfahren zur Prüfung der obigen Hypothese anzugeben, falls die Annahme zur Nutzung eines asymptotischen Verfahrens nicht gerechtfertigt erscheint (z.B. falls n' < 20).

Hierbei wendet man die Binomialwahrscheinlichkeiten zur Konstruktion des **Ablehnungs-bereichs des exakten Tests beim paarweisen 1:1-Matching** an, indem man die **Über-schreitungswahrscheinlichkeiten** berechnet. Der p-Wert ergibt sich bei Betrachtung einer **Risikoerhöhung durch die Exposition**, d.h. bei Prüfung der Alternative H_1: $OR_{\text{Ziel}} > 1$, als

$$p-\text{Wert}_{\text{risk}} = \left(\frac{1}{2}\right)^{n'} \sum_{x=n_2}^{n'} \binom{n'}{x}\;.$$

Prüft man dagegen die Frage, ob die **Exposition** zu einer **Verminderung des Risikos** führt, d.h. betrachtet man die Alternative H_1: $OR_{\text{Ziel}} < 1$, so lautet die **Überschreitungswahr-scheinlichkeit**

$$p-\text{Wert}_{\text{prot}} = \left(\frac{1}{2}\right)^{n'} \sum_{k=0}^{n_2} \binom{n'}{k}\;.$$

Für die zweiseitige Alternative H_1: $OR_{Ziel} \neq 1$ verwendet man als p-Wert das Doppelte des kleineren der beiden einseitigen p-Werte und verwirft die Nullhypothese, falls

$$2 \cdot \min[\text{p-Wert}_{risk}, \text{p-Wert}_{prot}] < \alpha.$$

6.4.5   Auswertungsprinzipien des Häufigkeitsmatching

Individuelles Matching hat, wie in Abschnitt 4.5.2 erläutert, den Nachteil, dass in der konkreten Studiensituation die Gefahr besteht, zu einem Fall keine passende Kontrolle zu finden. Damit kann *individuelles Matching* unter praktischen Gesichtspunkten *sehr ineffizient* sein, da man logistisch einen erheblichen Aufwand betreiben muss, bis ein entsprechendes Paar gebildet ist.

Die in den Abschnitten 6.4.2 bis 6.4.4 beschriebenen Auswertungsprinzipien deuten zudem ein weiteres Problem des Individualmatchings an: In die klassische Auswertung gehen nur diskordante Paare ein, was dazu führen kann, dass ein hoher Anteil konkordanter Paare nicht für die statistische Analyse berücksichtigt werden kann. Damit wäre aber ein erheblicher Teil des Erhebungsaufwandes für diese Studienteilnehmer vollkommen unnötig gewesen.

Dies führt in der Praxis häufig dazu, dass man die Studie auf Basis eines Häufigkeitsmatchings plant. Beim Häufigkeitsmatching sind bezogen auf die Matchingvariable(n) Fall- und Kontrollgruppe gleich strukturiert und eine exakte Paarbildung ist aufgehoben. Damit ist eine Aufteilung in diskordante und konkordante Paare nicht mehr direkt möglich und es muss ein anderer Weg der Auswertung gefunden werden.

Das grundsätzliche Auswertungsprinzip in dieser Situation hatten wir schon im Zusammenhang mit der Interpretation des Schätzers $OR_{Matching}$ als Mantel-Haenszel-Schätzer im Abschnitt 6.4.2 erläutert. Die für das Häufigkeitsmatching zu definierenden Gruppen können als Schichten interpretiert werden. In jeder einzelnen Schicht kann wieder von einer uneingeschränkten Zufallsauswahl ausgegangen werden, und eine Auswertung der Studiendaten kann in der gleichen Form erfolgen wie in Abschnitt 6.3 erläutert.

Da Schichtung aber häufig mit dem Problem zu vieler und/oder zu gering besetzter Schichten einhergeht, kann dieses Auswertungsprinzip nicht in allen Situationen gematchter Studiendesigns zur Anwendung kommen. Dann bietet es sich z.B. mit der logistischen Regression an, ein wesentlich allgemeineres Auswertungsprinzip zu nutzen (siehe Abschnitt 1.1).

6.5   Logistische Regression

Die bislang betrachteten Verfahren der geschichteten Analyse zur Adjustierung des störenden Einflusses von Confoundern sind so lange praktikabel, wie die Anzahl der Schichten nicht zu groß ist. Die Berechnungen sind dann relativ einfach durchzuführen und erlauben einen direkten Einblick in die Daten. Je größer die Zahl der Schichten wird, etwa durch Berücksichtigung möglichst vieler relevanter Confounder, umso unübersichtlicher werden diese Berechnungen. Ist zusätzlich die Zahl der Individuen pro Schicht klein, so werden die Schätzer u.U. sehr instabil, d.h., die Variabilität der Schätzer steigt an, und die Interpretation der Daten stößt dann an ihre Grenzen.

Ein weiterer Nachteil der geschichteten Analysen liegt darin, dass sowohl Risikofaktoren als auch Confounder, wie etwa das Alter oder die (kontinuierliche) Exposition gegenüber einem Schadstoff, nicht als stetige Variable behandelt werden können. Die für die Schichtung erforderliche Klassifizierung der Variablen ist darüber hinaus willkürlich und beinhaltet zudem einen Informationsverlust.

Diese Nachteile können durch statistische (Regressions-) Modelle vermieden werden. Mit Hilfe eines Modells können sowohl stetige als auch kategorielle Variablen (und Kombinationen daraus) ausgewertet werden. Im Folgenden werden wir die für die Beschreibung von Krankheitswahrscheinlichkeiten wichtigste Modellklasse, die so genannten logistischen Regressionsmodelle, behandeln. Hierbei wird die Wahrscheinlichkeit, dass eine Krankheit auftritt, in Form einer allgemeinen Regressionsgleichung modelliert.

6.5.1   Das logistische Modell und seine Interpretation

Regressionsmodelle als statistische Abbildungen einer Ursache-Wirkungs-Beziehung stellen eine Beziehung zwischen Risikofaktoren (inkl. Confoundern und Wechselwirkungen) als Verursacher und der Krankheit als Wirkung her. Damit können Regressionsmodelle als grundsätzliche Methode verstanden werden, mit der eine ätiologische Fragestellung (siehe Abschnitt 3.1.1) durch die Funktion

Zielvariable = Funktion (Einflussvariable, Confounder, …)

beschrieben wird.

Das logistische Regressionsmodell modelliert dabei nicht die Zielvariable (Krankheit ja/nein) direkt, sondern eine Funktion der Wahrscheinlichkeit, dass die Krankheit unter den gegebenen Risikobedingungen auftritt.

Im Rahmen dieser Modellklasse werden zahlreiche mathematische Bedingungen benutzt und Berechnungen durchgeführt, die an dieser Stelle nicht in allen Einzelheiten dargestellt werden können. Explizite Berechnungsformeln, wie wir sie bislang kennen gelernt haben, lassen sich in der Regel nicht angeben. Deshalb werden wir bei der weiteren Beschreibung des logistischen Modells den Schwerpunkt auf dessen Interpretation legen.

Logit und logistisches Modell

Das logistische Modell ist dadurch charakterisiert, dass nicht eine Erkrankungswahrscheinlichkeit – z.B. ein Risiko P – modelliert wird, sondern eine Funktion dieser Wahrscheinlichkeit. Bei dieser Funktion handelt es sich um den so genannten **Logit** oder **Log-Odds**, der definiert ist durch

$$\text{logit}(P) = \ln[\text{Odds}(P)] = \ln\left(\frac{P}{1-P}\right).$$

P nimmt als Wahrscheinlichkeit nur Werte aus dem Intervall [0,1] an; Odds(P) durchläuft damit alle positiven reellen Zahlen. Die Logarithmierung bewirkt, dass die Funktion logit(P) sämtliche (positiven und negativen) reellen Zahlen annehmen kann. Damit ist es möglich, jeder beliebigen (Erkrankungs-) Wahrscheinlichkeit eineindeutig eine reelle Zahl zuzuordnen, die zwischen $-\infty = \text{logit}(0)$ und $+\infty = \text{logit}(1)$ liegt.

Das logistische Modell wird nun dadurch definiert, dass man logit(P) als Zielvariable eines linearen Regressionsmodells (siehe Anhang S.2.4) beschreibt. Für die allgemeine Modellgleichung des **logistischen Modells (lineare logistische Regression mit einem Risikofaktor X)** geht man von dem folgenden Ansatz aus

$$\text{logit (P)} = a_{Ziel} + b_{Ziel} \cdot x.$$

Hierbei stellt x den betrachteten *Risikofaktor als Einflussvariable* dar und P die *Wahrscheinlichkeit, dass die interessierende Krankheit unter der Bedingung des realisierten Risikofaktors* auftritt, d.h. das Risiko

$$P = Pr(x) = Pr(Kr = 1 \mid Ex = x).$$

In dieser Formel beschreibt z.B. Ex = x den Umstand, dass der Risikofaktor, d.h. die Exposition (z.B. das Alter) genau den Wert x (z.B. 65 Jahre) annimmt. Dabei können sowohl stetige Risikofaktoren (z.B. Alter, Blutdruck, Schadstoffmesswerte etc.) wie auch kategorielle Einflussvariablen (z.B. Raucher/Nichtraucher, exponiert/nicht exponiert) in das Modell aufgenommen werden.

Löst man die Regressionsgleichung durch Transformation mit der Exponentialfunktion nach P auf, so erhält man einen Ausdruck für eine **Expositions-Effekt-Beziehung**. Damit wird die Erkrankungswahrscheinlichkeit als Funktion der Exposition beschrieben

$$Pr(x) = \frac{\exp(a_{Ziel} + b_{Ziel} \cdot x)}{1 + \exp(a_{Ziel} + b_{Ziel} \cdot x)}.$$

Diese Darstellung nennt man auch die **(allgemeine) lineare logistische Funktion**. Die Funktion beschreibt die Wahrscheinlichkeit zu erkranken in Abhängigkeit von der Exposition x. Dabei wird angenommen, dass sich der Logit der Erkrankungswahrscheinlichkeit hinreichend gut durch eine lineare Funktion des Risikofaktors beschreiben lässt.

Diese Annahmen erscheinen zunächst rein technischer Natur zu sein. Jedoch zeigt sich, dass diese Annahmen auch biologisch und medizinisch bei der Beschreibung der Wahrscheinlichkeit zu erkranken in vielen Fällen sinnvoll sind.

Beispiel: Im Folgenden gehen wir von einer linearen logistischen Funktion mit $a_{Ziel} = -4$ und $b_{Ziel} = 0,06$ aus. Betrachtet man nun die Wahrscheinlichkeit zu erkranken in Abhängigkeit von einer stetigen Exposition x, so ergibt sich die logistische Funktion, die in Abb. 6.2 dargestellt ist.

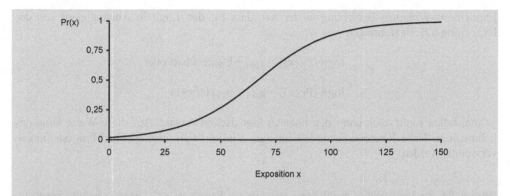

Expositions-Effekt-Beziehung: Verlauf einer Erkrankungswahrscheinlichkeit Pr(x) in Abhängigkeit von einer Exposition Ex = x durch lineare logistische Funktion mit $a_{Ziel} = -4$, $b_{Ziel} = 0,06$

Der in Abb. 6.2 dargestellte s-förmige Verlauf erklärt für eine Vielzahl von Situationen den Expositions-Effekt-Zusammenhang. Liegt keine Exposition vor, d.h., gilt x = 0, so ist dennoch eine von null verschiedene Wahrscheinlichkeit gegeben, dass eine Erkrankung auftritt. Diese **Erkrankungswahrscheinlichkeit ohne Exposition** ergibt sich durch

$$\Pr\left(Kr = 1 \mid Ex = 0\right) = \frac{\exp\left(a_{Ziel} + b_{Ziel} \cdot 0\right)}{1 + \exp\left(a_{Ziel} + b_{Ziel} \cdot 0\right)} = \frac{\exp\left(a_{Ziel}\right)}{1 + \exp\left(a_{Ziel}\right)}.$$

Beispiel: In der Situation von Abb. 6.2 berechnet man für die Wahrscheinlichkeit, dass ohne die interessierende Exposition eine Erkrankung auftritt

$$\Pr\left(Kr = 1 \mid 0\right) = \frac{\exp(-4)}{1 + \exp(-4)} = 0,01798...,$$

d.h., in der (Teil-) Population derer, die keiner Exposition ausgesetzt sind, besteht die Wahrscheinlichkeit von ca. 1,8% zu erkranken.

Bei einer (sehr) geringen Exposition ist das Krankheitsrisiko zunächst kaum erhöht; bei einer weiteren Expositionserhöhung steigt das Risiko (nahezu linear) an, und bei einer starken Exposition flacht die Kurve wieder ab, d.h., bei extrem hohen Expositionen verursacht eine weitere Expositionserhöhung kaum weitere Erkrankungen. Dieser Verlauf einer Erkrankungswahrscheinlichkeit kann für eine Vielzahl von Expositions-Effekt-Beziehungen angenommen werden.

Dieser s-förmige Verlauf der Erkrankungswahrscheinlichkeit entspricht der *logistischen Verteilungsfunktion*, von der sich der Name des logistischen Modells ableitet. Man spricht auch von einer *logistischen Expositions-Effekt-Beziehung*. Grundsätzlich ist anzumerken, dass in diesem Modell stets eine Verallgemeinerung enthalten ist, die weit über den s-förmigen Verlauf der logistischen Kurve hinausgeht. Der Begriff der *linearen* logistischen Regression bezieht sich nämlich auf die *Linearität in den Parametern* a_{Ziel} *und* b_{Ziel}, so dass die Messung des Risikofaktors in sich noch beliebig transformiert werden kann. Modellbildungen der

Expositions-Wirkungs-Beziehung in der Art, dass für den Logit in Abhängigkeit von der Exposition z.B. Beziehungen wie

$$\text{logit}\,(\text{Pr}\,(x)) = a_{Ziel} + b_{Ziel}\,x + b\,x^2 \text{ oder}$$

$$\text{logit}\,(\text{Pr}\,(x)) = a_{Ziel} + b_{Ziel}\,\ln(x+1)$$

gelten, fallen somit auch unter den linearen logistischen Ansatz. Auf diese Weise kann das lineare logistische Regressionsmodell für eine Vielzahl von ätiologischen Fragestellungen verwendet werden.

Beispiel: Bei der Untersuchung beruflicher Risiken für die Entstehung von Lungenkrebs berücksichtigten Brüske-Hohlfeld et al. (2000) auch das Rauchen als Risikofaktor. Hier wird Rauchen über die so genannten Packungsjahre (PJ) [= Anzahl lebenslang gerauchter Zigaretten insgesamt/(365 Tage × 20 Zigaretten pro Packung)] im logistischen Regressionsmodell berücksichtigt, und zwar nicht direkt, sondern über die Transformation

$$\text{Rauchexposition} = \ln\,(PJ + 1).$$

Diese so definierte Größe wird in der dann folgenden Modellbildung als Beschreibung einer kontinuierlichen Exposition von Rauchern verwendet.

Logistisches Modell und Odds Ratio in der Vierfeldertafel

Zwischen dem logistischen Modell bzw. seinen Koeffizienten und dem Odds Ratio besteht ein enger Zusammenhang, wie wir zunächst an einem einfachen *Modell mit einer Expositionsvariablen* mit zwei Ausprägungen (0 und 1) zeigen werden. Diese Situation entspricht der *Analyse einer Vierfeldertafel*.

Betrachtet man innerhalb einer Vierfeldertafel (siehe z.B. Tab. 3.1) den Logarithmus des Odds Ratios, so erhält man

$$\ln\!\left(OR_{Ziel}\right) = \ln\!\left(\frac{\text{Odds}\,\left(\text{Pr}\,(Kr = 1\,|\,Ex = 1)\right)}{\text{Odds}\,\left(\text{Pr}\,(Kr = 1\,|\,Ex = 0)\right)}\right)$$

$$= \ln\!\left(\text{Odds}\,\left(\text{Pr}\,(Kr = 1\,|\,Ex = 1)\right)\right) - \ln\!\left(\text{Odds}\,\left(\text{Pr}\,(Kr = 1\,|\,Ex = 0)\right)\right)$$

$$= \text{logit}\,\left(P\,(Kr = 1\,|\,Ex = 1)\right) - \text{logit}\,\left(\text{Pr}\,(Kr = 1\,|\,Ex = 0)\right)$$

$$= \left(a_{Ziel} + b_{Ziel} \cdot 1\right) - \left(a_{Ziel} + b_{Ziel} \cdot 0\right)$$

$$= b_{Ziel}.$$

Das Odds Ratio wird also durch die Logarithmierung in eine Differenz zwischen zwei Logits umgewandelt. Diese Differenz lässt sich durch den Regressionskoeffizienten b_{Ziel} ausdrücken. Für das Odds Ratio in der Zielpopulation gilt demnach

$$OR_{Ziel} = \exp(b_{Ziel}).$$

Durch diese *Transformation* sowie durch die Beziehung der Größe a_{Ziel} (siehe oben) zu dem Krankheitsrisiko ohne Exposition können die *Parameter a_{Ziel} und b_{Ziel} des logistischen Modells epidemiologisch interpretiert* werden. Da sich der Parameter b_{Ziel} durch die Transformation mit der Exponentialfunktion direkt in das Odds Ratio überführen lässt, gelten die Aussagen für den Parameter b_{Ziel} wie für das Odds Ratio grundsätzlich für sämtliche Studientypen. Das Krankheitsrisiko ohne Exposition, das sich als Funktion des Parameters a_{Ziel} schreiben lässt, ist jedoch nur in Kohortenstudien interpretierbar. Damit sind auch Aussagen für a_{Ziel} nur für Kohortenstudien sinnvoll, während a_{Ziel} in Fall-Kontroll-Studien oder Querschnittsstudien nicht interpretiert werden kann (siehe hierzu auch die nachfolgenden Anmerkungen zu Fall-Kontroll-Studien).

Logistisches Modell und stetige Risikofaktoren

In allen bisherigen Analysen wurde das Odds Ratio nur für Vierfeldertafeln bzw. für erweiterte Kontingenztafeln, d.h. für Modelle mit kategorisierten Expositionsvariablen, betrachtet. Das Odds Ratio vergleicht dabei die Krankheitschancen für die Exponierten (Ex = 1) mit denen für die Nichtexponierten (Ex = 0).

Wenn nun aber ein stetiger, kontinuierlich gemessener Risikofaktor wie das Alter, eine Schadstoffdosis o.Ä. vorliegt, so können mit Hilfe des logistischen Modells Odds Ratios für beliebige Expositionswerte berechnet werden. Diese vergleichen die Erkrankungswahrscheinlichkeit für ein Individuum mit gegebener Expositions Ex = x mit derjenigen eines Individuums mit einer bestimmten Exposition Ex = x_0. In einer solchen Situation gilt

$$\ln\left[OR_{Ziel}(x \text{ vs. } x_0)\right] = \operatorname{logit}\left[Pr(Kr = 1 \mid Ex = x)\right] - \operatorname{logit}\left[Pr(Kr = 1 \mid Ex = x_0)\right]$$

$$= \left(a_{Ziel} + b_{Ziel} \cdot x\right) - \left(a_{Ziel} + b_{Ziel} \cdot x_0\right) = b_{Ziel} \cdot \left(x - x_0\right).$$

Damit kann ein **Odds Ratio beim allgemeinen Vergleich von zwei Expositionswerten x und x_0** ermittelt werden durch

$$OR_{Ziel}(x \text{ vs. } x_0) = \exp\left[b_{Ziel} \cdot \left(x - x_0\right)\right].$$

Beispiel: Im Folgenden sei angenommen, dass eine Untersuchung zum Lungenkrebsrisiko durch Rauchen durchgeführt wurde. Die Rauchexposition wurde dabei als stetige Variable, nämlich als durchschnittliche Anzahl täglich gerauchter Zigaretten, erfasst. Ist wie im Beispiel aus Abb. 6.2 der Parameter $b_{Ziel} = 0{,}06$, so ergeben sich für verschiedene Konstellationen von x und $x_0 = 0$ (Nichtraucher) die Odds Ratios, wie sie in Tab. 6.18 zusammengestellt sind.

Tab. 6.18:   Odds Ratios für verschiedene Konstellationen von x und x_0 bei Regressionsparameter $b_{Ziel} = 0{,}06$

x	5	10	15	20	25	30	35	40	45	50
x_0	0	0	0	0	0	0	0	0	0	0
$OR_{Ziel}(x \text{ vs. } x_0)$	1,35	1,82	2,46	3,32	4,48	6,05	8,17	11,02	14,88	20,09

Die Chance zu erkranken ist somit z.B. bei einer Person, die täglich 50 Zigaretten raucht, im Gegensatz zu einem Nichtraucher um ca. das Zwanzigfache erhöht. Raucht man täglich 20 Zigaretten, so ist die Chance zu erkranken um gut das Dreifache erhöht.

Da die Ermittlung von $OR_{Ziel}(x \text{ vs. } x_0)$ sich ausschließlich aus der Differenz $(x - x_0)$ ergibt, können auch andere Vergleiche durchgeführt werden. So entspricht z.B. der Faktor 4,48 der Risikoerhöhung sowohl beim Vergleich von Rauchern, die täglich 25 Zigaretten rauchen, zu Nichtrauchern als auch beim Vergleich von Rauchern, die täglich 50 Zigaretten rauchen, zu Rauchern, die täglich 25 Zigaretten rauchen.

Wie dieses Beispiel zeigt, ist bei dieser Berechnung des Odds Ratios nicht die Angabe einer expliziten Null-Exposition erforderlich, sondern es wird vielmehr eine **Referenzexposition** x_0 zugrunde gelegt. Dadurch kann bei Vorliegen stetiger Risikofaktoren ein definiertes **Grundrisiko** berücksichtigt werden, und es muss nicht die in der Regel äußerst fiktive Annahme gemacht werden, dass (absolut) keine Exposition vorliegt.

Wird der Einfluss eines Risikofaktors stetig gemessen, so sollte man die Beziehung zwischen Exposition und Krankheit – wenn möglich – auch "genau" quantifizieren, d.h., eine Exposition von der Stärke x sollte einer bestimmten Erkrankungswahrscheinlichkeit Pr(x) aus dem logistischen Modell möglichst exakt zugeordnet werden. Betrachtet man die zu diesem s-förmigen Verlauf gehörende Abhängigkeit des Odds Ratios von der Exposition, so erhält man bei stetigen Risikofaktoren durch Festlegung der Referenzkategorie $x_0 = 0$ den oben bereits beschriebenen exponentiellen Zusammenhang $OR_{Ziel} = \exp(b_{Ziel} \cdot x)$ (siehe Abb. 6.3).

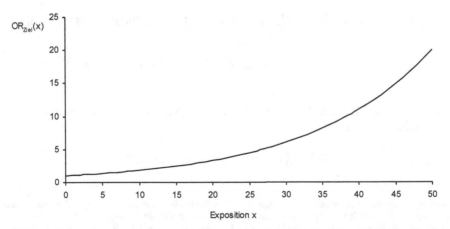

Abb. 6.3:   Exponentieller Anstieg des Odds Ratios in Abhängigkeit von der Exposition $Ex = x$ ($b_{Ziel} = 0{,}06$)

Bei diesem exponentiellen Verlauf des Odds Ratios bedeutet somit eine Verdopplung der Exposition nicht etwa eine Verdopplung des Odds Ratios. Vielmehr impliziert die Exponentialfunktion einen konstanten multiplikativen Faktor, d.h., steigt die Exposition um eine Einheit, erhöht sich das Odds Ratio um den Faktor $\exp(b_{Ziel})$. Steigt die Exposition um zwei Einheiten, erhöht sich das Odds Ratio um $\exp(2 \cdot b_{Ziel})$. Dies wurde bereits in dem Beispiel in Tab. 6.18 deutlich.

In realen Studien zeigt sich aber die Expositions-Wirkungs-Beziehung oft nicht in ihrem gesamten Verlauf als s-Kurve, sondern nur als ein Ausschnitt daraus. Der Grund hierfür ist, dass die Exposition in vielen Untersuchungen nicht so hoch ist, dass man den abgeflachten Bereich der Kurve für die Erkrankungswahrscheinlichkeit erreicht.

Beispiel: Dies gilt etwa auch in dem Beispiel aus Abb. 6.2, das das Lungenkrebsrisiko in Abhängigkeit vom Rauchen darstellt. Diese Expositions-Effekt-Beziehung kann in etwa angenommen werden, wenn als Exposition die Anzahl täglich gerauchter Zigaretten angenommen wird. Ein Abflachen der Kurve ergibt sich erst ab Werten von 100. Das Rauchen von täglich 100 Zigaretten und mehr ist dabei zwar denkbar, jedoch sehr selten, so dass es kaum möglich sein wird, den gesamten Kurvenverlauf in einer epidemiologischen Studie auch zu beobachten.

Der direkte exponentielle Anstieg des Odds Ratios in Abhängigkeit von einer Exposition x gilt immer dann, wenn die Exposition nicht weiter transformiert wird. Liegt aber eine solche Transformation vor, so stellt sich der Kurvenverlauf unter Umständen ganz anders dar.

Beispiel: Bei der Untersuchung beruflicher Risiken für die Entstehung von Lungenkrebs hatten wir eine solche Transformation für die Rauchexposition = ln (PJ + 1) oben bereits kennen gelernt. Wird diese stetige Größe in einem logistischen Regressionsmodell verwendet, so stellt sich das Odds Ratio in Abhängigkeit von den Packungsjahren PJ dann wie in Abb. 6.4 dar.

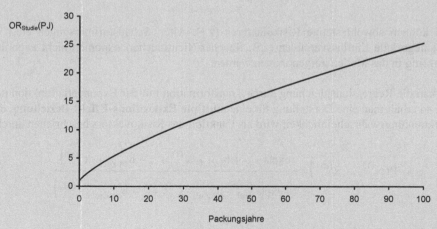

Abb. 6.4: Odds Ratio für Lungenkrebs in Abhängigkeit vom Zigarettenrauchen gemessen in Packungsjahren PJ nach Brüske-Hohlfeld et al. (2000)

Insgesamt ist über die lineare logistische Funktion somit eine Vielzahl von denkbaren Expositions-Effekt-Beziehungen beschreibbar. Jedoch stellt sich die Frage, ob nicht auch andere Expositions-Effekt-Funktionen betrachtet werden sollten, d.h., ob logit(P) durch eine andere Funktion als eine Gerade angenähert werden kann bzw. ob das expositionsabhängige Odds Ratio nicht z.B. exponentiell verläuft. Neben der Möglichkeit einer Transformation der gemessenen Exposition können dazu weitere biologisch und medizinisch motivierte Modelle angepasst werden (siehe dazu auch die Einführung von Unkelbach & Wolf 1985).

Logistisches Modell mit mehreren Risikofaktoren

Da die überwiegende Anzahl von Erkrankungen nicht monokausal ist, bietet es sich an, dass vorgestellte lineare logistische Modell mit einem Risikofaktor analog zur multiplen linearen Regression (siehe Anhang S.2.4.2) zu erweitern. Für die allgemeine Modellgleichung der **multiplen linearen logistischen Regression** geht man dann von dem folgenden erweiterten Ansatz aus

$$\text{logit}(P) = a_{Ziel} + b_{1\,Ziel} \cdot x^{(1)} + \ldots + b_{m\,Ziel} \cdot x^{(m)}.$$

Hierbei sind $x^{(1)}$, ..., $x^{(m)}$ die realisierten Expositionen von insgesamt *m Risikofaktoren als Einflussvariablen*, die man auch als einen **gemeinsamen Risikovektor**

$$x = (x^{(1)}, \ldots, x^{(m)})$$

zusammenfassen kann. P stellt wiederum die *Wahrscheinlichkeit* dar, dass die *interessierende Krankheit unter der Bedingung realisierter Risikofaktoren* auftritt, d.h. das Risiko

$$P = Pr\,(x) = Pr\left(Kr = 1 \middle| Ex^{(1)} = x^{(1)}, \ldots, Ex^{(m)} = x^{(m)}\right).$$

Dabei können sowohl stetige Risikofaktoren (z.B. Alter, Schadstoffmessungen etc.) wie auch kategorielle Einflussvariablen (z.B. Raucher/Nichtraucher, exponiert/nicht exponiert) gleichzeitig in das Modell aufgenommen werden.

Löst man die Regressionsgleichung durch Transformation mit der Exponentialfunktion nach P auf, so erhält man eine Darstellung für eine **multiple Expositions-Effekt-Beziehung**, d.h., die Erkrankungswahrscheinlichkeit wird als Funktion des Risikovektors beschrieben durch

$$Pr\left(x^{(1)}, \ldots, x^{(m)}\right) = \frac{\exp\left(a_{Ziel} + b_{1\,Ziel} \cdot x^{(1)} + \ldots + b_{m\,Ziel} \cdot x^{(m)}\right)}{1 + \exp\left(a_{Ziel} + b_{1\,Ziel} \cdot x^{(1)} + \ldots + b_{m\,Ziel} \cdot x^{(m)}\right)}.$$

Diese Darstellung nennt man auch die **multiple lineare logistische Funktion**. Diese Funktion beschreibt bei m Risikofaktoren die Wahrscheinlichkeit zu erkranken nunmehr in Abhängigkeit von der gleichzeitigen Exposition $x = (x^{(1)}, \ldots, x^{(m)})$.

Auch hier lässt sich ein Odds Ratio in einer allgemeinen Form angeben. Das Odds Ratio für den Vergleich eines Risikovektors x mit einem Risikovektor x_0 steht dann z.B. für das Odds Ratio eines Rauchers, der zudem beruflich Asbest ausgesetzt ist, im Vergleich zu einem Mann, der weder raucht noch beruflich mit Asbest exponiert ist. Es ergibt sich analog zu den bisherigen Darstellungen zu

$$\ln\left[OR_{Ziel}\left(x \text{ vs. } x_0\right)\right] = logit\left[Pr\left(Kr = 1\middle|Ex = x\right)\right] - logit\left[Pr\left(Kr = 1\middle|Ex = x_0\right)\right]$$

$$= \left(a_{Ziel} + b_{1\,Ziel} \cdot x^{(1)} + \ldots + b_{m\,Ziel} \cdot x^{(m)}\right)$$

$$- \left(a_{Ziel} + b_{1\,Ziel} \cdot x_0^{(1)} + \ldots + b_{m\,Ziel} \cdot x_0^{(m)}\right)$$

$$= b_{1\,Ziel} \cdot \left(x^{(1)} - x_0^{(1)}\right) + \ldots + b_{m\,Ziel} \cdot \left(x^{(m)} - x_0^{(m)}\right)$$

Die Koeffizienten des logistischen Modells lassen sich durch diese Gleichung wiederum direkt in Odds Ratios umrechnen, d.h., für eine beliebige Exposition $x^{(j)}$, $j = 1, \ldots, m$, gilt bei Vergleich einer Realisation x mit einer anderen Realisation x_0

$$OR_{Ziel}\left(x^{(j)} \text{ vs. } x_0^{(j)}\right) = \exp\left[b_{j\,Ziel} \cdot \left(x^{(j)} - x_0^{(j)}\right)\right].$$

Beispiel: Kreienbrock et al. (2001) führten eine Studie zu den Risikofaktoren von Lungenkrebs durch. Hierbei ist es unbedingt erforderlich, nicht nur einen Risikofaktor zu betrachten, sondern die Multikausalität der Erkrankung zu berücksichtigen (siehe auch Kapitel 2 bzw. 3). An dieser Stelle betrachten wir zunächst für Männer nur zwei dieser Risikofaktoren: das aktive Rauchen von Zigaretten $Ex^{(1)}$ sowie die berufliche Exposition mit Asbest $Ex^{(2)}$ jeweils mit den zwei Kategorien "nein" und "ja".

In einem gemeinsamen logistischen Regressionsmodell ergaben sich in der Studie hierfür die Werte $b_{1\,Studie} = 2,76$ und $b_{2\,Studie} = 0,53$. Daraus lassen sich zunächst zwei Odds Ratios ermitteln, nämlich

$$OR_{Studie}(\text{Rauchen vs. Nichtrauchen}) = \exp(2,76) = 15,8 \text{ sowie}$$
$$OR_{Studie}(\text{Asbest vs. keine Asbestexposition}) = \exp(0,53) = 1,7.$$

Diese beiden Odds Ratios repräsentieren den ausschließlichen Einfluss des Rauchens, falls keine berufliche Exposition mit Asbest vorliegt, bzw. den ausschließlichen Einfluss einer Asbestexposition bei einem Nichtraucher.

Gemäß obiger Darstellung der Differenzen der Logits kann aber auch ein gemeinsamer Einfluss bestimmt werden, wenn man einen Mann, der raucht und beruflich mit Asbest exponiert ist (x), mit einem nicht rauchenden, nicht Asbest exponierten Mann (x_0) vergleicht. Hier ergibt sich

$$\ln\left[OR_{Studie}\left(x \text{ vs. } x_0\right)\right] = b_{1\,Studie} + b_{2\,Studie} = 2,76 + 0,53 = 3,29,$$

so dass für das Odds Ratio insgesamt folgt

$$OR_{Studie}(x \text{ vs. } x_0) = \exp(3,29) = 26,84.$$

Grundsätzlich liefert ein multiples lineares logistisches Regressionsmodell damit eine Vielzahl von Informationen. Zunächst kann jeder im Modell eingeschlossene Risikofaktor einzeln betrachtet werden. Im Gegensatz zu einem Modell mit einem Risikofaktor erhält man darüber hinaus eine Aussage zu einem Risiko, das das Auftreten anderer Expositionen berücksichtigt. Daher spricht man auch von einem *adjustierten Risiko*. Zudem ist es aber auch möglich, Aussagen über das Risiko beim gemeinsamen Auftreten von Expositionen zu machen und damit sogar Wechselbeziehungen zwischen den Risikofaktoren zu beschreiben. Hierauf werden wir später noch im Detail eingehen (siehe Abschnitt 6.7).

Variablencodierung

Wie oben beschrieben, können mit dem logistischen Modell sowohl stetige als auch kategorielle Daten behandelt werden. Um aber mit kategoriellen Variablen arbeiten zu können, müssen diese zunächst in Zahlenwerte transformiert werden. Dazu ist es notwendig, verschiedene Typen von kategoriellen Daten zu unterscheiden.

Variablen mit dichotomen Ausprägungen, wie z.B. das Geschlecht ("weiblich" vs. "männlich") oder eine allgemeine Expositionsvariable ("ja" vs. "nein"), werden dabei meist mit 0 und 1 codiert, d.h., man definiert:

> 1: das Merkmal tritt auf und

> 0: das Merkmal tritt nicht auf.

Bei *nominalen Daten mit mehr als zwei Ausprägungen* ist ein Zahlencode allerdings meist nicht sinnvoll. Will man etwa innerhalb einer multizentrischen Studie mit verschiedenen Wohnorten (z.B. Dortmund, Wuppertal, München, Hannover, Bremen) die nominale Variable Wohnort im Rahmen des logistischen Modells codieren, so würde ein Code mit den Ziffern 1, 2, 3, 4 und 5 eine Ordnung innerhalb der Orte implizieren, die nicht gegeben ist.

Deshalb ist man gezwungen, künstliche Variablen zu definieren, so genannte **Indikator-** oder **Dummy-Variablen**, um nominale Variablen zu verschlüsseln. Die Anzahl der zu bildenden Dummy-Variablen ist dabei immer um eins geringer als die Anzahl gegebener Kategorien.

Beispiel: Bei fünf Wohnorten Dortmund, Wuppertal, München, Hannover und Bremen ergeben sich bei der folgenden Codierung vier Dummy-Variablen

$$x^{(1)} = \begin{cases} 1, \text{ falls Wohnort Wuppertal} \\ 0, \text{ falls Wohnort nicht Wuppertal} \end{cases}, \quad x^{(2)} = \begin{cases} 1, \text{ falls Wohnort München} \\ 0, \text{ falls Wohnort nicht München} \end{cases},$$

$$x^{(3)} = \begin{cases} 1, \text{ falls Wohnort Hannover} \\ 0, \text{ falls Wohnort nicht Hannover} \end{cases}, \quad x^{(4)} = \begin{cases} 1, \text{ falls Wohnort Bremen} \\ 0, \text{ falls Wohnort nicht Bremen} \end{cases}.$$

Für einen Studienteilnehmer aus Wuppertal nehmen somit die vier Dummy-Variablen die Ausprägungen $(1, 0, 0, 0)$ an, eine Person aus München hätte den Code $(0, 1, 0, 0)$, eine Person aus Hannover den Code $(0, 0, 1, 0)$ und eine Person aus Bremen bekäme den Code $(0, 0, 0, 1)$ zugeordnet. Untersuchungsteilnehmer aus Dortmund erhalten den Code $(0, 0, 0, 0)$. Andere Kombinationen, z.B. $(1, 1, 1, 1)$, können nicht auftreten.

Die logistische Modellgleichung für den Faktor Wohnort schreibt sich dann mit Hilfe von vier Dummy-Variablen als logit $(P) = a_{Ziel} + b_{1\,Ziel} x^{(1)} + b_{2\,Ziel} x^{(2)} + b_{3\,Ziel} x^{(3)} + b_{4\,Ziel} x^{(4)}$, mit $x^{(1)}, x^{(2)}, x^{(3)}, x^{(4)} = 0, 1$.

Für einen Studienteilnehmer aus Dortmund gilt in diesem Modell logit$(P) = a_{Ziel}$. Dortmund übernimmt damit die Rolle der Referenzkategorie, so dass $OR_{1\,Ziel} = \exp(b_{1\,Ziel})$ das Odds Ratio im Vergleich von Wuppertal zu Dortmund, $OR_{2\,Ziel} = \exp(b_{2\,Ziel})$ das Odds Ratio im Vergleich von München zu Dortmund etc. beschreibt.

Allgemein lässt sich eine nominale Variable mit K Ausprägungen also durch (K–1) Dummy-Variablen darstellen. Es müssen für diese Variable auch (K–1) Regressionsparameter (bzw. Odds Ratios) geschätzt werden. Für die Referenzgruppe wird dabei keine Indikatorvariable definiert. Bietet sich aus inhaltlichen Gründen keine der Gruppen als Referenzgruppe an, so sollte man die Gruppe mit der größten Anzahl an Beobachtungen als Referenzgruppe wählen, da damit eine stabilere Schätzung möglich ist, was sich durch eine kleinere Varianz der geschätzten Odds Ratios ausdrückt.

Beispiel: "Natürliche" Referenzgruppen ergeben sich stets dann, wenn es möglich ist, dass "keine Exposition" als Kategorie definierbar ist. Dies gilt z.B. für klassische Gesundheitsrisiken wie Rauchen, Alkoholkonsum oder die Belastung mit (Schad-) Stoffen.

Auch erscheint es manchmal möglich, eine Referenz über einen Standard oder einen Normwert zu definieren, z.B. wenn aus medizinischer Sicht ein Wert als unbedenklich angesehen wird. Dies ist z.B. bei der Beschreibung des systolischen Blutdrucks als Risikofaktor für Herzkreislauferkrankungen der Fall. Hier wird allgemein ein systolischer Blutdruck von weniger als 140 mmHg als normoton angesehen, so dass hierüber eine Referenzgruppe definiert werden kann.

Prinzipiell können auch ordinale Variablen, d.h. Einflussgrößen, deren Merkmale in eine Rangfolge gebracht werden können, als Dummy-Variablen definiert werden. Allerdings geht dies mit einem Informationsverlust einher, was ggf. die Anpassung speziellerer Modelle erfordert (vgl. z.B. Tutz 1990). Es kann aber trotzdem von Vorteil sein, Dummy-Variablen zu definieren, um einen nicht-linearen Zusammenhang zwischen der ordinalskalierten Einflussgröße und der abhängigen Variable zu modellieren.

Logistisches Modell in Fall-Kontroll-Studien

Die im logistischen Modell betrachtete Wahrscheinlichkeit

$$P = \Pr\left(Kr|x\right) = \Pr\left(Kr = 1 \mid Ex^{(1)} = x^{(1)}, ..., Ex^{(m)} = x^{(m)} \right),$$

d.h. die Erkrankungswahrscheinlichkeit bei gegebenem Risikovektor, ist in Fall-Kontroll-Studien nicht schätzbar, da hier die Gruppen der Kranken und Gesunden fest vorgegeben sind. Als zufälliges Ereignis kann nur das Auftreten einer Exposition unterstellt werden, so dass eigentlich ein Modell für die Expositionswahrscheinlichkeit

$$\Pr\left(x|Kr\right) = \Pr\left(Ex^{(1)} = x^{(1)}, ..., Ex^{(m)} = x^{(m)} \mid Kr = 1 \right),$$

aufgestellt werden müsste. Damit ist zunächst unklar, ob retrospektiv erhobene Daten mit dem logistischen Modellansatz ausgewertet werden dürfen und die Modellparameter weiterhin im Zusammenhang mit dem Odds Ratio interpretiert werden können.

Im Folgenden wird sich zeigen, dass die logistische Regression auch bei Fall-Kontroll-Studien angewendet werden kann, genauso, wie sich bei einfachen Vierfeldertafeln das Odds Ratio sowohl bei Kohortenstudien als auch bei Fall-Kontroll-Studien angeben lässt. Dies kann damit begründet werden, dass man sich die Daten einer Fall-Kontroll-Studie als Stichprobe aus einer Kohortenstudie vorstellt, für die das logistische Modell die Erkrankungswahrscheinlichkeit bei gegebenem Expositionsvektor x beschreibt.

Bezeichne weiterhin Kr=1 das Vorliegen einer Krankheit und sei Z eine Indikatorvariable, die angibt, ob ein Individuum in die Fall-Kontroll-Studie aufgenommen wurde (Z=1). Hierbei erfolge die Auswahl eines Falls bzw. einer Kontrolle unabhängig vom Risikovektor x mit Wahrscheinlichkeiten π_1 und π_0, d.h., es seien

Auswahlwahrscheinlichkeit für Fälle $\pi_1 = \Pr(Z = 1 \mid Kr = 1) = \Pr(Z = 1 \mid Kr = 1, x)$

Auswahlwahrscheinlichkeit für Kontrollen $\pi_0 = \Pr(Z = 1 \mid Kr = 0) = \Pr(Z = 1 \mid Kr = 0, x)$.

Für die Wahrscheinlichkeit der Erkrankung unter der Bedingung, bei gegebenem Expositionsvektor x ausgewählt worden zu sein, gilt dann nach der Formel von Bayes (vgl. Hartung et al. 2009)

$$\Pr(Kr = 1 \mid Z = 1, x) = \frac{\Pr(Z = 1 \mid Kr = 1, x) \cdot \Pr(Kr = 1 \mid x)}{\Pr(Z = 1 \mid Kr = 1, x) \cdot \Pr(Kr = 1 \mid x) + \Pr(Z = 1 \mid Kr = 0, x) \cdot \Pr(Kr = 0 \mid x)}$$

$$= \frac{\pi_1 \cdot \Pr(Kr = 1 \mid x)}{\pi_1 \cdot \Pr(Kr = 1 \mid x) + \pi_0 \cdot \Pr(Kr = 0 \mid x)}.$$

Schreibt man in dieser Formel die Erkrankungswahrscheinlichkeit $\Pr(Kr=1 \mid x)$ als logistisches Modell, so erhält man

$$\Pr(Kr = 1 \mid Z = 1, x) = \frac{\pi_1 \cdot \exp\!\left(a_{Ziel} + b_{1\,Ziel} \cdot x^{(1)} + \ldots + b_{m\,Ziel} \cdot x^{(m)}\right)}{\pi_1 \cdot \exp\!\left(a_{Ziel} + b_{1\,Ziel} \cdot x^{(1)} + \ldots + b_{m\,Ziel} \cdot x^{(m)}\right) + \pi_0}$$

$$= \frac{\exp\!\left(a_{Ziel}^{*} + b_{1\,Ziel} \cdot x^{(1)} + \ldots + b_{m\,Ziel} \cdot x^{(m)}\right)}{\exp\!\left(a_{Ziel}^{*} + b_{1\,Ziel} \cdot x^{(1)} + \ldots + b_{m\,Ziel} \cdot x^{(m)}\right) + 1},$$

wobei gilt

$$a_{Ziel}^{*} = a_{Ziel} + \ln\!\left(\frac{\pi_1}{\pi_0}\right).$$

Die Erkrankungswahrscheinlichkeit eines Individuums in einer Fall-Kontroll-Studie lässt sich somit ebenfalls durch ein logistisches Modell beschreiben, in dem die Regressionsparameter $b_{1\,Ziel}$, ..., $b_{m\,Ziel}$ wie in einer Kohortenstudie die Bedeutung einzelner Risikofaktoren quantifizieren und entsprechend in Odds Ratios transformiert werden können.

Dies gilt allerdings nicht mehr für den so genannten Intercept-Parameter. In einer Kohortenstudie kann aus a_{Ziel} direkt das Risiko ohne Exposition ermittelt werden. Durch die Auswahl von Fällen und Kontrollen aus der Zielpopulation hängt diese Transformation nun auch noch von den jeweiligen Auswahlwahrscheinlichkeiten π_1 und π_0 ab, und es gilt

$$\Pr\left(Kr = 1 \mid Ex = 0\right) = \frac{\pi_0 \cdot \exp\left(a^*_{Ziel}\right)}{\pi_1 + \pi_0 \cdot \exp\left(a^*_{Ziel}\right)},$$

so dass das Risiko ohne Exposition dann ermittelt werden kann, wenn z.B. in populationsbezogenen Fall-Kontroll-Studien Kenntnisse über diese Auswahlwahrscheinlichkeiten vorliegen.

Beispiel: Sauter (2006) führte eine Fall-Kontroll-Studie zu den Risikofaktoren der bovinen spongiformen Enzephalopathie (BSE) in Niedersachsen und Schleswig-Holstein durch. Dabei wurden sämtliche Fälle, die in einem definierten Zeitraum innerhalb der Studienregion aufgetreten sind, in die Studie eingeschlossen, d.h., es gilt hier $\pi_1 = 1$.

Kontrollen wurden mittels einer repräsentativen Zufallsstichprobe aus dem zentralen Herkunftssicherungs- und Informationssystem für Tiere (vgl. HI-Tier 2011) gewonnen. Dieses System stellt über die Aufnahme aller Rinder ein vollständiges Register aller landwirtschaftlichen Betriebe mit Rinderhaltung in Deutschland dar. Damit kann der Anteil der ausgewählten Betriebe an der gesamten Zielpopulation als Auswahlwahrscheinlichkeit π_0 angesehen werden. Da 86 von insgesamt 10.671 Betrieben in der Studienregion ausgewählt wurden, ergibt sich hier ein Anteil $\pi_0 = 0{,}00805923 \approx 0{,}806\%$.

Mit Hilfe von logistischen Regressionsmodellen kann u.a. der Einsatz von so genannten Milchaustauschern bei der Kälberfütterung als Risikofaktor identifiziert werden. Liefert das entsprechende Modell einen Intercept-Parameter von $a^*_{Studie} = -5{,}5$, so kann vor dem Hintergrund dieser Informationen das Risiko für das Auftreten von BSE bei Betrieben, die keine Milchaustauscher bei der Fütterung ihrer Kälber einsetzen, ermittelt werden als

$$\Pr\left(BSE = 1 \mid kein\ Milchaustauscher\right) = \frac{0{,}00806 \cdot \exp(-5{,}5)}{1 + 0{,}00806 \cdot \exp(5{,}5)} = 0{,}000032938,$$

d.h., unter dieser Voraussetzung könnte davon ausgegangen werden, dass bei ca. 3,3 von 100.000 Tieren, bei denen kein Milchaustauscher verfüttert wird, eine BSE-Erkrankung auftritt.

Das hier vorgestellte logistische Modell stellt eine Beziehung zwischen der Erkrankungswahrscheinlichkeit und der Exposition mit insgesamt m Risikofaktoren dar. Dazu werden die (m+1) unbekannten Modellparameter a_{Ziel}, $b_{1\,Ziel}$, ..., $b_{m\,Ziel}$ verwendet, über deren Transformation wiederum Aussagen bzgl. epidemiologischer Maßzahlen und insbesondere hinsichtlich der zugehörigen Odds Ratios möglich sind.

Die Auswertung einer epidemiologischen Untersuchung mit Hilfe des logistischen Modells ist daher gleichbedeutend damit, statistische Aussagen zu diesen Modellparametern zu machen, also insbesondere diese aus den Daten einer epidemiologischen Studie zu schätzen und wissenschaftliche Hypothesen über die Parameter mit Hilfe statistischer Tests zu prüfen.

Im Gegensatz zu den meisten der bislang erörterten statistischen Verfahren wird sich bei der Behandlung des logistischen Modells allerdings zeigen, dass es nicht mehr möglich ist, explizite Lösungsformeln für die Parameterschätzung oder eine Testentscheidung anzugeben. Dies ist wesentlich durch die nicht-lineare Struktur des logistischen Modells begründet, so dass zu deren Lösung in der Regel numerische Verfahren verwendet werden müssen und somit der Einsatz von statistischer Auswertungssoftware erforderlich ist. Deshalb werden wir uns im Folgenden auf die Interpretation der einzelnen statistischen Analyseschritte konzentrieren, um möglichen Fehlinterpretationen bei der Datenanalyse vorzubeugen.

Beispiel: Um eine belastbare wissenschaftliche Basis für die Ermittlung der Lungenkrebsrisiken von typischen Expositionen beruflicher Gefahrstoffe zu liefern, wurde eine große Fall-Kontroll-Studie mit insgesamt 1.004 Fällen und 1.004 Kontrollen durchgeführt (je 839 Männer und 165 Frauen). Ziel der Studie war es, neben bereits bekannten Risikofaktoren für Lungenkrebs, wie z.B. das Rauchen von Zigaretten oder beruflicher Asbestbelastung, weitere Tätigkeiten und Expositionen am Arbeitsplatz zu identifizieren, die auf eine Erhöhung des Erkrankungsrisikos hindeuten (Jöckel et al. 1998). Basierend auf einer a priori bestehenden Definition von Berufen, für die ein erhöhtes Lungenkrebsrisiko vermutet wird (Liste B, siehe Ahrens & Merletti 1998) wurde aufgrund der in persönlichen Interviews erhobenen Berufsbiographie anhand der Angaben zu Beruf und Branche für alle Studienteilnehmer die Dauer der Tätigkeit (Jahre) in diesen vermuteten Risikoberufen (z.B. Reinigungsberufe, spanende Metallberufe usw.) errechnet. Tab. 6.19 zeigt die kategorisierte Tätigkeitsdauer in diesen Berufen nach Fall-Kontroll-Status.

Tab. 6.19   Dauer der beruflichen Tätigkeit in vermuteten Risikoberufen für männliche Fälle und Kontrollen; n (%) (vgl. Jöckel et al. 1998)

Status	nicht exponiert n (%)	Dauer der beruflichen Tätigkeit von über … bis … Jahre			Summe n (%)
		0,5–3 n (%)	3–10 n (%)	über 10 n (%)	
Fälle	563 (67,1)	73 (8,7)	70 (8,3)	133 (15,9)	839 (100,0)
Kontrollen	650 (77,5)	64 (7,6)	54 (6,4)	71 (8,5)	839 (100,0)
Summe	1213	137	124	204	

Zunächst zeigt sich, dass Fälle (32,9%) häufiger in derartigen Berufen tätig waren als Kontrollen (22,5%) und zudem mit zunehmender Expositionsdauer relativ mehr Fälle als Kontrollen exponiert waren. Eine Auswertung mit dem χ^2-Test zeigt, dass der in Tab. 6.19 dargestellte Unterschied zwischen Fällen und Kontrollen statistisch signifikant ist, denn

$$X^2 = 27{,}74 > 7{,}815 = \chi^2_{3;0,95} \; .$$

Da die Zielvariable dichotom ist (Fall/Kontrolle), lässt sich der Zusammenhang zwischen Expositionsdauer und Erkrankungsrisiko auch mit Hilfe einer logistischen Regression analysieren, um so Odds Ratios für die verschiedenen Kategorien von Expositionsdauern (im Vergleich zu nicht exponierten Personen) zu bestimmen, wobei die in vier Kategorien eingeteilte Einflussgröße zunächst in drei entsprechende Dummy-Variablen transformiert werden muss (siehe Abschnitt Variablencodierung):

$$x^{(1)} = \begin{cases} 1, \text{ falls der Studienteilnehmer 0,5 - 3 Jahre in vermutetem Risikoberuf tätig} \\ 0, \text{ sonst} \end{cases},$$

$$x^{(2)} = \begin{cases} 1, \text{ falls der Studienteilnehmer 3 - 10 Jahre in vermutetem Risikoberuf tätig} \\ 0, \text{ sonst} \end{cases},$$

$$x^{(3)} = \begin{cases} 1, \text{ falls der Studienteilnehmer über 10 Jahre in vermutetem Risikoberuf tätig} \\ 0, \text{ sonst} \end{cases}.$$

Für die Gruppe der nicht exponierten Personen sind in diesem Beispiel alle drei Dummy-Variablen gleich null. Die geschätzten Odds Ratios lassen sich somit jeweils in Bezug auf diese Gruppe (Referenzkategorie) interpretieren. Mit den drei Dummy-Variablen und der Wahrscheinlichkeit P (für das Eintreten des Ereignisses) ergibt sich somit als logistisches Regressionsmodell:

$$\text{Modell A: logit(P)} = a_{Ziel} + b_{1\,Ziel}x^{(1)} + b_{2\,Ziel}x^{(2)} + b_{3\,Ziel}x^{(3)}.$$

Die Parameterschätzer lassen sich durch Transformation mit der Exponentialfunktion in Schätzer für die zugehörigen Odds Ratios übertragen. Hierbei ist

$OR_{1\,Ziel} = \exp(b_{1\,Ziel})$ das Odds Ratio für eine maximal dreijährige Tätigkeit in einem Risikoberuf,
$OR_{2\,Ziel} = \exp(b_{2\,Ziel})$ das Odds Ratio für eine mehr als 3 aber maximal 10-jährige Tätigkeit und
$OR_{3\,Ziel} = \exp(b_{3\,Ziel})$ das Odds Ratio für eine mehr als 10-jährige Tätigkeit in einem Risikoberuf.

6.5.2   Likelihood-Funktion und Maximum-Likelihood-Schätzer der Modellparameter

Grundlage der statistischen Analyse von logistischen Modellen ist die Maximum-Likelihood-Methode (siehe Anhang S.4.2). Hierbei wird die so genannte Likelihood-Funktion für die Erkrankungswahrscheinlichkeiten aller in die Studie aufgenommenen Teilnehmer aufgestellt.

Die **Likelihood-Funktion** gibt für eine bestimmte Parameterkonstellation die gemeinsame bedingte Wahrscheinlichkeit dafür an, dass sich in der Studienpopulation gerade die beobachtete Kombination von Erkrankten und nicht Erkrankten ergibt. Geht man davon aus, dass sich die n Individuen einer Studienpopulation nicht gegenseitig beeinflussen, also die Unabhängigkeit der Studienteilnehmer unterstellt werden kann, so lässt sich die Likelihood-Funktion als *Produkt der individuellen Erkrankungswahrscheinlichkeiten* formulieren und lautet

$$L\left(a_{Ziel}, b_{1\,Ziel}, \ldots, b_{m\,Ziel}\right) = \prod_{i=1}^{n} \Pr\left(Kr_i = j \,\middle|\, x_i^{(1)}, \ldots, x_i^{(m)}\right), \; j = 0, 1.$$

Hierbei bedeutet der Index i, dass die Erkrankungswahrscheinlichkeit für jedes Individuum i, $i = 1, \ldots, n$, der Studienpopulation in die Likelihood-Funktion eingeht. Für jeden Kranken $(j = 1)$ muss in die Likelihood-Funktion die Erkrankungswahrscheinlichkeit $\Pr(\,)$ eingesetzt werden und für jeden Gesunden $(j = 0)$ die Wahrscheinlichkeit, gesund zu sein $(1 - \Pr(\,))$.

Die Maximum-Likelihood-Schätzer der Parameter $a_{Ziel}, b_{1\,Ziel}, \ldots, b_{m\,Ziel}$ ergeben sich dann durch Maximierung der Funktion L in Abhängigkeit von den Modellparametern, d.h., man sucht die Konstellation von Modellparametern, die für die beobachteten Daten am "wahrscheinlichsten" sind. Um die Maximierungsaufgabe zu lösen, ist es aus rechnerischen Gründen einfacher, den Logarithmus der Likelihood-Funktion zu betrachten. Das Produkt wird dann zu einer Summe und die **Log-Likelihood-Funktion** hat nach Umrechnung der oben genannten Erkrankungswahrscheinlichkeiten folgende Gestalt

$$\ell\big(a_{Ziel}, b_{1\,Ziel}, ..., b_{m\,Ziel}\big) = \ln\Big[L\big(a_{Ziel}, b_{1\,Ziel}, ..., b_{m\,Ziel}\big)\Big]$$

$$= \sum_{i=1}^{n} \ln\Big[\Pr\Big(Kr_i = j \,\Big|\, x_i^{(1)}, ..., x_i^{(m)}\Big)\Big]$$

$$= \sum_{Kranke}\Big[1 + \exp\big(-a_{Ziel} - b_{1\,Ziel}\cdot x^{(1)} - ... - b_{m\,Ziel}\cdot x^{(m)}\big)\Big]^{-1}$$

$$+ \sum_{Gesunde}\Big\{1 - \Big[1 + \exp\big(-a_{Ziel} - b_{1\,Ziel}\cdot x^{(1)} - ... - b_{m\,Ziel}\cdot x^{(m)}\big)\Big]^{-1}\Big\}.$$

Maximum-Likelihood- oder kurz **ML-Schätzer** für die Parameter a_{Ziel}, $b_{1\,Ziel}$, ..., $b_{m\,Ziel}$ des **logistischen Regressionsmodells** erhält man durch Maximierung von ℓ. Es ist offensichtlich, dass man diese Maximierungsaufgabe nicht mehr explizit lösen kann, sondern Methoden der numerischen Mathematik benutzt werden müssen (z.B. das so genannte modifizierte Newton-Verfahren). Diese Methoden werden wir hier nicht vorstellen. Sie sind in der Regel in statistischer Standardsoftware implementiert. Da es jedoch verschiedene mögliche Algorithmen gibt, deren korrekte Anwendung von einer Vielzahl studienspezifischer Aspekte abhängt, empfiehlt es sich, vor deren Anwendung Rücksprache mit einem Experten zu halten. Wesentliche Aspekte sind dabei der *Umfang n der Studie* sowie die *Größe des zu schätzenden Risikos*. Insbesondere bei Studien mit geringem Umfang und sehr kleinen Risiken sind speziellere Optimierungsstrategien oder auch Alternativen zur ML-Schätzung erforderlich.

Wir werden der Einfachheit halber somit im Folgenden davon ausgehen, dass geeignete statistische Software zur Ermittlung von ML-Schätzern zur Verfügung steht. Die jeweils gefundene Lösung hängt mit den konkreten realisierten Daten der Studie zusammen. Wir werden diese ML-Schätzer mit a_{Studie}, $b_{1\,Studie}$, ..., $b_{m\,Studie}$ bezeichnen. Sie stellen die Parameterwerte dar, unter denen die beobachteten Studiendaten am ehesten zustande gekommen sind.

Beispiel: Am Beispiel der Fall-Kontroll-Studie zu beruflichen Risiken am Arbeitsplatz werden die Ergebnisse eines ML-Schätzverfahrens für die Modellparameter beschrieben. Hier wurde der Logit der Erkrankungswahrscheinlichkeit in Abhängigkeit von den drei Dummy-Variablen für die unterschiedlichen Tätigkeitsdauern in Berufen mit vermutetem Lungenkrebsrisiko betrachtet. Für die ML-Schätzung wurde SAS$^{©}$ (Version 9.2) verwendet.

Tab. 6.20 zeigt, wie schnell sich die Koeffizienten für die Einflussvariable in der Schätzung stabilisieren. Mit Hilfe dieser Parameterschätzer können nun durch Transformation mit der Exponentialfunktion Schätzer für die zugehörigen Odds Ratios ermittelt werden. Es ist:

$$OR_{1\,Studie} = \exp(0{,}2964) = 1{,}35,$$

$$OR_{2\,Studie} = \exp(0{,}4082) = 1{,}50,$$

$$OR_{3\,Studie} = \exp(0{,}7458) = 2{,}11.$$

Tab. 6.20: Iterationsergebnisse der logistischen Regression zum Einfluss der Dauer in Berufen mit vermutlich erhöhtem Lungenkrebsrisiko (Modell A)

Iteration	Parameterschätzung		
	$b_{1 \text{ Studie}}$	$b_{2 \text{ Studie}}$	$b_{3 \text{ Studie}}$
0	0	0	0
1	0,2906979903	0,3998038624	0,7168980084
2	0,2964075308	0,4081622091	0,7456694487
3	0,2964220869	0,4081820635	0,7457977724
4	0,2964220871	0,4081820638	0,7457977751

Man sieht an den Ergebnissen, dass das Erkrankungsrisiko mit zunehmender Tätigkeitsdauer in einem vermuteten Risikoberuf steigt. Für die Dauer von maximal drei Jahren erhöht sich das Risiko an Lungenkrebs zu erkranken um 35%; für Personen, die bis zu zehn Jahre in einem solchen Beruf tätig waren, beobachten wir eine 50%ige Erhöhung; für länger exponierte Beschäftigte bedeutet ein Odds Ratio von über 2, dass von mehr als einer Verdopplung des Erkrankungsrisikos ausgegangen werden muss.

6.5.3   Approximative Konfidenzintervalle für die Modellparameter

Nach der Angabe einer Parameter- oder Odds-Ratio-Schätzung schließt sich als nächster statistischer Analyseschritt die Berechnung von Konfidenzintervallen an. Da die Schätzer nach dem Maximum-Likelihood-Verfahren ermittelt wurden, sind sie *asymptotisch normalverteilt*, so dass man in der Lage ist, für die Parameter der logistischen Regression gemäß der Verfahrensweise aus Anhang S.4.3 asymptotische Konfidenzintervalle anzugeben.

Hierzu ist es notwendig, die Varianzen der ML-Schätzer a_{Studie}, $b_{1 \text{ Studie}}$, ..., $b_{m \text{ Studie}}$ zu schätzen. Diese Varianzschätzungen ergeben sich bei der ML-Methode nicht direkt, sondern wiederum als Ergebnis eines numerischen Verfahrens. Fasst man alle Varianzen und Kovarianzen der insgesamt (m+1) Parameterschätzer in einer gemeinsamen **Kovarianzmatrix**

$$
\text{Kov} = \begin{bmatrix}
\text{Var}(a_{\text{Studie}}) & \text{Kov}(a_{\text{Studie}}, b_{1 \text{ Studie}}) & \cdots & \text{Kov}(a_{\text{Studie}}, b_{m \text{ Studie}}) \\
\text{Kov}(b_{1 \text{ Studie}}, a_{\text{Studie}}) & \text{Var}(b_{1 \text{ Studie}}) & & \text{Kov}(b_{1 \text{ Studie}}, b_{m \text{ Studie}}) \\
\vdots & \vdots & \ddots & \vdots \\
\text{Kov}(b_{m \text{ Studie}}, a_{\text{Studie}}) & \text{Kov}(b_{m \text{ Studie}}, b_{1 \text{ Studie}}) & \cdots & \text{Var}(b_{m \text{ Studie}})
\end{bmatrix}
$$

zusammen, so wird diese durch eine Matrix $\text{Kov}_{\text{Studie}}$ geschätzt, indem man die inverse Matrix der negativen zweifachen partiellen Ableitung der Log-Likelihood ℓ an der Stelle der beobachteten ML-Schätzer berechnet.

Liegen dann insbesondere die **Varianzschätzer** $\text{Var}_{\text{Studie}}(a_{\text{Studie}})$ bzw. $\text{Var}_{\text{Studie}}(b_{j \text{ Studie}})$, $j = 1, ..., m$, aus dieser Schätzmatrix vor, so kann man hiermit ein **approximatives $(1 - \alpha)$-Konfidenzintervall für die Parameter der logistischen Regression** angeben durch

$$
\text{KI}(a_{\text{Ziel}}) = \left[a_{\text{Studie}} \pm u_{1-\alpha/2} \cdot \sqrt{\text{Var}_{\text{Studie}}(a_{\text{Studie}})} \right] \text{ bzw.}
$$

$$KI\left(b_{j\,Ziel}\right) = \left[b_{j\,Studie} \pm u_{1-\alpha/2} \cdot \sqrt{Var_{Studie}\left(b_{j\,Studie}\right)}\right], j = 1, \dots, m.$$

Beispiel: Im Folgenden werden für die Fall-Kontroll-Studie zu beruflichen Risiken am Arbeitsplatz anhand der ermittelten Parameterschätzer und deren Standardfehlern approximative $(1-\alpha)$-Konfidenzintervalle für die Parameter des Modells berechnet. Dazu werden nachfolgend die Ergebnisse aus dem logistischen Regressionsmodell (Modell A) zur Abschätzung einer Erhöhung des Lungenkrebsrisikos in Abhängigkeit von der Dauer in vermuteten Risikoberufen herangezogen (siehe Tab. 6.21).

Tab. 6.21: ML-Schätzer und Standardfehler der logistischen Regression zum Einfluss der Dauer in Berufen mit vermutlich erhöhtem Lungenkrebsrisiko (Modell A)

Dauer der beruflichen Tätigkeit von über ... bis ... Jahre	Parameterschätzer $b_{j\,Studie}$	Standardfehler
0,5–3	0,2964	0,1837
3–10	0,4082	0,1913
über 10	0,7458	0,1565

Wählt man $\alpha=0{,}05$ und damit $u_{0,975} = 1{,}96$, ergeben sich die folgenden approximativen 95%-Konfidenzintervalle:

$$KI(b_{1\,Ziel}) = [0{,}2964 \pm 1{,}96 \cdot 0.1837] = [-0{,}6365;\ 0{,}6565],$$

$$KI(b_{2\,Ziel}) = [0{,}4082 \pm 1{,}96 \cdot 0.1913] = [\ 0{,}0033;\ 0{,}7831],$$

$$KI(b_{3\,Ziel}) = [0{,}7458 \pm 1{,}96 \cdot 0.1565] = [\ 0{,}4391;\ 1{,}0525].$$

Analog zur bereits weiter oben beschriebenen Umrechnung der Parameterschätzer in Odds Ratios lassen sich durch Transformation mit der Exponentialfunktion auch die Konfidenzintervalle der Parameterschätzer in Konfidenzintervallgrenzen für die entsprechenden Odds Ratios umrechnen:

$$KI(OR_{1\,Ziel}) = [0{,}94;\ 1{,}93],$$

$$KI(OR_{2\,Ziel}) = [1{,}03;\ 2{,}19],$$

$$KI(OR_{3\,Ziel}) = [1{,}55;\ 2{,}87].$$

Diese Konfidenzintervalle überdecken mit einer Wahrscheinlichkeit von ungefähr 95% die unbekannten Odds Ratios bezüglich der drei in Modell A berücksichtigten Dummy-Variablen zur Dauer der Tätigkeit in einem vermuteten Risikoberuf. Das erste Intervall beinhaltet dabei auch Werte kleiner als eins, die einer Risikoreduktion entsprechen würden. Daher kann aufgrund der vorliegenden Daten für kurze Beschäftigungen in vermuteten Risikoberufen keine signifikante Erhöhung des Lungenkrebsrisikos festgestellt werden – wohl jedoch für mittlere bzw. länger andauernde Beschäftigungen, da in diesen beiden Fällen die Konfidenzintervalle ausschließlich Werte größer eins enthalten.

Die Schätzungen und Konfidenzintervalle für die Parameter der logistischen Regression beschreiben – im Gegensatz zur geschichteten oder gar zu einer einfachen Analyse ohne Berücksichtigung eines Confounders – die Einflüsse einzelner Risikofaktoren auf das untersuchte Krankheitsereignis simultan. Damit liegt eine um einen (möglicherweise komplexen) Confounding Bias adjustierte Aussage vor.

Wie bereits im Zusammenhang mit der ML-Schätzung angemerkt, dürfen die hier vorgestellten Verfahren aber nur dann angewendet werden, wenn ein hinreichend großer Studienumfang vorliegt, da es sich um asymptotische Verfahren handelt. Im Falle kleiner Studien und insbesondere, wenn sehr kleine Risiken zu modellieren sind, sind die angegebenen Konfidenzintervalle ungenau und sollten durch entsprechende modifizierte Verfahren ersetzt werden. Weitere Details hierzu findet man u.a. bei Mehta & Patel (1995).

6.5.4 Statistische Tests über die Modellparameter

Neben der Schätzung eines Modellparameters der logistischen Regression ist vor allem auch von Interesse, ob ein als potenziell wichtig eingestufter Risikofaktor tatsächlich eine Bedeutung für das Krankheitsgeschehen in einer Zielpopulation hat oder nicht. Dies führt zur Formulierung eines statistischen Testproblems über die Modellparameter. Für jeden in das Modell einbezogenen Risikofaktor lautet dann die Nullhypothese, dass dieser Faktor keinen Einfluss hat. Im Kontext des logistischen Modells bedeutet dies, dass das (wahre) Odds Ratio des betreffenden Faktors den Wert eins besitzt. Das ist wiederum gleichbedeutend damit, dass der entsprechende (wahre) Regressionskoeffizient $b_{j\,Ziel}$ den Wert null hat.

Für ein logistisches Modell mit m potenziellen Risikofaktoren $x^{(j)}$ lautet das Testproblem, wenn der Einfluss des j-ten Faktors geprüft werden soll, demnach

$$H_0: b_{j\,Ziel} = 0 \text{ vs. } H_1: b_{j\,Ziel} \neq 0, j = 1, ..., m.$$

Test vom Wald-Typ über die Modellparameter

Bereits bei der Ermittlung von Konfidenzintervallen konnte ausgenutzt werden, dass ML-Schätzer asymptotisch normalverteilt sind. Dasselbe Prinzip kann auch direkt zur Konstruktion einer Teststatistik über die Modellparameter der logistischen Regression verwendet werden.

Betrachtet man das Quadrat der Schätzgröße und ist diese deutlich von null verschieden, so wird das gegen die Hypothese H_0 sprechen. Als normierte Teststatistik des **Tests vom Wald-Typ für die Regressionsparameter der logistischen Regression** bietet sich daher

$$Z^2_{j\,Studie} = \frac{b^2_{j\,Studie}}{Var_{Studie}(b_{j\,Studie})}, j = 1, ..., m,$$

an, die Hypothese zum Einfluss eines Risikofaktors zu überprüfen. Diese Teststatistik vom Wald-Typ ist unter der Hypothese H_0 asymptotisch χ^2-verteilt mit einem Freiheitsgrad. Damit wird die Hypothese, dass der j-te ins Modell aufgenommene Risikofaktor einen Einfluss ausübt, zum Niveau $(1-\alpha)$ abgelehnt, falls

$$Z^2_{j\,Wald} > \chi^2_{1;\,1-\alpha}, j = 1, ..., m.$$

Beispiel: Das beschriebene Testverfahren wird im Folgenden am Beispiel der Fall-Kontroll-Studie zu beruflichen Risiken des Lungenkrebses vertieft (Modell A). Die ML-Methode liefert sowohl Schätzer $b_{j\,Studie}$ als auch deren Standardfehler (siehe Tab. 6.21), wodurch sich die jeweilige χ^2-Teststatistik nach Wald als Quadrat des Quotienten aus Schätzer und Standardfehler berechnen lässt (Tab. 6.22).

Tab. 6.22:   ML-Schätzer, Standardfehler und Teststatistik nach Wald zum Einfluss der Dauer in Berufen mit vermutlich erhöhtem Lungenkrebsrisiko (Modell A)

Dauer der beruflichen Tätigkeit von über ... bis ... Jahre	Parameter-schätzer $b_{j\,Studie}$	Standard-fehler	$Z^2_{j\,Wald}$	Freiheits-grade	p-Wert
0,5–3	0,2964	0,1837	2,6041	1	0,1066
3–10	0,4082	0,1913	4,5525	1	0,0329
über 10	0,7458	0,1565	22,7211	1	< 0,0001

Wie bereits bei der Berechnung der Konfidenzintervalle deutlich geworden ist, zeigt die Dauer der beruflichen Tätigkeit in einem vermuteten Risikoberuf unterschiedliche Ergebnisse je nach Dauer. Bei einer Dauer bis drei Jahren überschreitet der Wert der Teststatistik den kritischen Wert der χ^2-Verteilung nicht, so dass dieses Ergebnis mit der Verteilung unter der Nullhypothese, dass kein Einfluss vorliegt, im Einklang ist. Der zugehörige p-Wert ist mit 10,66% entsprechend hoch, so dass die Nullhypothese nicht abgelehnt werden kann. Im Gegensatz dazu führt sowohl eine Beschäftigungsdauer über drei bzw. auch über zehn Jahre zu einer Ablehnung der Aussage, dass kein Effekt vorliegt, d.h., es kann hier von einer signifikanten Erhöhung des Lungenkrebsrisikos ausgegangen werden.

Da sich die vorgestellte Form der Teststatistik nur jeweils auf einen zu prüfenden Parameter bezieht, bedarf es bei gleichzeitiger Prüfung mehrerer Parameter einer *Modifizierung dieser Teststatistik*. Dies ist z.B. immer dann von Bedeutung, wenn inhaltlich zusammengehörige Dummy-Variablen nur gemeinsam betrachtet werden sollen.

Werden nicht nur ein Parameter, sondern m' Parameter gleichzeitig getestet (m' ≤ m), d.h., lautet das Testproblem beispielsweise

$$H_0: b_{1\,Ziel} = b_{2\,Ziel} = \ldots = b_{m'\,Ziel} = 0 \text{ vs. } H_1: b_{j\,Ziel} \neq 0, \text{ für ein beliebiges } j = 1, \ldots, m',$$

so ist es sinnvoll, sämtliche zu diesen m' Parametern zugehörigen Varianz- und Kovarianzschätzer bei einer Konstruktion der Teststatistik zu verwenden. Bezeichnet hierzu $Kov_{Studie'}$ den Teil der geschätzten Kovarianzmatrix Kov_{Studie}, der sich nur auf die zu prüfenden m' Parameter bezieht, und fasst man die Schätzwerte der zu prüfenden Parameter zu einem Vektor $b_{Studie'} = (b_{1\,Studie}, \ldots, b_{m'\,Studie})$ zusammen, so erhält man als multiples Analogon zu obiger Teststatistik den Ausdruck

$$Z^2_{1,\ldots,\,m'\,Wald} = \left(b_{1\,Studie}, \ldots, b_{m'\,Studie}\right)^T \cdot \left(Kov_{Studie'}\right)^{-1} \cdot \left(b_{1\,Studie}, \ldots, b_{m'\,Studie}\right).$$

Dieses Produkt aus einem Zeilenvektor, einer inversen Matrix und einem Spaltenvektor bezeichnet somit einen **Test vom Wald-Typ für die gleichzeitige Prüfung von m' Regressionsparametern der logistischen Regression**. Unter der angegebenen Nullhypothese ist diese Größe asymptotisch χ^2-verteilt mit m' Freiheitsgraden. Damit kann die Hypothese, dass sämtliche Parameter gleich null sind, verworfen werden, falls

$$Z^2_{1,\,\ldots,\,m'\,\text{Wald}} > \chi^2_{m';\,1-\alpha}.$$

Beispiel: Bei der Fall-Kontroll-Studie zu beruflichen Risiken des Lungenkrebses hatten wir in Tab. 6.21 und 6.22 bereits Risiken im Modell A überprüft. Hierbei hatten wir jeweils eine Aussage über einen einzelnen Modellparameter getestet, z.B., ob eine Dauer der beruflichen Tätigkeit von über drei bis zehn Jahren zu einer statistisch signifikanten Risikoerhöhung führt. Will man nun eine gesamte Aussage über alle Parameter der Dauer der beruflichen Tätigkeit machen, so müssen sämtliche drei Parameter des Modells gleichzeitig geprüft werden.

Neben den Effektschätzern des Modells $b_{i\,\text{Studie}}$ des Modells sowie deren Standardfehlern (siehe Tab. 6.21) ist es hierzu erforderlich, auch eine Schätzung der Kovarianzmatrix der Schätzer aus dem Modell zu kennen. Diese ist in Tab. 6.23 angegeben.

Tab. 6.23: Kovarianzmatrix der ML-Schätzer im logistischen Regressionsmodell A zum Einfluss der beruflichen Tätigkeit (von über … bis … Jahre) in Berufen mit vermutlich erhöhtem Lungenkrebsrisiko (Modell A)

	Variable 1	Variable 2	Variable 3
Variable 1: 0,5–3	0,03374	0,00358	0,00413
Variable 2: 3–10	0,00358	0,03660	0,00377
Variable 3: über 10	0,00413	0,00377	0,02448

Mit diesen Angaben kann das Matrixprodukt der Teststatistik nach Wald für drei Variablen ermittelt werden durch

$$Z^2_{1,\,2,\,3\,\text{Wald}} = (0{,}2964 \quad 0{,}4082 \quad 0{,}7458) \cdot \begin{pmatrix} 0{,}03374 & 0{,}00358 & 0{,}00413 \\ 0{,}00358 & 0{,}03660 & 0{,}00377 \\ 0{,}00413 & 0{,}00377 & 0{,}02448 \end{pmatrix}^{-1} \cdot \begin{pmatrix} 0{,}2964 \\ 0{,}4082 \\ 0{,}7458 \end{pmatrix}$$

$$= 25{,}76551 > 7{,}815 = \chi^2_{3;\,0{,}95}.$$

Damit kann auch für die gesamte Betrachtung aller Variablen zur Dauer der beruflichen Tätigkeit ein statistisch signifikanter Effekt auf das Risiko an Lungenkrebs zu erkranken ermittelt werden.

Likelihood-Ratio-Test über die Modellparameter

Sind die Schätzwerte für die Parameter der logistischen Regression über ein ML-Verfahren bestimmt worden, so kann dieses Konstruktionsprinzip auch direkt zur Entwicklung eines statistischen Tests genutzt werden. Dazu gehen wir im Folgenden davon aus, dass wir das Testproblem

$$H_0: b_{1\,\text{Ziel}} = 0 \text{ vs. } H_1: b_{1\,\text{Ziel}} \neq 0$$

prüfen, d.h., es ist von Interesse, ob der erste Risikofaktor für das Krankheitsgeschehen bedeutsam ist oder nicht. Trifft nun tatsächlich diese Hypothese H_0 zu, so würde es Sinn machen, nicht mehr das

$$\text{Modell 1: } \text{logit}(P) = a_{\text{Studie}} + b_{1\,\text{Studie}} \cdot x^{(1)} + \ldots + b_{m\,\text{Studie}} \cdot x^{(m)}$$

zu betrachten, sondern ein einfacheres

$$\text{Modell 0: } \text{logit}(P) = a_{\text{Studie}} + b_{2\,\text{Studie}} \cdot x^{(2)} + \ldots + b_{m\,\text{Studie}} \cdot x^{(m)}.$$

Das Testen der obigen Nullhypothese zum ersten Risikofaktor ist also äquivalent mit dem *Vergleich* dieser beiden *hierarchisch ineinander geschachtelten Modelle* (engl. *Nested Models*). Wenn die Hypothese abgelehnt wird, erklärt das ausführlichere Modell 1 die Daten besser. Kann sie nicht verworfen werden, ist das einfachere Modell 0 ebenso gut zur Beschreibung der Daten geeignet wie das ausführliche, da ein Einfluss des ersten Faktors nicht nachgewiesen werden kann.

Zur Entwicklung einer Teststatistik für dieses Testproblem ist es nun sinnvoll, die *Güte eines Modells* über ein Maß zu beschreiben und dann dieses Maß für die Modelle 1 und 0 zu vergleichen. Hierzu kann man das ML-Prinzip nutzen, indem man wiederum die Likelihood-Funktion bzw. deren Logarithmus verwendet. Betrachtet man nämlich diese Funktion an der Stelle der gefundenen Schätzer, d.h. an der Stelle, an der sie das Maximum annimmt, so stellt dies die größte Erklärungswahrscheinlichkeit für das Modell dar, so dass genau diese Größe eine Beschreibung für die Modellgüte darstellt. Der Ausdruck

$$D = -2 \cdot \ell\!\left(a_{\text{Studie}}, b_{1\,\text{Studie}}, \ldots, b_{m\,\text{Studie}}\right)$$

wird dann auch als **Log-Likelihood-Statistik** oder **Deviance** bezeichnet. Bis auf die Normierungskonstante (–2) entspricht D der oben bereits dargestellten Log-Likelihood-Funktion. Je genauer das Modell die Daten beschreibt, umso kleiner wird diese Größe.

Die Deviance kann man sich zur Konstruktion eines Tests für den Modellparameter zunutze machen, indem man die Differenzen von D zwischen dem einfachen und dem ausführlicheren Modell bildet. Bezeichnet D_0 die Deviance im reduzierten Modell 0 und D_1 diejenige im ausführlicheren Modell 1, so ist

$$(D_1 - D_0)$$

als Teststatistik für obiges Testproblem geeignet. Ist diese Differenz nahe null, so kann die Hypothese H_0 nicht verworfen werden, und der getestete Parameter $b_{1\,\text{Ziel}}$ hat keinen zusätzlichen Erklärungswert. Ist die Differenz groß, so spricht dies gegen die Hypothese H_0 und der Parameter $b_{1\,\text{Ziel}}$ ist von Bedeutung.

Gilt die Hypothese H_0, so ist diese Teststatistik asymptotisch χ^2-verteilt mit einem Freiheitsgrad. Damit erhält man als Entscheidung des so genannten **Likelihood-Ratio-Tests für den Regressionsparameter der logistischen Regression** (der Quotient wurde durch Logarithmierung zur Differenz), dass die Nullhypothese H_0 abzulehnen ist, falls

$$(D_1 - D_0) > \chi^2_{1;\,1-\alpha}.$$

Dieses Verfahren ist insofern allgemein gültig, dass jede Form von hierarchischen Modellen 1 vs. 0 geprüft werden kann. Will man dabei nicht nur den Einfluss eines einzelnen Risikofaktors, sondern *gleichzeitig m' Faktoren prüfen*, so ist ein entsprechend reduziertes Modell 0 bzw. eine Deviance D_0 zu ermitteln. Dann ist die Teststatistik unter der Nullhypothese allerdings asymptotisch χ^2-verteilt mit m' Freiheitsgraden und eine Ablehnung der Nullhypothese erfolgt im **Likelihood-Ratio-Test für m' Regressionsparameter der logistischen Regression**, falls

$$\left(D_1 - D_0\right) > \chi^2_{m';1-\alpha} .$$

Diese Form des Likelihood-Ratio-Tests ist immer dann wichtig, wenn man Hypothesen über mehrere Variablen prüfen muss, wie z.B. bei mehreren Dummy-Variablen, die einen nominal skalierten Risikofaktor repräsentieren. Eine solche Prüfung mehrerer Risikofaktoren bekommt aber auch bei der Frage nach dem "besten Modell" bzw. nach dem Modell mit der besten Anpassungsgüte (engl. *Goodness of Fit*) eine Bedeutung. Darauf gehen wir vor dem Hintergrund einer adäquaten epidemiologischen Modellbildung im Abschnitt 1.1 noch näher ein.

Beispiel: Wir wollen auch in diesem Zusammenhang nochmals auf das Beispiel der Fall-Kontroll-Studie zu beruflichen Risiken am Arbeitsplatz zurückkommen. Hier muss nämlich davon ausgegangen werden, dass Beschäftigte in vermuteten Risikoberufen auch Tätigkeiten nachgegangen sein könnten, in denen sie bereits einem gesicherten Kanzerogen, wie z.B. Asbest, ausgesetzt waren. Darüber hinaus ist bekannt, dass Raucher häufiger in so genannten "blue-collar"-Berufen arbeiten, wodurch sie tendenziell auch öfter potenziell gesundheitsschädigenden Schadstoffen ausgesetzt sind. Es kann daher nicht ausgeschlossen werden, dass der gefundene Unterschied zwischen Fällen und Kontrollen zumindest teilweise dem Rauchverhalten oder Asbestexpositionen geschuldet ist. Beide Variablen sind somit als Confounder anzusehen, weshalb die Bewertung des Zusammenhangs zwischen Tätigkeiten in einem vermuteten Risikoberuf und dem Risiko an Lungenkrebs zu erkranken nur unter Berücksichtigung des Rauchverhaltens und etwaiger Asbestbelastungen vorgenommen werden sollte.

Um nun dem Einfluss der Confounder Asbestbelastung und Rauchen Rechnung zu tragen, werden die entsprechenden Variablen als Erweiterung zu Modell A in das logistische Regressionsmodell aufgenommen. Modell B beschreibt die zusätzliche Berücksichtigung einer Variablen $x^{(4)}$, die für eine beruflich bedingte Asbestbelastung (ja/nein) steht, und Modell C die nochmalige Erweiterung des Modells um eine Variable $x^{(5)}$, die das Rauchverhalten des Probanden abbildet. In unserem Beispiel ist das die kontinuierliche Variable Packungsjahre (siehe Abschnitt 6.5.1). Somit ergeben sich die folgenden beiden logistischen Regressionsmodelle:

$$\text{Modell B: logit(P)} = a_{Ziel} + b_{1\,Ziel}\, x^{(1)} + b_{2\,Ziel}\, x^{(2)} + b_{3\,Ziel}\, x^{(3)} + b_{4\,Ziel}\, x^{(4)},$$

$$\text{Modell C: logit(P)} = = a_{Ziel} + b_{1\,Ziel}\, x^{(1)} + b_{2\,Ziel}\, x^{(2)} + b_{3\,Ziel}\, x^{(3)} + b_{4\,Ziel}\, x^{(4)} + b_{5\,Ziel}\, x^{(5)}.$$

Tab. 6.24 zeigt die Ergebnisse der schrittweise um die beiden Confounder erweiterten Modelle. Im Vergleich zu Modell A ergibt sich für die Dummy-Variablen der Expositionsdauern in einem Risikoberuf nach Berücksichtigung einer jemaligen Asbestexposition (Modell B) eine leichte Abschwächung der Parameterschätzer. Durch Transformation mit der Exponentialfunktion lässt sich zudem das geschätzte Risiko für eine jemalige Asbestexposition zu $OR_{4\,Studie} = \exp(0,2804) = 1,32$ bestimmen.

Die Parameterschätzer aus Modell B werden noch mal deutlich reduziert, wenn zusätzlich auch das Rauchverhalten der Studienteilnehmer im Regressionsmodell berücksichtigt wird (Modell C). Hierdurch lässt sich auch das Risiko in Abhängigkeit vom Zigarettenkonsum schätzen. Der Parameterschätzer für die Variable $x^{(5)}$ drückt dabei aus, um das Wievielfache das Erkrankungsrisiko pro gerauchtem Packungsjahr steigt. So ergibt sich beispielsweise für Personen, die 40 Jahre lang täglich zwei Schachteln Zigaretten geraucht haben, was 80 Packungsjahren entspricht, ein geschätztes Risiko von $\exp(80 \cdot 0,0305) = 11,5$ an Lungenkrebs zu erkranken.

Tab. 6.24:   ML-Schätzer und Standardfehler im Modell A und zweier schrittweise um die Confounder Asbest (Modell B) und Rauchen (Modell C) erweiterte logistische Regressionsmodelle zum Lungenkrebsrisiko

	Modell A		Modell B		Modell C	
	Parameter-schätzer $b_{j\,Studie}$	Standard-fehler	Parameter-schätzer $b_{j\,Studie}$	Standard-fehler	Parameter-schätzer $b_{j\,Studie}$	Standard-fehler
Dauer der Tätigkeit in Berufen mit vermutlich erhöhtem Lungenkrebsrisiko von über … bis …. Jahre						
$x^{(1)}$: 0,5–3	0,2964	0,1837	0,2540	0,1854	0,1889	0,2055
$x^{(2)}$: 3–10	0,4082	0,1913	0,3798	0,1921	0,2672	0,2085
$x^{(3)}$: über 10	0,7458	0,1565	0,7256	0,1572	0,6025	0,1717
Asbestbelastung						
$x^{(4)}$: jemals	×	×	0,2804	0,1036	0,2445	0,1137
Zigarettenrauchen (als Packungsjahre PJ)						
$x^{(5)}$: PJ	×	×	×	×	0,0305	0,0029

Die Einflüsse der Risikofaktoren können nun mit Hilfe des Likelihood-Ratio-Tests ermittelt werden. Bezeichne D_0 die Deviance für das Null-Modell (ohne erklärende Einflussvariable) und D_A, D_B bzw. D_C die Deviance für die Modelle A, B und C, so ergeben sich die Werte gemäß Tab. 6.25:

Tab. 6.25:   Deviance und Likelihood-Quotienten-Test im Vergleich dreier Modelle zum Lungenkrebsrisiko

	Null-Modell	Modell A	Modell B	Modell C
Deviance	1163,1	11359	1128,5	973,1
$D_{Modell} - D_0$		272	346	190,0
Freiheitsgrade		3	4	5
p-Wert		< 0,0001	< 0,0001	< 0,0001

Wenig überraschend unterscheiden sich alle drei betrachteten Modelle signifikant vom Null-Modell. Die Zeile $(D_{Modell} - D_0)$ gibt die Prüfgrößen des jeweiligen Likelihood-Quotienten-Tests wieder, der für alle drei Modelle signifikant ist. Mit Blick auf die Güte der Modellanpassung lässt Tab. 6.25 darüber hinaus auch Vergleiche zwischen den Modellen A, B und C zu. So bedeutet beispielsweise die zusätzliche Berücksichtigung der Asbestexposition (Modell B) im Vergleich zu Modell A, dass die Deviance um 7,4 (= 1135,9 – 1128,5) reduziert wird. Da auch diese Differenz asymptotisch χ^2-verteilt ist, lässt sich die Veränderung der Anpassungsgüte zwischen beiden Modellen testen, wobei sich die Anzahl der Freiheitsgrade durch die Differenz der Freiheitsgrade beider Modelle ergibt. In unserem Beispiel ergäbe sich somit für einen solchen Test eine signifikante Verbesserung der Modellanpassung von Modell A zu Modell B, da $7,4 > 3,841 = \chi^2_{0,95}$.

6.5.5   Proportional-Odds-Modelle bei ordinaler Zielvariable

Bislang sind wir davon ausgegangen, dass die Zielvariable binär vorliegt, also z.B. als Krankheit vorhanden oder nicht vorhanden. Häufig können aber feinere Abstufungen der Krankheitsvariable vorgenommen werden, die zudem noch in eine natürliche Ordnung gebracht werden können (siehe auch ordinale Skalen, Anhang S.2).

Beispiel: Alte Menschen, die z.B. in Senioreneinrichtungen betreut werden, werden hinsichtlich ihrer Pflegebedürftigkeit gemäß einer Skala auf drei Stufen (BMG 2011) sowie Pflegestufe 0, dass kein erhöhter Pflegebedarf besteht, eingeschätzt:

– Pflegestufe 0: Es besteht kein erhöhter Pflegebedarf.

– Pflegestufe 1: Erhebliche Pflegebedürftigkeit liegt vor bei einem mindestens einmal täglich erforderlichen Hilfebedarf bei mindestens zwei Verrichtungen aus einem oder mehreren Bereichen der Grundpflege. Zusätzlich wird mehrfach in der Woche Hilfe bei der hauswirtschaftlichen Versorgung benötigt. Zeitaufwand: durchschnittlich mindestens 90 Minuten pro Tag, wobei davon mindestens 45 Minuten für Grundpflege aufgewendet werden müssen.

– Pflegestufe 2: Schwerpflegebedürftigkeit liegt vor bei einem mindestens dreimal täglich zu verschiedenen Tageszeiten erforderlichen Hilfebedarf bei der Grundpflege. Zusätzlich wird mehrfach in der Woche Hilfe bei der hauswirtschaftlichen Versorgung benötigt. Zeitaufwand: durchschnittlich mindestens drei Stunden pro Tag, wobei davon mindestens zwei Stunden für Grundpflege aufgewendet werden müssen.

– Pflegestufe 3: Schwerstpflegebedürftigkeit liegt vor, wenn der Hilfebedarf so groß ist, dass er jederzeit gegeben ist und Tag und Nacht anfällt. Zusätzlich wird mehrfach in der Woche Hilfe bei der hauswirtschaftlichen Versorgung benötigt. Zeitaufwand: durchschnittlich mindestens fünf Stunden pro Tag, wobei davon mindestens vier Stunden für Grundpflege aufgewendet werden müssen.

Das in Abschnitt 1.1 eingeführte logistische Modell kann für eine Zielgröße mit mehr als zwei Ausprägungen nicht direkt verwendet werden und muss daher für solche geordneten *polytomen Krankheitseinstufungen* erweitert werden. Dazu werden in der Literatur verschiedene Ansätze vorgeschlagen (vgl. Rothman & Greenland 1998, Dohoo et al. 2009). Wir werden hier das so genannte **Proportional-Odds-Modell** vorstellen.

Bei diesem Modell betrachtet man eine Anzahl von K geordneten Kategorien für die Zielvariable Krankheit. Da es hier zunächst keine Referenzkategorie gibt, wird die Chance ("Odds") modelliert, in eine Kategorie *größer als eine vorgegebene Kategorie k* zu fallen, in Relation dazu in die *Kategorie k oder kleiner* eingeordnet zu werden. An Abb. 6.5 wird deutlich, dass bei Vorliegen von vier Kategorien die Kategorie 1 mit den Kategorien 2 bis 4, die Kategorien 1 bis 2 mit den Kategorien 3 bis 4 usw. verglichen werden. Dabei wird vorausgesetzt, dass bei einem Vergleich von angrenzenden Kategorien die so entstehenden Odds stets identisch, d.h. proportional sind.

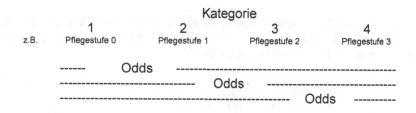

Abb. 6.5:   Odds im Proportional-Odds-Modell (modifiziert nach Dohoo et al. 2009)

Wir bezeichnen im Folgenden mit Y eine polytome Zufallsvariable, deren Kategorien $k = 1, \ldots, K$ geordnet werden können, und mit $\gamma_{k\,\text{Ziel}}$ die kumulative Wahrscheinlichkeit, in eine Kategorie größer als die Kategorie k zu fallen, d.h.

$$\gamma_{k\,\text{Ziel}} = \Pr\left(Y > k\right), k = 1, \ldots, K - 1.$$

Dann betrachtet man den Quotienten

$$\text{Odds}\left(\gamma_{k\,\text{Ziel}}\right) = \frac{\gamma_{k\,\text{Ziel}}}{1 - \gamma_{k\,\text{Ziel}}} = \frac{\Pr\left(Y > k\right)}{\Pr\left(Y \leq k\right)}, k = 1, \ldots, K - 1,$$

und modelliert diesen in Abhängigkeit von möglichen Risikofaktoren. Dazu geht man wieder von einem logistischen Ansatz aus und erhält das **Proportional Odds Modell** als

$$\frac{\gamma_{k\,\text{Ziel}}\left(x^{(1)}, \ldots, x^{(m)}\right)}{1 - \gamma_{k\,\text{Ziel}}\left(x^{(1)}, \ldots, x^{(m)}\right)} = \exp\left(a_{k\,\text{Ziel}} + b_{1\,\text{Ziel}} \cdot x^{(1)} + \ldots + b_{m\,\text{Ziel}} \cdot x^{(m)}\right), k = 1, \ldots, K-1,$$

mit den unbekannten Parametern $a_{1\,\text{Ziel}}, a_{2\,\text{Ziel}}, \ldots, a_{K-1\,\text{Ziel}}, b_{1\,\text{Ziel}}, \ldots, b_{m\,\text{Ziel}}$. Logarithmiert man diese Gleichung wie bei der logistischen Regression, so erhält man wiederum eine Darstellung eines linearen Modells der entsprechenden Logits, d.h.

$$\text{logit}\left(\gamma_{k\,\text{Ziel}}\left(x^{(1)}, \ldots, x^{(m)}\right)\right) = \ln\left(\frac{\gamma_{k\,\text{Ziel}}\left(x^{(1)}, \ldots, x^{(m)}\right)}{1 - \gamma_{k\,\text{Ziel}}\left(x^{(1)}, \ldots, x^{(m)}\right)}\right)$$

$$= \ln\left(\frac{\Pr\left(Y > k \mid \text{Ex}^{(1)} = x^{(1)}, \ldots, \text{Ex}^{(m)} = x^{(m)}\right)}{\Pr\left(Y \leq k \mid \text{Ex}^{(1)} = x^{(1)}, \ldots, \text{Ex}^{(m)} = x^{(m)}\right)}\right)$$

$$= a_{k\,\text{Ziel}} + b_{1\,\text{Ziel}} \cdot x^{(1)} + \ldots + b_{m\,\text{Ziel}} \cdot x^{(m)}.$$

Um die Bezeichnung dieses logistischen Modells für eine polytome Krankheitsvariable als Proportional-Odds-Modell zu verdeutlichen (siehe auch Abb. 6.5), betrachten wir den einfachen Fall, dass wir nur einen Risikofaktor modellieren, d.h.

$$\frac{\gamma_{k\,\text{Ziel}}(x)}{1 - \gamma_{k\,\text{Ziel}}(x)} = \frac{\Pr(Y > k \mid \text{Ex} = x)}{\Pr(Y \leq k \mid \text{Ex} = x)}.$$

Ähnlich wie beim Odds Ratio setzen wir nun die Chance, in eine bestimmte Krankheitskategorie eingestuft zu werden für zwei Expositionskategorien, z.B., eine Referenz x_1 und eine zweite Kategorie x_2, ins Verhältnis. Damit erhält man:

$$\frac{\gamma_{k\,Ziel}(x_1)\big/\big(1-\gamma_{k\,Ziel}(x_1)\big)}{\gamma_{k\,Ziel}(x_2)\big/\big(1-\gamma_{k\,Ziel}(x_2)\big)} = \frac{\exp\big(a_{k\,Ziel}+b_{Ziel}\cdot x_1\big)}{\exp\big(a_{k\,Ziel}+b_{Ziel}\cdot x_2\big)} = \exp\big[(x_1-x_2)\cdot b_{Ziel}\big].$$

Man sieht, dass dieser Quotient nur noch von der Differenz der Ausprägungen des Risikofaktors abhängt und nicht mehr von der entsprechenden Krankheitseinstufung.

Beispiel: Körperliche Bewegung spielt bekanntermaßen eine große Rolle bei der Prävention, aber auch bei der Therapie von Erkrankungen. Ebenso trägt sie zu einer Verbesserung der Lebensqualität und zu einer Steigerung der Autonomie im Leben alter Menschen bei. Aus diesem Grund wurde von der Sporthochschule Köln ein Bewegungsprogramm speziell für alte Menschen entwickelt, das dem gezielten Muskelaufbau und der Verbesserung der Koordination dienen soll. Dieses Bewegungsprogramm "Fit für 100" wird den Senioren und Seniorinnen in einigen Einrichtungen der Bremer Heimstiftung angeboten. Zur Evaluation des Programms kann ein Proportional-Odds-Modell zur Anwendung kommen.

Bezeichne Y nun die Pflegestufe, die bereits oben als polytome Ereignisvariable eingeführt worden ist. Zudem sei Ex die Indikatorvariable für die Teilnahme an dem Bewegungsprogramm mit Ex=1 bei erfolgter Teilnahme und Ex=0 bei Nichtteilnahme. Von Interesse ist es etwa zu untersuchen, ob die Chance für die Einstufung in eine höhere Pflegestufe bei Teilnahme an "Fit für 100" sinkt.

Dazu kann man das Proportional-Odds-Modell heranziehen mit:

$$\frac{\gamma_{k\,Ziel}(1)\big/\big(1-\gamma_{k\,Ziel}(1)\big)}{\gamma_{k\,Ziel}(0)\big/\big(1-\gamma_{k\,Ziel}(0)\big)} = \frac{\exp\big(a_{k\,Ziel}+b_{Ziel}\cdot 1\big)}{\exp\big(a_{k\,Ziel}+b_{Ziel}\cdot 0\big)} = \exp\big[(1-0)\cdot b_{Ziel}\big] = \exp\big(b_{Ziel}\big),$$

wobei k für die entsprechende Pflegestufe steht.

Ergäbe sich nach Durchführung der Evaluationsstudie ein Schätzer für b_{Ziel}, der kleiner ist als null, so wäre dies ein Hinweis darauf, dass die Teilnahme an "Fit für 100" zu einer Verringerung des Risikos führt, in eine höhere Pflegestufe eingestuft zu werden, unabhängig davon, in welcher Pflegestufe man sich bereits befindet.

Allgemein muss bei der Interpretation des Schätzers von b_{Ziel} in Bezug auf eine Verschlechterung oder Verbesserung der Krankheit (hier der Pflegestufe) sorgfältig darauf geachtet werden, wie die Kategorien der Krankheitseinstufung definiert sind, also ob ein höherer Wert von k eine Verschlechterung oder eine Verbesserung bedeutet.

Die Proportional-Odds-Modelle werden an dieser Stelle nicht weiter vertieft, denn grundsätzlich lassen sich die Methoden, die für die logistische Regression in Abschnitt 1.1 vorgestellt wurden, auf Proportional-Odds-Modelle übertragen.

6.6   Poisson-Regression

Wir haben bereits mit der logistischen Regression ein Regressionsmodell kennen gelernt, das von großer Bedeutung für die Auswertung epidemiologischer Studien ist. In diesem Modell wird nicht die Zielvariable (Krankheit ja/nein) selbst modelliert, sondern der Logit der Wahrscheinlichkeit, dass die Krankheit unter der gegebenen Risikofaktorkonstellation auftritt (siehe dazu Abschnitt 1.1). Die Modellgleichung für den logit(P) ergibt sich dann als diejenige eines linearen Regressionsmodells.

Um die Ätiologie einer Erkrankung zu beschreiben, kann man in Kohortenstudien alternativ zur Betrachtung der Krankheitswahrscheinlichkeit auch die Anzahl der Neuerkrankungen in einer bestimmten Zeitperiode oder die entsprechenden Häufigkeiten in einer Kontingenztafel modellieren. Dabei bietet es sich an, diese Anzahlen als Poisson-verteilt anzunehmen, da für die meisten Krankheiten eher geringe Anzahlen von Neuerkrankungen zu erwarten sind und die Poisson-Verteilung speziell zur Modellierung seltener Ereignisse geeignet ist.

Die Argumentation kann auch bei der Herleitung von Schätzern für Inzidenzdichten ID entsprechend zur Anwendung kommen, denn häufig kann man davon ausgehen, dass die Anzahl der inzidenten Ereignisse gering und die Summe der Zeiten unter Risiko in einer Studienpopulation groß ist, so dass man die aus der Studienpopulation geschätzten Hazardraten mittels eines Poisson-Modells angeben kann. Dies bedeutet dann, dass man die Inzidenzdichte als Ereignisrate einer Poisson-Verteilung interpretieren kann (siehe Anhang S.3.3.1).

6.6.1   Das Poisson-Modell

Im Folgenden werden also die Anzahlen von Neuerkrankungen Y in einer bestimmten Zeitperiode Δ in Abhängigkeit von einer möglichen Einflussvariable Ex modelliert. Dabei soll angenommen werden, dass die Zeitperiode Δ die Länge 1 hat, so dass wir sie bei der Modellierung nicht berücksichtigen müssen. Bezeichne κ_{Ziel} den Erwartungswert der Poisson-verteilten Zufallsvariable Y und damit die erwartete Anzahl von Neuerkrankungen, so lautet das **log-lineare Poisson-Modell** bei alleiniger Berücksichtigung der Einflussvariable Ex=x:

$$\kappa_{Ziel}(x) = \exp(a_{Ziel} + b_{Ziel} \cdot x) = \exp(a_{Ziel}) \cdot \exp(b_{Ziel} \cdot x) \text{ bzw.}$$

$$\ln(\kappa_{Ziel}(x)) = a_{Ziel} + b_{Ziel} \cdot x \,.$$

Bei dieser Modellgleichung wird deutlich, dass der *Risikofaktor* in der Poisson-Regression einen *exponentiellen Einfluss* auf die erwartete Anzahl von Neuerkrankungen hat.

Beispiel: Tab. 6.26 beschreibt das Auftreten neuer Fälle von Diabetes Mellitus Typ 1 unter Kindern und Jugendlichen in der Stadt Bremen von 1999 bis 2007. Man erkennt an den Daten leicht, dass es sich bei dem Auftreten von Diabetes Mellitus Typ 1 unter Kindern und Jugendlichen um ein sehr seltenes Ereignis handelt, so dass wir von einer Poisson-Verteilung dieser jährlichen Anzahlen ausgehen können.

Tab. 6.26:   Inzidente Fälle von Diabetes Mellitus Typ 1 unter Kindern und Jugendlichen in Bremen von 1999 bis 2007[*]

Jahr	1999	2000	2001	2002	2003	2004	2005	2006	2007
Fälle	16	11	14	16	19	18	17	19	17

[*] Die Daten wurden uns von W. Marg, Prof. Hess Kinderklinik des Klinikums Bremen Mitte, zur Verfügung gestellt

Um zu untersuchen, ob ein zeitlicher Trend in der Inzidenz vorliegt, kann man ein log-lineares Poisson-Modell mit der erklärenden Variable Ex = Jahr aufstellen. Hierbei wird 1999 als Basisjahr gewählt und gleich null gesetzt. Die anderen Jahre 2000 bis 2007 gehen als Variablenwerte x = 1, …, 8 in das Modell ein. Bezeichne $\kappa_{Ziel}(x)$ nun die unter dem Modell erwartete Anzahl inzidenter Fälle pro Jahr x, so betrachtet man das folgende Modell:

$$\ln(\kappa_{Ziel}(x)) = a_{Ziel} + b_{Ziel} \cdot x.$$

Durch die Wahl von 1999 als Basisjahr gibt $\exp(a_{Ziel})$ gerade die unter dem Modell geschätzte Anzahl Neuerkrankungen in 1999 an, während b_{Ziel} den jährlichen, linearen Trend auf der logarithmischen Skala darstellt. Entsprechend ist $\exp(b_{Ziel})$ die jährliche Veränderungsrate.

Variablencodierung

Wie im logistischen Modell können auch im Poisson-Modell sowohl stetige als auch kategorielle Variablen behandelt werden. Um mit kategoriellen Variablen arbeiten zu können, müssen diese zunächst in Zahlenwerte transformiert werden. Dazu arbeiten wir auch hier typischerweise mit einer Dummy-Codierung.

Beispiel: Kommen wir dazu auf das Beispiel von oben zurück, in dem wir das Diagnosejahr als metrische Variable in das Modell aufgenommen haben. Eine andere Möglichkeit der Parametrisierung ergibt sich, indem man Ex = Jahr als kategorielle Variable auffasst und für die einzelnen Ausprägungen jeweils einen eigenen Parameter in das Modell aufnimmt. Diese Parametrisierung führt hier zu einem Modell, das so viele Parameter wie Beobachtungen enthält und daher – im Gegensatz zu obigem log-linearen Trend-Modell – eine perfekte Anpassung des Modells an die Daten liefert.

Für die Dummy-Codierung der nun als kategoriell aufgefassten Variable "Jahr" wählt man das Jahr 1999 als Referenzjahr. Für die anderen Jahre gilt (vgl. auch das entsprechende Beispiel zur logistischen Regression):

$$x^{(2)} = \begin{cases} 1, & \text{falls Diagnosejahr 2000} \\ 0, & \text{falls Diagnosejahr nicht 2000} \end{cases}, x^{(3)} = \begin{cases} 1, & \text{falls Diagnosejahr 2001} \\ 0, & \text{falls Diagnosejahr nicht 2001} \end{cases}$$

usw. bis zum Jahr 2007.

Die Modellgleichung des log-linearen Poisson-Modells für den Faktor Jahr erhält man dann mit Hilfe von acht Dummy-Variablen als

$$\ln(\kappa_{Ziel}(x)) = a_{Ziel} + b_{2\,Ziel} \cdot x^{(2)} + … + b_{8\,Ziel} \cdot x^{(8)} + b_{9\,Ziel} \cdot x^{(9)},$$

wobei $x = (x^{(1)}, …, x^{(9)})$ und $x^{(i)} = 0, 1, i = 2, …, 9$.

Auch hier stellt $\exp(a_{Ziel})$ die unter dem Modell erwartete Anzahl neuer Fälle in 1999 dar, während $\exp(b_{i\,Ziel})$ die relativen Veränderungen in jedem Diagnosejahr gegenüber dem Referenzjahr 1999 angibt für $i = 2, …, 9$. Diese relativen Veränderungen werden auch als Rate Ratios oder Ratenquotienten bezeichnet.

Poisson-Modell mit mehreren Risikofaktoren

Will man analog zum logistischen Modell mehrere Einflussfaktoren $Ex = (Ex^{(1)}, …, Ex^{(m)})$ im Modell berücksichtigen, so lässt sich dies leicht umsetzen, indem man analog zu obigem

Beispiel für jeden Einflussfaktor einen entsprechenden Term in die obigen Modellgleichungen wie folgt aufnimmt:

$$\kappa_{Ziel}(x) = \exp(a_{Ziel} + b_{1\,Ziel} \cdot x^{(1)} + b_{2\,Ziel} \cdot x^{(2)} + \ldots + b_{m\,Ziel} \cdot x^{(m)})$$

$$= \exp(a_{Ziel}) \cdot \exp(b_{1\,Ziel} \cdot x^{(1)}) \cdot \exp(b_{2\,Ziel} \cdot x^{(2)}) \cdot \ldots \cdot \exp(b_{m\,Ziel} \cdot x^{(m)})$$

bzw.

$$\ln(\kappa_{Ziel}(x)) = a_{Ziel} + b_{1\,Ziel} \cdot x^{(1)} + b_{2\,Ziel} \cdot x^{(2)} + \ldots + b_{m\,Ziel} \cdot x^{(m)}$$

$$= a_{Ziel} + \sum_{j=1}^{m} b_{j\,Ziel} \cdot x^{(j)}.$$

Die letzte Gleichung der **multiplen log-linearen Poisson-Regression** verdeutlicht noch einmal, dass in diesem Modell der logarithmierte Erwartungswert einer Poisson-verteilten Zufallsvariable Y als lineare Funktion möglicher Risikofaktoren dargestellt wird. Dies erklärt auch den Namen log-lineares Poisson-Modell.

Beispiel: Die in Tab. 6.26 dargestellten Daten stellen lediglich einen Teilaspekt des Datensatzes der jugendlichen Typ 1 Diabetiker dar. Tatsächlich umfasst der Datensatz Angaben zu Neuerkrankungen, aufgeteilt nach Geschlecht, Altersgruppe bei Manifestation (0: 0–5 Jahre, 1: 5–10 Jahre, 2: 10–15 Jahre, 3: 15–18 Jahre) und Jahr der Diagnosestellung. Will man nun unter Berücksichtigung dieser drei Variablen ein log-lineares Modell für die erwartete Anzahl neu auftretender Fälle pro Jahr aufstellen, müssen diese Variablen zunächst geeignet codiert werden.

– Das Diagnosejahr wird dazu erneut als kategorielle Variable betrachtet und, wie oben bereits beschrieben, mit dem Referenzjahr 1999 und den Dummy-Variablen $ExJ^{(i)}$, $i = 2, \ldots, 9$, codiert.

– Die vier Altersgruppen bei Manifestation werden analog zum Diagnosejahr als Dummy-Variablen codiert mit der ersten Alterskategorie als Referenzkategorie. Die verbleibenden Altersgruppen werden codiert als $ExA^{(j)}$, $j = 2, 3, 4$, mit z.B.

$$x_A^{(2)} = \begin{cases} 1, \text{ falls Manifestation im Alter von 5 bis 9 Jahren auftrat} \\ 0, \text{ falls Manifestation nicht im Alter von 5 bis 9 Jahren auftrat.} \end{cases}$$

– Das Geschlecht ExG ist eine dichotome Variable, die mit 0 und 1 codiert wird, wobei $x_G = 1$, falls es sich um einen Jungen handelt.

Mit diesen Festlegungen erhält man folgendes Modell:

$$\ln(\kappa_{ijh\,Ziel}(x)) = a_{Ziel} + b_{J\,i\,Ziel} \cdot x_J^{(i)} + b_{A\,j\,Ziel} \cdot x_A^{(j)} + b_{G\,h\,Ziel} \cdot x_G^{(h)}, \quad i = 1, \ldots, 9, j = 1, \ldots, 4, h = 1, 2.$$

Dabei bezeichnen der Index i das Jahr, der Index j die Altersgruppe bei Manifestation und der Index h = 1 (weiblich), 2 (männlich) das Geschlecht. Der Index ijh gibt somit an, welche Merkmalskombination betrachtet wird. So ist $\kappa_{112\,Ziel}$ die erwartete Anzahl von Neuerkrankungen für 0- bis 5-jährige Jungen im Diagnosejahr 1999.

In diesem Modell beschreibt $\exp(a_{Ziel})$ die Inzidenzrate in der Referenzkategorie, die aufgrund der gewählten Kategorisierung aus den im Jahr 1999 neu diagnostizierten Mädchen im Alter von 0 bis 4 Jahren besteht. Die Größen $\exp(b_{J\,i\,Ziel})$, $i = 2, \ldots, 9$, $\exp(b_{A\,i\,Ziel})$, $j = 2, 3, 4$ und $\exp(b_{G\,2\,Ziel})$ spiegeln die entsprechenden jährlichen Veränderungen wider. So bezeichnen

$$\exp(b_{J\,i\,Ziel}), i = 2, \ldots, 9$$

gerade die jährlichen Veränderungen gegenüber dem Referenzjahr 1999 bei gegebenem Geschlecht und Altersgruppe.

6.6.2 Likelihood-Funktion und Maximum-Likelihood-Schätzer der Modellparameter

Analog zur logistischen Regression lassen sich auch in diesem Modell Schätzer für die Parameter $(a_{Ziel}, b_{1\,Ziel}, \ldots, b_{m\,Ziel})$ mit Hilfe der Maximum-Likelihood-Methode bestimmen. Dazu muss zunächst die Likelihood-Funktion aufgestellt werden. Betrachten wir dazu die Definition einer Poisson-Verteilung. Es gilt für die Wahrscheinlichkeit einer Poisson-verteilten Zufallsvariable Y, dass k Neuerkrankungen, $k = 0, 1, 2, \ldots$, in einer Periode Δ auftreten, wobei wir der Einfachheit halber $\Delta = 1$ annehmen (siehe auch Anhang S.3.3.1):

$$\Pr(Y = k) = \exp(-\kappa_{Ziel}) \cdot \frac{\kappa_{Ziel}^{k}}{k!}, k = 0, 1, 2, \ldots$$

Mit Hilfe dieser Wahrscheinlichkeit kann die gemeinsame Likelihood-Funktion aufgestellt werden, so dass die Maximum-Likelihood-Schätzer des entsprechenden Modells durch Maximierung der Likelihood-Funktion oder einfacher durch Maximierung der Log-Likelihood-Funktion ermittelt werden können. Wie im logistischen Regressionsmodell lässt sich diese Maximierungsaufgabe nicht mehr explizit lösen, so dass auch hier numerische Verfahren eingesetzt werden müssen. Die resultierenden Schätzer bezeichnen wir mit a_{Studie}, $b_{1\,Studie}$, $\ldots$, $b_{m\,Studie}$.

Setzt man diese ML-Schätzer in das obige Poisson-Modell ein, so erhält man die geschätzte erwartete Anzahl von Neuerkrankungen als:

$$\kappa_{Studie}(x) = \exp(a_{Studie}) \cdot \exp(b_{1\,Studie} \cdot x^{(1)}) \cdot \exp(b_{2\,Studie} \cdot x^{(2)}) \cdot \ldots \cdot \exp(b_{m\,Studie} \cdot x^{(m)}).$$

Beispiel: Kommen wir nun noch einmal auf das einfache log-lineare Poisson-Modell für die inzidenten Fälle an Diabetes Mellitus Typ 1 zurück, in dem wir das Diagnosejahr als einzige Variable stetig aufgenommen haben. Hier ergibt sich a_{Studie} als 2,642 und b_{Studie} als 0,037.

Damit schätzen wir mit diesem Modell die Anzahl an Neuerkrankungen in 1999 mit $\exp(2,642) = 14,041$ im Vergleich zu der beobachteten Anzahl von 16. Zudem schätzen wir die jährliche Veränderungsrate als $\exp(0,037) = 1,038$, also auf knapp 4%.

6.6.3   Asymptotische Konfidenzintervalle für die Parameter des Poisson-Modells

Nachdem mit Hilfe der Maximum-Likelihood-Methode die Parameter des Poisson-Modells geschätzt wurden, werden im nächsten Schritt Konfidenzintervalle angegeben. Dazu wird ausgenutzt, dass ML-Schätzer asymptotisch normalverteilt sind. Um nun das Verfahren aus Anhang S.4.3 zur Bestimmung asymptotischer Konfidenzintervalle anwenden zu können, benötigt man eine Schätzung der asymptotischen Varianzen der ML-Schätzer a_{Studie}, $b_{1\,Studie}$, ..., $b_{m\,Studie}$. Diese ergeben sich wie bei der logistischen Regression als Lösung eines numerischen Verfahrens. Die geschätzten asymptotischen Varianzen seien auch hier bezeichnet mit $Var_{Studie}(a_{Studie})$ bzw. $Var_{Studie}(b_{j\,Studie})$, $j = 1, ..., m$, woraus sich die **approximativen (1−α)-Konfidenzintervalle für die Parameter der log-linearen Poisson-Regression** näherungsweise ermitteln lassen als:

$$KI\left(a_{Ziel}\right) = \left[a_{Studie} \pm u_{1-\alpha/2} \cdot \sqrt{Var_{Studie}\left(a_{Studie}\right)}\right] \quad \text{bzw.}$$

$$KI\left(b_{j\,Ziel}\right) = \left[b_{j\,Studie} \pm u_{1-\alpha/2} \cdot \sqrt{Var_{Studie}\left(b_{j\,Studie}\right)}\right], \quad j = 1, ..., m,$$

(siehe dazu auch Abschnitt 6.5.3).

Hierbei sei erneut darauf hingewiesen, dass es sich bei dem hier vorgestellten Ansatz zur Bestimmung eines Konfidenzintervalls um ein asymptotisches Verfahren handelt, dessen Anwendung nur bei einem hinreichend großen Stichprobenumfang gerechtfertigt ist.

Beispiel: Für die Parameter a_{Ziel} und b_{Ziel} im einfachen log-linearen Poisson-Modell mit Diagnosejahr als stetiger Einflussvariable sollen nun die approximativen 95%-Konfidenzintervalle bestimmt werden. Mit den ML-Schätzern a_{Studie}=2,642 und b_{Studie}=0,037 und den geschätzten Standardabweichungen, die sich hier ergeben als:

$$\sqrt{Var_{Studie}\left(a_{Studie}\right)} = 0,1590 \text{ bzw. } \sqrt{Var_{Studie}\left(b_{Studie}\right)} = 0,0320,$$

erhält man

$$95\%\text{-KI}(a_{Ziel}) = [2,330; 2,953] \text{ bzw. } 95\%\text{-KI}(b_{Ziel}) = [-0.026; 0,100].$$

Durch Anwendung der Exponentialfunktion auf die Grenzen dieser Konfidenzintervalle ergeben sich entsprechende approximative 95%-Konfidenzintervalle für $\exp(a_{Ziel})$ und $\exp(b_{Ziel})$ als:

$$95\%\text{-KI}(\exp(a_{Ziel})) = [10,278; 19,163] \text{ und } 95\%\text{-KI}(\exp(b_{Ziel})) = [0,974; 1,105].$$

6.6.4   Statistische Tests über die Parameter des Poisson-Modells

Soll analog zum logistischen Regressionsmodell geprüft werden, ob ein bestimmter Expositionsfaktor Einfluss auf die erwartete Anzahl von Neuerkrankungen in der Zielpopulation hat, so führt diese Frage zu einem statistischen Testproblem über den entsprechenden Modellparameter. Die Nullhypothese bedeutet auch hier, dass dieser Faktor keinen Einfluss hat, das zugehörige $b_{j\,Ziel}$ also null ist.

Für ein log-lineares Poisson-Modell mit m potenziellen Risikofaktoren $Ex^{(j)}$ lautet das Testproblem, wenn der Einfluss des j-ten Faktors geprüft werden soll, demnach

$$H_0: b_{j\,Ziel} = 0 \text{ vs. } H_1: b_{j\,Ziel} \neq 0, j = 1, ..., m.$$

Aufgrund der *Analogie zwischen einem (1–α)-Konfidenzintervall und einem statistischen Test zum Niveau α* kann die obige Nullhypothese getestet werden, indem man überprüft, ob der Wert null im Konfidenzintervall für $b_{j\,Ziel}$ (siehe Abschnitt 6.6.3) enthalten ist oder nicht. Überdeckt das (1–α)-Konfidenzintervall für $b_{j\,Ziel}$ die Null, so kann die Nullhypothese, dass der j-te Faktor keinen Einfluss hat, nicht verworfen werden. Ist die Null nicht in dem Konfidenzintervall enthalten, so kann man schließen, dass der j-te Faktor einen zum Niveau α statistisch signifikanten Einfluss hat.

Der statistische Test lässt sich auch analog zu dem in Abschnitt 6.5.4 vorgestellten **Test vom Wald-Typ** durchführen. Die Nullhypothese kann verworfen werden, d.h., falls

$$Z^2_{j\,Wald} > \chi^2_{1;\,1-\alpha}, j = 1, ..., m,$$

wobei

$$Z^2_{j\,Wald} = \frac{b^2_{j\,Studie}}{Var_{Studie}(b_{j\,Studie})}, j = 1, ..., m.$$

Weitere Verfahren z.B. zur simultanen Überprüfung, ob m' Risikofaktoren mit m' ≤ m Einfluss haben, also zur Überprüfung von $H_0: b_{1\,Ziel} = b_{2\,Ziel} = ... = b_{m'\,Ziel} = 0$, und auch Likelihood-basierte Tests werden hier nicht weiter diskutiert, da ihr Grundprinzip bereits in Abschnitt 6.5.4 ausführlich behandelt wurde und dieses sich direkt auf die zu testenden Parameter im Poisson-Modell übertragen lässt.

Beispiel: Wir haben bereits an dem 95%-Konfidenzintervall für b_{Ziel} gesehen, dass es den Wert null überdeckt, was bedeutet, dass wir keinen signifikanten Einfluss des stetig modellierten Diagnosejahrs auf die erwartete Anzahl an Neuerkrankungen nachweisen können.

Der Vollständigkeit halber wird im Folgenden das Testproblem auf Basis des einfachen log-linearen Poisson-Modells anhand des Wald-Tests untersucht. Hierzu wird die Teststatistik berechnet und mit dem 95%-Quantil einer χ^2-Verteilung mit einem Freiheitsgrad verglichen, d.h.

$$Z^2_{Wald} = \frac{b^2_{Studie}}{Var_{Studie}(b_{Studie})} = \frac{0,037^2}{0,001} = 1,337 < 3,842 = \chi^2_{1;\,0,95}.$$

Hier kann die Nullhypothese somit nicht verworfen werden, d.h., wir können nicht von einem signifikanten Jahreseinfluss auf die erwartete Anzahl der Neuerkrankungen ausgehen.

6.6.5   Das Poisson-Modell unter Berücksichtigung der Zeiten unter Risiko

Die Analysen zu dem obigen Beispiel wurden unter der hier sicherlich plausiblen Annahme durchgeführt, dass die unter Risiko stehende Bevölkerung im betrachteten Zeitraum als relativ konstant angesehen werden kann. Diese Situation ist für epidemiologische Anwendungen eher untypisch. In Berufskohorten etwa sind unterschiedlich große Gruppen von Arbeitern in den verschiedenen Berufsfeldern tätig; zudem variiert die individuelle Tätigkeitsdauer in den einzelnen Feldern. Die Berücksichtigung der zusammengetragenen Personenzeit ist dann der Schlüssel, um sinnvolle Maßzahlen für Morbidität und Mortalität zu erstellen, und führt zu dem Konzept der Inzidenzdichte bzw. -rate (siehe Abschnitt 6.2.1).

Um die verschiedenen Personenzeiten in einem Poisson-Modell adäquat berücksichtigen zu können, bietet es sich an, die gesamte Kohorte in Subkohorten einzuteilen, die sich durch entsprechende Kategorisierungen der Einflussvariablen ergeben. Nehmen wir z.B. an, dass wir die eine Einflussvariable (z.B. die interessierende Exposition) in s Kategorien und eine zweite (z.B. einen möglichen Confounder) in r Kategorien einteilen und dass wir für jede Kombination die Anzahl der neu aufgetretenen Fälle und die entsprechenden Personenzeiten erfassen. Diese Angaben lassen sich dann wie in Tab. 6.27 in einer Kontingenztafel anordnen.

Tab. 6.27: Inzidente Fälle und zugehörige Personenzeiten der interessierenden Krankheit in einer Kohortenstudie, aufgebrochen nach Exposition und Confounder

| Confounder C | | Exposition E | | | | |
		1	2	...	s	Summe
1	Fälle	n_{11}	n_{12}	...	n_{1s}	$n_{1.}$
	Personenzeit	Δt_{11}	Δt_{12}	...	Δt_{1s}	$\Delta t_{1.}$
2	Fälle	n_{21}	n_{22}	...	n_{2s}	$n_{2.}$
	Personenzeit	Δt_{21}	Δt_{22}	...	Δt_{2s}	$\Delta t_{2.}$
⋮		⋮	⋮	...	⋮	⋮
r	Fälle	n_{r1}	n_{r2}	...	n_{rs}	$n_{r.}$
	Personenzeit	Δt_{r1}	Δt_{r2}	...	Δt_{rs}	$\Delta t_{r.}$
Summe	Fälle	$n_{.1}$	$n_{.2}$	...	$n_{.s}$	$n_{..}$
	Personenzeit	$\Delta t_{.1}$	$\Delta t_{.2}$	...	$\Delta t_{.s}$	$P\Delta$

Aus den einzelnen Zellen dieser Kontingenztafel lassen sich unmittelbar Inzidenzraten $\lambda_{ij\,Ziel}$ schätzen. Bezeichnen n_{ij} und Δt_{ij} die aufgetretenen Fälle und Personenzeiten, so erhält man als **Schätzer für die Inzidenzraten**:

$$\lambda_{ij\,Studie} = \frac{n_{ij}}{\Delta t_{ij}}, i = 1, \ldots, r, j = 1, \ldots, s \,.$$

Ziel der Poisson-Regression ist es nun jedoch, wie bei jeder Regressionsanalyse, eine Modellierung durchzuführen, die Rückschlüsse auf die die Inzidenz beeinflussenden Faktoren erlaubt und zudem die Daten adäquat beschreibt.

Die jeder Zelle zugrunde liegende Personenzeit wird in der Poisson-Regression berücksichtigt, indem sie als so genannter **Offset** in das Modell aufgenommen wird. Ein Offset ist eine Variable, deren Regressionskoeffizient konstant gleich eins gesetzt wird. Die Einflussgrößen können z.B. über eine Dummy-Codierung in das Modell aufgenommen werden, wobei jeweils die erste Kategorie als Referenzkategorie verwendet wird. Damit erhält man das folgende Modell:

$$\ln(\lambda_{ij\,Ziel}(x)) = a_{Ziel} + b_{E\,j\,Ziel} \cdot x_E^{(j)} + b_{C\,i\,Ziel} \cdot x_C^{(i)} + \ln(\Delta t_{ij}), \; i = 1, \dots, r, \; j = 1, \dots, s,$$

mit $b_{E\,1\,Ziel} = b_{C\,1\,Ziel} = 0$. Will man in diesem Modell die ML-Schätzer der Regressionskoeffizienten bestimmen, so geht man prinzipiell genauso wie im einfacheren Modell vor, jedoch muss die Personenzeit in der Verteilung der Y_{ij} berücksichtigt werden. Die Poisson-Verteilung lautet dann:

$$\Pr(Y_{ij} = k) = \exp(-\lambda_{ij\,Ziel} \cdot \Delta t_{ij}) \frac{(\lambda_{ij\,Ziel}\Delta t_{ij})^k}{k!}, k = 0, 1, 2, \dots$$

Ebenso lassen sich für das obige Modell approximative $(1-\alpha)$-Konfidenzintervalle für die Regressionskoeffizienten und die Wald-Teststatistiken bestimmen.

Beispiel: Wie bereits erwähnt, finden sich neben dem Diagnosejahr in Tab. 6.26 zusätzlich Angaben zu Neuerkrankungen nach Geschlecht und zur Altersgruppe bei Manifestation in den Daten. Des Weiteren stehen auch die entsprechenden Personenzeiten zur Verfügung. Diese Angaben zur Anzahl der Fälle und Personenzeit (in Jahren) sind in Tab. 6.28 zusammengefasst.

Tab. 6.28: Inzidente Fälle und zugehörige Personenzeiten von Diabetes Mellitus Typ 1 unter Kindern und Jugendlichen in Bremen von 1999 bis 2007, nach Geschlecht und Altersgruppe bei Manifestation

		Altersgruppe								
		Mädchen				Jungen				
Jahr		0	1	2	3	0	1	2	3	Summe
1999	Fälle	2	4	1	0	2	0	6	1	16
	Pers.zeit	12.006	12.005	12.163	7.297	12.723	12.759	12.584	7.393	88.930
2000	Fälle	0	2	3	0	3	1	1	1	11
	Pers.zeit	11.891	11.868	12.325	7.102	12.650	12.521	12.891	7.286	88.534
2001	Fälle	0	4	1	0	0	3	5	1	14
	Pers.zeit	11.777	11.796	12.412	7.154	12.410	12.495	13.110	7.352	88.506
2002	Fälle	2	4	0	1	1	5	3	0	16
	Pers.zeit	11.489	11.808	12.398	7.389	12.066	12.594	13.222	7.645	88.611
2003	Fälle	0	2	5	0	4	5	2	1	19
	Pers.zeit	11.231	11.766	12.232	7.628	11.828	12.552	13.019	7.911	88.167
2004	Fälle	1	2	4	0	4	0	5	2	18
	Pers.zeit	10.961	11.680	11.982	7.801	11.568	12.507	12.847	7.993	87.339
2005	Fälle	2	4	4	1	1	1	4	0	17
	Pers.zeit	10.645	11.621	11.918	7.756	11.441	12.412	12.556	8.088	86.437
2006	Fälle	0	4	2	0	3	3	6	1	19
	Pers.zeit	10.401	11.410	11.781	7.606	11.402	12.095	12.431	8.094	85.220
2007	Fälle	2	4	1	1	3	1	3	2	17
	Pers.zeit	10.539	11.070	11.655	7.454	11.403	11.650	12.445	8.038	84.254
Summe	Fälle	9	30	21	3	21	19	35	9	147
	Pers.zeit	100.940	105.024	108.866	67.187	107.491	111.585	115.105	69.800	785.998

Hier sind also drei Einflussgrößen zu berücksichtigen und das obige Modell entsprechend zu erweitern. Im Folgenden bezeichnen der Index i = 1, 2, ..., 9 das Jahr, der Index j = 1, 2, 3, 4 die Altersgruppe bei Manifestation und der Index h = 1 (weiblich), 2 (männlich) das Geschlecht. Bezeichnen hier n_{ijh} und Δt_{ijh} wie in Tab. 6.27 die aufgetretenen Fälle und Personenzeiten, so berechnet sich etwa die Inzidenzrate für 5- bis 9-jährige (j = 2) Mädchen (h = 1) im Diagnosejahr 1999 (i = 1) als

$$\lambda_{121\,Studie} = \frac{4}{12005} = 0,00033 \,,$$

d.h., die geschätzte Anzahl von Neuerkrankungen pro 10.000 Personenjahre beträgt ca. 3,3. Auf diese Weise lässt sich für jede Zelle die entsprechende Inzidenzrate schätzen, also insgesamt 72 Inzidenzraten, wodurch wir die beobachteten Anzahlen Neuerkrankter exakt reproduzieren würden.

Für die Kohortenstudie zu den an Diabetes Mellitus Typ 1 erkrankten Kindern und Jugendlichen ist zur Modellierung der erwarteten Anzahlen von Neuerkrankungen aufgrund der vorliegenden Daten eine Vielzahl von Modellen möglich. Wir betrachten im Folgenden das oben bereits eingeführte Haupteffekt-Modell, das wir jedoch um die Personenzeit erweitern:

$$\ln(\kappa_{ijh\,Ziel}(x)) = a_{Ziel} + b_{J\,i\,Ziel} \cdot x_J^{(i)} + b_{A\,j\,Ziel} \cdot x_A^{(j)} + b_{G\,2\,Ziel} \cdot x_G^{(h)} + \ln(\Delta t_{ijh}) \,.$$

Wie bereits oben eingeführt, beschreibt exp(a_{Ziel}) die Inzidenzrate in der Referenzkategorie, die aufgrund der von uns gewählten Kategorisierung durch die im Jahr 1999 neu diagnostizierten Diabetesfälle unter Mädchen im Alter von 0 bis 4 Jahren gegeben ist.

Tab. 6.29 enthält die Schätzung sämtlicher Regressionskoeffizienten, ihre geschätzten Standardabweichungen, approximative 95%-Konfidenzintervalle und die Werte der Wald-Teststatistik zur Überprüfung der jeweiligen Nullhypothese, dass die entsprechende Variable keinen Einfluss auf die erwartete Anzahl an Neuerkrankungen hat.

Tab. 6.29:   Ergebnisse der ML-Schätzung der Regressionskoeffizienten, dazugehörige approximative 95%-Konfidenzintervalle und Werte der Wald-Teststatistik

Regressionskoeff.	Schätzung	geschätzte Standardabweichung	95%-KI	Wald-Teststatistik
a_{Ziel}	−9,006	0,312	[−9,617;−8,394]	833,10
$b_{J\,2\,Ziel}$	−0,374	0,392	[−1,141; 0,394]	0,91
$b_{J\,3\,Ziel}$	−0,133	0,366	[−0,851; 0,584]	0,13
$b_{J\,4\,Ziel}$	−0,001	0,354	[−0,694; 0,693]	0,00
$b_{J\,5\,Ziel}$	0,180	0,339	[−0,485; 0,845]	0,28
$b_{J\,6\,Ziel}$	0,137	0,344	[−0,536; 0,811]	0,16
$b_{J\,7\,Ziel}$	0,091	0,348	[−0,591; 0,774]	0,07
$b_{J\,8\,Ziel}$	0,217	0,339	[−0,448; 0,882]	0,41
$b_{J\,9\,Ziel}$	0,119	0,348	[−0,564; 0,802]	0,12
$b_{A\,2\,Ziel}$	0,448	0,232	[−0,006; 0,903]	3,74
$b_{A\,3\,Ziel}$	0,549	0,226	[0,105; 0,992]	5,88
$b_{A\,4\,Ziel}$	−0,506	0,342	[−1,176; 0,164]	2,19
$b_{G\,2\,Ziel}$	0,230	0,167	[−0,097; 0,556]	1,90

Testet man nun jede der Kategorien hinsichtlich eines möglichen Einflusses auf die erwartete Anzahl von Neuerkrankungen zum Niveau $\alpha = 0{,}05$ ohne Adjustierung bzgl. des multiplen Testproblems (siehe Anhang S.4.4.1), so ist die jeweilige Wald-Teststatistik mit dem kritischen Wert

$$\chi^2_{1;\,0,95} = 3{,}842$$

zu vergleichen. Man sieht, dass neben dem Parameter a_{Ziel} nur die Altersgruppe der 10-14-jährigen einen statistisch signifikanten Einfluss hat, auch wenn wir zudem eine erhöhte Inzidenz in der Altersgruppe der 5-9-jährigen beobachten. Eine leicht erhöhte Inzidenz sieht man auch bei den Jungen im Vergleich zu den Mädchen.

Führt man für die beiden Einflussvariablen mit mehr als zwei Ausprägungen jeweils einen simultanen χ^2-Test durch, so erhält man für die Variable Jahr

$$Z^2_{Wald} = 3{,}90 < 15{,}507 = \chi^2_{8;\,0,95},$$

so dass die Nullhypothese nicht zu verwerfen ist; für die Variable Alterskategorie ergibt sich dagegen

$$Z^2_{Wald} = 17{,}33 > 7{,}8147 = \chi^2_{3;\,0,95},$$

und damit ein statistisch signifikanter Effekt (p-Wert = 0,0006).

Überprüfung der Güte der Modellanpassung

Um das Modell mit der besten Anpassungsgüte auszuwählen, wurde in Abschnitt 6.5.4 die Deviance eingeführt, die auch bei der Poisson-Regression angewendet werden kann. Im Fall gruppierter Daten wie in Tab. 6.27 berechnet man die Deviance als

$$D = 2 \sum_{i=1}^{r} \sum_{j=1}^{s} n_{ij} \ln\left(\frac{n_{ij}}{\kappa_{ij\,Studie}} \right),$$

wobei für die geschätzte Anzahl von Neuerkrankungen in jeder Zelle gilt

$$\kappa_{ij\,Studie} = \lambda_{ij\,Studie} \cdot \Delta t_{ij}, \; i = 1, \ldots, r, j = 1, \ldots, s$$

Beschreibt das Modell die Daten gut, nimmt die Deviance kleine Werte an. Sie wird exakt null, wenn die gemäß Modell geschätzten mit den tatsächlichen Beobachtungen übereinstimmen, da dann gilt:

$$\ln\left(\frac{n_{ij}}{\kappa_{ij\,Studie}} \right) = \ln(1) = 0.$$

Unter der Nullhypothese und unter der Annahme, dass die Struktur der Tabelle bei wachsendem Stichprobenumfang unverändert bleibt, d.h., dass sowohl die Anzahl der Zellen fest ist als auch die Anzahlen in den Zellen in demselben Verhältnis anwachsen wie in der Originaltabelle, ist die Deviance asymptotisch χ^2-verteilt mit

$$D \sim \chi^2_{r \cdot s - Anzahl\ zu\ schätzender\ Parameter} \;\; \text{für } n \to \infty.$$

Damit spricht die Deviance gegen eine gute Modellanpassung, wenn die Nullhypothese zum Niveau $\alpha = 0,05$ verworfen wird, d.h. wenn

$$D > \chi^2_{r \cdot s - \text{Anzahl zu schätzender Parameter}; 0,95} \cdot$$

Beispiel: Für das obige Modell müssen wir also

$$D = 2 \sum_{i=1}^{9} \sum_{j=1}^{4} \sum_{h=1}^{2} n_{ijh} \ln\left(\frac{n_{ijh}}{\kappa_{ijh\,\text{Studie}}}\right)$$

berechnen. In unserem Beispiel erhalten wir

$$D = 79,28.$$

Die Anzahl der Freiheitsgrade beträgt $72 - 13 = 59$, wobei 72 die Anzahl der Zellen und 13 die Anzahl der zu schätzenden Parameter ist. Da

$$D > 77,93 = \chi^2_{59; 0,095},$$

können wir nicht davon ausgehen, dass das Modell die Daten gut anpasst.

6.6.6   Überdispersion

Die Poisson-Verteilung als statistisches Modell für seltene Ereignisse ist u.a. dadurch gekennzeichnet, dass ihr Erwartungswert und ihre Varianz identisch sind. Häufig tritt in Anwendungen jedoch der Fall auf, dass die beobachtete Varianz den geschätzten Erwartungswert bei Weitem übersteigt. Diese Situation wird auch als **Überdispersion** (engl. **Overdispersion**) bezeichnet.

Gründe dafür können Modell-Fehlspezifikationen oder auch unbeobachtete Heterogenität sein. Es gibt verschiedene Möglichkeiten, der Überdispersion zu begegnen, z.B. dadurch, dass man für die Varianz einen zusätzlichen Parameter in das Modell aufnimmt. Wir werden dieses Problem hier nicht weiter diskutieren, sondern verweisen auf Greenland (2012) und die dort zitierte Literatur.

6.7   Strategien bei der Modellbildung

Bei der bisherigen Betrachtung von Auswertungsverfahren für epidemiologische Studien sind wir insbesondere bei der statistischen Analyse mit Hilfe der Stratifizierung bzw. der multiplen Modellbildung stets davon ausgegangen, dass sich die konkrete ätiologische Fragestellung als explizites statistisches Modell formulieren lässt. So wurde etwa in der logistischen Regression der Logit der Erkrankungswahrscheinlichkeit einer Zielvariable in Abhängigkeit von einem Vektor $(x^{(1)}, \ldots, x^{(m)})$ aus insgesamt m Einflussvariablen beschrieben. Unter dieser Voraussetzung können dann ein explizites Modell formuliert, dessen Parameter geschätzt, Konfidenzintervalle ermittelt und statistische Testverfahren durchgeführt werden.

Diese Vorgehensweise setzt voraus, dass man *vor der Auswertung* eine (und nur eine) *explizite wissenschaftliche Hypothese* formuliert hat, die die eindeutige Auswahl der Modellvariablen möglich macht. Häufig ist im Vorhinein aber nicht klar, welche Risikofaktoren in eine Modellbildung eingehen sollen, da die *Risikofaktoren* einer Erkrankung *ganz oder zum Teil unbekannt* sind oder weil man *keine Kenntnis* über die Art und Weise eines möglichen *Confoundings* bzw. von *Interaktionen* hat.

Beispiel: Diese Situation tritt z.B. auf, wenn man mit Hilfe von Fall-Kontroll-Studien nach den Ursachen für Erkrankungen sucht. So trat in den 1980er Jahren in Großbritannien erstmalig bei Rindern das neue Erkrankungsbild der bovinen spongiformen Enzephalopathie (BSE) auf, ohne dass zunächst eine klare ätiologische Hypothese aufgestellt werden konnte. Somit mussten diverse potenzielle Faktoren untersucht werden, um letztendlich die Ursache für die Erkrankung – die orale Aufnahme von mit pathologischen Prionproteinen PrP^{Sc} kontaminierten Futtermitteln tierischer Herkunft – zu ermitteln.

Aber selbst, wenn ein Risikofaktor bekannt ist, so ist häufig nicht klar, wie er operationalisiert werden soll, d.h. in welcher Form er am besten in einem Expositions-Effekt-Modell abgebildet wird.

Beispiel: Das klassische Beispiel hierfür stellt das aktive Rauchen dar, das für vielerlei Erkrankungen als Risikofaktor gilt, so dass dessen Aufnahme in ein entsprechendes statistisches Modell häufig zwingend ist. In der Literatur finden sich zahlreiche Vorschläge zur Beschreibung der Risiken des Rauchens, z.B. über stetige Risikofaktoren, wie Anzahl durchschnittlich gerauchter Zigaretten, Rauchdauer (in Jahren), Packungsjahre oder Alter zu Beginn bzw. Zeit seit Beendigung des Rauchens, aber auch kategorielle Beschreibungen wie Rauchstatus (Nieraucher, Gelegenheitsraucher, Zigarettenraucher, Mischraucher), Art der gerauchten Zigaretten, Art der Inhalation bzw. verschiedene Kategorisierungen von stetig erfassten Informationen. Welche der verschiedenen Möglichkeiten, die Rauchvariable zu operationalisieren, jedoch die beste ist, ist nicht einfach zu beantworten (zu den Vor- und Nachteilen verschiedener Varianten vgl. Latza et al. 2005).

An den Beispielen wird deutlich, dass epidemiologische Studien nicht nur der Hypothesenprüfung, sondern auch der *Generierung von wissenschaftlichen Hypothesen* dienen. Im letzteren Fall ist es typischerweise nicht möglich, die potenziellen Risikofaktoren und damit ein eindeutiges statistisches Modell vorzugeben. Somit ist unklar, welche Strategien bei der Modellbildung zugrunde gelegt werden sollen. Im Folgenden werden wir daher einige allgemeine Prinzipien der Modellbildung diskutieren.

6.7.1   Modellbildung und Variablenselektion

Eine Modellgleichung aus einem statistischen Modell wie der multiplen linearen logistischen Regression

$$\text{logit}(P) = a_{Ziel} + b_{1\,Ziel} \cdot x^{(1)} + \ldots + b_{m\,Ziel} \cdot x^{(m)}$$

stellt in der Regel das Ende eines Modellbildungsprozesses dar, der basierend auf inhaltlichen und statistischen Argumenten ein Modell liefert, das eine adäquate fachliche Interpretation ermöglicht.

Ein solcher Prozess der Modellbildung kann nur dann zu einem "richtigen Modell" und damit zu einer diesbezüglich angemessenen Auswertung und Interpretation der Studie führen, wenn vor Studienbeginn sämtliche inhaltlichen und statistischen Fragen von den beteiligten Wissenschaftlern in enger Kooperation abgestimmt werden. Im Sinne der *inhaltlichen Formulierung des Modells* sollten die Einflussvariablen relevant sowie biologisch und medizinisch plausibel sein. Zudem sollten Kenntnisse darüber berücksichtigt werden, in welchem (Abhängigkeits-)Verhältnis die potenziellen Risikofaktoren zueinander stehen.

Der Prozess der Modellbildung beginnt somit bereits bei der Studienplanung und insbesondere bei der Auswahl der Untersuchungsinstrumente einschließlich der Konzeption eines Fragebogens. Um diesen Prozess zu unterstützen, bietet es sich bereits in einer frühen Phase der Studienplanung an, ein möglichst vollständiges ätiologisches Diagramm (siehe Abb. 3.1) zu erstellen und dabei insbesondere eventuelle Störfaktoren zu berücksichtigen (siehe Abb. 4.9).

Beispiel: Abb. 6.6 zeigt ein ätiologisches Diagramm für die Entstehung von Adipositas. Dieses verdeutlicht die Komplexität im Zusammenwirken verschiedenster Einflussfaktoren, von denen einige sogar auf unterschiedlichen Ebenen wirken können, wie hier z.B. körperliche Aktivität und Nahrungsaufnahme. Dieses Zusammenspiel in einem epidemiologischen Modell abzubilden, erfordert eine Reduktion der Komplexität der wirklichen Zusammenhänge.

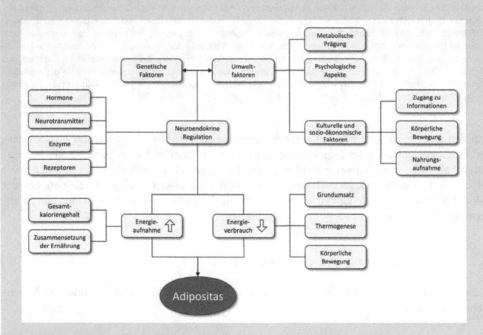

Abb. 6.6:   Ätiologisches Diagramm der Adipositas (modifiziert nach Balaban & Silva 2004)

Als *statistische Maxime bei der Modellbildung* kann formuliert werden, dass die unterstellte Modellgleichung einerseits die bestmögliche Anpassung an den erhobenen Datensatz darstellen soll, dass also die n Studienteilnehmer mit dem unterstellten Modell möglichst gut repräsentiert werden; andererseits aber soll das Modell auch so allgemein sein, dass die aus dem Modell gewonnenen Ergebnisse auf die Zielpopulation übertragen werden können.

Bei der praktischen Arbeit stehen inhaltliche und statistische Forderungen aber durchaus in einem Spannungsverhältnis zueinander, da sie sich zwar ergänzen, aber auch widersprechen können. So ist es durchaus denkbar, dass bekannte oder plausible Risikofaktoren keinen statistisch signifikanten Beitrag zu einem Modell liefern. Hier ist dann zu fragen, ob diese dennoch in einer Modellbildung berücksichtigt werden müssen. Auch können statistisch signifikante Effekte von Variablen auftreten, die aber inhaltlich nicht erklärbar sind. Damit das Ergebnis einer epidemiologischen Studie nicht von zufälligen Fehlern oder systematischen Verzerrungen überlagert wird, ist es daher erforderlich, eine Strategie bei der Modellbildung festzulegen.

Beispiel: Will man das oben dargestellte ätiologische Diagramm der Adipositas in ein statistisches Modell überführen, muss man zunächst entscheiden, ob die Zielgröße als binäre Variable als "Person ist adipös" oder "Person ist nicht adipös" oder über den Body-Mass-Index als stetige Variable modelliert werden soll. Damit könnte ein logistisches oder ein multivariables lineares Regressionsmodell gewählt werden.

Unabhängig von dem Modelltyp muss die Entscheidung über die möglichen Expositionsvariablen getroffen werden, wobei bei den bislang betrachteten Modellen keine indirekten Einflüsse modelliert werden können, so dass man die obigen ätiologischen Pfade auf direkte Einflüsse reduzieren muss. So können z.B. die genetischen Faktoren direkt in das Modell einfließen und nicht über die neuroendokrine Regulation.

Da die Entstehung der Adipositas im Wesentlichen von der Energiebalance beeinflusst wird, sind Variablen zur Erfassung des Energieverbrauchs und der Energieaufnahme in der Modellierung zu berücksichtigen. Betrachtet man dabei zunächst die Variablen zur Erfassung des Energieverbrauchs, d.h. die metabolische Rate im Ruhezustand, die Thermogenese und die körperliche Aktivität, so ist zu erwarten, dass von diesen drei Variablen nur die körperliche Aktivität einen wesentlichen Beitrag zur Erklärung der Variabilität in der Zielvariable liefern kann. Wenn man Alter, Geschlecht und Gewicht berücksichtigt (s.u.), so weisen die beiden anderen Variablen nur eine zu geringe Variabilität auf, so dass diese nicht in das Modell aufgenommen werden müssen. Über die Zusammensetzung der Ernährung und die Portionsgrößen können die eingenommenen Kalorien abgeschätzt und diese als Energieaufnahme in das Modell aufgenommen werden.

Das ätiologische Diagramm aus obigem Beispiel beinhaltet keine Confoundervariablen. Wir müssen davon ausgehen, dass die aufgeführten Einflussfaktoren z.B. nach Alter, Geschlecht und Bildung unterschiedlich verteilt sind. Da wir weiterhin annehmen können, dass diese letztgenannten Faktoren einen eigenständigen Einfluss auf das Risiko für Fettleibigkeit haben, müssen diese Confounder berücksichtigt werden, indem man sie ebenfalls als direkte Einflussvariablen modelliert (siehe Abschnitt 4.4.3).

Theoretisch ist es im Rahmen der Modellbildung möglich, in ein Modell so viele Parameter bzw. Funktionen von Risikofaktoren aufzunehmen, wie es Beobachtungen gibt. Bei ungruppierten Daten kann man somit ein Modell mit genauso vielen Parametern aufstellen wie Individuen an der Studie teilnehmen. Ein solches **saturiertes Modell** ist dann letztendlich eine kasuistische Detailbeschreibung aller Studienteilnehmer.

Ein saturiertes Modell berücksichtigt sämtliche Bedingungen der individuellen Studienteilnehmer, so dass hierbei stets die Möglichkeit besteht, auch ungewöhnliche Eigenschaften Einzelner mit in die Betrachtung aufzunehmen. Das Ziel einer Modellbildung ist es aber, den allgemein gültigen Zusammenhang zwischen einer Exposition mit einem Risikofaktor und dem Auftreten einer Krankheit in einer Zielpopulation zu erklären, wofür individuelle Details keine Rolle spielen. Ihre Berücksichtigung ist sogar eher störend bei der Erfassung eines allgemeinen Zusammenhangs.

Beispiel: Betrachtet man beispielsweise eine Untersuchung zu den Auswirkungen des Rauchens auf die Entstehung des Lungenkrebses, so ist es notwendig, dass bezogen auf die Zielpopulation die Beziehung zwischen dem Rauchen und der Krebsentstehung biologisch plausibel dargestellt ist. Die Aussage, "Raucher haben ein 15-fach höheres Risiko, an Lungenkrebs zu versterben", kann dann entweder so interpretiert werden, dass in der Zielpopulation 15-mal so viel Lungenkrebskranke unter Rauchern zu erwarten sind als unter Nichtrauchern, oder – aus individueller Sicht –, dass es für einen Raucher 15-mal wahrscheinlicher ist zu erkranken.

Da es sich bei dieser Krebserkrankung um eine recht seltene Krankheit handelt, wird der überwiegende Teil der Raucher allerdings nicht erkranken. Beobachtet man dann z.B. einen 90-jährigen Studienteilnehmer, der zeitlebens stark geraucht hat und sich dennoch bester Gesundheit erfreut, so ist dies also kein Widerspruch zur generellen Expositions-Wirkungs-Beziehung in der Zielpopulation.

Dieses Beispiel deutet an, dass es bei der Modellbildung nicht darauf ankommt, individuelle Ereignisse abzubilden, sondern die wesentlichen Strukturen der Expositions-Effekt-Beziehung widerzuspiegeln. Deshalb ist ein saturiertes Modell in der Regel nicht sinnvoll und man wird bestrebt sein, *möglichst wenige Parameter,* d.h. möglichst wenige Risikofaktoren, *in das Modell* aufzunehmen, um überhaupt eine inhaltliche Interpretation zu ermöglichen. Ein solches Modell nennt man auch "sparsam" (engl. parsimonious).

Dieses *Prinzip der Reduktion der Einflussvariablen* hat zudem aus statistischer Sicht noch einen wesentlichen Vorteil. Bei gegebenem Studienumfang n führt eine Berücksichtigung von vielen Risikofaktoren unabhängig vom gewählten Auswertungsmodell stets zu einer Schichtung der Studienpopulation durch Kombination der Risikofaktoren. Wird die Anzahl der so entstehenden Untergruppen groß, so werden in einzelnen Schichten keine oder sehr wenige Studienteilnehmer anzutreffen sein, so dass die aus dem Modell abgeleiteten Aussagen (z.B. ein Konfidenzintervall für ein Odds Ratio) wenig präzise oder gar nicht möglich sind. Dies führt dann häufig sogar dazu, dass Ergebnisse, die auf *zu wenigen Individuen in der Studienpopulation* basieren, gar nicht berichtet werden (vgl. z.B. Kreienbrock et al. 2001).

Die Suche nach dem Modell mit der besten Anpassungsgüte kann somit als ein Prozess der Kompromissbildung zwischen einem saturierten Modell und der Vierfeldertafel als einfachstem Modell der ätiologischen Fragestellung unter Berücksichtigung der Stichprobenumfänge in den Schichten verstanden werden. Da dieser Prozess aber nur auf den erhobenen Variablen basiert, muss das resultierende Modell nicht das "richtige" sein. Wesentliche Einflussfaktoren könnten übersehen worden sein, Messfehler könnten zu verfälschten Ergebnissen geführt haben und vieles mehr. Daher ist man häufig bestrebt, einen gefundenen Zusammenhang in anderen Studien zu verifizieren.

Ausgehend von Greenland (1989) sind für die oben beschriebene Kompromissbildung die unterschiedlichsten Strategien der **Variablenselektion** beschrieben worden (vgl. auch z.B. Rothman et al. 2008, Greenland 2012). Eine formale Möglichkeit, die Auswahl von Risikofaktoren vorzunehmen, ergibt sich z.B. über den *Likelihood-Ratio-Test* (siehe Abschnitt 6.5.4). Auf Basis dieses Tests bzw. der aus dem Test resultierenden Testentscheidung werden entweder von einem saturierten Modell sukzessive Einflussgrößen eliminiert (**"back-**

ward procedure") oder umgekehrt zu einfachsten Modellen sukzessive Risikofaktoren hinzugefügt (**"forward procedure"**).

Diese Verfahren sind in einer Vielzahl von statistischen Auswertungsprogrammen etabliert. Manchmal sind dabei sogar automatische Routinen vorhanden. Der Vorteil einer solchen Vorgehensweise liegt dann einerseits darin, dass keinerlei Vorbewertung von Risikofaktoren vorgenommen wird und damit eine (vermeintlich) objektive Auswahl von Variablen erfolgen kann. Andererseits kann dies aber dazu führen, dass einzelne, inhaltliche wichtige Faktoren unberücksichtigt bleiben. Eine vollkommen automatisierte Variablenselektion kann daher nicht empfohlen werden.

6.7.2   Confounding und Wechselwirkungen

Die wesentliche Motivation zur Auswertung epidemiologischer Studien mit Hilfe multipler statistischer Modelle ist, dass ein einfaches Auswertungsverfahren im Regelfall das Zusammenwirken mehrerer Confounder nicht adäquat berücksichtigen kann. Multivariable Modelle können die multikausale Ätiologie von Erkrankungen wesentlich besser beschreiben. Die Entscheidung, ob eine Variable als Confounder in das Modell aufgenommen werden soll oder nicht, ist neben inhaltlichen Überlegungen auch davon bestimmt, ob ein Confounding in den Daten vorliegt (siehe auch "zufälliges Confounding", Abschnitt 4.4.3).

Confounder können *im Modell* dadurch berücksichtigt werden, dass sie als Einflussvariablen in das Modell aufgenommen werden. Bezeichnet z.B. $Ex^{(1)}$ eine Exposition als interessierenden Haupteinflussfaktor, so können sämtliche weiteren Expositionen $Ex^{(2)}$, ..., $Ex^{(m)}$ Confounder oder auch weitere zusätzliche Einflussfaktoren sein. Die auf Basis dieses Modells getroffene Aussage über den Einflussfaktor $Ex^{(1)}$, d.h. z.B. die Berechnung eines Odds Ratios $OR_{Studie\ 1}$ aus den Parameterschätzern eines logistischen Modells, ist dann wie bei der geschichteten Analyse eine bzgl. des *Confoundings* der Variablen $Ex^{(2)}$, ..., $Ex^{(m)}$ *adjustierte Aussage*.

Diese Aussagen gelten allerdings nur dann, wenn die *Risikofaktoren unabhängig voneinander* sind, d.h. sich nicht gegenseitig beeinflussen und insbesondere keine gemeinsamen Wechselwirkungen auf die Zielvariable des Modells ausüben. Wird mehr als nur ein Risikofaktor untersucht, stellt sich die Frage nach einer gegenseitigen Beeinflussung der Expositionen, d.h., ob eine Exposition die Wirkung der anderen verstärkt oder abschwächt.

Beispiel: Betrachten wir in diesem Zusammenhang nochmals die Ätiologie von Lungenkrebs und die Informationen aus der Studie von Kreienbrock et al. (2001). In dieser Studie ergaben sich für Männer zwei wesentliche Risikofaktoren, und zwar das aktive Rauchen von Zigaretten mit einem aus der Studie ermittelten Odds Ratio von OR_{Studie}(Rauchen) = 15,8 sowie die berufliche Exposition mit Asbest mit OR_{Studie}(Asbest) = 1,7. Mit dem für die Auswertung verwendeten multiplen logistischen Regressionsmodell wurde zudem auch ein Odds Ratio für eine gemeinsame Exposition mit OR_{Studie}(Rauchen, Asbest) = 26,84 ermittelt, d.h., die gemeinsame Wirkung ergibt sich in diesem Modell als ein Produkt der beiden einzelnen Odds Ratios (siehe auch Abschnitt 6.5.1).

Die Interpretation des beobachteten, hier multiplikativen Zusammenhangs muss dahingehend kritisch reflektiert werden, ob auch andere biologische Interaktionen bei der gemeinsamen Wirkung denkbar wären wie etwa ein additiver Zusammenhang der Odds Ratios. In diesem Fall hätte sich ein Odds Ratio von OR_{Studie}(Rauchen, Asbest) = 16,5 (Addition der Odds Ratios vermindert um eins) für die gemeinsame Exposition ergeben.

In einer Situation wie in diesem Beispiel muss also zunächst geklärt werden, ob und in welcher Form eine *statistische Wechselwirkung* zwischen den Risikofaktoren *in ein Modell aufgenommen* werden soll. Dabei muss beachtet werden, dass jede Modellklasse nur einen bestimmten Typ von Wechselwirkung darstellen kann, so dass das *Wissen über mögliche biologische Interaktionen* zur Wahl eines statistischen Auswertungsmodells herangezogen werden sollte.

Bislang wurden sämtliche hier beschriebenen Modelle zunächst ohne eine Wechselwirkung betrachtet, d.h. unter der Annahme, dass die Faktoren unabhängig voneinander wirken. Ein solches Modell bezeichnet man als **Haupteffekt-Modell**. In diesem Fall wird z.B. im logistischen Modell stets ein multiplikativer Effekt für die gemeinsame Wirkung mehrerer Faktoren unterstellt (siehe das Beispiel oben bzw. in Abschnitt 6.5.1). D.h., in dieser Modellklasse bedeutet *keine Berücksichtigung einer Wechselwirkung* die *biologische Annahme einer multiplikativen gemeinsamen Wirkung*. Dieser Umstand muss bei der Interpretation der Modellparameter stets berücksichtigt werden.

Ist aber davon auszugehen, dass ein multiplikativer Effekt biologisch nicht plausibel ist, so muss dies in der Modellbildung entsprechend berücksichtigt werden. Ein allgemeines Prinzip, das sämtliche Formen von biologischen Interaktionen abbildet, ist das *Prinzip der zusammenfassenden Risikofaktoren*, das grundsätzlich bei allen hier vorgestellten statistischen Modellen zum Einsatz kommen kann. Diese Art der Modellierung von Wechselbeziehungen soll hier exemplarisch für zwei dichotome Risikofaktoren $Ex^{(1)}$ und $Ex^{(2)}$ mit jeweils der Kategorie exponiert "nein" bzw. "ja" demonstriert werden. Eine Verallgemeinerung auf mehr als zwei Faktoren und/oder mehr als zwei Expositionskategorien ist aber nach diesem Prinzip grundsätzlich möglich.

Tab. 6.30: Zusammenfassung der Risikofaktoren $Ex^{(1)}$ und $Ex^{(2)}$ zu einem gemeinsamen Risikofaktor Ex

Risikofaktor $Ex^{(1)}$ exponiert	Risikofaktor $Ex^{(2)}$ exponiert	
	nein	ja
nein	Ex = 0	Ex = 1
ja	Ex = 2	Ex = 3

Tab. 6.30 führt die zwei unabhängigen Faktoren $Ex^{(1)}$ und $Ex^{(2)}$ zu einem gemeinsamen Risikofaktor Ex zusammen. Dieser Faktor kann nun wiederum als unabhängiger Risikofaktor in ein Modell aufgenommen werden. Ob dieser dann in der vorliegenden Form mit vier Expositionskategorien in ein Modell eingeschlossen wird oder ggf. eine Umcodierung mit Hilfe von Dummy-Variablen vorgenommen werden muss (siehe Abschnitt 6.5.1), hängt von der expliziten Modellklasse ab und soll hier nicht weiter vertieft werden.

Wird eine solche Zusammenfassung von Faktoren vorgenommen, können im Modell beliebige Formen von biologischen Interaktionen betrachtet werden. So kann etwa das relative

Risiko oder das Odds Ratio, das der Kategorie Ex = 3 zugewiesen wird, direkt mit den entsprechenden epidemiologischen Maßzahlen aus multiplikativen oder additiven Modellen verglichen werden, um somit eine Bewertung der biologischen Interaktion vorzunehmen.

Obwohl das obige Prinzip der Zusammenfassung von Risikofaktoren allgemein möglich ist, hat es auch seine Grenzen, insbesondere dann, wenn viele Faktoren bzw. viele Kategorien zusammengefasst werden sollen. Daher können auch abhängig von der benutzten Modellklasse weitere Varianten der Modellierung von Wechselwirkungen betrachtet werden. So kann man etwa im multiplen linearen logistischen Regressionsmodell verschiedenste biologische Interaktionen dadurch modellieren, dass man solche Wechselwirkungen als Funktion der Risikofaktoren direkt in den linearen Term des Haupteffekt-Modells aufnimmt, z.B. in der Form

$$\text{logit}(P) = a_{Ziel} + b_{1\,Ziel}\cdot x^{(1)} + b_{2\,Ziel}\cdot x^{(2)} + b_{3\,Ziel}\cdot \text{Funktion}[x^{(1)}, x^{(2)}].$$

Liegen dichotome Risikofaktoren mit 0-1-Codierung vor und wählt man als Funktion deren Produkt, so stellt dieser Ansatz gerade das Prinzip der zusammenfassenden Risikofaktoren dar.

Beispiel: In Abschnitt 6.6.5 haben wir ein log-lineares Poisson-Modell für die Anzahl der Neuerkrankungen an Diabetes Mellitus Typ 1 bei Kindern und Jugendlichen in Bremen unter Berücksichtigung der Personenzeiten geschätzt. Hierbei waren wir bislang von einem Modell mit Haupteffekten ausgegangen. Unter Diabetologen wird allerdings die Hypothese diskutiert, dass ein zeitlicher Trend zu früherem Manifestationsalter existiert, und zwar in dem Sinne, dass die neu an Diabetes diagnostizierten Kinder und Jugendlichen immer jünger werden.

Um diese Hypothese anhand des vorliegenden Datensatzes zu prüfen, führen wir, wie oben besprochen, einen Wechselwirkungsterm ein. Da wir das Diagnosejahr und das Alter bei Auftreten der Erkrankung als Dummy-codierte Variable in das Modell aufgenommen haben, könnten wir eine mögliche Wechselwirkung modellieren, indem wir einen Produktterm für jede Kombination der Dummy-codierten Variablen aufnehmen. Damit erhielten wir das folgende Modell:

$$\ln(\kappa_{ijh\,Ziel}(x)) = a_{Ziel} + b_{J\,i\,Ziel} \cdot x_J^{(i)} + b_{A\,j\,Ziel} \cdot x_A^{(j)} + b_{G\,h\,Ziel} \cdot x_G^{(h)} + b_{J\times A\,ij\,Ziel} \cdot x_J^{(i)} \cdot x_A^{(j)} + \ln(\Delta t_{ijh}),$$

$$i = 2, \ldots, 9, \, j = 2, \ldots, 4, \, h = 2.$$

Es müssten dementsprechend 24 Interaktionsterme geschätzt und getestet werden, was nicht unproblematisch ist, da die Tests häufig kein eindeutiges Ergebnis liefern. D.h., es könnten einige Wechselwirkungsterme statistisch signifikant sein und sich andere als nicht signifikant erweisen, womit eine Aussage bzgl. der Interaktion zwischen den Variablen als solches, also zwischen Diagnosejahr und Manifestationsalter, nicht möglich ist.

Stattdessen können wir Alter und Jahr auch stetig modellieren und den Interaktionsterm als Kovariable aufnehmen. In dieser Analyse, die diesen Interaktionsterm als zusätzliche Kovariable enthält, erhält man dann

$$b_{Studie}^{J\times A} = -0,0023.$$

Damit zeigt sich, dass der entsprechende geschätzte Regressionskoeffizient tatsächlich negativ ist, aber mit einem p-Wert von 0,95 definitiv nicht statistisch signifikant ist. Auf Grundlage dieser Daten kann die Hypothese daher nicht bestätigt werden.

Modellvarianten, die eine Wechselwirkung in dieser Art abbilden, können, wie in Abschnitt 6.7.1 beschrieben, im Modellbildungsprozess berücksichtigt werden. Dadurch kann mit Hilfe von Likelihood-Ratio-Tests überprüft werden, ob der zugehörige Wechselwirkungsparameter $b_{3\,Ziel}$ gleich null ist und somit überhaupt eine Wechselwirkung unterstellt und in das Modell aufgenommen werden muss.

Dieses Prinzip lässt sich grundsätzlich auch auf Wechselwirkungen höherer Ordnung erweitern, wenn also etwa bei drei erhobenen Expositionen auch Wechselwirkungen durch Zusammenwirken aller drei Faktoren unterstellt werden. Hier ist allerdings zu berücksichtigen, dass eine medizinisch-biologisch sinnvolle Interpretation solcher Beziehungen häufig kaum möglich sein wird, so dass dies in epidemiologischen Studien eher selten praktiziert wird.

Generell gilt, dass die Modellierung von biologisch plausiblen Wechselwirkungen bei der Auswertung einer epidemiologischen Studie die Auswahl einer dafür geeigneten Modellklasse erfordert. Unter allen Modellklassen hat sich das logistische Modell als ein Verfahren durchgesetzt, das in vielen Situationen eine adäquate Berücksichtigung verschiedenster Zusammenhänge erlaubt. Es kann je nach Fragestellung aber auch sinnvoll sein, weitere hier nicht näher behandelte Modellklassen zu berücksichtigen. Solche Modellklassen zur Beschreibung von Ursache-Effekt-Beziehungen geben beispielsweise Thomas (1981), Guerrero & Johnson (1982) sowie Breslow & Storer (1985), Moolgavkar & Venzon (1987) u.a. an. Der hieran interessierte Leser sei zur weiteren Diskussion z.B. auf Dohoo et al. (2009) oder Greenland (2012) verwiesen.

6.7.3   Diskrete und stetige Risikofaktoren

Die bislang vorgestellten Verfahren der statistischen Modellbildung können sowohl für stetige als auch für kategorisierte Daten angewendet werden. Im Rahmen der Modellbildung hatten wir bereits darauf hingewiesen, dass die Frage, ob ein zunächst stetig erhobenes Merkmal bei der Analyse ggf. gruppiert und in Kategorien überführt werden soll, auch ein Bestandteil der Modellbildung sein kann.

Dabei muss beachtet werden, dass jede *Kategorisierung* einen *Informationsverlust* darstellt. So ist z.B. eine jahresgenaue Altersangabe wesentlich informativer als die Klassifizierung in "jung" oder "alt". Allerdings kann eine stetige Variable auch eine künstliche Genauigkeit vortäuschen, die faktisch gar nicht vorhanden ist. So ist gerade die retrospektive Erfassung von Expositionen z.B. bzgl. der genauen Einnahme von Medikamenten kritisch zu sehen.

Beispiel: Wird z.B. die Exposition gegenüber Einnahme eines bestimmten Schmerzmittels, das in verschiedenen Dosierungen erhältlich ist, als durchschnittlich täglich eingenommene Wirkstoffmenge erfasst, so erhält man zwar eine stetige Größe, deren Exaktheit aber wegen der meist retrospektiven Erfassung mittels Befragung durchaus kritisch einzustufen ist. So wissen viele Personen nicht, welches Medikament sie überhaupt eingenommen haben. Eine Person, die zumindest den Namen des Medikaments erinnern kann, weiß aber in der Regel nicht, in welcher Dosierung sie das Medikament verordnet bekommen hat und in welcher Menge und über welchen Zeitraum sie es eingenommen hat. Damit kann die stetige Erhebungsgröße zur eingenommenen Wirkstoffmenge mit einem erheblichen Fehler behaftet sein und eine größere Genauigkeit der Daten vortäuschen, als es tatsächlich der Fall ist. Daher ist davon auszugehen, dass eine kategorielle Erhebungsgröße z.B. mit den Kategorien "nie eingenommen", "sporadisch eingenommen" und "für mehr als ein Jahr täglich eingenommen" eine sinnvollere Abschätzung der Exposition ermöglicht.

Damit sollte die Entscheidung darüber, ob die Exposition stetig oder diskret zu erfassen ist bzw. ob eine stetig erfasste Größe im Modell durch Kategorisierung diskret auszuwerten ist, einerseits möglichst aufgrund inhaltlicher Überlegungen getroffen werden, andererseits aber auch die praktische Umsetzung in der Studienplanung und -durchführung einbeziehen.

Darüber hinaus hat die Kategorisierung noch eine direkte Konsequenz für die Aussagefähigkeit der statistischen Testergebnisse, denn bei stetigen Risikofaktoren wird nur jeweils ein Parameter pro Faktor im statistischen Modell benötigt, während bei diskreten Risikofaktoren die Zahl der Modellparameter gleich der um eins reduzierten Anzahl der Expositionskategorien ist. Dieser Umstand wirkt sich negativ auf die statistische Power einer epidemiologischen Studie aus.

Die formale Konsequenz ist somit, dass Tests bei kategorisierten Variablen eine geringere Power bzw. eine höhere Wahrscheinlichkeit für den Fehler 2. Art des Hypothesentests aufweisen. Es besteht somit eine geringere Chance, tatsächlich vorhandene Einflüsse auch aufzudecken. Die Entscheidung, eine stetig erhobene Variable bei der Analyse zu kategorisieren, ist somit nicht nur inhaltlich zu begründen, sondern auch vor dem Hintergrund des dann hinzunehmenden Verlusts an Trennschärfe bei der Durchführung statistischer Tests zu rechtfertigen.

Bewertung epidemiologischer Studien

Alles für den Papierkorb?

7.1 Leitlinien für gute epidemiologische Praxis

Selbstverständlich sind in allen Wissenschaftsdisziplinen die Prinzipien guter wissenschaftlicher Praxis einzuhalten, wie sie z.B. von der Deutschen Forschungsgemeinschaft (DFG 1998) oder vom Medical Research Council (MRC 2000) vorgeschlagen wurden. Daneben gibt es spezifische Ausformulierungen von Anforderungen, die auf die methodischen und ethischen Besonderheiten epidemiologischer Studien eingehen. Diese Leitlinien können nicht nur denen eine Orientierung geben, die epidemiologische Studien planen, durchführen und auswerten. Sie können auch ein Maßstab für Personen und Institutionen sein, die solche Studien in Auftrag geben und finanzieren oder die Studienergebnisse interpretieren und bewerten, daraus Konsequenzen ableiten und diese kommunizieren oder in die Praxis umsetzen. Insbesondere die verschiedenen Fachgesellschaften (DGEpi 2009, IEA-EEF 2004, Andrews et al. 1996), aber auch staatliche Stellen (EU 2001, US FDA 2010) und die Industrie (CMA 1991) haben konkrete Anforderungen ausgearbeitet, an denen gute klinische oder epidemiologische Forschung gemessen werden kann.

Als Vorgängerin der Deutschen Gesellschaft für Epidemiologie hat die Deutsche Arbeitsgemeinschaft für Epidemiologie in Kooperation mit verwandten Fachgesellschaften elf Leitlinien zur qualitätsgerechten Durchführung epidemiologischer Studien verabschiedet. Die Leitlinien und ausführliche Empfehlungen zu ihrer Umsetzung finden sich in Anhang GEP sowie im Internet z.B. auf der Homepage der DGEpi (2009). Im Folgenden zitieren wir die Kernaussagen dieser Leitlinien und diskutieren diese kurz, sofern sie nicht bereits an anderer Stelle in diesem Buch behandelt werden.

Leitlinie 1: Ethik

"Epidemiologische Untersuchungen müssen im Einklang mit ethischen Prinzipien durchge-
führt werden und Menschenwürde sowie Menschenrechte respektieren."

Auch bei nicht experimentellen, rein beobachtenden epidemiologischen Studien muss die
jeweils zuständige Ethikkommission konsultiert werden. Dies muss vor Beginn der Datenerhebung erfolgen. Forschungsförderer wie die DFG oder die Europäische Kommission machen die Förderung davon abhängig, dass die zuständige Ethikkommission bestätigt hat, dass
keine ethischen Bedenken gegen die Durchführung der Studie bestehen. Bei multizentrischen Studien sollte hierfür ausreichend Zeit eingeplant werden, da unter Umständen das
Votum mehrerer Kommissionen eingeholt werden muss (siehe auch die Anmerkungen zur
Vorgehensweise in Abschnitt 5.6).

Leitlinie 2: Forschungsfrage

"Die Planung jeder epidemiologischen Studie erfordert explizite und operationalisierbare
Fragestellungen, die spezifisch und so präzise wie möglich formuliert sein müssen. Die Aus-
wahl der zu untersuchenden Bevölkerungsgruppen muss im Hinblick auf die Forschungsfra-
ge begründet werden."

Eine allgemein formulierte Forschungsfrage ist in der Regel nicht direkt einer formalen statistischen Analyse zugänglich. Die Frage muss daher so spezifisch formuliert werden, dass
die zu untersuchenden Merkmale identifiziert und nach eindeutig definierten Kriterien bestimmt bzw. gemessen werden können.

Diese Operationalisierung der Forschungsfrage setzt eine Operationalisierung der zu untersuchenden Variablen voraus, damit diese möglichst valide und reliabel erfasst bzw. quantifiziert werden können. Falls die Fragestellung es erfordert, muss dabei zwischen Ziel-, Ein-
fluss- und Störgrößen unterschieden werden. Von der Operationalisierung hängen zentrale
Designaspekte einer Studie wie die Auswahl der Untersuchungsinstrumente und der Studienpopulation, der Beobachtungszeitraum sowie der erforderliche Studienumfang ab, die
letztlich entscheidend für die Erfolgschancen einer Studie sind.

Beispiel: Als eine allgemein formulierte Forschungsfrage könnte z.B. von Interesse sein, ob Quarzstaubexposi-
tionen eine Ursache von Lungenkrebs sind. Die Zielgröße Lungenkrebs lässt sich hierbei relativ einfach gemäß
ICD-10 definieren, wobei als Kriterium für das Vorliegen dieser Diagnose eine histopathologische Sicherung
anhand von Tumormaterial festgelegt werden könnte.

Schwieriger ist die Definition einer Quarzstaubexposition, die für jeden Studienteilnehmer mit der gleichen
Zuverlässigkeit und Genauigkeit zu bestimmen ist. Aufgrund von Vorwissen wird man sich hier möglicherweise auf Quarz als Feinstaub beschränken, da nur dieser bis in die Alveolen vordringt. Die Exposition könnte
z.B. als Mittelwert einer Arbeitsschicht der mittels personenbezogener Probensammlung und Gravimetrie bestimmten Quarzstaubkonzentration nach definierten Laborstandards quantifiziert werden. Es ist zudem festzulegen, ob nur die Intensität, also die Konzentration der Staubexposition, von Interesse ist oder auch die Häufigkeit und/oder die Dauer.

Zusätzlich ist bei dieser Fragestellung eine Reihe möglicher Störfaktoren zu berücksichtigen. So ist insbesondere davon auszugehen, dass an vielen Arbeitsplätzen, die mit einer Quarzstaubsposition einhergehen, gleichzeitig Expositionen gegenüber Asbeststaub oder Dieselruß bestehen. Auch ist anzunehmen, dass die exponierten Arbeiter mehr rauchen als der Bevölkerungsdurchschnitt. Eine sinnvoll durchgeführte Studie muss diese Confounder adäquat berücksichtigen.

Damit könnte die oben allgemein formulierte Forschungsfrage wie folgt als wissenschaftliche Hypothese operationalisiert werden: Das Risiko für das Auftreten von Lungenkrebs (ICD-10 Code 162, histopathologisch gesichert) steigt mit der kumulativen Exposition gegenüber Quarzfeinstaub (in mg/m^3 (Schichtmittelwert) × Jahre) und eine eventuelle Risikoerhöhung wird nicht durch den störenden Einfluss durch Rauchen oder berufliche Expositionen gegenüber Asbeststaub und Dieselruß erklärt.

Diese Operationalisierung ist nicht unabhängig vom Studiendesign. So ist davon auszugehen, dass eine personenbezogene quantitative Expositionsermittlung allenfalls in einer gut untersuchten Industriekohorte, z.B. von Bergbauarbeitern, mit der oben beschriebenen Genauigkeit möglich ist, da für diese routinemäßig umfangreiche historische Messdaten gesammelt wurden. In der Regel bietet sich hier also eine historische Kohortenstudie an. Allerdings erweist sich dann die Ermittlung des Rauchverhaltens als problematisch, insbesondere weil ein Teil der Studienpopulation zum Zeitpunkt der Datenerhebung verstorben ist.

Um eine Fragestellung adäquat operationalisieren zu können, muss zudem geklärt werden, ob es sich bei der interessierenden Forschungsfrage wie in dem Beispiel um eine konfirmatorische oder um eine explorative oder deskriptive Fragestellung handelt. Diese Abgrenzung ist auch in Hinblick auf die für die statistische Analyse anzuwendende Methodik und die Interpretation der Ergebnisse relevant. Es ist also durchaus zulässig, explorative oder Hypothesen generierende Datenauswertungen in eine Studie einzuplanen. Allerdings muss dieser Ansatz dann auch bei der Publikation der Ergebnisse benannt und bei der Interpretation statistischer Kenngrößen berücksichtigt werden. P-Werte und Konfidenzintervalle können bei explorativen Analysen nur dazu dienen, die Ergebnisse zu beschreiben, nicht jedoch dazu, post hoc formulierte Hypothesen zu "beweisen".

Die Operationalisierung der Fragestellung ist Dreh- und Angelpunkt einer Studie, da sie bestimmend für zentrale Designelemente ist. Letztlich werden die Eckdaten eines Studiendesigns im Spannungsfeld zwischen einer optimalen Operationalisierung der Fragestellung und praktischen Limitationen festgelegt. Dies kann einen iterativen Prozess erfordern, der die ersten drei Punkte des in Abschnitt 5.1.1 beschriebenen Studienprotokolls umfasst, nämlich 1. Fragestellung, 2. Stand des Wissens und Machbarkeit sowie 3. Festlegung der Forschungshypothesen, und dadurch auf die Operationalisierung der Fragestellung zurückwirkt.

Leitlinie 3: Studienplan

"Grundlage einer epidemiologischen Studie ist ein detaillierter und verbindlicher Studienplan, in dem die Studiencharakteristika schriftlich festgelegt werden."

Diese Leitlinie betrifft die Anforderungen an die Erstellung eines Studienprotokolls, die ausführlich in Abschnitt 5.1.1 beschrieben sind. Sofern ein wissenschaftlicher Forschungsantrag gestellt worden ist, wird dieser in der Regel bereits wesentliche Elemente des Studienprotokolls enthalten. Ausführliche Empfehlungen zu ihrer Umsetzung sind Teil der Leitlinie selbst.

Leitlinie 4: Probenbanken

"In vielen epidemiologischen Studien ist die Anlage einer biologischen Probenbank notwendig bzw. sinnvoll. Hierfür und für die aktuelle und vorgesehene zukünftige Nutzung der Proben ist die dokumentierte Einwilligung aller Probanden erforderlich."

Die Gewinnung biologischer Proben wie Tumorgewebe, Blut, Urin, Speichel oder Stuhl ist bei den meisten epidemiologischen Primärdatenerhebungen üblich, um anhand dieser Proben medizinische Endpunkte, biologische Effekte als vorgelagerte Endpunkte, genetische Polymorphismen bzw. Marker von Expositionen zu ermitteln. Studienteilnehmer haben ein Anrecht darauf zu erfahren, was die Untersuchung ihres biologischen Materials ergeben hat, aber auch ein Recht darauf, nicht informiert zu werden. Bei der Planung einer Studie müssen diesbezüglich drei Arten von Markern unterschieden werden. Zur ersten Gruppe gehören biologische Merkmale, die Gegenstand der Forschung sind und deren Bedeutung hinsichtlich Krankheitsrisiken oder Prognose (noch) unbekannt ist und für die es keine Grenz- oder Orientierungswerte gibt. Dies ist für zahlreiche genetische Marker der Fall, deren biologische Funktion unbekannt ist. In diesem Fall ergibt sich kein erkennbarer Nutzen aus der Kenntnis des individuellen Messwertes für den Studienteilnehmer. Es sollte aber überlegt werden, ob der Erkenntnisgewinn, der sich aus der Studie bezüglich des Markers ergeben hat, später in allgemeinverständlicher Form den Studienteilnehmern, die daran interessiert sind, zurückgemeldet wird. Zur zweiten Gruppe gehören Marker, deren Kenntnis einen unmittelbaren therapeutischen Nutzen haben kann. Dies ist z.B. bei der Messung von Blutlipiden oder Schadstoffkonzentrationen der Fall. In diesem Fall kann es eine ethische Verpflichtung sein, den Studienteilnehmer kurzfristig über erhöhte bzw. pathologische Werte zu informieren, um Schaden von ihm abzuwenden. Die dritte Gruppe betrifft Marker, deren prognostischer Wert für das (spätere) Auftreten von Erkrankungen bekannt ist, ohne dass die Kenntnis über die Ausprägung des Markers zum gegenwärtigen Zeitpunkt irgendwelche therapeutischen oder vorbeugenden Maßnahmen zur Folge hätte, wie dies z.B. bei einigen Erbkrankheiten der Fall ist. Für diese dritte Gruppe bekommt das Recht auf Wissen bzw. Nichtwissen eine besondere Bedeutung. Es ist daher abzuwägen, ob die Ermittlung eines entsprechenden Markers für das Studienziel unabdingbar ist. Ist dies der Fall, könnte es eine Option sein, dass man diese Befunde grundsätzlich nicht mitteilt und die Studienteilnehmer über diese Tatsache aufklärt. Das Vorgehen sollte mit der zuständigen Ethikkommission abgestimmt werden. Empfehlungen für die Nutzung biologischer Materialien in epidemiologischen Studien unter besonderer Berücksichtigung der Verwendung genetischer Marker wurden vom Arbeitskreis Medizinischer Ethikkommissionen in der Bundesrepublik Deutschland (2002) verabschiedet.

Gerade bei prospektiven Studien bekommt eine längerfristige Einlagerung biologischer Proben eine zunehmend große Bedeutung. Zum einen ermöglicht der wissenschaftlich-technische Fortschritt die Identifikation neuer Marker und bringt die valide biochemische Analyse immer kleinerer Probenmengen mit sich. Zum anderen erlauben prospektive Studien die gezielte Analyse von Untergruppen, z.B. im Rahmen eingebetteter Fall-Kontroll-Studien, und damit eine effiziente und Kosten sparende Vorgehensweise bei gleichzeitig hohem Informationsgewinn. Eine solche Asservierung von biologischem Material in so genannten Bioprobenbanken kann nur mit Zustimmung der Studienteilnehmer erfolgen. Hierin besteht eine besondere Herausforderung, da die Studienteilnehmer einerseits über die Ziele, die mit den gesammelten Proben verfolgt werden, aufgeklärt werden müssen und andererseits zum Zeitpunkt der Probengewinnung noch nicht genau gesagt werden kann, welche spezifischen Marker später einmal analysiert werden können. Bei großen Studienumfängen ist es nicht praktikabel, dass für jede spätere Analyse biologischen Materials jeweils erneut eine Einverständniserklärung aller Studienteilnehmer eingeholt werden muss. In Kohortenstudien kommt auch eine Anonymisierung der Proben nicht in Betracht, solange der Follow-up noch andauert. Daher sollte der Studienzweck allgemein genug formuliert sein, so dass auch neue Marker, die unter diese allgemeine Forschungsfrage fallen, dadurch abgedeckt sind, ohne dass die Einverständniserklärung zu pauschal wird (siehe nachfolgendes Beispiel).

Beispiel: Im Rahmen der IDEFICS-Studie zur Ätiologie und Prävention kindlichen Übergewichts und damit zusammenhängender Gesundheitsstörungen wurde z.B. folgender Absatz bezüglich der Analyse und Asservierung biologischer Proben in die Aufklärung der Studienteilnehmer als Teil der Einverständniserklärung aufgenommen:

"Falls Sie sich mit der Teilnahme einverstanden erklären, würden wir Sie bitten, einen Elternfragebogen zu Lebensgewohnheiten, Ernährung und Gesundheit Ihres Kindes auszufüllen. Wir möchten Sie auch um Ihre Zustimmung zu einer kurzen medizinischen Untersuchung Ihres Kindes durch einen Arzt bitten sowie darum, biologische Proben von Ihrem Kind nehmen zu dürfen. Dies sind: eine Speichelprobe für genetische Analysen, eine Urin- und Blutprobe zum Messen von klinischen Merkmalen, wie z.B. Blutzuckerwerten, Blutfetten oder Hormonen, die den Energiehaushalt steuern. Die Ergebnisse der klinischen Messwerte werden Ihnen mitgeteilt, außer Sie möchten darüber keine Information erhalten. Die Messwerte liefern Ihrem Kinderarzt wichtige Information. Das Studienteam interpretiert die Messwerte nicht. Sollte es Reste biologischer Proben geben, möchten wir Sie um Erlaubnis bitten, diese Proben über den Studienzeitraum hinaus aufbewahren zu dürfen. Dies würde uns bei Vorliegen neuer wissenschaftlicher Erkenntnisse zukünftige Analysen betreffend biologischer Faktoren und Übergewicht und Fettleibigkeit ermöglichen."

Da sich diesbezüglich noch keine allgemein gültigen Standards etabliert haben, empfiehlt sich hier die Abstimmung mit der zuständigen Ethikkommission. Als weiterführende Literatur sei zudem auf Harnischmacher et al. (2006) verwiesen, in dem man u.a. Mustertexte für Einverständniserklärungen und Anschreiben finden kann.

Leitlinie 5: Qualitätssicherung

"In epidemiologischen Studien ist eine begleitende Qualitätssicherung aller relevanten Instrumente und Verfahren sicherzustellen."

Die Elemente einer internen und ggf. auch externen Qualitätssicherung sind in Abschnitt 5.5 ausführlich beschrieben.

Leitlinie 6: Datenhaltung und -dokumentation

"Für die Erfassung und Haltung aller während der Studie erhobenen Daten sowie für die Aufbereitung, Plausibilitätsprüfung, Codierung und Bereitstellung der Daten ist vorab ein detailliertes Konzept zu erstellen."

Sämtliche Dokumentationsbögen und die SOPs zur Datenbehandlung werden zweckmäßigerweise in das Operationshandbuch einer Studie aufgenommen. Es empfiehlt sich zusätzlich, ein elektronisches Projektverzeichnis zu pflegen, in dem alle projektspezifischen Dokumente gespeichert werden, so dass jedem Projektmitarbeiter ein schneller Zugriff auf die jeweils aktuellste Version dieser Dokumente ermöglicht wird. In Abschnitt 5.4 werden die wichtigsten Prozeduren behandelt. Ergänzend sei hier besonders auf Empfehlung 6.4 der Leitlinien verwiesen, die wichtige Hinweise zur Qualitätssicherung der Klartextcodierung (Diagnosen, Berufsangaben), wie Verblindung des Codierers und Durchführung einer unabhängigen Zweitcodierung, beinhaltet.

Leitlinie 7: Auswertung

"Die Auswertung epidemiologischer Studien soll unter Verwendung adäquater Methoden und ohne unangemessene Verzögerung erfolgen. Die den Ergebnissen zugrunde liegenden Daten sind in vollständig reproduzierbarer Form für mindestens zehn Jahre aufzubewahren."

In Abschnitt 5.1.1, Punkt 6 des Studienprotokolls wird bereits ausdrücklich darauf hingewiesen, dass vor der Durchführung einer Studie in Auswertungsplan erarbeitet werden muss. Grundlegende Methoden der Datenanalyse werden in Anhang S behandelt, während speziell Kapitel 2 und 6 adäquate Methoden zur statistischen Analyse für die verschiedenen epidemiologischen Studiendesigns vermitteln.

Wie die Leitlinie ausführt, ist eine zeitnahe Analyse und Veröffentlichung der Ergebnisse im Wesentlichen im Interesse der Öffentlichkeit an einer frühzeitigen Risikokommunikation begründet. Jedoch sollten voreilige Zwischenauswertungen vermieden werden, da sie die Gefahr von Fehlinterpretationen aufgrund unzureichender Datenbasis mit sich bringen. Zudem sind Zwischenauswertungen mit der statistischen Testtheorie nur vereinbar, wenn sie bereits im Studiendesign vorgesehen sind. Zwischenauswertungen, die der Qualitätssicherung dienen, sind hiervon ausgenommen (siehe Empfehlung 7.2).

Die nachvollziehbare Dokumentation sowie die Aufbewahrung der Analysedatensätze und der darauf angewendeten Analyseprogramme ist ein zentrales Element der Vorbeugung von wissenschaftlichem Fehlverhalten, indem sie Transparenz bezüglich der Generierung der Studienergebnisse schafft und diese für Externe nachprüfbar macht. Dies ist auch ein Grund, warum die Studiendaten für mindestens zehn Jahre aufbewahrt werden sollten. Zur internen Qualitätssicherung empfiehlt es sich darüber hinaus, dass zumindest zentrale Auswertungsschritte durch eine unabhängige Gegenprogrammierung validiert werden (siehe Empfehlung 7.3).

Leitlinie 8: Datenschutz

"Bei der Planung und Durchführung epidemiologischer Studien ist auf die Einhaltung der geltenden Datenschutzvorschriften zum Schutz der informationellen Selbstbestimmung zu achten."

Die Grundprinzipien des Datenschutzes in epidemiologischen Studien werden in den Abschnitten 5.6.1 und 5.6.2 erläutert. Weiterführend sei auf das Dokument "Epidemiologie und Datenschutz" verwiesen, das von der Deutschen Arbeitsgemeinschaft für Epidemiologie und dem Arbeitskreis Wissenschaft der Konferenz der Datenschutzbeauftragten des Bundes und der Länder (DAE 1998) verabschiedet wurde.

Leitlinie 9: Vertragliche Rahmenbedingungen

"Die Durchführung einer epidemiologischen Studie setzt definierte rechtliche und finanzielle Rahmenbedingungen voraus. Hierzu sind rechtswirksame Vereinbarungen zwischen Auftraggeber und Auftragnehmer sowie zwischen Partnern von Forschungskooperationen anzustreben."

Im Rahmen von Drittmittelprojekten sollte ein Forschungsnehmer eine klare vertragliche Vereinbarung mit dem Auftraggeber treffen, die (a) die Unabhängigkeit der Forschungsarbeit sichert, indem sie einen Einfluss des Auftraggebers auf die Durchführung der Studie unterbindet, (b) die Publikationsfreiheit des Forschungsnehmers unabhängig von den Ergebnissen sichert (siehe Leitlinie 11) und (c) die zu liefernden Projektergebnisse (engl. *Deliverables*), den Zeitrahmen sowie Umfang und Modalitäten der Finanzierung klar festlegt. Dabei sollten an Verträge mit privaten Förderern die gleichen Maßstäbe angelegt werden wie bei Auftraggebern der öffentlichen Hand. Der Kodex "Gute Praxis der Forschung mit Mitteln Dritter im Gesundheitswesen" der DGMS und der DGSMP betont, dass die Interpretation der Ergebnisse in "die Zuständigkeit (wissenschaftliche Autonomie) des Forschers/der Forscherin fällt" und dass "etwaige Zustimmungsrechte des Auftraggebers nicht an die Ergebnisse der Forschung oder an Inhalte von Veröffentlichungen gebunden sind" (DGMS/DGSMP 2006). Um sich vor Versuchen der Einflussnahme zu schützen, kann es sinnvoll sein, dass sich eine Forschungseinrichtung einen allgemeinen Kodex über den Umgang mit Interessenskonflikten und Rahmenbedingungen der Drittmittelforschung gibt und diesen auch öffentlich macht. Auch ein unabhängiger Projektbeirat kann diesbezüglich eine Schutzfunktion wahrnehmen und mögliche Konfliktsituationen schon im Vorfeld vermeiden helfen.

Beispiel: Policy Statement zum Umgang mit Interessenkonflikten (aus BIPS 2011)

Ziel dieses Statements ist es, Grundlagen für den Umgang mit Interessenkonflikten zu legen, um damit eine unabhängige und freie Forschung und Publikationstätigkeit zu gewährleisten.

(1)   Das BIPS ist sich bewusst, dass in der Forschung mit Mitteln Dritter Interessenkonflikte auftreten können. Interessenkonflikte können das BIPS insgesamt, einzelne Abteilungen oder Fachgruppen wie auch einzelne Mitarbeiter/innen betreffen. Ein besonderes Augenmerk wird dabei auf die Zusammenarbeit mit der gewinnorientierten Industrie, insbesondere der Pharma- und Nahrungsmittelindustrie, gerichtet. Interessenkonflikte können jedoch auch in der Zusammenarbeit mit anderen Akteuren, wie den Krankenkassen und der Forschungsförderung des Bundes und der Länder, auftreten.

(2)   Das BIPS verwendet in Anlehnung an die nationale und internationale Diskussion folgende Definition von Interessenkonflikten: Ein Interessenkonflikt ist ein Zustand, ein Zusammenspiel von Umständen, in dem ein primäres Interesse, valide Forschungsergebnisse zu liefern, durch ein sekundäres Interesse, z.B. nach wissenschaftlichem Weiterkommen, persönlicher oder institutioneller Reputation oder finanziellen

Vorteilen, beeinflusst werden kann. Es ist nicht entscheidend, ob die Beeinflussung tatsächlich eintritt oder ob der Interessenkonflikt den betreffenden Personen bewusst ist.

(3)	Das BIPS sorgt nach innen und nach außen für einen offenen, konstruktiven und sachgerechten Umgang mit Interessenkonflikten. Leitgedanken sind dabei Transparenz, das Streben nach fairen Interessenausgleichen und die Vermeidung von persönlichen Nachteilen für Mitarbeiter/innen.

(4)	Das BIPS trägt Verantwortung für das öffentliche Ansehen von medizinischer und gesundheitswissenschaftlicher Forschung. Es beteiligt sich am öffentlichen Diskurs zum angemessenen Umgang mit Interessenkonflikten in der Forschung, insbesondere in medizinischen und epidemiologischen Fachgesellschaften sowie Forschungsgemeinschaften.

(5)	Das BIPS entwickelt Regeln und Strukturen, die dem Ziel dienen, dass die professionellen Entscheidungen auf Grundlage der primären und nicht der sekundären Interessen getroffen werden. Dazu gehören Transparenz, Management- und Verfahrensregelungen, Verbote, Einsatz eines Interessenkonflikt-Komitees im BIPS sowie Maßnahmen zur Förderung der Sensibilisierung für Interessenkonflikte. Die Bewertung und das Management von Interessenkonflikten im BIPS obliegen dem Institutsrat. In den Prozess sind alle Abteilungen und die Mitarbeiter/innen des Instituts eingebunden.

Auch im Innenverhältnis schaffen vertragliche Regelungen zwischen den am Projekt beteiligten Partnern Klarheit und vermeiden mögliche Konflikte. Dies betrifft nicht nur Verträge zwischen Forschungsnehmern und Unterauftragnehmern, sondern insbesondere auch Kooperationsvereinbarungen zwischen Einrichtungen, die gemeinsam an einem Forschungsvorhaben arbeiten. Dabei sollten die Aufgabenverteilung und Verantwortlichkeiten sowie die Nutzungsrechte an Ergebnissen und Deliverables schon im Vorfeld einer Studie geregelt werden. Ein häufiger Streitpunkt unter wissenschaftlichen Kooperationspartnern ist die Beteiligung an wissenschaftlichen Publikationen. Hier empfiehlt es sich, sich auf allgemein akzeptierte Konventionen wie die so genannten Vancouver-Regeln zu einigen, die vom International Committee of Medical Journal Editors (ICME 2008) verabschiedet wurden. Hiernach beinhaltet eine Nennung als (Ko-) Autor, dass

(1)	ein substanzieller Beitrag zu Konzeption und Design, zur Datengewinnung oder zur Datenanalyse und Interpretation der Daten erbracht wurde,

(2)	der Entwurf eines Manuskripts erstellt oder ein Manuskript kritisch bezüglich eines relevanten intellektuellen Beitrags überarbeitet wurde,

(3)	die finale Manuskriptfassung zur Publikation freigegeben wurde.

Autoren sollten alle drei genannten Kriterien erfüllen. […] Die Einwerbung der Studienfinanzierung, die Gewinnung der Daten oder die Aufsicht der Forschergruppe rechtfertigen für sich allein genommen keine Autorenschaft. […] Jeder Autor sollte in ausreichendem Maße an der Forschungsarbeit beteiligt gewesen sein, um die entsprechenden Teile der Arbeit öffentlich verantworten zu können (vgl. ICME 2008).

Es ist charakteristisch für epidemiologische Studien, dass mehrere Wissenschaftler gemeinsam die Grundlagen dafür schaffen, dass spezifische Publikationen aus einer Studie entstehen können. Dies sollte sich dann auch darin niederschlagen, dass die jeweils Beteiligten die Gelegenheit bekommen, an der jeweiligen Publikation mitzuwirken. Um den Besonderheiten einer gegebenen Studie gerecht zu werden, kann es sich gerade bei großen und längerfristig angelegten Projekten lohnen, eine studienspezifische Publikationsvereinbarung zu treffen, die für alle Projektpartner bindend ist. Entsprechende Forderungen sind daher auch Bestandteil diverser Forschungsförderer. Ein Beispiel für solche Regeln, die eine gleichberechtigte und faire Beteiligung aller Wissenschaftler an den Publikationsaktivitäten einer multizentrischen Studie sicherstellen sollen, gibt IDEFICS (2011).

Leitlinie 10: Interpretation

"Die Interpretation der Forschungsergebnisse einer epidemiologischen Studie ist Aufgabe des Autors/der Autoren einer Publikation. Grundlage jeder Interpretation ist eine kritische Diskussion der Methoden, Daten und Ergebnisse der eigenen Untersuchung im Kontext der vorhandenen Evidenz. Alle Publikationen sollten einem externen Review unterworfen werden."

Die Bewertung der Studienergebnisse erfordert eine kritische Auseinandersetzung mit möglichen methodischen Schwachstellen in Design, Durchführung und Analyse. Dabei ist zunächst zu diskutieren, inwiefern die beobachteten Assoziationen zufällig bedingt sein können und ob die eingesetzten statistischen Testverfahren adäquat eingesetzt wurden (siehe hierzu auch die Ausführungen in Kapitel 6 bzw. Anhang S). Sodann ist zu erörtern, ob die Ergebnisse durch Selektions- oder Informationsbias erklärt werden können (siehe Abschnitt 4.4). Diesbezügliche Fehlerquellen in Design oder Durchführung der Studie sollten benannt und hinsichtlich ihres möglichen Einflusses auf die Studienergebnisse möglichst auch quantitativ bewertet werden. Dabei können Sensitivitätsanalysen helfen, die Robustheit der Ergebnisse gegenüber Verzerrungen unter realistischen Alternativ-Szenarien abzuschätzen. Dies gilt auch für die Diskussion artifiziell durch Confounding hervorgerufener oder verschleierter Assoziationen. Insbesondere ist zu hinterfragen, ob alle relevanten Confounder berücksichtigt wurden und ob die Adjustierung residuelles Confounding als Erklärungsmöglichkeit ausschließen lässt.

Erst wenn diese Aspekte weitgehend vollständig geklärt sind, sollten die Ergebnisse vor dem Hintergrund vorhandenen Wissens inhaltlich bewertet werden. Dabei können die in Abschnitt 3.1.1 diskutierten Kausalitätskriterien eine Orientierung geben.

Sofern die Studiendaten keine Assoziation zwischen den interessierenden Einflussgrößen und der Zielvariable erkennen lassen, darf hieraus nicht ohne Weiteres gefolgert werden, dass ein solcher Zusammenhang tatsächlich nicht besteht. Auch hier muss die Rolle des Zufalls (Fehler 2. Art), von Verzerrung und negativem Confounding als Erklärungsmöglichkeit diskutiert werden. Darüber hinaus ist aber vor allem die Qualität der Expositionsermittlung kritisch zu hinterfragen. Wenn die interessierende Einflussgröße nur ungenau erfasst wurde, so kann nicht differenzielle Fehlklassifikation der Exposition eine Ursache für falsch negative Befunde darstellen (siehe Abschnitt 4.4).

Leitlinie 11: Kommunikation und Public Health

"Epidemiologische Studien, deren Anliegen die Umsetzung von Ergebnissen in gesundheitswirksame Maßnahmen ist, sollten die betroffenen Bevölkerungsgruppen angemessen einbe-

ziehen und eine qualifizierte Risikokommunikation mit der interessierten Öffentlichkeit an-
streben. "

Epidemiologie hat die Aufgabe, Wissen zu generieren, das für die Gesundheit der Allgemeinheit relevant ist, und dieses Wissen anzuwenden. Daraus ergibt sich die ethische Verpflichtung, diese Erkenntnisse auch der Gesellschaft zu vermitteln (Weed & McKeown
2003). Die Publikation von Forschungsergebnissen hat daher nicht nur große Bedeutung für
den wissenschaftlichen Fortschritt; sie liefert auch einen entscheidenden Beitrag für Prävention, Diagnostik und Therapie. Eine Nichtveröffentlichung von Ergebnissen, seien diese positiv oder negativ, führt zu einer Verzerrung des aktuellen Wissensstandes und beeinträchtigt
somit den auf diesem Wissen aufbauenden Gesundheitsschutz und die alltägliche medizinische Versorgung der Patienten und Patientinnen.

Die grundgesetzlich geschützte Freiheit der Forschung schließt ein uneingeschränktes Veröf-
fentlichungsrecht von Wissenschaftlern ein. Dieses lässt sich aus der Verpflichtung des Staa-
tes herleiten, im Bereich des mit öffentlichen Mitteln eingerichteten und unterhaltenen Wis-
senschaftsbetriebes für die Unantastbarkeit der Forschungsfreiheit zu sorgen. Allerdings
kann es im Einzelfall erforderlich sein, auf die Schutzrechte Dritter, die durch eine Veröffentlichung berührt sein können, Rücksicht zu nehmen. Auf Seiten des Förderers einer epidemiologischen Studie könnte dies den Schutz von betrieblichen Geheimnissen und Patent-
entwicklungen oder aber die Gefahr wirtschaftlicher Nachteile betreffen. Hier sind im Vorfeld einer Publikation Regeln zu vereinbaren, die Veröffentlichungen ermöglichen, aber dem
Sponsor die notwendigen Informationen geben, um sich rechtzeitig auf die möglichen Folgen einzustellen. In analoger Weise kann die Rücksichtnahme auf Schutzrechte von Betroffenen erforderlich sein, die über die selbstverständliche Wahrung des Datenschutzes hinausgeht und der Vermeidung von Nachteilen für Studienteilnehmer oder betroffene Bevölkerungsgruppen dient. Das Konfliktfeld, in dem sich die epidemiologische Forschung hier bewegt, wurde z.B. von Last (1991) ausführlich diskutiert.

Epidemiologische Forschung bewegt sich zudem häufig im Spannungsfeld zwischen wirtschaftlichen Interessen und der Vermeidung gesundheitsgefährdender Einwirkungen. Wider-
streitende Interessen der Forscher, der Geldgeber und der von der Forschung betroffenen
Menschen können daher die Publikation von Studienergebnissen behindern. So wollen Auftraggeber aus politischen oder ökonomischen Interessen eine Veröffentlichung oft nur mit
ihrer Zustimmung zulassen. Betroffene haben zwar ein Interesse an einem umfassenden Gesundheitsschutz, aber die Angst vor wirtschaftlichen Nachteilen, die sich z.B. durch Arbeitsschutzauflagen ergeben, kann bei ihnen auch das Gegenteil bewirken.

Als Betroffene sind nicht nur die Teilnehmer an einer Studie, die möglicherweise aufwändigen medizinischen Untersuchungen oder Befragungen ausgesetzt wurden, anzusehen, sondern auch mittelbar Betroffene, für die die Studienergebnisse direkte Konsequenzen haben
können. Beide Betroffenengruppen haben in der Regel das Interesse und auch das Recht,
über die Ergebnisse einer wissenschaftlichen Studie bzw. die sich daraus ergebenden Auswirkungen in verständlicher Weise informiert zu werden. Studienteilnehmer selbst haben
darüber hinaus den Anspruch, ihre persönlichen Messergebnisse zu erfahren. Es genügt also
nicht, die Studie und die daraus gewonnenen Erkenntnisse in wissenschaftlichen Fachzeitschriften zu publizieren, sondern diese müssen z.B. auch für die Massenmedien in allgemein
verständlicher Weise aufbereitet werden.

Auch Studien, die keine Zusammenhänge zwischen einer vermuteten schädlichen Einwirkung und einer gesundheitlichen Beeinträchtigung aufzeigen konnten, müssen veröffentlicht werden, denn Betroffene haben ein Recht zu erfahren, ob eine evtl. bestehende Sorge über eine vermutete Gefährdung entkräftet werden konnte. Dies lässt sich auch aus der Helsinki-Deklaration ableiten: "Negative as well as positive results should be published ..." (Helsinki-Deklaration Absatz 27, WMA 2008). Dabei sind die Daten differenziert zu interpretieren, da das Fehlen eines Zusammenhanges nicht automatisch als Nachweis eines Nicht-Zusammenhangs gelten kann, d.h. *absence of evidence is not evidence of absence* (Day 1985). Daher ist es wichtig, die Evidenz anderer Studien mit ähnlichen Fragestellungen zusätzlich zu Rate zu ziehen, um zu beurteilen, ob die negativen Ergebnisse durch andere qualitativ gute Studien gestützt werden. Dies ist aber nur möglich, wenn negative und positive Studien gleichermaßen publiziert werden.

Bereits 1991 veröffentlichte der internationale Verband der chemischen Industrie (CMA, Chemial Manufacturers Association) so genannte Guidelines for Good Epidemiology Practices for Occupational and Environmental Epidemiologic Research (GEP) (CMA 1991, Cook 1991), in denen die umfassende Publikation von Studienergebnissen als integraler Bestandteil guter Praxis angesehen werden, wofür sowohl Studienleitung als auch Sponsor gleichermaßen Verantwortung tragen. Das Verfahren zur Kommunikation sollte danach schon vor Beginn der Studie z.B. im Studienprotokoll festgelegt werden, wobei drei Gruppen von Adressaten unterschieden werden können: (1) Amtliche Stellen sind hinsichtlich aller Aspekte zu informieren, die regulatorische Erfordernisse betreffen, (2) die wissenschaftliche Fachwelt ist mittels Veröffentlichungen und Vorträgen auf wissenschaftlichen Kongressen, Symposien oder Workshops so umfassend wie möglich zu informieren, (3) alle Studienteilnehmer sollen über die Ergebnisse, ihre Interpretation und daraus abgeleitete Schlussfolgerungen mittels Zusammenkünften, Briefen, Newslettern oder elektronischen Medien in verständlicher Sprache informiert werden (CMA 1991).

Insbesondere die Information der Öffentlichkeit und der Betroffenen fällt Wissenschaftlern of schwer, da sie typischerweise keine Ausbildung in Risikokommunikation und im Umgang mit modernen Informationsmedien haben. Einerseits sollte Panikmache vermieden werden. Andererseits tragen Epidemiologen die Verantwortung, einen begründeten Verdacht über mögliche Gesundheitsrisiken auch dann zu kommunizieren, wenn dieser noch nicht vollständig gesichert ist, um so dem Vorsorgeprinzip (engl. *Precautionary Principle*) Rechnung zu tragen. Sie müssen dabei die Balance zwischen der Aufklärung über eventuelle Risiken mit ihren Implikationen und der Vermittlung der Limitationen und Unsicherheiten der Studienergebnisse finden. In einem acht Punkte umfassenden Leitfaden zu den Kommunikationspflichten macht Sandman es zu einer ethischen Verpflichtung für Epidemiologen, sich dieser Herausforderung zu stellen: "I do argue that poor communication compromises even the best epidemiology, and that epidemiologists therefore have communication responsibilities that cannot be ignored." (Sandman 1991).

Zu den Publikationspflichten gehört auch die Offenlegung möglicher Interessenkonflikte, um Zweifeln an der Unabhängigkeit der Forschung vorzubeugen. Folgerichtig verlangen angesehene wissenschaftliche Fachzeitschriften entsprechende schriftliche Erklärungen aller Autoren und Autorinnen eines Manuskriptes, bevor dieses zur Publikation freigegeben wird. Dazu gehört selbstverständlich auch die Nennung der Geldgeber für die publizierte Studie und die Angabe, ob ein Autor finanzielle Zuwendungen erhalten hat, die seine Unabhängigkeit in Frage stellen könnten.

Weitere Ausführungen zu den Publikationspflichten und -rechten finden sich in Ahrens & Jahn (2009).

7.2   Aufbau und Inhalt einer epidemiologischen Publikation

Wissenschaftliche Publikationen sind das zentrale Instrument, um die Ergebnisse epidemiologischer Studien zu kommunizieren und neue Erkenntnisse auf einem bestimmten Gebiet in den Kontext des bereits vorhandenen Wissens einzuordnen. Die Fähigkeit zur Ermittlung des aktuellen Wissensstands in einem Forschungsbereich und zur kritischen Auseinandersetzung mit bisherigen Studien auf einem Gebiet ist daher als eine Grundfertigkeit wissenschaftlichen Arbeitens anzusehen.

Zum Teil werden Lehrveranstaltungen in der Epidemiologie von einem so genannten *Journal Club* begleitet, in dem Studierende lernen, epidemiologische Publikationen zu verstehen, zu analysieren und hinsichtlich ihrer methodischen Stärken und Schwächen kritisch zu bewerten. In Abschnitt 7.3 werden wir einen solchen Journal Club anhand einer konkreten Studie "simulieren". Dazu stellen wir zunächst Kriterien vor, die zur Beurteilung der Qualität einer epidemiologischen Originalarbeit herangezogen werden können. Dabei fokussieren wir uns auf epidemiologische Beobachtungsstudien in Abgrenzung zu randomisierten klinischen Studien, systematischen Reviews oder Metaanalysen, für die noch andere bzw. weitere Aspekte in eine Bewertung einfließen müssen.

Wissenschaftliche Originalarbeiten folgen im Allgemeinen einer ähnlichen Grundstruktur, die variiert werden kann, um den Erfordernissen einer spezifischen Studie gerecht zu werden. Nach allgemeinem Standard gliedert sich eine Publikation in die Abschnitte

–   Zusammenfassung,

–   Einleitung und Fragestellung (*Warum haben die Autoren die Studie durchgeführt?*),

–   Material und Methoden (*Wie haben die Autoren die Studie durchgeführt und die Ergebnisse ausgewertet?*),

–   Ergebnisse (*Welche Resultate haben die Autoren ermittelt?*),

–   Diskussion und Schlussfolgerungen (*Was bedeuten die Ergebnisse?*),

–   Literatur.

Der Ergebnisteil wird in der Regel durch Tabellen und Abbildungen ergänzt. Hinzu sollten immer auch Angaben zur Finanzierung oder anderweitiger Unterstützung der Studie sowie zu möglichen Interessenskonflikten vorhanden sein (siehe Abschnitt 7.1, Leitlinie 11).

Die *Zusammenfassung* folgt der gleichen Reihenfolge wie die Publikation selbst und fasst – häufig in nicht mehr als 300 Worten – die Fragestellung, den methodischen Ansatz, die zentralen Ergebnisse und Schlussfolgerungen zusammen. Man sollte jedoch nicht erwarten, dass dieser Abstrakt alle wesentlichen Informationen enthält, denn das von den wissenschaftlichen Zeitschriften vorgeschriebene Wortlimit zwingt die Autoren oftmals dazu, wesentliche Teile wegzulassen.

Die *Einleitung* ordnet die Studie in den Forschungshintergrund ein und begründet die Relevanz der untersuchten Forschungsfrage. Dabei sollten die wesentlichen Informationen gegeben werden, die es dem Leser ermöglichen, die Forschungsfrage in den wissenschaftlichen *Kontext* einzuordnen und seine *Relevanz* zu beurteilen. Dabei wird der aktuelle Wissensstand zusammengefasst und die spezifischen Erkenntnisse und Kenntnislücken, aus denen die untersuchte Forschungsfrage hergeleitet wird, werden beschrieben. Die Relevanz der untersuchten Fragestellung ergibt sich häufig aus dem Public Health Kontext, dem vermuteten Präventionspotenzial oder möglichen Konsequenzen für Früherkennung, Diagnostik oder Therapie. Bei neuen epidemiologisch-ätiologischen Fragestellungen wird häufig auch auf tierexperimentelle oder molekularbiologische Studien Bezug genommen, die einen *biologischen Wirkmechanismus* beschreiben, der den untersuchten Zusammenhang plausibel macht. Typischerweise mündet die Einleitung in eine oder mehrere konkret formulierte Fragestellungen. Diese können im Falle deskriptiver oder explorativer Studien relativ allgemein gehalten sein, während konfirmatorisch zu testende *Hypothesen* unter Angabe des erwarteten Ergebnisses konkret ausformuliert sein sollten. Das Verständnis der Operationalisierung der Fragestellung erfordert u.U. die Hinzuziehung des Methodenteils (siehe hierzu auch Abschnitt 7.1, Leitlinie 2).

Material und Methoden sind zentrale Abschnitte einer epidemiologischen Publikation. Diese Teile sollten detailliert genug sein, um die Vorgehensweise der Studiendurchführung nachvollziehen zu können. Oftmals wird jedoch für methodische Details auch auf vorangegangene Publikationen des Autors verwiesen. Häufig ist der Methodenteil einer Arbeit auch sehr stark kondensiert und dadurch schwer verständlich, so dass ein besonders sorgfältiges Lesen erforderlich ist, um die methodischen Stärken und Schwächen einer Studie beurteilen zu können.

Der methodische Abschnitt einer epidemiologischen Publikation widmet sich in der Regel zunächst der Beschreibung des allgemeinen *Studiendesigns*, der Definition der *Studienpopulation*, den Ein- und Ausschlusskriterien und den Methoden zur *Rekrutierung* der Studienteilnehmer. Aus den Angaben sollte hervorgehen, für welche *Zielpopulation* die Studie eine Aussage liefern soll. Die Auswahl- bzw. Rekrutierungsverfahren und die dabei angewendeten *Ein- und Ausschlusskriterien* sollten so genau beschrieben werden, dass beurteilt werden kann, ob sie die *Vollständigkeit* der Untersuchungsgruppe gewährleisten können bzw. ob die Studie anfällig für Selektionseffekte ist. Weiterhin sind hier die analysierten Variablen beschrieben und die *Instrumente* oder *Messmethoden*, mittels derer die untersuchten *Endpunkte, Einflussfaktoren und Störgrößen* erfasst sowie operationalisiert wurden. Die diesbezüglichen Angaben sollten eine Bewertung der Anfälligkeit für Information Bias erlauben. Bei experimentellen Studien wird hier die Art und Dauer der Intervention beschrieben. Außerdem sollten die Methoden auch eine Begründung des Studienumfangs beinhalten, oder zumindest eine *Powerkalkulation*, um eine Beurteilung der Erfolgschancen der Studie zu ermöglichen. Dies ist leider häufig nicht der Fall. Die Beschreibung der eingesetzten *statisti-*

schen Analyseverfahren, der entwickelten Modelle und der verwendeten Software sowie die Festlegung des Signifikanzniveaus erfolgt meist am Ende des Methodenteils. Hierbei wäre es wünschenswert, dass im Ergebnisteil Konfidenzintervalle für die geschätzten Parameter berichtet werden, da diese informativer sind als p-Werte (s.u.).

Die *Ergebnisse* einer epidemiologischen Publikation folgen oft dem Aufbau der Einleitung und der Reihenfolge der dort formulierten Fragestellungen. Der erste Teil der Ergebnisse widmet sich in der Regel der Beschreibung des Studienkollektivs. Gelegentlich wird allerdings die Beschreibung der *Teilnahmequote* und der Nichtteilnehmer bereits im Methodenteil gegeben. Werden Gruppen bezüglich definierter Merkmale miteinander verglichen, sollte im Ergebnisteil zunächst gezeigt werden, dass diese Gruppen bezüglich der interessierenden Variablen *vergleichbar* sind. Hierzu werden meist soziodemographische Merkmale wie Alter, Geschlecht und Bildung, aber auch studienbezogene Variablen wie Teilnahmequote, Interviewdauer und Confounder herangezogen. Details der Ergebnisse der Datenanalyse werden in Tabellen und ggf. Abbildungen dargestellt, deren Inhalte im Text nicht im Einzelnen wiederholt werden sollten. Stattdessen sollten die *Legenden* zu den Abbildungen und Tabellen alle erforderlichen Informationen enthalten, die für ihr Verständnis benötigt werden. Viele biomedizinische Zeitschriften verlangen, dass nicht nur p-Werte, sondern auch bzw. stattdessen Konfidenzintervalle für die Assoziationsmaße bzw. Maßzahlen berichtet werden. Die Beschreibung der Analyseergebnisse darf sich nicht allein auf die statistisch signifikanten Befunde konzentrieren, sondern muss alle Ergebnisse einbeziehen, die in Bezug auf die Fragestellung von Interesse sind. Dabei sollte auch beachtet werden, ob die Größenordnung der beobachteten Zusammenhänge relevant ist. Einerseits muss hinterfragt werden, ob Ergebnisse, die sich als statistisch signifikant herausstellen, von inhaltlicher Relevanz sind. So werden in Studien z.B. mit großen Sekundärdatenbanken leicht Ergebnisse allein aufgrund des großen Studienumfangs statistisch signifikant, ohne irgendeine Relevanz zu besitzen. Andererseits sollte nicht unbeachtet bleiben, wenn es nennenswerte Unterschiede zwischen Vergleichsgruppen gibt, die aufgrund kleiner Zellenbesetzungen statistisch nicht signifikant sind. Ein besonderes Problem stellt bei der Bewertung der statistischen Auswertung anhand von Signifikanztests die wiederholte Anwendung statistischer Tests dar (siehe auch die Diskussion zum multiplen Testen im Anhang S.4.4.1) und der unreflektierte Glaube an kleine p-Werte (Barnett & Mathisen 1997, Chia 1997). Ein statistischer Test ist kein Ersatz für eine inhaltliche Auseinandersetzung mit der Fragestellung und sollte in einem Artikel nicht unüberlegt eingesetzt werden. Insgesamt sollte die Ergebnisdarstellung Quervergleiche zwischen verschiedenen Tabellen erlauben, bei denen kritisch die *interne Konsistenz* der Ergebnisse, z.B. bezüglich der Fallzahlen und der beobachteten Zusammenhänge in verschiedenen Untergruppen, überprüfbar wird. Die Ergebnisse können zusätzliche *Sensitivitätsanalysen* einbeziehen, um die Robustheit der Ergebnisse gegenüber möglichen Verzerrungen oder unkontrolliertem Confounding zu prüfen (siehe Abschnitt 7.1, Leitlinie 10).

In der *Diskussion* werden die Studienergebnisse in Hinblick auf die formulierten Hypothesen kritisch bewertet. Es ist eine Konvention, die Diskussion mit einer prägnanten Zusammenfassung des zentralen Studienergebnisses zu beginnen. Wichtig ist eine *selbstkritische Auseinandersetzung* mit den Limitationen und Stärken der Studie, bevor die Ergebnisse inhaltlich interpretiert werden (siehe Abschnitt 7.1, Leitlinie 10). Dabei sollten die Befunde sorgfältig hinsichtlich möglicher alternativer Erklärungsmöglichkeiten abgewogen werden. Hier sind die Möglichkeiten von *Zufallsbefunden* und Artefakten durch *Fehlklassifikationen* sowie durch *systematische Verzerrungen*, die in der konkreten Studiensituation aufgetreten sein könnten, im Einzelnen zu erörtern. Gleiches gilt für *Confounding* als Erklärungsmöglichkeit. Erst wenn diese alternativen Deutungen ausgeschlossen werden können oder zumindest unwahrscheinlich sind, macht eine inhaltliche Interpretation der Ergebnisse Sinn. Diese Interpretation sollte sich auf die *Fakten der Studie* konzentrieren, die durch die präsentierten Studiendaten gestützt werden und mögliche Spekulationen bzw. daraus abgeleitete neue Hypothesen klar davon abgrenzen. Insofern sollte die Interpretation der Daten *konservativ* sein und keine vorschnellen Schlussfolgerungen aus unsicheren Ergebnissen ziehen. Die Diskussion sollte herausarbeiten, inwiefern die vorliegenden Ergebnisse im Einklang bzw. im Widerspruch zu früheren Studien stehen und welche neuen Erkenntnisse die Studie beiträgt. Dies erfordert eine adäquate *Auseinandersetzung mit der Literatur*. Dabei muss sich die Diskussion auf die eigenen Ergebnisse beziehen, darf sich aber nicht auf deren Wiederholung beschränken. Gelegentlich ist zu beobachten, dass in der Diskussion andere Fragestellungen erörtert werden, als sie eingangs formuliert wurden. Es sollte deshalb darauf geachtet werden, dass in der Diskussion auch tatsächlich die zuvor formulierten *Hypothesen und Fragestellungen beantwortet* werden.

Die *Schlussfolgerungen* bilden den Abschluss der Diskussion. Hier sollten häufig verwendete Allgemeinplätze wie "weitere Forschung ist erforderlich" vermieden werden. Vielmehr sind hier die Studienergebnisse vor dem Hintergrund bereits vorhandenen Wissens und trotz der immer vorhandenen Limitationen auf mögliche konkrete Konsequenzen für Prävention und/oder den erzielten Wissensfortschritt hin zu bewerten.

Dieser Standardaufbau wissenschaftlicher Arbeiten bietet ein grobes Raster, an dem man sich bei der kritischen Auseinandersetzung mit einer Publikation orientieren kann. Im anschließenden Beispiel werden zu jedem Abschnitt einer epidemiologischen Publikation einige Leitfragen gegeben, die Hilfestellung bei der kritischen Auseinandersetzung mit der jeweiligen Studie geben, wobei allerdings nicht jede Einzelfrage immer auf jede spezielle Studiensituation passen muss.

Beispiel: Leitfragen zum kritischen Lesen epidemiologischer Originalarbeiten

Einleitung
–   In welchen Kontext wurde die Forschungsfrage eingeordnet?
–   Warum ist das Thema relevant?
–   Ist der untersuchte Zusammenhang biologisch plausibel?
–   Welche Hypothesen wurden genau verfolgt?
–   Welches ist die Haupthypothese?

Material und Methoden
–   Um welchen Studientyp handelt es sich?
–   Eignet sich das Design zur Beantwortung der Hypothesen?
–   Wie ist die Zielpopulation definiert?
–   Worin besteht die Datenbasis der vorliegenden Auswertung (Umfang der Untersuchungspopulation, Ein- und Ausschlusskriterien, Auswahlverfahren und Rekrutierung, Vollständigkeit)?
–   Welche Vergleichsgruppen wurden betrachtet und bieten sich bessere Alternativen an?
–   Reicht die statistische Power der Studie, um die Haupthypothese zu beantworten?
–   Mit welchen Instrumenten bzw. Messmethoden wurden die Expositionen ermittelt?
–   Wie wurden die Endpunkte/Diagnosen ermittelt?

- Wurden alle relevanten Confounder berücksichtigt und wenn ja, wie?
- Welche Maße zur Beschreibung der Assoziation wurden eingesetzt?
- Welches Signifikanzniveau wurde gewählt?
- Sind die eingesetzten statistischen Verfahren adäquat?

Ergebnisse
- Welches sind die Hauptergebnisse?
- Bei Vergleichsgruppen: sind diese wirklich vergleichbar und wenn nicht, wie wurde dies in der Analyse berücksichtigt?
- Wurden Sensitivitätsanalysen zur Prüfung der Robustheit der Ergebnisse durchgeführt?
- Sind die Ergebnisse in sich schlüssig?
- Sofern Zusammenhänge beobachtet wurden, ist ihre Größenordnung medizinisch oder biologisch relevant?
- Sind Tabellen und Abbildungen einschließlich ihrer Legenden selbsterklärend?
- Wird im Text auf jede Tabelle/Abbildung Bezug genommen?

Diskussion und Schlussfolgerungen
- Ist eine kritische Auseinandersetzung mit alternativen Erklärungsmöglichkeiten erfolgt?
- Gibt es Hinweise auf
  - o   Zufallsbefunde der Ergebnisse
  - o   Selektionseffekte, z.B. durch hohe Non-Response
  - o   Information Bias, z.B. durch Untersuchereffekte
  - o   Unkontrolliertes Confounding, z.B. durch unvollständige Adjustierung
- und wurden diese angemessen diskutiert?
- Ist die Diskussion Bezug nehmend auf den bisherigen wissenschaftlichen Kenntnisstand konservativ?
- Werden die Schlussfolgerungen durch die Daten der Studie gestützt?
- Erfolgte eine adäquate Auseinandersetzung mit der Literatur?
- Wurden die eingangs formulierten Hypothesen beantwortet?
- Resumé:
  - o   Welches sind die wichtigsten Stärken bzw. Schwächen der Studie?
  - o   Welche Botschaft wird vermittelt?

7.3   Kritisches Lesen einer epidemiologischen Publikation

Im Folgenden werden wir anhand eines Beispiels diskutieren, wie die im vorangegangenen Abschnitt eingeführten Leitfragen in der Praxis angewendet werden können, um die Publikation einer epidemiologischen Studie kritisch zu bewerten. Dabei können durchaus auch subjektive Einschätzungen und Bewertungen vorkommen, die möglicherweise nicht von allen Epidemiologen geteilt werden. Daher haben wir bewusst nicht die Arbeit eines Fachkollegen, sondern die Publikation einer Studie ausgewählt, die in der Verantwortung einer der Buchautoren durchgeführt und publiziert wurde (Ahrens et al. 2007; siehe Anhang P).

Anhand dieser Publikation lassen sich die meisten der in Abschnitt 7.2 angesprochenen Aspekte verdeutlichen. Nach Einschätzung von Altman (1994) (vgl. auch Greenhalgh 1997) ist ein großer Teil der medizinischen Fachliteratur von schlechter Qualität bzw. nicht von wissenschaftlichem oder praktischem Nutzen. Diese Einschätzung ist für die meisten Studierenden eine Überraschung, und wir wollen es dem Leser überlassen, am Ende dieser kritischen Auseinandersetzung mit der Studie von Ahrens et al. (2007) zu entscheiden, ob diese Publikation zum Nutzen für die Wissenschaft oder Praxis ist.

Einleitung

Das Ziel der Studie ist die Identifikation von Lebensstilfaktoren und Vorerkrankungen, die Risikofaktoren für die Entstehung von Gallenblasen- und Gallenwegstumoren bei Männern darstellen.

In welchen Kontext wurde die Forschungsfrage eingeordnet?
Es wird erläutert, dass wenig über die Ursachen von Gallenblasen- und Gallenwegstumoren bekannt ist, insbesondere bei Männern, bei denen Gallenwegstumoren häufiger auftreten als bei Frauen (S. 624, Abs. 1 und 4; Seitenzahlen, Tabellennummern und Absätze beziehen sich auf die Originalpublikation, Anhang P). Es werden Hinweise darauf gegeben, dass sich die Ätiologie der verschiedenen Lokalisationen unterscheidet (S. 624, Abs. 2 und 4).

Warum ist das Thema relevant?
Die Autoren stellen heraus, dass die untersuchten Tumoren eine schlechte Prognose haben (S. 624, Abs. 1 und 3). Zudem ergibt sich die Relevanz aus der Tatsache, dass die Ätiologie noch weitgehend unerforscht ist (S. 624, Abs. 1).

Ist der untersuchte Zusammenhang biologisch plausibel?
Es wird eine Reihe von lokalisierten Vorerkrankungen aufgeführt, die den Gallenbereich direkt oder indirekt in Mitleidenschaft ziehen können, wie Gallensteine, chronische Entzündungen oder Fehlbildungen, und für die mehr oder weniger starke Evidenz für eine Assoziation mit den untersuchten Tumoren vorhanden ist (S. 624, Abs. 4).

Welche Hypothesen wurden genau verfolgt? Welches ist die Haupthypothese?
Es wird keine konfirmatorisch prüfbare Haupthypothese formuliert. Stattdessen wird darauf hingewiesen, dass Lebensstilfaktoren und Vorerkrankungen in Bezug auf die Entstehung von Gallenwegstumoren bei Männern untersucht werden sollen. Dies entspricht einem explorativen Ansatz, der die bis dato unbekannten Risikofaktoren seltener Tumoren aufdecken soll (S. 624, Abs. 4).

Material und Methoden

Um welchen Studientyp handelt es sich? Eignet sich das Design zur Beantwortung der Hypothesen?
Es handelt sich um eine populationsbasierte Fall-Kontroll-Studie (S. 624, Abs. 5). Da die untersuchte Erkrankung extrem selten ist und da parallel mehrere Expositionen untersucht werden mussten, stellt dieser Studientyp trotz der schwierigen retrospektiven Expositionsermittlung das am besten geeignete Design dar, um mögliche Krankheitsursachen aufzudecken. Da die Inzidenz der Erkrankung in der Größenordnung von nur 1 pro 100.000 Personenjahren liegt, scheidet eine Kohortenstudie für die untersuchte Fragestellung praktisch aus.

Wie ist die Zielpopulation definiert?
Die Zielpopulation sind europäische Männer (S. 624, Abs. 4), wobei das Alter der Zielpopulation nicht klar definiert ist. Lediglich aus der Beschreibung der Studienpopulation wird deutlich, dass die Fälle zwischen 35 und 70 Jahre alt sind (S. 624, Abs. 7).

Worin besteht die Datenbasis der vorliegenden Auswertung?
Die Auswahlpopulation für Fälle und Kontrollen besteht aus der Gesamtbevölkerung Dänemarks und der Wohnbevölkerung ausgewählter Verwaltungsbezirke Deutschlands, Frankreichs, Italiens und Schwedens (S. 624, Abs. 5). Der Studienumfang wird erst im Ergebnisteil dargestellt, wobei Tab. 1 beschreibt, wie viele Fälle und Kontrollen die Einschlusskriterien erfüllen und wie viele davon an der Studie teilgenommen haben.

Im Methodenteil wird lediglich beschrieben, dass pro Land mindestens 20 Fälle und ausreichend viele Populationskontrollen rekrutiert werden mussten (S. 624, Abs. 5). Dabei fehlt eine Definition von "ausreichend viele". Diesbezüglich ist eine Besonderheit der Studie zu berücksichtigen, nämlich dass die Kontrollgruppe parallel für mehrere verschiedene seltene Tumorlokalisationen eingesetzt wurde und so groß gewählt wurde, dass für jede Fallgruppe ein Matchingverhältnis von mindestens 1:4 erreicht wurde (S. 624, Abs. 8). Tab. 1 ist zu entnehmen, dass dieses Verhältnis im Fall der vorliegenden Studie deutlich übertroffen wird. Kontrollen wurden mittels Häufigkeitsmatching für Alter (innerhalb von 5-Jahres-Geburtskohorten), Geschlecht und Wohnregion zugeordnet. Angesichts der Seltenheit der untersuchten Tumoren ist die Vergrößerung der Kontrollgruppe durch ein 1:k-Matching ein empfohlenes Verfahren, um die statistische Power einer Studie zu erhöhen. Leider machen die Autoren keine Angaben zu der Größe der mit diesem Studienumfang aufdeckbaren Risiken.

Als Fälle wurden nur 35 bis 70 Jahre alte Patienten zugelassen, die innerhalb eines Zeitraumes von 2,5 Jahren neu erkrankt waren und zu dem Zeitpunkt in einer der definierten Studienregionen wohnten. Es wurden nur bösartige Tumoren der bezeichneten Lokalisationen eingeschlossen. Alle Diagnosen wurden einem zentralen Review unterzogen und in die Kategorien "definitiv" (= histopathologisch gesichert) und "möglich" eingeteilt (S. 624, Abs. 7). Dieses Vorgehen ist angemessen, um mögliche Verzerrungen durch Fehlklassifikationen der Fälle zu vermeiden. Durch die Beschränkung auf inzidente Fälle vermeidet die Studie darüber hinaus auch eine Überrepräsentation von langlebigen Fällen (Survivaleffekte; siehe dazu auch Abschnitt 3.3.3). Gemäß den Matchingkriterien ist davon auszugehen, dass die Einschlusskriterien der Kontrollpersonen bzgl. Wohnsitz, Alter und Geschlecht denen der Fälle entsprechen und somit die Voraussetzung dafür gegeben ist, dass beide Gruppen der gleichen Population unter Risiko entstammen.

Da die Kontrollpersonen zufällig aus Bevölkerungsregistern gezogen wurden, die als weitestgehend vollständig gelten können, ist anzunehmen, dass diese die Auswahlpopulation adäquat abbilden. Es wurden große Anstrengungen unternommen, um alle in den Studienregionen während des Untersuchungszeitraumes neu erkrankten Fälle zu identifizieren, indem verschiedene Informationsquellen wie klinische Unterlagen, Pathologieberichte und Krebsregister durchsucht wurden (S. 624, Abs. 7). Diese Bemühungen machen es wahrscheinlich, dass die inzidenten Fälle weitgehend vollständig erfasst werden konnten.

Die Kontaktprozeduren der Studie entsprechen dem üblichen Standard, also Anschreiben und anschließender Telefonkontakt. Wichtig ist, dass Interviewereffekten dadurch entgegengewirkt wurde, dass Fälle und Kontrollen nicht wie bei vielen Studien üblich nacheinander, sondern zeitlich parallel befragt wurden (S. 624, Abs. 9).

Bezüglich der Vollständigkeit der Datenerhebung, also der Befragung, ist festzustellen, dass die Teilnahmebereitschaft mit 71% bei Fällen höher war als bei Kontrollen (61%). Ein unterschiedlicher Response bei Fällen und Kontrollen kann mit unterschiedlichen Selektionseffekten zwischen beiden Gruppen einhergehen und damit deren Vergleichbarkeit beeinträchtigen. Hinzu kommt, dass die Teilnahmebereitschaft in den nordeuropäischen Ländern und Deutschland bei Kontrollpersonen relativ niedrig war (S. 625, Tab. 1), so dass besonders in der Vergleichsgruppe Selektionseffekte zu befürchten sind.

Welche Vergleichsgruppen wurden betrachtet und bieten sich bessere Alternativen an?
Es handelt sich um eine populationsbasierte Studie, bei der eine vollständige Erfassung aller inzidenten Fälle im definierten Zeitfenster angestrebt wurde. Fälle werden mit zufällig ausgewählten Kontrollpersonen verglichen. Eine Zufallsauswahl der Wohnbevölkerung der gleichen Region innerhalb des gleichen Zeitfensters stellt dabei die bestmögliche Vergleichsgruppe dar.

Reicht die statistische Power der Studie, um die Haupthypothese zu beantworten?
Mit der Studie wird keine konfirmatorisch zu testende Hypothese verfolgt. Eine Powerkalkulation zur Abschätzung der aufdeckbaren Risiken wird nicht berichtet (siehe oben). Insgesamt bleibt unklar, welche Risikoerhöhung die Studie aufdecken sollte.

Mit welchen Instrumenten bzw. Messmethoden wurden die Expositionen ermittelt?
Alle Studienteilnehmer wurden mittels eines standardisierten Fragebogens durch geschulte Interviewer befragt. Dabei erfolgte insofern eine Qualitätssicherung, als die Interviewer während der Datenerhebung monitoriert wurden und angewiesen waren, sich streng an den Wortlaut der vorformulierten Fragen zu halten (S. 625, Abs. 2). Art und Umfang der Monitorierung sind nicht beschrieben. Die Tatsache, dass die in Englisch entwickelten Fragebögen jeweils in die Landessprache übersetzt und anschließend rückübersetzt wurden, um die internationale Vergleichbarkeit der Fragen sicherzustellen (S. 625, Abs. 2), ist ein Hinweis auf eine gute Qualitätssicherung.

Allerdings könnte die Vergleichbarkeit zwischen den Ländern dadurch beeinträchtigt worden sein, dass in einigen Ländern die Interviews per Telefon durchgeführt wurden, während in anderen so genannte Face-to-Face-Interviews erfolgten (S. 625, Abs. 1).

Dadurch, dass die interessierenden Expositionen sich auf definierte Zeiträume bzw. Zeitpunkte vor der Diagnose beziehen (S. 625, Abs. 6-8) und indem Vorerkrankungen innerhalb der letzten drei Jahre vor Diagnose des Gallenwegstumors ausgeschlossen wurden (S. 625, Abs. 9), versucht die Studie zu vermeiden, dass krankheitsbedingte Verhaltensänderungen fälschlicherweise als ursächliche Faktoren erscheinen (engl. Reverse Causation). Die retrospektive Ermittlung nimmt Fehlklassifikationen durch Erinnerungslücken in Kauf. Allerdings kommt eine Messung z.B. des Gewichts zum Zeitpunkt der Befragung nicht in Betracht, da sich dieses krankheitsbedingt verändert haben kann, was aus Gründen der Vergleichbarkeit auch für die Kontrollpersonen gilt. Mit dieser Methode akzeptieren die Autoren also ein unbekanntes Maß an Fehlklassifikation der Expositionen. Um diesen Erinnerungsfehler bezüglich der selbst berichteten Vorerkrankungen zu minimieren, wurden die Studienteilnehmer zumindest sowohl nach dem Zeitpunkt der jeweiligen Diagnose als auch nach einer ärztlichen Bestätigung gefragt.

Ungefähr ein Drittel der Fälle, aber weniger als 10% der Kontrollen waren zum Zeitpunkt der Befragung verstorben oder zu krank für ein Interview. Anstelle dieser Studienteilnehmer wurden Angehörige oder Freunde (engl. Next-of-Kin) befragt (S. 625, Abs. 1; S. 626, Abs. 1). Es ist davon auszugehen, dass einige der erhobenen Merkmale auf diese Weise nur sehr ungenau erfasst werden können. In dieser Studie dürfte dies vor allem die Entwicklung des Körpergewichts und länger zurückliegende Vorerkrankungen betreffen. Darüber hinaus kann der unterschiedliche Anteil dieser Angehörigeninterviews künstliche Unterschiede zwischen Fällen und Kontrollen zur Folge haben. Dadurch bedingte Verzerrungseffekte wurden im Rahmen von Sensitivitätsanalysen untersucht (S. 625, Abs. 10) bzw. durch Weglassen dieser Angehörigeninterviews vermieden (S. 626, Tab. 3). Letzteres hatte allerdings auch eine erhebliche Reduktion der statistischen Power zur Folge, da es sich bei ca. einem Drittel aller Interviews mit Fällen um Angehörigeninterviews handelte. Trotzdem ist dieses Vorgehen sinnvoll, um durch einen Vergleich der jeweiligen Ergebnisse die Auswirkungen der Angehörigeninterviews beurteilen zu können.

Wie wurden die Endpunkte/Diagnosen ermittelt?
Die Diagnosedaten wurden aus klinischen Unterlagen entnommen (S. 624, Abs. 7), wobei für 78% der Fälle histologische Präparate der Diagnosesicherung zugrunde lagen (S. 625, Abs. 11). Insofern ist von einer validen Diagnosesicherung auszugehen. Verzerrungseffekte, die durch den Einschluss nicht histologisch gesicherter Fälle (Diagnosesicherheit = "möglich") aufgetreten sein könnten, wurden im Rahmen von Sensitivitätsanalysen untersucht (S. 625, Abs. 10).

Wurden alle relevanten Confounder berücksichtigt und wenn ja, wie?
Als Confounder kommen nur Risikofaktoren für die untersuchte Erkrankung in Betracht. Als gesicherte Einflussfaktoren sind hier Alter und Geschlecht sowie Gallensteine zu nennen (S. 624, Abs. 1). Da die Inzidenz regionale Unterschiede aufweist, könnte auch das Land als Risikofaktor betrachtet werden. Es ist nun zu fragen, welche dieser Faktoren zusätzlich mit einem oder mehreren der untersuchten Einflussfaktoren assoziiert ist. Für die Faktoren Alter, Geschlecht und Land ist dies sicher der Fall. Da nur Männer eingeschlossen wurden, fällt Geschlecht als Confounder aus. Es ist fraglich, ob Gallensteine die genannte zweite Bedingung erfüllen. Die Autoren trugen dieser Unsicherheit Rechnung, indem sie jeweils zwei Adjustierungen vornahmen, wobei das Basismodell nur Alter und Region einschließt. Dieser Sachverhalt ist sowohl dem Methodenteil zu entnehmen (S. 625, Abs. 9) als auch den Fußnoten der Tab. 3 bis 5 (S. 626-628).

Bei einigen Analysen wurde zudem die Durchführung von Angehörigeninterviews als Confounder behandelt (S. 627-628, Tab. 4, 5). Dieses Vorgehen erscheint gerechtfertigt, wenn man diese Interviews nicht ausschließen möchte, da davon auszugehen ist, dass diese Interviews vor allem Fälle mit kurzer Überlebenszeit repräsentieren, deren Ätiologie sich von denen mit längerer Überlebenszeit unterscheiden könnte, und da sich außerdem die Angaben bezüglich der Expositionen von dem der Indexpersonen unterscheiden dürften (siehe oben).

Die Operationalisierung der Confounder für die Datenanalyse (S. 625, Abs. 9) erfolgte für das Alter vermutlich als kategorielle Variable in 5-Jahresschritten, für Region durch eine Dummyvariable je Land und für Gallensteine und Angehörigeninterviews durch je eine dichotome Variable. Denkbar wäre auch die Verwendung einer stetigen Altersvariable gewesen, jedoch entspricht die Codierung dieser Adjustierungsvariable insgesamt dem üblichen

Vorgehen. Für die Sensitivitätsanalysen wurden zudem auch Alkoholkonsum, Tabakrauchen, Body-Mass-Index (BMI) und Bildung als Confounder betrachtet; jedoch wird für BMI und Bildung die Operationalisierung nicht beschrieben. Für Alkoholkonsum und Tabakrauchen wurden kategorielle Variablen verwendet, die für eine Adjustierung ausreichend erscheinen, da es sich um keine starken Confounder handelt.

Welche Maße zur Beschreibung der Assoziation wurden eingesetzt?
Es wurden Odds Ratios berechnet (S. 625, Abs. 9), was entsprechend dem Fall-Kontroll-Design hier das angemessene Assoziationsmaß darstellt.

Welches Signifikanzniveau wurde gewählt?
Das Signifikanzniveau wird nur implizit bei der Angabe der Überdeckungswahrscheinlichkeit der Konfidenzintervalle genannt und beträgt 5% (S. 625, Abs. 9). Gemäß der Studienfragestellung waren mögliche protektive Effekte der untersuchten Einflussvariablen nicht Gegenstand der Untersuchung, sondern nur mögliche Risikoerhöhungen. Dieser einseitigen Fragestellung entsprechend wäre es gerechtfertigt, auch das Signifikanzniveau so anzupassen, dass nur Risikoerhöhungen mit einer 5%igen Irrtumswahrscheinlichkeit aufgedeckt werden. Insofern könnte man für diese explorative Analyse, bei der es darum ging, mögliche, bisher nicht bekannte Risikofaktoren zu entdecken, eine "weniger restriktive" Signifikanzschwelle wählen. Ein 90%-Konfidenzintervall würde in diesem Fall dann einer einseitigen Irrtumswahrscheinlichkeit von 5% entsprechen.

Sind die eingesetzten statistischen Verfahren adäquat?
Es wurden logistische Regressionsmodelle gerechnet, die für die oben genannten Confounder adjustiert wurden (S. 625, Abs. 9). Zusätzlich erfolgten explorative Analysen für die verschiedenen Abschnitte des Gallentraktes sowie die bereits angesprochenen Sensitivitätsanalysen (S. 625, Abs. 10). Diese Auswertungsstrategie ist dem Design der Studie angemessen. In Anbetracht der zahlreichen Verzerrungsmöglichkeiten sind insbesondere die Sensitivitätsanalysen eine Stärke der Studie, um die Glaubwürdigkeit der beobachteten Zusammenhänge zu unterstützen.

Ergebnisse

Welches sind die Hauptergebnisse?
In der männlichen Untersuchungsgruppe stellen – anders als bei Frauen – Gallenwegstumoren mit 78% die mit Abstand häufigste Tumorlokalisation innerhalb des gesamten Gallentraktes dar (S. 625, Abs. 11). Bezüglich der untersuchten Einflussvariablen konnte das erhöhte Risiko durch Gallensteine bestätigt werden (S. 627, Abs. 1; Tab. 4). Für starken Alkoholkonsum deutete sich eine Risikoerhöhung an (S. 626, Abs. 2). Das markanteste Ergebnis ist die Risikoerhöhung für Übergewicht und Adipositas basierend auf dem niedrigsten Gewicht im Erwachsenenalter (S. 626, Abs. 3; Tab. 3).

Bei Vergleichsgruppen: sind diese wirklich vergleichbar und wenn nicht, wie wurde dies in der Analyse berücksichtigt?
Es finden sich in der Publikation keine Angaben z.B. hinsichtlich soziodemographischer Charakteristika der Kontrollgruppe im Vergleich zur Wohnbevölkerung, um prüfen zu können, ob die eingeschlossene Kontrollgruppe repräsentativ für die Bevölkerung unter Risiko ist.

Wurden Sensitivitätsanalysen zur Prüfung der Robustheit der Ergebnisse durchgeführt?
Die berichteten Sensitivitätsanalysen untersuchten die Robustheit der Ergebnisse, indem verschiedene Untergruppen wie z.B. Tumoren der Ampulla Vateri von der Analyse ausgeschlossen wurden oder indem das Zeitfenster vor der Tumordiagnose, das von der Analyse ausgeschlossen wurde, vergrößert wurde (S. 626, Abs. 2, 3; S. 627, Abs. 1, 2, 3). Während sich die Hauptergebnisse dabei als robust erwiesen, ergaben sich für einige Vorerkrankungen wie z.B. Hepatitis oder Gallenwegsentzündungen Hinweise auf einen Recall Bias durch frühe Symptome der aktuellen Tumorerkrankung (S. 627, Abs. 1).

Sind die Ergebnisse in sich schlüssig?
Bezüglich der Hauptergebnisse zeigt keine der im Ergebnisteil präsentierten Analysen widersprüchliche Resultate. Die beobachteten Risikoerhöhungen für Gallensteine, starker Alkoholkonsum und Übergewicht/Adipositas, bleiben auch in den Subgruppenanalysen erhalten. Der Zusammenhang zwischen Gallentrakttumoren und Übergewicht/Adipositas (als niedrigstes selbst berichtetes Gewicht im Erwachsenenalter) zeigt eine positive Dosis-Effektbeziehung (S. 626, Tab. 3), die die Vermutung eines ursächlichen Zusammenhanges unterstützt. Zusätzlich unterstützt werden die Zusammenhänge mit Gallensteinen und Übergewicht/Adipositas dadurch, dass die entsprechenden Risikoschätzer am höchsten sind, wenn die Analyse auf die Indexpersonen (Ausschluss von Angehörigeninterviews) bzw. auf definitive Fälle beschränkt wird (S. 627, Abs. 2). Die Plausibilität des Risikos durch Gallensteine wird auch dadurch untermauert, dass die Assoziation mit der Tumorlokalisation Gallenblase stärker ist als mit anderen Lokalisationen des Gallentraktes (S. 627, Abs. 3).

Sofern Zusammenhänge beobachtet wurden, ist ihre Größenordnung medizinisch oder biologisch relevant?
Bezüglich der Hauptergebnisse werden adjustierte Risikoerhöhungen von mehr als zwei für Gallensteine (S. 627, Tab. 4), von zwei bis nahezu vier für starken Alkoholkonsum (S. 626, Abs. 2) und von mehr als vier für Übergewicht und Adipositas (S. 626, Tab. 3) berichtet. Diese Werte deuten auf starke Effekte hin und sind daher als sehr relevant anzusehen. Ihre Public-Health-Relevanz wird noch durch die relativ hohe Prävalenz dieser Risikofaktoren, insbesondere in Bezug auf Übergewicht und Adipositas, unterstrichen.

Sind Tabellen und Abbildungen einschließlich ihrer Legenden selbsterklärend?
Jede Tabelle kann für sich selbst stehen und ist durch die ausführliche Legende im Wesentlichen auch ohne den Ergebnistext verständlich.

Wird im Text auf jede Tabelle/Abbildung Bezug genommen?
Ja, auf jede Tabelle wird im Text Bezug genommen, wobei im Text nur die wichtigsten Resultate aufgegriffen und mit den Ergebnissen der Sensitivitätsanalysen in Beziehung gesetzt werden.

Diskussion und Schlussfolgerungen

Ist eine kritische Auseinandersetzung mit alternativen Erklärungsmöglichkeiten erfolgt?
Ja, die Autoren besprechen in den letzten drei Absätzen der Diskussion die Limitationen der Studie und mögliche Auswirkungen auf die beobachteten Resultate (S. 627, Abs. 5; S. 629, Abs. 2, 3, 4). Insbesondere die in der – ohne Ausschluss eines Zeitfensters vor der Diagnose durchgeführten – Analyse beobachteten Risiken für Gallensteinoperationen werden dabei

auf plausible Weise als Artefakte (Reverse Causation) eingestuft. Im Gegensatz dazu hält das zentrale Ergebnis hinsichtlich der deutlichen Assoziation mit Übergewicht und Adipositas der kritischen Auseinandersetzung stand. Interessant erscheint auch die diskutierte Möglichkeit, dass die beobachteten Assoziationen mit Gallensteinen nicht notwendigerweise eine kausale Beziehung reflektieren müssen, sondern auch dadurch erklärt werden können, dass Gallensteine und Gallentrakttumoren gemeinsame Ursachen wie z.B. Adipositas haben könnten (S. 628, Abs. 4). Alternative Erklärungen für die beobachteten Ergebnisse, wie z.B. mögliche Effekte durch Information Bias, Selection Bias oder Confounding, werden im Folgenden angesprochen.

Gibt es Hinweise auf: - Zufallsbefunde der Ergebnisse, - Selektionseffekte, z.B. durch hohe Non-Response, - Information Bias, z.B. durch Untersuchereffekte, - unkontrolliertes Confounding, z.B. durch unvollständige Adjustierung, und wurden diese angemessen diskutiert?
Angesichts der relativ geringen Fallzahl und der damit verbundenen geringen statistischen Power von Subgruppenanalysen besteht die Gefahr, dass einzelne Ergebnisse zufallsbedingt sind. Auch daher wäre eine Powerkalkulation wünschenswert, um abschätzen zu können, welche Risikoerhöhungen bei den in der Studie beobachteten Expositionsprävalenzen überhaupt aufdeckbar waren.

Selektionseffekte sind angesichts der in einigen Regionen relativ niedrigen Teilnahmequote bei Kontrollen nicht auszuschließen (S. 625, Tab. 1). Eine Diskussion der möglichen Auswirkungen der dadurch enstehenden Selektionseffekte wäre wünschenswert gewesen.

Es wurden zahlreiche Maßnahmen ergriffen, um Untersuchereffekte zu minimieren (siehe Methodenabschnitt). Die Tatsache, dass die Interviewdauer bei Fällen und Kontrollen ungefähr gleich war (S. 626, Abs. 1), kann als Beleg dafür herangezogen werden, dass die Standardisierung der Befragung zumindest bezüglich der Dauer erfolgreich umgesetzt wurde. Ein Information Bias durch den höheren Anteil von Angehörigeninterviews bei den Fällen (S. 625, Abs. 12 bis S. 626, Abs. 1) ist nicht auszuschließen, allerdings wurde dies im Rahmen von Sensitivitätsanalysen bzw. durch Ausschluss dieser Interviews berücksichtigt (siehe oben). Insgesamt wird die Frage eines Information Bias intensiv diskutiert (S. 627, Abs. 5; S. 629, Abs. 2, 4).

Es wurden gesicherte Risikofaktoren in verschiedenen Adjustierungen berücksichtigt, wobei die Ergebnisse immer für das Basismodell und eine Zusatzadjustierung gezeigt wurden (S. 626-628, Tab. 3, 4, 5). Bezüglich der Hauptergebnisse ergaben sich durch diese Adjustierungen keine gravierenden Änderungen der Risikoschätzer, so dass unkontrolliertes Confounding nicht sehr wahrscheinlich ist. Die Ergebnisse zusätzlicher Adjustierungen, die gemäß Methodenbeschreibung durchgeführt wurden (S. 625, Abs. 10), werden in den Ergebnissen nicht berichtet. Da die in Frage kommenden Variablen jedoch mit Ausnahme von Alkoholkonsum nicht mit Gallenwegstumoren assoziiert waren, ist auch durch diese Faktoren kein massives Confounding zu befürchten.

Ist die Diskussion Bezug nehmend auf den bisherigen wissenschaftlichen Kenntnisstand konservativ?
Insgesamt ist die Diskussion als konservativ zu werten, da sie den explorativen Charakter der Studie berücksichtigt und statistisch signifikante Ergebnisse nicht im Sinne einer Hypothesentestung überinterpretiert.

Werden die Schlussfolgerungen durch die Daten der Studie gestützt?
Bei der Interpretation der Ergebnisse orientieren sich die Autoren an den eigenen Daten und ziehen zur Stützung ihrer Schlussfolgerungen Ergebnisse vorangegangener Studien heran.

Erfolgte eine adäquate Auseinandersetzung mit der Literatur?
Die zentralen Ergebnisse der Studie werden im Einzelnen vor dem Hintergrund vorliegender Befunde diskutiert, die allerdings vor allem Studien betreffen, die an Frauen durchgeführt worden sind und sich daher vor allem auf Gallenblasentumoren beziehen. Diese Limitation wird von den Autoren aufgegriffen (S. 628, Abs. 1, 2). Dabei werden frühere negative Befunde bezüglich Übergewicht (S. 627, Abs. 5) und Alkoholkonsum (S. 628, Abs. 2) nicht ignoriert, sondern es werden die möglichen Gründe für die widersprüchlichen Ergebnisse differenziert diskutiert. Die Bewertung der Literatur ist daher als adäquat einzustufen.

Wurden die eingangs formulierten Hypothesen beantwortet?
Die Autoren nennen eingangs das Ziel, Lebensstilfaktoren und Vorerkrankungen in Bezug auf die Entstehung von Gallenwegstumoren bei Männern zu untersuchen, ohne eine formale, falsifizierbare Hypothese zu formulieren. Die Studie beantwortet die Frage bezüglich Lebensstilfaktoren insoweit, als sie ein relevantes Risiko durch Rauchen nicht bestätigt, aber deutliche Hinweise darauf liefert, dass zumindest starker Alkoholkonsum ein Risikofaktor sein könnte, allerdings ohne ihn statistisch zu untermauern (S. 628, Abs. 2). Alle unter Verdacht stehenden Vorerkrankungen werden in der Arbeit systematisch auf ein mögliches Risiko hin analysiert, wobei durch Sensitivitätsanalysen darauf geachtet wird, mögliche Artefakte durch die aktuelle Erkrankung auszuschließen. Für einige der betrachteten Vorerkrankungen reicht die statistische Power der Studie allerdings auch nach Auffassung der Autoren nicht aus, ein mögliches Risiko aufzudecken (S. 628, Abs. 3). Die Plausibilität der Assoziation zwischen Übergewicht und Gallenwegstumoren bei Männern wird ausführlich diskutiert und erscheint als zentrales Ergebnis der Studie (S. 628, Abs. 1; S. 629, Abs. 2, 4).

Resumé: Welches sind die wichtigsten Stärken bzw. Schwächen der Studie? Welche Botschaft wird vermittelt?
Die relativ geringe Fallzahl schwächt die Aussagekraft der Studie und ihre Möglichkeit, neue, bisher unentdeckte Risiken zu identifizieren. Es fehlt eine Powerkalkulation. Die in einigen Ländern relativ geringe Teilnahmequote der Kontrollpersonen macht die Studie anfällig für Selektionseffekte.

Eine Stärke der Studie ist in dem für eine internationale multizentrische Studie hohen Maß an Standardisierung der Diagnosesicherung, Datenerhebung, -auswertung und -aufbereitung zu sehen. Eine Besonderheit besteht in dem Ansatz, den vermuteten Zusammenhang zwischen Gallentrakttumoren und Übergewicht anhand verschiedener Operationalisierungen des Gewichtstatus zu untersuchen und damit Gründe für die widersprüchlichen Ergebnisse vorangegangener Studien zu identifizieren. Die systematische Datenanalyse unter Berücksichtigung von Subgruppen und Sensitivitätsanalysen wird dem explorativen Charakter gerecht, weil sie alle Möglichkeiten ausschöpft, in den Daten "verborgene" Risiken aufzudecken. Dieser Möglichkeit sind allerdings durch die Fallzahl Grenzen gesetzt (siehe oben).

Der vermutete, aber zuvor nicht eindeutig belegte Zusammenhang zwischen lang andauerndem Übergewicht/Fettleibigkeit und Gallentrakttumoren wird durch die Studie bestätigt, wobei die beobachtete Dosis-Effektbeziehung diese Hypothese zusätzlich unterstützt.

Anhang

Anhang S: Statistische Grundlagen

Inhalt

S.1	Vorbemerkung	373
S.2	Beschreibende Statistik	374
S.2.1	Lagemaße	377
S.2.2	Streuungsmaße	381
S.2.3	Zusammenhangsmaße für zwei Erhebungsvariablen	383
S.2.3.1	Korrelationsmessung bei quantitativen Erhebungsvariablen	384
S.2.3.2	Assoziationsmessung für qualitative Erhebungsvariablen	388
S.2.4	Regressionsmodelle	392
S.2.4.1	Einfache lineare Regression	393
S.2.4.2	Multiple lineare Regression	396
S.2.5	Graphische Darstellungen	398
S.2.5.1	Darstellung qualitativer Erhebungsvariablen	398
S.2.5.2	Darstellung quantitativer Erhebungsvariablen	401
S.3	Populationen, Wahrscheinlichkeit und Zufall	403
S.3.1	Ereignisse in Zufallsexperimenten	403
S.3.2	Stichprobenauswahl und Zufallsvariablen	404
S.3.3	Statistische Verteilungen	408
S.3.3.1	Verteilungen bei qualitativen Erhebungsvariablen	408
S.3.3.2	Verteilungen bei quantitativen Erhebungsvariablen	413
S.3.3.3	Statistische Prüfverteilungen	418
S.4	Schließende Statistik	420
S.4.1	Grundprinzip der statistischen Schlussweise	420
S.4.2	Schätzverfahren	421
S.4.3	Konfidenzintervalle bei angenäherter Normalverteilung	425
S.4.4	Statistische Tests	428
S.4.4.1	Entscheidungen über wissenschaftliche Hypothesen	428
S.4.4.2	Statistische Hypothesentests bei Normalverteilung	434

S.1 Vorbemerkung

Bei der bisherigen Darstellung sind wir davon ausgegangen, dass die Nutzer dieses Buches grundlegende Kenntnisse der statistischen Methodenlehre oder der Biometrie besitzen, wie sie beispielsweise im Rahmen der universitären Grundausbildung in Human- oder Veterinärmedizin, aber auch in anderen Disziplinen, wie beispielsweise naturwissenschaftlichen Fächern, gelehrt werden. Um dieses Wissen etwas aufzufrischen, gegebenenfalls die eine oder andere Lücke zu füllen, vor allem aber, um die grundlegenden Begriffe einheitlich zu notieren, haben wir in diesem Anhang S einige ausgewählte statistische Grundlagen zusammengestellt.

Der über diese Zusammenfassung hinaus an statistischen Methoden interessierte Leser wird auf die einschlägige Literatur verwiesen. So geben Lorenz (1996) oder Köhler et al. (2007)

grundlegende Einführungen in die Methoden und Arbeitsweisen der Biometrie; eine Einführung, die vor allem auf die Bedürfnisse der Tierärzteschaft ausgerichtet ist, bieten z.B. Petrie & Watson (1999); ein- und weiterführende statistische Methoden sind bei Fahrmeir et al. (2007) oder Hartung et al. (2009) zusammengestellt.

Im Weiteren unterscheiden wir – der üblichen statistischen Sprechweise folgend – zwischen deskriptiven und induktiven Methoden. Beschreibt man das im Rahmen von epidemiologischen Studien erhaltene Datenmaterial in Form von Tabellen, statistischen Maßzahlen oder Graphiken, so spricht man von der beschreibenden bzw. der deskriptiven Statistik. Hiervon abgegrenzt wird die schließende oder induktive Statistik. Hier wird versucht, von der Studienpopulation auf eine Zielpopulation zu schließen.

S.2   Beschreibende Statistik

Die beschreibende oder deskriptive Statistik basiert auf den erhobenen oder gemessenen Daten der Studienteilnehmer. Die Grundlage jeder deskriptiven statistischen Untersuchung bildet dabei in der Regel eine Stichprobe von **Untersuchungseinheiten**, an denen **Untersuchungsvariablen** oder auch **Merkmale** festgehalten werden.

Grundlegende *Untersuchungsvariablen in der epidemiologischen Forschung* sind der *Gesundheitsstatus* (z.B. krank vs. gesund) sowie die *Exposition gegenüber einem Risikofaktor* (z.B. exponiert vs. nicht exponiert). Diese werden durch eine Vielzahl weiterer Merkmale ergänzt, die bei der Untersuchung der Ätiologie einer Erkrankung von Interesse sein könnten.

Ist eine Untersuchung abgeschlossen, so liegen Ergebnisse, d.h. erhobene Daten aus Befragungen, Messungen oder Beobachtungen an den Untersuchungseinheiten, vor. Ist der **Umfang der zugrunde liegenden Stichprobe**

$$\text{Stichprobenumfang } n,$$

so bezeichnen wir die **erhobenen Merkmalswerte** der Untersuchungseinheiten im Folgenden allgemein mit

$$y_1, ..., y_n.$$

Basierend auf dieser so genannten **Urliste der erhobenen Daten** lassen sich Methoden der deskriptiven Statistik einsetzen, um diese zu charakterisieren.

Skalierung von Daten

Bevor man die Daten mit Hilfe der deskriptiven Statistik auswertet, muss man sich darüber im Klaren sein, welche Art von Daten man erhoben hat, d.h. welche Merkmalswerte grundsätzlich auftreten können. Hier spricht man auch vom so genannten **Skalenniveau der Daten**.

Metrische (auch **quantitative** oder **heterograde**) **Merkmalswerte** liegen immer dann vor, wenn die möglichen Ausprägungen einer Messung, Befragung oder Beobachtung reelle Zahlen sind. Mathematisch ist ein metrisches Merkmal dadurch charakterisiert, dass es sinnvoll ist, einen (euklidschen) Abstand zwischen zwei Werten zu definieren. Je nach Messverfahren unterscheidet man innerhalb der metrischen Merkmale zusätzlich nach **diskreten** bzw. **stetigen Merkmalen**.

Beispiel: Metrische Merkmale liegen in epidemiologischen Untersuchungen häufig dann vor, wenn Messungen vorgenommen werden. So sind Variablen wie Körpergröße oder -gewicht bzw. der Body-Mass-Index, Blutdruck oder Lungenfunktionsmesswerte reellwertig und stetig. Auch Expositionsmessungen wie die SO_2-Belastung am Wohnort, die Radonexposition in einer Wohnung, der Bleigehalt in Organen oder Kotinin im Urin (Kotinin wird als Metabolit des Nikotins zur Beschreibung von Expositionen gegenüber Tabakrauch benötigt) sind metrische Merkmale.

Ob diese Werte diskret oder stetig sind, hängt dann in der Regel von der Genauigkeit des Messverfahrens ab. So ist die Variable Milchkonsum zwar eigentlich stetig, wird aber häufig im Rahmen eines Häufigkeitsfragebogens zum Ernährungsverhalten (engl. Food Frequency Questionnaire) nur diskret erfasst, z.B. "als nie/weniger als einmal pro Woche", "ein- bis dreimal pro Woche", "vier- bis sechsmal pro Woche", "einmal am Tag", "zweimal am Tag", "dreimal am Tag" und "viermal oder häufiger am Tag". Werden allerdings Anzahlen erfasst wie z.B. die Anzahl von Keimen in einer Probe oder die Anzahl gerauchter Zigaretten, so liegen generell diskrete metrische Daten vor.

Ordinale (auch **geordnete** oder **Rang-**, manchmal auch **semi-quantitative**) **Merkmalswerte** zeichnen sich dadurch aus, dass ihre Werte in eine Reihenfolge gebracht bzw. (nach Größe) sortiert werden können; ein euklidscher Abstand zwischen einzelnen Werten kann aber nicht sinnvoll angegeben werden.

Beispiel: Im Rahmen von epidemiologischen Untersuchungen finden sich ordinale Merkmalswerte in zahlreichen Studien. So wird der Gesundheitszustand z.B. in den Zuständen "gesund", "leicht erkrankt", "mittelschwer erkrankt", "schwer erkrankt", "tot" eingestuft oder eine Belastung nach einer Bakterieninfektion wird mit Werten "–", "+", "++", und "+++" angegeben.

Für Krebspatienten wurde von der Eastern Cooperative Oncology Group die so genannte ECOG-Skala entwickelt, die sowohl Ärzte als auch Forscher in die Lage versetzen soll, das Fortschreiten der Erkrankung eines individuellen Patienten und die Beeinträchtigung seines/ihres Tagesablaufs durch die Krankheit zu beurteilen sowie eine angemessene Therapie und Prognose zu bestimmen. Man unterscheidet sechs verschiedene Grade (Oken et al. 1982):

–   ECOG 0: Der Patient ist voll aktiv und kann ohne Einschränkung sein Leben wie vor Eintritt der Krankheit fortführen.

–   ECOG 1: Der Patient hat Einschränkungen, körperlich anstrengende Tätigkeiten auszuüben, ist aber gehfähig und kann leichte oder sitzende Tätigkeiten verrichten.

–   ECOG 2: Der Patient ist gehfähig und kann sich selbst versorgen, ist aber nicht in der Lage, irgendwelche berufliche Tätigkeiten auszuüben. Er ist mehr als 50% seiner Wachzeit auf den Beinen.

–   ECOG 3: Der Patient ist nur noch eingeschränkt fähig sich selbst zu versorgen und mehr als 50% seiner Wachzeit an den Rollstuhl oder das Bett gefesselt.

–   ECOG 4: Der Patient ist vollständig behindert und nicht fähig sich selbst zu versorgen. Er ist vollständig an den Rollstuhl oder das Bett gefesselt.

–   ECOG 5: Der Patient ist tot.

Diese Beispiele weisen auf die Besonderheit ordinaler Daten hin, denn hier werden häufig die Werte in Form von numerischen Codierungen (z.B. 1, 2, 3, 4, 5) angegeben, so dass fälschlicherweise der Eindruck entsteht, es handele sich um metrische Variablen. Dies ist besonders bei der automatisierten Auswertung zu beachten, da entsprechende Auswertungs-programme den inhaltlichen Unterschied nicht berücksichtigen können.

Im Gegensatz zu den erstgenannten Merkmalstypen liegen bei **nominalen** (auch **kategoriel-len**, **qualitativen** oder **homograden**) **Merkmalswerten** keine Ordnungskriterien für die Daten vor, d.h., es handelt sich bei den Ausprägungsmöglichkeiten ausschließlich um eine Namensbezeichnung. Liegen sogar nur zwei Ausprägungsmöglichkeiten vor, so spricht man von **dichotomen Merkmalen**. Die meisten Merkmale in der Epidemiologie werden nominal erfasst.

Beispiel: Gibt man eine Krankheit und eine Exposition als dichotomes Merkmal an, d.h., gibt man lediglich an, ob diese vorliegen oder nicht, lassen sich diese in einer Vierfeldertafel anordnen, die die einfachste Basis für epidemiologische Fragestellungen darstellt.

Weitere Beispiele für nominale Merkmale sind ethnische Zugehörigkeit, Land oder Medikamente. Aber auch Typisierungen wie etwa die Festlegung des histologischen Typs bei einem Tumor (klein-, großzellig, Adeno, Plattenepithel etc.), ICD-Codes zur Klassifizierung von Krankheiten oder ein räumlicher Standort sind häufig verwendete nominale Merkmalstypen.

Nach Durchführung einer epidemiologischen Studie liegen somit von n Untersuchungsteil-nehmern Merkmalswerte $y_1, ..., y_n$ vor, die je nach Untersuchungsgegenstand metrisch (ste-tig/diskret), ordinal oder nominal sind. Solche Urlisten werden anschließend in einer gesam-ten (Erhebungs-) Datenmatrix zusammengestellt. Sie enthält sämtliche Informationen der Studie.

Beispiel: Im Rahmen des Bundesgesundheitssurveys 1998 des Robert Koch-Instituts (BGS98, vgl. RKI 1999, siehe auch Abschnitt 1.2) wurden Daten von insgesamt n = 7.124 repräsentativ ausgewählten Studienteilneh-mern erfasst. Das Robert Koch-Institut stellt diese Daten als so genanntes "Public-Use-File" zur Verfügung (siehe RKI 2011). In der nachfolgenden Tab. S.1 ist ein Auszug aus diesen Daten dargestellt.

Tab. S.1:   Erhebungsdaten des BGS98 – Auszug (Quelle: Public-Use-File BGS98; siehe auch Anhang D)

lfd. Nr.	Geschlecht	Alter	BMI	Rauchgewohnheiten	Blut-hoch-druck	syst. Blut-druck	diast. Blut-druck
1	weiblich	61	21,181	ja, täglich	nein	101	70
2	weiblich	60	26,795	habe früher geraucht	nein	124	73
3	männlich	20	19,900	ja, täglich	nein	125	76
4	männlich	21	20,970	ja, gelegentlich	nein	151	91
5	weiblich	75	36,718	habe noch nie geraucht	ja	183	95
6	männlich	55	28,011	habe früher geraucht	ja	161	94
7	männlich	58	24,363	habe noch nie geraucht	nein	143	88
⋮	⋮	⋮	⋮	⋮	⋮	⋮	⋮
198	männlich	20	20,998	habe noch nie geraucht	nein	137	89
199	weiblich	51	41,452	habe früher geraucht	ja	202	122
200	weiblich	53	29,107	habe noch nie geraucht	ja	164	82

In Tab. S.1 sind Informationen des Bundesgesundheitssurveys 1998 von sieben der insgesamt 637 erhobenen und dokumentierten Variablen auszugsweise dargestellt. Diese Variablen haben unterschiedliche Skalenniveaus. Das Geschlecht, die Rauchgewohnheiten sowie die Variable, die angibt, ob ein ärztlich diagnostizierter Bluthochdruck vorliegt, stellen nominal skalierte Merkmale dar. Dagegen sind das Alter (in Jahren), der Body-Mass-Index (in kg/m^2) sowie der (aus drei Messungen gewonnene) mittlere diastolische bzw. systolische Blutdruck (in mmHg) metrisch skalierte Merkmale.

Insbesondere dann, wenn die Originaldaten einer epidemiologischen Studie besonders umfangreich sind (so wurden z.B. im BGS98 n = 7.124 Studienteilnehmer eingeschlossen), ist es nicht sinnvoll, die Daten immer in ihrer Gesamtheit zu betrachten, sondern es ist angebracht, aus diesen Daten Maßzahlen zu konstruieren, die die typischen Charakteristika der Studienpopulation widerspiegeln.

Die häufigsten Maßzahlen sind die so genannten *Lagemaße*, die das *Zentrum* bzw. den *Schwerpunkt* der Daten charakterisieren sollen, die *Streuungsmaßzahlen*, die eine Aussage über die Breite der Verteilung machen, und die *Korrelations-* bzw. *Assoziationsmaße*, die eine Aussage über den *Zusammenhang* verschiedener Merkmale machen können. Einige besonders wichtige Maßzahlen werden im Folgenden kurz beschrieben.

S.2.1 Lagemaße

Ein erster Schritt in der deskriptiven Analyse epidemiologischer Daten wird in der Regel die Angabe eines entsprechenden Lagemaßes sein. Das Lagemaß soll in charakteristischer Weise das "Zentrum" der Beobachtungswerte angeben. Je nach Merkmalstyp kommen dabei verschiedene Maßzahlen in Betracht.

Arithmetisches Mittel (Mittelwert, durchschnittlicher Wert, Mittel)

Liegt ein stetiges Merkmal vor und sind $y_1, ..., y_n$ die beobachteten Merkmalswerte einer epidemiologischen Studie, so wird das **arithmetische Mittel** definiert durch

$$\text{arithmetisches Mittel} = \overline{y} = \frac{1}{n} \sum_{i=1}^{n} y_i = \frac{1}{n} \left(y_1 + y_2 + ... + y_n \right).$$

Das arithmetische Mittel ist ein geeignetes Lagemaß, wenn die Daten eine eingipflige Verteilung aufweisen und wenn keine so genannten *Ausreißer* in den Daten auftreten. Ausreißer liegen z.B. vor, wenn in einer Untersuchung viele Messungen mit geringen Werten und nur einige wenige mit hohen Werten auftreten. Dies ist etwa bei der Messung von Schadstoffen in einer Querschnittserhebung durchaus üblich. Dann liegen die meisten Daten in einem normalen Bereich, während einige Daten – die Ausreißer – Extremwerte annehmen. In einer solchen Situation würden diese Daten mit in die Berechnung eingehen, und das arithmetische Mittel würde sich in die Richtung der Ausreißer verschieben. Man spricht in diesem Zusammenhang auch davon, dass das arithmetische Mittel *nicht robust gegenüber Ausreißern* ist. In solchen Fällen und insbesondere auch dann, wenn die Daten nicht metrisch skaliert sind, bietet sich eines der folgenden Lagemaße an.

Median (Zentralwert)

Der Median einer Datenreihe ist dadurch charakterisiert, dass jeweils (mindestens) die Hälfte der Beobachtungen der Datenreihe $y_1, ..., y_n$ größer oder gleich bzw. kleiner oder gleich diesem Zentralwert sind. Sind $y_{(1)}, ..., y_{(n)}$ die *nach der Größe geordneten Beobachtungswerte*, so wird der **Median** definiert durch

$$\text{Median} = \tilde{y}_{0,5} = \begin{cases} y_{\left(\frac{n+1}{2}\right)} & , \text{falls n ungerade} \\ \frac{1}{2} \cdot \left(y_{\left(\frac{n}{2}\right)} + y_{\left(\frac{n+2}{2}\right)} \right), & \text{falls n gerade.} \end{cases}$$

Der Median ist somit definiert als der mittlere Wert der geordneten beobachteten Daten. Ist die Anzahl n der Beobachtungen ungerade, so existiert stets dieser mittlere Wert. Ist die Anzahl n gerade, so wird das arithmetische Mittel der beiden zentralen Werte ermittelt.

Der Median hat die Eigenschaft, dass er im Gegensatz zum arithmetischen Mittel robust gegenüber Ausreißern in den Daten ist. Damit bleibt er etwa auch dann unverändert, wenn z.B. das Maximum der Beobachtungsreihe extrem groß wird, während das arithmetische Mittel in diesem Fall größer würde. Damit stellt der Median eher ein Bild für eine "typische Datenmitte" dar.

Allerdings kann die Robustheit des Medians gegenüber Ausreißern auch ein Nachteil sein, und zwar dann, wenn man – wie etwa in der Qualitätskontrolle technischer Geräte – schnell reagieren muss, um ein nicht mehr korrekt arbeitendes Gerät zu identifizieren.

Zudem besitzt der Median den Vorteil, dass man ihn nicht nur bei metrischen, sondern auch bei ordinalen Variablen berechnen kann. So ist es z.B. sinnvoll, einen Median von Expositionszuständen "nicht exponiert", "gering exponiert", "mäßig exponiert" und "stark exponiert" anzugeben, während es in dieser Situation falsch wäre, ein arithmetisches Mittel zu berechnen. Jedoch kann man für den Fall, dass der Median in zwei Kategorien fallen würde, nicht deren arithmetisches Mittel angeben wie oben für metrische Werte definiert, sondern man muss dann angeben, dass der Median nicht eindeutig bestimmt werden kann.

Modus (Modalwert, häufigster Wert)

Liegt eine nominale Skala vor, d.h., haben die Datenrealisationen nur die Eigenschaften von Namen, so ist die Angabe eines arithmetischen Mittels oder eines Medians nicht mehr korrekt. Als Lagemaß, d.h. als Charakteristikum des Zentrums solcher Daten, wird dann häufig der Modus verwendet.

Der **Modus** ist definiert als der Name oder allgemeiner als der Ausprägungswert, der am häufigsten unter den Beobachtungswerten $y_1, ..., y_n$ vorkommt.

Wenn auch technisch die Möglichkeit besteht, bei metrischen Skalen einen Modus zu bestimmen, so ist eine Angabe eigentlich nur bei Merkmalen sinnvoll, die kategorisiert erfasst oder nachträglich in Kategorien eingeteilt wurden.

Geometrisches Mittel

Immer dann, wenn die Daten auf einer multiplikativen Skala abgetragen werden können, ist es nicht mehr sinnvoll, ein Lagemaß durch eine Summe wie beim arithmetischen Mittel zu charakterisieren. Solche Situationen treten dann auf, wenn die Merkmalsausprägungen relative Änderungen darstellen (z.B. prozentuale Veränderung von Messwerten). Hier muss die Lage durch eine entsprechende Kennzahl beschrieben werden.

Das **geometrische Mittel** wird deshalb definiert als die n-te Wurzel aus dem Produkt aller Merkmalswerte, d.h.

$$\text{geometrisches Mittel} = \overline{y}_{geo} = \sqrt[n]{y_1 \cdot y_2 \cdots y_n} = \sqrt[n]{\prod_{i=1}^{n} y_i} \ .$$

Das geometrische Mittel sollte u.a. auch dann eingesetzt werden, wenn eine *logarithmische Skala der Daten* unterstellt werden kann. So werden die Daten häufig auf einer logarithmischen Skala erfasst, da die Logarithmierung zu einer (annähernd) symmetrischen Verteilung der Daten führt. Dieses Phänomen tritt z.B. fast immer auf, wenn Messungen von (Schad-) Stoffen durchgeführt werden, da in üblichen Studienpopulationen viele Individuen mit geringen und nur wenige mit hohen Messwerten anzutreffen sind.

In dieser Situation zeigt sich der folgende Zusammenhang. Bezeichnet $x_i = \ln(y_i)$, $i = 1, \ldots, n$, den *natürlichen Logarithmus der Originaldaten*, so gilt

$$\overline{x} = \frac{1}{n} \sum_{i=1}^{n} x_i = \frac{1}{n} \cdot \left(\ln(y_1) + \ldots + \ln(y_n) \right) = \ln\left(\sqrt[n]{y_1 \cdot y_2 \cdots y_n} \right) = \ln(\overline{y}_{geo}) \ .$$

Der Logarithmus des geometrischen Mittels stimmt somit mit dem arithmetischen Mittel der logarithmierten Daten überein bzw. es gilt umgekehrt

$$\exp(\overline{x}) = \overline{y}_{geo} \ ,$$

d.h., das geometrische Mittel erhält man durch Anwendung der Exponentialfunktion auf das arithmetische Mittel der logarithmierten Daten.

Quantile (Perzentile, Prozentwerte)

Häufig ist man zur Charakterisierung der Daten nicht nur an der Beschreibung des Schwerpunkts oder der Mitte der Daten interessiert, sondern man möchte auch Aussagen über andere Lagepunkte der Daten machen. Dies gilt z.B. bei der medizinischen Bewertung von stetigen Messgrößen, wie etwa dem Blutdruck.

Als Verallgemeinerung des Medians, der die Stelle der geordneten Daten angibt, an der 50% der Daten kleiner bzw. größer sind, gelten die so genannten Quantile.

Bezeichnet man die *nach der Größe geordneten Beobachtungswerte* mit $y_{(1)}, ..., y_{(n)}$, so bestimmt man für beliebige Prozentwerte $0 < \gamma < 1$ das **γ-Quantil** (auch **Perzentil** oder **Prozentwert**) durch

$$\gamma - \text{Quantil} = \tilde{y}_\gamma = \begin{cases} y_{(k)}, & \text{falls } n \cdot \gamma \text{ keine ganze Zahl} \\ & \text{und k die auf } n \cdot \gamma \text{ folgende ganze Zahl} \\ \frac{1}{2}\left(y_{(k)} + y_{(k+1)}\right), & \text{falls } n \cdot \gamma \text{ eine ganze Zahl} \\ & \text{und } k = n \cdot \gamma. \end{cases}$$

Diese etwas technische Formel besagt, dass $\gamma \cdot 100\%$ der Daten kleiner oder gleich bzw. $(1-\gamma) \cdot 100\%$ größer gleich diesem Wert sind. Neben dem Median als 50%-Quantil werden auch häufig das 25%-Quantil als sogenanntes **unteres Quartil** bzw. das 75%-Quantil als **oberes Quartil** als besondere Kennzahlen einer Verteilung ausgewiesen. Diese kommen vor allem bei der Darstellung der so genannten Box-Plots (siehe Abschnitt S.2.5) zur Anwendung. Speziell die 1%-, 5%-, 10%- bzw. 90%-, 95%- und 99%-Quantile spielen bei der Durchführung statistischer Tests eine große Rolle.

Beispiel: Im Rahmen des Bundesgesundheitssurveys 1998 wurden u.a. auch die Variablen gemäß Tab. S.1 erhoben. Im Folgenden werden wir einen Auszug aus dieser epidemiologischen Querschnittsuntersuchung zu Demonstrationszwecken verwenden. Hierzu wurden 200 Studienteilnehmer aus dem BGS98 ausgewählt, die für die folgenden Auswertungen verwendet werden. Durch die Auswahl stimmen die Auswertungen nicht mehr mit den Daten des BGS98 exakt überein. Um den Lesern die Möglichkeit zu geben, die Berechnung der verschiedenen epidemiologischen Maßzahlen einzuüben, sind die Daten der ausgewählten n = 200 Studienteilnehmer in Anhang D vollständig dargestellt.

Betrachten wir z.B. den aus drei Messungen berechneten mittleren systolischen Blutdruck in mmHg als eine interessierende Größe, so zeigt die Verteilung gemäß Abb. S.1, dass die Daten annähernd symmetrisch um eine Datenmitte verteilt sind. Daher ist die Berechnung eines entsprechenden Mittelwertes für diese Studienpopulation sinnvoll. Dabei gilt für

- das arithmetische Mittel: 131,8 mmHg,
- den Median: 129,0 mmHg,
- das geometrische Mittel: 130,3 mmHg.

Auch können spezielle Quantile angegeben werden; so gilt für das

- 10%-Quantil: 109 mmHg,
- 25%-Quantil: 118,5 mmHg,
- 75%-Quantil: 142 mmHg,
- 90%-Quantil: 161 mmHg,

so dass z.B. geschlossen werden kann, dass mehr als 25% der untersuchten Studienteilnehmer einen Blutdruck von mehr als 140 mmHg haben, der gemäß WHO als Grenze für einen Bluthochdruck angesehen wird.

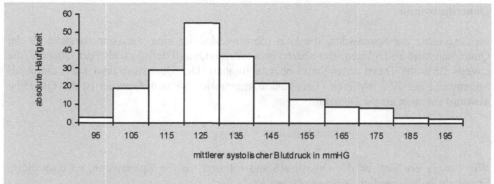

Abb. S.1:   Verteilung des mittleren systolischen Blutdrucks in mmHg von n = 200 ausgewählten Studien-teilnehmern des Bundesgesundheitssurveys 1998 (Quelle: Public-Use-File BGS98; siehe auch Anhang D)

S.2.2   Streuungsmaße

Mit den im Abschnitt S.2.1 beschriebenen Lagemaßen wird das Zentrum der Verteilung er-hobener Datenpunkte charakterisiert. Die Feststellung, "im Durchschnitt ist der systolische Blutdruck in der betrachteten Studienpopulation 131,8 mmHg", ist für sich allein allerdings noch nicht aussagekräftig. Wäre die betrachtete Population homogen, so würden vielleicht alle gemessenen Blutdruckwerte zwischen 125 und 135 mmHg liegen. Es ist aber genauso möglich, dass der Mittelwert 131,8 mmHg dadurch zustande gekommen ist, dass Studien-teilnehmer Werte zwischen 100 und 200 mmHg aufgewiesen haben. Bei gleichem Mittel-wert können die Daten somit unterschiedlich stark variieren bzw. streuen. Um dieses Phä-nomen durch eine Maßzahl beschreiben zu können, werden die Streuungs- oder Dispersi-onsmaße betrachtet.

Spannweite (Range)

Als einfachste Maßzahl zur Betrachtung der Variation der Daten gilt die Spannweite. Die **Spannweite** bzw. der **Range** gibt die Differenz zwischen dem größten und dem kleinsten gemessenen Messwert an. Sind somit die *nach der Größe geordneten Beobachtungswerte* $y_{(1)}, ..., y_{(n)}$, so wird die **Spannweite** definiert durch

$$\text{Range} = y_{(n)} - y_{(1)}.$$

Die Spannweite gibt also an, in welchem Bereich sich die Datenpunkte bewegen. Da die Definition nur vom größten und vom kleinsten Wert abhängt, reagiert sie stark auf Ausrei-ßer. Damit ist in vielen Fällen mit der Angabe der Spannweite keine gute Charakterisierung einer Streuung möglich, so dass man zu einer zweckmäßigeren Beschreibung der Variation eine der folgenden Maßzahlen berechnet.

Quartilsabstand

Im Gegensatz zur Spannweite, die kein robustes Maß für eine Variation darstellt, ist der Quartilsabstand als Differenz des oberen zum unteren Quartil definiert, also der Quantile, die jeweils 25% der Daten unten bzw. oben abtrennen. Der Quartilsabstand kann damit als Spannweite der 50% mittleren Datenpunkte interpretiert werden. Genauer ist der **Quartilsabstand** definiert als die Differenz

$$\text{Quartilsabstand} = Q = \tilde{y}_{0,75} - \tilde{y}_{0,25}\,.$$

Wie bereits erwähnt, ist der Quartilsabstand robuster als die Spannweite, so dass dieses Streuungsmaß wesentlich aussagekräftiger ist.

Varianz und Standardabweichung

Die am häufigsten zur Anwendung kommenden Streuungsmaßzahlen stellen die Varianz bzw. die Standardabweichung einer Datenreihe dar. Bei der Berechnung einer Varianz wird vorausgesetzt, dass die zugrunde liegenden Variablen $y_1, ..., y_n$ ein *metrisches Skalenniveau* besitzen.

Die **Varianz** ist definiert durch

$$\text{Varianz} = s^2 = \frac{1}{n-1}\sum_{i=1}^{n}(y_i - \overline{y})^2 = \frac{1}{n-1}\left(\sum_{i=1}^{n}y_i^2 - n\cdot\overline{y}^2\right).$$

An dieser Darstellung wird deutlich, dass es sich bei der Varianz um ein *quadratisches Abstandsmaß* handelt. Hierbei wird zunächst die Differenz eines jeden einzelnen Datenpunktes zum arithmetischen Mittel betrachtet, diese Differenz quadriert und über alle Untersuchungseinheiten aufsummiert. Aufgrund des Quadrierens ist die Maßeinheit, in der die Varianz anzugeben ist, stets quadratisch. Da eine solche Messgröße dann schwierig zu interpretieren ist, da sie nicht mehr dieselbe Dimension hat wie die Daten selbst, ermittelt man häufig die Quadratwurzel aus der Varianz, d.h.

$$\text{Standardabweichung} = s = \sqrt{s^2}\,.$$

Diese Messgröße wird als **Standardabweichung** bezeichnet.

Die Größe dieser Streuungsmaßzahl hängt allerdings vom Wertebereich der Daten ab. So werden beispielsweise bei der Bestimmung einer Schadstoffexposition als Wirkungsgröße in einer epidemiologischen Studie die Standardabweichungen unterschiedlich sein, je nachdem ob man die Angaben in Gramm, Milligramm oder Mikrogramm aufgeführt hat, obwohl es inhaltlich keine unterschiedlichen Streuungen sind. Dieses Phänomen ist relevant, wenn man Studienergebnisse aus unterschiedlichen Studien vergleichen will und mit unterschiedlichen

Messskalen operiert (z.B. Temperaturangaben in Grad Celsius oder Fahrenheit, Angaben der Radioaktivität in Bequerel oder Rad).

Variationskoeffizient

Um die Vergleichbarkeit von Streuungen zu gewährleisten, ist es notwendig, die Streuungsmaßzahlen so zu standardisieren, so dass sie *unabhängig* von der verwendeten *Maßeinheit* sind. Dies führt zu der Definition des **Variationskoeffizienten**

$$\text{Variationskoeffizient} = \text{vk} = \frac{\sqrt{s^2}}{\bar{y}}.$$

Diese standardisierte Streuungsmaßzahl ist dimensionslos und kann damit zu allgemeinen Vergleichen herangezogen werden. Ein Variationskoeffizient von eins bedeutet, dass die Standardabweichung genauso groß ist wie das zugehörige arithmetische Mittel. Häufig wird deshalb der Variationskoeffizient auch in Prozent angegeben und ein Variationskoeffizient von eins entspricht dann 100%.

Beispiel: Für die ausgewählten Studienteilnehmer des Bundesgesundheitssurveys 1998 zeigt Abb. S.1 eine Variation der erhobenen mittleren Messwerte des systolischen Blutdrucks an. Der kleinste auftretende Wert beträgt 96 mmHg und der größte Wert 203 mmHg (siehe Anhang D). Damit ergibt sich eine Spannweite von R = 107 mmHg, was auf eine durchaus substantielle Variabilität der Blutdruckmessungen zwischen den Studienteilnehmern schließen lässt. Wie bereits aus Abb. S.1 zu entnehmen ist, sind aber nur einige wenige Werte mit sehr hohen bzw. sehr niedrigen Messungen vorhanden, so dass die grobe Bestimmung des Range nur wenige Rückschlüsse über die Variation zulässt. Betrachtet man dagegen den Quartilsabstand, so zeigt sich mit einem Wert von

$$Q = 142 \text{ mmHg} - 118{,}5 \text{ mmHg} = 23{,}5 \text{ mmHg},$$

dass im mittleren Bereich der Verteilung eine geringere Variation auftritt. Für die quantitativen Variationsmaße gilt

- Varianz: 398,81 mmHg^2,
- Standardabweichung: 19,97 mmHg,
- Variationskoeffizient: 0,1516,

d.h., bezogen auf das arithmetische Mittel von 131,8 mmHg streuen die mittleren systolischen Blutdruckwerte um 15,16% um diesen Wert.

S.2.3   Zusammenhangsmaße für zwei Erhebungsvariablen

Die in den vorherigen Abschnitten eingeführten Lage- und Streuungsmaße beziehen sich auf das Vorliegen einer einzigen Beobachtungsdatenreihe $y_1, ..., y_n$, d.h., dass nur eine Variable in die Betrachtung eingeht. Hat man eine zweite Datenreihe $x_1, ..., x_n$ an den gleichen Untersuchungseinheiten beobachtet, so ist zusätzlich zu der Beschreibung der Lage und Streuung dieser Daten die Frage interessant, inwiefern es zwischen den Merkmalen x und y Zusammenhänge gibt. Somit ist es sinnvoll, Maßzahlen anzugeben, die die Frage beantworten können, ob ein Zusammenhang vorliegt und wie stark dieser gegebenenfalls ist.

Solche Maßzahlen werden auch allgemein als Zusammenhangs- oder Assoziationsmaße bezeichnet. Je nachdem, um welchen Merkmalstypus es sich handelt, d.h., ob metrische, ordinale oder nominale Variablen vorliegen, unterscheidet man verschiedene Zusammenhangsmaße.

S.3.2.1   Korrelationsmessung bei quantitativen Erhebungsvariablen

Korrelationskoeffizient nach Bravais-Pearson

Sind die an den untersuchten Individuen gemessenen Merkmale x und y metrisch, so kann man den **Korrelationskoeffizienten (nach Bravais-Pearson)** r_{xy} berechnen. Er ergibt sich aus

$$\text{Korrelationskoeffizient} = r_{xy} = \frac{\sum_{i=1}^{n}(x_i - \overline{x})(y_i - \overline{y})}{\sqrt{\sum_{i=1}^{n}(x_i - \overline{x})^2 \cdot \sum_{i=1}^{n}(y_i - \overline{y})^2}}$$

$$= \frac{\sum_{i=1}^{n} x_i \cdot y_i - n \cdot \overline{x} \cdot \overline{y}}{\sqrt{\left(\sum_{i=1}^{n} x_i^2 - n \cdot \overline{x}^2\right) \cdot \left(\sum_{i=1}^{n} y_i^2 - n \cdot \overline{y}^2\right)}}.$$

Dieser Korrelationskoeffizient ist eine normierte Kenngröße, die dazu geeignet ist, eine *lineare Abhängigkeit* zwischen zwei Variablen x und y zu beschreiben. Ist der Korrelationskoeffizient $r_{xy} = 0$, so spricht man von linearer Unabhängigkeit; ist $r_{xy} > 0$, so sind x und y positiv linear abhängig; ist $r_{xy} < 0$, so sind x und y negativ linear abhängig. Insgesamt ist der Korrelationskoeffizient so normiert, dass gilt:

$$-1 \leq r_{xy} \leq +1.$$

Bei der Interpretation des Korrelationskoeffizienten nach Bravais-Pearson ist unbedingt darauf zu achten, dass diese Maßzahl ausschließlich lineare Abhängigkeiten erfasst, d.h., durch einen Korrelationskoeffizienten nach Bravais-Pearson kann der Grad der Annäherung der Daten an eine Beziehung der Form

$$y = a + b \cdot x$$

beschrieben werden. Daher hat dieser Korrelationskoeffizient eine direkte Bedeutung für die Modellbildung der linearen Regression (siehe Abschnitt S.2.4). Abb. S.2 zeigt verschiedene Abhängigkeitsstrukturen unter Angabe des zugehörigen Korrelationskoeffizienten.

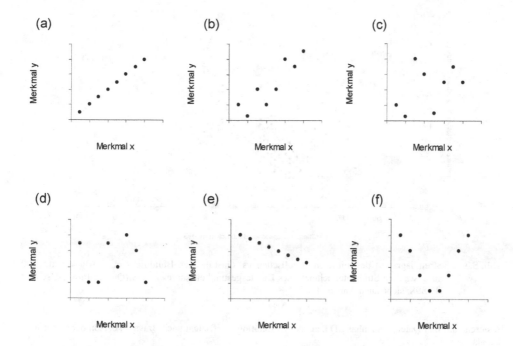

Abb. S.2: Korrelationskoeffizient nach Bravais-Pearson für verschiedene Abhängigkeitsstrukturen:
(a) $r = 1$; (b) $r = 0{,}895$; (c) $r = 0{,}409$; (d) $r = 0$; (e) $r = -1$; (f) $r = 0$

Liegt eine andere Form der Abhängigkeit vor, beispielsweise eine quadratische (siehe z.B. Abb. S.2(f)) oder noch komplexere, so kann das Korrelationsmaß nach Bravais-Pearson nicht verwendet werden. Dieses Beispiel zeigt, dass, obwohl eine funktionale Abhängigkeit zwischen den Variablen y und x existiert, der lineare Korrelationskoeffizient durchaus den Wert null annehmen kann. Damit kann nicht geschlossen werden, dass bei einer Korrelation nach Bravais-Pearson von null grundsätzlich keine Abhängigkeiten zwischen den beiden betrachteten Variablen vorliegen.

Neben der Einschränkung, dass dieses Zusammenhangsmaß nur für lineare Beziehungen gültig ist, muss nochmals darauf hingewiesen werden, dass es ausschließlich für metrische Variablen sinnvoll ist, da bei seiner Berechnung Abstände zwischen einem Beobachtungswert und dem arithmetischen Mittelwert eingehen.

Beispiel: Für die 200 ausgewählten Teilnehmer des BGS98 soll u.a. die Frage untersucht werden, inwiefern der Zusammenhang zwischen diastolischem und systolischem Blutdruck über ein Korrelationsmaß charakterisiert werden kann. Abb. S.3 zeigt diese Daten als so genanntes Streudiagramm (Punktwolke, engl. *Scatterplot*).

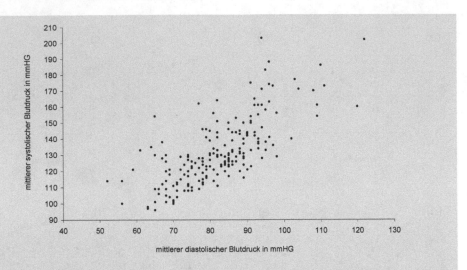

Abb. S.3:   Streudiagramm des mittleren systolischen vs. diastolischen Blutdrucks in mmHg von n = 200 ausgewählten Studienteilnehmern des Bundesgesundheitssurveys 1998 (Quelle: Public-Use-File BGS98; siehe auch Anhang D)

Basierend auf den Daten aus Anhang D kann der Korrelationskoeffizient nach Bravais-Pearson berechnet werden als

$$r_{xy} = \frac{(70 \cdot 101 + \ldots + 82 \cdot 164) - 200 \cdot 82,2 \cdot 131,8}{\sqrt{199 \cdot 130,64 \cdot 199 \cdot 398,81}} = 0,7190 \, ,$$

d.h., es herrscht ein hohes Maß an linearer Abhängigkeit zwischen dem diastolischen und dem systolischen Blutdruck. Dieser ist aber nicht so ausgeprägt, dass man aus der Kenntnis des einen bereits den anderen vorhersagen kann.

Rangkorrelationskoeffizient nach Spearman

Sind die Variablen x und y ordinal skaliert und kann man sie deshalb in eine Reihenfolge bringen bzw. z.B. der Größe nach ordnen, so ist es möglich, jedem Beobachtungswert einen Rang zuzuordnen. Der Rang einer Beobachtung ergibt sich dadurch, dass man die Beobachtungswerte der Reihe nach sortiert, d.h. die Werte $y_{(1)}, \ldots, y_{(n)}$, angibt, und jeder Beobachtung dann die in den Klammern angegebene Ordnungszahl als Rang zuordnet. Der **Rang einer Beobachtung** wird daher definiert als

$$\text{Rang}\left(y_{(i)}\right) = i \, .$$

Ordnet man nun jeder beobachteten Ausprägung einer Variablen für jede Datenreihe ihren entsprechenden Rang zu, so ist es möglich, mit diesen Rängen anstelle der Originaldaten Zusammenhangsmaßzahlen zu definieren. Die bekannteste ist der **Rangkorrelationskoeffizient nach Spearman**. Hier wird der Korrelationskoeffizient analog zu dem von Bravais-Pearson berechnet, nur werden anstelle der Originaldaten die Rangwerte verwendet, d.h., es gilt

$$r_{spear} = \frac{\sum_{i=1}^{n} Rang(x_i) \cdot Rang(y_i) - n \cdot \overline{Rang(x)} \cdot \overline{Rang(y)}}{\sqrt{\left(\sum_{i=1}^{n} Rang(x_i)^2 - n \cdot \overline{Rang(x)}^2\right) \cdot \left(\sum_{i=1}^{n} Rang(y_i)^2 - n \cdot \overline{Rang(y)}^2\right)}} .$$

Da die Rangzahlen stets die Werte 1, ..., n annehmen, nehmen auch die Größen

$$\overline{Rang(x)} = \overline{Rang(y)} = \frac{1}{n} \sum_{i=1}^{n} i$$

und

$$\sum_{i=1}^{n} Rang(x_i)^2 = \sum_{i=1}^{n} Rang(y_i)^2 = \sum_{i=1}^{n} i^2$$

stets dieselben Werte an, so dass sich der Rangkorrelationskoeffizient nach Spearman wesentlich einfacher darstellen lässt und es gilt

$$Rangkorrelationskoeffizient = r_{spear} = 1 - \frac{6 \cdot \sum_{i=1}^{n} \left(Rang(x_i) - Rang(y_i)\right)^2}{n \cdot \left(n^2 - 1\right)} .$$

Der Rangkorrelationskoeffizient nach Spearman kann insbesondere dann berechnet werden, wenn ausschließlich ordinale Daten vorliegen. Wendet man ihn auch bei metrischen Variablen an, so gilt er aufgrund seiner Rangzuordnung allgemein für monotone und nicht nur lineare Beziehungen, d.h., er wird auch dann den Wert +1 annehmen, wenn große Werte des Merkmals x mit großen Werten von y einhergehen, also ein monotoner Zusammenhang zwischen x und y besteht, selbst wenn dieser nicht linear ist.

Problematisch wird die Berechnung des Rangkorrelationskoeffizienten immer dann, wenn bei Individuen dieselben Ausprägungen mehrfach auftreten, d.h., wenn so genannte **Bindungen** (engl. Ties) vorliegen.

Beispiel: Würde man im ausgewählten Untersuchungskollektiv des BGS98 die Personen bezogen auf ihren systolischen Blutdruck z.B. in die Kategorien "sehr hoch" (größer gleich 160 mmHg), "hoch" (von 140 bis 160 mmHg), "normal" (von 110 bis 140 mmHg) bzw. "niedrig" (unter 110 mmHg) einordnen, so würden insgesamt 22, 35, 121 bzw. 22 Individuen in die jeweilige Kategorie zugeordnet. Damit ist die oben angeführte Rangdefinition aufgrund dieser hohen Zahl von Bindungen nicht mehr eindeutig. Es ist offensichtlich, dass in diesem Beispiel die Anzahl der Bindungen so groß wäre, dass eine Berechnung eines Korrelationskoeffizienten nach Spearman für diese Variablen nicht mehr sinnvoll ist.

Für Situationen, in denen eine eher geringe Anzahl von Bindungen auftritt, existieren Verfahren zur Bindungskorrektur, die auf die Korrelationsberechnungen angewendet werden können, um diese zu korrigieren (siehe z.B. Hajek & Sidak 1967).

S.3.2.2   Assoziationsmessung für qualitative Erhebungsvariablen

Kontingenztafeln

Sind die betrachteten Variablen nur noch nominal skaliert, so ist weder eine Abstands- noch eine Rangdefinition in den Variablen sinnvoll durchführbar. Die Ausprägungen der zu beobachtenden Variablen stellen sich dann in der Regel in einer gewissen Anzahl von Kategorien dar. Hat man nun für die Variable x insgesamt r Kategorien und für die Variable y insgesamt s Kategorien, kann man die Originaldaten der Variablen x und y ohne Informationsverlust in einer **rxs-Kontingenztafel** gegenüberstellen. Eine solche Kontingenztafel ist in Tab. S.2 dargestellt.

Tab. S.2:   rxs-Kontingenztafel für zwei nominal skalierte Merkmale x und y

Merkmal x	Merkmal y						Summe
	1	2	...	j	...	s	
1	n_{11}	n_{12}	...	n_{1j}	...	n_{1s}	$n_{1.} = \sum_{j=1}^{s} n_{1j}$
2	n_{21}	n_{22}	...	n_{2j}	...	n_{2s}	$n_{2.} = \sum_{j=1}^{s} n_{2j}$
$\vdots$	$\vdots$	$\vdots$		$\vdots$		$\vdots$	$\vdots$
i	n_{i1}	n_{i2}	...	n_{ij}	...	n_{is}	$n_{i.} = \sum_{j=1}^{s} n_{ij}$
$\vdots$	$\vdots$	$\vdots$		$\vdots$		$\vdots$	$\vdots$
r	n_{r1}	n_{r2}	...	n_{rj}	...	n_{rs}	$n_{r.} = \sum_{j=1}^{s} n_{rj}$
Summe	$n_{.1} = \sum_{i=1}^{r} n_{i1}$	$n_{.2} = \sum_{i=1}^{r} n_{i2}$	...	$n_{.j} = \sum_{i=1}^{r} n_{ij}$	...	$n_{.s} = \sum_{i=1}^{r} n_{is}$	$n = n_{..}$

In Tab. S.2 bezeichnet n_{ij} die Anzahl der Individuen innerhalb der Studienpopulation, die für die Variable x in die Kategorie i und für die Variable y in die Kategorie j fallen, wobei x insgesamt r und y insgesamt s Kategorien besitzt. An den Rändern werden die jeweiligen Zeilensummen $n_{i.}$ bzw. Spaltensummen $n_{.j}$ aufgetragen. Der Punkt soll dabei verdeutlichen, dass über diesen Index aufsummiert wurde. $n_{..}$ bedeutet dann, dass sowohl über alle Spalten als auch über alle Zeilen aufsummiert wurde. Damit ist $n_{..} = n$ der Umfang der Studienpopulation.

Prinzipiell ist es möglich, eine r×s-Kontingenztafel für beliebige Ziffern r und s zu konstruieren. Im Rahmen der epidemiologischen Forschung tritt allerdings als häufigste Form, wie in Kapitel 3 ausführlich dargestellt, die 2×2- oder **Vierfeldertafel** auf.

Hat man beispielsweise die Wirkung einer Krankheit nur in der nominalen Ausprägung krank "ja" vs. "nein" und die Ursache dieser Krankheit im Rahmen einer Exposition "ja" vs. "nein" vorliegen, so ist damit die Basis für die klassische epidemiologische Fragestellung (siehe auch Kapitel 3) gegeben. In diesem Fall hat es sich auch eingebürgert, von der obigen Notation in der Form abzuweichen, dass man die Kategorien anstelle mit den Codes "1", "2" mit den Codes "0", "1" versieht, wobei der Code "1" bedeutet, dass ein Merkmal vorhanden ist, und "0", dass es nicht vorhanden ist. Daraus ergeben sich die in Tab. S.3 dargestellten Bezeichnungen.

Tab. S.3: 2×2-Kontingenztafel

Merkmal x	Merkmal y vorhanden	nicht vorhanden	Summe
vorhanden	n_{11}	n_{10}	$n_{1.} = n_{11} + n_{10}$
nicht vorhanden	n_{01}	n_{00}	$n_{0.} = n_{01} + n_{00}$
Summe	$n_{.1} = n_{11} + n_{01}$	$n_{.0} = n_{10} + n_{00}$	$n = n_{..}$

Beispiel: Für die 200 ausgewählten Teilnehmer des BGS98 soll untersucht werden, ob ein Zusammenhang zwischen Übergewicht und erhöhtem Blutdruck besteht. Hiezu werden diese stetigen Messungen kategorisiert. Gemäß den WHO-Kriterien für Übergewicht bzw. Hypertonie bietet sich für den Body-Mass-Index BMI als Schwellenwert der Wert $25\,kg/m^2$, für den systolischen Blutdruck der Wert $140\,mmHg$ an. Aus den Angaben von Anhang D ergibt sich damit die Vierfeldertafel aus Tab. S.4.

Tab. S.4: Vierfeldertafel Body-Mass-Index BMI und systolischer Blutdruck von n = 200 ausgewählten Studienteilnehmern des Bundesgesundheitssurveys 1998 (Quelle: Public-Use-File BGS98; siehe auch Anhang D)

BMI	systolischer Blutdruck $> 140\,mmHg$	$\leq 140\,mmHg$	Summe
≥ 25	41	70	111
< 25	13	76	89
Summe	54	146	200

Die Frage, ob eine Abhängigkeit bzw. ein Zusammenhang oder ob eine *Assoziation* vorliegt, ist in Abschnitt 2.3 bei den vergleichenden epidemiologischen Maßzahlen des relativen Risikos bzw. Odds Ratios schon diskutiert worden. Neben diesen bekanntesten epidemiologischen Assoziationsmaßen werden allerdings noch weitere Maßzahlen eingesetzt.

Assoziationen von Merkmalen

Die Assoziation von Variablen kann generell über das Konzept von Unabhängigkeit und Abhängigkeit in Kontingenztafeln beschrieben werden. Betrachtet man z.B. in einer Vierfeldertafel die beiden Ausprägungen der Variable x, so erwartet man, dass die Aufteilung in den Kategorien für die Variable y in beiden Zeilen von x gleich ist. Formal bedeutet dies, dass man im Falle der Unabhängigkeit von x und y erwartet, dass gilt

$$(*) \qquad \frac{n_{11}}{n_{10}} = \frac{n_{01}}{n_{00}}.$$

Dies ist gleichbedeutend mit den Aussagen

$$(**) \qquad n_{11} \cdot n_{00} = n_{10} \cdot n_{01} \text{ bzw.}$$

$$(***) \qquad \frac{n_{11} \cdot n_{00}}{n_{10} \cdot n_{01}} = 1 \text{ bzw.}$$

$$(****) \qquad n_{11} \cdot n_{00} - n_{10} \cdot n_{01} = 0,$$

d.h., im Falle der Unabhängigkeit bzw. keiner vorliegender Assoziation erwartet man, dass die Häufigkeiten in der Vierfeldertafel die oben stehenden Aussagen (*) bis (****) erfüllen.

Dies kann man sich nun in vielfältiger Art und Weise bei der Definition von Maßzahlen zur Messung der Assoziation zunutze machen. Eine sehr wichtige Kennzahl stellt dabei das *Odds Ratio* dar (siehe Abschnitt 2.3.3), das im Falle keiner Assoziation zwischen den Variablen x und y gerade den Wert eins annimmt wie in Aussage (***).

Eine andere Gruppe von Maßzahlen nutzt dagegen die Beziehung (****). Der **Assoziationskoeffizient nach Yule** wird z.B. definiert als

$$A_{Yule} = \frac{n_{11} \cdot n_{00} - n_{10} \cdot n_{01}}{n_{11} \cdot n_{00} + n_{10} \cdot n_{01}}.$$

Durch den verwendeten Nenner hat das Maß nach Yule im Gegensatz zum Odds Ratio eine analoge Eigenschaft wie ein Korrelationskoeffizient, denn diese Kennzahl nimmt Werte zwischen -1 und $+1$ an und ist im Fall fehlender Assoziation, wie in (****) gezeigt, gleich 0.

Eine weitere auf Aussage (****) beruhende Größe ist der **Kontingenzkoeffizient nach Pearson**, die definiert ist als

$$K_{Pearson} = \sqrt{\frac{X^2}{n + X^2}}, \text{ mit } X^2 = n \cdot \frac{(n_{11} \cdot n_{00} - n_{10} \cdot n_{01})^2}{(n_{1.} \cdot n_{0.} \cdot n_{.1} \cdot n_{.0})}.$$

Diese Größe ist aufgrund der quadratischen Terme stets größer oder gleich 0 und nimmt den Wert null wegen Aussage (****) gerade dann an, wenn keine Assoziation vorliegt.

Beispiel: Für die 200 ausgewählten Teilnehmer des BGS98 kann der Zusammenhang zwischen dem BMI und dem systolischen Blutdruck z.B. mit den Zahlen aus der Vierfeldertafel Tab. S.4 untersucht werden. Hier gilt für das Assoziationsmaß nach Yule

$$A_{Yule} = \frac{41 \cdot 76 - 70 \cdot 13}{41 \cdot 76 + 70 \cdot 13} = \frac{2206}{4026} = 0{,}5479.$$

Um den Kontingenzkoeffizienten nach Pearson zu ermitteln, berechnet man zunächst die Größe

$$X^2 = 200 \cdot \frac{(41 \cdot 76 - 70 \cdot 13)^2}{(111 \cdot 89 \cdot 54 \cdot 146)} = 12{,}50$$

und bestimmt dann anschließend

$$K_{Pearson} = \sqrt{\frac{12{,}50}{200 + 12{,}50}} = 0{,}2425.$$

Beide Zusammenhangsmaße zeigen somit wesentlich von null abweichende Werte, so dass der Zusammenhang von Übergewicht und erhöhtem systolischen Blutdruck deutlich wird.

Die vorgestellten Assoziationsmaße stehen aufgrund der Beziehungen (*) bis (****) im Zusammenhang zueinander, müssen aber wegen ihrer unterschiedlichen Normierung unterschiedlich interpretiert werden.

Der Assoziationskoeffizient nach Yule kann nur dann definiert werden, wenn die Daten innerhalb einer Vierfeldertafel vorliegen. Hat man allgemeinere r×s-Kontingenztafeln, z.B. wenn sich mehrere Krankheitsstadien manifestieren können oder wenn mehr als nur zwei Expositionskategorien vorliegen, so ist das Maß nach Yule nicht mehr definiert. Für den **Kontingenzkoeffizienten nach Pearson** ist es aber möglich, eine Version **für r×s-Kontingenztafeln** anzugeben, indem man die allgemeine Form

$$X^2 = \sum_{i=1}^{r} \sum_{j=1}^{s} \frac{(n_{ij} - n_{ij\,erw})^2}{n_{ij\,erw}} \text{ mit } n_{ij\,erw} = \frac{n_{i.} \cdot n_{.j}}{n}, i = 1, ..., r, j = 1, ..., s,$$

bei der Berechnung von $K_{Pearson}$ verwendet.

Gerade im Bereich der Sozialwissenschaften und Psychologie wurde zudem eine Reihe weiterer Assoziationsmaße speziell für r×s-Tafeln bzw. auch für ordinale Skalen vorgeschlagen. Der interessierte Leser sei in diesem Zusammenhang etwa auf die Zusammenfassung von Vegelius & Dahlqvist (1989) verwiesen. In dieser Publikation werden über 60 verschiedene Korrelations- und Assoziationsmaße und ihre Anwendbarkeit diskutiert sowie ein entsprechendes Computerprogramm zur Auswertung zur Verfügung gestellt.

S.2.4   Regressionsmodelle

Liegen zwei Erhebungsvariablen x (z.B. eine Einflussvariable) und y (z.B. eine Wirkung) vor, so ist es zunächst sinnvoll, nach einem möglichen Zusammenhang im Sinne der in Abschnitt S.2.3 dargestellten Korrelations- oder Assoziationsmaße zu fragen. Allerdings ist man in diesem Fall zudem daran interessiert, den Einfluss von x auf y funktionell zu erfassen.

Um diesen funktionellen Zusammenhang zwischen einer Ursache x und einer Wirkung y zu beschreiben, werden im Rahmen epidemiologischer Untersuchungen so genannte *Regressionsmodelle* verwendet. Mit diesen Modellen wird versucht, den Zusammenhang zwischen einer Einfluss- und einer Zielvariable in Form einer mathematischen Gleichung darzustellen, wobei diese Gleichung für die gesamte Zielpopulation gelten soll, aber nicht unbedingt für ein einzelnes Individuum der Studienpopulation.

Statistische Modelle zur Beschreibung einer *Ursache-Wirkungs-Beziehung* haben die allgemeine Form

$$y = \text{Funktion}\left(x^{(1)}, x^{(2)}, ..., x^{(m)}\right).$$

Dabei bezeichnet y die *Zielvariable*, also etwa das Auftreten eines Symptoms, oder eine diagnostische Variable, wie etwa den systolischen Blutdruck. $x^{(1)}$, $x^{(2)}$, ..., $x^{(m)}$ stellen m *Einflussvariablen* dar (z.B. das Alter, das Körpergewicht, das Rauchen etc.), die mittels einer noch näher zu spezifizierenden Funktion die Variable y beeinflussen.

Beispiel: Ein Beispiel zu einem solchen Modell kann auch aus den Angaben des Bundesgesundheitssurveys abgeleitet werden, und zwar in welchem Maß der mittlere systolische Blutdruck vom Alter abhängig ist. Trägt man für jede untersuchte Person diese Informationen in einem Koordinatensystem ab, so ergibt sich eine Darstellung wie in Abb. S.4. Eine einfache Form einer funktionellen Abhängigkeit wäre eine lineare Funktion, die hier bereits eingezeichnet ist.

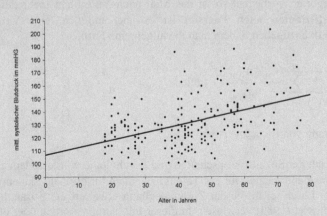

Abb. S.4:   Streudiagramm und lineare Regressionsfunktion zur Abhängigkeit des mittleren systolischen Blutdrucks in mmHg vom Alter in Jahren bei n = 200 ausgewählten Studienteilnehmern des Bundesgesundheitssurveys 1998 (Quelle: Public-Use-File BGS98; siehe auch Anhang D)

Je nach Variablentyp (metrisch, ordinal oder nominal), Variablenanzahl und insbesondere je nach Wahl der Funktion ist eine Vielzahl von Modellen zu unterscheiden. Im Folgenden wollen wir die grundlegende Idee der linearen Regression zusammenfassen.

S.4.2.1   Einfache lineare Regression

Als einfachste Modellklasse gilt das so genannte lineare Regressionsmodell. Bei diesem Modell wird vorausgesetzt, dass sowohl die *Zielvariable* y als auch die *Einflussvariable* x *metrisch* sind und dass die *Funktion linear* ist. Insgesamt führt das zu folgender **Modellgleichung des einfachen linearen Regressionsmodells** für eine zugrunde liegende Zielpopulation:

$$y = a_{Ziel} + b_{Ziel} \cdot x.$$

In dieser Gleichung bezeichnet a_{Ziel} den Punkt, an dem die Gerade die Ordinate an der Stelle $x = 0$ schneidet und b_{Ziel} den Steigungsparameter der linearen Regressionsfunktion. Über diese lineare Funktion wird dann die Zielvariable y mit der Einflussvariable x verknüpft, d.h., liegt ein fester Einfluss x vor, so ergibt sich die Zielvariable y im Prinzip durch die Linearkombination $a_{Ziel} + b_{Ziel} \cdot x$. Man sagt daher auch, dass x die **unabhängige** und y die **abhängige Variable** darstellt.

Beobachtet man nun in einer Studienpopulation individuelle Datenpunkte (x_i, y_i), $i = 1, ..., n$, so werden diese Beobachtungen im Regelfall von der Ideallinie der linearen Regressionsfunktion abweichen (siehe z.B. das Beispiel aus Abb. S.4). Demzufolge ist es erforderlich, eine Regressionsgerade anzugeben, die am besten an die Punktewolke angepasst ist.

Ein solches Prinzip der besten Anpassung ist die **Methode der kleinsten Quadrate**. Hierbei wird die anzupassende Gerade so gewählt, dass die Summe der quadrierten vertikalen Abstände zwischen der Geraden und den Datenpunkten, die so genannten **Residuen**, minimal ist (siehe Abb. S.5).

Mit diesem Prinzip, das auf Karl-Friedrich Gauß zurückgeht und auch kurz als **KQ-Methode** bezeichnet wird, erhält man die **angepasste Regressionsgerade** durch Angabe der **Regressionsparameter aus der Studienpopulation** a_{Studie} und b_{Studie} in folgender Form

$$b_{Studie} = \frac{\sum_{i=1}^{n}(x_i - \overline{x})(y_i - \overline{y})}{\sum_{i=1}^{n}(x_i - \overline{x})^2},$$

$$a_{Studie} = \overline{y} - b_{Studie} \cdot \overline{x}.$$

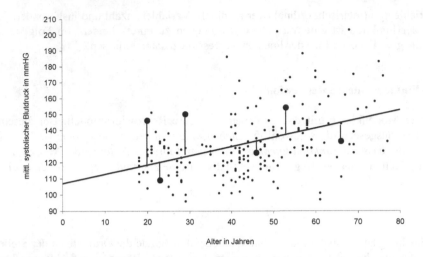

Abb. S.5:   Minimierung der Summe der quadrierten Abstände am Beispiel zur Abhängigkeit des mittleren systolischen Blutdrucks in mmHg vom Alter in Jahren bei n = 200 ausgewählten Studienteilnehmern des Bundesgesundheitssurveys 1998 (Quelle: Public-Use-File BGS98; siehe auch Anhang D)

Durch diese Größen ist somit eine Gerade angegeben, die den linearen Zusammenhang in der Studienpopulation am besten beschreibt. Dabei gilt für ein einzelnes Individuum i, dass bei gegebenem Beobachtungswert x_i der unabhängigen Variable x ein Wert y_i der abhängigen Variable y beobachtet wird, dieser aber von dem (geschätzten) Wert der Regressionsgerade

$$y_{i\,Studie} = a_{Studie} + b_{Studie} \cdot x_i, \quad i = 1, \ldots, n,$$

abweicht. Die Abweichungen der beobachteten Werte von der Gerade, d.h. die beobachteten Residuen $e_{i\,Studie}$, mit

$$e_{i\,Studie} = (y_i - y_{i\,Studie}) = (y_i - a_{Studie} - b_{Studie} \cdot x_i), \quad i = 1, \ldots, n,$$

sind damit ein natürliches Maß für die Variation sowie für die Güte der ermittelten Regressionsgerade. Somit ist es sinnvoll, die Summe der quadrierten Residuen zur Angabe der **Varianz in der Studienpopulation** zu verwenden, und man erhält

$$\sigma^2_{Studie} = \frac{1}{n-2} \sum_{i=1}^{n} e^2_{i\,Studie} = \frac{1}{n-2} \sum_{i=1}^{n} (y_i - y_{i\,Studie})^2.$$

Diese Varianz bzw. die (durchschnittlichen) Abweichungen der Beobachtungen von den Werten der Regressionsgerade können zudem auch als *Gütemaß für die ermittelte Regressionsgerade* verwendet werden. Für das lineare Regressionsmodell kann ein solches Maß mit Hilfe des so genannten **Bestimmtheitsmaßes** R^2 angegeben werden, das definiert ist als

$$R^2 = \frac{\sum\limits_{i=1}^{n} (y_{i\,Studie} - \overline{y})^2}{\sum\limits_{i=1}^{n} (y_i - \overline{y})^2}.$$

Es ist der Quotient von der Quadratsumme der Differenzen der geschätzten Werte der Zielvariable zum Mittelwert der Beobachtungen durch die Quadratsumme der Differenzen der beobachteten Werte der Zielvariable zum Mittelwert. Da beide Quadratsummen Varianzen darstellen, resultiert hieraus die Interpretation, dass R^2 den Anteil der Variation der Zielvariable y angibt, der durch die Variation der Einflussvariable x (über die Regression) linear erklärt wird.

Zur Beurteilung der Anpassungsgüte des Modells ist das Bestimmtheitsmaß eine sehr wichtige Kennzahl. Nimmt das Maß einen Wert nahe null an, so ist die lineare Anpassung nicht befriedigend. Eine große Maßzahl nahe eins bedeutet eine gute lineare Anpassung. Wie beim Korrelationsbegriff (siehe Abschnitt S.3.2.1) muss allerdings vor einer Überinterpretation des Bestimmtheitsmaßes gewarnt werden, denn auch hier bezieht sich die direkte Interpretation wie bei der Korrelation nur auf die *Beschreibung des linearen Zusammenhangs*.

Die Bezeichnung R^2 deutet bereits an, dass das lineare Bestimmtheitsmaß eine quadratische Größe ist, und zwar stimmt R^2 mit dem *Quadrat des Korrelatioskoeffizienten nach Bravais-Pearson* überein, der als rein lineares Zusammenhangsmaß definiert ist. Das wirkt sich natürlich in analoger Weise auf die Interpretation des Bestimmtheitsmaßes aus.

Beispiel: Für das Beispiel einer unterstellten linearen Abhängigkeit des systolischen Blutdrucks vom Alter wollen wir nun nach der Methode der kleinsten Quadrate eine lineare Schätzfunktion angeben. Hierzu können die Daten aus Anhang D verwendet werden. Da sich für das Alter ein arithmetisches Mittel von 43,3 Jahren und für den systolischen Blutdruck ein Mittelwert von 131,8 mmHg ergibt, berechnet man als Schätzwert für den Regressionskoeffizienten

$$b_{Studie} = \frac{[(61-43,3)\cdot(101-131,8) + \ldots + (53-43,3)\cdot(164-131,8)]}{[(61-43,3)^2 + \ldots + (53-43,2)^2]} = 0,5716,$$

so dass man für den Achsenabschnitt den folgenden Schätzwert erhält

$$a_{Studie} = 131,8 - 0,5716 \cdot 43,3 = 107,0.$$

Der geschätzte lineare Zusammenhang zwischen dem mittleren systolischen Blutdruck und dem Alter ist somit

mittlerer systolischer Blutdruck = 107,0 + 0,5716 · Alter.

Diese Geradengleichung ist in Abb. S.4 bzw. Abb. S.5 bereits eingezeichnet. In obiger Situation bedeutet diese Funktion, dass mit jedem zusätzlichen Lebensjahr der systolische Blutdruck durchschnittlich um 0,5716 mmHg steigt.

Inwiefern dieser angenommene lineare Zusammenhang bereits eine gute Anpassung an die vorhandenen Daten darstellt, zeigt das Bestimmtheitsmaß, das hier den Wert $R^2 = 0,1867$ annimmt. Dies bedeutet, dass das Alter (nur) 18,67% der Variation des mittleren systolischen Blutdrucks linear erklärt oder anders ausgedrückt, über 80% der Variation des Blutdrucks wird durch andere Einflussgrößen bestimmt.

Das Prinzip der Methode der kleinsten Quadrate ist grundsätzlich nicht nur auf die Situation einer einfachen linearen Regressionsfunktion anwendbar, sondern ist allgemein dann einsetzbar, wenn Abweichungen zwischen einer beobachteten Zielvariable y und einer Schätzung aus der Studie y_{Studie} betrachtet werden. Dabei können im Falle linearer Beziehungen explizite Lösungen angegeben werden. Für komplexere Funktionen erhält man allerdings häufig nur noch Näherungslösungen.

S.4.2.2   Multiple lineare Regression

Die Verallgemeinerung des einfachen linearen Regressionsmodells ist die **multiple lineare Regression**. Hier gehen neben einer *einzelnen quantitativen Zielvariable mehrere unabhängige Einflussvariablen* in das Modell ein. Die allgemeine Modellgleichung lautet dann

$$y = a_{Ziel} + b_{1\ Ziel} \cdot x^{(1)} + \ldots + b_{m\ Ziel} \cdot x^{(m)}.$$

Mit diesem Modell ist es möglich, nicht nur eine, sondern insgesamt *m Einflussvariablen gleichzeitig* zu berücksichtigen. Die lineare Funktion stellt dabei eine allgemeine lineare Form dar, die geometrisch als eine *m-dimensionale Hyperebene im (m+1)-dimensionalen Raum* aufgefasst werden kann.

Beispiel: In Abschnitt S.4.2.1 haben wir mittels eines einfachen linearen Regressionsmodells die lineare Abhängigkeit zwischen dem mittleren systolischen Blutdruck und dem Alter beschrieben. Dieser Zusammenhang war mit einem Bestimmtheitsmaß von $R^2 = 0{,}1867$ zwar tendenziell vorhanden, aber nicht übermäßig stark ausgeprägt, so dass noch weitere Einflussfaktoren in ein Modell eingeschlossen werden können. Einen solchen Faktor kann der Body-Mass-Index BMI darstellen, denn ein starkes Übergewicht kann sich auf die Erhöhung des Blutdrucks auswirken. Abb. S.6 beschreibt anhand der Daten aus Anhang D eine entsprechende Erweiterung des Regressionsmodells mit

mittl. sys. Blutdruck $= a_{Ziel} + b_{1\ Ziel} \cdot$ Alter $+ b_{2\ Ziel} \cdot$ BMI.

Hierbei sind in Abb. S.6 (a) die originalen Erhebungswerte im dreidimensionalen Raum dargestellt. Man erkennt, dass niedrige Blutdruckwerte tendenziell bei jüngeren Individuen mit geringen Body-Mass-Index vorkommen; Alte und Studienteilnehmer mit hohem BMI haben dagegen vermehrt einen erhöhten Blutdruck. Diese Beziehung wird durch das Regressionsmodell in Abb.S.6 (b) zum Ausdruck gebracht, das in diesem Beispiel eine Funktionsfläche im dreidimensionalen Raum darstellt.

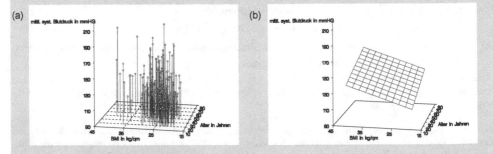

Abb. S.6:   Abhängigkeit des mittleren systolischen Blutdrucks y vom Alter $x^{(1)}$ und BMI $x^{(2)}$ bei $n = 200$ ausgewählten Studienteilnehmern des Bundesgesundheitssurveys 1998 (Quelle: Public-Use-File BGS98; siehe auch Anhang D): (a) Scatterplot; (b) zweidimensionale Regressionsfläche im dreidimensionalen Raum

Wie beim einfachen linearen Modell in Abschnitt S.4.2.1 kann mit Hilfe der Methode der kleinsten Quadrate eine Regressionsfunktion aus den Studiendaten ermittelt werden. Schätzwerte für die unbekannten Modellparameter $b_{1\,Ziel}$, ..., $b_{m\,Ziel}$ ergeben sich als **Lösungen des** folgenden **linearen Gleichungssystems**

$$b_{1\,Studie}\sum_{i=1}^{n}\left(x_i^{(1)}-\overline{x}^{(1)}\right)^2 +...+ b_{m\,Studie}\sum_{i=1}^{n}\left(x_i^{(1)}-\overline{x}^{(1)}\right)\left(x_i^{(m)}-\overline{x}^{(m)}\right)=\sum_{i=1}^{n}\left(x_i^{(1)}-\overline{x}^{(1)}\right)\left(y_i-\overline{y}\right)$$

$$\vdots \qquad\qquad \vdots \qquad\qquad \vdots$$

$$b_{1\,Studie}\sum_{i=1}^{n}\left(x_i^{(1)}-\overline{x}^{(1)}\right)\left(x_i^{(m)}-\overline{x}^{(m)}\right)+...+ b_{m\,Studie}\sum_{i=1}^{n}\left(x_i^{(m)}-\overline{x}^{(m)}\right)^2 =\sum_{i=1}^{n}\left(x_i^{(m)}-\overline{x}^{(m)}\right)\left(y_i-\overline{y}\right).$$

Die Größe **a** wird **aus den Studiendaten** ermittelt durch

$$a_{Studie} = \overline{y} - b_{1\,Studie}\overline{x}^{(1)} - b_{2\,Studie}\overline{x}^{(2)} -...- b_{m\,Studie}\overline{x}^{(m)} .$$

Die Varianz in der Studienpopulation kann wiederum mit Hilfe der Summe der quadrierten Residuen ermittelt werden, d.h., man erhält

$$\sigma^2_{Studie} = \frac{1}{n-m-1}\sum_{i=1}^{n}(y_i - y_{i\,Studie})^2 = \frac{1}{n-m-1}\sum_{i=1}^{n}\left(y_i - a_{Studie} - \sum_{j=1}^{m}b_{j\,Studie}\cdot x_i^{(j)}\right)^2 .$$

Auch ist es möglich, wie bei der einfachen linearen Regression, eine Maßzahl anzugeben, die zur Prüfung der Anpassungsgüte verwendet werden kann. Das **multiple Bestimmtheitsmaß**

$$B_{y,\left(x^{(1)},...,x^{(m)}\right)} = 1 - \frac{\displaystyle\sum_{i=1}^{n}\left(y_i - a_{Studie} - \sum_{j=1}^{m}b_{j\,Studie}\cdot x_i^{(j)}\right)^2}{\displaystyle\sum_{i=1}^{n}(y_i-\overline{y})^2}$$

misst dann den *Anteil der Varianz von y*, der durch die *beste Linearkombination der Variablen* $x^{(1)}$, ..., $x^{(m)}$ erklärt werden kann. Auch diese Größe kann als Quadrat eines multiplen Korrelationskoeffizienten aufgefasst werden und unterliegt analogen Regeln zur Interpretation wie das R^2 bei der einfachen linearen Regression.

Beispiel: Soll bei den ausgewählten Studienteilnehmern des Bundesgesundheitssurveys 1998 der mittlere systolische Blutdruck y mit Hilfe einer multiplen Regression durch zwei erklärende Variablen, nämlich das Alter $x^{(1)}$ und den Body-Mass-Index $x^{(2)}$, beschrieben werden, so ergibt sich bei der hier vorliegenden Querschnittsuntersuchung als Lösung des unterstellten Gleichungssystems aus den Daten von Anhang D

$b_{1\,Studie} = 0{,}4688$, $b_{2\,Studie} = 1{,}1692$ und damit $a_{Studie} = 81{,}0504$.

Die sich hieraus ergebende Regressionsfläche wurde bereits in Abb. S.6 (b) dargestellt. Man erkennt den "kombinierten Effekt" des Alters und des BMI. Dies wird auch an dem größeren Wert des multiplen Bestimmungsmaßes im Vergleich zum einfachen Modell deutlich; denn hier gilt, dass

$$B_{y,(x^{(1)},x^{(2)})} = 0,2554,$$

d.h., es wird nunmehr 25,54% der Varianz (vorher 18,67%) des mittleren systolischen Blutdrucks durch die Einflussfaktoren erklärt.

Die bislang beschriebenen Regressionsmodelle sind von einer relativ einfachen Struktur; jedoch ist es damit möglich, noch *komplexere funktionale Zusammenhänge* zu beschreiben, ohne einen größeren formalen Aufwand zu betreiben, denn die unabhängigen Einflussvariablen $x^{(1)}$, $x^{(2)}$, ..., $x^{(m)}$ können in sich beliebig transformiert sein, ohne dass hieraus eine Änderung der *Linearität in den Parametern* $b_{1\,Ziel}$, ..., $b_{m\,Ziel}$ resultiert. So ist etwa die Modellgleichung

$$y = a_{Ziel} + b_{1\,Ziel} \cdot \log(x^{(1)}) + b_{2\,Ziel} \cdot \sin(x^{(2)}) + b_{3\,Ziel} \cdot \left(x^{(3)}\right)^2$$

weiterhin linear in den Parametern $b_{1\,Ziel}$, $b_{2\,Ziel}$ und $b_{3\,Ziel}$, so dass wieder die (entsprechend für die Einflussvariablen Einflussvariablen $x^{(1)}$, $x^{(2)}$, ..., $x^{(m)}$ transformierten) Formeln von oben zur Anwendung kommen können.

S.2.5   Graphische Darstellungen

Die Daten einer epidemiologischen Studie sollten grundsätzlich graphisch aufbereitet werden. Solche Abbildungen dienen einerseits dazu, sich einen *schnellen Überblick* über die Datengrundlage zu verschaffen; andererseits können damit auch *komplizierte Sachverhalte übersichtlich präsentiert* werden.

Die Wahl der Darstellungsform hängt darüber hinaus von der gewählten Skala der Einheiten ab. Insbesondere ist zu unterscheiden, ob man metrische oder nominale Skalen verwendet. Im Folgenden sollen die wichtigsten graphischen Darstellungsmöglichkeiten für epidemiologische Studien kurz erläutert werden.

S.5.2.1   Darstellung qualitativer Erhebungsvariablen

Kreisdiagramm

Bei nominalen Variablen ist eine häufige Darstellungsform die des **Kreisdiagramms** (engl. **Pie-Chart**, siehe Abb. S.7). Diese in allen Wissenschaftsbereichen übliche Darstellungsform gibt die Segmente innerhalb einer Kreisfläche proportional zu den jeweiligen prozentualen Anteilen der Merkmalswerte einer kategoriellen Untersuchungsvariable an. Wie bei allen kategoriellen Darstellungen sollte dabei die Anzahl der Kategorien nicht allzu hoch sein, damit die Abbildung übersichtlich bleibt.

Abb. S.7: Kreisdiagramm – Rauchgewohnheiten von n = 200 ausgewählten Studienteilnehmern des Bundesgesundheitssurveys 1998 (Quelle: Public-Use-File BGS98; siehe auch Anhang D)

Blockdiagramm

Eine alternative Möglichkeit nominale Merkmale in Form von Flächen darzustellen, bietet neben dem Kreis auch ein Rechteck. Dies führt zum **Blockdiagramm** (siehe Abb. S.8), das nach dem gleichen Prinzip wie ein Kreisdiagramm dem jeweiligen prozentualen Anteil einer Kategorie einer Untersuchungsvariablen die entsprechende Fläche innerhalb eines Rechtecks zuordnet.

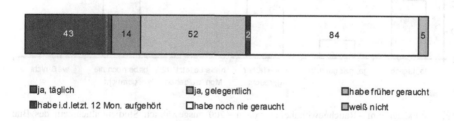

■ja, täglich   ■ja, gelegentlich   □habe früher geraucht
■habe i.d.letzt. 12 Mon. aufgehört   □habe noch nie geraucht   □weiß nicht

Abb. S.8: Blockdiagramm – Rauchgewohnheiten von n = 200 ausgewählten Studienteilnehmern des Bundesgesundheitssurveys 1998 (Quelle: Public-Use-File BGS98; siehe auch Anhang D)

Im Vergleich zum Kreisdiagramm bietet diese Darstellungsform den Vorteil, dass es optisch wesentlich leichter ist, Subgruppen innerhalb einer Blockdarstellung zu integrieren, um somit beispielsweise durch Nebeneinanderstellen von Blocksegmenten die Möglichkeit zu schaffen, direkte Vergleiche der Subgruppen durchzuführen (siehe Abb. S.9).

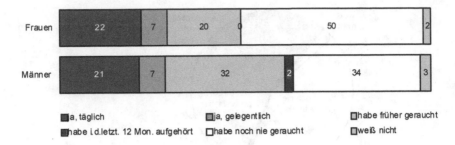

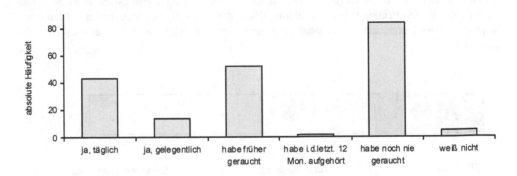

Abb. S.9:   Blockdiagramm – Rauchgewohnheiten nach Geschlecht von n = 200 ausgewählten Studienteilnehmern des Bundesgesundheitssurveys 1998 (Quelle: Public-Use-File BGS98; siehe auch Anhang D)

Stabdiagramm

Neben der Blockdarstellung können die einzelnen Blöcke einer kategorisierten Erhebungsvariable auch nebeneinander auf einer Abszisse abgetragen werden. Dabei können sowohl
die zugehörige absolute oder auch die relative Häufigkeit als prozentualer Anteil als senk-
rechte Strecke (Stab) verwendet werden und es entsteht ein so genanntes **Stabdiagramm**
(siehe Abb. S.10).

Abb. S.10:   Stabdiagramm – Rauchgewohnheiten von n = 200 ausgewählten Studienteilnehmern des Bundesgesundheitssurveys 1998 (Quelle: Public-Use-File BGS98; siehe auch Anhang D)

Das Stabdiagramm kann wie das Kreis- oder das Blockdiagramm für beliebige kategorisierte
Merkmale verwendet werden. Die Anordnung auf einer Abszisse suggeriert aber auch eine
Ordnung der Kategorien, so dass die Nutzung eines Stabdiagramms vor allem bei *ordinalen
Skalen* angezeigt ist. Grundsätzlich kann ein Stabdiagramm auch bei metrischen Skalen ein-
gesetzt werden, wenn die Erfassung der Erhebungsvariablen diskret in Kategorien erfolgt.
Dabei sollte allerdings darauf geachtet werden, dass im Regelfall entsprechende Graphik-
software eine *Metrik der Kategorien nicht berücksichtigt*, so dass ggf. optische Eindrücke
der Verteilung der Erhebungsvariable entstehen können, die dem eigentlichen Charakter der
Verteilung nicht entsprechen (siehe Abb. S.11).

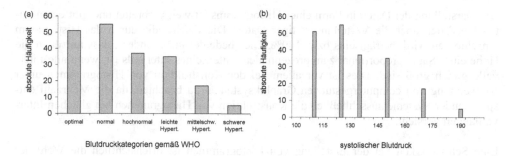

Abb. S.11: Stabdiagramm – systolischer Blutdruck in mmHg von n = 200 ausgewählten Studienteilnehmern des Bundesgesundheitssurveys 1998 (Quelle: Public-Use-File BGS98; siehe auch Anhang D): (a) keine Berücksichtigung einer metrischen Abszisse; (b) Berücksichtigung einer metrischen Abszisse durch Definition von Klassenmitten

S.5.2.2 Darstellung quantitativer Erhebungsvariablen

Histogramm

Da es sich beim Stabdiagramm um eine diskrete Darstellung handelt, ist diese Abbildungsform dann sinnvoll, wenn nur wenige unterschiedliche Merkmalsausprägungen oder Kategorien vorkommen. Liegt allerdings eine metrische Erhebungsvariable vor, die sehr viele diskrete Kategorien annehmen kann oder sogar kontinuierlich stetige Messwerte liefert, so sollte man diese mit Hilfe eines Histogramms darstellen.

Beim **Histogramm** (siehe Abb. S.12) werden auf der Skala der Variable zunächst (beliebige) Intervalle (Klassen) gebildet. Über jedem Intervall wird anschließend die relative Häufigkeit derjenigen Untersuchungseinheiten, deren Merkmalsausprägungen in dieses Intervall fallen, so aufgetragen, dass die *Fläche über dem Intervall proportional zur relativen Häufigkeit* ist.

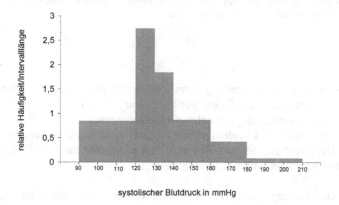

Abb. S.12: Histogramm – systolischer Blutdruck in mmHg von n = 200 ausgewählten Studienteilnehmern des Bundesgesundheitssurveys 1998 (Quelle: Public-Use-File BGS98; siehe auch Anhang D)

Die Darstellung der Daten in Form eines Histogramms ist weit verbreitet und gibt einen guten Überblick über die Verteilung stetiger Daten. Die Fläche, die durch das Histogramm umschlossen wird, beträgt eins bzw. 100%. Dies bedeutet insbesondere, dass nur dann die Höhe einer Säule proportional zum prozentualen Anteil eines Intervalls ist, wenn alle Intervalle gleich groß sind. Dies ist vor allem bei der Konstruktion von Histogrammen unter Verwendung von computergestützten Graphiksystemen zu beachten, da die Mehrzahl entsprechender Systeme ausschließlich die Konstruktion von Histogrammen bei gleichen Intervalllängen vorsieht.

Eine Schwierigkeit bei der Erstellung von Histogrammen ist offensichtlich die Wahl der Intervalle. Wählt man zu viele Intervalle, so kann eine Struktur häufig nicht erkannt werden. Wählt man dagegen zu wenige, so ist diese Darstellung oft zu grob und damit nicht aussagekräftig (siehe Abb. S.13).

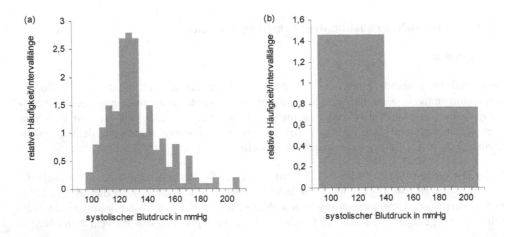

Abb. S.13: Histogramme – systolischer Blutdruck in mmHg von n = 200 ausgewählten Studienteilnehmern des Bundesgesundheitssurveys 1998 (Quelle: Public-Use-File BGS98; siehe auch Anhang D) (a) zu viele Intervalle; (b) zu wenig Intervalle

Box-Plots

Eine weitere sehr populäre Darstellungsform sind die so genannten **Box-Plots**. Diese Graphiken können unterschiedlich definiert werden (siehe z.B. Hartung et al. 2009). Durch die weite Verbreitung von computergestützten Graphiksystemen wurden diese ursprünglichen Definitionen aber zunehmend verdrängt. Wir werden deshalb im Folgenden auch nicht die ursprüngliche Definition für den Box-Plot verwenden, sondern diesen mit Hilfe von Quantilen beschreiben (siehe Abschnitt S.2.1).

Die **Box-Plot-Darstellung** (siehe Abb. S.14) fasst einige charakteristische Lage- und Streuungsmaße zusammen. Die "Box" umfasst dabei den Median als Zentrum der Daten (manchmal zusätzlich das arithmetische Mittel) sowie das untere und das obere Quartil. Damit sind durch die "Box" die mittleren 50% der Daten repräsentiert. Von der "Box" ausgehend werden zudem das Minimum und Maximum der Daten markiert.

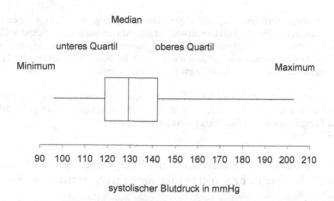

Abb. S.14:   Box-Plot – systolischer Blutdruck in mmHg von n = 200 ausgewählten Studienteilnehmern des Bundesgesundheitssurveys 1998 (Quelle: Public-Use-File BGS98; siehe auch Anhang D)

Neben dieser Darstellung gibt es in der Literatur noch weitere Formen des Box-Plots, so dass bei der Verwendung von computergestützten Graphiksystemen die jeweilige Definition beachtet werden muss. Allen Varianten gemeinsam ist jedoch die Definition der Box.

S.3   Populationen, Wahrscheinlichkeit und Zufall

Die deskriptive Statistik beschreibt die Daten einer Studienpopulation, ohne dass hieraus Schlussfolgerungen gezogen werden. Die Diskussion in Abschnitt 3.1 hat aber gezeigt, dass wir typischerweise daran interessiert sind, von den Daten der Studienpopulation auch auf die Zielpopulation zu schließen. Um diesen Schluss, die Induktion, durchzuführen, bedient sich die Statistik der Wahrscheinlichkeitsrechnung.

S.3.1   Ereignisse in Zufallsexperimenten

Ein grundlegender Begriff der Wahrscheinlichkeitsrechnung ist die **"Ergebnismenge eines Zufallsexperimentes"**. Hierunter versteht man sämtliche Möglichkeiten, die bei der Messung, Beobachtung oder Befragung eintreten können.

Beispiel: Klassische Zufallsexperimente sind z.B. der Versuch "Wurf einer Münze" oder "Werfen eines Würfels". Hier sind Ergebnismengen {Kopf, Zahl} bzw. die Ziffern {1, 2, 3, 4, 5, 6}.

Ein solches Experiment wird als zufällig bezeichnet, da man vor dem Werfen der Münze oder des Würfels von vornherein nicht weiß, welches der Ergebnisse eintreten wird.

Der Begriff *"Zufallsexperiment"* kann vor dem Hintergrund der Vorstellung, dass man zunächst nichts über den konkreten Wert eines betrachteten Merkmals weiß, aber auch wesentlich weiter gefasst werden, als dies die obigen Beispiele von Glücksspielen nahe legen.

Beispiel: Auch bei epidemiologischen Untersuchungen können Ergebnismengen angegeben werden. So kann man bei Expositionsbestimmungen als Ergebnismenge für die Abweichung einer Schadstoffmessung von einem vorgegebenen Normwert die Menge der reellen Zahlen verwenden, selbst wenn in der Realität nicht beliebig große oder kleine Werte auftreten werden. Die aus zwei Codes bestehende Menge $\{0, 1\}$ kann als Ergebnismenge für den Gesundheitszustand {gesund, krank} angesehen werden.

Wie groß die Schadstoffbelastung an einer Messstation zu einem Zeitpunkt sein wird oder ob ein Individuum einer Studienpopulation krank wird oder nicht, entzieht sich zunächst unserer Kenntnis. Es hat sich in der Praxis bewährt, solche Ereignisse wie zufällige Ergebnisse zu behandeln.

In diesem Sinne wird also immer dann von Zufall gesprochen, wenn *ein Ereignis vor der Untersuchung nicht bekannt* ist bzw. nicht exakt vorausgesagt werden kann.

Die betrachtete Ergebnismenge wird als **Grundraum** und ein Einzelergebnis auch als **Elementarereignis** bezeichnet. Zusammenfassungen von Elementarereignissen heißen auch **Ereignisse**.

Beispiel: Beispiele für solche Zusammenfassungen von Elementarereignissen sind beim Würfelwurf die Menge $\{1, 2\}$, die dem Ereignis "das Würfelergebnis ist kleiner 3" entspricht.

Typische Ereignisse in epidemiologischen Studien stellen etwa die Beschreibung einer Expositionssituation dar. Wird die Exposition über eine Schadstoffmessung ermittelt, so kann ein Ereignis z.B. über die Menge $[100, \infty)$, d.h. dem Ereignis "die Exposition ist größer oder gleich 100", beschrieben werden.

Da man im konkreten Einzelfall zunächst nichts über ein Ereignis weiß, werden im Rahmen der Wahrscheinlichkeitsrechnung den Ereignissen mit Hilfe gewisser Regeln Wahrscheinlichkeiten zugeordnet. Diese charakterisieren, wie wahrscheinlich ein interessierendes Ereignis ist, und leiten sich aus Hintergrundinformationen ab, die man über das "Zufallsexperiment" besitzt.

S.3.2   Stichprobenauswahl und Zufallsvariablen

Neben dem eher formalen Beispiel des Würfelwurfs liegen *Zufallssituationen* häufig dann vor, wenn aus einer Grundgesamtheit *Stichproben* gewonnen werden. Diese Situationen treten in jedem epidemiologischen Studiendesign auf, denn hierbei wird aus einer zu untersuchenden Zielpopulation eine Untersuchungspopulation gewonnen. Die untersuchten Studienteilnehmer stellen somit stets eine (zufällige) Teilmenge sämtlicher Individuen der Zielpopulation dar.

So ist die Studienpopulation einer Querschnittsstudie als eine zufällige Stichprobe aus der gesamten Bevölkerung angelegt. Fälle und Kontrollen werden aus den jeweiligen Kollektiven von Kranken und Gesunden ausgewählt. Die Mitglieder einer Kohorte werden zunächst ausgewählt und von diesen im Verlauf des Follow-Ups Informationen gesammelt. Dabei ist vor Beginn einer Studie nicht bekannt, welche bzw. wie viele Ereignisse eintreten werden.

Beispiel: Glaser & Kreienbrock (2011) beschreiben die Zufälligkeit eines epidemiologischen Studienergebnisses an einer künstlichen Grundgesamtheit. Hierbei wird davon ausgegangen, dass eine (kleine) Zielpopulation mit den fünf Individuen

betrachtet wird. Die Individuen und sind krank, die Individuen ②, ④ und ⑤ gesund. In dieser Zielpopulation ist also die Prävalenz

$$P_{Ziel} = \frac{2}{5} = 0{,}4 = 40\% \, .$$

In dieser Situation soll nun eine Querschnittsstudie mit einem Stichprobenumfang zwei durchgeführt werden. Dann gibt es theoretisch insgesamt zehn verschiedene Möglichkeiten, eine solche Stichprobe zu ziehen. Sämtliche zehn Möglichkeiten sind in Tab. S.5 zusammengestellt.

Tab. S.5:   Aufstellung sämtlicher Möglichkeiten, eine Studie mit Stichprobenumfang zwei aus einer Zielpopulation vom Umfang fünf zu ziehen

Studienteilnehmer	Studie									
	1	2	3	4	5	6	7	8	9	10
1					②	②	②			④
2	②		④	⑤		④	⑤	④	⑤	⑤
P_{Studie} (in%)	50	100	50	50	50	0	0	50	50	0

Wenn auch dieses Beispiel aus Gründen der Übersichtlichkeit konstruiert ist, so macht es doch verschiedene Dinge deutlich: In keiner der möglichen Stichproben aus Tab. S.5 tritt eine Situation auf, die die wahre Prävalenz in der Zielpopulation exakt trifft, d.h., das Stichprobenergebnis stimmt nicht mit dem wahren Wert der Grundgesamtheit überein. Außerdem zeigt sich, dass die Ergebnisse der Querschnittsstudien abhängig sind von den zufällig gezogenen Studienteilnehmern also selbst zufällig sind. Dabei kann man allerdings eine Struktur erkennen, d.h., die Ergebnisse folgen einer gewissen Verteilung.

Wie an obigem Beispiel deutlich wurde, ist vor der Untersuchung nicht bekannt, wie die Untersuchungsergebnisse der einzelnen Studienteilnehmer sein werden. Die *Merkmalswerte in der Stichprobe können damit als zufällige Ergebnisse angesehen werden.* Man bezeichnet diese Messungen, Befragungs- oder Beobachtungsergebnisse deshalb auch als *Realisationen einer Zufallsvariable.* Die damit in Zusammenhang stehenden Wahrscheinlichkeiten für das Auftreten von Ereignissen werden vom Typ der zufälligen Auswahl bestimmt; sie werden auch als **Verteilungen** bezeichnet.

Zur weiteren Betrachtung von Zufallsvariablen und deren Verteilungen ist es zweckmäßig, diese genauer zu charakterisieren. Dabei unterscheidet man zunächst **diskrete Verteilungen,** falls sie nur endlich oder abzählbar unendlich viele Werte haben, und **stetige Verteilungen,** falls sie beliebig viele Werte annehmen können. Die Typen von Verteilungen sind wiederum vom Skalenniveau der Erhebungsvariablen (nominal, ordinal, diskret bzw. stetig) abhängig.

Hat man diese Unterscheidung getroffen, so ist es möglich, die Verteilung der Zufallsvariable durch die so genannte Verteilungsfunktion zu beschreiben. Die Verteilungsfunktion gibt die Wahrscheinlichkeit an, dass ein vorgegebener interessierender Wert y_0 nicht überschritten wird. Betrachtet man somit eine zufällige Variable Y mit einem diskreten oder stetigen metrischen Skalenniveau, so ist die **Verteilungsfunktion von Y** definiert durch

$$F_Y(y_0) = Pr(Y \le y_0).$$

Die Verteilungsfunktion gibt also an, wie wahrscheinlich es ist, einen Wert zu beobachten, der kleiner oder gleich dem Wert y_0 ist. Die Angabe der Verteilungsfunktion charakterisiert somit die "Struktur des Zufalls". Dabei ist im Falle von diskreten Verteilungen die Funktion eine Treppenfunktion, während stetige Verteilungen eine streng monotone wachsende Funktion besitzen (siehe Abb. S.15).

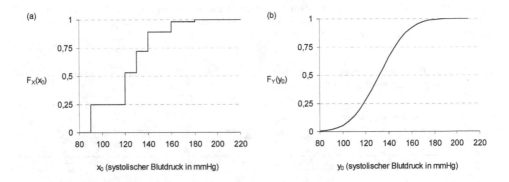

Abb. S.15:   Verteilungsfunktion des systolischen Blutdrucks in mmHg von $n = 200$ ausgewählten Studienteilnehmern des Bundesgesundheitssurveys 1998 (Quelle: Public-Use-File BGS98; siehe auch Anhang D): (a) diskrete Verteilung $F_X(x_0)$ gemäß Kategorisierung der WHO, (b) stetige Verteilung $F_Y(y_0)$

Beispiel: Der Begriff der Zufallsvariable lässt sich am Beispiel der Messung des systolischen Blutdrucks in mmHg mit den Daten des Bundesgesundheitssurveys 1998 erläutern:

Betrachten wir hierzu zunächst den Blutdruck als stetige Größe. Da die $n = 200$ ausgewählten Studienteilnehmer zufällig im Rahmen einer Querschnittsuntersuchung bestimmt wurden, ist vor der Untersuchung nicht bekannt, wie der Blutdruckwert einer zu untersuchenden Person sein wird. Daher bezeichnet man mit Y die Zufallsvariable, die die Möglichkeiten systolischer Blutdruckwerte charakterisieren soll, die eine zufällig in die Studie aufgenommene Person besitzt. Diese Möglichkeiten werden nun durch die Zielpopulation bestimmt. So wird es unwahrscheinlich sein, dass eine Person einen systolischen Blutdruckwert von 180 mmHg oder mehr besitzt; Werte um 130 mmHg sind dagegen eher zu erwarten.

Die Verteilungsfunktion $F_Y(y_0)$ gibt diese Wahrscheinlichkeiten an, indem sie jedem möglichen Blutdruckwert y_0 die Wahrscheinlichkeit zuordnet, dass eine Person einen Wert nicht größer als y_0 hat (siehe Abb. S.15(b)). Hier ist die Wahrscheinlichkeit, einen Blutdruck kleiner als 130 mmHg zu haben, ca. 0,465; Werte von 180 mmHg werden mit Wahrscheinlichkeit von ungefähr 0,992 nicht überschritten.

Neben einer kontinuierlichen Messung ist aber auch die Betrachtung des kategorisierten Blutdrucks von Bedeutung. Nach Angaben der WHO bezeichnet man einen systolischen Blutdruck bis 120 mmHg als "optimal", von 120 bis unter 130 mmHg als "normal", von 130 bis unter 140 mmHg als "hochnormal", von 140 bis unter 160 mmHg als "leichte Hypertonie", von 160 bis unter 180 mmHg als '"mittelschwere Hypertonie" und ab

180 mmHg als "schwere Hypertonie". Bezeichnet X die Variable, die den Blutdruck in diesen sechs geordneten Kategorien misst, so stellt diese Größe eine diskrete Zufallsvariable dar.

Anstelle mit der Verteilungsfunktion F_Y kann die "Gestalt" der Zufallsvariable auch durch eine andere Funktion dargestellt werden. Hierbei interessiert man sich dann nicht mehr für die Wahrscheinlichkeit, dass Werte kleiner oder gleich einem vorgegebenen y_0 beobachtet werden, sondern betrachtet die Realisierungsmöglichkeiten eines einzelnen Ereignisses der Zufallsvariable. Dies führt dann zu der Definition der **Dichtefunktion**, die für diskrete Zufallsvariablen gerade der Wahrscheinlichkeit entspricht, dass ein Elementarereignis eintritt, der so genannten **Punktwahrscheinlichkeit**. Liegen stetige Verteilungen vor, so ist die Punktwahrscheinlichkeit gerade null und damit uninteressant. Man betrachtet daher stattdessen die allgemeine Dichtefunktion, die dem Integral über die Verteilungsfunktion entspricht (siehe Abb. S.16).

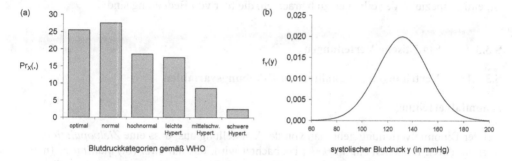

Abb. S.16: Dichtefunktionen: (a) Punktwahrscheinlichkeiten $\Pr(X = .)$ zur Verteilung kategorisierter systolischer Blutdruckwerte, (b) Dichtefunktion $f_Y(y)$ systolischer Blutdruckwerte (in mmHg) von $n = 200$ ausgewählten Studienteilnehmern des Bundesgesundheitssurveys 1998 (Quelle: Public-Use-File BGS98; siehe auch Anhang D)

Mit den Verteilungsbegriffen wird die Verteilung einer Zufallsvariable eindeutig charakterisiert. Allerdings ist es oftmals sinnvoll, sich auf einige wichtige Kennzahlen der Verteilung zu beschränken.

Die wichtigsten Kennzahlen in diesem Zusammenhang stellen der **Erwartungswert** und die **Varianz** einer Zufallsvariable sowie die **Korrelation** zwischen zwei Zufallsvariablen dar. Diese Größen entsprechen den aus der Deskription der Studienpopulation bereits bekannten Mittelwert, Varianz und Korrelationskoeffizient, gelten aber hier als Charakterisierung der Zielgesamtheit und sind damit *nicht bekannt*, da die Zielgesamtheit nicht vollständig untersucht wird.

Beispiel: Kommen wir in diesem Zusammenhang nochmals auf das oben dargestellte Beispiel der Zielpopulation mit fünf Individuen und der darin stattfindenden Querschnittsuntersuchung mit zwei Teilnehmern zurück. Tab. S.5 zeigt dabei die vollständige mögliche Verteilung der Prävalenzen P_{Studie}. Betrachtet man hier den Mittelwert aus allen zehn möglichen Stichproben, so erhält man

$$\frac{1}{10}(50\% + 100\% + 50\% + ... + 0\%) = 40\% .$$

Dies entspricht dem Erwartungswert der Verteilung, hier identisch mit der Prävalenz in der Zielpopulation P_{Ziel}. Auch eine Varianz ist aus den möglichen Stichprobenergebnissen ermittelbar.

Beide Größen können in diesem Beispiel ermittelt werden, wären aber in einer konkreten Untersuchung unbekannt, da weder die Zielpopulation noch alle möglichen Stichproben bekannt wären.

Der Erwartungswert oder auch das so genannte **erste Moment einer Verteilung** gibt den (Massen-) Schwerpunkt einer Verteilung an, ist also der zentrale Wert, um den die Zufallsvariable Realisierungen annimmt. Eine mathematische Definition dieser Kenngrößen soll hier unterbleiben. Wir wollen allgemein nur die Notation einführen, dass der Erwartungswert einer Zufallsvariable mit E(.), die Varianz mit Var(.) und die Korrelation zweier Zufallsvariablen mit Korr(.;.) bezeichnet wird.

Beobachtungen, Befragungen und Messungen in epidemiologischen Studien können nun als spezieller (zufälliger) Prozess der Datengewinnung verstanden werden, so dass es sinnvoll ist, einige spezielle Verteilungen zu betrachten, die hier von Bedeutung sind.

S.3.3   Statistische Verteilungen

S.3.3.1   Verteilungen bei qualitativen Erhebungsvariablen

Binomialverteilung

Bei der Binomialverteilung geht man von der Vorstellung aus, dass eine *Zielpopulation* vorliegt, an deren Einheiten *ein Merkmal* beobachtet wird, das nur *zwei* (bi) *qualitative* (nominale) *Ausprägungen* besitzen kann. Dieser Fall tritt z.B. dann auf, wenn man einen Gesundheitsstatus nur durch die zwei Möglichkeiten "krank" und "gesund" oder die Expositionsvariable in den Kategorien "exponiert" und "nicht exponiert" charakterisiert.

Liegt nun in einer Zielpopulation z.B. eine Prävalenz P_{Ziel} einer Krankheit vor und zieht man im Rahmen einer Studie n zu untersuchende Individuen zufällig aus dieser Population, so ist die Frage, wie wahrscheinlich es ist, dass eine bestimmte Zahl k von Kranken in der Studie beobachtet wird. Diese Frage kann durch die Binomialverteilung beantwortet werden.

Erfasst die Variable Y gerade die Anzahl Kranker in einer Stichprobe vom Umfang n bei unterstellter Prävalenz P_{Ziel}, so gilt für die Wahrscheinlichkeit, dass Y den Wert k annimmt,

$$\Pr(Y = k) = \binom{n}{k} \cdot P_{Ziel}^k \cdot (1 - P_{Ziel})^{(n-k)} \text{ für beliebige } k = 0, 1, 2, ..., n.$$

Man sagt dann auch, dass Y **binomialverteilt mit den Kennzahlen n und P_{Ziel}** ist. Als Abkürzung wird häufig $Y \sim \text{Bin}(n, P_{Ziel})$ verwendet.

Beispiel: Im Rahmen des Bundesgesundheitssurveys 1998 haben wir anhand der Daten des Anhangs D festgestellt, dass der Anteil der Nieraucher bei 42% liegt (siehe auch Abb. S.8). Nehmen wir nun an, dass eine Stichprobe vom Umfang n = 10 gezogen wird, so kann mit Hilfe der Binomialverteilung ermittelt werden, wie groß die Wahrscheinlichkeit ist, dass in dieser Stichprobe eine Anzahl Y = k von Nierauchern ist. So gilt z.B.

$$\Pr(Y = 0) = \binom{10}{0} \cdot 0{,}42^0 \cdot 0{,}58^{10} = 1 \cdot 1 \cdot 0{,}0043 = 0{,}0043 \, ,$$

$$\Pr(Y = 1) = \binom{10}{1} \cdot 0{,}42^1 \cdot 0{,}58^9 = \frac{10\,!}{1! \cdot 9\,!} \cdot 0{,}42 \cdot 0{,}0074 = 0{,}0311 \, ,$$

$$\Pr(Y = 2) = \binom{10}{2} \cdot 0{,}42^2 \cdot 0{,}58^8 = \frac{10\,!}{2! \cdot 8\,!} \cdot 0{,}1764 \cdot 0{,}0128 = 0{,}1016 \, .$$

Die gesamte Binomialverteilung für alle Möglichkeiten von k = 0, 1, 2, ..., 10 ist in Abb. S.17 dargestellt.

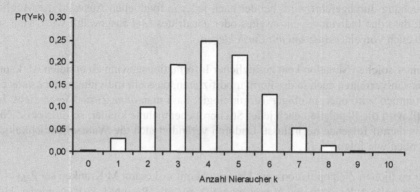

Abb. S.17: Punktwahrscheinlichkeiten Pr (Y=k) der Binomialverteilung mit Parametern n = 10 und P_{Ziel} = 0,42, dass bei Auswahl von n = 10 Untersuchungsteilnehmern genau k Nieraucher zu finden sind

Die Binomialverteilung kann immer dann eingesetzt werden, wenn eine dichotome Ausprägung beobachtet wird. Besonderes Interesse gilt dann der epidemiologischen Kennzahl P_{Ziel}, d.h. der Wahrscheinlichkeit, mit der in der Zielpopulation die interessierende Eigenschaft (krank, geschädigt, exponiert etc.) auftritt.

Für die *erwartete Anzahl* von Untersuchungseinheiten in der aus n Elementen bestehenden Stichprobe mit dieser Eigenschaft gilt dann

$$E(Y) = n \cdot P_{Ziel}$$

und die *Varianz* dieser Zufallsvariable ist

$$Var(Y) = n \cdot P_{Ziel} \cdot (1 - P_{Ziel}) \, .$$

Beispiel: Für die im obigen Beispiel geschilderte Situation gilt somit, dass man in einer Stichprobe vom Umfang n = 10 bei einer Wahrscheinlichkeit P_{Ziel} = 0,42

$$n \cdot P_{Ziel} = 10 \cdot 0{,}42 = 4{,}2$$

Nieraucher erwarten kann. Für die Varianz gilt demgemäß

$$n \cdot P_{Ziel} (1 - P_{Ziel}) = 10 \cdot 0{,}42 \cdot 0{,}58 = 2{,}44 \, .$$

Die Vorgehensweise, die der Definition der Binomialverteilung zugrunde liegt, lässt sich auch auf mehr als nur zwei Ausprägungen anwenden und führt zur Definition der dementsprechend als **Multinomialverteilung** bezeichneten Verteilung (vgl. z.B. Hartung et al. 2009).

Hypergeometrische Verteilung

Bei der oben eingeführten Binomialverteilung geht man von der Vorstellung aus, dass eine Untersuchung durchgeführt wird, bei der nach jeder individuellen Auswahl die Möglichkeit besteht, dass das Individuum ein zweites oder gar drittes Mal ausgewählt wird. Man spricht deshalb auch von einer *Auswahl mit Zurücklegen*.

Da in einer solchen Situation kein zusätzlicher Informationsgewinn zu erzielen ist, kann man das Auswahlverfahren auch in der Form modifizieren, dass ein Individuum höchstens einmal aufgenommen wird oder, in obiger Terminologie, dass man *ohne Zurücklegen* zieht. In diesem Fall wird die Population nach jeder Stichprobenentnahme kleiner, so dass ein Ziehungsergebnis darauf folgende beeinflusst. Dadurch verändert sich die Wahrscheinlichkeitsaussage von oben wie folgt:

In einer endlichen Zielpopulation vom Umfang N mit insgesamt M Kranken sei $P_{Ziel} = M/N$. Weiterhin gelte $N \cdot P_{Ziel} \leq N$, $n \leq N$ und $\max \{ 0, n - (1 - P_{Ziel}) \cdot N \} \leq k \leq \min\{n, N \cdot P_{Ziel}\}$. Misst die Variable Y die Anzahl Kranker in einer Stichprobe vom Umfang n, so gilt für die Wahrscheinlichkeit, dass Y gerade den Wert k annimmt, wenn ohne Zurücklegen gezogen wird,

$$\Pr (Y = k) = \frac{\binom{M}{k}\binom{N-M}{n-k}}{\binom{N}{n}}.$$

Die Variable Y heißt in diesem Fall **hypergeometrisch verteilt mit Kennzahlen n, N und P_{Ziel}** oder kurz $Y \sim \mathrm{Hyp}\,(n, N, P_{Ziel})$.

Für die *erwartete Anzahl* Kranker in der Stichprobe gilt dann

$$E\,(Y) = n \cdot P_{Ziel},$$

und die *Varianz* dieser Zufallsvariable ergibt sich zu

$$\mathrm{Var}(Y) = n \cdot P_{Ziel} \cdot (1 - P_{Ziel}) \cdot \frac{N-n}{N-1}.$$

Beispiel: Bei der Betrachtung der Anzahl von Nierauchern in einer Untersuchung nehmen wir analog zur obigen Situation an, dass wir eine Stichprobe vom Umfang n = 10 aus einer Population von nur N = 50 Personen auswählen. Da der Anteil der Nieraucher in der Zielpopulation 42% beträgt, gehen wir davon aus, dass in einer Population von N = 50 Personen M = 21 Nieraucher sind. Hier gilt dann z.B.

$$\Pr(Y=0) = \frac{\binom{21}{0}\binom{50-21}{10-0}}{\binom{50}{10}} = \frac{\frac{21!}{0!\cdot 21!}\cdot \frac{29!}{10!\cdot 19!}}{\frac{50!}{10!\cdot 40!}} = 0{,}0019 ,$$

$$\Pr(Y=1) = \frac{\binom{21}{1}\binom{29}{9}}{\binom{50}{10}} = \frac{\frac{21!}{1!\cdot 20!}\cdot \frac{29!}{9!\cdot 20!}}{\frac{50!}{10!\cdot 40!}} = 0{,}0205 .$$

Die gesamte hypergeometrische Verteilung für alle Möglichkeiten von k = 0, 1, 2, ..., 10 ist in Abb. S.18 dargestellt. Man erkennt eine grundsätzliche ähnliche Struktur wie die der Binomialverteilung (siehe Abb. S.17), wobei Werte um den Erwartungswert mit höherer Wahrscheinlichkeit und Werte an den Rändern der Verteilung mit geringerer Wahrscheinlichkeit als bei der Binomialverteilung auftreten. Dies drückt sich auch in der um den Faktor

$$\frac{N-n}{N-1} = \frac{50-10}{50-1} = \frac{40}{49} = 0{,}82$$

reduzierten Varianz aus.

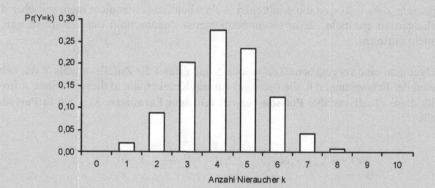

Abb. S.18: Punktwahrscheinlichkeiten Pr (Y=k) der hypergeometrischen Verteilung mit Parametern n = 10, N = 50 und P_{Ziel} = 0,42, dass bei Auswahl von n = 10 Untersuchungsteilnehmern aus N = 50 Personen mit M = 21 Nierauchern genau k Nieraucher zu finden sind

Die erwartete Anzahl Kranker in der Studie lässt sich somit wie bei der Binomialverteilung angeben. Vergleicht man die Formel für die Varianz der Binomialverteilung mit derjenigen für die hypergeometrische Verteilung, so erkennt man, dass diese sich nur durch den Faktor

$$\frac{N-n}{N-1}$$

unterscheiden, mit dem die Varianz der Binomialverteilung multipliziert werden muss, um die Varianz der hypergeometrischen Verteilung zu erhalten. Da der Stichprobenumfang n immer größer als eins sein wird, ist dieser Faktor also kleiner eins und damit die Varianz der hypergeometrischen Verteilung stets kleiner als die der Binomialverteilung. Dieses Phänomen ergibt sich gerade daraus, dass bei einer binomialverteilten Zufallsvariable die Möglichkeit der Mehrfacherhebung besteht und somit ein solcher Auswahlprozess weniger Information bei gleichem Stichprobenumfang besitzt, so dass sich die hypergeometrische Verteilung "stärker um den Erwartungswert konzentriert" als die Binomialverteilung. Ist die Größe N der Zielpopulation sehr groß, so wird dieser Effekt immer geringer und verschwindet bei unendlichem Umfang vollends. Der Faktor wird daher häufig auch als **Endlichkeitskorrektur** bezeichnet.

Bei sehr großen Grundgesamtheiten kann, unabhängig von der Frage, ob mit oder ohne Zurücklegen gezogen wird, somit von einer Binomialverteilung ausgegangen werden. Liegen aber kleine Zielpopulationen vor, so ist die Berücksichtigung dieser Korrektur durchaus bedeutsam (siehe auch das obige Beispiel).

Poisson-Verteilung

Bei der Betrachtung der Binomial- bzw. der hypergeometrischen Verteilung geht man implizit davon aus, dass der Anteil P_{Ziel} so groß ist, dass man in einer Studie vom Umfang n auch eine hinreichende Zahl von Ereignissen, z.B. Kranke, beobachten kann. Ist das *Ereignis* allerdings *sehr selten*, so sind die ermittelten Wahrscheinlichkeiten nicht mehr gut über diese Verteilungen zu ermitteln, da in einem betrachteten Zeitabschnitt die Ereignisse ggf. gar nicht mehr auftreten.

Betrachtet man eine vorgegebene Zeitperiode Δ und erfasst die Zufallsvariable Y das seltene Auftreten der Erkrankung, d.h. die (geringe) Anzahl Kranker, die in dieser Periode auftreten, so heißt diese Zufallsvariable **Poisson-verteilt mit dem Parameter $\lambda_{Ziel} > 0$ in Periode Δ**, falls gilt

$$\Pr(Y = k) = \exp\left(-(\lambda_{Ziel} \cdot \Delta)\right)\frac{(\lambda_{Ziel} \cdot \Delta)^k}{k!}, \ k = 0, 1, 2, \dots$$

Der Parameter $(\lambda_{Ziel} \cdot \Delta)$ heißt auch die **(Krankheits-) Rate**. Sie entspricht der *Inzidenz in der Zeitperiode Δ*.

Die Poisson-Verteilung besitzt die ungewöhnliche Eigenschaft, dass der *Erwartungswert und die Varianz übereinstimmen*, d.h., es gilt:

$$E(Y) = \text{Var}(Y) = \lambda_{Ziel} \cdot \Delta \ .$$

Abb. S.19 zeigt die Wahrscheinlichkeit für eine Poisson-verteilte Zufallsvariable Y für verschiedene Raten λ_{Ziel}. Hierbei zeigt sich deutlich, dass bei sehr kleinen Raten pro Periode Δ eine Konzentration der Wahrscheinlichkeit auf die Kategorie "0", d.h. keinem Auftreten eines Ereignisses im Zeitraum Δ, erfolgt. Steigt die Rate λ_{Ziel} an, so wird die Verteilung mehr und mehr symmetrisch um den Erwartungswert λ_{Ziel}.

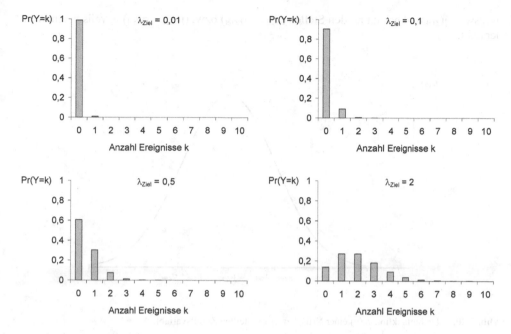

Abb. S.19: Punktwahrscheinlichkeiten Pr (Y=k) der Poisson-Verteilung für verschiedene Krankheitsraten λ_{Ziel} und $\Delta = 1$

S.3.3.2 Verteilungen bei quantitativen Erhebungsvariablen

Normalverteilung

Neben den vorgestellten diskreten Verteilungen ist die Normalverteilung im Rahmen der statistischen Auswertungspraxis von besonderer Bedeutung. Dabei gilt: Eine stetige Zufallsvariable Y heißt **normalverteilt mit den Parametern μ_{Ziel} und σ_{Ziel}^2**, kurz $Y \sim N(\mu_{Ziel}, \sigma_{Ziel}^2)$, falls sie die folgende Dichtefunktion besitzt:

$$f_Y(y) = \frac{1}{\sqrt{2\pi} \cdot \sigma_{Ziel}} \cdot \exp\left\{-\frac{1}{2} \cdot \frac{(y - \mu_{Ziel})^2}{\sigma_{Ziel}^2}\right\}.$$

Die Bedeutung der Parameter μ_{Ziel} und σ_{Ziel}^2 ergibt sich dadurch, dass für Erwartungswert und Varianz dieser Verteilung gilt:

$$E(Y) = \mu_{Ziel} \text{ bzw. } Var(Y) = \sigma_{Ziel}^2.$$

Die Dichtefunktion $f_Y(y)$ der Normalverteilung, die auch als Normal- oder **(Gaußsche) Glockenkurve** bezeichnet wird, ist auf den gesamten reellen Zahlen definiert und nimmt dort stets Werte größer als null an (siehe Abb. S.20). Dabei ist sie symmetrisch um den Erwartungswert μ_{Ziel} und besitzt an den Stellen $(\mu_{Ziel} - \sigma_{Ziel})$ bzw. $(\mu_{Ziel} + \sigma_{Ziel})$ jeweils einen Wendepunkt.

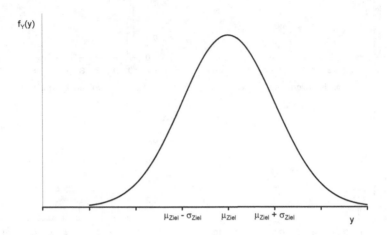

Abb. S.20:   Dichtefunktion $f_Y(y)$ einer $N(\mu_{Ziel}, \sigma_{Ziel}^2)$-verteilten Zufallsvariable Y

Der Zusammenhang zwischen Dichtefunktion und Verteilungsfunktion lässt sich bei der Normalverteilung zur Konstruktion einer Merkregel über die Verteilung der Wahrscheinlichkeitsmasse unter der Glockenkurve ausnutzen. Nach der **1-** bzw. **2-** bzw. **3-σ-Regel** lässt sich die Wahrscheinlichkeit wie folgt in Bereiche aufteilen:

–   im Intervall $[\mu_{Ziel} - 1 \cdot \sigma_{Ziel} , \mu_{Ziel} + 1 \cdot \sigma_{Ziel}]$ liegt 68,27% der Wahrscheinlichkeit

–   im Intervall $[\mu_{Ziel} - 2 \cdot \sigma_{Ziel} , \mu_{Ziel} + 2 \cdot \sigma_{Ziel}]$ liegt 95,45% der Wahrscheinlichkeit

–   im Intervall $[\mu_{Ziel} - 3 \cdot \sigma_{Ziel} , \mu_{Ziel} + 3 \cdot \sigma_{Ziel}]$ liegt 99,73% der Wahrscheinlichkeit.

Unabhängig von diesen durch die Standardabweichung σ_{Ziel} ausgezeichneten Punkten kann überdies jedem Wahrscheinlichkeitswert eindeutig eine Zahl u aus dem Wertebereich von Y zugeordnet werden, denn für die Verteilungsfunktion an der Stelle u gilt als Integral über die Dichte

$$\Pr(Y \le u) = F_Y(u) = \int_{-\infty}^{u} \frac{1}{\sqrt{2\pi} \cdot \sigma_{Ziel}} \cdot \exp\left\{ -\frac{1}{2} \cdot \frac{(y - \mu_{Ziel})^2}{\sigma_{Ziel}^2} \right\} dy .$$

In vielen Bereichen der Statistik, insbesondere beim statistischen Testen, kommt die Normalverteilung mit Erwartungswert null und Varianz eins zum Einsatz. Für diese so genannte **Standardnormalverteilung** liegen die Quantile in Form von Tabellen vor (siehe Anhang T1).

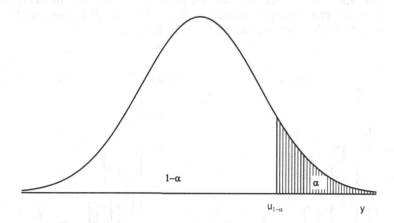

Abb. S.21: $(1 - \alpha)$-Quantil $u_{1-\alpha}$ bei einer $N(0, 1)$-verteilten Zufallsvariable Y

Um ein Quantil für die Normalverteilung von Y mit beliebigen Parametern μ_{Ziel} und σ_{Ziel}^2 zu erhalten, transformiert man die Zufallsvariable Y und definiert die **standardisierte Zufalls-variable** Z als

$$Z = \frac{Y - \mu_{Ziel}}{\sigma_{Ziel}}.$$

Für die Zufallsvariable Z gilt, dass $E(Z) = 0$ und $Var(Z) = 1$, so dass man deren Quantile aus der Tabelle für die Standardnormalverteilung (T1) entnehmen kann. Zur Ermittlung eines $(1-\alpha)$-Quantils einer Normalverteilung mit Parametern μ_{Ziel} und σ_{Ziel}^2 reicht es dann aus, obige Transformation umzukehren, und man erhält die gewünschten Quantile.

Beispiel: Im Rahmen der Auswertungen zum Bundesgesundheitssurvey 1998 wollen wir davon ausgehen, dass die Verteilung des systolischen Blutdrucks in etwa einer Normalverteilung folgt. Im Folgenden wollen wir zudem annehmen, dass der erwartete Blutdruck $\mu_{Ziel} = 130$ mmHg und die Streuung $\sigma_{Ziel} = 20$ mmHg beträgt. Wenn diese Voraussetzungen erfüllt sind, so kann z.B. die Wahrscheinlichkeit ermittelt werden, dass ein zufäl-lig ausgewählter Studienteilnehmer einen systolischen Blutdruck von mehr als 140 mmHg (= Bluthochdruck gemäß WHO) hat. Hier gilt

$$\Pr\left(Y > 140\right) = 1 - \Pr\left(Y \le 140\right) = 1 - \Pr\left(\frac{Y - 130}{20} \le \frac{140 - 130}{20}\right) = 1 - \Pr\left(Z \le 0{,}5\right) \approx 1 - 0{,}690 = 0{,}310,$$

d.h., die Wahrscheinlichkeit für Bluthochdruck ist etwa 31%.

Für die praktische Arbeit mit stetigen Zufallsvariablen spielt die Normalverteilung eine gro-ße Rolle. Dies ergibt sich insbesondere dadurch, dass bei großen Datenmengen standardi-sierte Zufallsvariablen unabhängig von der wahren Verteilung durch eine Normalverteilung angenähert werden können. Dieses asymptotische Verhalten wird in der Statistik in ver-schiedenen Varianten des so genannten Zentralen Grenzwertsatzes formuliert.

Betrachtet man z.B. eine analoge Situation wie in Abb. S.17, nur dass nun eine kontinuierlich größere Anzahl von Personen untersucht wird, so ist ersichtlich, dass die Binomialverteilung sich der Normalverteilung annähert (siehe Abb. S.22).

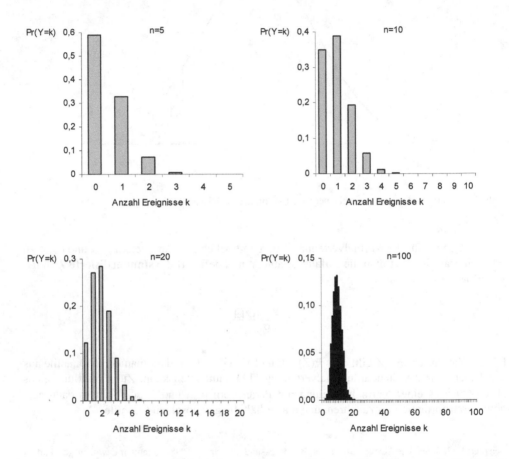

Abb. S.22:   Grenzwertsatz von Moivre-Laplace: Binomialverteilung bei Auswahl von n = 5, 10, 20, 100
Untersuchungsteilnehmern und bei Vorliegen von $P_{Ziel} = 0,1$

An dieser Stelle werden wir zwei Versionen von Grenzwertsätzen angeben, wobei wir zunächst von der Situation einer Binomialverteilung ausgehen. Hier gilt dann der **Grenzwertsatz von Moivre-Laplace**, der besagt, dass für eine Folge von binomialverteilten Zufallsvariablen S_n mit $S_n \sim Bin(n, P_{Ziel})$ stets gilt

$$\frac{S_n - n \cdot P_{Ziel}}{\sqrt{n \cdot P_{Ziel} \cdot (1 - P_{Ziel})}} \longrightarrow N(0,1), \text{ falls } n \to \infty,$$

d.h., dass die Verteilungsfunktion der Folge S_n standardisiert mit ihrem Erwartungswert und ihrer Standardabweichung für wachsende Stichprobenumfänge n gegen die Verteilungsfunktion der Standardnormalverteilung konvergiert. Dieses Ergebnis ist gültig, obwohl die Binomialverteilung eine diskrete Verteilung ist. Die in dieser Formel gekennzeichnete Konvergenz "⟶⟍" wird auch als Konvergenz in Verteilung für n → ∞ bezeichnet.

Eine Verallgemeinerung dieser Aussage für beliebige Zufallsvariablen (ob stetig oder diskret) stellt der **Zentrale Grenzwertsatz** dar. Hierbei betrachtet man eine Folge von unabhängigen Zufallsvariablen Y_1, Y_2, ..., Y_n, die dieselbe Verteilung besitzen mit Erwartungswert μ_{Ziel} und Varianz σ_{Ziel}^2. Man sagt kurz, Y_1, Y_2, ..., Y_n sind unabhängig und identisch verteilt. Dann gilt

$$\frac{1}{\sqrt{n}} \sum_{k=1}^{n} \frac{Y_k - \mu_{Ziel}}{\sigma_{Ziel}} \; \longrightarrow\!\!\!\searrow \; N(0,1), \text{ falls } n \to \infty.$$

Die praktische Anwendung des Zentralen Grenzwertsatzes erstreckt sich auf beliebige Zufallsvariablen, solange diese unabhängig und identisch verteilt sind. Dabei wird der Mittelwert der Zufallsvariable standardisiert und als normalverteilt angesehen, wenn nur der Stichprobenumfang groß genug ist.

Exponentialverteilung

Eine weitere wichtige stetige Verteilung ist nur für stets positive Zufallsvariablen definiert. Eine stetige Zufallsvariable Y heißt **exponentialverteilt mit dem Parameter** λ_{Ziel}, kurz Y ~ Exp(λ_{Ziel}), falls sie die folgende Dichtefunktion besitzt:

$$f_Y(y) = \begin{cases} \lambda_{Ziel} \cdot \exp(-\lambda_{Ziel} \cdot y), \text{ falls } y > 0 \\ \\ 0, \hspace{3cm} \text{sonst.} \end{cases}$$

Die Exponentialverteilung hat eine besondere Bedeutung, wenn Zeiten bis zu einem Ereignis, d.h. z.B. die Zeit bis zum Auftreten einer Krankheit oder einer Infektion, gemessen werden (siehe auch die Ausführungen zur Inzidenz in Abschnitt 2.1.2). Diese Zeitmessungen werden im Allgemeinen auch als *Lebensdauern* bezeichnet. Dabei gilt für den Erwartungswert bzw. die Varianz der Verteilung dieser Lebensdauern

$$E(Y) = \frac{1}{\lambda_{Ziel}} \text{ bzw. } Var(Y) = \frac{1}{\lambda_{Ziel}^2},$$

d.h., der Parameter λ_{Ziel} kann als der Kehrwert der erwarteten mittleren Lebensdauer interpretiert werden. Mit größer werdenden λ_{Ziel} wird die erwartete Lebensdauer somit immer geringer und die Verteilung nähert sich immer schneller der Null an (siehe Abb. S.23).

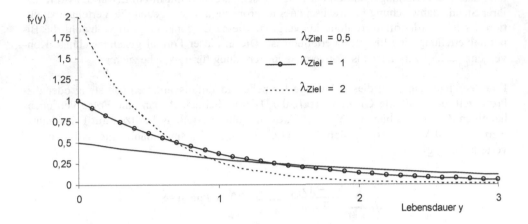

Abb. S.23:   Dichtefunktion der Exp(λ_{Ziel})-Verteilung für verschiedene Parameter λ_{Ziel}

Ist die Zeit bis zu einem (Krankheits-) Ereignis exponentialverteilt, so ergibt sich für die Wahrscheinlichkeit, dass bis zum Zeitpunkt y ein Krankheitsereignis auftritt, d.h. für die Verteilungsfunktion an der Stelle y,

$$Pr\,(Y \leq y) = F_Y(y) = 1 - \exp(-\lambda_{Ziel}\cdot y).$$

Damit errechnet man die Wahrscheinlichkeit, dass man einen Zeitpunkt y krankheitsfrei erreicht, die so genannte *Überlebenswahrscheinlichkeit*, als

$$Pr\,(Y > y) = \exp(-\lambda_{Ziel}\cdot y).$$

Es zeigt sich, dass diese Wahrscheinlichkeit unabhängig davon ist, wie lange die krankheitsfreie Zeit schon andauert. Daher wird die Exponentialverteilung auch als *gedächtnislose Verteilung* bezeichnet.

S.3.3.3   Statistische Prüfverteilungen

Neben der "Verteilung von Daten" ist es auch sinnvoll, die "Verteilung von transformierten Daten" zu betrachten. Dies führt zu den so genannten Prüfverteilungen.

χ^2-Verteilung

Die χ^2-Verteilung (sprich Chi-Quadrat) erhält ihre Bedeutung insbesondere durch ihre Anwendung im Zusammenhang mit den in S.4.4 noch zu erläuternden statistischen Testverfahren. Hierbei werden häufig, basierend auf dem Zentralen Grenzwertsatz, Transformationen von normalverteilten Zufallsvariablen betrachtet, die selbst nicht mehr normalverteilt sind.

Hat man insgesamt k unabhängige Zufallsvariablen X_1, X_2, ..., X_k, die standardnormalverteilt sind, so erhält man die χ^2-**Verteilung mit k Freiheitsgraden** (kurz $X^2 \sim \chi^2(k)$) durch Addition der k quadrierten Zufallsvariablen

$$X^2 = X_1^2 + X_2^2 + ... + X_m^2.$$

Die Bedeutung dieser Zufallsvariable, die aufgrund der quadrierten Ausdrücke nur positive Werte annehmen kann, ergibt sich aus deren Verwendung bei statistischen Testverfahren.

Analog zur Normalverteilung können auch von der χ^2-Verteilung mit k Freiheitsgraden Quantile tabelliert werden (siehe hierzu auch die Tabelle in Anhang T 2). Wie man aber auch Abb. S.24 entnehmen kann, ist die χ^2-Verteilung im Gegensatz zur Normalverteilung nicht symmetrisch, was bei der Bestimmung der Quantile besonders berücksichtigt werden muss.

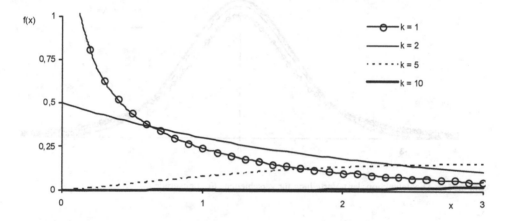

Abb. S.24:   Dichtefunktion der χ^2-Verteilung für verschiedene Freiheitsgrade k

t-Verteilung

Eine weitere, häufig zur Anwendung kommende Wahrscheinlichkeitsverteilung ist die t-Verteilung. Auch diese Verteilung kann aus Normalverteilungen abgeleitet werden und gehört zu den Prüfverteilungen, d.h., sie wird vor allem für die praktische Überprüfung von statistischen Hypothesen benutzt (siehe S.4.4 bzw. Kapitel 6).

Hat man insgesamt k+1 unabhängige Zufallsvariablen X_0, X_1, ..., X_k, die standardnormalverteilt sind, so erhält man die **t-Verteilung mit k Freiheitsgraden** (kurz $t \sim t(k)$) als Quotienten einer Normalverteilung und der Wurzel aus einer χ^2-Verteilung durch

$$t = \frac{X_0}{\sqrt{\dfrac{1}{k}\sum_{i=1}^{k} X_i^2}} \, .$$

Für die t-Verteilung mit k Freiheitsgraden können ebenso Quantile tabelliert werden (siehe hierzu die Tabelle in Anhang T 3). Wie man dem Anhang T 3 bzw. Abb. S.25 entnehmen kann, ist die t-Verteilung symmetrisch, hat aber insgesamt eine "breitere" Form als die Normalverteilung, d.h., für $\alpha < 0{,}5$ sind die Quantile der t-Verteilung mit k Freiheitsgraden stets größer als die entsprechenden Quantile der Normalverteilung, d.h. $u_{1-\alpha} < t_{k,\,1-\alpha}$. Wird die Anzahl k der Freiheitsgrade größer, so nähert sich die t-Verteilung aber immer mehr der Normalverteilung an.

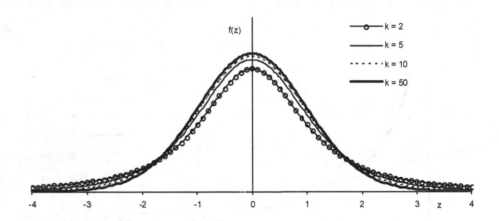

Abb. S.25: Dichtefunktion der t-Verteilung für verschiedene Freiheitsgrade k

S.4   Schließende Statistik

S.4.1   Grundprinzip der statistischen Schlussweise

Bei der Interpretation von Studienergebnissen ist davon auszugehen, dass die epidemiologische Fragestellung einerseits in der Beschreibung der Verteilung einer interessierenden Krankheit und andererseits in der Aufdeckung und der quantitativen Erfassung einer möglichen Ursache-Wirkungs-Beziehung liegt. So stehen einerseits einfache epidemiologische Maßzahlen wie Inzidenz, Prävalenz oder Risiko und andererseits Zusammenhangsmaßzahlen wie relatives Risiko, Odds Ratio oder attributables Risiko im Fokus bei der Auswertung einer epidemiologischen Studie.

Bevor wir weitere Methoden zur Auswertung einführen, sei nochmals an den fundamentalen Unterschied der betrachteten Gesamtheiten erinnert. Das eigentliche Interesse epidemiologischer Arbeit gilt den *Maßzahlen der Grund- oder Zielgesamtheit*, die auch nach Durchführung der Untersuchung *unbekannt* sind. Die erhobenen Daten der untersuchten Studienpopulation stellen eine "Näherung" an diese unbekannte Situation dar, sind ihr aber keinesfalls gleichzusetzen. Wenn somit in einer konkreten Untersuchung beispielsweise etwa 10% der Studienpopulation erkrankt sind, so bedeutet diese Aussage nicht, dass dies auch in der entsprechenden Zielgesamtheit so sein muss, auch wenn es sich vielleicht um einen guten Näherungswert handelt (siehe Anhang S.3.2).

Dieser Sachverhalt bildet den Hintergrund für die verschiedenen Interpretationen von deskriptiven und induktiven Studienergebnissen. Während im Rahmen der Deskription die Daten der Studienpopulation beschrieben werden, ist die Aufgabe der Induktion, von diesen Daten einen Schluss auf die unbekannten Maßzahlen der Grundgesamtheit vorzunehmen. Dies erfolgt in der Regel in drei Schritten, den *drei Grundprinzipien der statistischen Schlussweise*, nämlich

–   dem Schätzen von Maßzahlen,

–   dem Berechnen von Konfidenzintervallen und

–   der Durchführung statistischer Tests.

Bei der Angabe eines *Schätzers* wird aus den Studiendaten eine epidemiologische Maßzahl berechnet, die als Repräsentant für den unbekannten Parameter der Zielgesamtheit gelten soll. Diese Zahl stimmt aber nicht notwendigerweise mit dem Wert des unbekannten Parameters überein, und so ist es sinnvoll, hierzu weitere Angaben zu machen. Deshalb werden in einem zweiten Schritt so genannte *Konfidenzintervalle oder Vertrauensbereiche* für die unbekannten Maßzahlen erstellt. Diese Bereiche überdecken mit einer vorgegebenen Wahrscheinlichkeit $(1-\alpha)$ (z.B. 95%) den wahren, aber unbekannten Wert des interessierenden Parameters in der Zielpopulation und sind damit geeignet, neben der Lage des Schätzwertes eine Genauigkeitsaussage zu treffen. Als weitere statistische Methode werden dann *statistische Tests* durchgeführt. Diese Verfahren dienen dazu, eine Aussage über die epidemiologische Maßzahl in der Zielpopulation in Form einer Ja-Nein-Abfrage zu treffen.

S.4.2   Schätzverfahren

Der Interpretation und Analyse epidemiologischer Maßzahlen gilt das Hauptinteresse der epidemiologischen Fragestellung. Diese Maßzahlen sind vor Beginn einer Untersuchung als unbekannte Parameter einer Grundgesamtheit anzusehen, die ihre formalen Pendants in den Parametern der Verteilung einer Zufallsvariable finden.

Beispiel: Der Anteil der (Jemals-) Raucher in der deutschen Bevölkerung zu einem festen Zeitpunkt sei P_{Ziel}. Da die Zielpopulation so groß ist, dass es nicht möglich ist, den Rauchstatus in der Grundgesamtheit direkt zu bestimmen, kann man im Rahmen einer Querschnittstudie wie dem Bundesgesundheitssurvey eine Stichprobe von n Personen befragen.

Nach S.3.3.1 ist bekannt, dass die Zufallsvariable, die misst, ob eine einzelne ausgewählte Person jemals geraucht hat, binomialverteilt mit den Parametern n = 1 (1 Person) und P_{Ziel} ist. Von Interesse ist nun, wie aus den Informationen in der Stichprobe eine Aussage über das unbekannte P_{Ziel} abgeleitet werden kann.

Beispiel: Ein analoges Problem ergibt sich auch, wenn man im Bundesgesundheitssurvey den erwarteten systolischen Blutdruck ermitteln will und unterstellt, dass entsprechende Messungen einer Zufallsvariable einer Normalverteilung mit unbekannten Parametern μ_{Ziel} und σ_{Ziel}^2 genügen. Hier ist dann etwa die Frage interessant, wie man den erwarteten durchschnittlichen Blutdruck der Population sinnvoll aus den Daten annähert.

Die in den Beispielen angesprochene Frage wird formal als *Schätzproblem* bezeichnet. Hierbei besteht die Aufgabe, eine Funktion anzugeben, die, basierend auf den Daten der Stichprobe, einen Näherungswert an den unbekannten Parameter in der Grundgesamtheit angibt. Die grundsätzliche Lösung dieser Aufgabe sollte unabhängig von der speziellen Datenlage sein. Damit ist es sinnvoll, allgemeine Prinzipien anzugeben, nach denen man vernünftige Schätzfunktionen konstruieren kann. Die drei wichtigsten Prinzipien sind dabei

–   die Momenten-Methode,

–   die Maximum-Likelihood-Methode sowie

–   das Prinzip der kleinsten Quadrate.

Die zuletzt aufgeführte Methode haben wir im Zusammenhang mit Regressionsmodellen bereits in Abschnitt S.2.4 kennengelernt.

Momenten-Methode

Die Momenten-Methode kann als das natürlichste Schätzprinzip aufgefasst werden, denn diese geht von der heuristischen Idee aus, dass der Mittelwert der Daten als Analogon zum Erwartungswert der entsprechenden Zufallsvariable aufgefasst werden kann. Ihr Name rührt daher, dass man zur Charakterisierung einer Verteilung deren Momente heranzieht. So entspricht der Erwartungswert gerade dem so genannten 1. Moment. Allgemein ist das k-te Moment der Verteilung einer Zufallsvariable Y definiert als $E(Y^k)$ für k = 1, 2, ..., d.h. also als Erwartungswert von Y in der k-ten Potenz. Formal besagt nun das Prinzip der **Momenten-Schätzung**, dass das k-te Moment von Y für k = 1, 2, ... durch den jeweiligen empirischen Mittelwert der entsprechend potenzierten Beobachtungen y_i geschätzt werden kann, also

$$E\left(Y^k\right)_{Studie} = \frac{1}{n}\sum_{i=1}^{n} y_i^k \quad, k = 1, 2, \ldots$$

Diese allgemeine Darstellung ist insbesondere für die ersten beiden Momente interessant. Für *k = 1* bedeutet dies, dass der *Erwartungswert durch das arithmetische Mittel* geschätzt wird. In diesem Sinne wäre etwa in obigem Beispiel das arithmetische Mittel ein Momenten-Schätzer für den unbekannten Parameter μ_{Ziel}. Bei 0-1-Variablen bedeutet das, dass die *Wahrscheinlichkeit P_{Ziel}* gerade *durch den* entsprechenden *Stichprobenanteil P_{Studie}* geschätzt wird.

Für $k = 2$ erhält man das zweite Moment, mit dem sich die Varianz einer Zufallsvariable Y wie folgt berechnen lässt:

$$\text{Var}(Y) = E(Y^2) - (EY)^2.$$

Schätzt man nun sowohl das 1. als auch das 2. Moment in dieser Formel mit der Momenten-Methode, erhält man einen Momenten-Schätzer für die Varianz durch

$$\text{Var}\,Y_{\text{Studie}} = \frac{1}{n}\sum_{i=1}^{n} y_i^2 - \left(\frac{1}{n}\sum_{i=1}^{n} y_i\right)^2 = \frac{1}{n}\sum_{i=1}^{n} (y_i - \bar{y})^2 = \frac{n-1}{n}\,s^2.$$

Vergleicht man diesen Schätzer mit der Varianz s^2, die wir in der deskriptiven Statistik eingeführt haben, so sehen wir, dass bei dem Momenten-Schätzer die Summe der quadrierten Abweichungen durch n dividiert wird, während bei s^2 durch (n–1) dividiert wird, woraus sich der obige Umrechnungsfaktor (n–1)/n ergibt.

In gewissem Sinne kann die Momenten-Methode als Verbindung zwischen deskriptiver und induktiver Statistik angesehen werden. Dennoch hat diese heuristische Vorgehensweise einige Nachteile, denn die resultierenden Ergebnisse besitzen häufig keine guten formalen statistischen Eigenschaften.

Maximum-Likelihood-Methode

Der wohl größte Nachteil der Momenten-Methode besteht darin, dass sie nur angewendet werden kann, wenn der zu schätzende Parameter über die Momente einer Verteilung dargestellt werden kann. Ist dies nicht der Fall, benötigt man ein allgemeineres Prinzip. Bei der Maximum-Likelihood-Methode lässt man sich von der Idee leiten, dass diejenige Größe als guter Schätzwert gilt, die das realisierte Studienergebnis "am wahrscheinlichsten" (engl. most likely) macht.

Um dieser Forderung nachzukommen, betrachtet man für eine zugrunde liegende Zufallsvariable Y die Wahrscheinlichkeit für das Eintreten von Ereignissen bzw. bei stetigen Zufallsvariablen die Dichtefunktion. Sieht man diese Funktion nicht mehr in Abhängigkeit von möglichen Realisationen bei Vorliegen eines Parameters, sondern umgekehrt als Funktion des Parameters bei gegebener Studienrealisation, so spricht man von der **Likelihood-Funktion**. Obige Forderung bedeutet dann, dass diese *Likelihood-Funktion maximiert* werden muss, was den Namen Maximum-Likelihood- (kurz ML-) Methode erklärt.

Will man im Rahmen einer Querschnittsstudie mit n Studienteilnehmern eine Prävalenz P_{Ziel} schätzen, so liegen formal n Zufallsvariablen Y_i, $i = 1, ..., n$, vor, die jeweils binomialverteilt sind mit den Parametern 1 und P_{Ziel}. Für die Wahrscheinlichkeit, dass in der Stichprobe k kranke Individuen zu beobachten sind, gilt nach Abschnitt S.3.3.1 dann

$$\Pr\left(\sum_{i=1}^{n} Y_i = k\right) = \binom{n}{k} \cdot P_{Ziel}^{k} \cdot (1 - P_{Ziel})^{(n-k)} \text{ für beliebige } k = 0, 1, 2, ..., n.$$

Sind in der Studie nun konkret k_0 kranke Individuen beobachtet worden und betrachtet man diese Wahrscheinlichkeitsfunktion nicht mehr in Abhängigkeit von k, sondern von P, so erhält man die *Likelihood-Funktion für die Prävalenzschätzung*

$$L(P) = \binom{n}{k_0} \cdot P^{k_0} \cdot (1 - P)^{(n-k_0)}, \text{ für } 0 \leq P \leq 1.$$

Das ML-Prinzip besagt dann, dass diejenige Größe P_{Studie} ML-Schätzer ist, die diese Funktion L(P) maximiert. Für das geschilderte Problem der Anteilschätzung ergibt sich nach Lösung dieses Maximierungsproblems als *Schätzer die Prävalenz in der Studienpopulation*, d.h.

$$P_{Studie} = \frac{k_0}{n}.$$

Für den Erwartungswert μ_{Ziel} einer normalverteilten Zufallsvariable ergibt sich eine analoge Vorgehensweise. Da die Normalverteilung stetig ist, betrachtet man zur Schätzung des Parameters μ_{Ziel} die *Likelihood-Funktion*, die sich bei Unabhängigkeit der zugrunde liegenden Zufallsvariablen *aus den Dichtefunktionen der n Studienteilnehmer* ergibt:

$$L(\mu) = \prod_{i=1}^{n} \frac{1}{\sqrt{2\pi} \cdot \sigma_{Ziel}} \cdot \exp\left\{ -\frac{1}{2} \cdot \frac{(y_i - \mu)^2}{\sigma_{Ziel}^2} \right\} \text{ für } -\infty < \mu < \infty.$$

Auch diese Funktion L ist bei gegebenen Stichprobenwerten zu maximieren. Als ML-Schätzer für μ_{Ziel} erhält man das arithmetische Mittel der Untersuchungswerte.

Wie obige Vorgehensweisen demonstriert haben, ist das ML-Schätzprinzip abhängig von der Angabe einer Likelihood-Funktion, so dass eine Voraussetzung dieser Methode ist, dass man eine Vorstellung über die Verteilung der betrachteten Zufallsvariablen hat. Die Angabe einer Likelihood löst das Problem aber häufig nicht direkt, denn es muss das Maximum dieser Funktion bestimmt werden. Häufig (wie etwa auch in den obigen Beispielen) ist die mathematische Lösung der Maximierungsaufgabe leichter, wenn man anstelle der Likelihood-Funktion die logarithmierte Funktion, die auch als **Log-Likelihood-Funktion** bezeichnet wird, maximiert. Aber auch dann kann nicht immer eine *direkte explizite Lösung* angegeben werden, sondern häufig nur eine *Lösungsgleichung, die iterativ zu lösen ist*.

Die Bestimmung von Maximum-Likelihood-Schätzern kann dabei nicht nur mathematisch komplex sein, sondern auch einen hohen Rechenaufwand erfordern, worauf wir aber nicht im Einzelnen eingehen werden. Dieses Problem tritt vor allem bei komplexeren Regressionsmodellen auf (siehe Abschnitt 6.5ff) und sollte deshalb dort besonders beachtet werden.

Dass das Maximum-Likelihood-Verfahren das am weitesten verbreitete Schätzprinzip ist, begründet sich neben der anschaulichen Wahrscheinlichkeitsforderung insbesondere auch durch seine guten asymptotischen Eigenschaften. So kann für einen ausreichend großen Studienumfang von einer *Normalverteilung* eines entsprechend *standardisierten ML-Schätzers* ausgegangen werden, was für die Berechnung von Konfidenzintervallen und Tests von großer Bedeutung ist. Weiter gilt, dass *ML-Schätzer asymptotisch erwartungstreu* sind und damit die unbekannten Parameter gut approximieren.

S.4.3   Konfidenzintervalle bei angenäherter Normalverteilung

Mit der Angabe eines Schätzers für einen unbekannten Parameter hat man eine *Punktschätzung* vorgenommen, die nach bestem Wissen als Repräsentant für die epidemiologische Maßzahl der Zielpopulation gelten kann. Im Einzelfall ist aber davon auszugehen, dass diese Schätzung vom wahren Wert mehr oder weniger entfernt ist, denn das Studienergebnis ist als Stichprobe zufällig und demzufolge variabel. Dabei kann zur Interpretation einer Punktschätzung eine geringe Abweichung vom wahren Parameter durchaus in Kauf genommen werden. Es ist also wünschenswert, die Variabilität der Punktschätzung bei der Beurteilung des Punktschätzers einzubeziehen.

Solche Überlegungen führen zur Konstruktion von *Konfidenzintervallen* (auch *Vertrauensintervalle* oder *Bereichsschätzer*). Hierbei wird um einen Punktschätzer für eine epidemiologische Maßzahl ein Intervall gelegt, das einen Bereich definiert, der nach Maßgabe der zugrunde liegenden Verteilung den unbekannten Parameter mit einer vorgegebenen (hohen) Wahrscheinlichkeit überdeckt.

Um ein Konfidenzintervall zu einem Schätzer anzugeben, muss bekannt sein, welche Wahrscheinlichkeitsverteilung diese Schätzung besitzt. Kann man von einer *Normalverteilung* der Schätzfunktion ausgehen, so kann ein Konfidenzintervall nach dem folgenden einfachen Prinzip konstruiert werden:

Ist μ_{Studie} eine Schätzfunktion für eine interessierende epidemiologische Maßzahl, die normalverteilt ist mit Erwartungswert μ_{Ziel} und Varianz $Var(\mu_{Studie})$, d.h. gilt

$$\mu_{Studie} \sim N(\mu_{Ziel}, Var(\mu_{Studie})),$$

so lässt sich diese wie folgt standardisieren und direkt ihre Verteilung angeben:

$$Z = \frac{\mu_{Studie} - \mu_{Ziel}}{\sqrt{Var(\mu_{Studie})}} \sim N(0, 1).$$

Für die Standardnormalverteilung sind die Quantile tabelliert (vgl. Anhang T1), d.h., man kann die Quantile $\pm u_{1-\alpha/2}$ ermitteln, zwischen denen mit vorgegebener Wahrscheinlichkeit $(1-\alpha)$ die standardisierte Variable liegen wird, d.h., es gilt

$$\Pr\left\{-u_{1-\alpha/2} \leq \frac{\mu_{\text{Studie}} - \mu_{\text{Ziel}}}{\sqrt{\text{Var}(\mu_{\text{Studie}})}} \leq +u_{1-\alpha/2}\right\} = 1-\alpha.$$

Stellt man diese Formel so um, dass der unbekannte Parameter μ_{Ziel} im Mittelpunkt steht, so erhält man

$$\Pr\left\{\mu_{\text{Studie}} - u_{1-\alpha/2} \cdot \sqrt{\text{Var}(\mu_{\text{Studie}})} \leq \mu_{\text{Ziel}} \leq \mu_{\text{Studie}} + u_{1-\alpha/2} \cdot \sqrt{\text{Var}(\mu_{\text{Studie}})}\right\} = 1-\alpha.$$

Das durch diese Aussage definierte Intervall

$$\text{KI}(\mu_{\text{Ziel}}) = \left[\mu_{\text{Studie}} \pm u_{1-\alpha/2} \cdot \sqrt{\text{Var}(\mu_{\text{Studie}})}\right]$$

ist dann das **$(1-\alpha)$-Konfidenzintervall für den Parameter μ_{Ziel}**. Dieses Intervall besagt, dass mit einer Wahrscheinlichkeit von $(1-\alpha)$ der unbekannte Parameter μ_{Ziel} von diesem Intervall überdeckt wird.

Mit dieser Regel lassen sich einfach Konfidenzintervalle für verschiedene epidemiologische Kenngrößen bestimmen, wenn von einer Normalverteilung des Schätzers auszugehen ist. Will man für den Erwartungswert μ_{Ziel} bei Normalverteilung von quantitativen Zufallsvariablen $Y_i \sim N(\mu_{\text{Ziel}}, \sigma_{\text{Ziel}}^2)$, $i = 1, \ldots, n$, einen solchen Bereich angeben, so ergibt sich mit

$$\mu_{\text{Studie}} = \overline{Y} \text{ und damit } \text{Var}(\mu_{\text{Studie}}) = \frac{\sigma_{\text{Ziel}}^2}{n}$$

das **$(1-\alpha)$-Konfidenzintervall für den Erwartungswert bei Normalverteilung** durch

$$\text{KI}(\mu_{\text{Ziel}}) = \left[\overline{y} \pm u_{1-\alpha/2} \cdot \frac{\sigma_{\text{Ziel}}}{\sqrt{n}}\right].$$

Beispiel: Aus den Daten des Bundesgesundheitssurveys 1998 wurden n = 200 Studienteilnehmer ausgewählt (Quelle: Public-Use-File BGS98; siehe auch Anhang D). Berechnet man für den systolischen Blutdruck das arithmetische Mittel, so erhält man mit

$$\mu_{\text{Studie}} = \overline{y} = 131{,}75 \text{ mmHg}$$

unter Normalverteilungsannahme den ML-Schätzer für den unbekannten Erwartungswert des systolischen Blutdrucks der deutschen Bevölkerung μ_{Ziel}.

Nimmt man an (siehe auch das Beispiel in Abschnitt S.3.3.2), dass in der Gesamtheit eine Streuung von $\sigma_{\text{Ziel}} = 20$ mmHg vorliegt und sei $(1-\alpha) = 0{,}95$, so dass $u_{1-\alpha/2} = 1{,}96$ (siehe Anhang T1), dann errechnet man als Konfidenzintervall für μ_{Ziel}

$$\text{KI}(\mu_{\text{Ziel}}) = \left[131{,}75 \pm 1{,}96 \cdot \frac{20}{\sqrt{200}}\right] = [131{,}75 \pm 2{,}77] = [128{,}98\,;\,134{,}52].$$

Das Konfidenzintervall von [128,98;134,52] lässt sich so interpretieren: Würde man 100-mal die Studie durchführen und jedes Mal das zugehörige 95%-Konfidenzintervall ausrechnen, so läge μ_{Ziel} in 95 Fällen in dem berechneten Konfidenzintervall und in fünf nicht. Da man nicht weiß, ob man nun eines der fünf oder eines der 95 Konfidenzintervalle berechnet hat, kann man eigentlich nur sagen, dass μ_{Ziel} in dem berechneten Intervall liegt oder nicht. Da eine solche Aussage aber sehr unbefriedigend ist, hat es sich eingebürgert, ein berechnetes 95%-Konfidenzintervall wie folgt zu interpretieren: Der wahre erwartete systolische Blutdruck der deutschen Bevölkerung wird mit einer Wahrscheinlichkeit von 95% vom angegebenen Intervall von 128,98 bis 134,52 überdeckt, auch wenn ein beobachtetes Konfidenzintervall streng genommen keine Wahrscheinlichkeitsaussage mehr erlaubt. Wahrscheinlichkeiten können nur Ereignissen zugewiesen werden, die zukünftig eintreten, und nicht Ereignissen, die bereits eingetreten sind.

Liegen sehr große Stichprobenumfänge vor (z.B. $n \geq 50$) und ist auch der Anteil in der Zielpopulation nicht allzu klein (z.B. $n \cdot P_{Ziel} \cdot (1 - P_{Ziel}) > 9$), so kann unter Annahme der Gültigkeit des Grenzwertsatzes von Moivre-Laplace (siehe Anhang S.3.3.2) obiges Konzept auch genutzt werden, ein approximatives Konfidenzintervall für Anteile in der Zielpopulation anzugeben. Betrachtet man den Anteil P_{Studie} als Zufallsvariable, so ergibt sich aus der Binomialverteilung für dessen Varianz

$$\text{Var}(P_{Studie}) = \frac{P_{Ziel} \cdot (1 - P_{Ziel})}{n},$$

so dass ein approximatives **$(1-\alpha)$-Konfidenzintervall für die Prävalenz in der Zielpopulation** durch

$$\text{KI}(P_{Ziel}) = \left[P_{Studie} \pm u_{1-\alpha/2} \cdot \sqrt{\frac{P_{Studie} \cdot (1 - P_{Studie})}{n}} \right]$$

angegeben werden kann. Allerdings stellt dieses Intervall in zweifacher Hinsicht nur eine grobe Näherung für einen Vertrauensbereich dar, denn neben der Annahme der Gültigkeit des Grenzwertsatzes (siehe oben) wird hier der unbekannte Parameter P_{Ziel} durch seine Schätzung P_{Studie} ersetzt.

Beispiel: Aus den Daten des Bundesgesundheitssurveys 1998 kann aus $n = 200$ ausgewählten Studienteilnehmern (Quelle: Public-Use-File BGS98; siehe auch Anhang D) auch der Anteil der Personen in der Bevölkerung geschätzt werden, die jemals geraucht haben. Dieser ergibt sich zu

$$P_{Studie} = \frac{116}{200} = 0,58.$$

Geht man auch hier davon aus, dass $(1-\alpha) = 0,95$, so dass $u_{1-\alpha/2} = 1,96$ (siehe Anhang T 1), so ergibt sich als Konfidenzintervall für P_{Ziel}

$$\text{KI}(P_{Ziel}) = \left[0,58 \pm 1,96 \cdot \sqrt{\frac{0,58 \cdot 0,42}{200}} \right] = [0,5800 \pm 0,0338] = [0,5116; 0,6484],$$

d.h., mit Wahrscheinlichkeit von 95% überdeckt das Intervall von 51,16% bis 64,84% den wahren, aber unbekannten Anteil der Jemalsraucher in der deutschen Bevölkerung P_{Ziel}.

Die obige Berechnung von Konfidenzintervallen lässt sich stets vornehmen, wenn man von einer Normalverteilung der Schätzfunktion oder einer monotonen Transformation davon ausgehen kann. Da für viele Schätzer epidemiologischer Maßzahlen zumindest annähernd von einer Normalverteilung ausgegangen werden kann, ist dieses Konstruktionsprinzip damit vielfältig einsetzbar.

Wenn allerdings, insbesondere bei kleinen Studien, eine Normalverteilung als nicht gerechtfertigt angenommen werden kann, so müssen die exakten Verteilungen der Schätzer zur Berechnung von Konfidenzintervallen verwendet werden. Neben einigen klassischen Verfahren, die in Kapitel 6 beschrieben werden, sei zur Vertiefung auf Miettinen (1985) verwiesen, der für eine Vielzahl von Situationen exakte Konfidenzintervalle angibt.

S.4.4   Statistische Tests

S.4.4.1   Entscheidungen über wissenschaftliche Hypothesen

Das zentrale Instrument statistischer Auswertung stellt die Durchführung statistischer Tests dar. Bei einem *statistischen Test* wird eine *Fragestellung* in Form eines *Ja-Nein-Schemas* abgeklärt. Damit soll z.B. die Frage beantwortet werden, ob ein Einfluss vorliegt oder ob dieser nicht vorliegt. In der statistischen Nomenklatur spricht man in diesem Zusammenhang von der **Alternativhypothese** als der Aussage, der das wissenschaftliche Interesse gilt, und der **Nullhypothese**, die als Gegenaussage wissenschaftlich nicht interessant ist.

Beispiel: Die Blutdruckbestimmung im Bundesgesundheitssurvey kann u.a. dazu dienen, eine Aussage darüber zu machen, ob die Bevölkerung einen erhöhten systolischen Blutdruck hat, d.h. also, ob in der Zielpopulation der von der WHO festgesetzte Grenzwert von 130 mmHg für einen normalen systolischen Blutdruck überschritten wird oder nicht. Hier lauten dann z.B. die zu prüfenden Hypothesen und die dazugehörigen Aussagen:

Nullhypothese H_0	vs.	Alternativhypothese H_1
der systolische Blutdruck ist normal	vs.	der systolische Blutdruck ist erhöht
$\mu_{Ziel} \leq 130$ mmHg	vs.	$\mu_{Ziel} > 130$ mmHg

Beispiel: Im Rahmen des Bundesgesundheitssurveys ist u.a. die Frage von Interesse, ob sich der Body-Mass-Index (BMI) bei Männern und Frauen unterscheidet. Dazu betrachtet man den erwarteten Body-Mass-Index in den beiden Geschlechtergruppen, d.h. $\mu_{Ziel\ Männer}$ bzw. $\mu_{Ziel\ Frauen}$. Damit lässt sich die wissenschaftliche Fragestellung in die folgenden Aussagen zerlegen:

Nullhypothese H_0	vs.	Alternativhypothese H_1
Männer und Frauen haben identische BMI	vs.	Männer und Frauen haben verschiedene BMI
$\mu_{Ziel\ Männer} = \mu_{Ziel\ Frauen}$	vs.	$\mu_{Ziel\ Männer} \neq \mu_{Ziel\ Frauen}$

Ein statistischer Test ist ein mathematisches Verfahren, das eine objektive Entscheidung für eine der beiden Hypothesen ermöglichen soll. Hierbei können *zwei mögliche Fehler* auftreten. Wird die Alternativhypothese angenommen, obwohl diese in Wahrheit falsch ist, so spricht man vom **Fehler 1. Art**. Spricht man sich dagegen nicht für die Alternative aus, obwohl diese in Wahrheit zutrifft, so spricht man vom **Fehler 2. Art**. Schematisch lassen sich diese Fehler wie in Tab. S.6 zusammenfassen.

Tab. S.6: Entscheidungssituationen beim statistischen Testen

Wahrheit	Entscheidung	
	Nullhypothese	Alternativhypothese
Nullhypothese: z.B. kein Unterschied z.B. Blutdruck normal	richtig	Fehler 1. Art (falsch positive Entscheidung)
Alternativhypothese: z.B. Unterschied z.B. Blutdruck crhöht	Fehler 2. Art (falsch negative Entscheidung)	richtig

Charakteristisch für die Entscheidung durch einen statistischen Test ist, dass beide Fehlermöglichkeiten nicht vollständig ausgeschlossen werden können. Dies ist analog zu der Entscheidungssituation eines Richters, der nie weiß, ob der von ihm als schuldig befundene Angeklagte nicht doch in Wahrheit unschuldig oder ob ein Freigesprochener nicht doch schuldig ist. Deshalb müssen die im Rahmen des Entscheidungsprozesses auftretenden Fehler kontrolliert werden.

Zu diesem Zweck gehen wir davon aus, dass eine durchgeführte epidemiologische Studie die Realisierung eines zufälligen Prozesses darstellt. Damit ist es sinnvoll, gewisse Fehlertoleranzen in Form von **Wahrscheinlichkeiten** für das Auftreten der **Fehler 1. und 2. Art** festzulegen. Diese Fehlerwahrscheinlichkeiten werden mit α für den Fehler 1. Art und mit β für den Fehler 2. Art bezeichnet, so dass häufig auch vom α- bzw. β-**Fehler** gesprochen wird. Dabei bezeichnet man α auch als das **Signifikanzniveau** eines statistischen Tests und $(1-\beta)$ als **Power** oder *Macht*.

Beispiel: Betrachtet man im Bundesgesundheitssurvey die Fragestellung zu den Geschlechtsunterschieden im Body-Mass-Index (BMI), so bedeutet der Fehler 1. Art, dass in Wahrheit Männer und Frauen den gleichen BMI haben, die Entscheidung aber (fälschlicherweise) lautet, dass der BMI unterschiedlich ist. Die Wahrscheinlichkeit α gibt dann an, wie häufig eine solche falsch positive Entscheidung möglich ist.

Im Gegensatz dazu ist bei dem Fehler 2. Art in Wahrheit davon auszugehen, dass Männer und Frauen unterschiedliche BMI aufweisen, eine epidemiologische Studie dies aber nicht erkennt. Unter der Bedingung, dass ein Unterschied vorliegt, gibt die Wahrscheinlichkeit β dann an, wie groß der Anteil der Studien ist, die zu einer falsch negativen Entscheidungen führen können.

Bei der Festlegung der Fehlerwahrscheinlichkeiten mag man zunächst annehmen, dass man diese beliebig klein wählen kann, so dass faktisch gar nicht mehr mit einem Fehler zu rechnen ist. Das ist aber bei einem statistischen Test nicht möglich, da die Fehlerwahrscheinlichkeiten α und β insofern voneinander abhängen, dass je geringer die Wahrscheinlichkeit für den einen Fehler ist, umso größer die Wahrscheinlichkeit für das Auftreten des anderen wird.

Beispiel: Um diesen Zusammenhang zu erläutern, sei nochmals auf die Entscheidungssituation bei einem Richterspruch verwiesen. Hier lautet die Nullhypothese "Unschuld des Angeklagten" und die Alternativhypothese "Schuld des Angeklagten". Wenn der Richter ein Urteil sprechen soll, so bedient er sich im Wesentlichen zweier Instrumente, den Beweisen und Indizien, die den Daten entsprechen, und dem Gesetz, das dem statistischen Test entspricht.

Formuliert man nun ein Gesetz, so kann man dies unter zwei Prämissen tun. Einerseits kann man bestrebt sein, möglichst viele Schuldige auch tatsächlich schuldig zu sprechen. Dies hat die direkte Konsequenz, dass auch viele Unschuldige schuldig gesprochen werden, anders ausgedrückt, dass der α-Fehler hoch und der β-Fehler niedrig ist. Will man andererseits, dass kaum ein Unschuldiger schuldig gesprochen wird, so hat dies zur Konsequenz, dass auch eine Vielzahl von Schuldigen freigesprochen wird. Hier wäre somit bei kleinem α-Fehler ein großer β-Fehler die Konsequenz.

Der Fehler 1. und der Fehler 2. Art hängen somit zusammen, und das Ziel sollte sein, dennoch eine befriedigende Entscheidungssituation herbeizuführen. Im Sinne des Richterspruches bedeutet dies, dass man zunächst einer der beiden grundsätzlichen Fehlerprämissen Priorität geben muss. In unserem Kulturraum ist dies die Prämisse "in dubio pro reo", d.h. im Zweifel für den Angeklagten, also kleiner α-Fehler. Ein unter Umständen hohes Maß an Justizirrtümern 2. Art, d.h. also, dass Schuldige freigesprochen werden, wird somit in unserem Rechtsverständnis billigend in Kauf genommen (im Gegensatz zu anderen Kulturen, die teilweise von der umgekehrten Prämisse ausgehen).

Will man aber dennoch wenige Fehler 2. Art begehen, so kann das nur gelingen, wenn man möglichst viele stichhaltige Beweise und Indizien sammelt, d.h. viele Daten bereitstellt.

So wie dem Richter geht es auch dem Epidemiologen. Ist eine Entscheidungssituation wie z.B. bei der Querschnittsuntersuchung zum systolischen Blutdruck formuliert, so muss man zunächst die Wahrscheinlichkeit für den Fehler, den man als besonders wichtig einstuft, kontrollieren. Beim so genannten **Signifikanztest** ist dies die Wahrscheinlichkeit α für den Fehler 1. Art, wobei man in der Regel geringe Werte von z.B. 5%, 1% oder weniger vorgibt. Die Wahrscheinlichkeit für den Fehler 2. Art erweist sich dann dadurch kontrollierbar, dass man den Umfang der Studie entsprechend erhöht (vgl. hierzu auch Abschnitt 4.3).

Die *Durchführung eines statistischen Testverfahrens* geht nun in der Regel in *fünf Schritten* vor sich.

In einem *ersten Schritt* muss zunächst festgestellt werden, welche *Verteilung* den Daten der betrachteten Studie zugrunde liegt. Dies hängt neben dem Studientyp vor allem von dem Skalenniveau der zu untersuchenden Merkmalswerte ab.

Beispiel: So sind in den geschilderten Fragestellungen im Rahmen des Bundesgesundheitssurveys Situationen beschrieben, bei denen von einer Normalverteilung (des systolischen Blutdrucks, des Body-Mass-Index) ausgegangen werden kann.

Als *zweiter Schritt* erfolgt die *Formulierung der Nullhypothese und der Alternativhypothese*, die als sich gegenseitig ausschließende Aussagen über die interessierende Maßzahl beschrieben werden müssen.

Beispiel: Die sich ausschließenden Hypothesen bei den beiden wissenschaftlichen Fragen waren weiter oben bereits formuliert. Sie lautet z.B. bei der Frage des Vergleichs des Body-Mass-Index nach Geschlecht

$$H_0: \mu_{\text{Ziel Männer}} = \mu_{\text{Ziel Frauen}} \text{ vs. } H_1: \mu_{\text{Ziel Männer}} \neq \mu_{\text{Ziel Frauen}}.$$

Wegen der bei dieser Form der Entscheidungsfindung unumgänglichen Fehlermöglichkeiten muss anschließend in einem *dritten Schritt* die *Wahrscheinlichkeit α für den Fehler 1. Art festgelegt* werden. Üblicherweise wird diese Wahrscheinlichkeit als $\alpha = 5\%$ oder geringer festgelegt.

Bis zu diesem Schritt hat man die Entscheidungssituation definiert. In einem *vierten Schritt* ist jetzt die eigentliche *Entscheidungsregel* festzulegen. Die Entscheidung wird dann in Abhängigkeit von der zugrunde liegenden Verteilung bzw. des zugrunde liegenden Parameters mit Hilfe einer Teststatistik formuliert. Eine solche **Teststatistik** ist eine Funktion der Zufallsvariablen, die man aus den zugrunde liegenden Daten und der Fragestellung ableitet. Mit Hilfe der Teststatistik kann man sich für oder gegen die Alternativhypothese entscheiden. Sie muss daher so konstruiert sein, dass sie "sensibel" für die interessierende Alternativhypothese ist und dass ihre Verteilung unter der Nullhypothese bestimmt werden kann.

Beispiel: Bei Annahme einer Normalverteilung wird man die Teststatistik auf dem arithmetischen Mittel aufbauen. Bestimmt man in unserem Beispiel zum normalen Blutdruck z.B. die Differenz ($\mu_{\text{Studie}} - 130\text{mmHg}$) und ist diese wesentlich größer als null, so spricht dies für die Alternativhypothese, eine negative Differenz spricht dagegen.

Beispiel: Beim Vergleich des Body-Mass-Index (BMI) der beiden Geschlechter bietet es sich z.B. an, die Mittelwerte für Männer und Frauen aus der Studie $\mu_{\text{Studie Männer}}$ bzw. $\mu_{\text{Studie Frauen}}$ getrennt zu ermitteln. Für das oben beschriebene Testproblem zum BMI kann man die Teststatistik über deren Differenz berechnen. Ist diese Differenz betragsmäßig groß, so spricht das für die Alternativhypothese; ist sie nahe null, so spricht dies dagegen.

Was dabei als "weit entfernt" bzw. "groß" gelten kann, wird durch die Verteilung der Teststatistik bei Gültigkeit der Nullhypothese bestimmt, was der Grund dafür ist, dass die Teststatistik so konstruiert werden muss, dass ihre Verteilung unter der Nullhypothese bestimmt werden kann. Liegt nun der beobachtete Wert der Teststatistik im äußersten Bereich der Verteilung, scheint es unwahrscheinlich, dass die unter der Nullhypothese bestimmte Verteilung tatsächlich die korrekte Verteilung ist. Man nimmt dann daher an, dass nicht die Verteilung unter der Nullhypothese für die beobachteten Daten verantwortlich ist, sondern die Alternativhypothese zutrifft. Wie klein nun der "äußerste" Bereich der Verteilung unter der Nullhypothese ist, wird durch die Wahrscheinlichkeit für den Fehler 1. Art festgelegt. Konkret geht man nun so vor, dass man mittels eines so genannten kritischen Werts, der sich aus den von der Fehlerwahrscheinlichkeit α abhängigen Quantilen ergibt, prüft, ob die Teststatistik größer als dieser Wert ist. Deshalb muss in einem abschließenden *fünften Schritt* die Teststatistik aus den Studiendaten errechnet und diese mit dem *kritischen Wert verglichen* werden.

Beispiel: Für das Beispiel der Querschnittsstudie hatten wir bei Normalverteilung die Aussagen H_0: $\mu_{Ziel} \leq 130$ mmHg vs. H_1: $\mu_{Ziel} > 130$ mmHg prüfen wollen. In dieser Situation berechnet man die Teststatistik des Gauß-Tests (zu Details siehe S.4.4.2)

$$Z_{Gauß} = \frac{\bar{y} - 130}{\sigma_{Ziel}} \cdot \sqrt{n} \,,$$

wobei n den Studienumfang und σ_{Ziel} die Standardabweichung der Normalverteilung darstellen. Für diesen statistischen Test lautet der kritische Wert $u_{1-\alpha}$, d.h., man muss zur Entscheidung für oder gegen die wissenschaftlich interessante Alternativhypothese, dass ein erhöhter Blutdruck von mehr als 130 mmHg vorliegt, den berechneten Wert $Z_{Gauß}$ mit dem $(1-\alpha)$-Quantil der Standardnormalverteilung vergleichen.

Eine Entscheidung für die Alternative H_1: $\mu_{Ziel} > 130$ mmHg erfolgt dann, wenn $Z_{Gauß} > u_{1-\alpha}$, ist, im anderen Fall wird man dies nicht annehmen können.

Diese Abfolge von fünf Schritten bei der Durchführung statistischer Tests ist für sämtliche Signifikanztests dieselbe. Im Abschnitt S.4.4.2 werden wir einige grundlegende Testverfahren, die in der Epidemiologie angewendet werden, kurz gemäß diesem Schema vorstellen. Bevor diese Verfahren für die konkrete Anwendungssituation beschrieben werden, soll aber noch auf die Interpretation von statistischen Tests eingegangen werden.

Da bei epidemiologischen Studien in der Regel nicht nur ein Hypothesenpaar geprüft wird, sondern viele Fragestellungen, basierend auf demselben Datenmaterial, beantwortet werden sollen, kommt das statistische Testprinzip meist mehrfach in der Studienauswertung und bei der Interpretation zur Anwendung. Dies hat dann aber eine direkte Konsequenz auf die Interpretation der Wahrscheinlichkeit des Fehlers 1. Art. Aufgrund des Konstruktionsprinzips eines Signifikanztests ist z.B. in 5% der Fälle eine Fehlentscheidung 1. Art möglich. Wenn nun eine größere Anzahl statistischer Tests durchgeführt wird, ist zu erwarten, dass mit größerer Wahrscheinlichkeit als 5% einer oder mehrere der durchgeführten Tests fälschlicherweise ein signifikantes Ergebnis liefert. Dieser Sachverhalt wird anhand des nachfolgenden Beispiels veranschaulicht.

Beispiel: In einer Querschnittsuntersuchung wurden mittels eines Untersuchungs- und Fragebogens insgesamt 25 Variablen erfasst. Um sich einen ersten Überblick zu verschaffen, berechnet man im Rahmen einer Korrelationsanalyse zunächst sämtliche paarweisen Korrelationen und testet mit einer Wahrscheinlichkeit für den Fehler 1. Art von jeweils 5%, ob diese von null verschieden sind.

Da bei 25 Variablen insgesamt $25 \cdot 24 / 2 = 300$ verschiedene Paare von Variablen und damit Korrelationen existieren, würde man somit erwarten, dass rein zufällig bei 5% von 300, d.h., bei 15 der Korrelationen, fälschlich die Aussage getroffen würde, dass eine Korrelation vorliegt, selbst dann, wenn sämtliche Korrelationen in der Zielpopulation gleich null wären.

Bei Signifikanztests zum Niveau 5% kann man erwarten, dass einer von 20 Tests zu einem signifikanten Ergebnis führt, selbst wenn in Wirklichkeit keine der Alternativhypothesen zutrifft. Daher muss schon vor Studienbeginn eine exakte Formulierung der Zielsetzungen und der durchzuführenden Tests erfolgen. Ergeben diese Zielsetzungen ein ganzes Bündel verschiedener Fragestellungen und damit eine Vielzahl von Hypothesen und Alternativen, so sollten *multiple Testverfahren* eingesetzt werden, um der Gefahr von Fehlschlüssen vorzubeugen. Solche speziellen Testverfahren werden im Folgenden nicht näher betrachtet. Für den an diesen Verfahren interessierten Leser sei deshalb auf die Monographien von Scheffé (1959), Schach & Schäfer (1978), Miller (1981b), Hochberg & Tamhane (1987), Westfall & Young (1993), Horn & Vollandt (1995) sowie Hsu (1996) oder auch auf Sonnemann (1982) verwiesen.

Wichtig ist in diesem Zusammenhang, dass Software zur Auswertung epidemiologischer und allgemeiner statistischer Studien die Prinzipien des multiplen bzw. simultanen Testens standardmäßig nicht beinhaltet.

Dieses Problem gewinnt besonders bei den von den statistischen Programmpaketen ausgegebenen so genannten **p-Werten** (engl. **p-values**) an Bedeutung. Diese auch als **Überschreitungswahrscheinlichkeiten** (engl. **Level Attained**) bezeichneten Werte haben durch die weite Verbreitung von Computerprogrammen zur statistischen Auswertung Eingang in die epidemiologische Praxis gefunden. Eine Überschreitungswahrscheinlichkeit gibt die Wahrscheinlichkeit unter der Nullhypothese an, den in der Studie ermittelten Wert der Teststatistik oder einen im Sinne der Alternative extremeren Wert zu beobachten.

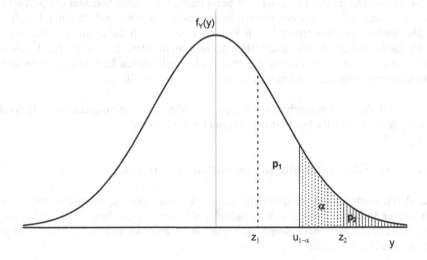

Abb. S.26: Überschreitungswahrscheinlichkeiten p_1 und p_2 zweier Testergebnisse z_1 und z_2 einer Teststatistik Z

Das Prinzip der Überschreitungswahrscheinlichkeit kann an Abb. S.26 erläutert werden, in der die Verteilung einer Teststatistik Z unter der Nullhypothese graphisch veranschaulicht ist. Die Nullhypothese wird abgelehnt, falls ein Studienergebnis zu einem Wert von Z führt, der größer als $u_{1-\alpha}$ ist, denn dieser wäre bei Gültigkeit der Nullhypothese "unwahrscheinlich". Ein solch "unwahrscheinlicher" Wert ist der Wert z_2. Hier hätte die Fehlerwahrscheinlichkeit höchstens p_2 betragen dürfen, damit das Testverfahren eine andere Entscheidung hätte treffen können. Die Wahrscheinlichkeit p_2 ist somit kleiner als α, was gegen die Null-hypothese spricht. Im Gegensatz dazu führt der Wert z_1 zu einer Überschreitungswahr-scheinlichkeit p_1, die größer ist als α. z_1 ist ein Wert, der "wahrscheinlich" und somit mit der Nullhypothese vereinbar ist.

Da im Rahmen einer rechnergestützten epidemiologischen Analyse eine Vielzahl von p-Werten automatisch ausgegeben wird, sind diese zu einem wesentlichen Bestandteil der In-terpretation der Ergebnisse epidemiologischer Studien geworden, so dass auf deren Interpre-tation bzw. Fehlinterpretation noch genauer eingegangen wird:

Aufgrund der statistischen Testtheorie ist vor der Durchführung eines statistischen Tests die Wahrscheinlichkeit für den Fehler 1. Art festzulegen. Legt man diese z.B. als $\alpha = 0{,}05$ fest, so können nur p-Werte kleiner als 0,05 als statistisch signifikantes Ergebnis interpretiert werden. Ein p-Wert von 0,051 bedeutet dann, dass das Ergebnis nicht signifikant ist; ein Wert von 0,049 zeigt ein signifikantes Ergebnis an. Allerdings lässt der p-Wert eine explora-tive Deutung insofern zu, dass man sich bei einem p-Wert von 0,049 trotz der nachgewiese-nen statistischen Signifikanz der größeren Unsicherheit bei dem Testergebnis bewusst wird als bei einem p-Wert von z.B. 0,00001.

Aufgrund der oben angesprochenen notwendigen Vorsicht hinsichtlich der Überschreitung der Wahrscheinlichkeit des Fehlers 1. Art beim multiplen Testen bedeutet ein p-Wert kleiner 5% nicht zwangsläufig, dass ein statistisch abgesichertes wissenschaftliches Ergebnis vor-liegt. Bei vielen simultan ermittelten p-Werten kann es sich dabei um ein reines Artefakt handeln. Es ist daher im wissenschaftlichen Sinn nicht korrekt, eine Vielzahl von statisti-schen Tests durchzuführen und nur die statistisch signifikanten Ergebnisse zu berichten, da dies zu einer gravierenden Fehlinterpretation der Ergebnisse führen kann.

Basierend auf diesen Aussagen werden nun im Folgenden einige grundlegende Verfahren zur Durchführung statistischer Signifikanztests kurz erläutert.

S.4.4.2   Statistische Hypothesentests bei Normalverteilung

Immer dann, wenn einem Testproblem normalverteilte oder approximativ normalverteilte Daten zugrunde liegen, lassen sich statistische Tests auf besonders einfache Art angeben. Dazu unterscheidet man zwei Situationen, die häufig auch als Ein- bzw. Zwei-Stichproben-Problem bezeichnet werden.

Beim **Ein-Stichproben-Problem** geht man, wie im obigen Beispiel zur Blutdruckmessung, davon aus, dass in einer Stichprobe von normalverteilten Daten ein Hypothesenpaar über den Parameter in der Form $H_0: \mu_{Ziel} \leq \mu_0$ vs. $H_1: \mu_{Ziel} > \mu_0$ formuliert wird, d.h., man ver-gleicht den interessierenden Parameter μ mit einem bekannten Wert μ_0 (hier war $\mu_0 = 130$ mmHg eine sinnvolle Vergleichsgröße). Diese Fragestellung ist stets dann sinnvoll, wenn in einer Studienpopulation ein *Vergleich mit einem Soll-, Referenz-* oder *Normwert* erfolgen soll.

Im Gegensatz dazu wird beim **Zwei-Stichproben-Problem** ein *Vergleich von* zwei Daten-reihen vorgenommen, die als Stichproben *aus zwei unterschiedlichen Zielpopulationen* interpretiert werden. Falls man, wie im obigen Beispiel ausgeführt, davon ausgeht, dass sich der Body-Mass-Index (BMI) von Männern und Frauen unterscheidet, betrachtet man eine Stichprobe von Männern und eine Stichprobe von Frauen und untersucht das Hypothesenpaar H_0: $\mu_{\text{Ziel Männer}} = \mu_{\text{Ziel Frauen}}$ vs. H_1: $\mu_{\text{Ziel Männer}} \neq \mu_{\text{Ziel Frauen}}$.

Ein-Stichproben-Problem bei Normalverteilung der Messgrößen

Beim Ein-Stichproben-Problem geht man davon aus, dass eine Studiensituation vorliegt, die n unabhängige Zufallsvariablen $Y_1, \ldots, Y_n$ erzeugt, wobei wir zusätzlich annehmen, dass diese normalverteilt sind mit Erwartungswert μ_{Ziel} und Varianz σ_{Ziel}^2.

Die Null- und Alternativhypothese sind Aussagen über den Erwartungswertparameter μ_{Ziel}. Dabei spricht man von einer **einseitigen Alternative** (rechts- bzw. linksseitig), wenn die Hypothesen als

$$H_0: \mu_{\text{Ziel}} \leq \mu_0 \text{ vs. } H_1: \mu_{\text{Ziel}} > \mu_0 \text{ bzw.}$$

$$H_0: \mu_{\text{Ziel}} \geq \mu_0 \text{ vs. } H_1: \mu_{\text{Ziel}} < \mu_0$$

formuliert sind. Diese Situation der einseitigen Alternative benutzt man immer dann, wenn die Richtung der zu prüfenden Aussage bekannt ist, z.B. man das Über- oder Unterschreiten eines Grenz- oder Normwerts wissenschaftlich überprüfen will. Im Gegensatz dazu spricht man von einer **zweiseitigen Alternative**, falls das Hypothesenpaar

$$H_0: \mu_{\text{Ziel}} = \mu_0 \text{ vs. } H_1: \mu_{\text{Ziel}} \neq \mu_0$$

getestet werden soll. Eine solche Formulierung wählt man meist dann, wenn sowohl das Unter- als auch das Überschreiten eines Normwerts medizinisch relevant ist. Dies gilt z.B. bei der Messung der Körpertemperatur oder auch für eine Vielzahl von klinischen Messgrößen.

Als Wahrscheinlichkeit für den Fehler 1. Art wird ein Wert α festgelegt.

Zur Festlegung einer Teststatistik als Funktion der Studiendaten verwendet man den standardisierten Abstand des arithmetischen Mittels vom Normwert, d.h., man verwendet die Zufallsgröße

$$Z_{\text{Gauß}} = \frac{\overline{Y} - \mu_0}{\sigma_{\text{Ziel}}} \cdot \sqrt{n} \, .$$

Diese standardisierte Zufallsvariable $Z_{\text{Gauß}}$ ist normalverteilt mit Erwartungswert null und Varianz eins, wenn $Y_1, \ldots, Y_n$ den Erwartungswert μ_0 besitzen, d.h., wenn die Nullhypothese H_0 erfüllt ist. Damit lassen sich die kritischen Werte für eine über die Quantile der $N(0, 1)$-Verteilung bestimmen. Je nach Hypothesenpaar (ein-, zweiseitig) gelten dann als Entscheidungsregeln, dass *die jeweilige Nullhypothese zu verwerfen* ist, d.h., dass man sich *für die Alternativhypothese entscheidet*, falls

$$Z_{Gauß} > u_{1-\alpha} \qquad \text{bei rechtsseitiger Alternative } H_1: \mu_{Ziel} > \mu_0,$$

$$Z_{Gauß} < u_\alpha \qquad \text{bei linksseitiger Alternative } H_1: \mu_{Ziel} < \mu_0,$$

$$|Z_{Gauß}| > u_{1-\alpha/2} \qquad \text{bei zweiseitiger Alternative } H_1: \mu_{Ziel} \neq \mu_0.$$

Das obige Verfahren wird auch als **Gauß-Test** bezeichnet. Die Voraussetzung für dieses Verfahren ist neben der Annahme einer Normalverteilung, dass die *Varianz* σ^2 *bekannt* ist, da sich sonst die Größe $Z_{Gauß}$ nicht berechnen lässt.

Ist die *Varianz* σ_{Ziel}^2 *unbekannt* und setzt man in $Z_{Gauß}$ an deren Stelle als Schätzgröße die Stichprobenvarianz s^2 ein, so ist die Teststatistik nicht mehr normal-, sondern t-verteilt, da noch durch eine weitere zufällige Größe dividiert wird (siehe Abschnitt S.3.3.3). Analog zu oben definiert man dann den so genannten **Ein-Stichproben-t-Test** mit Hilfe der folgenden Teststatistik

$$t = \frac{\overline{Y} - \mu_0}{s} \cdot \sqrt{n} \ .$$

Diese Größe t ist t-verteilt mit $(n-1)$ Freiheitsgraden, wenn $Y_1, \ldots, Y_n$ den Erwartungswert μ_0 besitzen, d.h. wenn die Nullhypothese H_0 erfüllt ist. Als Entscheidungsregel ergibt sich damit in analoger Form wie oben mit den entsprechenden Quantilen der t-Verteilung (siehe Anhang T3), dass die jeweilige Nullhypothese zu verwerfen ist, d.h., dass man sich für die Alternativhypothese ausspricht, falls

$$t > t_{n-1;\ 1-\alpha} \qquad \text{bei rechtsseitiger Alternative } H_1: \mu_{Ziel} > \mu_0,$$

$$t < t_{n-1;\ \alpha} \qquad \text{bei linksseitiger Alternative } H_1: \mu_{Ziel} < \mu_0,$$

$$|t| > t_{n-1;\ 1-\alpha/2} \qquad \text{bei zweiseitiger Alternative } H_1: \mu_{Ziel} \neq \mu_0.$$

Beispiel: Im Rahmen der Blutdruckbestimmungen war als Alternative die Frage nach Überschreiten des normalen systolischen Blutdrucks von besonderem Interesse, d.h., es sollte bei unterstellter Normalverteilung das Testproblem $H_0: \mu_{Ziel} \leq \mu_0$ vs. $H_1: \mu_{Ziel} > \mu_0$ mit $\mu_0 = 130$ mmHg geprüft werden. Als Wahrscheinlichkeit für einen Fehler 1. Art sei $\alpha = 0{,}05$ festgelegt.

Betrachtet man die Daten von $n = 200$ ausgewählten Studienteilnehmern des Bundesgesundheitssurveys 1998 (Quelle: Public-Use-File BGS98; siehe auch Anhang D), so gilt mit dem bereits in Abschnitt S.2 ermittelten Mittelwert und der berechneten Standardabweichung des systolischen Blutdrucks

$$t = \frac{131{,}8 - 130}{19{,}97} \cdot \sqrt{200} = 1{,}275 < 1{,}6525 = t_{199;\ 0{,}95} \ .$$

Für den "beobachteten Wert" der Teststatistik gilt somit, dass dieser kleiner als der kritische Wert ist, d.h., der beobachtete Mittelwert des systolischen Blutdrucks von 131,8 mmHg ist zwar größer als der interessierende Vergleichswert 130 mmHg, jedoch ist dieser Wert immer noch mit der Normalverteilung bei Vorliegen dieses Wertes vereinbar. Man sagt daher, dass die Nullhypothese nicht abgelehnt werden kann.

Ein-Stichproben-Problem bei Binomialverteilung

Die obigen Tests für die Ein-Stichproben-Situation gingen davon aus, dass die zugrunde liegenden Zufallsgrößen normalverteilt sind. Im Sinne des Grenzwertsatzes von Moivre-Laplace (siehe Abschnitt S.3.3.2) lässt sich obiges Testverfahren aber bei hinreichend großen Studien auch auf eine binomiale Situation anwenden. Will man z.B. in einer Querschnittsuntersuchung Aussagen über eine Prävalenz P_{Ziel} machen, so kann man wie folgt vorgehen:

Bei Untersuchung eines qualitativen Merkmals (z.B. Prävalenz P_{Ziel} einer bestimmten Krankheit in einer Zielpopulation und zufällige Untersuchung von n Individuen) liegt eine Binomialverteilung mit Parametern n und P_{Ziel} zugrunde.

Als Null- und Alternativhypothese sind Aussagen über die Prävalenz P_{Ziel} zu formulieren. Ein- und zweiseitige Alternativen sehen den Vergleich zu einer bekannten Prävalenz P_0 vor, d.h., man betrachtet bei **rechts-** bzw. **linksseitiger Alternative** die Aussagen

$$H_0: P_{Ziel} \leq P_0 \text{ vs. } H_1: P_{Ziel} > P_0$$

$$H_0: P_{Ziel} \geq P_0 \text{ vs. } H_1: P_{Ziel} < P_0$$

bzw. bei **zweiseitiger Alternative**

$$H_0: P_{Ziel} = P_0 \text{ vs. } H_1: P_{Ziel} \neq P_0.$$

Ist als Wahrscheinlichkeit für den Fehler 1. Art der Wert α festgelegt, verwendet man auch hier als Teststatistik einen sinnvoll normierten Abstand zwischen dem Vergleichswert P_0 und dem Anteilsschätzer der Studie P_{Studie}, d.h., man verwendet die Zufallsvariable

$$Z_{Binomial} = \frac{n \cdot P_{Studie} - n \cdot P_0}{\sqrt{n \cdot P_0 \cdot (1 - P_0)}}.$$

Diese standardisierte Zufallsvariable $Z_{Binomial}$ ist nach dem Grenzwertsatz von Moivre-Laplace bei hinreichend großem Wert von n·P_0 als normalverteilt mit Erwartungswert null und Varianz eins anzusehen, wenn P_{Studie} den Erwartungswert P_0 besitzt, also gerade die Nullhypothese H_0 erfüllt. Damit lassen sich die kritischen Werte für eine Entscheidungsregel auch hier mit Hilfe der Quantile der N(0, 1)-Verteilung bestimmen, d.h., man erhält die Entscheidungsregeln des **Ein-Stichproben-Binomial-Tests**, dass man sich für die Alternativhypothese ausspricht, falls

$$Z_{Binomial} > u_{1-\alpha} \qquad \text{bei rechtsseitiger Alternative } H_1: P_{Ziel} > P_0,$$

$$Z_{Binomial} < u_{\alpha} \qquad \text{bei linksseitiger Alternative } H_1: P_{Ziel} < P_0,$$

$$|Z_{Binomial}| > u_{1-\alpha/2} \qquad \text{bei zweiseitiger Alternative } H_1: P_{Ziel} \neq P_0.$$

Das obige Verfahren lässt sich immer dann verwenden, wenn der Studienumfang n und $n \cdot P_0$ hinreichend groß sind (als Faustregel kann man z.B. fordern, dass $n > 50$ und $n \cdot P_0 > 10$ sein sollen). Ist die Voraussetzung nicht erfüllt, so müssen anstelle der Normalverteilungsquantile die exakten Quantile der Binomialverteilung verwendet werden. Diese kann man unter Zuhilfenahme entsprechender Software leicht selbst berechnen (siehe Formel für die Punktwahrscheinlichkeit in Abschnitt S.3.3.1).

Beispiel: Rauchen ist für eine Vielzahl von Erkrankungen als kausaler Faktor anzusehen. Daher soll untersucht werden, ob der Anteil P_{Ziel} der Personen, die jemals geraucht haben (Jemalsraucher), in der deutschen Bevölkerung größer als 50% ist. Somit prüfen wir als Nullhypothese gegen die Alternativhypothese $H_0: P_{Ziel} \leq P_0$ vs. $H_1: P_{Ziel} > P_0$ mit $P_0 = 0{,}5$.

Für die Daten von $n = 200$ ausgewählten Studienteilnehmern des Bundesgesundheitssurveys 1998 (Quelle: Public-Use-File BGS98; siehe auch Anhang D) beobachtet man $m = 116$ Jemalsraucher (siehe S.5.2.1). Hieraus ermittelt man als Teststatistik

$$Z_{Binomial} = \frac{116 - 200 \cdot 0{,}5}{\sqrt{200 \cdot 0{,}5 \cdot 0{,}5}} = 2{,}2627 > 1{,}6449 = u_{0{,}95} \, .$$

Die Anzahl Jemalsraucher in der Studie spricht somit nicht für die Nullhypothese, dass der Anteil kleiner oder gleich 50% ist, so dass man diese Nullhypothese verwirft und sich für die Alternativhypothese ausspricht.

Zwei-Stichproben-Problem

Beim Zwei-Stichproben-Problem geht man davon aus, dass die vorliegenden Studiendaten von zwei Stichproben aus zwei verschiedenen Populationen stammen, von denen wir annehmen, dass diese jeweils normalverteilt sind. Die n Studienteilnehmer teilen sich auf in n_1 Teilnehmer, deren Merkmalswerte aus einer Normalverteilung $N(\mu_{Ziel\,1}, \sigma_{Ziel\,1}{}^2)$ stammen (z.B. Frauen), und in n_2 Teilnehmer, deren Merkmalswerte aus einer Normalverteilung $N(\mu_{Ziel\,2}, \sigma_{Ziel\,2}{}^2)$ stammen (z.B. Männer), wobei $n_1 + n_2 = n$. Die entsprechenden Zufallsvariablen bezeichnen wir mit $X_1, ..., X_{n_1}$ bzw. $Y_1, ..., Y_{n_2}$.

Die klassische Fragestellung im Zwei-Stichproben-Problem bezieht sich auf einen möglichen Unterschied der Parameter $\mu_{Ziel\,1}$ und $\mu_{Ziel\,2}$. Interessiert man sich nur für die Frage, ob überhaupt ein Unterschied vorliegt, so führt dies zur Formulierung der **zweiseitigen Alternative**

$$H_0: \mu_{Ziel\,1} = \mu_{Ziel\,2} \text{ vs. } H_1: \mu_{Ziel\,1} \neq \mu_{Ziel\,2},$$

während die Frage nach einem gerichteten Unterschied eine der zwei **einseitigen Alternativen** nach sich zieht:

$$H_0: \mu_{Ziel\,1} \leq \mu_{Ziel\,2} \text{ vs. } H_1: \mu_{Ziel\,1} > \mu_{Ziel\,2},$$

$$H_0: \mu_{Ziel\,1} \geq \mu_{Ziel\,2} \text{ vs. } H_1: \mu_{Ziel\,1} < \mu_{Ziel\,2}.$$

Mit α legen wir auch hier einen maximalen Wert für die Wahrscheinlichkeit für den Fehler 1. Art fest.

Eine Teststatistik aus den Studiendaten kann in dieser Situation nun sinnvollerweise aus der Differenz der entsprechenden arithmetischen Mittel der Studiendaten konstruiert werden. Wie bei der Ein-Stichproben-Situation kommt dabei den Varianzen eine besondere Bedeutung zu. Sind $\sigma_{Ziel\,1}^2$ und $\sigma_{Ziel\,2}^2$ **bekannt** und somit die Mittelwerte die einzigen zufälligen Größen, so verwendet man als Teststatistik diejenige des **Zwei-Stichproben-Gauß-Tests**:

$$Z_{Gauß-Zwei} = \frac{\overline{X} - \overline{Y}}{\sqrt{\dfrac{\sigma_{Ziel\,1}^2}{n_1} + \dfrac{\sigma_{Ziel\,2}^2}{n_2}}}.$$

Die Zufallsvariable $Z_{Gauß-Zwei}$ ist von demselben Typ wie diejenige des Ein-Stichproben-Gauß-Tests. Damit erhalten wir die folgenden Entscheidungsregeln: Die entsprechenden Hypothesen sind zu verwerfen, falls

$|Z_{Gauß-Zwei}| > u_{1-\alpha/2}$ bei zweiseitiger Alternative H_1: $\mu_{Ziel\,1} \neq \mu_{Ziel\,2}$,

$Z_{Gauß-Zwei} > u_{1-\alpha}$ bei rechtsseitiger Alternative H_1: $\mu_{Ziel\,1} > \mu_{Ziel\,2}$,

$Z_{Gauß-Zwei} < u_{\alpha}$ bei linksseitiger Alternative H_1: $\mu_{Ziel\,1} < \mu_{Ziel\,2}$.

Der beschriebene Test geht wie im Ein-Stichproben-Fall davon aus, dass die Varianzen der unterstellten Normalverteilungen bekannt sind. Ersetzt man bei unbekannten Varianzen diese durch ihre entsprechenden Schätzer, so ergibt sich allerdings ein spezielles Problem. Sind beide Varianzen bzw. die Streuungen $\sigma_{Ziel\,1}$ **und** $\sigma_{Ziel\,2}$ **unbekannt und verschieden**, so ist es theoretisch nicht mehr möglich, eine optimale Teststatistik anzugeben: Für den statistischen Test ist es nicht mehr möglich, auftretende Unterschiede zwischen den Studiendaten der beiden Stichproben allein auf einen Unterschied zwischen den Mittelwerten zurückzuführen. Man bezeichnet dieses Problem auch als **Behrens-Fisher-Problem**. Daher wird häufig unterstellt, dass $\sigma_{Ziel\,1} = \sigma_{Ziel\,2} \ (= \sigma_{Ziel})$ ist. Unter dieser Annahme erhält man den so genannten **Zwei-Stichproben-t-Test**. Hierbei gilt für die Teststatistik

$$t_{Zwei} = \frac{\overline{X} - \overline{Y}}{\sqrt{\left(\dfrac{1}{n_1} + \dfrac{1}{n_2}\right) \cdot s_{pool}^2}},$$

wobei die Größe s_{pool}^2 als Schätzer für die gemeinsame Varianz σ_{Ziel}^2 wie folgt definiert ist:

$$s_{pool}^2 = \frac{1}{n_1 + n_2 - 2} \cdot \left[\sum_{i=1}^{n_1} (x_i - \overline{x})^2 + \sum_{i=1}^{n_2} (y_i - \overline{y})^2 \right].$$

Die Größe t_{Zwei} ist t-verteilt mit (n_1+n_2-2) Freiheitsgraden, falls die Nullhypothese H_0: $\mu_{Ziel\,1} = \mu_{Ziel\,2}$ gültig ist. Mit dieser Teststatistik ergibt sich als Entscheidungsregel, dass die obigen Nullhypothesen abzulehnen sind, falls

$$|t| > t_{n1+n2-2;\ 1-\alpha/2}\qquad \text{bei zweiseitiger Alternative } H_1:\ \mu_{Ziel\ 1} \neq \mu_{Ziel\ 2},$$

$$t > t_{n1+n2-2;\ 1-\alpha}\qquad \text{bei rechtsseitiger Alternative } H_1:\ \mu_{Ziel\ 1} > \mu_{Ziel\ 2},$$

$$t < t_{n1+n2-2;\ \alpha}\qquad \text{bei linksseitiger Alternative } H_1:\ \mu_{Ziel\ 1} < \mu_{Ziel\ 2}.$$

Beispiel: Im Rahmen des Bundesgesundheitssurveys hatten wir z.B. die Frage aufgeworfen, ob sich der BMI von Männern und Frauen unterscheidet (siehe oben). Dies führt zu der zweiseitigen Fragestellung

$$H_0:\ \mu_{Ziel\ Männer} = \mu_{Ziel\ Frauen}\ vs.\ H_1:\ \mu_{Ziel\ Männer} \neq \mu_{Ziel\ Frauen}.$$

Als Wahrscheinlichkeit für den Fehler 1. Art legen wir $\alpha = 0{,}05$ fest.

Aus den Daten von $n = 200$ ausgewählten Studienteilnehmern des Bundesgesundheitssurveys 1998 (Quelle: Public-Use-File BGS98; siehe auch Anhang D) kann für $n_1 = 99$ Männer ein mittlerer BMI von $\mu_{Studie\ Männer} = 26{,}85$ bei einer Stichprobenvarianz von $s_{Männer}^2 = 16{,}17$ errechnet werden; bei $n_2 = 101$ Frauen gilt $\mu_{Studie\ Frauen} = 25{,}16$ und $s_{Frauen}^2 = 26{,}12$. Hieraus ergibt sich zunächst als gemeinsame Varianzschätzung

$$s_{pool}^2 = \frac{1}{99 + 101 - 2}\left(98 \cdot 16{,}17 + 100 \cdot 26{,}12\right) = 21{,}20,$$

so dass man damit als Teststatistik des Zwei-Stichproben-t-Tests erhält:

$$|t_{Zwei}| = \frac{26{,}85 - 25{,}16}{\sqrt{\left(\dfrac{1}{99} + \dfrac{1}{101}\right) \cdot 21{,}20}} = 2{,}6000 > 1{,}9720 = t_{198;\ 0{,}975}.$$

Die Teststatistik ist somit größer als der kritische Wert, so dass davon ausgegangen werden kann, dass Männer und Frauen einen signifikant unterschiedlichen BMI besitzen.

Anhang L: Logarithmus und Exponentialfunktion

Als wichtige mathematische Funktionen zur Beschreibung epidemiologischer Methoden, insbesondere des so genannten logistischen Modells, dienen die Logarithmus- sowie die Exponentialfunktion. Einige Eigenschaften dieser Funktionen seien hier kurz zusammengestellt. Für die Exponentialfunktion exp( ), d.h. die Potenzfunktion zur Euler'schen Zahl e = 2,71828…, gilt für beliebige reelle Zahlen a, b ∈ R:

- $\qquad \exp(a) = e^a$,

- $\qquad \exp(-a) = \dfrac{1}{\exp(a)}$,

- $\qquad \exp(0) = 1$,

- $\qquad \exp(a \cdot b) = \exp(a)^b$.

Der (natürliche) Logarithmus ln( ) stellt die Umkehrfunktion der Exponentialfunktion dar, d.h., es gilt für beliebige reelle Zahlen a, b ∈ R

- $\qquad \ln[\exp \cdot (a)] = a$,

- $\qquad \exp[\ln \cdot (a)] = a$.

Eine wichtige Eigenschaft des Logarithmus ist, dass der Logarithmus eines Produktes gleich der Summe der Logarithmen ist, d.h., es gilt für beliebige reelle Zahlen a, b ∈ R

- $\qquad \ln(a \cdot b) = \ln(a) + \ln(b)$,

- $\qquad \ln\left(\dfrac{a}{b}\right) = \ln(a) - \ln(b)$.

Für die Exponentialfunktion gilt deshalb die Umkehrung für beliebige reelle Zahlen a, b ∈ R

- $\qquad \exp(a+b) = \exp(a) \cdot \exp(b)$,

- $\qquad \exp(a - b) = \dfrac{\exp(a)}{\exp(b)}$.

Anhang GEP:
Leitlinien Gute Epidemiologische Praxis der Deutschen Gesellschaft für Epidemiologie

Die folgenden Ausführungen sind ein wörtlicher Abdruck des unter DGEpi (2009) veröffentlichten Textes. Weitere Anmerkungen zu den beteiligten Autoren, die Entstehungsgeschichte der Leitlinien sowie Empfehlungen zu deren Nutzung findet man ebenda.

Leitlinie 1 (Ethik)

Epidemiologische Untersuchungen müssen im Einklang mit ethischen Prinzipien durchgeführt werden und Menschenwürde sowie Menschenrechte respektieren.

Die ethischen Prinzipien ergeben sich aus den nationalen und internationalen Rechtsgrundlagen über allgemeine Menschen- und Bürgerrechte sowie über Patienten-, Probanden- und Forscherrechte. Diese ethischen Prinzipien sind in der epidemiologischen Forschung auch dann anzuwenden, wenn eine explizite rechtliche Verpflichtung hierzu nicht besteht.

Empfehlung 1.1
Vor der Durchführung einer epidemiologischen Studie soll die Stellungnahme einer Ethikkommission eingeholt werden.

Grundlagen der Begutachtung sind in der Checkliste zur ethischen Begutachtung epidemiologischer Studien (Deutsche Arbeitsgemeinschaft Epidemiologie, Entwurf 1999) niedergelegt.

Leitlinie 2 (Forschungsfrage)

Die Planung jeder epidemiologischen Studie erfordert explizite und operationalisierbare Fragestellungen, die spezifisch und so präzise wie möglich formuliert sein müssen. Die Auswahl der zu untersuchenden Bevölkerungsgruppen muss im Hinblick auf die Forschungsfrage begründet werden.

Die Forschungsfrage ist unverzichtbarer Ausgangspunkt einer Beurteilung des potenziellen Nutzens einer epidemiologischen Studie. Anhand der Forschungsfrage muss erkennbar werden, ob und inwieweit eine Untersuchung einem medizinischen oder naturwissenschaftlichen, präventiven, gesundheits- oder sozialpolitischen oder sonstigen gesellschaftlichen Interesse dient bzw. einen vergleichbaren anderen Nutzen verspricht.

Die explizite Formulierung der Forschungsfrage ist wesentliche Voraussetzung für Planung und Bewertung des Studiendesigns und der Erhebungsinstrumente, aber auch des Zeit- und Kostenrahmens der geplanten Untersuchung. Die Operationalisierbarkeit der Forschungsfrage ermöglicht erst die Auswahl, Entwicklung und Verwendung geeigneter Designelemente einer epidemiologischen Studie (Auswahl der Untersuchungsgruppe, Erhebungsinstrumente, Fallzahlschätzung zur vorgegebenen Genauigkeitsanforderung etc.).

Die Präzisierung und Spezifizierung der Forschungsfrage ist Voraussetzung für die Erschließung und Auswertung der vorhandenen wissenschaftlichen Evidenz im Vorfeld einer Untersuchung. Sie hilft damit, obsolete Hypothesen und unbeabsichtigte Doppeluntersuchungen zu vermeiden.

Empfehlung 2.1
Bei der Darstellung der Forschungsfrage sind konfirmatorische und explorative Fragestellungen klar voneinander abzugrenzen.

Empfehlung 2.2
Wenn in einer Studie Hypothesen konfirmatorisch geprüft werden sollen, müssen diese vor Beginn der Studie formuliert werden.

Die Anwendung konfirmatorischer statistischer Verfahren setzt die a-priori-Formulierung der zu testenden Hypothesen voraus. Grundlage dieser Hypothesen ist eine operationalisierbare und quantifizierbare Forschungsfrage.

Bei hypothesenprüfenden Studien muss die Auswahl der Studienteilnehmer so erfolgen, dass die Voraussetzungen der anzuwendenden statistischen Verfahren erfüllt sind.

Empfehlung 2.3
Die Prüfung nicht a priori definierter Hypothesen (Sekundäranalyse) kann gerechtfertigt sein.

Die Durchführung von Sekundäranalysen kann gerechtfertigt sein. Im statistischen Sinne sind diese Auswertungen jedoch rein explorativ. Diese Einschränkung ist in der Darstellung der Ergebnisse kenntlich zu machen und bei der Interpretation angemessen zu berücksichtigen.

Leitlinie 3 (Studienplan)

Grundlage einer epidemiologischen Studie ist ein detaillierter und verbindlicher Studienplan, in dem die Studiencharakteristika schriftlich festgelegt werden.

Die Erstellung eines Studienplans (Arbeitsplan, engl. Study Protocol, Study Plan) vor Beginn einer Studie ist eine wesentliche methodische Voraussetzung für die Qualität der Studie. Der Studienplan ist eine Zusammenstellung der wichtigsten Angaben, die für die Beantragung und Beurteilung der Studie als Forschungsvorhaben und für ihre Durchführung notwendig sind. Bestandteile des Studienplans sollten sein:

-     Fragestellung und Arbeitshypothesen,
-     Studientyp,
-     Studienbasis (Zielpopulation) und Studienpopulation,
-     Studienumfang und dessen Begründung,

–   Auswahl- und Rekrutierungsverfahren der Studienteilnehmer,
–   Definition sowie das Mess- und Erhebungsverfahren für die Zielvariablen (End-
      punkte, engl. Endpoints, Outcome Variables),
–   Expositionen bzw. Risikofaktoren,
–   potenzielle Confounder und Effektmodifikatoren,
–   Datenerfassungs- und Archivierungskonzeption,
–   Auswertungsstrategie einschließlich der statistischen Modelle,
–   Maßnahmen zur Qualitätssicherung,
–   Maßnahmen für die Gewährleistung des Datenschutzes und ethischer Prinzipien,
–   Zeitplan mit Festlegung der Verantwortlichkeiten.

Empfehlung 3.1
Der Studientyp soll beschrieben und seine Wahl angemessen begründet werden.

Die Wahl des Studientyps ist von den sich aus der Fragestellung ergebenden methodischen Gesichtspunkten (Häufigkeit der betrachteten Erkrankungen und der interessierenden Einflussfaktoren, Skalierung der Zielvariablen, Möglichkeiten der Vermeidung von Verfälschungen) und den zur Verfügung stehenden Ressourcen (Zugänglichkeit von Datenquellen, Patienten und Kohorten, Aufwand, Dauer) abhängig. Eine wichtige Bedeutung haben unter Umständen auch publizierte Studien mit vergleichbarer Zielstellung.

Empfehlung 3.2
Die Studienbasis und das Auswahlverfahren der Studienteilnehmer sollen beschrieben und angemessen begründet werden.

Sowohl die interne Validität als auch die Generalisierbarkeit der Studienergebnisse sind in hohem Maß von der Wahl der Studienbasis und dem Auswahlverfahren der Studienteilnehmer abhängig. Unterschiede in den Häufigkeiten der zu untersuchenden Erkrankungen oder Einflussfaktoren sowie der Verfügbarkeit oder der Vergleichbarkeit von erhobenen Informationen zwingen oftmals dazu, die Studienbasis auf bestimmte Teilpopulationen einzugrenzen. Sowohl Einschluss- als auch Ausschlusskriterien sollten a priori definiert und angemessen begründet werden. Zum Beispiel sind Studiendesign und Untersuchungsmethodik so anzulegen, dass die geschlechtsspezifischen Aspekte des Themas bzw. der Fragestellung angemessen erfasst und entdeckt werden können. Bei Themen und Fragestellungen, die beide Geschlechter betreffen, ist eine Begründung erforderlich, wenn nur ein Geschlecht in die Studien eingeschlossen wird.

Empfehlung 3.3
Bereits bei der Planung epidemiologischer Studien soll möglichen Verzerrungen (Bias) der Ergebnisse entgegengewirkt werden.

Bereits bei der Planung einer Studie sollten Maßnahmen zur Abwehr von Biases ergriffen werden, die durch Selektion, Confounding etc. entstehen können. Dazu zählen zum Beispiel das Matching oder eine Einschränkung der Variabilität von Störfaktoren oder aber die Erfassung von Informationen, die zur Kontrolle von Confounding erforderlich sind. Zur Abschätzung der Auswirkungen von Messfehlern auf das Studienergebnis können zusätzliche Erhebungen zur Durchführung von Sensitivitätsanalysen geplant werden.

Empfehlung 3.4
Das Konzept zur Minimierung und Kontrolle potenzieller Selektionsverzerrungen auf-
grund von Nichtteilnahmen und Nichtverfügbarkeit der Daten zu ausgewählten Studien-
teilnehmern soll im Studienplan festgehalten werden.

Ein solches Konzept schließt eine probandenbezogene Dokumentation der Gründe für die Nichtteilnahme oder den nachträglichen Ausschluss aus der Studie ein. Im Verlauf der Studie sollte versucht werden, Minimalinformationen auch von den Nichtteilnehmern zu erhalten. Ziel der Erfassung ist es, Richtung und Ausmaß eines möglichen Selektionsbias aufgrund des Nonresponse abzuschätzen. Zur Dokumentation der Nicht-Teilnahme müssen vorab die verschiedenen Kategorien der Nicht-Teilnahme definiert werden. Für eine detaillierte Response-Analyse sollten sowohl erfolgreiche als auch erfolglose Kontaktversuche nach Art, Inhalt und Zeitpunkt dokumentiert werden

Um mögliche Verzerrungen durch selektive Nichtteilnahme besser bewerten und zwischen Studien vergleichen zu können, sollen im Ergebnisbericht einer epidemiologischen Studie mindestens folgende Kategorien der Probanden ausgewiesen werden:

Anzahl Probanden :
–   mit vollständiger Teilnahme,
–   mit unvollständiger Teilnahme,
–   mit Verweigerung der Teilnahme,
–   die für eine Teilnahme zu krank waren,
–   die nach Studienprotokoll nicht geeignet sind, also die Einschlusskriterien nicht erfüllen und/oder Ausschlusskriterien erfüllen,
–   die nicht erreicht wurden (separate Ausweisung der Verzogenen und Verstorbenen).

Zur Vermeidung von Selektionseffekten ist eine stratifizierte Analyse des Rücklaufs, zum Beispiel nach Geschlecht, notwendig. Bei Kohortenstudien sind die Gründe des vorzeitigen Ausscheidens aus der Studie zu erfassen.

Empfehlung 3.5
Alle interessierenden Variablen sollen präzise definiert und möglichst standardisiert ope-
rationalisiert werden. Für die Bestimmung sind möglichst valide und reliable Mess- und
Erhebungsinstrumente einzusetzen.

Neben der qualitativen Beschreibung sollten insbesondere für Expositionen auch Angaben zur Quantität und zum zeitlichen Verlauf gemacht werden. Krankheiten bzw. Todesursachen sollen anhand international anerkannter diagnostischer Standards definiert und codiert werden. Zusätzlich sollen für Klassifikationen von Diagnosen und Schweregraden international anerkannte Schlüssel verwendet werden (z.B. ICD, TNM, NYHA-Klassifikation etc.).

Die Validität und Reliabilität der eingesetzten Instrumente sollte differenziert (z.B. nach Geschlecht) beschrieben bzw. geprüft werden. Nach Möglichkeit sind standardisierte, bereits validierte Instrumente zu verwenden. Die Wahl der eingesetzten Mess- und Erhebungsinstrumente sollte stets begründet werden.

Grundsätzlich sollen alle Datenquellen, aus denen Informationen für die Studienpopulationen gewonnen werden, beschrieben werden (Krankenhausentlassungsdiagnosen, Todesbescheinigung, Probandenbefragungen, Arbeitsplatzbeschreibungen betriebsärztlicher Stellen etc.).

Empfehlung 3.6
Im Studienplan ist eine Begründung und quantitative Abschätzung des Studienumfangs anzugeben.

Die Abschätzung des Studienumfanges (Probandenanzahl, bei Kohortenstudien auch Beobachtungsdauer) dient nicht nur dazu, den veranschlagten Aufwand (Kosten, Arbeitszeit etc.) für die Beantwortung der epidemiologischen Fragestellung zu beziffern. Es sollte darüber hinaus gezeigt werden, dass zwischen Aufwand und Nutzen (im Sinne der zu erwartenden Genauigkeit der Aussage aus dem gewählten statistischen Analyseverfahren) ein angemessenes und in gewissem Sinne auch optimales Verhältnis besteht.

Die dieser Abschätzung zugrunde liegenden Annahmen, zum Beispiel zur erwarteten Effektstärke, zur Prävalenz der Exposition, zum α- und β-Fehler etc., sollen explizit angegeben werden.

Empfehlung 3.7
Ergänzend zum Studienplan sollten in einem Operationshandbuch sämtliche organisatorischen Festlegungen zur Vorbereitung und Durchführung der Studie einschließlich der Erhebungsinstrumente dokumentiert werden.

Bei allen epidemiologischen Studien sollte ein Operationshandbuch angefertigt werden. Neben den eingesetzten Erhebungsinstrumenten sollten hierin vorab organisatorische Vorgaben zu Zeitplan, Ablauf, Personaleinsatz, Methoden der Kontaktaufnahme und Rekrutierung der Studienteilnehmer, technischen Abläufen (z.B. Laboruntersuchungen) formuliert werden. Darüber hinaus sollten auch die Vorbereitungsschritte wie Interviewerschulung, die organisatorischen Maßnahmen der Qualitätssicherung und -kontrolle sowie die prozessbegleitende Evaluation beschrieben werden.

Empfehlung 3.8
Für die Auswertungsphase der Studie sind ausreichende zeitliche und personelle Ressourcen vorzusehen.

Die sachgemäße Analyse der Daten epidemiologischer Studien ist nur möglich, wenn genügend Zeit sowie fachlich geeignetes Personal in ausreichendem Umfang zur Verfügung steht. Nur so sind große "Datenfriedhöfe" vermeidbar.

<u>Leitlinie 4</u> **(Probenbanken)**
In vielen epidemiologischen Studien ist die Anlage einer biologischen Probenbank notwendig bzw. sinnvoll. Hierfür und für die aktuelle und vorgesehene zukünftige Nutzung der Proben ist die dokumentierte Einwilligung aller Probanden erforderlich.

In vielen epidemiologischen Studien ist es notwendig bzw. sinnvoll, Banken biologischer Proben (z.B. Serum, Vollblut, andere Körperflüssigkeiten und -gewebe) anzulegen. Selbst bei unmittelbar während der primären Studienlaufzeit durchgeführten Analysen der Proben ist häufig eine simultane Analyse aller Proben nach Abschluss der Probandenrekrutierung erforderlich, um ein einheitliches labortechnisches Vorgehen unter Wahrung höchstmöglicher Qualitätsstandards zu gewährleisten. Da sich die Rekrutierung der Probanden in den meisten epidemiologischen Studien über einen längeren Zeitraum erstreckt, ist die Gewinnung von biologischen Proben daher fast immer mit einer sich zumindest über die primäre Studienlaufzeit erstreckenden Anlage einer Probenbank verknüpft.

Darüber hinaus ist es in vielen Fällen sinnvoll, biologische Proben auch über die primäre Studienlaufzeit hinaus in Probenbanken aufzubewahren. Dies ermöglicht u. a. die Re-Analyse und Prüfung der Reproduzierbarkeit der Ergebnisse bei Zweifeln an der Validität der primären Laboranalysen, die spätere Durchführung zuverlässigerer bzw. differenzierterer Analysen zu den primären Fragestellungen der Studie unter Nutzung zwischenzeitlich weiterentwickelter und verbesserter Labortechniken oder die Analyse zusätzlicher, zwischenzeitlich identifizierter Marker, die als potenzielle eigenständige Risikofaktoren sowie als potenzielle Effekt-Modifikatoren oder Confounder von Bedeutung sein können. Das Postulat zur Sicherstellung einer langfristigen Asservierung und der Möglichkeit späterer Untersuchungen biologischer Proben stellt sich insbesondere in prospektiven Langzeit-Kohortenstudien, deren Auswertung in vielen Fällen Jahrzehnte nach der primären Gewinnung der biologischen Proben erfolgt.

Zugleich ist sicherzustellen, dass die Probanden über die Aufbewahrung und die aktuelle und geplante künftige Nutzung der biologischen Proben umfassend informiert werden. Die Modalitäten einer eventuellen Mitteilung der Ergebnisse von Laboranalysen an die Probanden sowie die Sicherstellung der Vertraulichkeit der Ergebnisse sind eindeutig zu regeln. Dies betrifft insbesondere die Bestimmung von Parametern mit hoher individueller Bedeutung für Krankheitsrisiken, Diagnose, Prophylaxe und Therapie, z.B. bestimmte genetische Analysen.

Empfehlung 4.1
Die verantwortliche Institution und die verantwortlichen Personen, die für die Führung der Probenbank zuständig sind, sollen den Probanden gegenüber benannt werden. Dabei sollen Art und Menge des entnommenen biologischen Materials zusammen mit Lagerungsform, -ort und -dauer beschrieben werden. Die Probanden sind über die Eigentumsverhältnisse an dem entnommenen Material aufzuklären.

Interessenkonflikte, etwa im Rahmen kommerzieller Kooperationen, sind anzugeben. Die Aufklärung soll stets das Angebot enthalten, jederzeit die Lagerung von Material in der Probenbank zu widerrufen, solange keine vollständige Anonymisierung erfolgt ist.

Empfehlung 4.2
Bei der Nutzung von in Probenbanken asserviertem Material für primär nicht geplante Fragestellungen sind die Leitlinien für GEP erneut zu berücksichtigen.

Vor der Durchführung späterer, zum Zeitpunkt der Probandenaufklärung noch nicht absehbarer Untersuchungen (z.B. Daten-Pooling, Zusammenführen von Proben im Rahmen internationaler Studien) sind die Voraussetzungen, wie Einholung eines erneuten informed consent, Grad der Anonymisierung, Mitteilung der Ergebnisse an die Probanden etc., unter neuerlicher Einbeziehung einer zuständigen Ethikkommission gesondert zu prüfen. Ein möglicher Weg wäre, den Personenbezug irreversibel zu löschen, so dass keine Möglichkeit zur Re-Identifizierung mehr gegeben ist.

Leitlinie 5 (Qualitätssicherung)

In epidemiologischen Studien ist eine begleitende Qualitätssicherung aller relevanten Instrumente und Verfahren sicherzustellen.

Eine interne Qualitätssicherung ist unabdingbarer Bestandteil jeder epidemiologischen Studie. Sie ist durch die Beschreibung ihrer Inhalte und der verantwortlichen Personen sicherzustellen. Ihr Umfang muss aufgrund der damit verbundenen Kosten in angemessener Relation zum Gesamtumfang und zu den Kosten der Studie stehen. Zielvorgabe für die Qualitätssicherung sind die im Studienplan und Operationshandbuch festgelegten zeitlichen, organisatorischen und technischen Durchführungsregeln.

Empfehlung 5.1
In jeder epidemiologischen Untersuchung, bei der Primärdaten erhoben werden, ist zu prüfen, ob vor Beginn der Hauptstudie eine separate Pilotstudie erforderlich ist.

Unter Pilotstudie im engeren Sinne wird hier eine Simulation der Hauptstudie oder die Überprüfung wesentlicher Elemente der Hauptstudie verstanden. Eine Pilotstudie unterscheidet sich damit von einer Pilotphase (Run-In-Phase). Prozeduren und Verfahrensabläufe einschließlich Erhebungsmethoden werden in identischer Weise wie in der geplanten Hauptstudie, lediglich in kleinerem Maßstab, getestet und angewendet. Eine Pilotstudie wird in aller Regel erforderlich sein, wenn ein neues Erhebungsinstrument eingesetzt werden soll, eine besondere Stichprobe gezogen wurde, ungewohnte Kontaktbedingungen herrschen oder andere studienrelevante Aspekte noch unerprobt sind. Soweit erforderlich, kann auch eine Validierung von Instrumenten im Rahmen einer Pilotphase zu einer geplanten Studie erfolgen.

Die Pilotstudie sollte vor Beginn der Hauptstudie ausgewertet und dokumentiert werden, damit evtl. erforderliche Modifikationen im Studienplan und Operationshandbuch der Hauptstudie eingeführt werden können.

Empfehlung 5.2
Ergibt sich während der Durchführung einer Studie die Notwendigkeit, die dort festgelegten Verfahrensweisen zu verändern (amendment), so sind diese Änderungen zu begründen, zu dokumentieren und allen Studienmitarbeitern rechtzeitig bekannt zu machen.

Empfehlung 5.3
Vor Beginn der Feldarbeit sollen die an der Datenerhebung beteiligten Personen ausführlich geschult und ausgebildet werden.

Das Datenerhebungspersonal ist sorgfältig auszuwählen und die soziale und fachliche Qualifikation sicherzustellen. Im Verlauf der Erhebung sollte ggf. nachgeschult werden.

Empfehlung 5.4
Regeln und Erläuterungen für die Durchführung der Erhebung sollen in Form eines Er-
hebungshandbuches schriftlich fixiert werden und dem Erhebungspersonal zur Verfü-
gung stehen. Das Erhebungshandbuch wird Bestandteil des Operationshandbuches.

Empfehlung 5.5
Insbesondere bei großen, zeitlich lang dauernden und multizentrischen Untersuchungen
ist zu überprüfen, ob eine Qualitätssicherung der Verfahren über eine externe Person
oder Institution erfolgen sollte.

Die externe Qualitätssicherung ist kein Ersatz für die interne Qualitätssicherung, sondern
überprüft deren Abläufe, Ergebnisse und Konsequenzen. Bei der Beantragung von Förder-
mitteln sind gegebenenfalls Mittel für die externe Qualitätssicherung mit zu berücksichtigen.

<u>Leitlinie 6</u> (Datenhaltung und -dokumentation)

**Für die Erfassung und Haltung aller während der Studie erhobenen Daten sowie für
die Aufbereitung, Plausibilitätsprüfung, Codierung und Bereitstellung der Daten ist
vorab ein detailliertes Konzept zu erstellen.**

Empfehlung 6.1
Alle während der Studie erhobenen Daten (Dokumentationsbögen, Fragebögen, Mess-
und Laborwerte etc.) sollen zeitnah in eine Datenbank überführt werden, die eine sichere
Erfassung und Haltung der Daten gewährleistet.

Eine Datenbankstruktur ist Voraussetzung für Datenprüfungen, die regelmäßig parallel und
zeitnah zur Felderhebung durchgeführt werden müssen. So können bereits während der laufenden Feldphase qualitative und quantitative Mängel in der Datenbasis erkannt werden und
entsprechende Interventionen erfolgen. Die Originalunterlagen sollten in geeigneter Form
(Originale, Mikroverfilmung, elektronisch gescannt o.Ä.) bis mindestens zehn Jahre nach
Studienende aufbewahrt werden.

Die Erfassung von Klartexten ermöglicht die spätere Überprüfung von vergebenen Codes
und macht zusätzlich die Klartexte späteren vertiefenden Auswertungen zugänglich.

Empfehlung 6.2
Eine Zweit- bzw. Prüfeingabe sollte für numerische Variablen erfolgen.

Bei der Prüfeingabe ist besonderes Augenmerk auf diejenigen Variablen zu richten, die einer
späteren Plausibilitätsprüfung nur beschränkt zugänglich sind (z.B. Alter, Datum, Kalender-
jahr).

Empfehlung 6.3
Der nach der Prüfeingabe erhaltene Rohdatensatz soll in unveränderter Form aufbewahrt
werden.

Empfehlung 6.4
Eine Codierung von Daten hat stets unabhängig zu erfolgen, d.h. blind für den jeweiligen
Status bzw. die Gruppenzugehörigkeit der betreffenden Person.

In vielen Fällen wird eine Kategorisierung mit anschließender Codierung erforderlich. Jede Codierung von Klartexten sollte anhand von Standardklassifikationen (z.B. ICD-Klassifikation, Berufsklassifikation, Branchenklassifikation) erfolgen. Als Qualitätssicherungsmaßnahme empfiehlt sich entweder eine unabhängige Zweitverschlüsselung oder aber eine zumindest stichprobenartige Nachcodierung durch eine unbeteiligte Person. Wünschenswert ist eine komplette Zweitverschlüsselung aller Rohdaten. Wo dies nicht möglich ist, kann die Kontrolle der Qualität der Verschlüsselung zunächst anhand einer Stichprobe erfolgen.

Bei der Codierung von Daten ist darauf hinzuwirken, dass eine möglichst weitgehende Blindung bezüglich des Fall- und Expositionsstatus gewährleistet wird.

Empfehlung 6.5
Plausibilitätskontrollen erfolgen prinzipiell auf der Grundlage des prüfeingegebenen
Rohdatensatzes. Eventuell erforderliche Änderungen der Variablenwerte oder die Bildung
neuer Variablen sind in jedem Einzelfall schriftlich zu dokumentieren.

Ein Teil der Plausibilitätsprüfungen kann bereits während der Dateneingabe durch entsprechende Maskensteuerung erfolgen, wobei insbesondere zulässige Wertebereiche sowie die Einhaltung der Filterführung zu prüfen bzw. sicherzustellen sind. In Einzelfällen kann zur Prüfung unplausibler Angaben auf Originalerhebungsbögen oder andere Rohdatenquellen (z.B. Tonbandaufzeichnungen von Interviews) zurückgegriffen werden.

Die Dokumentation von Änderungen der Variablenwerte soll mindestens folgende Angaben enthalten:

-        Datum der Änderung,
-        Variablenbezeichnung,
-        alter Variablenwert,
-        neuer Variablenwert,
-        Art des Fehlers/Grund der Änderung,
-        durchführende Person.

Empfehlung 6.6
Der nach Plausibilitätsprüfung und Datenkorrektur überarbeitete Datensatz ist als Aus-
wertungsdatensatz zu kennzeichnen und unabhängig vom Rohdaten-File zu speichern.

Das unter Umständen erforderliche Erstellen aktualisierter Auswertungsdatensätze nach Datenkorrekturen bzw. Plausibilitätskontrollen muss eindeutig dokumentiert werden. Ein Rückgriff auf die Rohdaten muss für eine spätere Überprüfung der gewonnenen Ergebnisse jederzeit möglich bleiben.

Leitlinie 7 (Auswertung)

Die Auswertung epidemiologischer Studien soll unter Verwendung adäquater Methoden und ohne unangemessene Verzögerung erfolgen. Die den Ergebnissen zugrunde liegenden Daten sind in vollständig reproduzierbarer Form für mindestens zehn Jahre aufzubewahren.

Die Auswertung epidemiologischer Studien soll auf der Grundlage der Festlegungen zum Auswertekonzept im Studienprotokoll zügig, valide, transparent und jederzeit für Dritte nachvollziehbar erfolgen. Die Forderung nach einer zügigen Auswertung epidemiologischer Studien ergibt sich im Allgemeinen aus dem öffentlichen Interesse an diesen Resultaten.

Untersuchungen z.B. von Risiken am Arbeitsplatz oder im Zusammenhang mit Umweltbelastungen erfolgen oft im gesundheitspolitisch ausgerichteten Auftrag durch Behörden, Ministerien u.a.. Diese Auftraggeber haben einen Anspruch auf die möglichst frühzeitige Fertigstellung der wichtigsten Analysen, um ihrem Auftrag einer Abwendung gesundheitlichen Schadens von der Bevölkerung effektiv nachkommen zu können.

Empfehlung 7.1
Die Auswertung zu den einzelnen Fragestellungen soll nach einem zuvor erstellten Analyseplan erfolgen.

Der Analyseplan enthält die Spezifikation der einzubeziehenden Daten und Variablen, daneben Verfahren zur Modellauswahl und -anpassung und die anzuwendenden statistischen Methoden, Umgang mit missing data, Ausreißern etc.. Hauptfragestellungen sind vorab definierte und formulierte Studienhypothesen, die durch die Spezifikation der Forschungsfrage im Studiendesign und in der Studiendurchführung verankert sind (auch: zentrale oder Zielhypothesen). Ihre Beantwortung begründet und rechtfertigt letztendlich die Durchführung der Studie. Sie sollten primär bearbeitet werden. Die Differenziertheit des Analyseplans muss in angemessener Relation zur Zielsetzung der Studie (z.B. explorativ oder konfirmatorisch) und zum Vorwissen stehen.

Empfehlung 7.2
Zwischenauswertungen sollen nur begründet durchgeführt werden.

Epidemiologische Studien sollten mit Ausnahme von Längsschnittstudien in der Regel erst nach Abschluss der Rekrutierung sowie der Datenerhebung ausgewertet werden. Falls analytische Zwischenauswertungen geplant sind, sollten diese im Studienprotokoll erwähnt und begründet werden. Ungeplante Zwischenauswertungen können in Ausnahmefällen aufgrund drängender Forschungsfragen sinnvoll erscheinen, allerdings sind sie dann vor Analysebeginn explizit zu begründen.

Hiervon ausgenommen sind Zwischenauswertungen im Studienverlauf, die dem Studienmonitoring dienen und somit Teil der internen Qualitätssicherung sind.

Empfehlung 7.3
Die Auswertungen epidemiologischer Studiendaten sollen vor der Publikation der Gegenprüfung unterzogen werden. Die ihnen zugrunde liegenden Daten und Programme sollen anschließend in vollständig reproduzierbarer Form archiviert werden.

Den Koautoren sollte durch Bereitstellung der Daten die Möglichkeit gegeben werden, Auswertungsteile selbst nachvollziehen zu können. Um zu vermeiden, dass fehlerhafte Analysen Eingang in eine Publikation erhalten, empfiehlt es sich, sämtliche Ergebnisse durch eine geeignete Person nachvollziehen zu lassen, die bisher nicht an den Auswertungen beteiligt war. Inkonsistenzen in den Resultaten zwischen ursprünglicher Auswertung und unabhängiger Gegenprüfung bedürfen der vollständigen Abklärung; Konsistenz belegt dagegen die Reproduzierbarkeit der Ergebnisse auf der Basis des beschriebenen Vorgehens.

Bevor die gegengeprüften Analysen als wissenschaftliche Ergebnisse publiziert werden (Vortrag auf nationalen oder internationalen Tagungen, öffentlich zugängliche Berichte, Originalarbeit in wissenschaftlichen Zeitschriften), muss sichergestellt sein, dass die Auswertestrategie, die Auswertungen und ihre Resultate durch Dritte reproduzierbar sind. Dazu ist eine sichere Archivierung aller publikationsrelevanten Datensätze und Programme auf haltbaren Medien (z.B. Disketten, CDs, Bändern) wie auch in Papierform angeraten.

Weiterhin besteht die Pflicht zur eindeutigen Zuweisung der Auswertung zu den verwendeten Auswertungsdatensätzen mit Namen, Erzeugungsdatum sowie Speicherort. Dazu gehört auch eine nachvollziehbare Dokumentation aller im Verfahren der Analysen erzeugten neuen Variablen (Transformationen, Verknüpfungen etc.) sowie aller Programme.

Jegliche Auswertungen sollen derart dokumentiert werden, dass außenstehende Personen oder Institutionen die Auswertungsstrategie, die eigentlichen Auswertungen und ihre Resultate verstehen und nachvollziehen können.

Leitlinie 8 (Datenschutz)

Bei der Planung und Durchführung epidemiologischer Studien ist auf die Einhaltung der geltenden Datenschutzvorschriften zum Schutz der informationellen Selbstbestimmung zu achten.

Alle Personen, die im Rahmen eines Forschungsprojektes Umgang mit personenbezogenen Daten haben, müssen über Inhalte, Reichweite und Möglichkeiten der einschlägigen gesetzlichen Bestimmungen informiert sein. Bei der Forschung mit personenbezogenen Daten müssen dem Recht des Einzelnen auf informationelle Selbstbestimmung, aber auch dem Recht auf Freiheit von Wissenschaft und Forschung und dem Erkenntnisgewinn, der der Allgemeinheit zugute kommt, Rechnung getragen werden. Die in der Epidemiologie Tätigen sollten offensiv das Interesse der Forschung vertreten und auf Verbesserungen der Datenschutzbestimmungen bei der Nutzung personenbezogener Daten für wissenschaftliche Zwecke hinwirken.

Die Speicherung, Auswertung, Weitergabe und Veröffentlichung von vollständig oder faktisch anonymisierten Daten unterliegt keinen datenschutzrechtlichen Einschränkungen außer der Zweckbindung für wissenschaftliche Forschung und ggf. der Verpflichtung zur Löschung der Daten nach Erreichen des Forschungszwecks.

Weitere Einzelheiten sind dem Papier "Epidemiologie und Datenschutz" zu entnehmen. Dieses ist auf der Homepage in der Rubrik Infoboard/Stellungnahmen hinterlegt: http://www.dgepi.de/doc/Epidemiologie%20und%20Datenschutz.pdf.

Leitlinie 9 (Vertragliche Rahmenbedingungen)

Die Durchführung einer epidemiologischen Studie setzt definierte rechtliche und finanzielle Rahmenbedingungen voraus. Hierzu sind rechtswirksame Vereinbarungen zwischen Auftraggeber und Auftragnehmer sowie zwischen Partnern von Forschungskooperationen anzustreben.

Größere epidemiologische Studien sind heute in der Regel zumindest zu wesentlichen Anteilen fremdfinanziert. Geldgeber können dabei Institutionen der Forschungsförderung ebenso sein wie Auftraggeber aus dem staatlichen oder privaten Bereich. Die Satzungen einiger Forschungsinstitute geben Rahmenbedingungen für die Durchfühung fremdfinanzierter Forschung vor. Auch haben viele Geldgeber bei der Vergabe von Forschungsaufträgen Vorgaben, Bedingungen und Beschränkungen zu berücksichtigen.

Empfehlung 9.1
Mit dem Auftraggeber sollten transparente und realistische Vereinbarungen getroffen werden. Bei der Vielfältigkeit der speziellen Konstellationen sind unterschiedliche Vertragsformen möglich.

Folgende Aspekte sind zu berücksichtigen:

– *Unabhängigkeit der Forschung*: Ein laufendes Forschungsprojekt kann nicht vor dem Abschluss vom Auftraggeber beendet werden, ohne dass hierfür gravierende objektive Gründe vorliegen. Die Verantwortung für die Einhaltung der Leitnien für Gute Epidemiologische Praxis liegt ausschließlich bei der Studienleitung bzw. den von ihr beauftragten Wissenschaftlern.

– *Aufsicht und Kontrolle*: Art und Umfang externer Aufsicht-, Kontroll- und Prüfverfahren des Auftraggebers sollten in der Vereinbarung spezifiziert sein.

– *Langfristiger Zugang zu den Daten*: Studienleitung und/oder Auftraggeber müssen sicherstellen, dass der einer Publikation zugrunde liegende Datensatz mindestens zehn Jahre nach erfolgter Publikation verfügbar bleibt. Darüber hinaus müssen Dauer, Umfang und Kreis der berechtigten Person(en) für weitere Auswertungen vertraglich geregelt werden (Institutionswechsel, Rechtsnachfolge, Sekundäranalysen etc.).

Empfehlung 9.2
Die Publikation der Ergebnisse einer Auftragsforschung darf nicht verhindert, behindert oder unzumutbar verzögert werden.

Sperrfristen und Mitwirkungsrechte des Auftraggebers müssen in den Verträgen und Vereinbarungen explizit aufgeführt und bezüglich ihres Umfanges spezifiziert und begründet werden. Für Vorhaben, die mit Mitteln öffentlicher Auftraggeber gefördert oder von Wissenschaftlern aus Forschungseinrichtungen durchgeführt werden, ist sicherzustellen, dass den

Auftragnehmern die wissenschaftsöffentliche Diskussion und die wissenschaftliche Veröffentlichung nicht durch die Auftraggeber, beispielsweise durch die Förderer, die eigene Institution etc., über die angemessene Sperrfristen hinaus verwehrt werden können. Die Erstellung der Publikation obliegt in der Regel der Studienleitung. In anderen Fällen ist der Studienleitung ein uneingeschränktes Mitwirkungsrecht einzuräumen.

Empfehlung 9.3
Schriftliche Vereinbarungen sollen grundsätzlich mit allen Kooperationspartnern erfolgen. Dies gilt unabhängig davon, ob es sich um gleichberechtigte Studienzentren im Rahmen einer multizentrischen Studie handelt oder ein Kooperationspartner im Sinne eines Auftragnehmers ein oder mehrere Arbeitspakete innerhalb eines größeren Studienprojektes bearbeitet.

In der Vereinbarung sollten folgende Punkte bedacht werden:

- Struktur und Aufgabenverteilung innerhalb des Forschungsprojektes,
- Gesamtzeitplan des Forschungsvorhabens und Zeitpläne aller Kooperationspartner,
- Gesamtfinanzierungsplan und Mittelverteilung,
- Verpflichtung zur Einhaltung von GEP,
- obligate Maßnahmen zur Qualitätskontrolle und Qualitätssicherung,
- verwendete Instrumente und Verfahren,
- Verfahren und Bedingungen der Vergabe von Unteraufträgen an Dritte,
- Außendarstellung, Presse- und Öffentlichkeitsarbeit,
- Zugriffs- und Verwertungsrechte der gemeinsam erhobenen Daten während der Datenakquisition und nach Abschluss des Forschungsvorhabens,
- Publikationsvereinbarung,
- langfristige Lagerung der Rohdatenträger,
- Verfahren für Auswertungen, die über die primären und sekundären Hypothesen des Forschungsvorhabens, dem Vertragsgegenstand, hinausgehen,
- Verfahren in Streitfällen,
- Kündigungsbedingungen, -rechte und -verfahren, Umfang und Form der Übergabe bis zur Kündigung erbrachter Teilleistungen,
- Verfahren in Falle eines Studienabbruchs.

Leitlinie 10 (Interpretation)

Die Interpretation der Forschungsergebnisse einer epidemiologischen Studie ist Aufgabe des Autors/der Autoren einer Publikation. Grundlage jeder Interpretation ist eine kritische Diskussion der Methoden, Daten und Ergebnisse der eigenen Untersuchung im Kontext der vorhandenen Evidenz. Alle Publikationen sollten einem externen Review unterworfen werden.

Neben persönlicher Integrität und Objektivität sind fachlich-methodische Professionalität, umfassende Information und Beachtung wissenschaftlicher Kriterien notwendige Voraussetzungen für eine sachgerechte Interpretation epidemiologischer Studienergebnisse. Die Beurteilung der Ergebnisse darf deshalb nicht den Auftraggebern, politischen Entscheidungsträgern oder den Medien allein überlassen werden. Sie gehört vielmehr zu den originären Aufgaben des wissenschaflich verantwortlichen Leiters eines Forschungsprojektes und des Autoren der jeweiligen Publikation. Den argumentativen Prozess, der seiner Interpretation zugrunde liegt, muss der epidemiologische Experte in einer schriftlichen Diskussion transparent und nachvollziehbar darstellen.

Als generelle Regel sollen Forschungsergebnisse einem unabhängigen Review durch Experten unterzogen werden (Peer Review). Im Gegensatz zur internen Gegenprüfung der Reproduzierbarkeit der Analysen wird bei externen Reviews das Schwergewicht auf die Validität von Studiendesign, Analysestrategie und Interpretation gelegt.

Leitlinie 11 (Kommunikation und Public Health)

Epidemiologische Studien, deren Anliegen die Umsetzung von Ergebnissen in gesundheitswirksame Maßnahmen ist, sollten die betroffenen Bevölkerungsgruppen angemessen einbeziehen und eine qualifizierte Risikokommunikation mit der interessierten Öffentlichkeit anstreben.

Empfehlung 11.1
Ergibt sich nach dem professionellen Urteil des Autors aus den Forschungsergebnissen einer epidemiologischen Studie die Notwendigkeit von Konsequenzen, sollen diese, beispielsweise in Form einer Empfehlung, explizit formuliert werden. Dabei müssen sich Epidemiologen bei Bedarf auch für eine effektive Risikokommunikation mit Nicht-Epidemiologen verantwortlich fühlen.

Epidemiologische Risikobewertungen sind immer wieder Anlass für Fehlinterpretationen in den Medien, aber auch in der interessierten Öffentlichkeit. Dies bringt teilweise die Epidemiologie als Wissenschaft selbst in Misskredit. Ein Epidemiologe sollte sich generell der Diskussion stellen und durch sein Auftreten zur Entwicklung einer von Kompetenz und Objektivität getragenen Risikokommunikation in der Bevölkerung beitragen.

Empfehlung 11.2
Die in einer Studie eingesetzten Instrumente sollen Interessierten offengelegt werden.

Im Sinne einer Nachvollziehbarkeit epidemiologischer Ergebnisse und einer Absicherung vor Vorwürfen der Ergebnismanipulation ist dies eine vertrauensbildende und gleichzeitig qualitätssichernde Maßnahme.

Empfehlung 11.3
Bei jeder Studie sollte geprüft werden, ob und inwieweit der Datensatz der Erhebung der wissenschaftlichen Öffentlichkeit für Forschungskooperationen angeboten wird.

In der Regel werden epidemiologische Studien mit öffentlichen Geldern durchgeführt und dienen der Überprüfung definierter Fragestellungen. Es stehen aber weitaus mehr Informationen in den erhobenen Daten, als die Studienverantwortlichen selbst nutzen können. Deshalb sollte überprüft werden, inwieweit andere wissenschaftliche Einrichtungen, gegebenenfalls mit vertraglicher Regelung, an diesen Daten partizipieren können.

Anhang P: Publikation Ahrens et al. (2007)

Risk factors for extrahepatic biliary tract carcinoma in men: medical conditions and lifestyle
Results from a European multicentre case–control study

Wolfgang Ahrens[a,b], Antje Timmer[b,c], Mogens Vyberg[d], Tony Fletcher[h], Pascal Guénel[i,j], Enzo Merler[l], Franco Merletti[m], Maria Morales[n,o], Håkan Olsson[p], Jorn Olsen[e], Lennart Hardell[q], Linda Kaerlev[e,f], Nicole Raverdy[k] and Elsebeth Lynge[g]

Objectives To identify risk factors of carcinoma of the extrahepatic biliary tract in men.

Methods Newly diagnosed and histologically confirmed patients, 35–70 years old, were interviewed between 1995 and 1997 in Denmark, Sweden, France, Germany and Italy. Population controls were frequency-matched by age and region. Adjusted odds ratios and 95%-confidence intervals were estimated by logistic regression.

Results The analysis included 153 patients and 1421 controls. The participation proportion was 71% for patients and 61% for controls. Gallstone disease was corroborated as a risk factor for extrahepatic biliary tract carcinoma in men (odds ratio 2.49; 95% confidence interval 1.32–4.70), particularly for gall bladder tumors (odds ratio 4.68; 95% confidence interval 1.85–11.84). For a body mass index [height (m) divided by squared weight (kg^2)] >30 at age 35 years, an excess risk was observed (odds ratio 2.58; 95% confidence interval 1.07–6.23, reference: body mass index 18.5–25) that was even stronger if the body mass index was >30 for the lowest weight in adulthood (odds ratio 4.68; 95% confidence interval 1.13–19.40). Infection of the gall bladder, chronic inflammatory bowel disease, hepatitis or smoking showed no clear association, whereas some increase in risk was suggested for consumption of 40–80 g alcohol per day and more.

Conclusions Our study corroborates gallstones as a risk indicator in extrahepatic biliary tract carcinoma. Permanent overweight and obesity in adult life was identified as a strong risk factor for extrahepatic biliary tract carcinoma, whereas we did not find any strong lifestyle-associated risk factors. Inconsistent results across studies concerning the association of extrahepatic biliary tract carcinoma with overweight and obesity may be explained by the different approaches to assess this variable. *Eur J Gastroenterol Hepatol* 19:623–630 © 2007 Lippincott Williams & Wilkins.

European Journal of Gastroenterology & Hepatology 2007, 19:623–630

Keywords: alcohol consumption, biliary tract carcinoma, case–control study, epidemiology, etiology, gallbladder carcinoma, medical history, men, obesity, smoking

[a]Bremen Institute for Prevention Research and Social Medicine, University Bremen, Germany, [b]Institute for Medical Informatics, Biometry and Epidemiology, University Clinics Essen, Germany, [c]Department of Medical Biometry and Statistics, Freiburg University Hospital, Germany, [d]Institute of Pathology – Aalborg Hospital, Aarhus University Hospital, Denmark, [e]University of Aarhus, [f]Research Unit of Maritime Medicine, University of Southern Denmark, Denmark, [g]University of Copenhagen, Denmark, [h]Environmental Epidemiology Unit, Department of Public Health Policy, London School of Hygiene and Tropical Medicine, UK, [i]INSERM Unité 170/IFR69 – 94807 Villejuif, France, [j]INSERM Unité 88/IFR69 – 94415 Saint-Maurice, France, [k]Registre des Cancers de la Somme, Amiens, France, [l]Unit of Epidemiology, Center for Study and Prevention of Cancer (CSPO), Florence and Occupational Health Unit, Department of Prevention, National Health Service, Padua, Italy, [m]Unit of Cancer Epidemiology, CERMS and Centre for Oncologic Prevention, University of Turin, Italy, [n]Unit of Public Health and Environmental Care, Department of Preventive Medicine, University of Valencia, Spain, [o]Unit of Clinical Epidemiology, Dr Peset University Hospital, Valencia, Spain, [p]University of Lund, Sweden and [q]Department of Oncology, University Hospital, Orebro, Sweden

Correspondence to Professor Dr Wolfgang Ahrens, Bremen Institute for Prevention Research and Social Medicine (BIPS), University of Bremen, Linzer Str. 10, D-28359 Bremen, Germany
Tel: +49 421 59596 57; fax: +49 421 59596 68/59596 65; e-mail: ahrens@bips.uni-bremen.de

Sponsorship: The study 'Occupational risk factors for rare cancers of unknown etiology' was financially supported by the European Commission, DGXII, grants no. BMH1 CT 931630 and ERB CIPD CT 940285, and national funding agencies. Denmark: The Stategic Enviroment Programme. France: Ligue Nationale contra le Cancer, Fédération Nationale des Centres de Lutte contra le Cancer, Fondation de France, contract no. 955368, Institut National de la Santé et de la Recherche Médicale (INSERM) contract 'Réseau en Santé Pulique' (Network for Public Health) no. 4R006A, French Ministry of Environment, contract no. 237.01.94.40 182. Germany: Federal Ministry for Education, Science, Reseach and Technology (BMBF), grant no. 01-HP-684/8. Italy: MURST, Ministry of Labour, Italian Association for Cancer Research, Compagnia San Paolo/FIRMS. Portugal: Junta Nacional de Investidacäo Cientifica e Tecnológica, Praxis XXI, no. 2/2.1/SAU/1178/95. Spain: Fondo de Investigación de la Sanitarie, Ministerio de Sanidad y Consumo, Unidad de Investigación Clinico-Epidemiológica, Hospital Dr Peset. Generalitet Valenciana; Departmento de Sanidad y Consumo, Gobierno Vasco; Fondo de Investigación de la Sanitaria (FIS), Ministerio de Sanidad y Consumo, Ayuda a la Investigación del Departamento de Salud del Gobierno de Navarra. Sweden: Swedish Council for Work Life Research, Research Foundation of the Department of Oncology in Umeå, Swedish Society of Medicine, Lund University Hospital Research Foundation, Gunnar, Arvid and Elisabeth Nilsson Cancer Foundation, Örebro County Council Research Committee, Örebro Medical Center Research Foundation, John and Augusta Persson Foundation for Scientific Medical research, Berta Kamprad Foundation for Cancer Research.

Received 20 December 2005 Accepted 19 June 2006

Introduction

Only 12% of patients with gall bladder (GB) or extrahepatic bile duct (EBD) carcinoma survive for 5 years or more [1]. Age, sex and gallstone disease are strong risk factors for GB carcinoma [2]. Little is known about the etiology of biliary tract (BT) carcinoma in men, although carcinoma of the choledochal duct is more frequent in men than in women [3]. Low incidence, short survival and difficulties of diagnostic ascertainment have hampered etiological research.

Intrahepatic and extrahepatic biliary carcinomas differ in their epidemiological and clinical characteristics [4]. We restricted this investigation to extrahepatic biliary tract (EBT) carcinomas that are likely to share etiological factors [1]. These are particularly frequent in North American native populations and in central European countries (Czech Republic, Hungary and Austria) [1,5], with slightly decreasing incidence in most countries [6]. Annual mortality rates per 100 000 in the year 2000 in Italy, Sweden, Germany, Spain, Denmark and France were 2.10, 1.94, 1.82, 1.23, 1.01 and 0.97, respectively [3].

Although carcinomas at different EBT subsites share an epithelial origin and biological similarities, there are differences in clinical presentation and prognosis. Early GB carcinomas having an excellent prognosis [7] may be incidentally found during cholecystectomy (CCE). Peri-ampullary carcinomas present early with jaundice and may be amenable to surgical resection more often. Usually, GB carcinoma patients present late, as jaundice and pain indicate spread to the liver, BT and peritoneum. Prognosis is similarly poor in carcinoma of the proximal duct, especially Klatskin carcinomas in which jaundice develops slowly and the proximity to the common bile duct bifurcation may render these carcinomas irresectable.

The European Multi Centre Study on Rare Cancers was designed to identify hitherto unknown risk factors in nine distinct tumor entities with focus on occupational exposures. Therefore, men were selected for the site [8,9]. The fact that GB tumors are more frequent in women whereas EBD tumors are more frequent in men [2] indicates etiological differences between sexes. In biliary carcinoma, gallstone disease, chronic inflammatory conditions of the bowel and BT such as ulcerative colitis and primary sclerosing cholangitis, as well as malformations including cysts of the BT were reported as risk factors [1,4]. Occupational associations were observed occasionally [2,8]. They will be evaluated in a subsequent paper. Here, we present lifestyle-associated risk factors and predisposing medical conditions in BT carcinoma in men.

Methods

The study base of this European population-based case–control study of rare carcinomas was the national population in Denmark and administrative areas in France, Germany, Italy and Sweden [9]. The present analysis was confined to centers recruiting at least 20 male BT carcinoma patients and sufficient population controls.

Each local study required approval by Ethics Committees and data protection authorities. Interviews required consent by both patients and treating physicians.

Patients

All male incident patients of EBT carcinoma in patients aged 35–70 years, residing in the respective study area and diagnosed with a BT carcinoma between 1 January 1995 and 30 June 1997 had to be included. Eligible patients were defined by topography codes C23.9 (GB), C24.0 and C24.1 [EBD, papilla of vater (PV)] and C24.8, C24.9. Morphology codes included M8000–M8570, restricted to malignant tumors [i.e. behavior code '3', International classification of diseases for oncology (ICD-O) version 2] [10]. Carcinoids were not included. Patients were prospectively identified upon first diagnosis in all relevant departments for surgery, internal medicine, gastroenterology and pathology. Computerized hospital databases, hand searching of endoscopic retrograde cholangiopancreatography and histology reports, and carcinoma registries were used to check for completeness. Clinical, histological and other diagnostic reports were reviewed centrally (M.V.). If available, a representative hematoxylin–eosin-stained slide was re-evaluated. A diagnosis of BT carcinoma was classified as 'definite' if confirmed by review of histological material and 'possible' if confirmed only by a clinical report. 'Possible' patients were eligible for inclusion into the analysis, but sensitivity analyses were performed to examine potential misclassification.

Controls

Population controls were selected randomly from population registers in Denmark, Germany, Italy and Sweden, and from electoral rolls in France. All subsudies within the Rare Carcinoma Study used this pool of controls [9,11–13]. Controls were frequency-matched by region, sex and 5-year birth cohorts to achieve a 4 : 1 ratio with the most frequent of the seven rare cancer sites. For maximum statistical power, all controls were kept in the analysis of subsites, even if the control : case ratio exceeded 4 : 1.

Interview and questionnaire

Patients were contacted by letter or telephone to obtain the informed consent for participation. The selection of controls from population registers implied permission by legal authorities to contact controls. Patients were interviewed as soon as possible after the diagnosis. Population controls were interviewed concurrently with the patients. Interviews were conducted face-to-face in France, Germany, Italy and Spain, and by telephone in Denmark and Sweden. Surrogate interviews – usually with the wife, child or friend – were performed for participants being too ill or deceased.

On the basis of a literature review [8] a common questionnaire was developed, including detailed instructions for interviewers. Centralized back and forth translation ensured comparability across countries. Interviewers had to adhere strictly to the wording in the questionnaire. Supplementary probing questions were offered for optional use. Interviewers were trained and monitored regularly.

The interview covered demographic and personal characteristics, weight and height, medical history, tobacco and alcohol use, occupational exposures such as pesticides and solvents and a complete occupational history of jobs lasting at least 6 months. Smoking data included age at starting and quitting, type of tobacco and average daily consumption.

Exposure assessment, coding and data entry
Free text was coded according to ISCO (job title), NACE (industry) and ICD 8 (disease). NACE: European Classification of Industries *(Statistisches Bundesamt (Ed.). Klassifikation der Wirtschaftszweige (NACE Rev. 1), Wiesbaden: Statistisches Bundesamt, 1996.)* ISCO: International Standard Classification of Occupations *(International Labour Office (ILO). International standard classification of occupations, Geneva: ILO, 1968.)* ICD-8: International Classification of Diseases (Version 8) Data were entered locally and checked centrally using a common SPSS database [14].

The cumulative amount smoked was expressed by pack years [(Number of cigarettes smoked per day) times (number of years smoked) divided by 20]. Education was used as an indicator for socio-economic status.

Alcohol intake was assessed as the average number of drinks/day 5 years before the interview in grams of alcohol: 1–2 servings of (a) beer (750 ml) = 30 g; (b) wine (150 ml) = 14.1 g; (c) aperitif (75 ml) = 10.9; (d) liquor (75 ml) = 23.8 g [15].

Weight was assessed for various reference points during adult life: (a) recent average weight, that is, 1–5 years before diagnosis/interview; (b) weight at age 35 years; (c) maximum and (d) lowest weight. Body mass index [BMI, height (m) divided by squared weight (kg^2)] was calculated from self-reported height and weight, using cutoffs at 25, 27 and 30.

Past medical history included medical conditions that were expected to be risk factors for BT carcinomas:

inflammatory bowel disease, typhoid fever, gallstone disease (cholelithiasis, cholecystitis, CCE), diabetes and jaundice/liver disease. Assessment of BT congenital abnormalities was not feasible by interview. For reported diagnoses, the date of confirmation or treatment by a physician was asked.

Analysis
Odds ratios (ORs) and 95% confidence intervals (CIs) were calculated from unconditional logistic regression models controlling for country (one dummy variable/country), 5-year birth cohort, next-of-kin status and previous history of gallstones (confirmed by physician) using SAS version 8.2 [16]. Results based on all physician-confirmed diagnoses were compared with those reported as present more than 3 years before diagnosis of BT carcinoma (lagged analysis).

Exploratory subsite analyses were performed for GB, EBV and PV. Sensitivity analyses evaluated the stability of risk estimates by restriction to patients with 'definite' diagnoses, by elimination of next-of-kin-interviews, exclusion of PV carcinomas and by adjustment for additional variables like educational status, alcohol consumption and smoking (as categorical variables using cutoffs at 20, 40 and 80 g alcohol/day and 20, 40 and 80 pack years) and BMI.

Results
Overall, 216 eligible patients (average age 59.4 years) were identified in the study period (Table 1). Of these, 78% were classified as definite BT carcinoma and 91% were adenocarcinoma. Subsites were evenly distributed and showed no significant differences by age or response status: 74 patients were EBD, 62 GB and 67 PV (Table 2). In 13 patients, the tumor extended beyond one anatomic subsite or it was reported as not otherwise specified (NOS).

Response proportions for controls were high in France (78%) and Italy (73%), and lower in Denmark, Germany and Sweden (54–57%). Overall, 1421 of 2343 eligible population controls and 153 of 216 eligible patients participated (Table 1). Next-of-kin interviews were

Table 1 Number of eligible participants and number/percentage of interviewed participants by case–control status and country

Country	Male biliary tract cancer patients			Population controls	
	Definite	Possible	Participating	Eligible	Participating
	N	N	N (%)	N	N (%)
Denmark	53	7	40 (67)	363	194 (54)
France	39	11	42 (84)	410	320 (78)
Germany	29	15	22 (50)	1042	560 (54)
Italy	22	5	20 (74)	283	207 (73)
Sweden	26	9	29 (83)	245	140 (57)
Total	169	47	153 (71)	2343	1421 (61)

obtained for 49 patients and 19 controls. The average duration of face-to-face (telephone) interviews was 75 (60) min for patients and 74 (58) min for controls.

No strong effect of tobacco smoking was observed. Education had no consistent impact on the risk of BT carcinoma. Alcohol consumption showed a weak positive association. When restricted to index participants adjusted ORs point towards an increased risk for high alcohol consumption [OR 1.81 (95% CI 0.68–4.80) for 40–80 g/day and OR 2.12 (95% CI 0.66–6.82) for 80 + g/day] being further increased when PV and NOS patients were excluded [OR 3.70 (95% CI 0.77–17.87) and 3.91 (95% CI 0.64–23.83), respectively]. Nothing

changed for education or smoking after restriction to index participants or exclusion of PV carcinomas.

Neither recent nor maximum weight showed consistent associations with BT carcinoma (Table 3). A strong positive association was, however, evident for BMI on the basis of lowest weight in adulthood with an adjusted OR of 2.02 (95% CI 0.95–4.32) for modest overweight (BMI 25–27) being further increased among overweight and obese participants (BMI 27–30: OR 4.15; 95% CI 1.60–10.73; BMI 30 + : OR 4.68; 95% CI 1.13–19.04), indicating a dose–effect relationship. Similar patterns were seen for each subsite, however, with small numbers leading to unstable risk estimates for each: For GB, modest overweight, overweight and obesity resulted in ORs of 1.78 (95% CI 0.44–7.16), 10.96 (95% CI 2.87–41.90) and 13.34 (95% CI 1.44–123.83), respectively. The corresponding ORs for PV were 1.05 (95% CI 0.24–4.69), 4.20 (95% CI 1.07–16.40) and 6.35 (95% CI 1.17–34.47). For EBD, the OR for modest overweight was 3.34 (95% CI 1.08–10.35) whereas no EBD patients were observed in the upper two BMI categories. A BMI of 30 + at 35 years of age also increased the risk of BT carcinoma, but the effect (OR 2.58; 95% CI 1.07–6.23) was not as strong as for lowest adult weight. Exclusion of PV carcinomas changed these associations only marginally.

Table 2   Number of eligible patients and response proportions by carcinoma site within the biliary tract

	Eligible	Percent of all eligible patients	Interviewed
Tumor site	N	%	N (%)
Gallbladder	62	28.7	45 (72.6)
Extrahepatic bile duct	74	34.3	52 (70.3)
Ampulla of Vater	67	31.0	47 (70.1)
Overlap and other	13	6.0	9 (69.2)
Total	216	100.0	153 (70.8)

Table 3   Odds ratios for BT carcinoma in men in relation to indicators of overweight and obesity (only index participants, i.e. 104 patients and 1401 controls)

BMI	Patients		Controls		OR 1	95% CI		OR 2	95% CI	
	N	%	N	%						
Recent weight (1–5 years ago)										
18.5–<25	39	37.5	601	42.9	1.00	–	–	1.00	–	–
<18.5	–	–	6	0.4	–	–	–	–	–	–
25–<27	27	26.0	334	23.8	1.25	0.74	2.10	1.30	0.77	2.21
27–<30	23	22.1	308	22.0	1.02	0.59	1.75	1.00	0.57	1.74
30+	13	12.5	133	9.5	1.43	0.73	2.80	1.39	0.70	2.77
Missing	2	1.9	19	1.4						
Weight at age 35 years										
18.5–<25	57	54.8	860	61.4	1.00	–	–	1.00	–	–
<18.5	1	1.0	12	0.9	1.41	0.17	11.88	1.27	0.14	11.42
25–<27	21	20.2	234	16.7	1.55	0.91	2.65	1.53	0.89	2.64
27–<30	13	12.5	147	10.5	1.66	0.87	3.18	1.63	0.84	3.15
30+	7	6.7	64	4.6	2.56	1.08	6.08	2.58	1.07	6.23
Missing	5	4.8	84	6.0						
Lowest adult weight										
18.5–<25	65	62.5	1061	75.7	1.00	–	–	1.00	–	–
<18.5	4	3.8	85	6.1	0.87	0.30	2.48	0.79	0.27	2.30
25–<27	10	9.6	73	5.2	2.36	1.14	4.92	2.02	0.95	4.32
27–<30	7	6.7	27	1.9	4.63	1.86	11.55	4.15	1.60	10.73
30+	3	2.9	12	0.9	4.69	1.19	18.57	4.68	1.13	19.40
Missing	15	14.4	143	10.2						
Maximum adult weight										
18.5–<25	23	22.1	384	27.4	1.00	–	–	1.00	–	–
<18.5	–	–	2	0.1	–	–	–	–	–	–
25–<27	24	23.1	305	21.8	1.32	0.72	2.42	1.33	0.72	2.45
27–<30	23	22.1	364	26.0	0.99	0.54	1.82	0.97	0.52	1.80
30+	25	24.0	290	20.7	1.42	0.78	2.59	1.34	0.73	2.47
Missing	9	8.7	56	4.0						

Percentages refer to all patients (100%).
OR 1 adjusted for age and country.
OR 2 adjusted for age, country and history of gallstones.
Number of patients and controls vary for different indicators due to missing values.
OR, odds ratio; CI, confidence interval; BMI, body mass index; BT, biliary tract.

Table 4 Odds ratios for BT carcinoma in men in relation to indicators of medical conditions (all interviews including next-of-kin participants)

Medical condition	Patients N	Patients %	Controls N	Controls %	OR 1	95% CI		OR 2	95% CI	
Ever confirmed or treated by a physician										
Hepatitis	30	19.6	118	8.3	2.66	1.66	4.24	2.64	1.56	4.49
Liver cirrhosis	2	1.3	9	0.6	2.18	0.46	10.47	0.88	0.15	5.28
Diabetes	13	8.5	77	5.4	1.51	0.80	2.86	1.16	0.52	2.55
Typhus/paratyphus	4	2.6	31	2.2	0.93	0.32	2.75	1.39	0.44	4.38
Gallstones	36	23.5	79	5.6	4.69	2.95	7.45	4.68	2.80	7.84
Gallstone surgery (CCE)	26	17.0	43	3.0	5.79	3.34	10.06	2.62	0.98	6.99
Infection of gallbladder	18	11.8	32	2.3	5.51	2.88	10.52	2.69	1.30	5.56
Chronic inflammatory bowel disease	2	1.3	37	2.6	0.41	0.10	1.73	0.54	0.12	2.37
Confirmed or treated by a physician at least 3 years ago										
Hepatitis	12	7.8	113	8.0	0.91	0.48	1.73	0.76	0.36	1.59
Liver cirrhosis	2	1.3	6	0.4	3.48	0.67	17.98	1.36	0.20	9.32
Diabetes	9	5.9	63	4.4	1.26	0.60	2.66	1.00	0.40	2.48
Typhus/paratyphus	4	2.6	31	2.2	0.93	0.32	2.75	1.39	0.44	4.38
Gallstones	19	12.4	62	4.4	2.47	1.40	4.35	2.49	1.32	4.70
Gallstone surgery (CCE)	15	9.8	39	2.7	2.89	1.51	5.52	0.78	0.31	1.96
Infection of gallbladder	2	1.3	25	1.8	0.53	0.12	2.32	0.16	0.03	0.82
Chronic inflammatory bowel disease	2	1.3	32	2.3	0.48	0.11	2.07	0.72	0.16	3.14

Percentages refer to all patients (100%).
OR 1 adjusted for age and country.
OR 2 adjusted for age, country, next-of-kin status and history of gallstones – except in the analysis of the effect of gallstones, where OR 2 was adjusted for age, country and next-of-kin status.
For each condition, all participants who never reported any of the conditions listed serve as the reference category. Only participants with full information on year of diagnosis/treatment for which medical care was sought are included. Baseline number of patients and controls vary for different indicators owing to missing values. About 31% of controls and 38% of patients reporting CCE did not report the year of the event and were thus excluded from this analysis. For the same reason we excluded 2.6% of controls and 7% of patients reporting gallstones, 3.7 and 5.7% of controls and patients reporting hepatitis, and 2.6% of controls reporting hepatitis confirmed or treated by a physician.
OR, odds ratio; CI, confidence interval; CCE, cholecystectomy; BT, biliary tract.

Table 4 displays the risks associated with selected medical conditions for which a medical consultation was reported. Ever having hepatitis, gallstones, CCE and infection of the gallbladder led to significantly elevated ORs in the order of 2–5. In the lagged analysis, prevalence of these conditions declined. Related risk estimates completely disappeared or were reversed, whereas for gallstones the risk remained elevated (OR 2.49; 95% CI 1.32–4.70), regardless of whether PV patients were excluded or not.

The following adjusted ORs were observed in a sensitivity analysis for gallstones (3 year lag) in subgroups: only index-interviews 2.22 (95% CI 1.13–4.37), only definite patients 2.59 (95% CI 1.32–5.08) and only possible patients 2.41 (95% CI 0.59–9.79), only GB and EBD 2.93 (95% CI 1.38–6.19). Thus, the overall OR of 2.49 remained largely unchanged. For lowest weight, a similar analysis revealed some variation, where the strongest risk gradient was observed in the upper two BMI categories after restriction to (a) index participants [OR 4.15 (95% CI 1.60–10.73) and 4.68 (95% CI 1.13–19.40)] and (b) definite patients [OR 4.30 (95% CI 1.55–11.97) and 6.04 (95% CI 1.41–25.81)].

The lagged analysis by subsite (Table 5) corroborated gallstones as a risk factor particularly for GB (OR 4.68;

95% CI 1.85–11.84) and less strong for EBD (OR 2.07; 95% CI 0.71–6.00) and PV (OR 1.88; 95% CI 0.61–5.75). Diabetes was only associated with GB (OR 2.26; 95% CI 0.69–7.45).

Discussion

Our study confirmed gallstones as a risk factor for EBT carcinoma, and revealed excess risks for overweight and obesity. Associations with gallbladder infections and hepatitis were not robust in the sensitivity analyses. No association was found for other medical conditions or smoking. High alcohol consumption may cause a moderate increase in risk.

The differential findings regarding obesity at different reference points may explain inconsistencies of previous reports. Use of the recent BMI is problematic, as the disease may have caused weight loss, or weight loss may have prompted diagnosis, both causing spurious effects. If prolonged periods of obesity, or obesity at a specific point in time exert the deleterious effect, it is plausible that the lowest weight during adulthood or weight at 35 years of age showed the strongest associations, given they are markers of lifetime obesity. The apparent dose–effect relationship with increasing BMI adds further credibility to this association. Although previous researchers used

Table 5 Odds ratios for BT carcinoma in men by sub-site in relation to indicators of medical conditions by sub-site. Analysis based on medical conditions that were confirmed or treated by a physician at least 3 years ago (all interviews including next-of-kin participants)

	Patients		Controls		OR 1	95% CI		OR 2	95% CI	
Gall bladder (GB)	N	%	N	%						
Hepatitis	2	4.4	113	8.0	0.62	0.14	2.66	0.20	0.03	1.41
Liver cirrhosis	0	0.0	6	0.4	–	–	–	–	–	–
Diabetes	6	13.3	63	4.4	2.66	1.02	6.90	2.26	0.69	7.45
Typhus/paratyphus	0	0.0	31	2.2	–	–	–	–	–	–
Gallstones	8	17.8	62	4.4	3.35	1.44	7.81	4.68	1.85	11.84
Gallstone surgery (CCE)	9	20.0	39	2.7	5.74	2.45	13.46	1.51	0.43	5.33
Infection of gallbladder	0	0.0	25	1.8	–	–	–	–	–	–
Chronic inflammatory bowel disease	1	2.2	32	2.3	0.80	0.10	6.28	1.81	0.23	14.41
Bile ducts (EBD)										
Hepatitis	2	3.8	113	8.0	0.45	0.11	1.91	0.40	0.09	1.80
Liver cirrhosis	1	1.9	6	0.4	4.93	0.57	42.74	1.29	0.10	15.99
Diabetes	3	5.8	63	4.4	1.46	0.43	4.95	1.05	0.25	4.47
Typhus/paratyphus	2	3.8	31	2.2	1.51	0.34	6.71	2.00	0.40	10.07
Gallstones	6	11.5	62	4.4	2.50	1.00	6.25	2.07	0.71	6.00
Gallstone surgery (CCE)	3	5.8	39	2.7	1.81	0.53	6.19	0.52	0.10	2.71
Infection of gallbladder	2	3.8	25	1.8	1.79	0.40	7.96	0.66	0.11	3.81
Chronic inflammatory bowel disease	0	0.0	32	2.3	–	–	–	–	–	–
Papilla of vater (PV)										
Hepatitis	5	10.6	113	8.0	1.03	0.39	2.75	0.88	0.31	2.48
Liver cirrhosis	1	2.1	6	0.4	6.87	0.73	64.59	2.52	0.24	26.80
Diabetes	0	0.0	63	4.4	–	–	–	–	–	–
Typhus/paratyphus	2	4.3	31	2.2	1.82	0.39	8.44	2.19	0.46	10.50
Gallstones	4	8.5	62	4.4	1.62	0.54	4.92	1.88	0.61	5.75
Gallstone surgery (CCE)	3	6.4	39	2.7	1.73	0.49	6.15	0.43	0.09	2.15
Infection of gallbladder	0	0.0	25	1.8	–	–	–	–	–	–
Chronic inflammatory bowel disease	1	2.1	32	2.3	0.86	0.11	6.61	1.01	0.13	7.92

Percentages refer to all patients (100%).
OR 1 adjusted for age and country.
OR 2 adjusted for age, country, next-of-kin status and history of gallstones – except in the analysis of the effect of gallstones, where OR 2 was adjusted for age, country and next-of-kin status.
OR, odds ratio; CI, confidence interval; CCE, cholecystectomy; BT, biliary tract; EBD, extrahepatic bile duct.

slightly different definitions and mostly investigated women, they also found obesity to be a risk factor, mainly for GB carcinoma [17–19]. Oh et al. [20], however, did not find such an association, but found a dose–effect relationship with cholangiocarcinoma. Chow et al. [21] demonstrated obesity as a strong risk factor for EBD carcinoma but not for periampullary carcinoma in a study similar to ours. As respondents tend to underestimate their weight [22], the observed strength of the association may still be underestimated.

For gallstone disease, a positive association with smoking has occasionally been reported, whereas moderate alcohol consumption may be protective [2]. An effect of high alcohol consumption, however, may only be observable in men, because of usually low consumption in women. Some data supported a role of both smoking and alcohol in BT carcinoma [21,23]. Our study shows no clear impact of smoking. If smoking was, in fact, a strong risk factor, we would expect the cancer to be much more common.

The absence of an association between chronic inflammatory bowel disease (primary sclerosing cholangitis) and

BT carcinoma, may be due to the rarity of this condition and the inaccuracy of self-reports.

Gallstones were associated with all subsites of BT carcinoma. The respective risk estimates seemed to be most increased for GB tumors (see Table 5) and less increased for EBD and PV. For the latter two the ORs were not statistically significant, presumably owing to small numbers. Although found in most studies [2,24], this association needs not be causal. Gallstones are often not apparent and early symptoms of BT carcinoma may lead to their detection. The association was, however, robust in our lagged analysis. Chronic irritation may be the causative mechanism, as supported by a correlation with gallstone size [25]. Gallstones were also, however, associated with malignancy elsewhere in the BT, where stones are not usually present for longer periods. Cholelithiasis and BT carcinoma seem to share several risk factors. For example, obesity was associated with BT carcinoma even after adjustment for gallstones. Similar observations were made for dietary or hormonal factors including parity [26].

Well standardized interviewing and diligence in disease classification give strength to our findings. We have a very low proportion of NOS patients, whereas previous studies reported NOS patients in up to 80%, which is problematic in light of the differential distribution of subsites between men and women [2].

Some limitations of this study are apparent. The well known problem of low response proportions in population controls has been previously discussed by our study group [27,28]. We have tried to improve participation by standardizing procedures, including phone calls, letters and house visits. Nonparticipation in BT carcinoma patients is most likely due to poor prognosis or disease progression. Whenever possible, proxy interviews were then performed. Close relatives may be aware of the recent medical history of a patient, whereas more distant exposures like lowest weight are less reliable. The strength of the association of lowest BMI with BT carcinoma did not, however, reveal substantial differences in index participants alone.

We grouped cancers that were assumed to have a common etiology. If this was wrong, we would have obtained associations that are biased toward their null values for the etiologic relevant exposures. Our rather strong associations indicate that the grouping we made has an etiological rationale. The distribution of anatomic subsites within our BT carcinoma patients was as expected for men [2].

Lastly, the reliance on interview information may be problematic for medical conditions. Lagged analysis should avoid a mixing up of reported medical conditions with current disease. For example, CCE was a strong risk factor in the nonlagged analysis. As CCE usually involves removal of the gallbladder, this was presumably an artifact that disappeared in the lagged model. Although desirable to avoid such artifacts, review of diagnoses reaching back several years is not feasible in a population-based study. Systematic screening for gallstones by ultrasound scanning would have been advantageous in view of the frequency of asymptomatic stones. Nevertheless, the observed association was robust, persisting in both the lagged analysis and every subsite. Our results are further supported, because associations with gallstone disease and overweight tended to be stronger when restricted to definite patients. The indication that long-lasting adult overweight is a risk factor for BT adds to previous knowledge.

Acknowledgements

The study was conducted in accordance with the requirements from the Ethical Committees in each of the participating countries and regions. We acknowledge collaboration from patients, control persons, participating hospitals and data providers such as the French Cancer Registry Associated (Résion FRANCIM).

The European Study Group on Occupational Causes of Rare Cancers included members from Denmark (Herman Autrup, Henrik Kolstad, Preben Johansen, Linda Kérlev, Elsebeth Lynge, Jørn Olsen, Stein Paulsen, Lisbeth Nørum Pedersen, Svend Sabroe, Peter Stubbe Teglbjerg, Mogens Vyberg), France (Pascal Guénel, Joëlle Fervotte and the members of the FRANCIM association: Patrick Arveux, Antoine Buemi, Paule-Marie Carli, Gilles Chaplain, Jean-Pierre Daurès, Cécile Dufour, Jean Faivre, Pascale Grosclaude, Anne-Valérie Guizard, Michel Henry-Amar, Guy Launoy, Francois Ménégoz, Nicole Raverdy, Paul Schaffer), Germany (Wolfgang Ahrens, Cornelia Baumgardt-Elms, Sibylle Gotthardt, Ingeborg Jahn, Karl-Heinz Jöckel, Hiltrud Merzenich, Andreas Stang, Christa Stegmaier, Antje Timmer, Hartwig Ziegler), Italy (Terri Ballard, Franco Bertoni, Giuseppe Gorini, Sandra Gostinicchi, Giovanna Masala, Enzo Merler, Franco Merletti, Lorenzo Richiardi, Lorenzo Simonato, Paola Zambon), Latvia (Irena Rogovska, Galina Sharkova, Aivars Stengrevics), Portugal (Noemia Afonso, Altamiro Costa-Pereira, Sonia Doria, Carlos Lopes, José Manuel Lopes, Ana Miranda, Cristina Santos), Spain (M. Adela Sanz Aguado, Juan J. Aurrekoetxea, Concepciòn Brun, Alicia Córdoba, Miguel Angel Martínez González, Francisco Guillén Grima, Rosa Guarch, Agustin Llopis González, Blanca Marín, Amparo Marquina, Maria M. Moralez-Suárez-Varela, Inés Aguinaga Ontoso, J.M. Martínez Peñuela, Ana Puras, Francisco Vega, Maria Aurora Villanueva Guardia), Sweden (Mikael Eriksson, Lennart Hardell, Irene Larsson, Hakan Olson, Monica Sandström, Gun Wingren), Switzerland (Jean-Michel Lutz) and United Kingdom (Janine Bell, Ian Cree, Tony Fletcher, Alex JE Foss).

References

1 Carriaga MT, Henson DE. Liver, gallbladder, extrahepatic bile ducts, and pancreas. *Cancer* 1995; **75**:171–190.
2 Fraumeni JF, Devesa SS, McLaughlin JK, Stanford JL. Biliary tract cancer. In: Schottenfeld D, Fraumeni JF Jr, editors. *Cancer epidemiology and prevention.* New York: Oxford University Press; 1997. pp. 794–805.
3 WHO. CANCER Mondial. 2005. http://www-dep.iarc.fr/, Last accessed 10 December 2005.
4 Shaib Y, El-Serag HB. The epidemiology of cholangiocarcinoma. *Semin Liver Dis* 2004; **24**:115–125.
5 Lazcano-Ponce EC, Miquel JF, Munoz N, Herrero R, Ferrecio C, Wistuba II, et al. Epidemiology and molecular pathology of gallbladder cancer. *Ca Cancer J Clin* 2001; **51**:349–364.
6 Patel T. Worldwide trends in mortality from biliary tract malignancies. *BMC Cancer* 2002; **2**:10–15.
7 Romano F, Franciosi C, Caprotti R, De Fina S, Porta G, Visintini G, et al. Laparoscopic cholecystectomy and unsuspected gallbladder cancer. *Eur J Surg Oncol* 2001; **27**:225–228.
8 Kolstad H, Lynge E, Olsen J, Sabroe S. Occupational causes of some rare cancers. *Scand J Soc Med* 1982; **48 (Suppl)**:50–145.
9 Lynge E, Afonso N, Kaerlev L, Olsen J, Sabroe S, Ahrens W, et al. European multi-centre case-control study on risk factors for rare cancers of unknown aetiology. *Eur J Cancer* 2005; **41**:601–612.
10 Percy C, Van Holten V, Muir C. *International classification of diseases for oncology (ICD-O).* 2. Geneva: World Health Organization (WHO); 1990.

11 Kaerlev L, Teglbjaerg PS, Sabroe S, Kolstad HA, Ahrens W, Eriksson M,
    et al. Medical risk factors for small-bowel adenocarcinoma with focus on
    Crohn disease: a European population-based case–control study. *Scand
    J Gastroenterol* 2001; **36**:641–646.
12 Lutz JM, Cree I, Sabroe S, Kvist TK, Clausen LB, Afonso N, et al.
    Occupational risks for uveal melanoma results from a case–control study
    in nine European countries. *Cancer Causes Control* 2005; **16**:
    437–447.
13 Morales Suarez-Varela M, Olsen J, Johansen P, Kaerlev L, Guenel P,
    Arveux P, et al. Viral infection, atopy and mycosis fungoides: a European
    multicentre case–control study. *Eur J Cancer* 2003; **39**:511–516.
14 SPSS. *SPSS data entry builder 1.0*. Chicago: SPSS Inc.; 1998.
15 Tuyns AJ, Estève J, Raymond L, Berrino F, Benhamou E, Blanchet F, et al.
    Cancer of the larynx/hypopharynx, tobacco and alcohol: IARC international
    case–control study in Turin and Varese (Italy), Zaragoza and Navarra (Spain).
    Int J Cancer 1988; **41**:483–491.
16 SAS Institute. *Statistical analysis system: release 8.2*. Cary, NC: SAS
    Institute Inc.; 1999.
17 Zatonski WA, Lowenfels AB, Boyle P, Maisonneuve P, Bueno de Mesquita
    HB, Ghadirian P, et al. Epidemiologic aspects of gallbladder cancer:
    a case–control study of the SEARCH Program of the International
    Agency for Research on Cancer. *J Natl Cancer Inst* 1997; **89**:
    1132–1138.
18 Strom BL, Soloway RD, Rios-Dalenz JL, Rodriguez-Martinez HA, West SL,
    Kinman JL, et al. Risk factors for gallbladder cancer. An international
    collaborative case–control study [see comments]. *Cancer* 1995; **76**:
    1747–1756.
19 Calle EE, Rodriguez C, Walker-Thurmond K, Thun MJ. Overweight, obesity,
    and mortality from cancer in a prospectively studied cohort of U.S. adults.
    N Engl J Med 2003; **348**:1625–1638.
20 Oh SW, Yoon YS, Shin S-A. Effects of excess weight on cancer incidences
    depending on cancer sites and histologic findings among men: Korea
    National Health Insurance Corporation Study. *J Clin Oncol* 2005; **23**:
    4742–4754.
21 Chow WH, McLaughlin JK, Menck HR, Mack TM. Risk factors for
    extrahepatic bile duct cancers: Los Angeles county, California (USA).
    Cancer Causes Control 1994; **5**:267–272.
22 Yun S, Zhu BP, Black W, Brownson RC. A comparison of national estimates
    of obesity prevalence from the behavioral risk factor surveillance system and
    the national health and nutrition examination survey. *Int J Obes* 2005;
    30:164–170.
23 Chow WH, McLaughlin JK, Hrubec Z, Fraumeni JF Jr. Smoking and biliary tract
    cancers in a cohort of US veterans. *Br J Cancer* 1995; **72**:1556–1558.
24 Misra S, Chaturvedi A, Misra NC, Sharma ID. Carcinoma of the gallbladder.
    Lancet Oncol 2003; **4**:167–176.
25 Lowenfels AB, Maisonneuve P. Pancreatico-biliary malignancy: prevalence
    and risk factors. *Ann Oncol* 1999; **10 (Suppl 4)**:1–3.
26 Chaurasia P, Thakur MK, Shukla HS. What causes cancer gallbladder?:
    a review. *HPB Surg* 1999; **11**:217–224.
27 Stang A, Ahrens W, Jockel KH. Control response proportions in population-
    based case–control studies in Germany. *Epidemiology* 1999; **10**:181–183.
28 Stang A, Jockel KH. Studies with low response proportions may be less
    biased than studies with high response proportions. *Am J Epidemiol* 2004;
    159:204–210.

Anhang D: Daten

Im Rahmen des Bundesgesundheitssurveys 1998 des Robert Koch-Instituts wurden Daten von insgesamt n = 7.124 repräsentativ ausgewählten Studienteilnehmern erfasst. Das Robert Koch-Institut stellt diese Daten als so genanntes "Public-use-File" zur Verfügung (vgl. RKI, BGS98).

Im Anhang S wurde ein Auszug aus dieser epidemiologischen Querschnittsuntersuchung zur Demonstration diverser statistischer Methoden verwendet. Hierzu wurden 200 Studienteilnehmer aus dem BGS98 ausgewählt. Da der Bundesgesundheitssurvey nicht gemäß einer einfachen Zufallsauswahl, sondern mit einem komplexen Stichprobendesign durchgeführt wurde (siehe Abschnitt 1.2), sind die Auswahlwahrscheinlichkeiten für die einzelnen Studienteilnehmer nicht identisch. Daher gibt das Robert Koch-Institut hier Gewichtungsgrößen an. Für die Auswahl der 200 Studienteilnehmer haben wir uns auf Studienteilnehmer mit Gewichten von etwa eins beschränkt, so dass für diese Auswahl eine Berücksichtigung der Gewichtung nicht erforderlich ist. Aus diesem Grund stimmen die Auswertungen im Anhang S aber nicht mehr mit den Daten des BGS98 überein.

Die nachfolgende Tab. D.1 zeigt die Daten der ausgewählten 200 Studienteilnehmer:

Tab. D.1: Erhebungsdaten des BGS98 – Auszug von n = 200 Studienteilnehmern (Quelle: Public-Use-File BGS98)

lfd. Nr.	Geschlecht	Alter	BMI	Rauchgewohnheiten	Bluthoch-druck	syst. Blut-druck	diast. Blut-druck
1	weiblich	61	21,181	ja, täglich	nein	101	70
2	weiblich	60	26,795	habe früher geraucht	nein	124	73
3	männlich	20	19,900	ja, täglich	nein	125	76
4	männlich	21	20,970	ja, gelegentlich	nein	151	91
5	weiblich	75	36,718	habe noch nie geraucht	ja	183	95
6	männlich	55	28,011	habe früher geraucht	ja	161	94
7	männlich	58	24,363	habe noch nie geraucht	nein	143	88
8	männlich	58	29,857	habe früher geraucht	ja	146	85
9	weiblich	28	29,593	habe noch nie geraucht	nein	128	89
10	männlich	56	30,157	ja, täglich	ja	141	96
11	männlich	57	27,358	habe noch nie geraucht	ja	156	98
12	männlich	57	27,148	habe früher geraucht	nein	147	94
13	weiblich	25	19,363	habe noch nie geraucht	nein	105	68
14	männlich	58	24,162	habe noch nie geraucht	nein	144	87
15	männlich	55	25,221	habe früher geraucht	nein	161	93
16	männlich	58	25,637	habe noch nie geraucht	nein	145	88
17	männlich	56	32,456	ja, täglich	nein	140	93
18	männlich	57	29,885	habe früher geraucht	nein	128	77
19	männlich	57	29,330	ja, täglich	weiß nicht	188	96
20	weiblich	41	28,725	habe noch nie geraucht	nein	115	78
21	weiblich	43	30,198	habe noch nie geraucht	nein	124	84
22	weiblich	40	18,594	habe noch nie geraucht	nein	130	82
23	weiblich	41	26,858	habe früher geraucht	nein	116	79
24	weiblich	43	27,795	habe noch nie geraucht	weiß nicht	113	78
25	weiblich	43	25,492	ja, täglich	nein	128	78
26	männlich	58	32,985	habe früher geraucht	nein	124	78
27	männlich	59	31,371	ja, täglich	nein	134	81
28	männlich	57	33,748	habe früher geraucht	ja	138	93
29	männlich	55	27,779	habe noch nie geraucht	nein	161	92
30	männlich	55	25,870	ja, täglich	weiß nicht	145	80
31	weiblich	18	23,216	ja, gelegentlich	nein	113	71
32	weiblich	19	22,709	habe noch nie geraucht	nein	114	68
33	weiblich	60	40,348	ja, täglich	ja	151	82
34	weiblich	61	24,411	habe früher geraucht	nein	156	81
35	weiblich	60	21,967	habe früher geraucht	nein	177	103
36	weiblich	61	24,324	habe noch nie geraucht	nein	97	63
37	männlich	41	30,642	habe früher geraucht	ja	129	89
38	männlich	44	26,155	habe noch nie geraucht	weiß nicht	154	109
39	männlich	59	22,367	habe noch nie geraucht	nein	129	72
40	weiblich	21	26,325	ja, täglich	nein	128	85
41	weiblich	24	27,493	habe noch nie geraucht	weiß nicht	129	89
42	weiblich	22	21,147	habe noch nie geraucht	nein	139	80
43	weiblich	35	27,317	ja, täglich	nein	127	74
44	weiblich	44	20,696	habe noch nie geraucht	nein	115	72
45	weiblich	44	21,585	habe früher geraucht	nein	111	82
46	weiblich	40	31,395	habe früher geraucht	nein	142	92
47	männlich	69	27,197	habe noch nie geraucht	nein	126	75
48	männlich	65	22,547	habe noch nie geraucht	nein	123	75
49	männlich	70	28,040	habe früher geraucht	nein	153	87
50	männlich	18	35,880	ja, täglich	nein	108	75

Tab. D.1: Erhebungsdaten des BGS98 – Auszug von n = 200 Studienteilnehmern (Quelle: Public-Use-File BGS98)

lfd. Nr.	Geschlecht	Alter	BMI	Rauchgewohnheiten	Bluthoch-druck	syst. Blut-druck	diast. Blut-druck
51	männlich	18	23,562	ja, täglich	nein	121	59
52	weiblich	54	23,723	habe noch nie geraucht	nein	134	88
53	weiblich	28	27,818	habe noch nie geraucht	nein	123	79
54	weiblich	29	26,030	habe noch nie geraucht	nein	100	56
55	weiblich	27	34,145	ja, täglich	nein	117	85
56	weiblich	25	24,150	habe noch nie geraucht	nein	126	84
57	weiblich	26	22,812	habe noch nie geraucht	nein	100	70
58	weiblich	42	26,026	keine Angabe	weiß nicht	127	85
59	weiblich	76	23,397	habe noch nie geraucht	ja	174	96
60	weiblich	76	28,437	habe früher geraucht	nein	127	80
61	weiblich	62	26,115	habe noch nie geraucht	ja	170	108
62	weiblich	61	29,170	habe noch nie geraucht	nein	124	89
63	weiblich	49	20,247	ja, täglich	nein	115	78
64	weiblich	45	22,617	ja, täglich	nein	109	68
65	männlich	20	22,842	ja, täglich	nein	114	52
66	männlich	53	22,944	habe früher geraucht	ja	171	94
67	männlich	51	26,360	habe früher geraucht	ja	137	93
68	männlich	60	30,513	habe noch nie geraucht	ja	173	111
69	männlich	63	28,235	habe früher geraucht	nein	144	90
70	männlich	63	27,850	habe früher geraucht	ja	161	109
71	männlich	50	36,758	ja, täglich	nein	140	102
72	weiblich	49	21,187	ja, täglich	nein	146	85
73	weiblich	46	31,427	ja, täglich	nein	155	93
74	weiblich	48	38,705	habe noch nie geraucht	ja	131	85
75	weiblich	47	25,864	habe früher geraucht	nein	133	86
76	männlich	53	29,770	habe noch nie geraucht	ja	154	91
77	männlich	50	19,342	ja, täglich	nein	142	90
78	männlich	24	24,989	habe noch nie geraucht	nein	130	80
79	männlich	41	40,680	habe i.d.letzt. 12 Mon. aufgehört	ja	163	96
80	männlich	40	24,569	habe noch nie geraucht	nein	126	87
81	männlich	42	25,357	habe noch nie geraucht	nein	122	75
82	männlich	41	26,623	habe noch nie geraucht	nein	150	89
83	männlich	20	24,647	ja, täglich	nein	146	79
84	weiblich	41	21,548	habe noch nie geraucht	ja	143	90
85	weiblich	42	20,399	habe noch nie geraucht	nein	120	74
86	weiblich	43	21,898	ja, täglich	nein	122	77
87	weiblich	40	38,194	habe noch nie geraucht	ja	150	91
88	männlich	24	22,076	habe noch nie geraucht	nein	134	81
89	männlich	20	25,272	ja, gelegentlich	nein	146	78
90	männlich	23	23,279	ja, täglich	nein	132	86
91	weiblich	77	24,324	habe noch nie geraucht	ja	133	61
92	männlich	69	37,889	habe früher geraucht	ja	131	80
93	männlich	68	30,492	habe früher geraucht	ja	131	89
94	männlich	66	25,506	ja, gelegentlich	nein	111	74
95	männlich	55	28,603	habe früher geraucht	nein	129	82
96	weiblich	40	20,467	ja, täglich	nein	101	65
97	weiblich	42	30,220	ja, gelegentlich	nein	123	91
98	weiblich	44	20,643	habe noch nie geraucht	nein	121	81
99	männlich	45	34,440	habe früher geraucht	nein	144	92
100	männlich	36	29,411	habe früher geraucht	nein	136	97

Tab. D.1: Erhebungsdaten des BGS98 – Auszug von n = 200 Studienteilnehmern (Quelle: Public-Use-File BGS98)

lfd. Nr.	Geschlecht	Alter	BMI	Rauchgewohnheiten	Bluthoch-druck	syst. Blut-druck	diast. Blut-druck
101	männlich	36	28,439	habe i.d.letzt. 12 Mon. aufgehört	nein	136	84
102	männlich	35	24,949	ja, gelegentlich	nein	130	74
103	männlich	47	27,366	ja, täglich	ja	123	80
104	weiblich	43	25,718	habe früher geraucht	nein	110	75
105	männlich	48	28,321	habe früher geraucht	nein	130	83
106	weiblich	42	19,595	ja, täglich	nein	111	70
107	männlich	38	25,082	habe früher geraucht	nein	118	69
108	männlich	48	36,753	keine Angabe	nein	140	89
109	männlich	39	27,692	ja, täglich	nein	186	110
110	männlich	58	26,455	habe noch nie geraucht	nein	141	82
111	männlich	57	21,906	habe noch nie geraucht	ja	130	83
112	männlich	46	24,725	habe noch nie geraucht	nein	126	84
113	männlich	55	26,985	habe noch nie geraucht	nein	144	82
114	männlich	47	25,103	habe früher geraucht	nein	128	94
115	männlich	34	27,824	habe noch nie geraucht	nein	130	85
116	männlich	47	30,163	habe noch nie geraucht	nein	116	89
117	männlich	58	27,114	habe früher geraucht	nein	129	87
118	männlich	47	26,076	keine Angabe	weiß nicht	160	120
119	weiblich	36	22,032	habe noch nie geraucht	nein	112	71
120	weiblich	38	18,643	habe noch nie geraucht	nein	106	66
121	weiblich	38	26,334	habe noch nie geraucht	nein	121	79
122	weiblich	52	20,601	ja, täglich	weiß nicht	141	79
123	weiblich	52	25,615	habe noch nie geraucht	nein	165	92
124	männlich	74	32,145	habe früher geraucht	nein	158	95
125	männlich	72	29,438	habe früher geraucht	weiß nicht	154	65
126	weiblich	51	20,056	habe noch nie geraucht	nein	118	82
127	weiblich	62	25,147	habe früher geraucht	nein	132	88
128	weiblich	48	20,624	habe früher geraucht	nein	121	72
129	weiblich	48	25,204	habe früher geraucht	nein	131	88
130	weiblich	45	22,964	ja, täglich	nein	98	63
131	weiblich	48	20,332	ja, täglich	nein	118	82
132	weiblich	47	27,202	habe noch nie geraucht	nein	119	78
133	männlich	20	19,063	keine Angabe	weiß nicht	114	77
134	männlich	27	24,412	ja, täglich	nein	121	79
135	männlich	25	21,812	habe früher geraucht	nein	138	67
136	männlich	27	24,926	habe noch nie geraucht	nein	131	88
137	männlich	28	22,347	ja, täglich	nein	120	68
138	weiblich	33	28,844	habe noch nie geraucht	nein	131	81
139	weiblich	30	19,838	ja, gelegentlich	nein	120	84
140	weiblich	25	23,136	habe noch nie geraucht	nein	129	84
141	weiblich	23	25,855	habe noch nie geraucht	nein	133	82
142	weiblich	20	29,536	ja, gelegentlich	nein	128	67
143	weiblich	27	21,393	habe noch nie geraucht	nein	117	74
144	weiblich	27	29,802	habe noch nie geraucht	nein	112	78
145	weiblich	29	20,329	habe noch nie geraucht	nein	96	65
146	weiblich	29	24,098	habe noch nie geraucht	nein	117	79
147	weiblich	25	20,029	ja, täglich	nein	105	68
148	männlich	44	26,510	habe noch nie geraucht	nein	124	86
149	männlich	40	27,835	habe früher geraucht	nein	134	93
150	männlich	42	24,052	ja, gelegentlich	ja	129	98

Tab. D.1: Erhebungsdaten des BGS98 – Auszug von n = 200 Studienteilnehmern (Quelle: Public-Use-File BGS98)

lfd. Nr.	Geschlecht	Alter	BMI	Rauchgewohnheiten	Bluthoch-druck	syst. Blut-druck	diast. Blut-druck
151	männlich	44	28,503	habe noch nie geraucht	nein	133	91
152	weiblich	28	21,850	habe noch nie geraucht	nein	108	74
153	weiblich	27	23,809	habe noch nie geraucht	nein	114	81
154	weiblich	29	19,846	habe noch nie geraucht	nein	129	74
155	weiblich	23	20,247	ja, täglich	nein	109	77
156	weiblich	21	22,452	habe noch nie geraucht	nein	121	79
157	weiblich	25	19,223	habe noch nie geraucht	weiß nicht	112	67
158	männlich	42	23,438	habe noch nie geraucht	nein	126	78
159	männlich	41	28,280	ja, täglich	nein	138	95
160	männlich	50	26,310	ja, täglich	ja	121	69
161	männlich	51	24,383	habe früher geraucht	nein	104	71
162	männlich	54	28,027	habe noch nie geraucht	nein	126	85
163	weiblich	46	18,564	ja, täglich	nein	135	64
164	weiblich	49	26,804	habe früher geraucht	nein	124	83
165	weiblich	20	21,380	habe noch nie geraucht	nein	104	69
166	weiblich	20	29,936	ja, gelegentlich	weiß nicht	124	85
167	männlich	67	26,463	habe früher geraucht	nein	162	77
168	männlich	66	24,133	habe noch nie geraucht	nein	133	95
169	männlich	66	26,864	habe früher geraucht	nein	144	86
170	männlich	68	26,177	habe früher geraucht	ja	203	94
171	männlich	69	25,895	habe noch nie geraucht	ja	175	91
172	männlich	69	27,726	ja, täglich	nein	139	86
173	männlich	18	21,698	habe noch nie geraucht	nein	123	83
174	männlich	18	24,623	ja, gelegentlich	weiß nicht	118	76
175	weiblich	39	26,202	habe früher geraucht	nein	120	88
176	weiblich	52	25,469	habe früher geraucht	nein	123	85
177	weiblich	37	20,797	habe früher geraucht	nein	101	68
178	weiblich	39	22,384	ja, täglich	nein	114	56
179	weiblich	36	36,217	habe noch nie geraucht	nein	118	73
180	weiblich	35	22,518	ja, gelegentlich	nein	125	84
181	weiblich	41	20,668	ja, gelegentlich	nein	108	73
182	weiblich	21	22,029	habe noch nie geraucht	nein	130	68
183	weiblich	40	31,467	ja, täglich	nein	121	90
184	weiblich	44	30,308	habe noch nie geraucht	nein	130	80
185	weiblich	42	21,192	habe früher geraucht	ja	171	104
186	weiblich	28	26,483	habe noch nie geraucht	nein	109	66
187	weiblich	27	21,297	ja, täglich	nein	126	68
188	weiblich	29	38,146	keine Angabe	weiß nicht	150	85
189	weiblich	40	23,335	habe früher geraucht	nein	109	65
190	männlich	38	28,317	habe früher geraucht	nein	126	75
191	männlich	50	23,564	habe noch nie geraucht	nein	108	71
192	weiblich	42	21,328	habe früher geraucht	nein	102	70
193	männlich	54	29,933	ja, gelegentlich	ja	173	97
194	männlich	38	24,576	habe früher geraucht	weiß nicht	112	74
195	männlich	23	21,957	ja, täglich	nein	132	86
196	männlich	21	20,981	habe noch nie geraucht	nein	126	86
197	männlich	21	26,330	habe noch nie geraucht	nein	130	65
198	männlich	20	20,998	habe noch nie geraucht	nein	137	89
199	weiblich	51	41,452	habe früher geraucht	ja	202	122
200	weiblich	53	29,107	habe noch nie geraucht	ja	164	82

Anhang T: Verteilungstafeln

Inhalt

T1   Quantile der Standardnormalverteilung   472

T2   Quantile der χ^2-Verteilung mit k Freiheitsgraden   473

T3   Quantile der t-Verteilung mit k Freiheitsgraden   474

T1 Quantile der Standardnormalverteilung

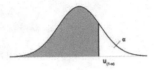

Ablesebeispiel:

Falls $Z \sim N(0,1)$, so gilt $Pr\,(Z \leq 1,6449) = 0,95$

$1-\alpha$	$u_{1-\alpha}$	$1-\alpha$	$u_{1-\alpha}$	$1-\alpha$	$u_{1-\alpha}$	$1-\alpha$	$u_{1-\alpha}$
0,9999	3,7190	0,9975	2,8070	0,965	1,8119	0,83	0,9542
0,9998	3,5401	0,9970	2,7478	0,960	1,7507	0,82	0,9154
0,9997	3,4316	0,9965	2,6968	0,955	1,6954	0,81	0,8779
0,9996	3,3528	0,9960	2,6521	0,950	1,6449	0,80	0,8416
0,9995	3,2905	0,9955	2,6121	0,945	1,5982	0,79	0,8064
0,9994	3,2389	0,9950	2,5758	0,940	1,5548	0,78	0,7722
0,9993	3,1947	0,9945	2,5427	0,935	1,5141	0,76	0,7063
0,9992	3,1559	0,9940	2,5121	0,930	1,4758	0,74	0,6433
0,9991	3,1214	0,9935	2,4838	0,925	1,4395	0,72	0,5828
0,9990	3,0902	0,9930	2,4573	0,920	1,4051	0,70	0,5244
0,9989	3,0618	0,9925	2,4324	0,915	1,3722	0,68	0,4677
0,9988	3,0357	0,9920	2,4089	0,910	1,3408	0,66	0,4125
0,9987	3,0115	0,9915	2,3867	0,905	1,3106	0,64	0,3585
0,9986	2,9889	0,9910	2,3656	0,900	1,2816	0,62	0,3055
0,9985	2,9677	0,9905	2,3455	0,890	1,2265	0,60	0,2533
0,9984	2,9478	0,9900	2,3263	0,880	1,1750	0,58	0,2019
0,9983	2,9290	0,9850	2,1701	0,870	1,1264	0,56	0,1510
0,9982	2,9112	0,9800	2,0537	0,860	1,0803	0,54	0,1004
0,9981	2,8943	0,9750	1,9600	0,850	1,0364	0,52	0,0502
0,9980	2,8782	0,9700	1,8808	0,840	0,9945	0,50	0,0000

T2   Quantile der χ^2-Verteilung mit k Freiheitsgraden

Ablesebeispiel:

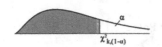

Falls $X \sim \chi^2_k$ und $k = 3$, so gilt $Pr\,(X \le 7{,}815) = 0{,}95$

k				1–α			
	0,995	0,990	0,975	0,950	0,900	0,750	0,500
1	7,879	6,635	5,024	3,841	2,706	1,323	0,455
2	10,60	9,210	7,378	5,991	4,605	2,773	1,386
3	12,84	11,34	9,348	7,815	6,251	4,108	2,366
4	14,86	13,28	11,14	9,488	7,779	5,385	3,357
5	16,75	15,09	12,83	11,07	9,236	6,626	4,351
6	18,55	16,81	14,45	12,59	10,64	7,841	5,348
7	20,28	18,48	16,01	14,07	12,02	9,037	6,346
8	21,95	20,09	17,53	15,51	13,36	10,22	7,344
9	23,59	21,67	19,02	16,92	14,68	11,39	8,343
10	25,19	23,21	20,48	18,31	15,99	12,55	9,342
11	26,76	24,72	21,92	19,68	17,28	13,70	10,34
12	28,30	26,22	23,34	21,03	18,55	14,85	11,34
13	29,82	27,69	24,74	22,36	19,81	15,98	12,34
14	31,32	29,14	26,12	23,68	21,06	17,12	13,34
15	32,80	30,58	27,49	25,00	22,31	18,25	14,34
16	34,27	32,00	28,85	26,30	23,54	19,37	15,34
17	35,72	33,41	30,19	27,59	24,77	20,49	16,34
18	37,16	34,81	31,53	28,87	25,99	21,60	17,34
19	38,58	36,19	32,85	30,14	27,20	22,72	18,34
20	40,00	37,57	34,17	31,41	28,41	23,83	19,34
30	53,67	50,89	46,98	43,77	40,26	34,80	29,34
40	66,77	63,69	59,34	55,76	51,81	45,62	39,34
50	79,49	76,15	71,42	67,50	63,17	56,33	49,33
60	91,95	88,38	83,30	79,08	74,40	66,98	59,33
70	104,2	100,4	95,02	90,53	85,53	77,58	69,33
80	116,3	112,3	106,6	101,9	96,58	88,13	79,33
90	128,3	124,1	118,1	113,1	107,6	98,65	89,33
100	140,2	135,8	129,6	124,3	118,5	109,1	99,33
200	255,3	249,4	241,1	234,0	226,0	213,1	199,3
300	366,8	359,9	349,9	341,4	331,8	316,1	299,3
400	476,6	468,7	457,3	447,6	436,6	418,7	399,3
500	585,2	576,5	563,9	553,1	540,9	521,0	499,3
750	853,5	843,0	827,8	814,8	800,0	775,7	749,3
1000	1118,9	1107,0	1089,5	1074,7	1057,7	1029,8	999,3

T3   Quantile der t-Verteilung mit k Freiheitsgraden

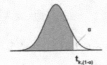

Ablesebeispiel:

Falls $t \sim t_k$ und $k = 4$, so gilt $\Pr(t \leq 2{,}132) = 0{,}95$

k	1−α			
	0,990	0,975	0,950	0,900
1	31,821	12,706	6,314	3,078
2	6,965	4,303	2,920	1,886
3	4,541	3,182	2,353	1,638
4	3,747	2,776	2,132	1,533
5	3,365	2,571	2,015	1,476
6	3,143	2,447	1,943	1,440
7	2,998	2,365	1,895	1,415
8	2,896	2,306	1,860	1,397
9	2,821	2,262	1,833	1,383
10	2,764	2,228	1,812	1,372
11	2,718	2,201	1,796	1,363
12	2,681	2,179	1,782	1,356
13	2,650	2,160	1,771	1,350
14	2,624	2,145	1,761	1,345
15	2,602	2,131	1,753	1,341
16	2,583	2,120	1,746	1,337
17	2,567	2,110	1,740	1,333
18	2,552	2,101	1,734	1,330
19	2,539	2,093	1,729	1,328
20	2,528	2,086	1,725	1,325
30	2,457	2,042	1,697	1,310
40	2,423	2,021	1,684	1,303
50	2,403	2,009	1,676	1,299
60	2,390	2,000	1,671	1,296
70	2,381	1,994	1,667	1,294
80	2,374	1,990	1,664	1,292
90	2,368	1,987	1,662	1,291
100	2,364	1,984	1,660	1,290
200	2,345	1,972	1,653	1,286
300	2,339	1,968	1,650	1,284
400	2,336	1,966	1,649	1,284
500	2,334	1,965	1,648	1,283
750	2,331	1,963	1,647	1,283
1000	2,330	1,962	1,646	1,282
∞	2,326	1,960	1,645	1,282

Literaturverzeichnis

Ackermann-Liebrich U, Gutzwiller F, Keil U, Kunze M. Epidemiologie - Lehrbuch für praktizierende Ärzte und Studenten. 1986, Medication Foundation, Cham/ Schweiz.

Ahrens W. Retrospective Assessment of Occupational Exposure in Case-Control Studies. Development, Evaluation and Comparison of Different Methods. Reihe Fortschritte in der Epidemiologie. 1999, ecomed, Landsberg.

Ahrens W, Bammann K, Siani A, Buchecker K, De Henauw S, Iacoviello L, Hebestreit A, Krogh V, Lissner L, Mårild S, Molnár D, Moreno LA, Pitsiladis Y, Reisch L, Tornaritis M, Veidebaum T, Pigeot I on behalf of the IDEFICS Consortium. The IDEFICS cohort: design, characteristics and participation in the baseline survey. International Journal of Obesity 2011; 35: S3-S15.

Ahrens W, Bellach BM, Jöckel KH. Messung soziodemographischer Merkmale in der Epidemiologie. 1998, Medizin Verlag, München.

Ahrens W, Jahn I. Publikationsfreiheit und Publikationsverantwortung. In: Bauer X, Letzel S, Nowak D. Hrsg. Ethik in der Arbeitsmedizin. Orientierungshilfe in ethischen Spannungsfeldern. 2009, ecomed Medizin, Landsberg, 189-211.

Ahrens W, Merletti F. A standard tool for the analysis of occupational lung cancer in epidemiologic studies. International Journal of Occupational and Environmental Health 1998; 4: 236-40.

Ahrens W, Timmer A, Vyberg M, Fletcher T, Guénel P, Merler E, Merletti F, Morales M, Olsson H, Olsen J, Hardell L, Kaerlev L, Raverdy N, Lynge E. Risk factors for extrahepatic biliary tract carcinoma in men: medical conditions and lifestyle. Results from a European multicentre case-control study. European Journal of Gastroenterology & Hepatology 2007; 19: 623-630.

Ahrens W, Pigeot I./Hrsg. Handbook of Epidemiology, 2nd ed. 2012, Springer, Heidelberg, New York.

Altman DG. The scandal of poor medical research. British Medical Journal 1994; 308: 283-284.

Andrews EA, Avorn J, Bortnichak EA, Chen R, Dai WS, Dieck GS, Edlavitch S, Freiman J, Mitchell AA, Nelson RC, Neutel CI, Stergachis A, Strom BL, Walker AM. ISPE Notice. Guidelines for good epidemiology practices for drug, device, and vaccine research in the United States. Pharmacoepidemiology and Drug Safety 1996; 5: 333-338.

Arbeitskreis Medizinischer Ethikkommissionen in der Bundesrepublik Deutschland. Empfehlungen für die öffentlich-rechtlichen Ethik-Kommissionen hinsichtlich der Beurteilung epidemiologischer Studien unter Einbeziehung genetischer Daten. 2002. http://www.dgepi.de/pdf/infoboard/stellungnahme/EthikgenEpi-Empf_02051.pdf, download: 15. Oktober 2011.

Armitage P. Test for linear trend in proportions and frequencies. Biometrics 1955; 11: 375-386.

Armitage P. Statistical Methods in Medical Research. 1971, Blackwell Scientific Publications, Oxford.

Balaban G, Silva GAP. Protective effect of breastfeeding against childhood obesity. Journal of Pediatrics 2004; 80: 7-16.

Bammann K, Sioen I, Huybrechts I, Casajús JA, Vicente-Rodríguez G, Cuthill R, Konstabel K, Tubić B, Wawro N, Rayson M, Westerterp K, Mårild S, Pitsiladis YP, Reilly JJ, Moreno LA, De Henauw S on behalf of the IDEFICS Consortium. The IDEFICS validation study on field methods for assessing physical activity and body composition in children: design and data collection. International Journal of Obesity 2011; 35: S79-S87.

Barnett V. Sample Survey, Principles and Methods, 3rd ed. 2002, Oxford University Press, New York.

Barnett ML, Mathisen A. Tyranny of the p-value: The conflict between statistical significance and common sense (editorial). Journal of Dental Research 1997; 76: 534-536.

Becker N, Wahrendorf J. Krebsatlas der Bundesrepublik Deutschland 1981-1990, 3. Auflage. 1998, Springer, Berlin.

Behrens T, Schill W, Ahrens W. Elevated cancer mortality in a German cohort of bitumen workers: extended follow-up through 2004. Journal of Occupational and Environmental Hygiene 2009; 6: 555-561.

Beyerbach M, Rehm T, Kreienbrock L, Gerlach, GF. Sanierung von Milchviehherden mit Paratuberkulose: Bestimmung der Anfangsprävalenz und Modellierung der Prävalenzentwicklung. Deutsche Tierärztliche Wochenschrift 2001;108: 291-296.

Beyerbach M, Gerlach GF, Kreienbrock L. Modellierung der Prävalenzentwicklung bei einer Paratuberkulose-sanierung in einem Milchviehbestand. Deutsche Tierärztliche Wochenschrift 2001; 108: 363-370.

Birch MW. The detection of patial association, I: The 2×2 case. Journal of the Royal Statistical Society B 1964; 26: 313-324.

BIPS (Institut für Epidemiologie und Präventionsforschung GmbH) Policy-Statement. 2011. http://www.bips.uni-bremen.de/data/bips_policy_interessen.pdf, download: September 2011.

BMG (Bundesministerium für Gesundheit). Ratgeber zur Pflege. Alles, was Sie zur Pflege wissen müssen, 8. Auflage. 2011, Publikationsversand der Bundesregierung, Rostock.

Bock J. Bestimmung des Stichprobenumfangs für biologische Experimente und kontrolllierte klinische Studien. 1998; Oldenbourg, München.

Böltken F. Auswahlverfahren. 1976; Teubner, Stuttgart.

Boffetta P, Agudo A, Ahrens W, Benhamou E, Benhamou S, Darby SC, Ferro G, Fortes C, Gonzalez CA, Jöckel KH, Krauss M, Kreienbrock L, Kreuzer M, Mendes A, Merletti F, Nyberg F, Pershagen G, Pohlabeln H, Riboli E, Schmid G, Simonato L, Tredaniel J, Whitley E, Wichmann HE, Saracci R et al. Multicenter case-control study of exposure to environmental tobacco smoke and lung cancer in Europe. Journal of the National Cancer Institute 1998; 90: 1440-1450.

Boffetta P, Burstyn I, Partanen T, Kromhout H, Svane O, Langård S, Järvholm B, Frentzel-Beyme R, Kauppinen T, Stücker I, Shaham J, Heederik D, Ahrens W, Bergdahl IA, Cenée S, Ferro G, Heikkilä P, Hooiveld M, Johansen C, Randem BG, Schill W. Cancer mortality among European asphalt workers: an international epidemiological study. II. Exposure to bitumen fume and other agents. American Journal of Industrial Medicine 2003; 43: 28-39.

Braun R, Dickmann F. ICD – Ziele und Veränderungen der 10. Revision. In: Kunath, H. Lochmann, M./Hrsg. Klassifikation als Voraussetzung für Qualitätssicherung – Grundlagen und Anwendung. 1993, ecomed, Landsberg, 93-104.

Bremer V, Leitmeyer K, Jensen E, Metzel U, Meczulat H, Weise E, Werber D, Tschape H, Kreienbrock L, Glaser S, Ammon A. Outbreak of Salmonella Goldcoast infections linked to consumption of fermented sausage, Germany 2001. Epidemiology and Infection 2004; 132: 881-887.

Brennecke R, Greiser E, Paul HA, Schach E. Datenquellen für Sozialmedizin und Epidemiologie. Medizinische Informatik und Statistik, Band 29, 1981, Springer, Berlin, Heidelberg, New York.

Breslow NE, Day NE. Statistical Methods in Cancer Research, Vol I: The Analysis of Case-Control Studies. 1980, IARC Scientific Publications, No.32, IARC, Lyon.

Breslow NE, Day NE. Statistical Methods in Cancer Research, Vol II: The Design and Analysis of Cohort Studies. 1987, IARC Scientific Publications, No.82, IARC, Lyon.

Breslow NE, Storer BE. General relative risk functions for case-control studies. American Journal of Epidemiology 1985; 122: 149-162.

Brüske-Hohlfeld I, Möhner M, Pohlabeln H, Ahrens W, Bolm-Audorff U, Kreienbrock L, Kreuzer M, Jahn I, Wichmann HE, Jöckel KH Occupational lung cancer risk for men in Germany: Results from a pooled case-control study. American Journal of Epidemiology 2000; 151: 384-395.

BVL (Bundesamt für Verbraucherschutz und Lebensmittelsicherheit). Zoonosen-Monitoring. http://www.bvl.bund.de/DE/01_Lebensmittel/01_Aufgaben/02_AmtlicheLebensmittelueberwachung/08_Zoonosen Monitoring/lm_zoonosen_monitoring_node.html, download: 14. Oktober 2011.

Campbell MJ. Cluster randomized trials In: Ahrens W, Pigeot I./Hrsg. Handbook of Epidemiology, 2nd ed. 2012, Springer, Heidelberg/New York.

Chia KS. "Significant-itis" – an obsession with the p-value. Scandinavian Journal of Work, Environmental and Health 1997; 23: 152-154.

Chiang CL, Hodges FL, Yerushalmy J. Statistical problems in medical diagnosis. In: Neyman, J./ed. Proceedings of the 3rd Berkeley Symposium, IV. 1956, Berkeley, UCP, 121-133.

CIOMS (Council for International Organizations of Medical Sciences). International Ethical Guidelines for Epidemiological Studies. 2009, World Health Organization, Geneva.

Clayton D, Hills M. Statistical Models in Epidemiology. 1993, Oxford University Press, Oxford.

CMA (Chemical Manufacturers Association's Epidemiology Task Group). Guidelines for good epidemiology practices for occupational and environmental epidemiologic research. Journal of Occupational Medicine 1991; 33: 1221-1229.

Cochran WG. Some methods for strengthening the common χ^2-tests. Biometrics 1954; 10: 417-451.

Cochran WG. Sampling Techniques, 3rd ed. 1977, John Wiley, New York.

Cohen J. Statistical Power Analysis for the Behavioral Sciences, 2nd ed. 1988, Lawrence Erlbaum Associates, Hillsdale/ New Jersey.

Cook RR. Overview of good epidemiologic practices. Journal of Occupational Medicine 1991; 33: 1216-1220.

Copeland KT, Checkoway H, McMichael AJ, Holbrook RH. Bias due to misclassification in the estimation of relative risk. American Journal of Epidemiology 1977; 105: 488-495.

Cornfield J. A statistical problem arising from retrospective studies. In: Neyman, J./ed. Proceedings of the 3rd Berkeley Symposium, IV. 1956, Berkeley, UCP, 133-148.

DAE (Deutsche Arbeitsgemeinschaft für Epidemiologie) und Arbeitskreis Wissenschaft der Konferenz der Datenschutzbeauftragten des Bundes und der Länder. Epidemiologie und Datenschutz. 1998. http://www.dgepi.de/doc/Epidemiologie%20und%20Datenschutz.pdf, download: August 2011.

Dahms S. Epidemiologische Studien zur Übertragung der Bovinen Spongiformen Encephalopathie (BSE) – Anmerkungen aus biometrischer Sicht. Berliner und Münchner Tierärztliche Wochenschrift 1997; 110: 161 - 165.

Darby S, Hill D, Auvinen A, Barros-Dios JM, Baysson H, Bochicchio F, Deo H, Falk R, Forastiere F, Hakama M, Heid I, Kreienbrock L, Kreuzer M, Lagarde F, Makelainen I, Muirhead C, Oberaigner W, Pershagen G, Ruano-Ravina A, Ruosteenoja E, Rosario AS, Tirmarche M, Tomasek L, Whitley E, Wichmann HE, Doll R. Radon in homes and risk of lung cancer: collaborative analysis of individual data from 13 European case-control studies. British Medical Journal 2005;330: 223-227.

Day NE. Interpretation of negative epidemiological evidence for carcinogenicity. Statistical considerations. In: Scientific Publications of the IARC (International Agency for Research on Cancer) 1985; 65: 13-27.

Day NE, Byar DP. Testing hypotheses in case-control studies – Equivalence of Mantel-Haenszel statistics and logit score tests. Biometrics 1979; 35: 623-630.

Deklaration von Helsinki – Ethische Grundsätze für die medizinische Forschung am Menschen. Bundesärztekammer, deutsche Übersetzung, Version 2008. http://www.aerzteblatt.de/v4/plus/down.asp?typ=PDF&id=5324, download: 9. Juli 2011.

Deming WE. Sample Design in Business Research. 1960, Wiley, New York.

DFG (Deutsche Forschungsgemeinschaft). Vorschläge zur Sicherung guter wissenschaftlicher Praxis: Empfehlungen der Kommission "Selbstkontrolle in der Wissenschaft". 1998, Wiley-VCH, Weinheim, http://www.dfg.de/download/pdf/dfg_im_profil/reden_stellungnahmen/download/empfehlung_wiss_praxis_0198.pdf, download: 15. Oktober 2011.

DGEpi (Deutsche Gesellschaft für Epidemiologie). Leitlinien und Empfehlungen zur Sicherung von Guter Epidemiologischer Praxis (GEP) – Langversion. 2009. http://www.dgepi.de/pdf/infoboard/stellungnahme/GEP%20mit%20Ergaenzung%20GPS%20Stand%2024.02.2009.pdf, download: 15. Oktober 2011.

DGMS/DGSMP (Deutsche Gesellschaft für Medizinische Soziologie/Deutsche Gesellschaft für Sozialmedizin und Prävention). Kodex "Gute Praxis der Forschung mit Mitteln Dritter im Gesundheitswesen" (GPFMD). Das Gesundheitswesen 2006; 68: 796.

Dohoo I, Martin W, Stryhn H. Veterinary Epidemiologic Research, 2nd ed. 2009, VER Inc, Charlottetown.

Doll R, Hill AB. Smoking and carcinoma of the lung – preliminary report. British Medical Journal 1950; 2: 739-748.

Doll R, Hill AB. The mortality of doctors in relation to their smoking habits. British Medical Journal 1954; 228: 1451-1455.

Doll R, Peto R. The causes of cancer – quantitative estimates of avoidable risks in the United States today. Journal of the National Cancer Institute 1981; 66: 1191-1308.

Doll R, Peto R, Boreham J, Sutherland I. Mortality in relation to smoking: 50 years´ observation on male British doctors. British Medical Journal 2004; 328: 1519-1533.

Donner-Banzhoff N. Kenntnisse von Patienten über ihren Krankheitsstatus. Persönliche Mitteilung, 1993.

Edwards P, Roberts I, Clarke M, DiGuiseppi C, Pratap S, Wentz R, Kwan I. Increasing response rates to postal questionnaires: systematic review. British Medical Journal 2002; 324: 1183.

Edwards P, Roberts I, Clarke M, DiGuiseppi C, Pratap S, Wentz R, Kwan I, Cooper R. Methods to increase response rates to postal questionnaires. Cochrane Database of Systematic Reviews. 2007; (2): MR000008. Update in: Cochrane Database of Systematic Reviews 2009;(3):MR000008.

Ethikkommission der Universität Bremen. Kriterien der Begutachtung. 2007. http://www. ethikkommission.uni-bremen.de/Kriterien%20web.pdf, download: 9. Juli 2011.

EU (European Union). Directive 2001/20/EC of the EU Parliament and of the Council on the approximation of laws, regulations and administrative provision of the Member States relating to the implementation of good clinical practice in the conduct of clinical trials on medicinal products for human use. 2001. http://eur-lex.europa.eu/LexUriServ/LexUriServ.do?uri=OJ:L:2001:121:0034:0044:en:PDF, download: 15. Oktober 2011.

Evans AS. Causation and disease: the Henle-Koch postulates revisited. Yale Journal of Biology and Medicine 1976; 49: 175-195.

Fahrmeir L, Künstler R, Pigeot I, Tutz G. Statistik – Der Weg zur Datenanalyse, 6. Aufl. 2007, Springer, Heidelberg.

FHS (Framingham Heart Study). Framingham Heart Study – A Project of the National Heart, Blood and Lung Institute and Boston University. http://www.framinghamheartstudy.org/, download: 25. Oktober 2011.

Fink A. How to Ask Survey Questions: 2 The Survey Kit, 2nd ed. 1995, Sage Publications, Thousand Oaks, London, New Delhi.

Fink A. Epidemiological field work in population-based studies. In: Ahrens W, Pigeot I./Hrsg. Handbook of Epidemiology, 2nd ed. 2012, Springer, Heidelberg/New York.

Fisher RA. Statistical Methods for Research Workers, 14th ed. 1970, Oliver/Boyd, Edinburgh.

Fleiss JL, Levein B, Myunghee CP. Statistical Methods for Rates and Proportions, 3rd ed. 2003, Wiley, New York u.a.O.

Gart JJ. Point and interval estimation of the common Odds Ratio in the combination of 2×2-tables with fixed marginals. Biometrics 1970; 26: 409-416.

Gart JJ. The comparison of proportions: a review of significance tests, confidence intervals, and adjustments for stratification. Reviews of the International Statistical Institute 1971; 39: 148-169.

Gefeller O. An annotated bibliography on the attributable risk. Biometrical Journal 1992; 34: 1007-1012.

Gerken M, Kreienbrock L, Wichmann HE. Radon. In: Wichmann HE, Schlipköter HW, Fülgraff G./ Hrsg. Handbuch der Umweltmedizin, 8. Ergänzungslieferung. 1996, ecomed, Landsberg VII-2.3.3,1-21.

Glaser S, Kreienbrock L. Stichprobenplanung bei veterinärmedizinischen Studien – Ein Leitfaden zur Bestimmung des Untersuchungsumfangs. 2011, Schlütersche, Hannover.

Greenhalgh T. How to read a paper. Getting your bearings (deciding what the paper is about). British Medical Journal 1997; 315: 243-246.

Greenland S. Modeling and variable selection in epidemiologic analysis. American Journal of Public Health 1989; 79: 340-349.

Greenland S. Regression methods for epidemiological analysis. In: Ahrens W, Pigeot I./ Hrsg. Handbook of Epidemiology, 2nd ed. 2012, Springer, Heidelberg, New York.

Guerrero VM, Johnson RA. Use of the Box-Cox transformation with binary response models. Biometrika 1982; 69: 309-314.

Guilbaud O. On the large-sample distribution of the Mantel-Haenszel odds-ratio estimator. Biometrics 1983; 39: 523-525.

Gustafson P, Greenland S. Misclassification. In: Ahrens W, Pigeot I./ Hrsg. Handbook of Epidemiology, 2nd ed. 2012, Springer, Heidelberg, New York.

Hajek J, Sidak Z. Theory of Rank Tests. 1967, Academic Press, New York.

Hammond EC, Selikoff IJ, Seidman H. Asbestos exposure, cigarette smoking and death rates. Annals o the New York Academy of Sciences 1979; 330: 473-490.

Hansen MH, Hurwitz WN. The problem of non-response in sample surveys. Journal of the American Statistical Association 1946; 41: 517-529.

Harnischmacher U, Ihle P, Berger B, Goebel J, Scheller J. Checkliste und Leitfaden zur Patienteneinwilligung – Grundlagen und Anleitung für die klinische Forschung. Schriftenreihe der Telematikplattform für Medizinische Forschungsnetze (TMF). Band 3, 2006, Medizinisch Wissenschaftliche Verlagsgesellschaft, Berlin.

Hartung J, Elpelt B, Klösener KH. Statistik – Lehr- und Handbuch der angewandten Statistik, 15. Auflage. 2009, Oldenbourg, München, Wien.

Hauck WW. The large sample variance of the Mantel-Haenszel estimator of a common odds ratio. Biometrics 1979; 35: 817-819.

Hauser S. Daten, Datenanalyse und Datenbeschaffung in den Wirtschaftswissenschaften. 1979, Hain, Königstein/Ts.

HI-Tier. Herkunftssicherungs- und Informationssystem für Tiere. http://www.hi-tier.de/, download: 14. Oktober 2011.

Hochberg Y, Tamhane AC. Multiple Comparison Procedures. 1987, John Wiley & Sons, New York.

Horn M, Vollandt R. Multiple Tests und Auswahlverfahren. 1995, Fischer, Stuttgart.

Hsu JC. Multiple Comparisons: Theory and Methods. 1996, Chapman & Hall, London.

IARC (International Agency for Research on Cancer). EPIC Project. 2011. http://epic.iarc.fr, download: 15. Oktober 2011.

ICME (International Committee of Medical Journal Editors). Uniform requirements for manuscripts submitted to biomedical journals: ethical considerations in the conduct and reporting of research: authorship and contributorship. 2008. http://www.icmje.org/ethical_1author.html, download: 15. Oktober 2011.

IDEFICS. IDEFICS publication rules. 2011. http://www.ideficsstudy.eu/Idefics/UserFiles/File/Pubrules_IDEFICS_ver_2011Jun.pdf, download: 15. Oktober 2011.

IEA-EEF (International Epidemiological Association-European Epidemiology Federation). Good epidemiological practice: proper conduct in epidemiologic research. 2004. http://www.dundee.ac.uk/iea/GoodPract.htm, download: 15. Oktober 2011.

IEA (International Epidemiological Association). Good epidemiological practice (GEP) IEA guidelines for proper conduct in epidemiologic research. 2007. http://www.ieaweb.org/index.php?view=article&catid=20%3Agood-epidemiological-practice-gep&id=15%3Agood-epidemiological-practice-gep&format=pdf&option=com_content&Itemid=43, download: 1. Mai 2011.

Jöckel K-H, Ahrens W, Jahn I, Pohlabeln H, Bolm-Audorff U. Untersuchungen zu Lungenkrebs und Risiken am Arbeitsplatz. 1995, Schriftenreihe der Bundesanstalt für Arbeitsmedizin. NW-Verlag, Bremerhaven.

Jöckel KH, Ahrens W, Jahn I, Pohlabeln H, Bolm-Audorf U. Occupational risk factors for lung cancer: a case-control study in West Germany. International Journal of Epidemiology 1998; 27: 549-560.

Kauermann G, Küchenhoff H. Stichproben – Methoden und praktische Umsetzung mit R. 2011, Springer, Berlin, Heidelberg.

Kiehntopf M, Böer K. Biomaterialbanken – Checkliste zur Qualitätssicherung. Schriftenreihe der Telematikplattform für Medizinische Forschungsnetze (TMF). Band 5, 2008, Medizinisch Wissenschaftliche Verlagsgesellschaft, Berlin.

Klar R, Thurmayr R, Graubner B, Winter T. GMDS-Stellungnahme zur deutschen Übersetzung der ICD-10. In: Kunath H, Lochmann M./ Hrsg. Klassifikation als Voraussetzung für Qualitätssicherung – Grundlagen und Anwendung. 1993, ecomed, Landsberg, 113-120.

Kleinbaum DG, Kupper LL, Morgenstern H. Epidemiologic Research. 1982, van Nostrand Reinhold, New York u.a.O.

Köhler W, Schachtel G, Voleske P. Biostatistik, 4. Aufl. 2007, Springer, Heidelberg.

Kohlmeier L, Arminger G, Bartolomeycik S, Bellach B, Remm J, Tamm M. Pet birds as an independent risk factor for lung cancer: case-control-study. British Medical Journal 1992; 305: 986-989.

Kreienbrock L. Einführung in die Stichprobenverfahren, 2. Auflage. 1993, Oldenbourg, München, Wien.

Kreienbrock L, Kreuzer M, Gerken M, Dingerkus G, Wellmann J, Keller G, Wichmann HE. Case-control study on lung cancer and residential radon in West Germany. American Journal of Epidemiology 2001; 153/1: 42-52.

Kreuzer M, Krauss M, Kreienbrock L, Jöckel KH, Wichmann HE. Environmental tobacco smoke and lung cancer – A case-control study in Germany. American Journal of Epidemiology 2000; 151: 241-250.

Kromeyer-Hauschild K, Wabitsch M, Kunze D, Geller F, Geiß HC, Hesse V, von Hippel A, Jaeger U, Johnsen D, Korte W. Perzentile für den Body-Mass-Index für das Kindes- und Jugendalter unter Heranziehung verschiedener deutscher Stichproben. Monatsschrift für Kinderheilkunde 2001; 149: 807-818.

Krüger HP, Lehmacher W, Wall KD. Die Vierfeldertafel bis N = 80. 1981, Fischer, Stuttgart.

Last J. Obligations and responsibilities of epidemiologists to research subjects. Journal of Clinical Epidemiology 1991; 44: 95S-101S.

Latza U, Hoffmann W, Terschüren C, Chang-Claude J, Kreuzer M, Schaffrath Rosario A, Kropp S, Stang A, Ahrens W, Lampert T. Erhebung, Quantifizierung und Analyse der Rauchexposition in epidemiologischen Studien. 2005, Robert-Koch-Institut (RKI), Berlin.

Lehmann EL, Casella G. Theory of Point Estimation. 1998, Springer, Berlin.

Lieberman GJ, Owen DB. Tables of the Hypergeometric Probability Distribution. 1961, Stanford University Press, Stanford/ California.

Little RJA, Rubin DB. Statistical Analysis with Missing Data, 2nd ed. 2002, Wiley, New York.

Liu Q, Sasco AJ, Riboli E, Hu MX. Indoor air pollution and lung cancer in Guangzhou, People's Republic of China. American Journal of Epidemiology 1993; 137: 145-154.

Lorenz RJ. Grundbegriffe der Biometrie, 4. Aufl. 1996, Fischer, Stuttgart, New York.

Lwanga SK, Lemeshow S. Sample Size Determination in Health Studies. 1991, World Health Organisation, Geneva.

Madow WG, Nisselson H, Olkin I./ed. Incomplete Data in Sample Surveys, Vol. 1: Report and Case Studies. 1983, Academic Press, New York u.a.O.

Madow WG, Olkin I./ed. Incomplete Data in Sample Surveys, Vol. 3: Proceedings of the Symposium. 1983, Academic Press, New York u.a.O.

Madow WG, Olkin I, Rubin DB./ed. Incomplete Data in Sample Surveys, Vol. 2: Theory and Bibliograhies. 1983, Academic Press, New York u.a.O.

Mantel N. χ^2-tests with one degree of freedom: extensions of the Mantel-Haenszel procedure. Journal of the American Statistical Association 1963; 58: 690-700.

Mantel N, Fleiss JL. Minimum expected cell size requirements for the Mantel-Haenszel one-degree-of-freedom chi-square test and a related rapid procedure. American Journal of Epidemiology 1980; 112: 129-34.

Mantel N, Haenszel W. Statistical aspects of the analysis of data from retrospective studies of disease. Journal of the National Cancer Institute 1959; 22: 719-748.

Mausner JS, Kramer S. Epidemiology – An Introductory Text. 1985, Saunders, Philadelphia.

Medical Equipment/Medical Supplies. Frankfort Plane – Anthropometry Fundamentals. http://www. quickmedical.com/anthropometry/frankfort_plane.html, download: 9. Juli 2011.

Menges G, Skala J. Grundriß der Statistik – Teil 2: Daten. 1973, Westdeutscher Verlag, Opladen.

Menzler S, Piller G, Gruson M, Rosario AS, Wichmann HE, Kreienbrock L. Population attributable fraction for lung cancer due to residential radon in Switzerland and Germany. Health Physics 2008; 95: 179-89.

Mehta CR, Patel NR. Exact logistic regression: theory and examples. Statistics in Medicine 1995; 14: 2143-2160.

Miettinen OS. Estimability and estimation in case-referent studies. American Journal Epidemiology 1976; 103: 226-235.

Miettinen OS. Theoretical Epidemiology. 1985, Wiley, New York u.a.O.

Miller RG. Survival Analysis. 1981a, Wiley, New York.

Miller RG. Simultaneous Statistical Inference, 2nd ed. 1981b, Springer, New York.

Moennig V. Diagnostische Sicherheit bei der serologischen Testung der klassischen Schweinepest. Persönliche Mitteilung, 2010.

Moolgavkar SH, Venzon DJ. General relative risk regression models for epidemiologic studies. American Journal of Epidemiology 1987; 126: 949-961.

MRC (Medical Research Council). Good research practice (updated 2005). MRC, London, 2000. http://www.mrc.ac.uk/Utilities/Documentrecord/index.htm?d=MRC002415, download: 15. Oktober 2011.

Neta G, Samet JM, Rajaraman P. Quality control and good epidemiological practice. In: Ahrens W, Pigeot I./Hrsgb. Handbook of Epidemiology, 2nd ed. 2012, Springer, Heidelberg/New York.

NHS (Nurses Health Study). The Nurses Health Study. http://www.channing.harvard.edu/nhs/, download: 25. Oktober 2011

Noelle E. Umfragen in der Massengesellschaft. 1963, Rowohlt, Reinbeck.

Nonnemacher M, Weiland D, Stausberg J. Datenqualität in der medizinischen Forschung – Leitlinie zum adaptiven Management von Datenqualität in Kohortenstudien und Registern. Schriftenreihe der Telematikplattform für Medizinische Forschungsnetze (TMF). Band 4, 2007, Medizinisch Wissenschaftliche Verlagsgesellschaft, Berlin.

Odoroff CL. A comparison of minimum logit χ^2-estimation and maximum likelihood estimation in 2×2×2 and 3×2×2 contingency tables. Journal of the American Statistical Association 1970; 65: 1617-1631.

OIE (World Organisation for Animal Health). Validation and Certification of Diagnostic Assays. http://www.oie.int/our-scientific-expertise/certification-of-diagnostic-tests/background-information/, download: 14. Oktober 2011.

Oken MM, Creech RH, Tormey DC, Horton J, Davis TE, McFadden ET, Carbone PP. Toxicity and response criteria of The Eastern Cooperative Oncology Group. American Journal of Clinical Oncology. 1982; 5: 649-655.

Olsson A, Kromhout H, Agostini M, Hansen J, Funch Lassen C, Johansen C, Kjaerheim K, Langard S, Stücker I, Ahrens W, Behrens T, Lindbohm ML, Heikkilä P, Heederik D, Portengen L, Shaham J, Ferro G, de Vocht F, Burstyn I, Boffetta P. A case-control study of lung cancer nested in a cohort of European asphalt workers. Environmental Health Perspectives 2010; 118:1418 - 1424.

Ovelhey A, Beyerbach, Kreienbrock L. Einfluss des Antwortverhaltens in veterinärepidemiologischen Studien – Untersuchungen am Beispiel einer Querschnittsstudie zum Bestandsmanagement in Rinder haltenden Betrieben in Niedersachsen. Berliner und Münchner Tierärztliche Wochenschrift 2005; 118: 309-313.

Ovelhey A, Beyerbach M, Schael J, Selhorst T, Kramer M, Kreienbrock L. Risk factors for BSE-infections in Lower Saxony, Germany. Preventive Veterinary Medicine 2008; 83: 196-209.

Penfield RD. Applying the Breslow-Day test of trend in odds ratio heterogeneity to the analysis of nonuniform DIF. Alberta Journal of Educational Research 2003; 49: 231-243.

Pesch B. Aktuelle Anfragen verschiedener Institutionen und Gremien zum Zusammenhang von Umweltverschmutzung und plötzlichem Kindstod. Persönliche Mitteilung, 1992.

Petrie L, Watson P. Statistics for Animal Science. 1999, Blackwell, Oxford.

Pigeot I. A class of asymptotically efficient noniterative estimators of a common odds ratio. Biometrika 1990; 77: 420-423.

Poffijn A, Tirmarche M, Kreienbrock L, Kayser P, Darby SC. Radon and lung cancer: Protocol and procedures of the multicenter studies in the Ardennes-Eifel region, Brittany and the Massive Central region. Radiation Protection Dosimetry 1992; 45: 651-656

Pohlabeln H, Jöckel KH, Bolm-Audorff U. Non-occupational risk factors for cancer of the lower urinary tract in Germany. European Journal of Epidemiology 1999;15:411-9.

Pokropp F. Stichproben: Theorie und Verfahren, 2. Auflage. 1996, Oldenbourg, München.

Porta M, Greenland S, Last JM. A Dictionary of Epidemiology, 5th ed. 2008, Oxford University Press, New York, Oxford, Toronto.

Prüss-Üstün A, Mathers C, Corvolán C, Woodward A. Introduction and methods: assessing the environmental burden of disease at national and local levels. 2003, WHO Environmental burden of disease Series, No. 1. World Health Organization, Geneva.

Raspe H., Hüppe A., Steinmann M. Empfehlungen zur Begutachtung klinischer Studien durch Ethikkommissionen. Medizin-Ethik Band 18 VI. 2005, Deutscher Ärzte Verlag, Berlin.

Riemann K, Wagner A. Passantenbefragungen zu kommunalen Gesundheitseinflüssen – Anregungen für die Praxis. Public Health Forum 1994; 4: 12-13.

RKI (Robert Koch-Institut). Schwerpunktheft: Bundes-Gesundheitssurvey 1998. Das Gesundheitswesen. 1999; 61: S55-S222.

RKI (Robert Koch-Institut). BGS98 (Bundes-Gesundheitssurvey 1998) – Public Use Files zu den RKI-Gesundheitssurveys.   http://www.rki.de/cln_226/nn_206894/DE/Content/GBE/Erhebungen /PublicUseFiles/publicusefiles__node.html?__nnn=true, download: 25. Oktober 2011.

RKI (Robert Koch-Institut). Krebsneuerkrankungen in Deutschland – Schätzung des Robert Koch-Instituts. http://www.rki.de/cln_171/nn_204078/DE/Content/GBE/DachdokKrebs/Datenbankabfragen/Ne uerkrankungen/neuerkrankungen__node.html?__nnn=true, download: 2. Dezember 2009.

RKI (Robert Koch-Institut). RKI-Ratgeber Infektionskrankheiten – Merkblätter für Ärzte. http://www.rki.de /cln_178/nn_196878/DE/Content/Infekt/EpidBull/Merkblaetter/Ratgeber, download: 25. Januar 2010.

RKI (Robert Koch-Institut). SurvStat@RKI, Abfrage der Meldedaten nach Infektionsschutzgesetz (IfSG) über das Web. http://www.rki.de/cln_171/nn_196658/DE/Content/Infekt/SurvStat/survstat__inhalt. html?__nnn=true, download: 25. Januar 2010.

Robins JM, Breslow N, Greenland S. Estimators of the Mantel-Haenszel variance consistent in both sparse data and large strata limiting models. Biometrics 1986; 42: 311-323.

Rothman KJ, Greenland S. Modern Epidemiology, 2nd ed. 1998, Lippincott-Raven Publishers, Philadelphia.

Rothman KJ, Greenland S, Lash TL. Modern Epidemiology, 3rd ed. 2008, Wolters Kluwer, Lippincott, Williams & Wilkins, Philadelphia.

Rossouw JE, Anderson GL, Prentice RL, LaCroix AZ, Kooperberg C, Stefanick ML, Jackson RD, Beresford SA, Howard BV, Johnson KC, Kotchen JM, Ockene J; Writing Group for the Women's Health Initiative Investigators. Risks and benefits of estrogen plus progestin in healthy postmenopausal women principal results from the Women's Health Initiative randomized controlled trial. Journal of the American Medical Association 2002; 288: 321-333.

Sacket DL. Bias in analytic research. Journal of Chronic Diseases. 1979; 32: 51-63.

Sala M, Cordier S, Chang-Claude J, Donato F, Escolar-Pujolar A, Fernandez F, González CA, Greiser E, Jöckel KH, Lynge E, Mannetje A, Pohlabeln H, Porru S, Serra C, Tzonou A, Vineis P, Wahrendorf J, Boffetta P, Kogevina M. Coffee consumption and bladder cancer in nonsmokers: a pooled analysis of case-control studies in European countries. Cancer Causes Control 2000;11:925-931.

Särndal CE, Swensson B, Wretman J. Model Assisted Survey Sampling. 1992, Springer, New York u.a.O.

Samet JM. Radon and lung cancer. Journal of the National Cancer Institute 1989; 81: 745-757.

Samet JM. The epidemiology of lung cancer. Chest 1993; 103: 20S-29S.

Samet JM, Stolwijk J, Rose SL. International Workshop on Residential Rn Epidemiology. Health Physics 1991; 60: 223-227.

Sandler DP, Weinberg CR, Shore DL, Archer VE, Stone MB, Lyon JL, Rothney-Kozlak L, Shepherd M, Stolwijk JA. Indoor radon and lung cancer risk in Connecticut and Utah. Jornal of Toxicology and Environmental Health A 2006; 69: 633-654.

Sandman PM. Session III. Ethical considerations and responsibilities when communicating health risk information. Emerging communication responsibilities of epidemiologists. Journal of Clinical Epidemiology 1991; 44: 41S-50S.

Sauter K. Fall-Kontroll-Studie zu den Risikofaktoren der bovinen spongiformen Enzephalopathie (BSE) in Norddeutschland. 2006, Dissertation, Tierärztliche Hochschule Hannover.

Schach E./ Hrsg. Von Gesundheitsstatistiken zur Gesundheitsinformation. 1985, Springer, Berlin.

Schach E, Schach S, Kilian W, Podlech A, Schlink B, Schönberger C. Daten für die Forschung im Gesundheitswesen. Beiträge zur juristischen Informatik Band 20. 1995, S. Toeche-Mittler, Darmstadt.

Schach S. Methodische Aspekte der telefonischen Bevölkerungsbefragung – Grundsätzliche Überlegungen und Ergebnisse einer empirischen Untersuchung. In: Schach S, Trenkler G./Hrsg. Data Analysis and Statistical Inference, Festschrift in Honour of Prof. Dr. Friedhelm Eicker. 1992, Eul, Bergisch Gladbach, Köln, 377-398.

Schach S, Schach E. Pseudoauswahlverfahren bei Personengesamtheiten I: Namensstichproben. Allgemeines Statistisches Archiv 1978; 62: 379-396.

Schach S, Schach E. Pseudoauswahlverfahren bei Personengesamtheiten II: Geburtstagsstichproben. Allgemeines Statistisches Archiv 1979; 63: 108-122.

Schach S, Schäfer T. Regressions- und Varianzanalyse. 1978, Springer, Berlin.

Schafer, JL. Analysis of Incomplete Multivariate Data. 1997, New York: Chapman & Hall.

Scheffé H. The Analysis of Variance. 1959, Wiley, New York.

Schlesselman JJ. Case-Control Studies. Design, Conduct and Analysis. 1982, Oxford University Press, New York, Oxford.

Schmier H. Die Strahlenexposition durch die Folgeprodukte des Radon und Thoron. 1984, Schriftenreihe des Instituts für Strahlenhygiene des BGA, Neuherberg.

Seber GAF. The estimation of animal abundance and related parameters, 2nd ed. 1982, Griffin & Co, London.

Simon W, Paslack R, Robienski J, Goebel W, Krawczak M. Biomaterialbanken – Rechtliche Rahmenbedingungen. Schriftenreihe der Telematikplattform für Medizinische Forschungsnetze (TMF). Band 2. 2006, Medizinisch Wissenschaftliche Verlagsgesellschaft, Berlin.

Skabanek P, McCormick J. Torheiten und Trugschlüsse in der Medizin, 3. Aufl. 1995, Kirchheim, Mainz.

Skinner CJ, Holt D, Smith TMF./ed. Analysis of Complex Surveys. 1989, Wiley, Chichester u.a.O.

Sonnemann E. Allgemeine Lösungen multipler Testprobleme. EDV in Medizin und Biologie 1982; 13: 120-128.

Stang A, Ahrens W, Jöckel K-H. Control response proportions in population-based case-control studies in Germany. Epidemiology 1999; 10: 181-183.

Stang A, Jöckel K-H. Studies with low response rates may be less biased than studies with high response rates. American Journal of Epidemiology 2004; 59: 204-210.

Statistische Ämter des Bundes und der Länder. Easystat: Statistik regional. CD-ROM, Version 2007. Statistische Ämter des Bundes und der Länder, Düsseldorf.

Statistisches Bundesamt./ Hrsg. (verschiedene Jahrgänge): Statistisches Jahrbuch … für die Bundesrepublik Deutschland. Metzler/Poeschel, Wiesbaden.

Statistisches Bundesamt./ Hrsg. Das Informationssystem der Gesundheitsberichterstattung des Bundes. http://www.gbe-bund.de/, download: 26. Januar 2010.

Statistisches Bundesamt./ Hrsg. Fragebogen zum Mikrozensus 2011. http://www.destatis.de/jetspeed/portal /cms/Sites/destatis/Internet/DE/Content/Statistiken/Bevoelkerung/MikrozensusFragebogenMuste r,property=file.pdf, download: 18. Februar 2011.

Stern. /Hrsg. Epidemie Übergewicht – die Welt wird immer dicker. http://www.stern.de/wissenschaft /medizin/562727.html, download: 20. März 2009.

Stern. /Hrsg. Zwei Milliarden Menschen zu dick – UN soll Fettleibigkeit bekämpfen. http://www.stern.de /ernachrung/aktuelles/zwei-milliarden-menschen-zu-dick-un-soll-fettleibigkeit-bekaempfen- 1720938.html, download: 26. Oktober 2011.

Stolley PD. When genius errs: R. A. Fisher and the lung cancer controversy. American Journal of Epidemiology 1991; 133: 416-425.

Swart E, Ihle P./Hrsg. Routinedaten im Gesundheitswesen – Handbuch Sekundärdatenanalyse: Grundlagen, Methoden und Perspektiven. 2005, Hans Huber, Bern.

Thamm M. Blutdruck in Deutschland – Zustandsbeschreibung und Trends. Das Gesundheitswesen 1999; 61, S90–S93.

Thomas DC. General relative-risk models for survival time and matched case-control analysis. Biometrics 1981: 37: 673-686.

484   Literatur

Toma B, Vaillancourt JP, Dufour B, Eloit M, Moutou F, Marsh W, Bénet JJ, Sanaa M, Michel P./ed. Diction-
    ary of Veterinary Epidemiology. 1999, Iowa State University Press, Ames.

Tutz G. Modelle für kategoriale Daten mit ordinalem Skalenniveau – parametrische und nonparametrische
    Ansätze. 1990, Vandenhoek & Ruprecht, Göttingen.

Überla K. Empirische Grenzen der Erkennbarkeit von Kausalzusammenhängen durch epidemiologische Unter-
    suchungen. In: Guggenmoos-Holzmann I./Hrsg: Quantitative Methoden in der Epidemiologie.
    Medizinische Informatik und Statistik Band 72, 1991, Springer, Berlin, 193-199.

Unkelbach HD, Wolf T. Qualitative Dosis-Wirkungs-Analyse. 1985, Fischer, Stuttgart, New York.

Ury HK. Efficiency of case-control studies with multiple controls per case: continuous or dichotomous data.
    Biometrics 1975; 31: 643-649.

US FDA (US Food and Drug Administration). Guidance documents (including information sheets) and no-
    tices.   2010.   http://www.fda.gov/ScienceResearch/SpecialTopics/RunningClinicalTrials
    /GuidancesInformationSheetsandNotices/default.htm, download: 15. Oktober 2011.

Vegelius J, Dahlqvist B. Corall – 2. Mitteilungen des Hochschulrechenzentrums 2/89, 1989, Universität-
    Gesamthochschule Siegen.

von Altrock A, Louis Al, Rösler U, Alter T, Beyerbach M, Kreienbrock L, Waldmann KH. Untersuchungen
    zur bakteriologischen und serologischen Prävalenz von Campylobacter spp. und Yersinia entero-
    colitica in niedersächsischen Schweinemastbeständen. Berliner und Münchner Tierärztliche
    Wochenschrift 2006; 119: 391-399.

Weed D, McKeown R. Science and social responsibility in public health. Environmental Health Perspectives
    2003; 14: 1804-1808.

Werber D, Behnke SC, Fruth A, Merle R, Menzler S, Glaser S, Kreienbrock L, Prager R, Tschäpe H, Roggen-
    tin P, Bockemühl J, Ammon A. Shiga toxin-producing Escherichia coli infection in Germany –
    Different risk factors for different age groups. American Journal of Epidemiology 2007;
    165:425-434.

Westfall PH, Young SS. Resampling-Based Multiple Testing. 1993, John Wiley & Sons, New York.

WHO (World Health Organisation). / ed. Medical Certification of Cause of Death, Instructions for Physicians
    on Use of International Form of Medical Certificate of Cause of Death, 4th ed. 1979, WHO,
    Geneva.

WHO (World Health Organisation). / ed. International Statistical Classification of Diseases and Related Health
    Problems, 10th revision. 1992, WHO, Geneva.

WHO (World Health Organisation). / ed. World Health Survey. http://www.who.int/healthinfo/survey/en/,
    download: 25. Oktober 2011.

Wichmann HE, Jöckel KH, Molik B. Luftverunreinigungen und Lungenkrebsrisiko. UBA-Bericht 7/91, 1991,
    E. Schmidt, Berlin.

Wichmann HE, Kreienbrock L, Kreuzer M, Gerken M, Dingerkus G, Wellmann J, Keller G. Lungenkrebsrisi-
    ko durch Radon in der Bundesrepublik Deutschland (West). 1998, ecomed, Landsberg.

Wichmann HE, Lehmacher W. Manual für die Planung und Durchführung epidemiologischer Studien. 1991,
    Schattauer, Stuttgart.

Wichmann HE, Molik B. Besteht ein Zusammenhang zwischen Luftverschmutzung und dem plötzlichen
    Kindstod? Deutsche Krankenpflege Zeitschrift 1984; 37: 550-555.

Wichmann HE, Schlipköter HW, Fülgraff G./Hrsg. Handbuch der Umweltmedizin. 1992, ecomed, Landsberg.

Wilesmith JW, Ryan JBM, Hueston WD. Bovine spongiform encephalopathy: case-control studies of calf
    feeding practices and meat and bonemeal inclusion in proprietary concentrates. Research in Vet-
    erinary Science 1992; 52: 325-331.

Wilesmith JW, Wells GA, Cranwell MP, Ryan BM. Bovine spongiform encephalopathy: epidemiological stud-
    ies. Veterinary Record 1988; 123: 638-644.

WMA (World Medical Association). World Medical Association Declaration of Helsinki. Ethical principles
    for medical research involving human subjects. 2008. http://www.wma.net/e/policy/pdf/17c.pdf,
    download: 15. Oktober 2011.

Woolf B. On estimating the relationship between blood group and disease. Annals of Human Genetics 1955;
    19: 251-253.

Verzeichnis der Abkürzungen

Im Folgenden werden häufig verwendete Abkürzungen epidemiologischer Begriffe aufgeführt und deren Bedeutungen kurz erläutert. Die angegebene Seitenzahl weist auf das erste Zitat bzw. die Definition des Ausdrucks hin.

ARE   attributables Risiko der Exponierten = Anteil der auf die Exposition zurückführbaren Erkrankungen bei den Exponierten, 51

CAPI   computer assisted personal interview, 215

CATI   computer assisted telephone interview, 215

CI   (kumulative) Inzidenz = Anteil Neuerkrankter während einer Periode, 17

CMF   Comparitive Mortality Figure = Quotient von Mortalitätsraten bei direkter Standardisierung, 37

EZ   Erkrankungszeit = erwartete Zeit, bis die Erkrankung erstmalig auftritt, 25

FR   Fruchtbarkeitsrate = Anzahl Lebendgeborener bezogen auf Frauen im gebärfähigen Alter, 31

GD   Genesungsdichte = Genesende bezogen auf die Gesamtsumme der individuellen Krankheitszeiten, 26

GR   Geburtenrate = Anzahl Lebendgeborener bezogen auf die Gesamtbevölkerung, 31

ICD   International Statistical Classification of Diseases and Related Health Problems, 77

ID   Inzidenzdichte = Neuerkrankungen bezogen auf Risikozeit, 24

LR   Letalitätsrate = Anzahl Verstorbener bezogen auf die Population der Kranken, 31

MR   Mortalitätsrate = Anzahl Verstorbener bezogen auf die Gesamtbevölkerung, 31

MR_k altersspezifische Mortalitätsrate = Anzahl Verstorbener bezogen auf die Gesamtbevölkerung einer Alterklasse k, 31

MR_{st} direkt standardisierte Mortalitätsrate = Mortalitätsrate bei als gleich unterstellter Altersstruktur, 35

MR_{erw} indirekt standardisierte Mortalitätsrate = Mortalitätsrate bei als gleich unterstelltem Sterbeverhalten, 37

OR   Odds Ratio = Quotient der Odds zu erkranken bei Exposition und Nichtexposition, 45 bzw. Quotient der Odds exponiert zu sein bei Kranken und Gesunden, 45

P   Prävalenz = Anteil Erkrankter an einem Stichtag, 17

PAR   populationsattributables Risiko = Anteil der auf die Exposition zurückführbaren Erkrankungen in der Bevölkerung, 48

$P\Delta$ (Gesamt-) Risikozeit = Summe der individuellen Personenzeiten unter Risiko, 24

PP   Periodenprävalenz = Erkrankte und Neuerkrankte in einer (kurzen) Periode, 19

PR   Prävalenzratio = Quotient der Prävalenzen bei Exponierten und Nichtexponierten, 85

RD   Risikodifferenz = Differenz der Risiken bei Exponierten und Nichtexponierten, 47

RR   relatives Risiko = Quotient der Risiken bei Exponierten und Nichtexponierten, 43

RRD   relative Risikodifferenz = Differenz der Risiken bei Exponierten und Nichtexponierten bezogen auf Nichtexponierte, 48

SMR   standardisiertes Mortalitätratio = Verhältnis von Mortalitätsraten bei indirekter Standardisierung, 38

SOP   Standard Operating Procedure, 203

Sachverzeichnis

Abhängigkeit
  lineare 393
Accuracy 130
Adjustierung 315
Aggregation 84
Alternative
  einseitig 445
  zweiseitig 446
Alternativhypothese 438
Altersverteilung 31
Anonymisierung 246
Antagonismen 197
Assoziation
  Konsistenz der 61
  Stärke der 61
  Spezifität der 61
Assoziationskoeffizienten
  nach Yule 399
Ätiologische Fragestellung 55
ätiologisches Diagramm 58
Ausfälle
  1. Art 158
  2. Art 158
  neutrale 158
  nicht-neutrale 158
Ausfallgrund 233
Ausschlusskriterien 134
Auswahl
  aufs Geratewohl 139
  nach Geburtstagen 144
  nach Namensanfang 144
  nicht-zufällige 139
  Quoten 142
  systematische 139
  zufällige 136
Auswahlverzerrung 157
Auswertungsplan 212

backward procedure 348
Baseline 256
Baseline-Survey 113
Befragung 220
Behrens-Fisher-Problem 450
Beobachtungsstudie 84
Bestandszeit 25
Bestimmtheitsmaß
  einfaches 404
  multiples 406
Beurteilungsstichproben 139
Bias 4, 66, 130
  Admission-Rate 171
  Confounding 192
  Detection 172
  Diagnostic Suspicion 174
  Information 172
  Interviewer 172
  Membership - 169
  Migration 169
  Non-Response 167
  Prävalenz-Inzidenz- (Neyman-) 170
  Recall 173
  Selection 157
  Survival 171
Bindungen 396
Binomialverteilung 418
Blockdiagramm 408
Box-Plot 412

CAPI 221
CATI 221
Chance 45
Cluster-randomisierte Studie 112
comparative mortality figure 38
Confounding 5, 57
  Adjustierung 349
  Definition 193
  zufälliges 196
  Adjustierung bei 280
Convenience Sample 239

Datenmanagement 234
Deklaration von Helsinki 241
Demographie 30
Deviance 328
Diagnosezuverlässigkeit 81
Dichtefunktion 417
diskordante Paare 298
Dosis-Effekt-Beziehung 61
Dosis-Wirkungs-Beziehung 256
Dummy-Variable 316
Dynamik
  externe 22, 23
  interne 22, 23

Effekt-Modifikationen 197
Einfluss
  protektiver 45
  schädigender 45
Einflussfaktor 4, 56
Einschlusskriterien 134
Ein-Stichproben-Problem 445
Einverständniserklärung 243
Einwilligung
  freiwillige, informierte 242
Epidemiologie 1
  analytische 2, 41
  deskriptive 2
Ereignis 414
Erhebung

bei Ärzten 75
  schulärztliche 76
Erkrankungsgeschwindigkeit 26
Erwartungswert 417
Ethikkommission 242
Exponentialverteilung 29, 427
Exposition 42
Expositions-Effekt-Beziehung 307
  multiple 314

Fall-Kontroll-Studie 91
  auswahlbezogene 94
  eingebettet 104
  Nachteile von 99
  nested 104
  populationsbezogene 93
  Schätzer in der 252
  Vorteile von 98
Feasibility-Studie 239
Fehler
  1. Art 439
  2. Art 439
  Gesamt- der Untersuchung 65
  systematischer 66
  Zufalls- 65
Fehlklassifikation 174
  differentielle 190
  in der Response-Variable 184
  in der Vierfeldertafel 184
  nicht-differentielle 186
Fertilität 22
Follow-up-Studie 100
Forschungsplan 210
forward procedure 348
Fragebogen 221
Fragen
  geschlossene 224
  offene 224
Fruchtbarkeitsrate 32

Geburtenrate 32
Geburtenziffer 32
Genesung 22
Genesungsdichte 27
Gliederungszahl 18
goldener Standard 176
Grenzwertsatz
  von Moivre-Laplace 426
  zentraler 427
Grundgesamtheit 21, 62
Grundleiden 80
Gültigkeit 126
Gute epidemiologische Praxis 355
Gütemaß
  für die Regression 403
  nach Youden 177

Haupteffekt-Modell 349
Hazardrate 26
Healthy Worker Effect 169
Histogramm 31, 410
hypergeometrische Verteilung 420

ICD-Codierung 80
immortal Person-Time 103
Incentives 229
Indexzahl
  zusammengesetzte 41
Informationsverzerrung 172
Interaktionen 197
Interaktionsplots 198
Inter-Observer Variabilität 238
Interventionsstudie 83, 110
  Nachteile von 118
  Vorteile von 117
Interview 221
Intra-Oberver Variabilität 238
Inzidenz 23
  -dichte 25
  konstante 29
  kumulative 18
  -proportion 18
  -quote 18
  Schätzer für die -rate 340
Item-Non-Response 159

Kausalfaktoren 2
Kausalität 60
Kausalkette 80
Kohorten
  geschlossene 102
  Inzeption 102
  offene 102
Kohortenstudie 100
  historische 103
  mit externer Vergleichsgruppe 101
  mit interner Vergleichsgruppe 101
  Nachteile von 109
  Schätzer in der - 253, 339
  Vielzweck 103
  Vorteile von 108
Konfidenzintervall
  bei logistischer Regression 323
  bei log-linearer Poisson-Regression 337
  bei Matching 301
  bei Normalverteilung 435
  exaktes - bei Schichtung 287
  exaktes - für das Odds Ratio 264
  für das Odds Ratio nach Cornfield 259
  für das Odds Ratio nach Woolf 259
  für den Erwartungswert bei
    Normalverteilung 436
  für die Prävalenz 437
  nach Cornfield bei Schichtung 284

nach Mantel-Haenszel bei Schichtung 285
nach Woolf bei Schichtung 284
testbasiertes - für das Odds Ratio 262
konkordante Paare 298
Kontaktprotokoll 232
Kontingenzkoeffizient
    nach Pearson 399
Kontingenztafel 396
Korrelation 417
Korrelationskoeffizient
    nach Bravais-Pearson 392
    Rang- nach Spearman 395
Krankenhauskontrollen 95
Krankenkassen 73
Krankheiten
    Infektions 72
Krankheitsdauer 20
Krankheitsstärke 26
Kreisdiagramm 408
kritischer Wert 442

Lagemaße 385
Lebensdauer 427
Letalitätsrate 32
Likelihood-Funktion 321, 433
logistische Funktion
    (allgemeine) lineare 307, 314
Logit 306
Logit-Limits 259
Log-Likelihood-Funktion 321, 434
Longitudinalstudie 100
Lungenkrebs 6

Machbarkeitsstudie 239
Mantel-Haenszel-Schätzer 279
Matching 205, 298
    Häufigkeits- 207, 304
    individuelles 207
    Over- 208
Maximum-Likelihood-Methode 433
McNemar-Schätzer
    für das Odds Ratio 300
Median 386
Meilenstein 211
Meldepflicht 77
Merkmalswerte
    dichotome 384
    diskrete 383
    metrische 383
    nominale 384
    ordinale 383
    semi-quantitative 383
    stetige 383
Methode der kleinsten Quadrate 402
Migration 22
Mikrozensus 72
Mittel

arithmetisches 385
geometrisches 387
ML-Methode 433
Modalwert 387
Modus 387
Momenten-Schätzung 432
Monitoring 240
Morbidität 15
Mortalität 22
Mortalitäts Ratio
    standardisiertes 39
Mortalitätsquotient 40
Mortalitätsrate 32
    altersspezifische 33
    erwartete 39
    standardisierte 36
    unbereinigte 36
Mortalitätsratenquotient
    einfacher 38
Multinomialverteilung 420
Musterungen 76

Nachbarschaftskontrollen 145
Non-Response Bias 157
Normalverteilung 423
Nullhypothese 438

Odds 45
Odds Ratio 45
    bei stetigen Variablen 310
    der Auswahlanteile 165
    der Erkrankung 46
    der Exposition 46
    Invarianzeigenschaft des 166
Offset
    in der Poisson-Regression 340
Ökologische Relationen 84
Operationshandbuch 209, 214
Overdispersion
    bei der Poisson-Verteilung 344

Packungsjahre 309
Periodenlänge 19
Periodenprävalenz 20, 72
Personenzeit 25
Perzentil 388
Pilotstudie 211, 239
Plausibilität
    biologische 62
Poisson-Modell
    log-lineares 334
Poisson-Verteilung 422
Population
    Auswahl- 64
    Bezugs- 21, 62
    dynamische 21
    externe 65

im Gleichgewicht 27
stabile 19
Standard- 35
Stichproben- 63
Studien- 63
unter Risiko 16, 21, 32, 62
Untersuchungs- 63
Ziel- 21, 62
Power
eines statistischen Tests 439
prädiktiver Wert
negativer 181
positiver 181
Prävalenz 16
apparente 178
scheinbare 178
Sero- 178
Test- 178
Prävalenz Quotient 89
Prävalenz-Inzidenz
Zusammenhang 20, 27
Prävalenzquote 18
Prävalenzstudie 87
Präventionsstudie 112
Präventionsstudie
kommunale Ebene 113
Individualebene 113

Präzision 129
Pretest 237
Pretest der Untersuchungsinstrumente 211
Primärdaten 67
Primärprävention 112
Proportion 18
Proportionalitätshypothese 271
Proportional-Odds-Modell 331
Prozentzahl 18
Pseudonymisierung 246
Punktwahrscheinlichkeit 417
p-Werte 443

Qualitätskontrolle 236
Qualitätssicherung 236
Quantil 388
Quartil
oberes 388
unteres 388
Quartilsabstand 390
Querschnittsstudie 87
Auswertung der 88
Nachteile von 90
Schätzer in der - 251
Vorteile von 90

Randomisierung 136
Random-Route 145
Random-Walk 145

Rang
einer Beobachtung 395
Range 390
Rate 26
Referenzexposition 311
Referenzgruppe 256
Register 75
Regression 400
einfache lineare 401
logistische 306
multiple logistische 313
Regressionsgerade
angepasste 402
Rekurrenz 22
Relevanz 152
Reliabilität 129
Reliabilitätsprüfung 130
Reliabilitätsstudien 238
Repräsentativität 127
Response
bereinigter 160
roher 159
Richtigkeit 130
Risiko 41
absolute -differenz 49
akzeptierbares zusätzliches 155
attributables 48
attributables unter den Exponierten 52
bedingtes 43
exzess 49
-faktor 42, 43
Grund- 311
populationsattributables 49
populationsattributables für eine
durchschnittliche Expoition 53
-quotient 44
relative -differenz 49
relatives 44
-vergleich 42
Risikofaktor 56
Risikofaktoren
mehrere 256, 313
Risikovektor 313
Risikozeit 25

saturiertes Modell 347
Scheinassoziation 57
Schichtung 200
heterogene 202
homogene 202
Schichtungsvariable 200
Segis Weltbevölkerung 35
Sekundärdaten
Sekundärdaten 68
Grenzen von 82
Nachteile von 68
Möglichkeiten von 82

Nutzung von 77
   Vorteile von 68
Sensitivität 175
Sentinel 75
Sick Worker Effect 170
sigma-Regel 424
Signifikanzniveau
   eines statistischen Tests 439
Signifikanztest 440
Skalenniveau 382
Spannweite 390
Spezifität 175
Stabdiagramm 409
Standard Operating Procedure 209
Standardabweichung 391
Standardisierung 77
   direkte 35
   indirekte 39
Sterbeindex
   standardisierter 41
Sterberate
   altersspezifische 36
Sterbeziffer 32
   altersspezifische 33
Stichprobe 382, 414
   bereinigte 158
   Brutto- 158
   geplante 158
   Netto- 158
   realisierte 158
Stichprobenumfang, notwendiger
   bei Angabe eines Konfidenzintervall 149
   bei Fall-Kontroll-Studien 153
   bei Prävalenzschätzung 150
   beim Zwei-Stichproben-Gauß-Test 152
Störfaktor 57
Streudiagramm 394
Studie
   Grundlagen- 113
   klinische 110
   prospektive 100
   randomisierte kontrollierte 110
Studienplan 210
Studienprotokoll 209
Symmetriehypothese 303
Synergismen 197

Teilnahmequote
   bereinigte 160
   rohe 160
Test
   allgemeiner - auf Homogenität 292
   auf Gleichheit der
      Erkrankungswahrscheinlichkeiten 272
   auf Trend 273
   Breslow-Day - auf Homogenität 293
   Breslow-Day - auf Trend 295

Ein-Stichproben-Binomial- 448
exakter - in geschichteten Vierfeldertafeln
   290
exakter bei Matching 304
Gauß- bei Normalverteilung 446
Likelihood-Ratio- 328
Mantel-Haenszel- 288
McNemar - auf Symmetrie 303
statistischer 438
t- bei Normalverteilung 446
vom Wald-Typ 324
Zwei-Stichproben-Gauß- 267, 449
Zwei-Stichproben-t- 450
Teststatistik 441
Testverfahren
   multiple 443
   simultane 443
Therapiestudie 83, 136
Todesbescheinigung 77
Trend, linearer 296
Trend, monotoner 296

Überdispersion 344
Überlebenszeiten 29
Überschätzung 131
Überschreitungswahrscheinlichkeit 443
Überschreitungswahrscheinlichkeiten des
   exakten Tests von Fisher 275
Unterschätzung 131
Untersuchungseinheiten 382
Untersuchungsmerkmale 382
Untersuchungsvariable 382
Unverzerrtheit 130
Ursachenfaktor 56
Ursachenkette 77
Ursache-Wirkungs-Beziehung 56

Validierungsstudien 237
Validität 126
   externe 127
   interne 126
Variable
   abhängige 402
   unabhängige 402
Variablenselektion 348
Varianz 390, 417
Variationskoeffizient 391
Vergleichbarkeit 35
Versuchsaufbau
   zweiarmig 110
Verteilung
   Binomial- 418
   Chi-Quadrat- 429
   diskrete 415
   einer Zufallsvariable 415
   Exponential- 29
   hypergeometrische 420

Multinomial- 420
Normal- 423
Poisson 422
stetige 415
Verteilungsfunktion 416
Verursachungszahl 25
Verweildauer 19
Verzerrung 66
Veterinärepidemiologie 7
Vierfeldertafel 56, 397
Vollerhebung 63
Vorhersagewert
  negativer 181
  positiver 181
Vorsorgeuntersuchungen 76

Wahrscheinlichkeit
  für den Fehler 1. Art 439
  für den Fehler 2. Art 439
Wechselwirkungen 197
Wiederholbarkeit 129
Wirkungsgröße 56

Woolf-Schätzer 281

Zentralwert 386
Zielgröße 56
Zielvariable 3
Ziffer 26
Zufall 3
Zufallsexperiment 413
Zufallsfehler 129
Zufallsstichprobe
  einfache 136
  geschichtete 137
  mehrstufige 137
Zufallsvariable
  standardisierte 425
Zusatzvariable 59
Zuverlässigkeit 129
Zwei-Stichproben-Problem 445
χ^2-Test
  auf Homogenität bzw. Unabhängigkeit 268